AutoCAD2015
中文版从新手到高手
(图解视频版)

博智书苑 编著

北京日报出版社

图书在版编目（CIP）数据

AutoCAD 2015 中文版从新手到高手 ：图解视频版 / 博智书苑编著. -- 北京 ：北京日报出版社, 2015.11
ISBN 978-7-5477-1786-8

Ⅰ. ①A… Ⅱ. ①博… Ⅲ. ①AutoCAD 软件 Ⅳ. ① TP391.72

中国版本图书馆 CIP 数据核字(2015)第 214998 号

AutoCAD 2015 中文版从新手到高手 ：图解视频版

出版发行：北京日报出版社
地　　址：北京市东城区东单三条 8-16 号 东方广场东配楼四层
邮　　编：100005
电　　话：发行部：（010）65255876
　　　　　总编室：（010）65252135-8043
网　　址：www.beijingtongxin.com
印　　刷：北京凯达印务有限公司
经　　销：各地新华书店
版　　次：2016 年 3 月第 1 版
　　　　　2016 年 3 月第 1 次印刷
开　　本：787 毫米×1092 毫米　1/16
印　　张：20.25
字　　数：419 千字
定　　价：58.00 元(随书赠送 DVD 一张)

前　言 FOREWORD

内容导读

AutoCAD 是由 Autodesk 公司开发的一款重量级的绘图软件，也是目前使用率极高的辅助设计软件，它被广泛应用于建筑、机械、电子、服装、化工及室内装潢等工程设计领域。使用它可以很轻松地实现数据设计、图形绘制等多项功能，从而极大地提高设计人员的工作效率，并成为广大工程技术人员必备的绘图工具。

本书详细介绍了 AutoCAD 2015 的使用方法，以设置环境、绘制图形、添加注释标注、创建块与外部参照、渲染图形到打印出图为主线，循序渐进地介绍如何使用 AutoCAD 2015 快速绘图。全书以设计实例为线索，将整个设计过程贯穿全书，详细介绍制图流程、所涉及的规范和标准，以及在设计过程中所应用的命令和技巧等知识。

本书共分为 16 章，主要内容包括：

☑ AutoCAD 2015 基础入门
☑ 绘制二维图形
☑ 编辑二维图形
☑ 应用辅助工具
☑ 应用参数化与测量工具
☑ 应用图层
☑ 文字标注与表格应用
☑ 尺寸标注
☑ 块、外部参照与设计中心
☑ 三维绘图基础入门
☑ 绘制三维图形
☑ 实体编辑与三维操作
☑ 材质、灯光与渲染
☑ 输出与打印图形
☑ AutoCAD 室内设计绘图
☑ AutoCAD 机械设计绘图

主要特色

本书是帮助 AutoCAD 2015 初学者实现入门、提高到精通的得力助手和学习宝典，主要具有以下特色：

从零起步，循序渐进

本书从 AutoCAD 2015 的基本功能、操作界面讲起，由浅入深、循序渐进，结合软件特点和行业应用安排了大量实例，让读者在绘图实践中轻松掌握 AutoCAD 2015 的基本操作和技术精髓。

案例教学，实战演练

本书精选了大量经典实例，每个实例都包含相应工具和功能的使用方法和技巧。在一些重点和要点处，还进行了深入讲解，帮助读者理解和加深认识，从而真正掌握软件应用，达到举一反三、灵活运用的学习目的。

行业应用，经验积累

本书实例涉及的行业应用领域包括机械设计、建筑设计、室内设计、产品造型设

计等常见绘图领域，使广大读者在学习 AutoCAD 的同时积累相关经验，能够了解和熟悉不同领域的专业知识和绘图规范。

- **边学边练，快速上手**

本书结合大量典型实战实例，详细讲解了 AutoCAD 2015 在辅助绘图中的应用方法与技巧，并在介绍软件应用和实际绘图过程中均附有对应的图片和注解，清晰明了、讲解透彻，能使读者边学边练，快速上手。

光盘说明

本书随书赠送一张超长播放的多媒体 DVD 视听教学光盘，由专业人员精心录制了本书所有操作实例的实际操作视频，并伴有清晰的语音讲解，读者可以边学边练，即学即会。光盘中包含本书所有实例文件，易于读者使用，是培训和教学的宝贵资源，且大大降低了学习本书的难度，增强了学习的趣味性。

光盘中还超值赠送了由本社出版的《网页设计与制作从新手到高手（图解视频版）》和《Word/Excel/PowerPoint 2013 三合一办公应用从新手到高手（图解视频版）》的多媒体光盘视频，一盘多用，超大容量，物超所值。

适用读者

本书注重实用，指导性强，适合 AutoCAD 初学者，建筑设计、机械设计与室内设计等相关行业的从业人员，也可作为大中专院校和培训机构相关专业的教材。

售后服务

如果读者在使用本书的过程中遇到问题或者有好的意见或建议，可以通过发送电子邮件（E-mail：bzsybook@163.com）联系我们，我们将及时予以回复，并尽最大努力提供学习上的指导与帮助。

希望本书能对广大读者朋友提高学习和工作效率有所帮助，由于编者水平有限，书中可能存在不足之处，欢迎读者朋友提出宝贵意见，在此深表谢意！

编　者

目 录 CONTENTS

第1章 AutoCAD 2015 基础入门

第2章 绘制二维图形

第3章 编辑二维图形

第4章 应用辅助工具

第5章 应用参数化与测量工具

第6章 应用图层

第7章 文字标注与表格应用

第8章 尺寸标注

第9章 块、外部参照与设计中心

第10章 三维绘图基础入门

第11章 绘制三维图形

第12章 实体编辑与三维操作

第 13 章　材质、灯光与渲染

第 14 章　输出与打印图形

第 15 章　AutoCAD 室内设计绘图

第 16 章　AutoCAD 机械设计绘图

Chapter 01 AutoCAD 2015 基础入门

AutoCAD 是由 Autodesk 公司开发的计算机辅助设计软件，被广泛应用于室内设计、室外装潢、机械制图等领域。AutoCAD 2015 较之前的版本增加了许多功能，使用更加快捷。本章将对 AutoCAD 2015 的基础知识进行详细介绍。

本章要点 

- 认识 AutoCAD 2015
- 认识 AutoCAD 2015 工作界面
- AutoCAD 的基本操作
- AutoCAD 系统设置

知识等级 

AutoCAD 初级读者

建议学时 

建议学习时间为 50 分钟

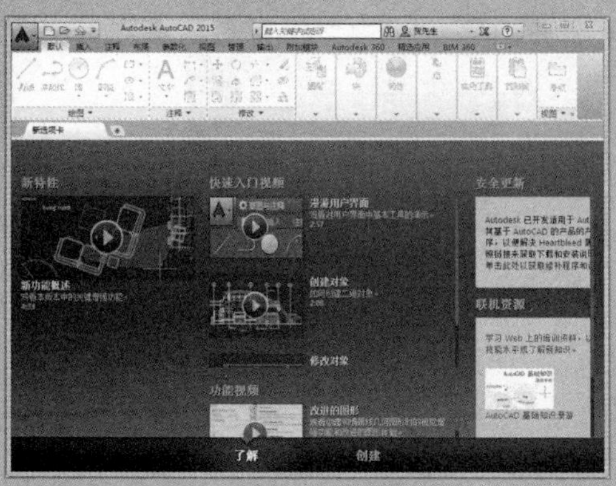

1.1 认识 AutoCAD 2015

同传统的手工绘图相比，使用 AutoCAD 绘图速度更快、精度更高。AutoCAD 具有良好的用户界面，通过交互菜单或命令行方式便可以进行各种操作。AutoCAD 具有广泛的适应性，它可以在各种操作系统支持的微型计算机和工作站上运行。目前，AutoCAD 已经在航空航天、造船、建筑、机械、电子、化工、美工和轻纺等很多领域得到了广泛应用。下面将对 AutoCAD 2015 其中一些重要的新功能与改进进行简要介绍。

1.1.1 AutoCAD 的基本功能

要学习好 AutoCAD 软件，首先要了解该软件的基本功能，如图形的创建与编辑、图形的标注、图形的显示以及图形的打印功能等。下面将介绍几项 AutoCAD 的基本功能。

1. 图形的创建与编辑

在 AutoCAD 中，用户可以使用“直线”、“圆”、“矩形”、“多段线”等基本命令创建二维图形。在图形创建过程中，也可以使用“偏移”、“复制”、“镜像”、“阵列”、“修剪”等编辑命令对图形进行编辑或修改，如下图（左）所示。

通过拉伸、设置标高和厚度等操作，可以将二维图形转换为三维图形，还可以运用视图命令，对三维图形进行旋转查看。此外，还可将赋予三维实体光源和材质，通过渲染处理可以得到一张具有真实感的图像，如下图（右）所示。

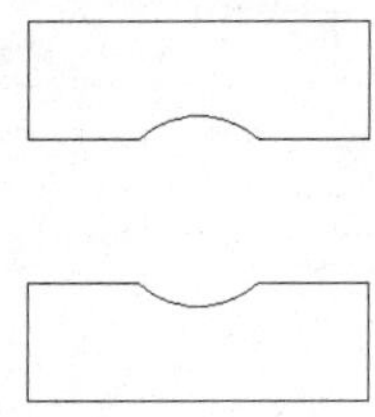

2. 图形的标注

图形标注是制图过程中一个重要环节。AutoCAD 软件提供了文字标注、尺寸标注以及表格标注等功能，如下图所示。

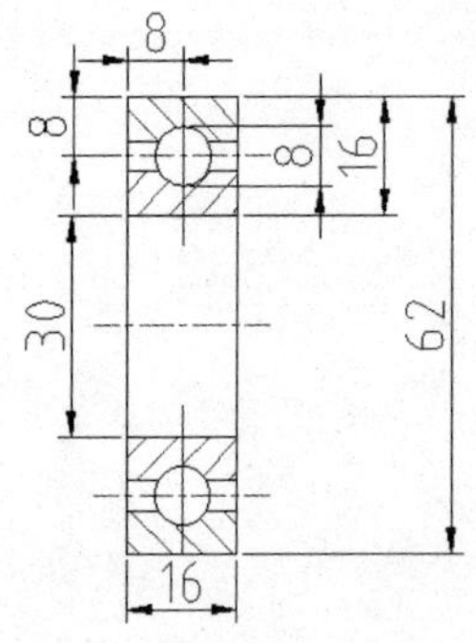

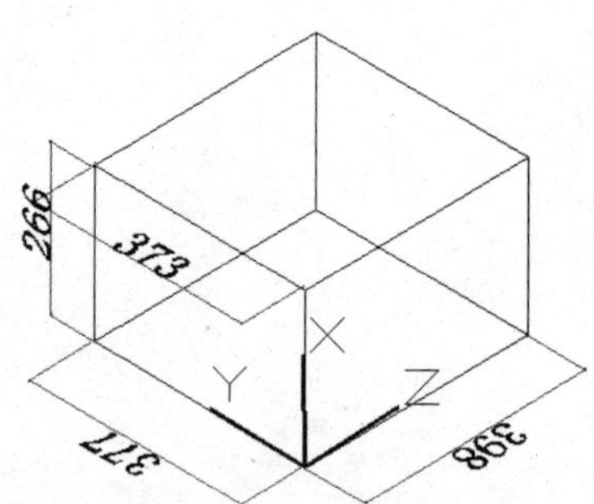

AutoCAD 的标注功能不仅提供了线性、半径和角度三种基本标注类型，还提供了引线标注、公差标注等。标注对象可以是二维图形，也可以是三维图形。

3. 图形显示控制

在 AutoCAD 中，用户可以多种方式放大或缩小图形。对于三维图形来说，利用“缩放”功能可以改变当前视口中的图形视觉尺寸，以便清晰地查看图形的全部或某一部分细节。在三维视图中，用户可将绘图窗口划分成多个视口模式，并从各视口中查看该三维实体，如下图所示。

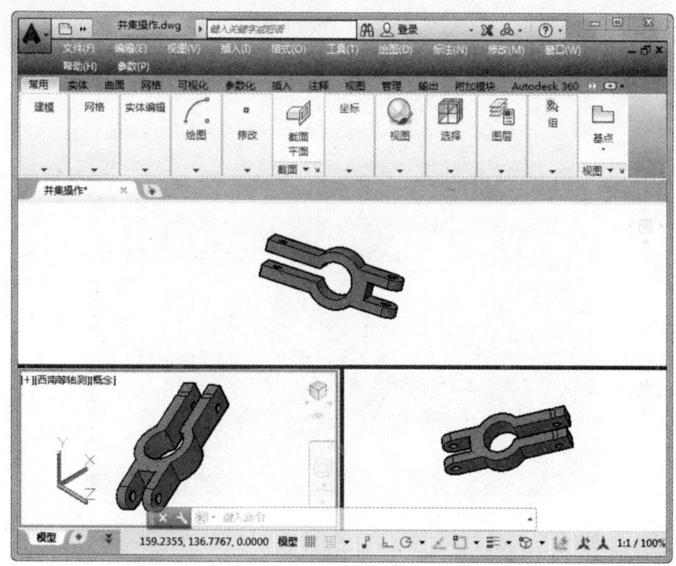

4. 图形的输出与打印

AutoCAD 不仅可以将绘制的图形以不同样式通过绘图仪或打印机输出，还能将不同格式的图形导入 AutoCAD 软件，或将 CAD 图形以其他格式输出。

1.1.2 AutoCAD 2015 新增功能

AutoCAD 2015 作为 AutoCAD 中的最新版本，在继承了早期版本中的优点外，还增添了以下几项新功能。

1. 新选项卡功能

老版本中的欢迎界面在 AutoCAD 2015 中升级为新选项卡。当启动 AutoCAD 2015 时，默认情况下它会打开新选项卡，在左侧区域可创建空白文档，或者单击“样板”下拉按钮，在弹出的下拉列表中选择其他样本，还可打开电脑中的文件或图集等，如下图（左）所示。

在中间区域显示最近使用的文档，单击“固定”按钮，将其变为蓝色显示状态，可将文档固定到该区域，如下图（右）所示。

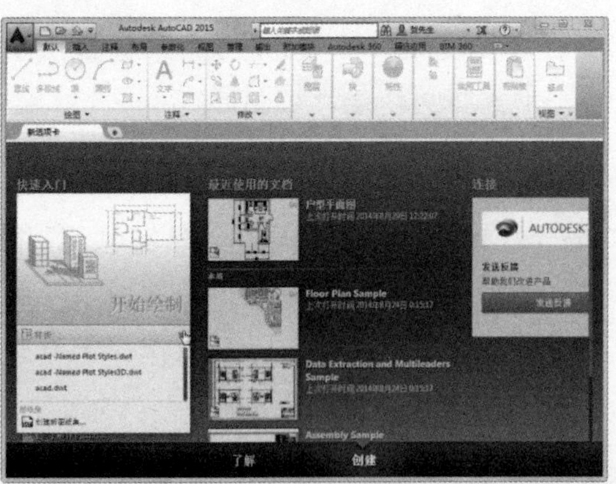

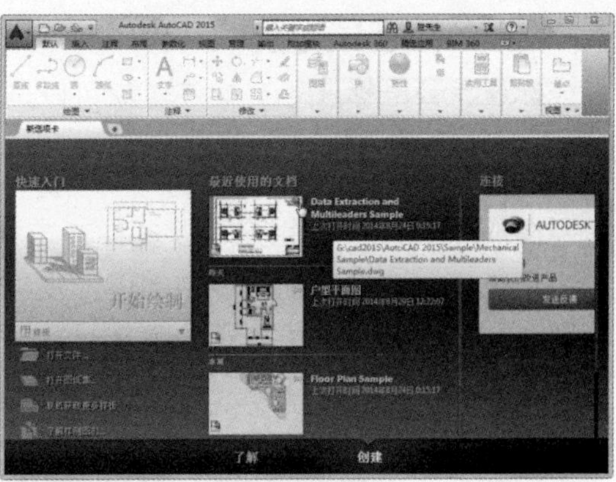

在页面最下方选择“了解”选项卡，可以查看相关视频和软件更新信息等，如下图所示。

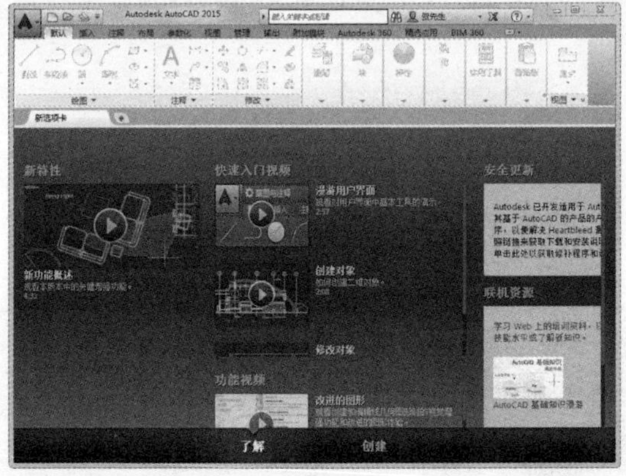

2. 硬件加速功能

硬件加速功能是通过减少执行图形操作所耗费的时间来提高性能。当启用硬件加速时，许多与图形相关的操作将使用已安装的图形卡的 GPU，而不是使用计算机的 CPU。无论处理的是二维图形还是三维模型，都建议在电脑上启用硬件加速。

可以使用硬件加速进行改进的图形操作包括二维图形或三维模型中的缩放及平移、动态观察、重生成打开的图形的显示、在屏幕上显示视口中的材质和光源、渲染三维模型等。

在状态栏中右击“硬件加速”按钮，在弹出的快捷菜单中选择“图形性能”命令，如下图（左）所示。弹出“图形性能”对话框，可在此进行详细设置，如下图（右）所示。

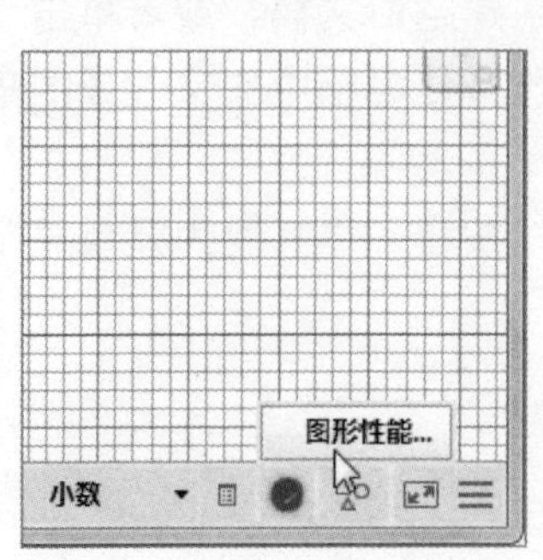

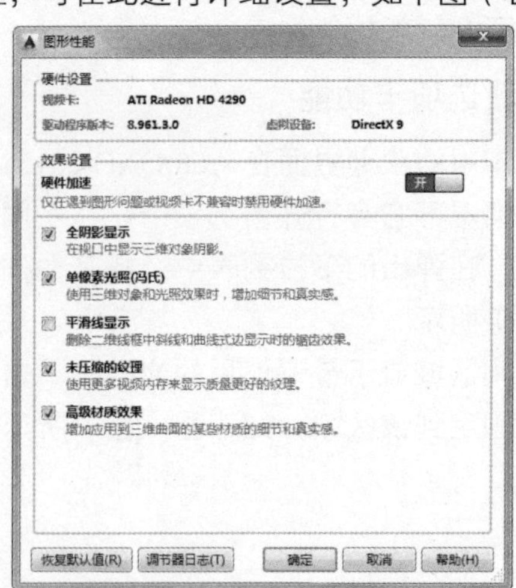

3．套索选择功能

使用套索选择功能可以方便地选择不规则的对象，其方法为：按住【Alt】键的同时按住鼠标左键进行选择，即可出现不规则的选择区域，该区域内对象将被全部选中，如下图所示。

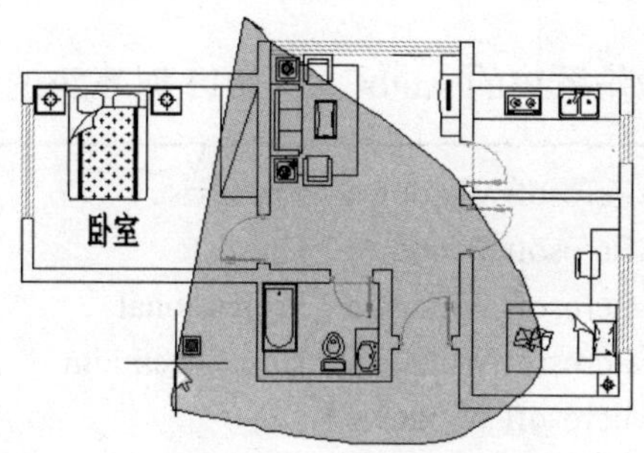

4．命令行搜索功能

AutoCAD 2015 命令行增加了功能搜索选项，例如，在使用“图案填充”命令时命令行会自动罗列出填充图案，以供用户选择。其方法为：在命令行中输入 H，系统将自动打开与之相关的命令选项。单击“图案填充”后的叠加按钮，打开填充图案列表，选择满意的图案，单击即可进行图案填充操作，如下图所示。

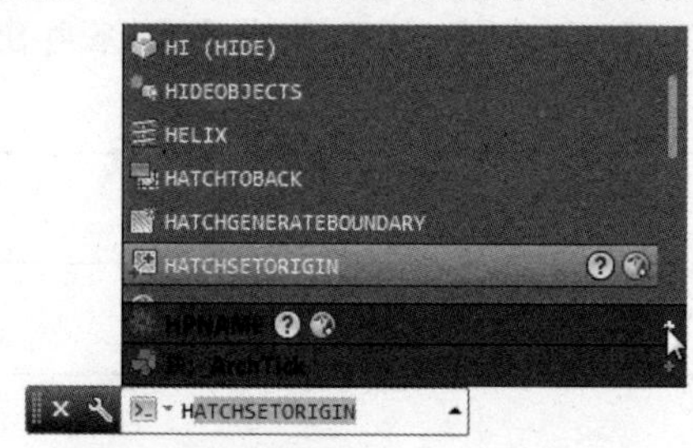

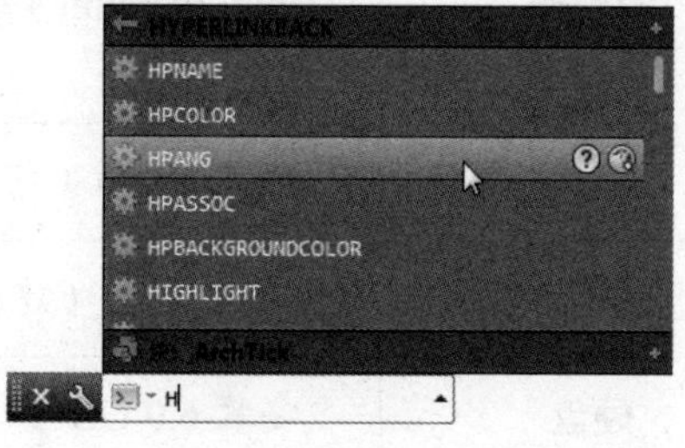

5．图层合并功能

在 AutoCAD 2015 中，可以使用“图层合并”功能对图纸中需要合并的图层进行合并操作，其方法为：单击“图层特性”命令，打开“图层特性管理器”，选择要合并的图层选项并右击，选择“将选定图层合并到”命令，如下图（左）所示。在弹出的“合并到图层”对话框中选择目标图层选项，然后单击“确定”按钮，即可完成合并操作，如下图（右）所示。

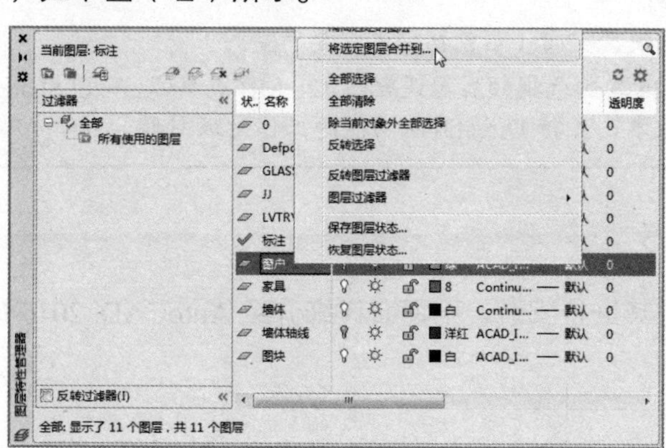

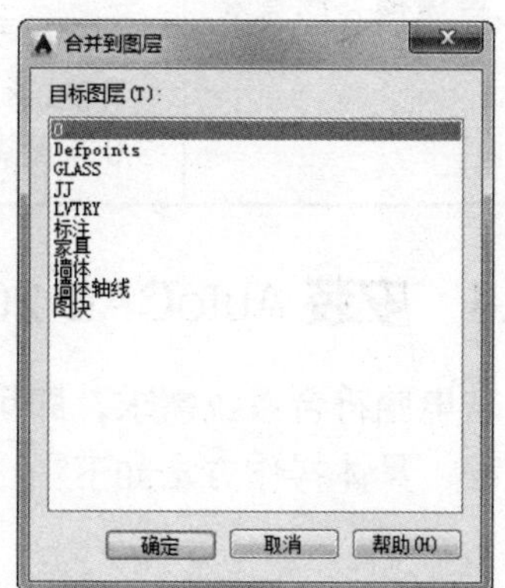

1.1.3 AutoCAD 2015 的系统需求

在安装 AutoCAD 2015 之前，首先需确认自己的电脑是否满足 AutoCAD 2015 的最低系统需求，否则在使用 AutoCAD 2015 时有可能出现程序无法流畅运行，或在运行过程中出错等问题。

下表为运行于 32 位操作系统的 AutoCAD 2015 对系统的配置需求：

操作系统	Microsoft Windows 7 Enterprise Microsoft Windows 7 Ultimate Microsoft Windows 7 Professional Microsoft Windows 7 Home Premium Microsoft Windows 8 Microsoft Windows 8 Pro Microsoft Windows 8 Enterprise Microsoft Windows 10
浏览器	Internet Explorer ® 7.0 或更高版本
处理器	Windows 7、Windows 8 和 Windows 10: Intel Pentium 4 或 AMD Athlon 双核，3.0 GHz 或更高，采用 SSE2 技术
内存	2 GB RAM（建议使用 4 GB）
显示器分辨率	1024 × 768（建议使用 1600 × 1050 或更高）真彩色
硬盘	安装 6.0 GB
定点设备	MS-Mouse 兼容
.NET Framework	.NET Framework 版本 4.0，更新 1
三维建模其他需求	Intel Pentium 4 处理器或 AMD Athlon，3.0 GHz 或更高，或者 Intel 或 AMD 双核处理器，2.0 GHz 或更高 4 GB RAM 6 GB 可用硬盘空间（不包括安装需要的空间） 1280 × 1024 真彩色视频显示适配器 128 MB 或更高，Pixel Shader 3.0 或更高版本，支持 Direct3D®功能的工作站级图形卡

1.1.4 安装 AutoCAD 2015

若电脑符合系统需求，即可对其进行安装。下面将详细介绍 AutoCAD 2015 的安装过程，具体操作方法如下：

01 解压安装包 在文件夹中双击安装文件，在弹出的对话框中选择保存路径，单击“确定”按钮，如下图所示。

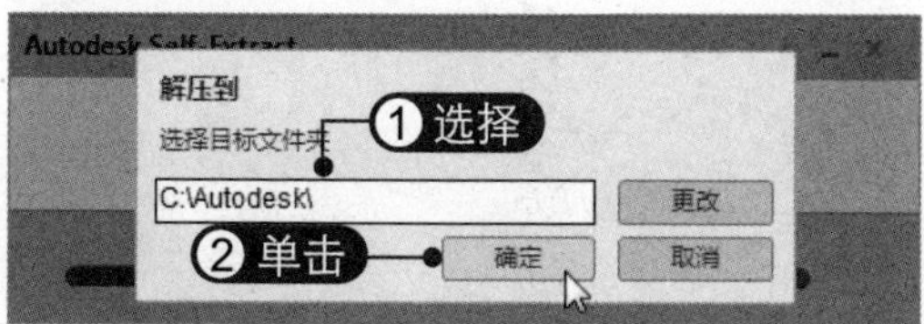

02 初始化安装包 打开解压的文件夹，双击 Setup.exe 安装文件，打开系统安装初始化界面，如下图所示。

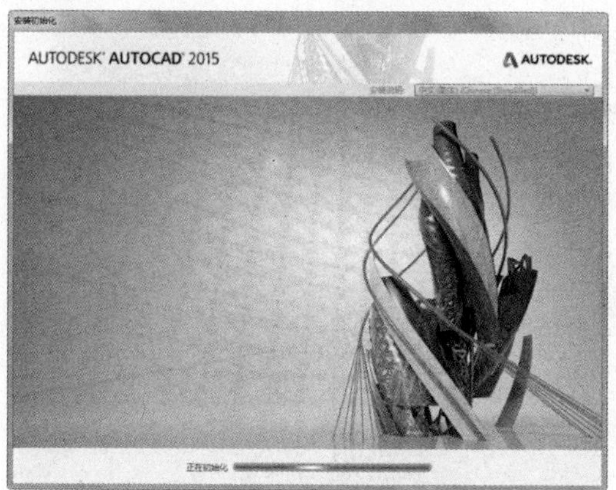

03 选择“安装”选项 初始化完成后出现三个选项可供选择，在此直接选择“安装”选项，如下图所示。

04 接受许可协议 在打开的“许可协议”窗口中选中“我接受”单选按钮，然后单击“下一步”按钮，如下图所示。

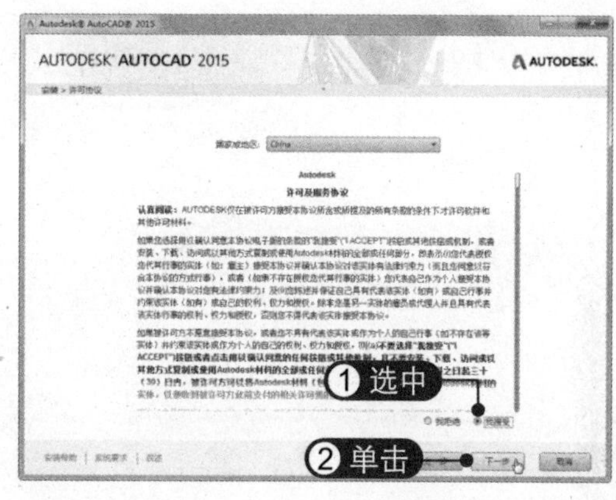

05 输入产品信息 在打开的“产品信息”窗口中输入产品的序列号及产品密钥信息，然后单击“下一步”按钮，如下图所示。

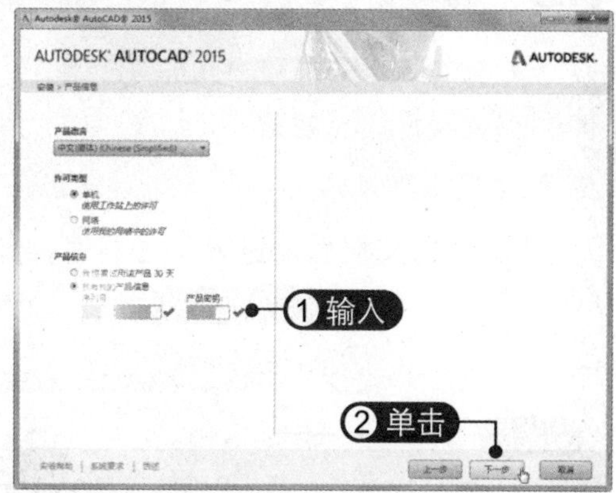

06 配置安装 在打开的“配置安装”窗口中根据需要选中相应的插件选项，设置安装路径，然后单击“安装”按钮，如下图所示。

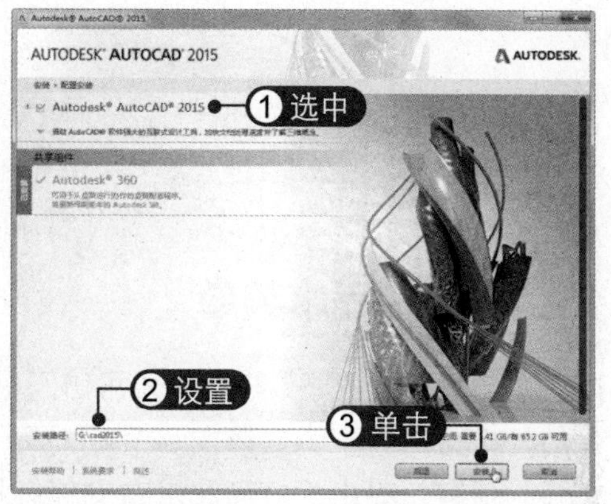

07 开始安装 开始进行安装，并显示安装的进度，如下图所示。

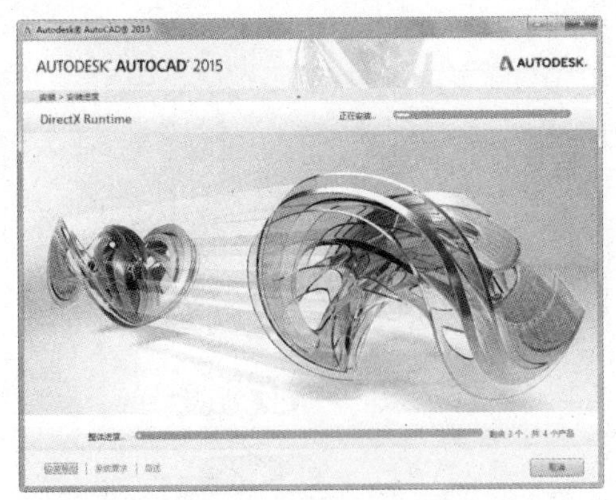

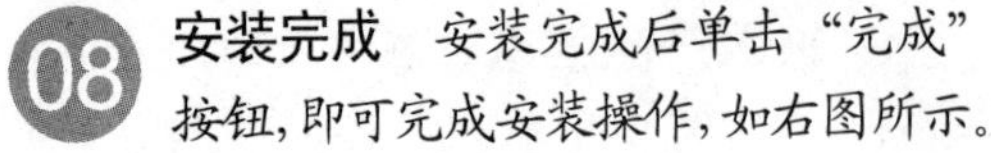

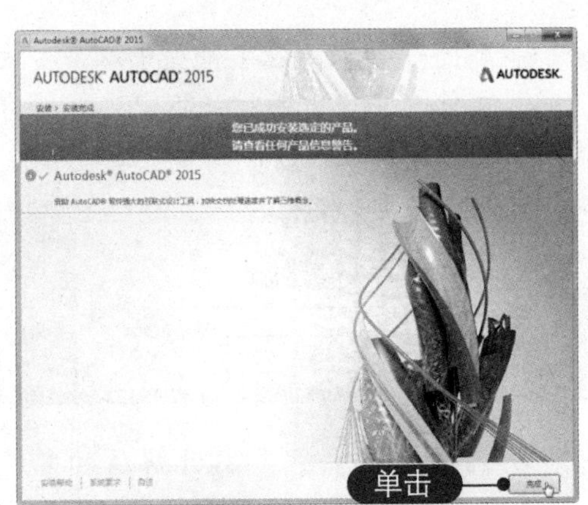

08 **安装完成** 安装完成后单击“完成”按钮，即可完成安装操作，如右图所示。

1.2 认识 AutoCAD 2015 工作界面

AutoCAD 2015 软件界面与 AutoCAD 2014 的界面大致相似，但在 AutoCAD 2015 界面中增添了“新选项卡”功能，在该选项卡中可以进行打开最近文档等操作。

新建空白文档后，进入工作界面，如下图所示。

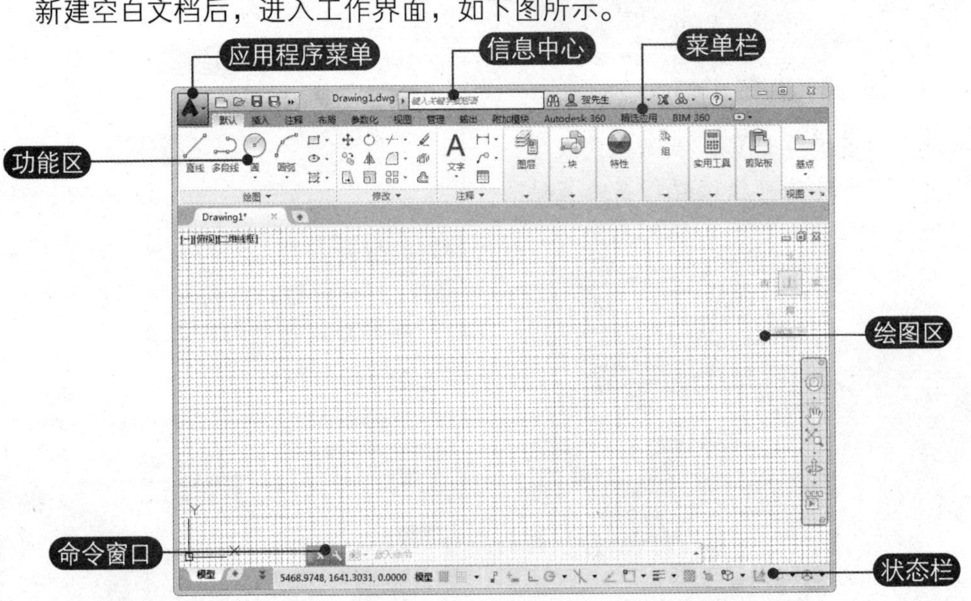

1.2.1 应用程序菜单

单击“应用程序”按钮，即可访问应用程序菜单。该按钮位于 AutoCAD 窗口的左上角，按钮上有一个立体的 A 字母标示。通过应用程序菜单上的选项可以执行新建、打开、保存、输出、打印和发布文件等操作，如下图（左）所示。

通过应用程序菜单右上角的搜索框可以便捷地搜索到各种常用命令。例如，在搜索框中输入关键词 M，可以快速搜索出与关键词有关的命令。之后选择搜索结果中所需的选项，即可执行该命令，如下图（右）所示。

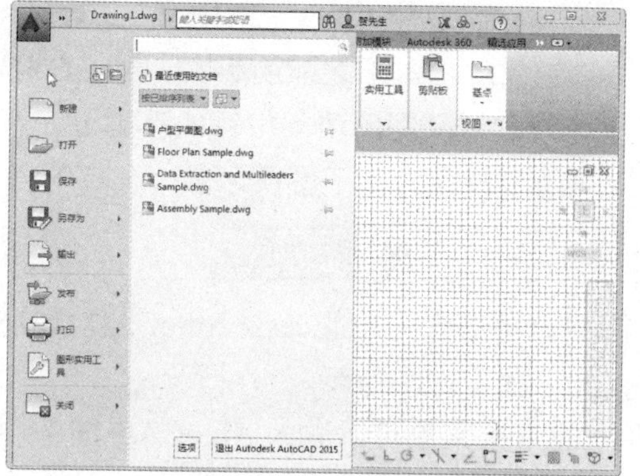

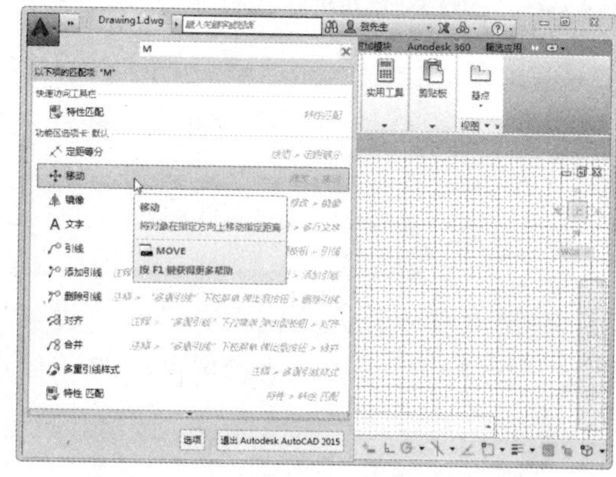

1.2.2 快速访问工具栏

在“应用程序”按钮右侧为快速访问工具栏，包含“新建”、“打开”、“保存”等常用命令按钮以及工作空间选择按钮。用户可以单击快速访问工具栏最右侧的下拉按钮，通过“自定义快速访问工具栏”下拉列表定制要显示的工具，如下图（左）所示。

用户可以右击快速访问工具栏，通过弹出的快捷菜单改变快速访问工具栏的位置，删除不需要的命令以及添加分隔符等操作，如下图（右）所示。

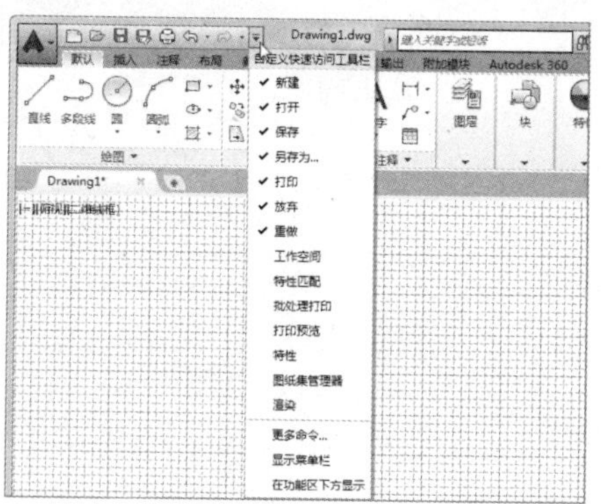

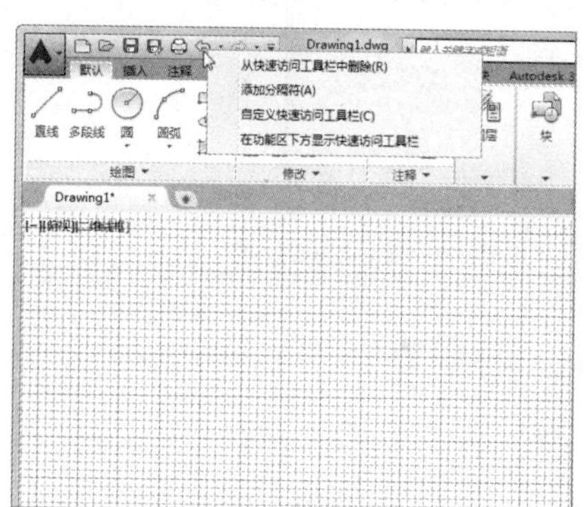

如果选择“自定义快速访问工具栏”命令，将弹出“自定义用户界面”窗口。用户可以拖动命令列表框中的命令到快速访问工具栏，即可添加该命令，如下图（左）所示。

此外，还可以右击功能区面板中的命令，通过弹出的快捷菜单添加该命令到快速访问工具栏，如下图（右）所示。

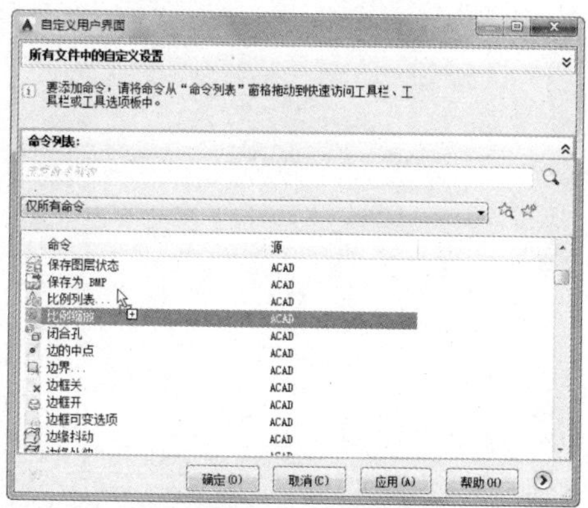

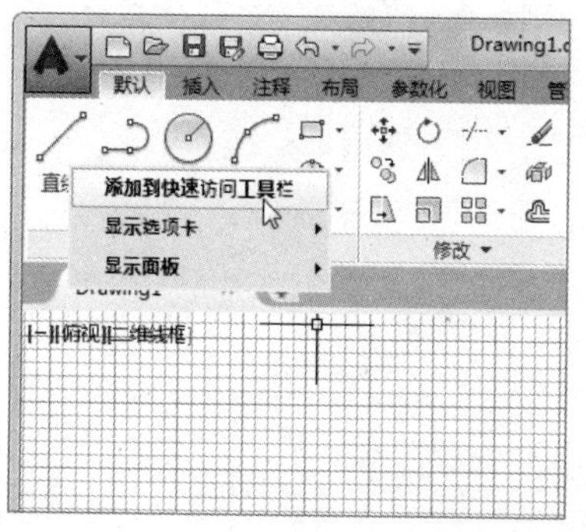

1.2.3 信息中心

信息中心位于 AutoCAD 2015 窗口标题栏的右侧。相对于之前的版本，AutoCAD 2015 对信息中心的相关按钮进行了变动。在保留搜索框及帮助访问按钮的基础上，新增了“登录”按钮和用于产品更新与网站连接的两个按钮，如下图所示。

在搜索框中输入关键词并单击“搜索”按钮，将打开“Autodesk AutoCAD 2015 帮助”窗口，显示与关键词有关的帮助信息，如下图（左）所示。

单击信息中心“保持连接”按钮，通过弹出的下拉菜单可以进入 AutoCAD 服务中心、认证硬件等网站链接，如下图（右）所示。

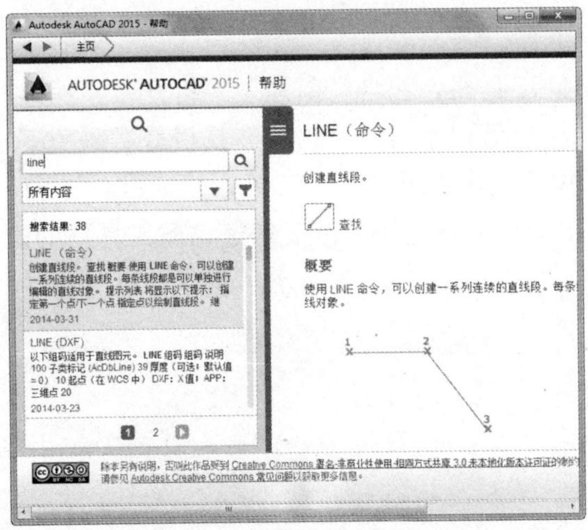

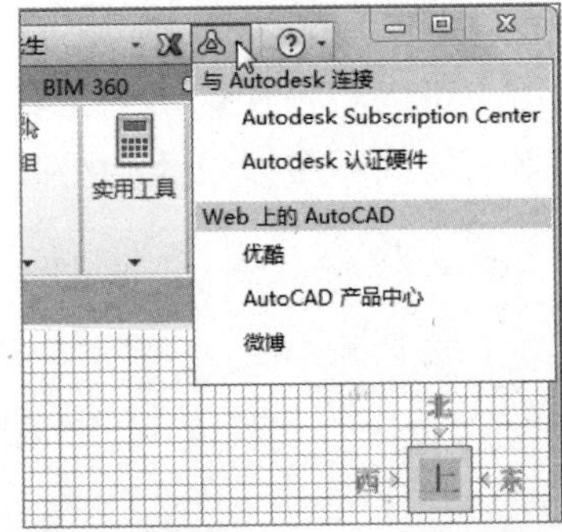

1.2.4 菜单栏

AutoCAD 2015 的菜单栏几乎包含了所有命令，以菜单形式显示，单击菜单项，在弹出的下拉列表中选择命令即可，如下图（左）所示。

AutoCAD 2015 的菜单栏默认处于隐藏状态，需要将其设置为显示状态。单击快速访问工具栏右侧的下拉按钮，在弹出的下拉列表中选择“显示菜单栏”命令即可，如下图（右）所示。

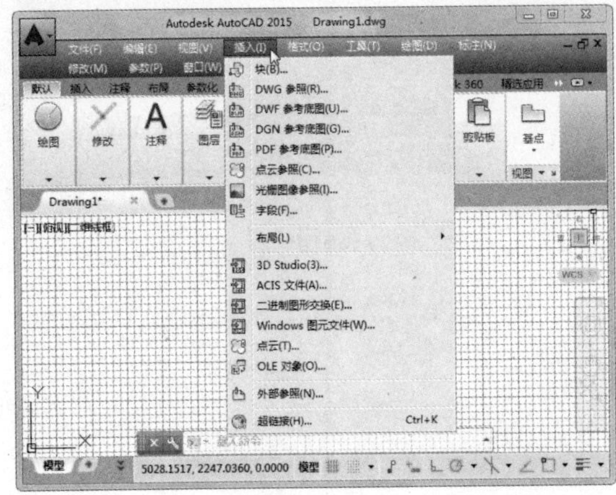

1.2.5 功能区

功能区位于“应用程序”按钮、快速访问工具栏及信息中心的下方，绘图区的正上方。

功能区由集中放置了各种命令和控件的选项卡组成，这些命令与控件被分类组织到各个小型面板中，如下图所示。

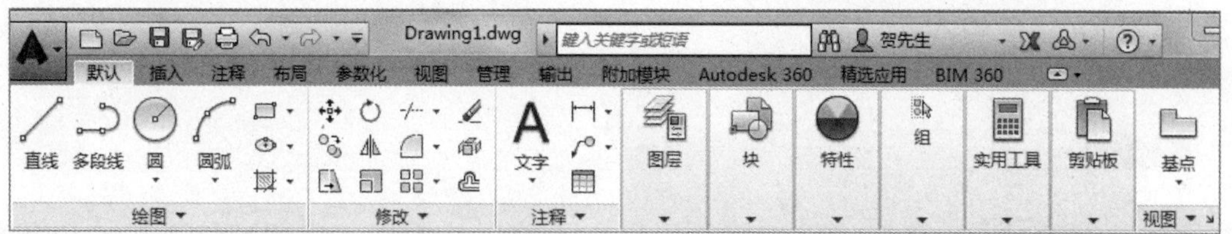

在面板名称上按住鼠标左键并拖动，可以改变面板之间的先后排序，或将面板拖到绘图区的任意位置，如下图所示。

1.2.6 绘图区

绘图区位于功能区的下方，这是绘制与编辑图像的工作区域。绘图区包括绘图区域和选项卡，右击选项卡名称，可以进行新建、打开、保存等操作，如下图所示。

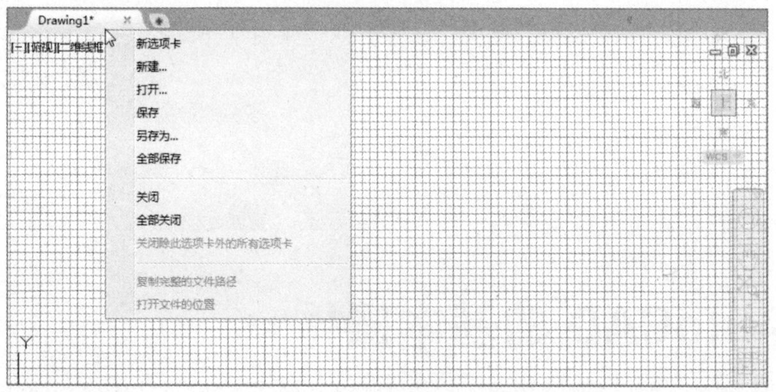

1.2.7 命令行窗口

命令行窗口位于绘图区的下方，状态栏的上方。通过命令行窗口可以输入与执行命令，从而快速访问某工具，如下图（左）所示。用户可以在命令行窗口左侧深色区域按住鼠标左键向上拖动，将其置于功能区上方，如下图（右）所示。

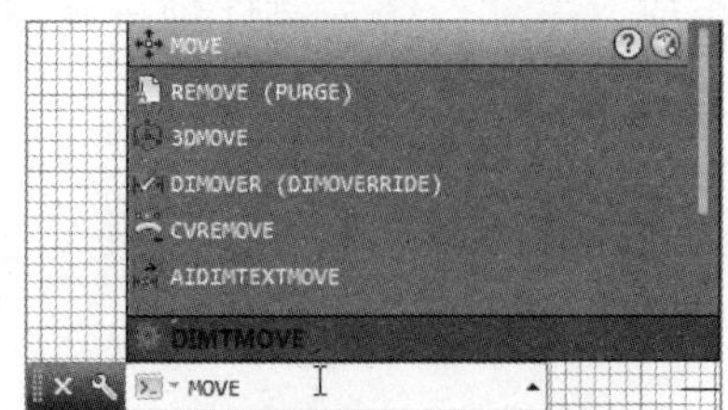

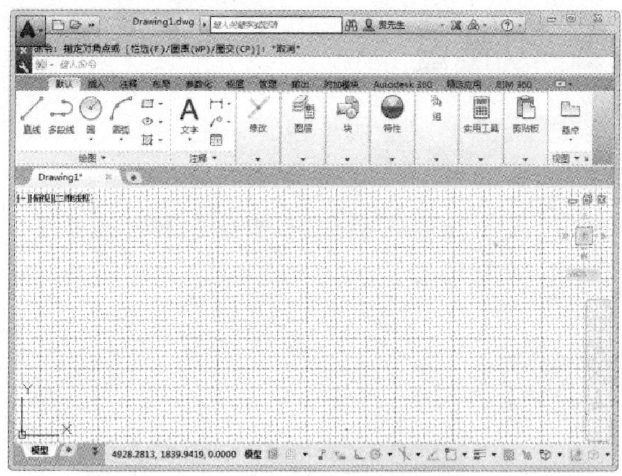

1.2.8 状态栏

状态栏位于 AutoCAD 窗口的最底部，主要用于切换工作空间、显示光标的坐标值、精确绘图辅助工具、导航工具以及切换注释比例等工具。单击状态栏右侧“自定义”下拉按钮，可以通过弹出的下拉菜单自定义要显示的工具，如下图所示。

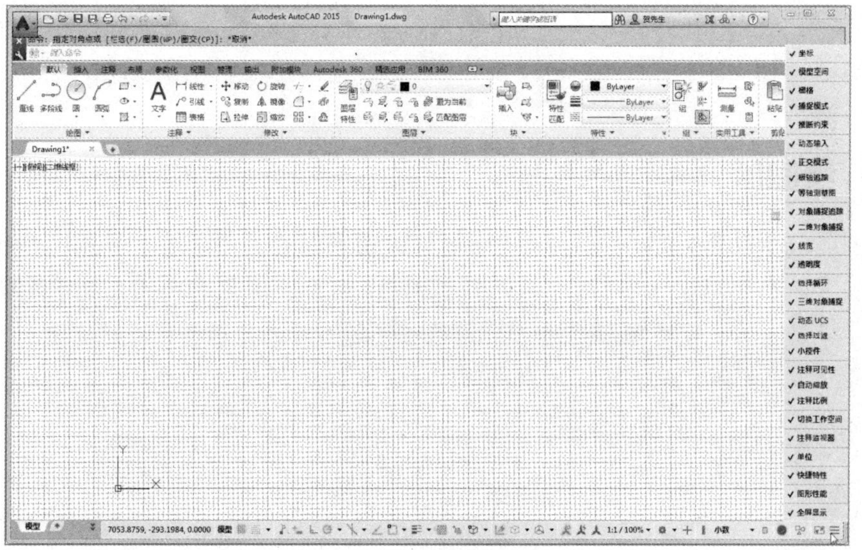

1.3 AutoCAD 的基本操作

AutoCAD 图形文件的基本操作包括图形文件的创建、保存、打开及退出等，下面将分别对其进行详细介绍。

1.3.1 新建图形文件

在启动 AutoCAD 2015 后，程序并不会像之前版本那样自动进入新建文档的界面，而是进入新选项卡。如果希望手动新建图形文件，以完成不同的工作需要，可以通过以下 4 种方法来实现：

方法一：使用新选项卡新建图形文件

启动程序后，在打开的新选项卡中单击“开始绘制”按钮，如下图（左）所示，即可自动创建名称为 Drawing1 的图形文件，该文件以 acadiso.dwt 为图形样板，如下图（右）所示。

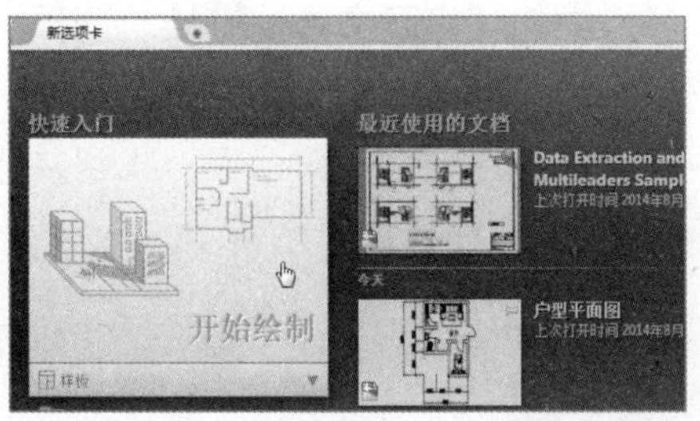

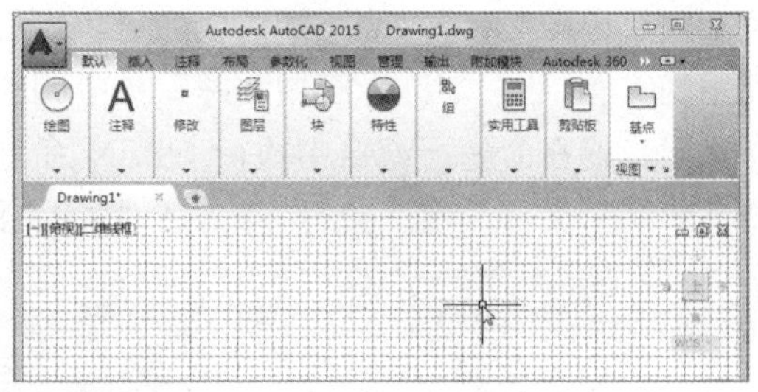

方法二：通过应用程序菜单新建图形文件

单击窗口左上方的“应用程序”按钮，打开“应用程序”菜单，选择“新建”命令，如下图（左）所示。弹出“选择样板”对话框，在列表框中选择样板文件，然后单击“打开”按钮即可，如下图（右）所示。

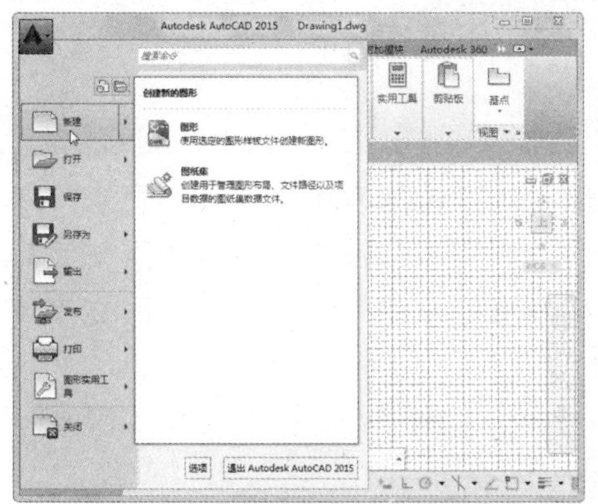

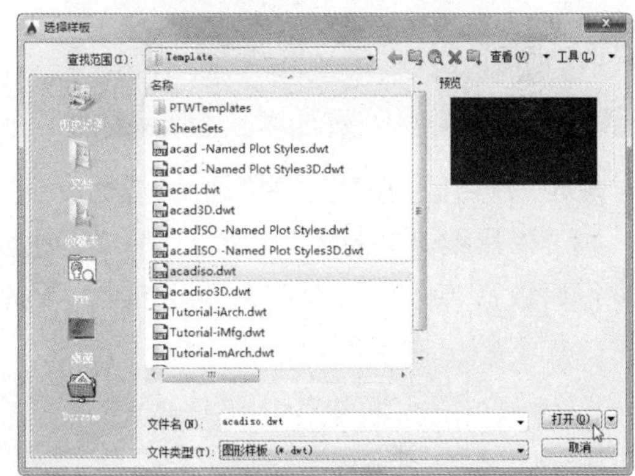

方法三：通过快速访问工具栏新建图形文件

单击快速访问工具栏中的“新建”按钮，同样可以打开“选择样板”对话框，新建图形文件，如下图（左）所示。

方法四：通过菜单栏新建图形文件

单击菜单栏“文件”|“新建”命令，弹出“选择样板”对话框，即可新建图形文件，如下图（右）所示。

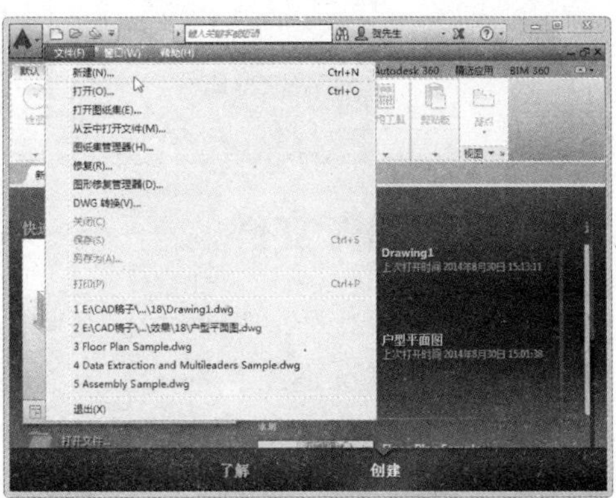

1.3.2 打开图形文件

如果未启动 AutoCAD，则双击存储在电脑中的 AutoCAD 图形文件的对应图标，即可启动 AutoCAD 并打开该图形文件。

如果已启动 AutoCAD，则可以通过单击新选项卡中的“打开文件”链接、选择“最近使用的文档”图标、选择应用程序菜单中的“打开”命令、单击快速访问工具栏中的“打开”按钮，或在命令行窗口中执行 OPEN 命令，弹出“选择文件”对话框，找到并选中要打开的图形文件，然后单击“打开”按钮，即可打开该文件，如下图所示。

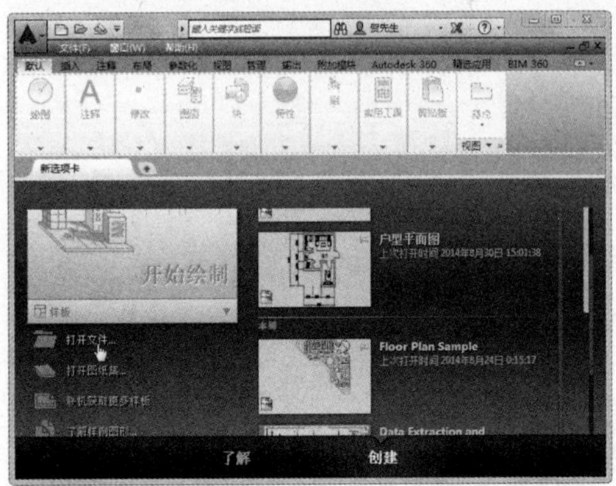

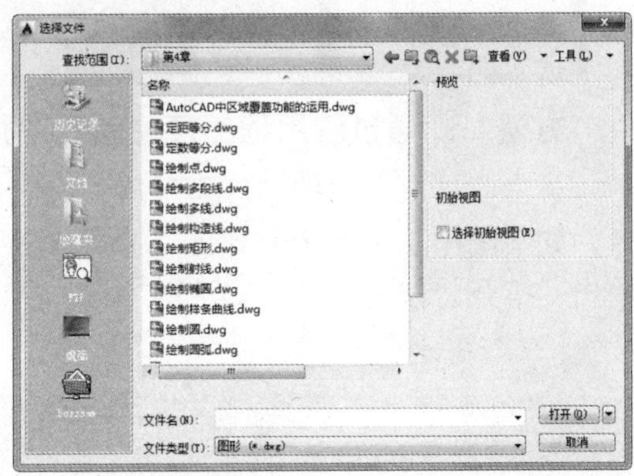

单击“打开”按钮右侧的下拉按钮，通过弹出的下拉列表可以选择不同的打开方式，如“以只读方式打开”，如下图（左）所示。此时将以只读方式打开图形文件，对其进行修改后将无法对其进行保存操作，否则将弹出提示信息框，提示图形文件被写保护，如下图（右）所示。

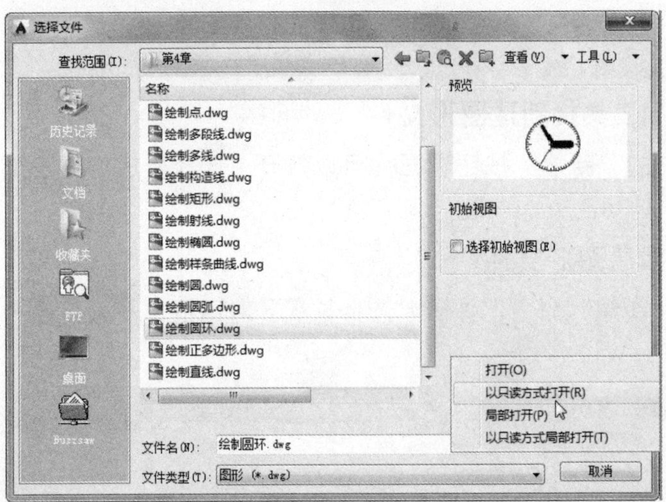

1.3.3 保存图形文件

在图形绘制过程中，每隔一段时间按时保存图形文件可以避免因误操作、程序故障或停电等意外情况造成文件的损失。

保存图形文件的方法可以分为以下 3 种类型：

方法一：保存当前图形文件

通过选择应用程序菜单中的“保存”命令，单击快速访问工具栏中的“保存”按钮，以及在命令行窗口中执行 SAVE 命令，均可执行“保存”命令，保存当前图形文件，如下图（左）所示。

对于新创建的图形文件，执行“保存”命令，将弹出“图形另存为”对话框。用户可以设置文件名、文件类型和保存位置，设置完毕后单击“保存”按钮即可，如下图（右）所示。

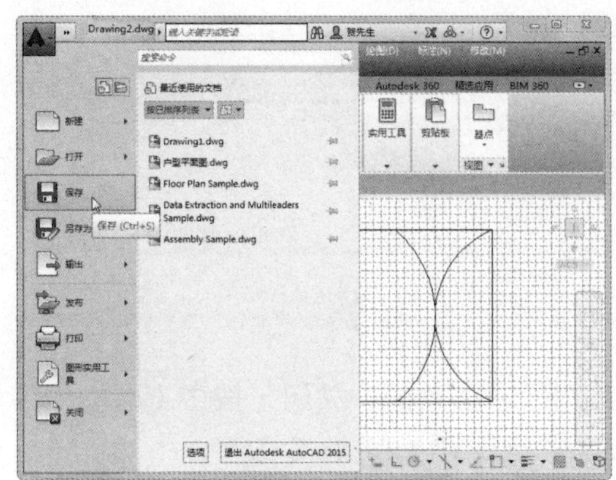

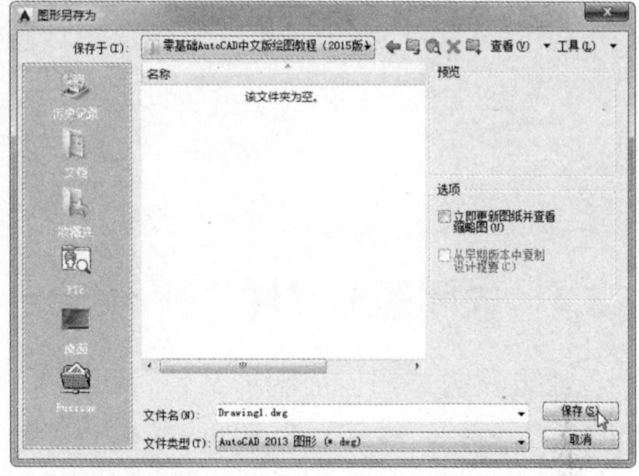

对于已保存过的图形文件，再次执行“保存”命令将默认将其保存到原位置，而不再弹出“图形另存为”对话框。

方法二：另存为其他图形文件

对于已保存过的图形文件，如果需要将其另存为另一个图形文件，而不改变当前图形文件，可以通过“另存为”命令来实现。通过选择应用程序菜单中的“另存为”命令，单击快速访问工具栏中的“另存为”按钮，以及在命令行窗口中执行 SAVEAS 命令，均可执行“另存为”命令，如下图所示。

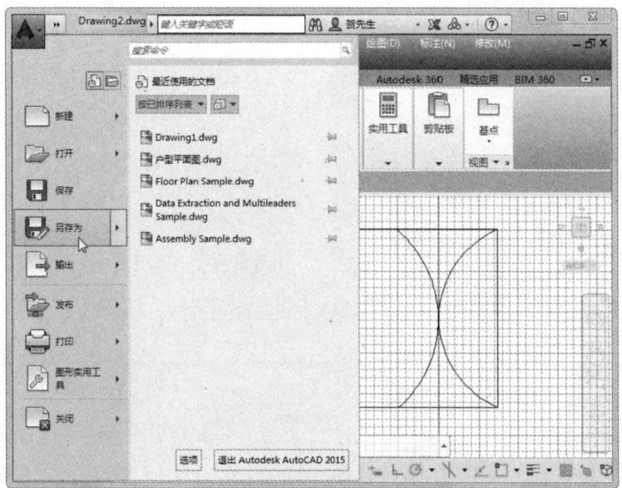

用户可以设置自动保存图形文件，以免因忘记及时手动保存图形文件造成文件的损失。在命令行窗口中执行 OP 命令，弹出“选项”对话框，切换到“打开和保存”选项卡，可以设置自动保存的时间间隔，如下图（左）所示。

默认的文件自动保存位置较为隐蔽，可以更改保存路径为常用文件夹。切换到“文件”选项卡，展开列表框中“自动保存文件位置”选项，然后单击“浏览”按钮，即可自定义文件的自动保存位置，如下图（右）所示。

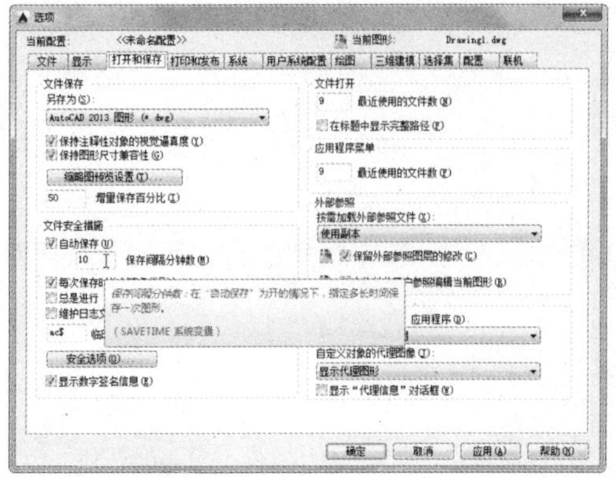

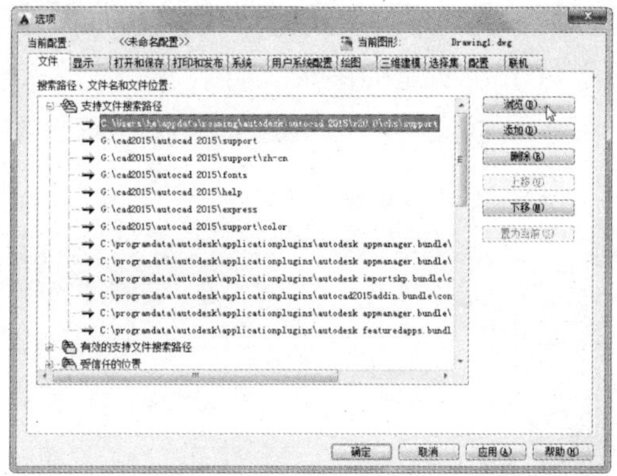

1.3.4 关闭图形文件

如果只需关闭当前图形文件，可以单击绘图区右上角的“关闭”按钮（非主程序窗口右上角的“关闭”按钮），或在命令行窗口中执行 CLOSE 命令即可。

如果需要同时关闭当前打开的所有图形文件且保留主程序，则可展开应用程序菜单中的“关闭图形”级联菜单，选择其中的“所有图形”命令，如下图（左）所示。在命令行窗口中执行 CLOSEALL 命令，同样可以实现此操作。

如果需要同时关闭当前打开的所有图形文件且关闭主程序，则可打开应用程序菜单，单击菜单右下角的“退出 Autodesk AutoCAD 2015”按钮，或直接单击主程序窗口右上角的“关闭”按钮即可，如下图（右）所示。

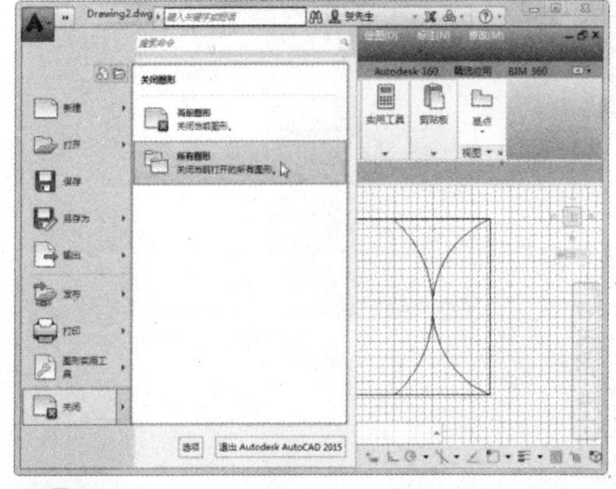

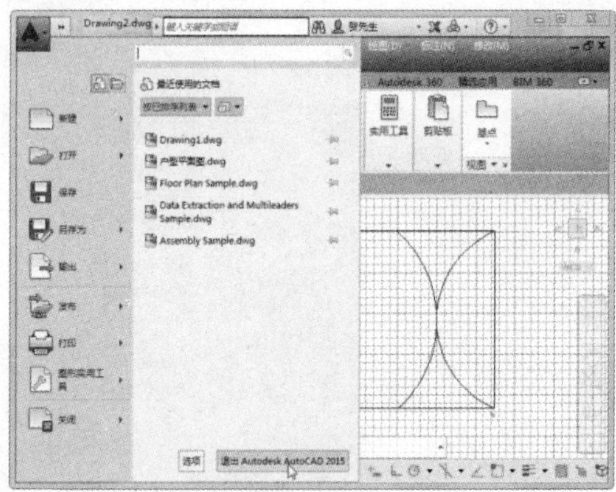

知识加油站

通过局部打开方式可以选择只加载指定图层的几何图形。在“选择文件”对话框中选择需要打开的文件，单击“打开”按钮旁边的下拉按钮，在弹出的下拉列表中选择“局部打开”选项，弹出“局部打开”对话框，选中需要加载图层右侧的复选框，单击“打开”按钮，即可以局部打开方式加载图形。

1.4 AutoCAD 系统设置

在进行绘图前，需要对系统参数进行设置，以达到最佳效果，这样可以大幅降低工作时间并提高工作效率，并且达到美观、大方的视觉效果。

1.4.1 显示设置

显示设置主要是指对窗口颜色、显示精度及十字光标大小进行设置，具体操作方法如下：

01 单击“选项”按钮 新建空白图形文件，单击“应用程序”按钮，在打开的应用程序菜单中单击“选项”按钮，如下图所示。

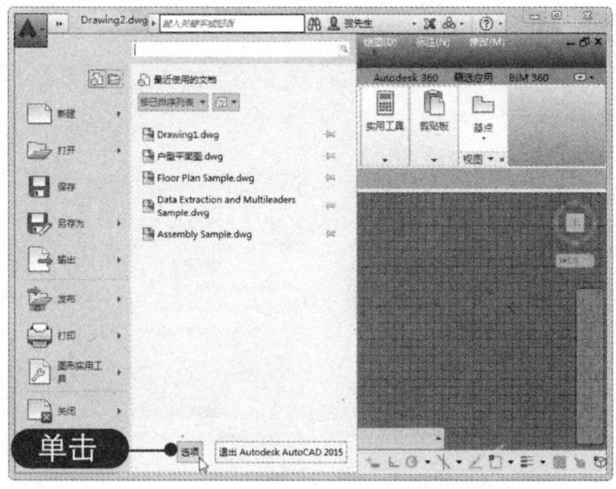

02 设置十字光标大小 弹出“选项”对话框，选择“显示”选项卡，拖动“十字光标大小”选项区中的滑块，调整十字光标大小，如下图所示。

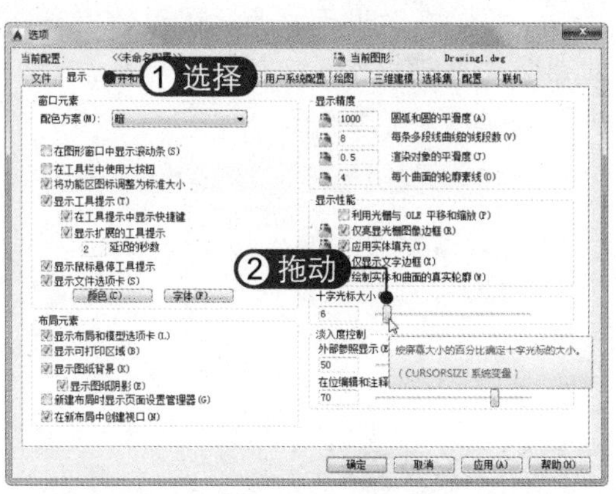

03 设置显示精度 在“显示精度”选项区中设置相关参数，然后单击“窗口颜色”选项区中的“颜色”按钮，如下图所示。

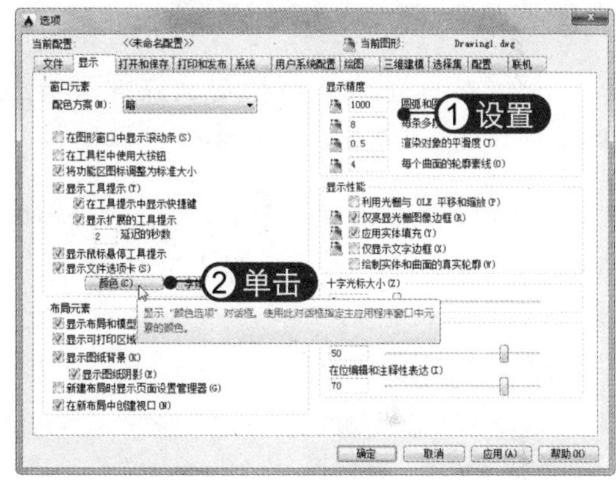

04 选择颜色 单击“颜色”下拉按钮，在弹出的下拉列表中选择“白”选项，单击“应用并关闭”按钮，如下图所示。

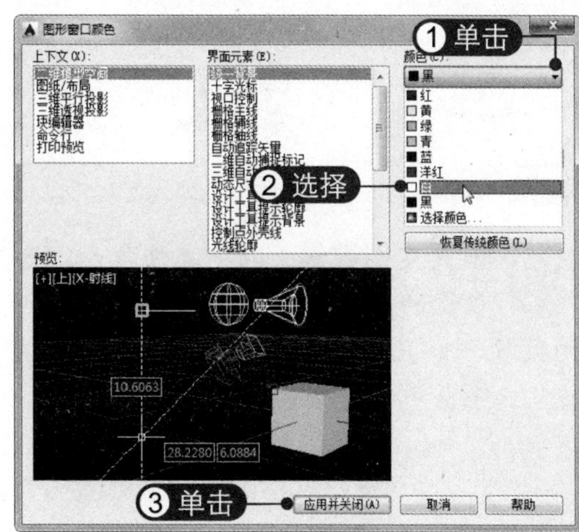

05 **设置字体** 返回"选项"对话框，单击"窗口颜色"选项区中的"字体"按钮，弹出"字体"对话框，进行相关设置，单击"应用并关闭"按钮，然后单击"确定"按钮，如下图所示。

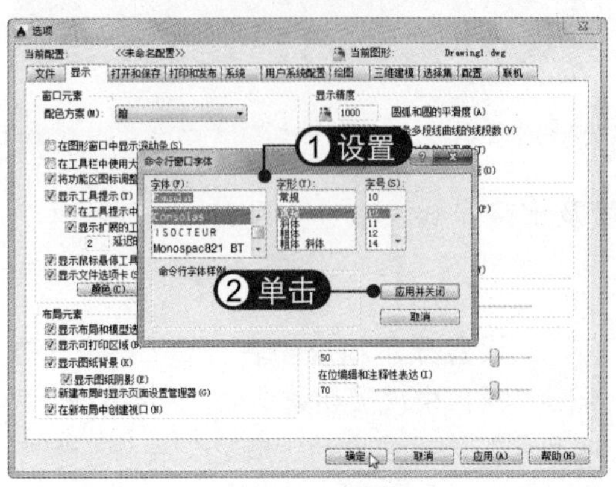

06 **查看窗口效果** 返回绘图窗口，查看设置的窗口效果，如下图所示。

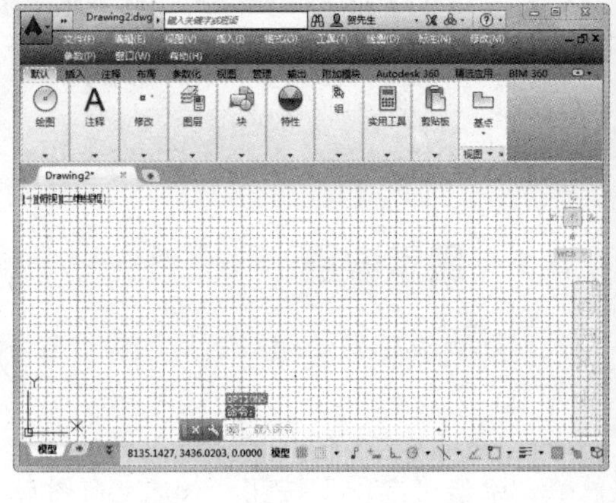

1.4.2 打开和保存设置

打开和保存设置包括对文件保存类型的设置、最近使用的文件数的设置、自动保存频率设置、加密图形文件等，具体操作方法如下：

01 **选择文件格式** 打开"选项"对话框，选择"打开和保存"选项卡，单击"另存为"下拉按钮，选择合适的文件格式，如下图所示。

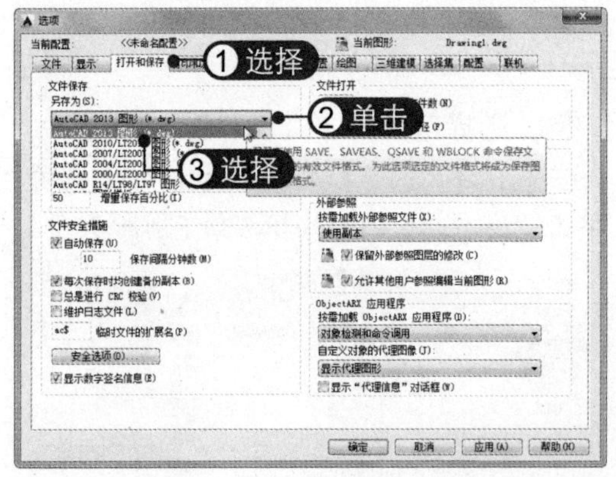

02 **设置文档数量** 在"文件打开"选项区的文本框中设置最近使用文档的数量，如下图所示。单击"文件安全措施"选项区中的"安全选项"按钮。

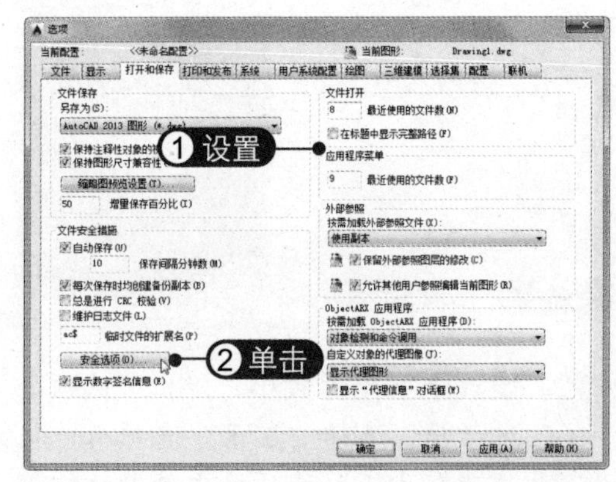

03 **输入密码** 弹出"安全选项"对话框，在"用于打开此图形的密码或短语"文本框中输入密码，然后单击"确定"按钮，如下图所示。

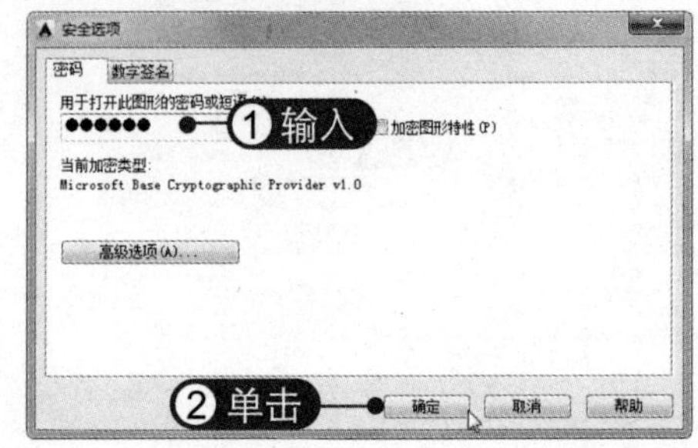

04 **确认密码** 弹出“确认密码”对话框，再次输入密码，依次单击“确定”按钮，如下图所示。

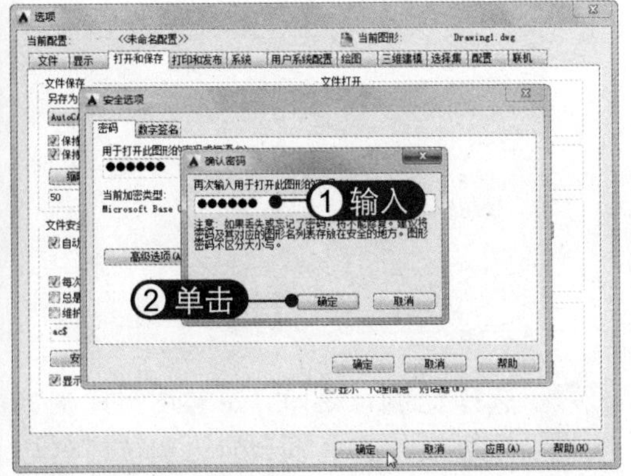

05 **确认操作** 弹出提示信息框，单击“确定”按钮，如下图所示。

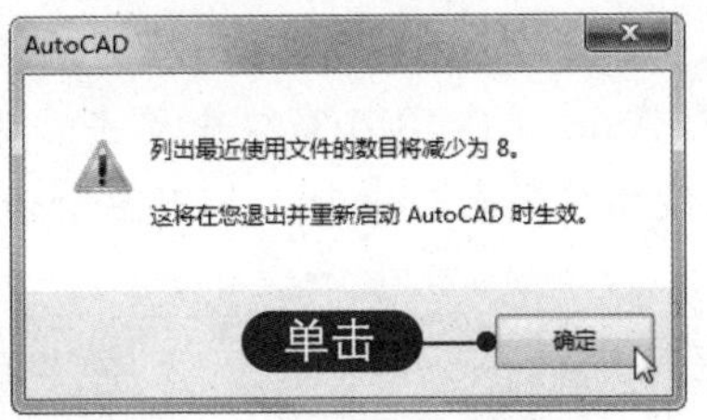

06 **查看设置效果** 再次打开此文件时，提示用户需要输入密码，如下图所示。

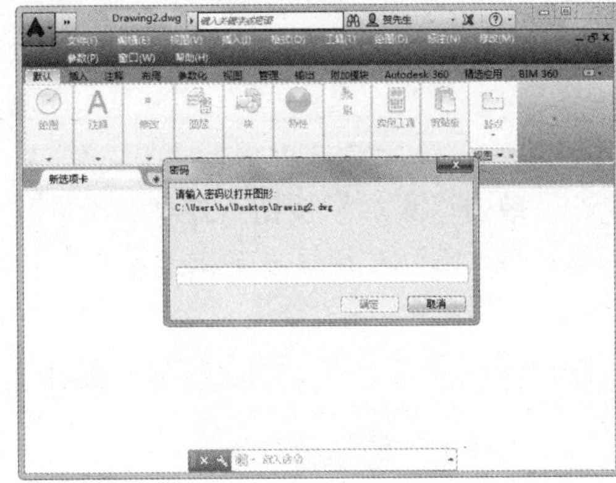

1.4.3 绘图单位和比例设置

在绘图前进行绘图单位的设置是很有必要的。对于任何图形来说都有其大小、精度以及所采用的单位，但因各个行业的绘图要求不同，所以单位、大小等也会随之改变。绘图比例的设置与所绘制图形的精确度有很大关系。比例设置得越大，绘图的精度越精确。各行业的绘图比例是不相同的，所以在绘图前需要调整好绘图比例值，具体操作方法如下：

01 **单击“单位”命令** 在 AutoCAD 2015 窗口中单击“格式”|“单位”命令，如下图所示。

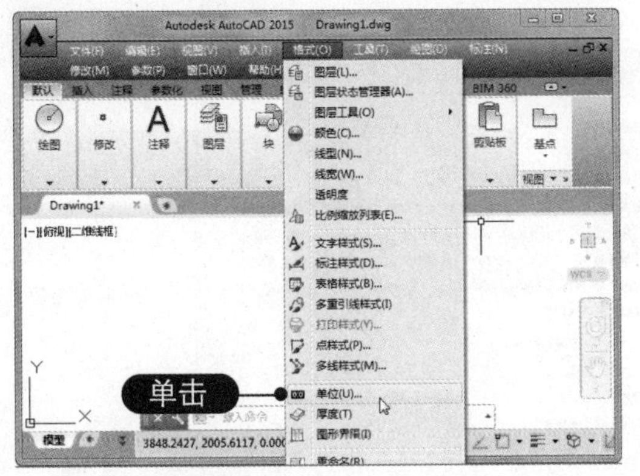

02 **设置图形单位** 弹出“图形单位”对话框，根据需要设置图形单位选项，然后单击“确定”按钮，如下图所示。

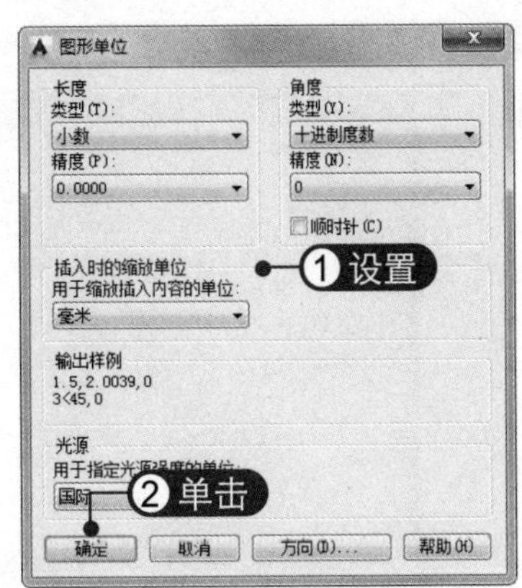

03 **单击"比例缩放列表"命令** 在AutoCAD 2015窗口中单击"格式"|"比例缩放列表"命令，如下图所示。

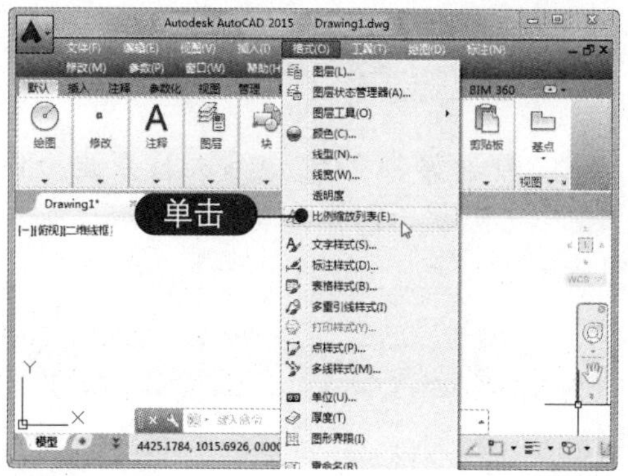

04 **单击"添加"按钮** 弹出"编辑图形比例"对话框，单击"添加"按钮，如下图所示。

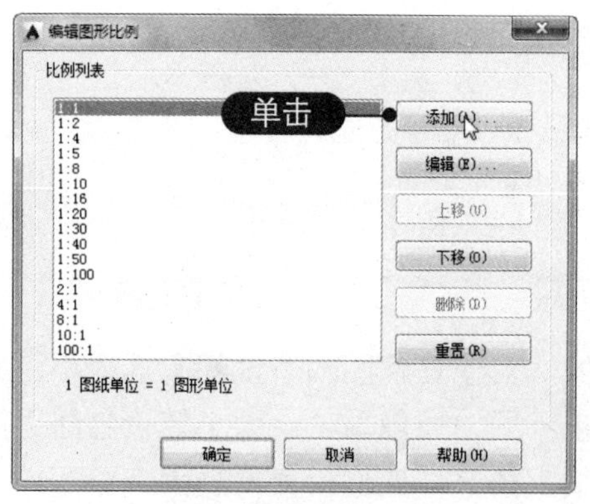

05 **输入单位数值** 弹出"添加比例"对话框，输入单位数值，然后单击"确定"按钮，如下图所示。

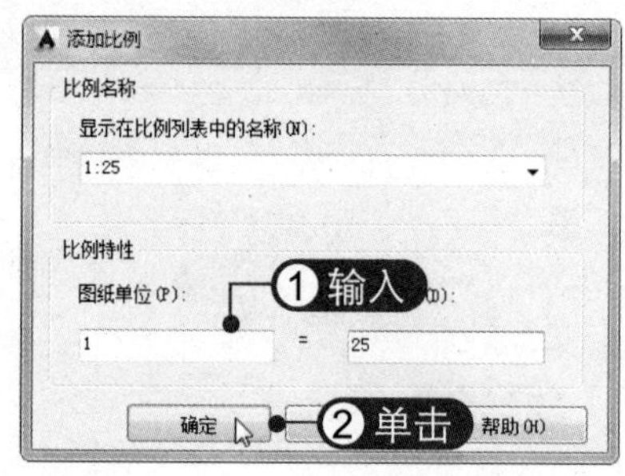

06 **选择比例** 返回"编辑图形比例"对话框，选中添加的比例值，然后单击"确定"按钮，如下图所示。

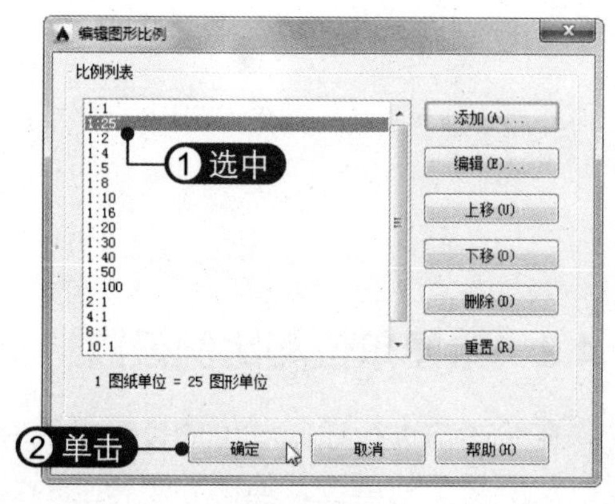

1.4.4 工作空间设置

工作空间是经过组织的菜单、工具栏和选项板的集合。AutoCAD 2015 包含"草图与注释"、"三维基础"和"三维建模"3 种预设工作空间，可以方便用户进行不同类型图形的绘制工作。在状态栏中单击"切换工作空间"下拉按钮，在弹出的下拉列表中进行选择即可，如下图所示。

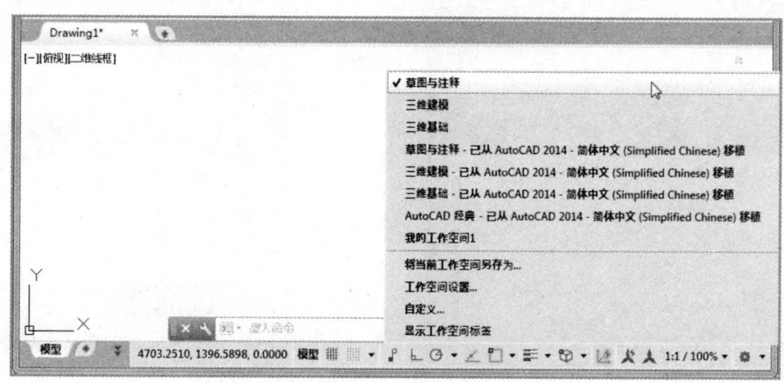

1. 草图与注释

主要用于绘制二维草图，是最常用的空间。在该工作空间中提供了常用的绘图工具、图层、图形修改等各种功能面板，如下图所示。

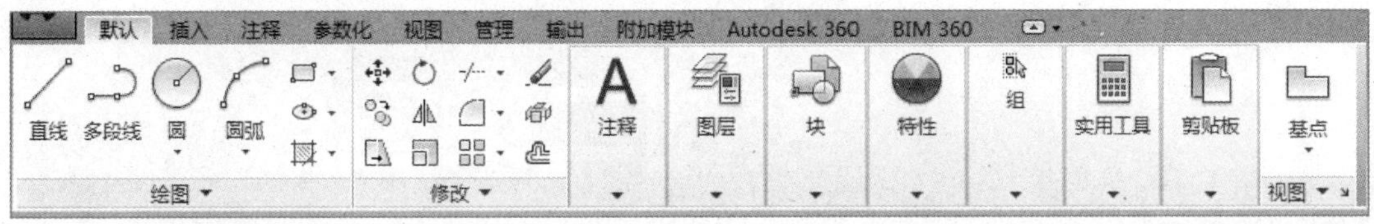

2. 三维基础

只限于三维模型，可运用所提供的建筑、编辑、渲染等命令创建三维模型，如下图所示。

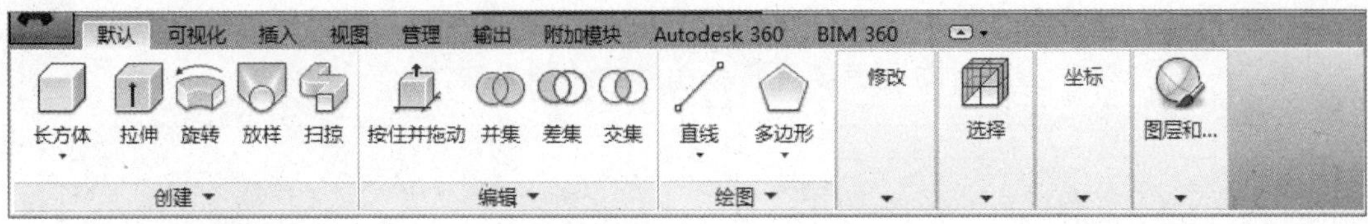

3. 三维建模

与“三维基础”相似，但其功能中增添了“网格”和“曲面”建模。在该工作空间中也可运用二维命令来创建三维模型，如下图所示。

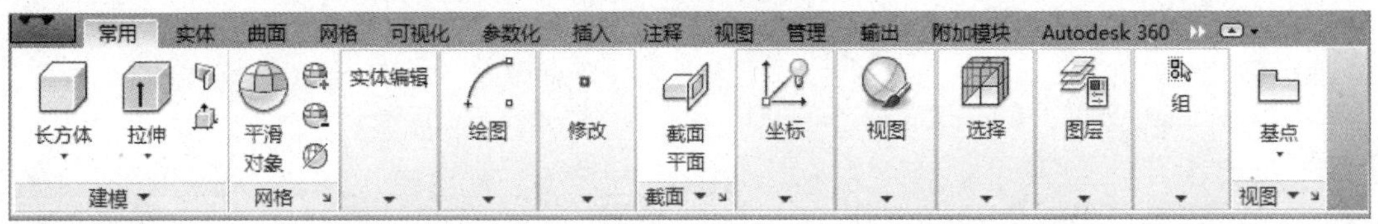

Chapter 02

绘制二维图形

二维图形包括点、直线、矩形、正多边形、圆类图形、椭圆及椭圆弧等，是 CAD 图形中最基本也最常用的元素，使用二维绘图命令可以很方便地进行绘制。本章将介绍二维绘图命令的使用方法，帮助读者学会简单图形的绘制方法。

本章要点 

- 认识坐标系统
- 绘制点、线、曲线
- 绘制矩形和多边形
- 绘制多线

知识等级 

AutoCAD 初级读者

建议学时 

建议学习时间为 80 分钟

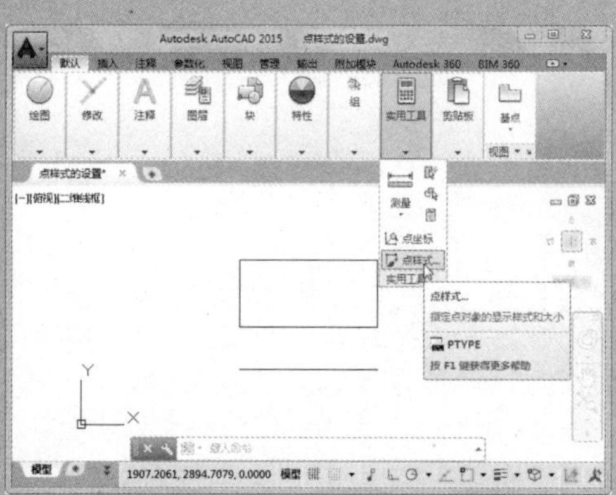

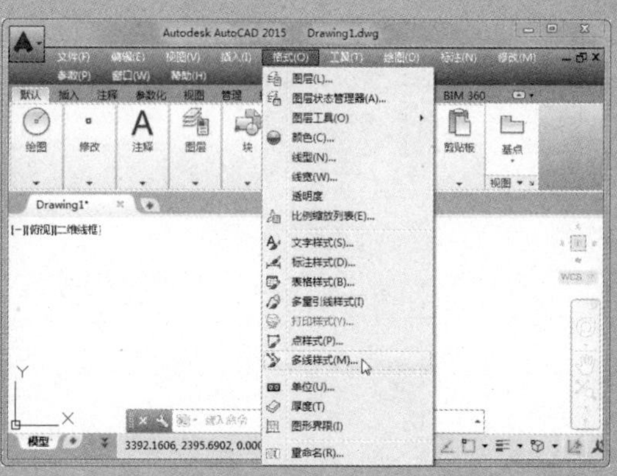

2.1 认识坐标系统

在 AutoCAD 中，根据坐标轴的不同可以按照直角坐标和极坐标输入图形的二维坐标。在使用直角坐标和极坐标时，均可以基于坐标原点(0,0)输入绝对坐标，或基于上一指定点输入其相对坐标。

2.1.1 直角坐标

直角坐标系也叫作笛卡儿坐标系。在 AutoCAD 中，它包含通过坐标系原点(0,0,0)的 X、Y 和 Z 三个轴。输入坐标值时，需要指定沿 X、Y 和 Z 轴相对于坐标系原点的距离，如下图（左）所示。在绘制二维平面图形时，一般只会用到相互垂直的 X、Y 轴以及坐标系原点(0,0)。X 轴为水平方向，向右为正方向；Y 轴为垂直方向，向上为正方向。在二维平面上的任意一点都可以由一对坐标值(x,y)来定义，如下图（右）所示。

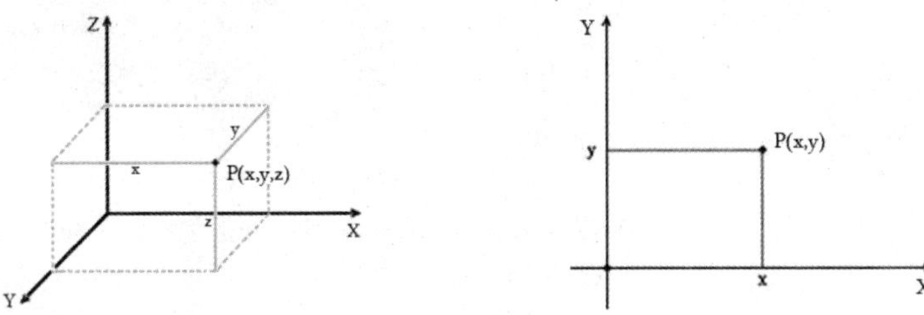

基于坐标系原点输入的坐标称为绝对坐标。此外，还可以某点为参考点，通过输入相对坐标来确定点。相对坐标与坐标系原点无关，只与参考点有关。

2.1.2 极坐标

极坐标系由一个极点和一个极轴构成。在二维平面上的任意一点都可以由该点到极点的距离和该点到极点的连线与极轴的极角角度定义，即用一对坐标值（L<α）来定义一个点，其中 L 表示连线距离，α 表示极角角度，如下图（左）所示。

默认情况下，角度按逆时针方向增大，按顺时针方向减小，如下图（右）所示。如果要指定顺时针方向的角度，可以为角度输入负值。例如，输入（L<315）和（L<-45）都代表相同的点。

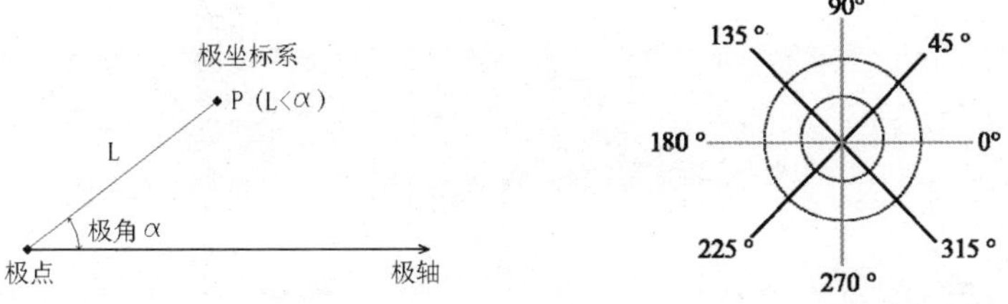

创建对象时，可以使用绝对极坐标或相对极坐标定位点。绝对极坐标的极点为(0,0)，即直角坐标系 X 轴与 Y 轴的交点。相对坐标一般基于上一个输入点。如果要指定相对坐标，需在坐标前面添加一个“@”符号即可。

2.1.3 绝对坐标与相对坐标

绝对坐标是 AutoCAD 中固定的坐标，每个点都有一组唯一绝对坐标。相对坐标是某点相对于另外一点的坐标，即以某个参考点为坐标原点，该点的坐标被称为相对坐标。下面以绘制 A4 图框为例，介绍绝对坐标与相对坐标的使用方法。

01 **单击“矩形”按钮** 新建文件，单击“默认”面板中的“矩形”按钮，如下图所示。

02 **绘制矩形** 输入绝对坐标“0,0”并按【Enter】键确认，指定矩形的第一个角。输入绝对坐标“210,297”并按【Enter】键确认，指定矩形的另一个角点。

命令:

RECTANG

指定第一个角点或 [倒角(C)/标高(E)/圆角(F)/厚度(T)/宽度(W)]: 0,0

指定另一个角点或 [面积(A)/尺寸(D)/旋转(R)]: @210,297

03 **绘制内框** 按【Enter】键，重新执行矩形命令。输入绝对坐标“10,5”并按【Enter】键确认，指定矩形的第一个角点。输入相对坐标“@190,287”并按【Enter】键确认，指定矩形的另一个角点。

命令:

RECTANG

指定第一个角点或 [倒角(C)/标高(E)/圆角(F)/厚度(T)/宽度(W)]: 10,5

指定另一个角点或 [面积(A)/尺寸(D)/旋转(R)]: @190,287

04 **完成绘制** 绘制完毕后，即可查看绘制好的 A4 图框，其中包括外框和内框两部分，如下图所示。

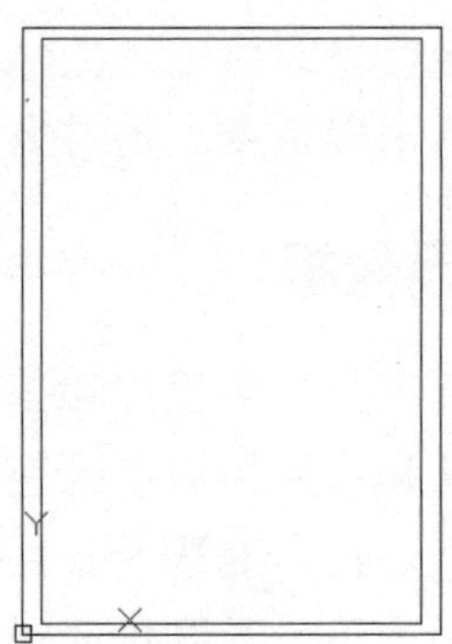

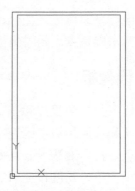

2.2 绘制点

点是组成其他图形的最基本元素。在 AutoCAD 中点可以分为三种形式，即点、定数等分点和定距等分点。下面将详细介绍如何设置点样式，以及如何绘制点。

2.2.1 设置点样式

在默认情况下点是没有长度和大小的，在绘图区中绘制一个点会很难看见。为了能够清晰地显示出点的位置，用户可对点样式进行设置。

单击“格式”|“点样式”命令，弹出“点样式”对话框，选中所需点的样式，并在“点大小”文本框中输入点的大小，单击“确定”按钮即可完成设置，如下图所示。

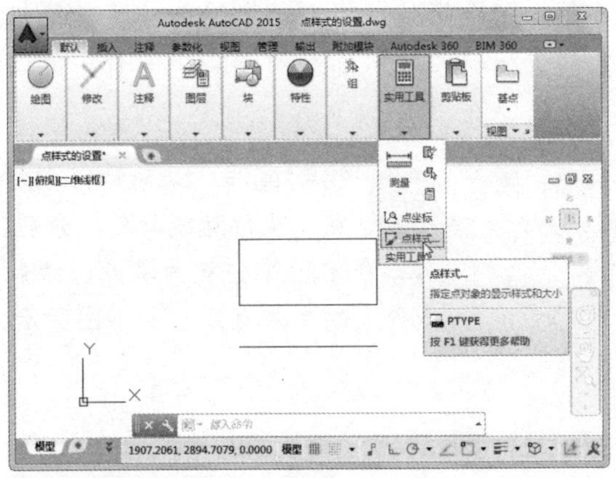

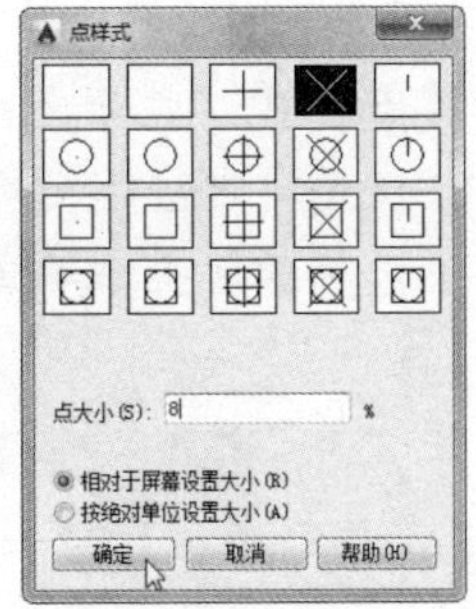

2.2.2 绘制点

用户可以通过多点工具连续绘制多个点对象，具体操作方法如下：

01 单击“点样式”按钮 打开素材文件，在“常用”选项卡下打开“实用工具”面板，单击“点样式”按钮，如下图所示。

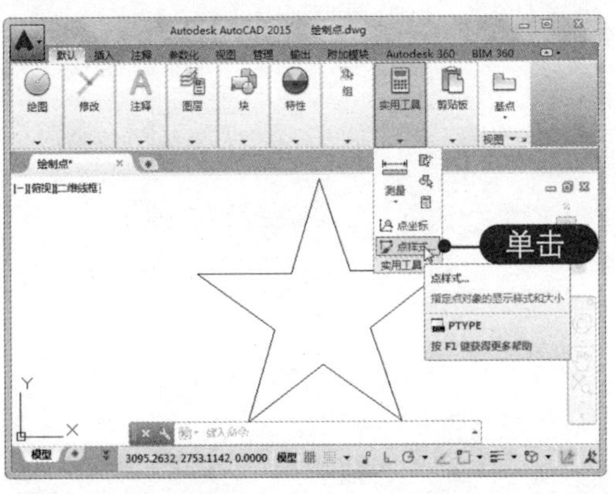

02 设置点样式 弹出“点样式”对话框，单击所需的点样式，在“点大小”数值框中输入合适的值，单击“确定”按钮，如下图所示。

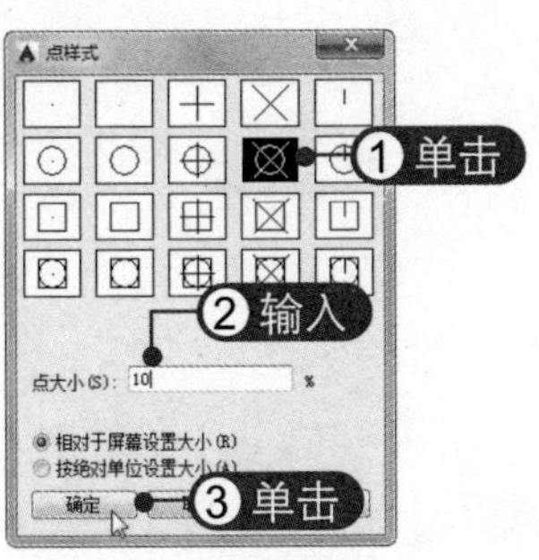

03 单击“多点”按钮 打开“默认”选项卡下的“绘图”面板，单击“多点”按钮，如下图所示。

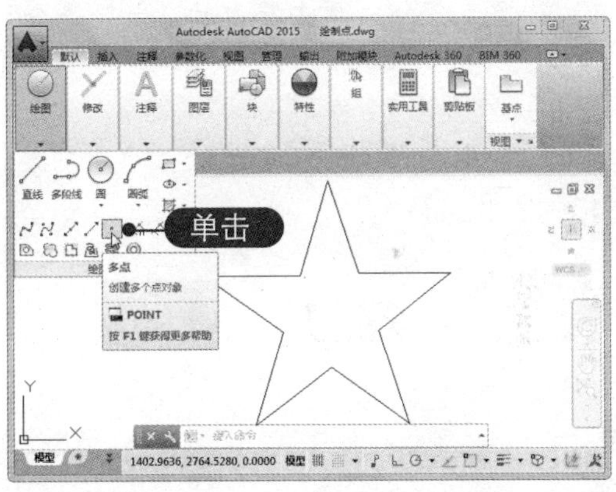

04 绘制多点 启用对象捕捉模式，分别捕捉五角星各个端点，依次绘制多点，如下图所示。

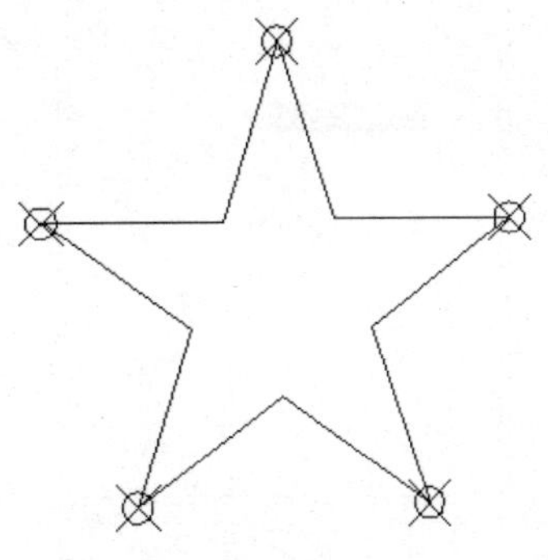

2.2.3 绘制等分点

等分点分为定数等分和定距等分，定数等分是将对象划分为一定数量长度相等的对象，而定距等分是按照一定的数值进行分段。下面通过绘制柜子介绍如何绘制等分点，具体操作方法如下：

01 设置点样式 打开素材文件，打开"点样式"对话框，分别设置点样式和点大小，然后单击"确定"按钮，如下图所示。

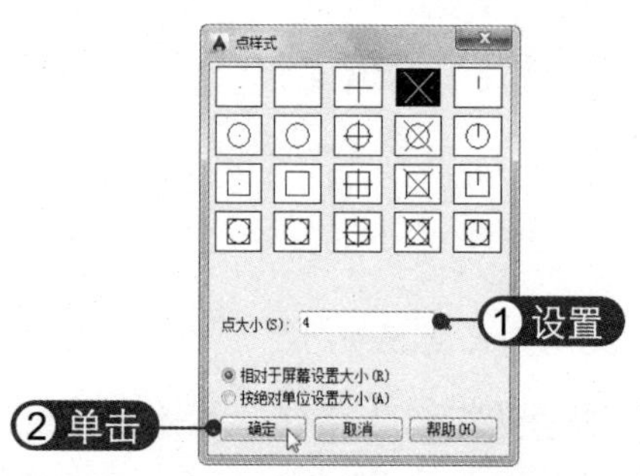

02 单击"定距等分"按钮 打开"绘图"面板，单击其中的"定距等分"按钮，如下图所示。

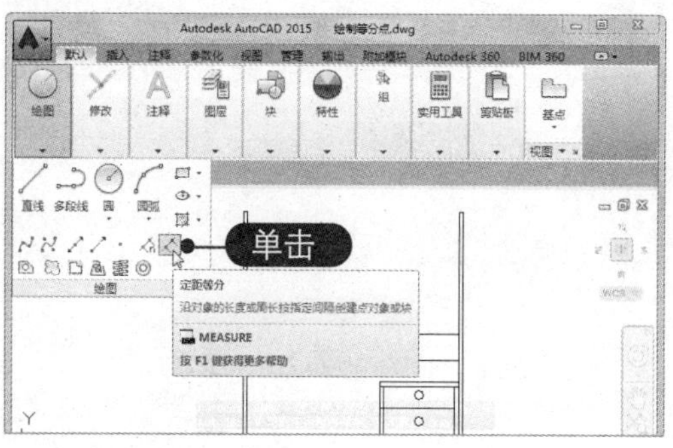

03 制定线段长度 选择左侧第二条直线为定距等分对象，指定线段长度为140，并按【Enter】键确认，如下图所示。

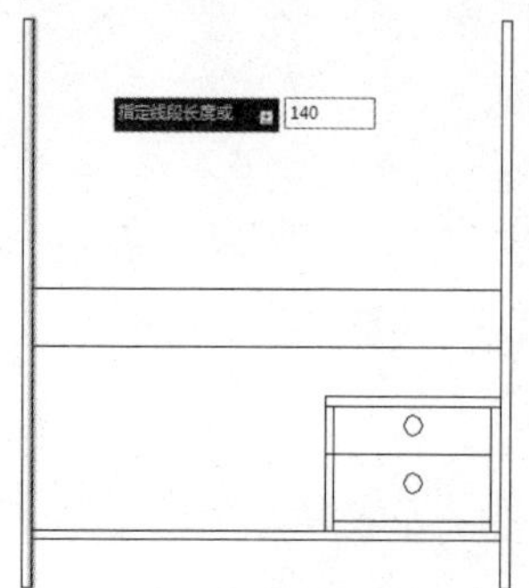

04 绘制直线 此时即可创建定距等分点，执行直线命令，分别以第一个、第二个定距等分点为端点，绘制与右侧直线垂直的水平直线，如下图所示。

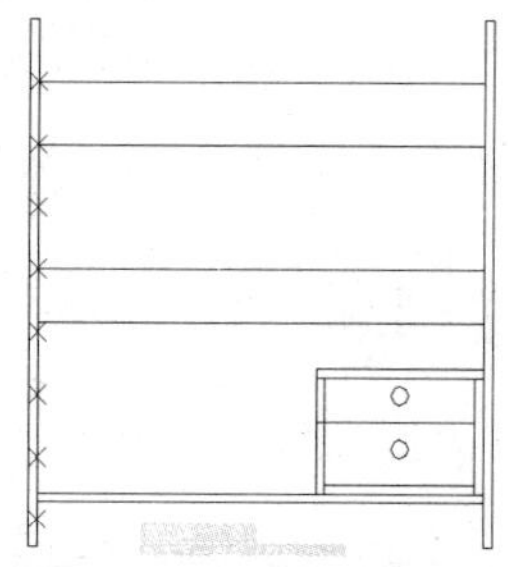

05 位移直线 执行位移命令，以20为位移距离，将绘制的两条水平直线向下位移，如下图所示。

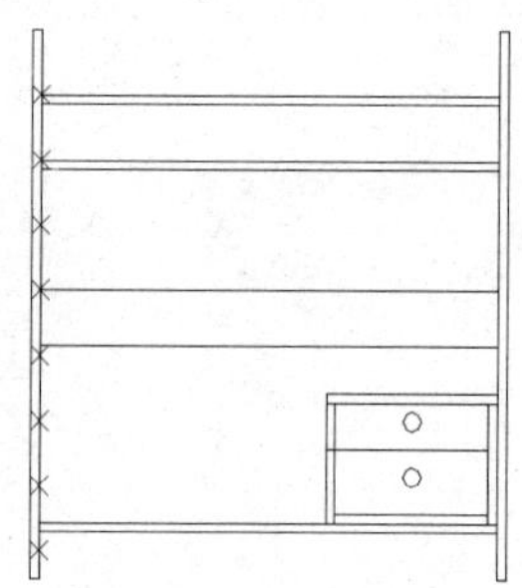

06 单击"定数等分"按钮 打开"绘图"面板，单击其中的"定数等分"按钮，如下图所示。

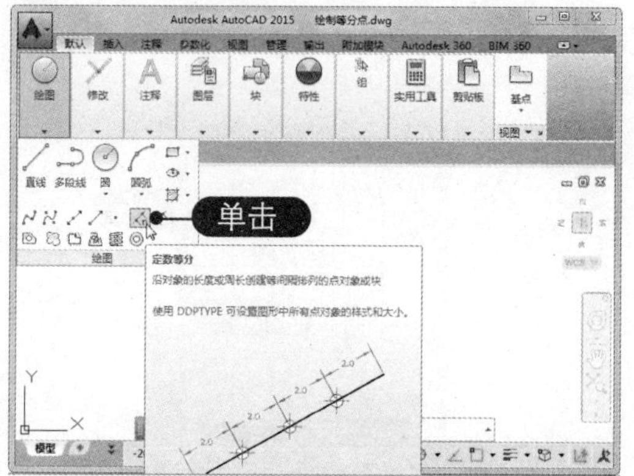

07 指定线段数目 选择中间直线为定数等分对象，指定线段数目为3，如下图所示。

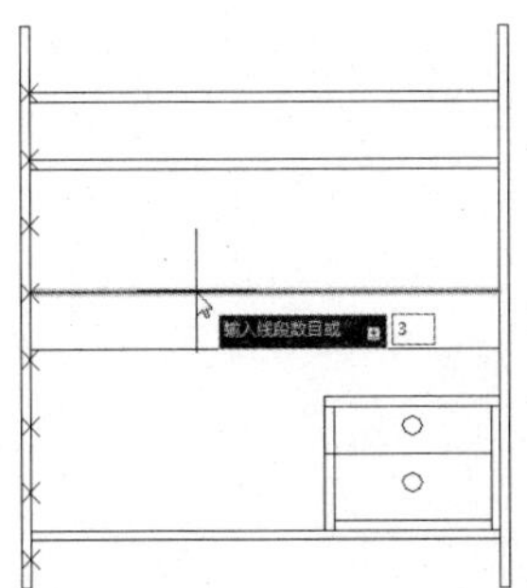

08 创建定数等分点 创建定数等分点，执行直线命令，分别以定数等分点为端点，绘制与下方直线垂直的竖线，如下图所示。

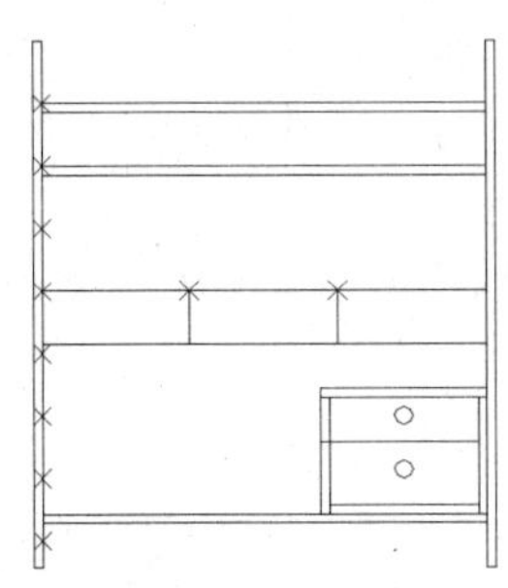

09 绘制圆 执行“圆心，半径”命令，在合适位置绘制三个相同的小圆，如下图所示。

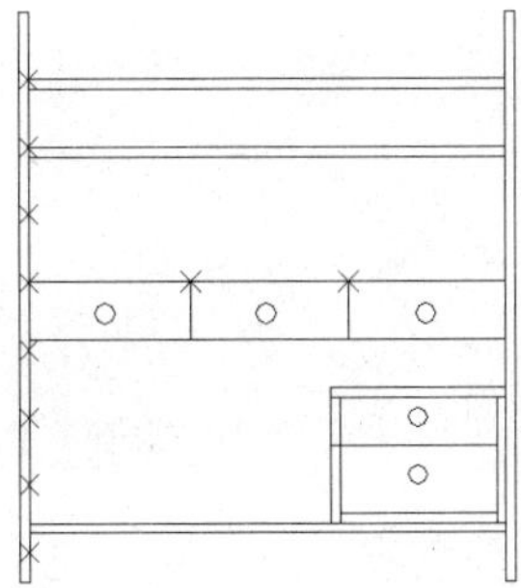

10 删除等分点 删除等分点，查看最终效果，如下图所示。

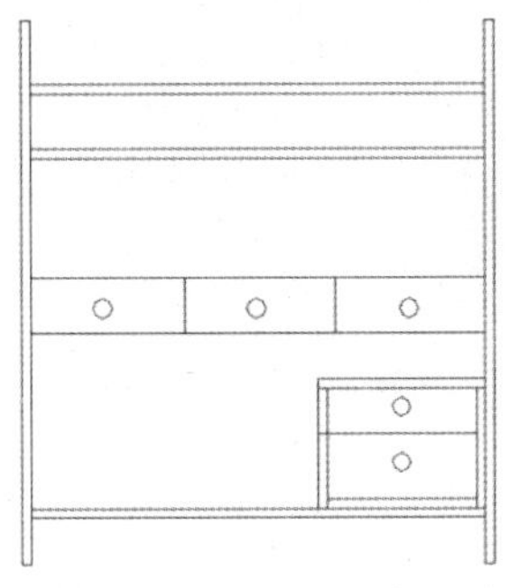

2.3 绘制线

线是构成图形的最基本的对象。在 AutoCAD 中，线可以分为直线、多段线、构造线、射线和多线等类型。下面将分别对其绘制方法进行介绍。

2.3.1 绘制直线

在 AutoCAD 中绘制直线后，可以指定直线的特性，包括颜色、线型和线宽，可以对每条线段进行编辑。下面通过实例对直线的绘制方法进行介绍，具体操作方法如下：

01 单击“直线”按钮 打开素材文件，单击“绘图”面板中的“直线”按钮，如右图所示。

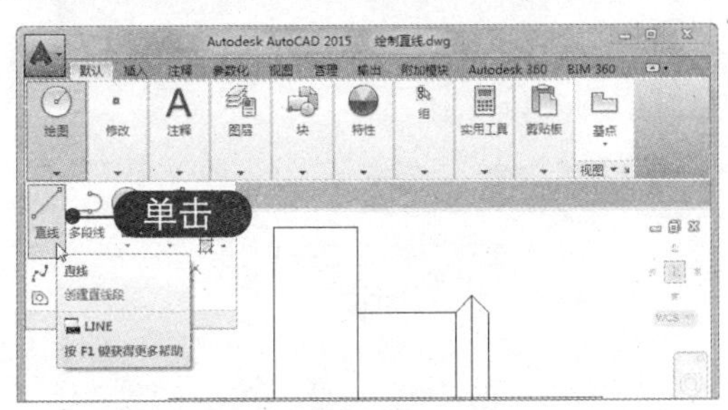

02 **绘制直线**　在命令行窗口中依次输入直线的端点坐标，绘制连续的多条直线段，绘制完毕后按【Esc】键退出绘制状态，命令提示如下：

```
命令: _line 指定第一点: 0,0
指定下一点或 [放弃(U)]: 0,-50
指定下一点或 [放弃(U)]: 25,0
指定下一点或 [闭合(C)/放弃(U)]: 0,25
指定下一点或 [闭合(C)/放弃(U)]:
```

03 **查看直线**　在命令行完成命令输入后即可查看绘制完成的图形，如下图所示。

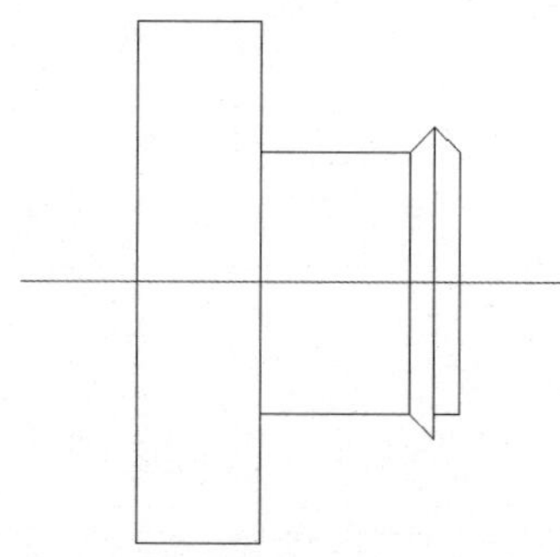

04 **选择"拉伸"命令**　单击图形上要编辑的直线，选中要编辑的夹点，当夹点出现红色状态时弹出下拉列表，选择"拉伸"命令，如下图所示。

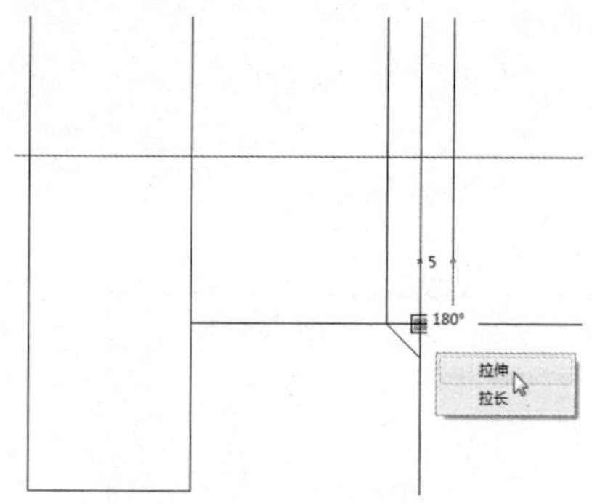

05 **查看拉伸效果**　拉伸夹点，捕捉到图形上的端点，按【Esc】键退出绘制状态，如下图所示。

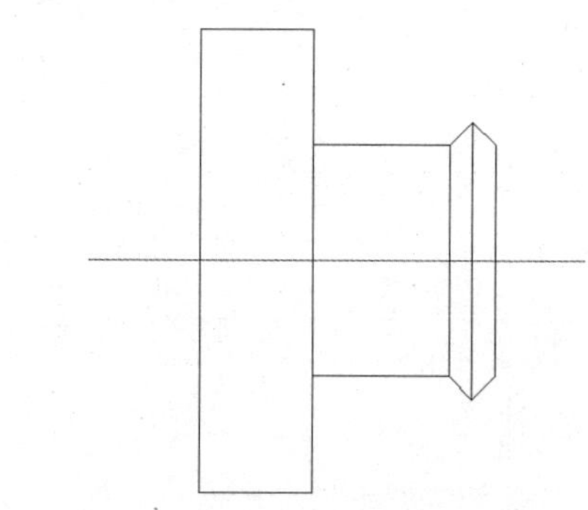

2.3.2　绘制多线段

多段线是作为单个对象创建的相互连接的线段序列，可以通过"多段线"按钮创建直线段、圆弧段或两者的组合线段。下面以制圆柱头螺钉图形为例介绍多段线的绘制方法，具体操作方法如下：

01 **单击"多段线"按钮**　打开素材文件，单击"绘图"面板中的"多段线"按钮，如下图所示。

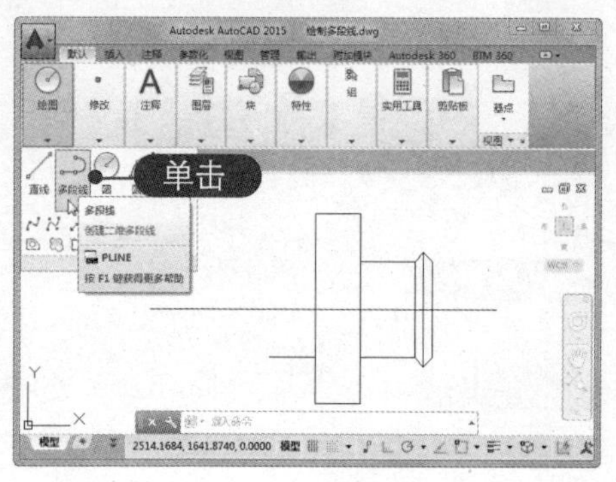

02 **绘制多段线**　开启捕捉命令，捕捉直线上的中点，绘制一条长为25的直线，如下图所示。

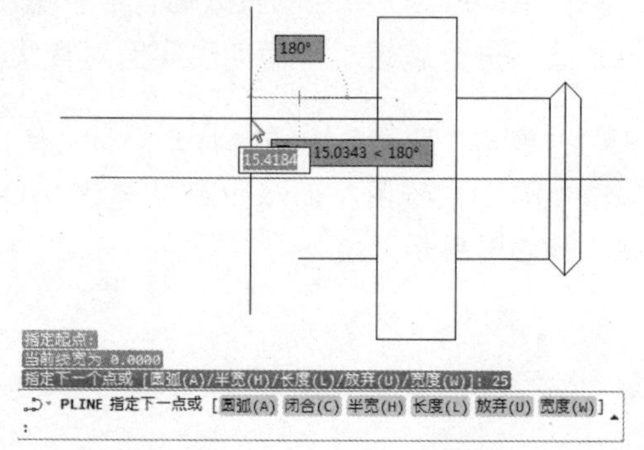

03 切换状态 在命令行窗口中输入A。切换至圆弧状态，移动鼠标，指定圆弧另一端点，如下图所示。

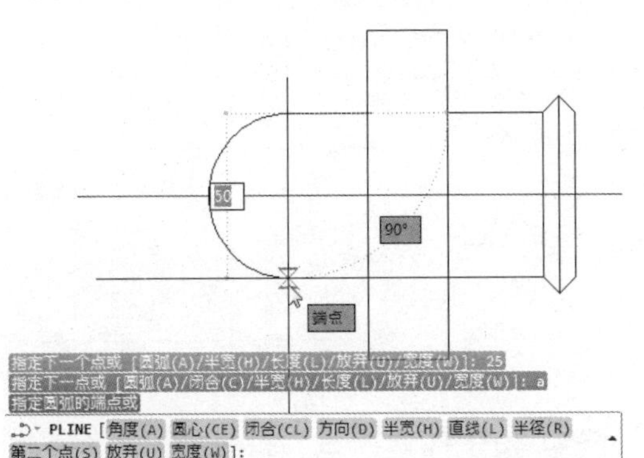

04 捕捉圆心和端点 分别捕捉图形上的圆心和另一端点，按【Enter】键确认即可，完成绘制，如下图所示。

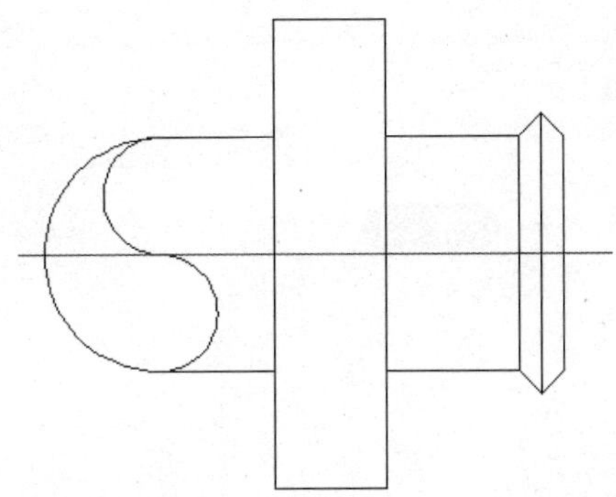

2.3.3 绘制构造线

构造线是无限延伸的线，也可用作创建其他直线的参照。在AutoCAD中可以创建出水平、垂直、具有一定角度的构造线。下面通过实例介绍如何绘制构造线，具体操作方法如下：

01 单击“构造线”按钮 打开素材文件，单击“绘图”面板中的“构造线”按钮，如下图所示。

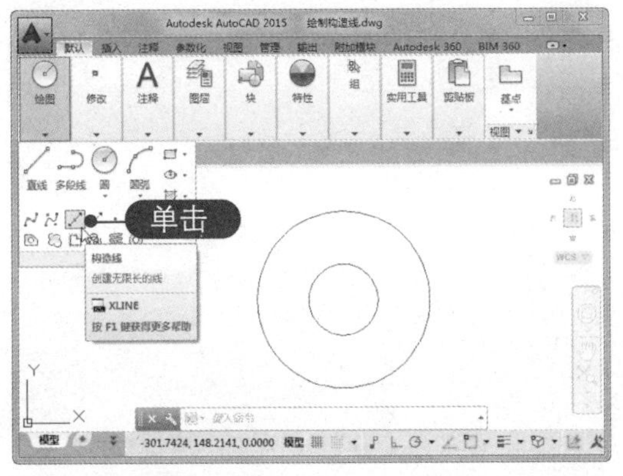

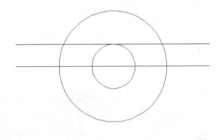

02 指定通过点 在命令行窗口中输入H，设置为水平构造线。输入“0,0”、“0,40”为指定通过点，按【Enter】键确认，如下图所示。

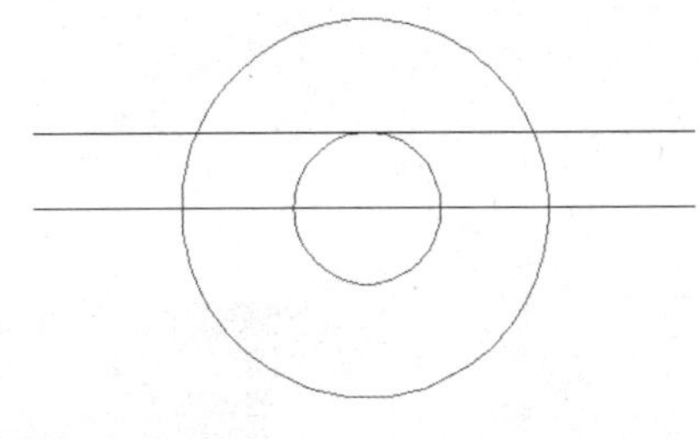

03 设置垂直构造线 单击“构造线”按钮，在命令行窗口中输入V，设置为垂直构造线。输入“0,0”为指定通过点，按【Enter】键确认，如下图所示。

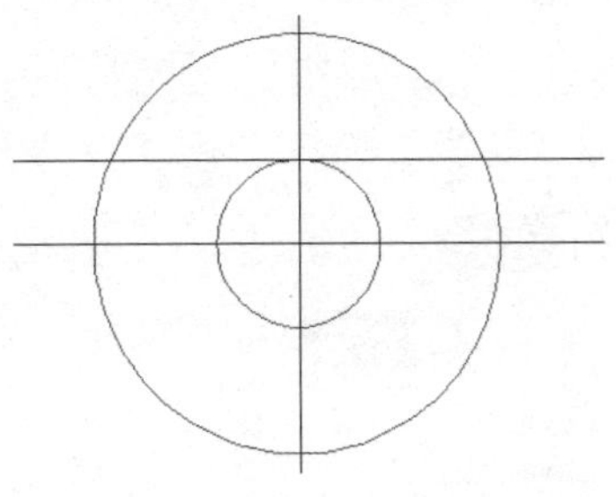

2.3.4 绘制射线

射线是以一个起点为中心，向某个方向无限延伸的直线。射线一般用作创建其他直线的参照。下面通过实例介绍如何绘制射线，具体操作方法如下：

01 单击"射线"按钮 打开素材文件，单击"绘图"面板中的"射线"按钮，如下图所示。

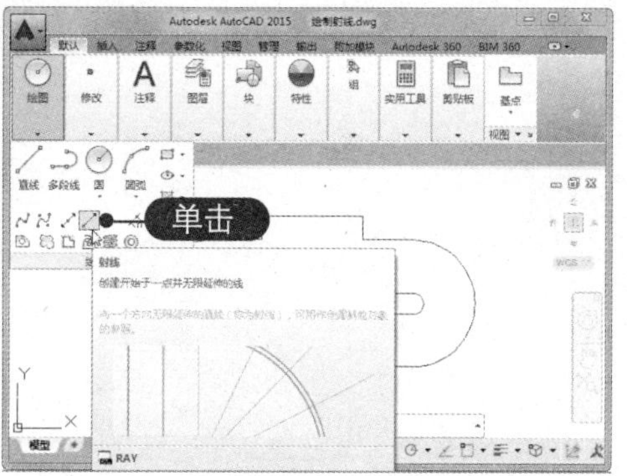

02 启动对象捕捉 右击状态栏中的"对象捕捉"按钮，选择"对象捕捉设置"命令，如下图所示。

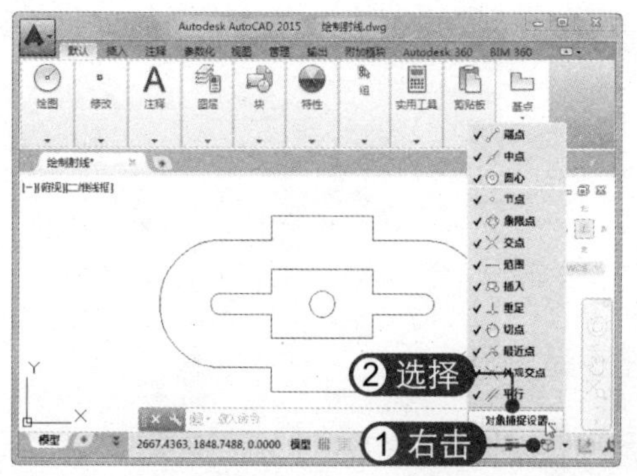

03 设置对象捕捉 弹出"草图设置"对话框，分别选中"启用对象捕捉"和"圆心"复选框，启用圆心对象捕捉，单击"确定"按钮，如下图所示。

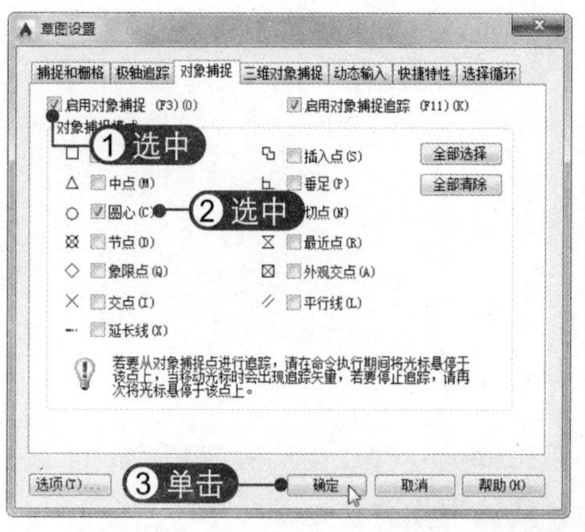

04 指定射线角度 捕捉图形上圆的圆心为射线的起点。在命令行窗口中输入"<30"并按【Enter】键确认，限制射线角度为30度，如下图所示。

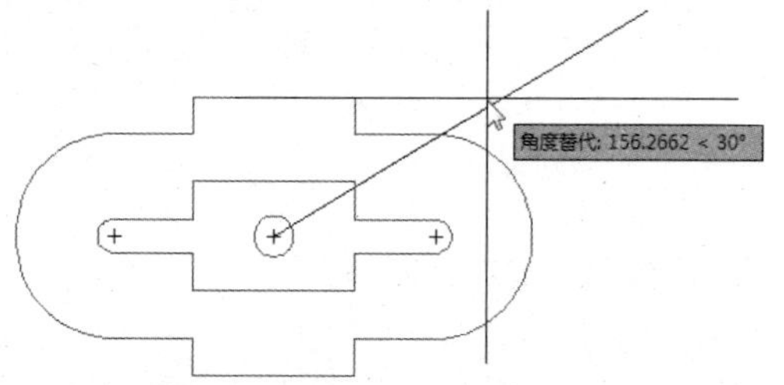

05 指定任意一点 沿射线方向单击指定任意一点，即可完成该条射线的绘制，如下图所示。

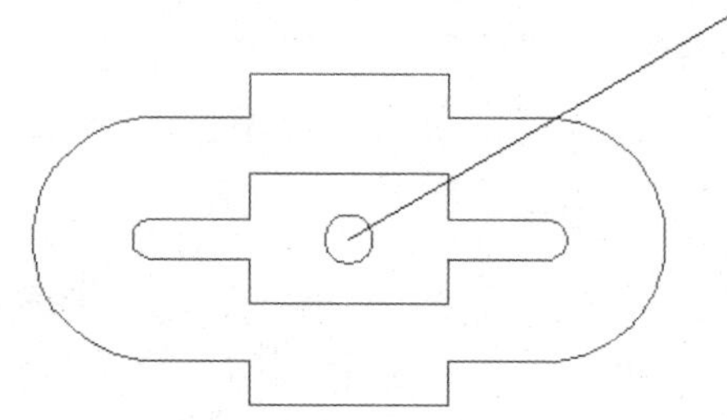

06 绘制其他射线 采用同样的方法，沿-45度绘制另一条射线，如下图所示。

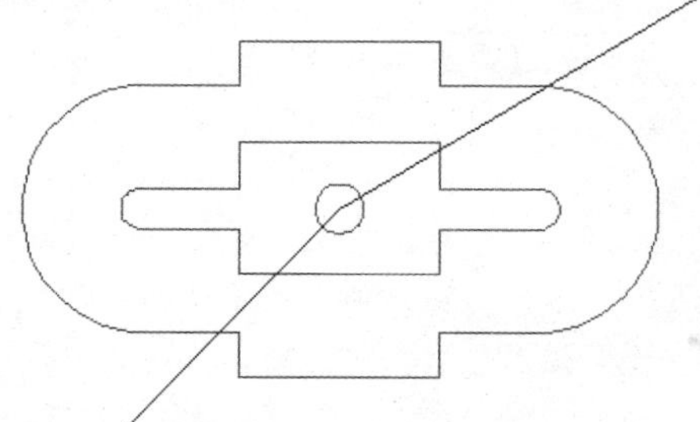

知识加油站

在命令行提示下输入RAY命令，可以快速执行"射线"命令。使用射线代替构造线有助于降低视觉混乱。

2.4 绘制曲线

在 AutoCAD 中，曲线型对象包括圆、圆弧、多段线圆弧、圆环、椭圆和样条曲线，下面将学习它们各自的绘制方法。

2.4.1 绘制圆

用户可以使用多种方法绘制圆，默认方法是通过指定圆心和半径来绘制圆。下面将通过实例对绘制圆的不同方法分别进行介绍，具体操作方法如下：

01 选择"圆心，半径"命令 打开素材文件，单击"绘图"面板中的"圆"下拉按钮，在弹出的下拉列表中选择"圆心，半径"命令，如下图所示。

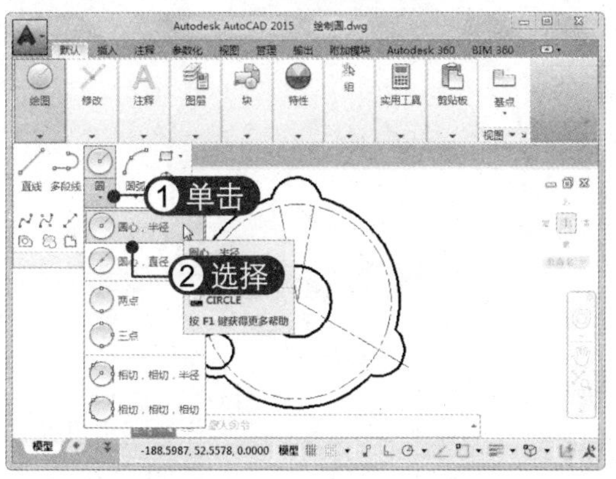

02 指定圆心 通过对象捕捉模式指定圆的圆心，如下图所示。

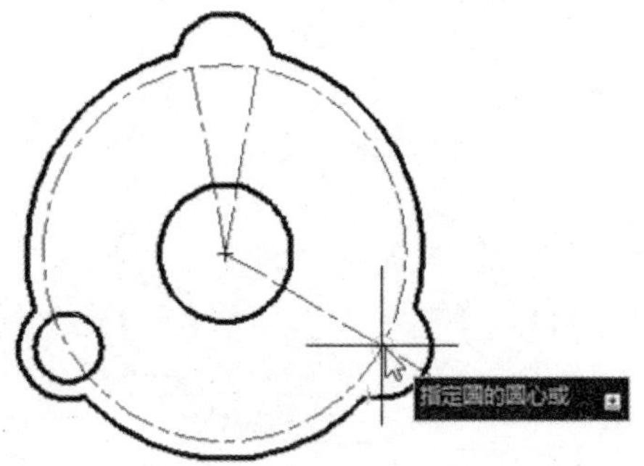

03 指定半径 输入 10 并按【Enter】键确认，绘制一个半径为 10 的圆，如下图所示。

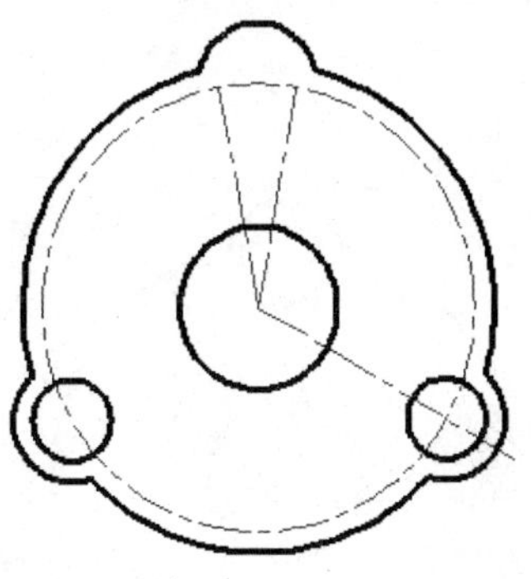

04 选择"两点"命令 单击"绘图"面板中的"圆"下拉按钮，在弹出的下拉列表中选择"两点"命令，如下图所示。

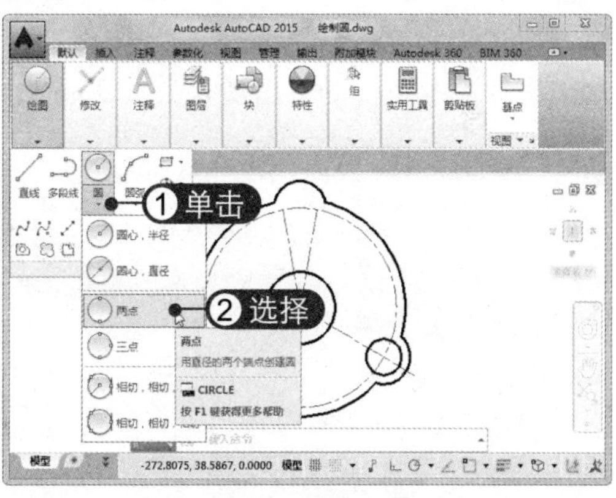

05 指定端点 通过对象捕捉模式分别指定大圆辅助线与两条直线的交点为圆的两个端点，如下图所示。

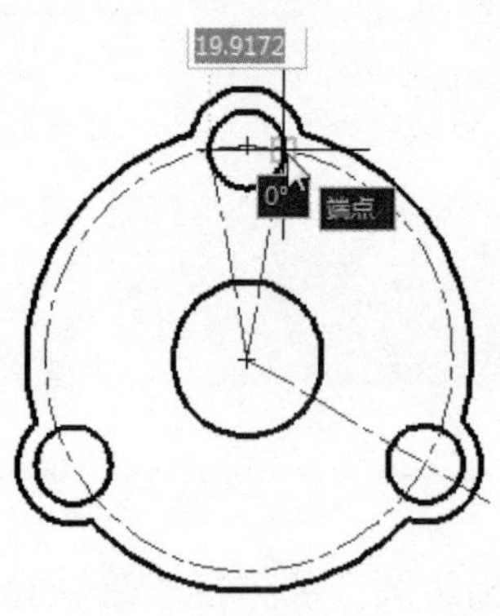

06 **绘制圆** 此时即可绘制出端点为大圆与两条直线交点的圆，效果如下图所示。

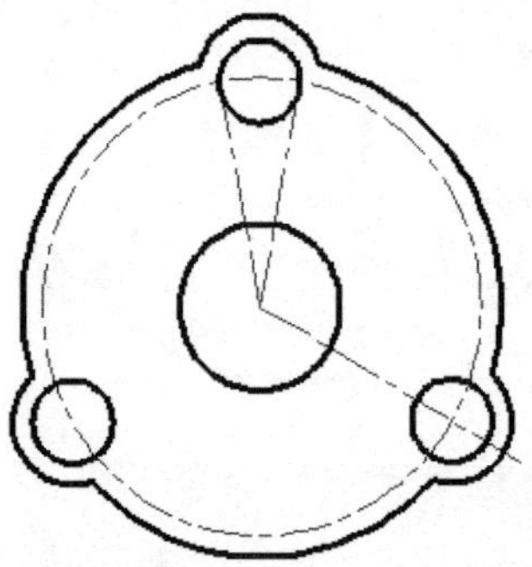

07 **选择"相切，相切，半径"命令** 单击"绘图"面板中的"圆"下拉按钮，在弹出的下拉列表中选择"相切，相切，半径"命令，如下图所示。

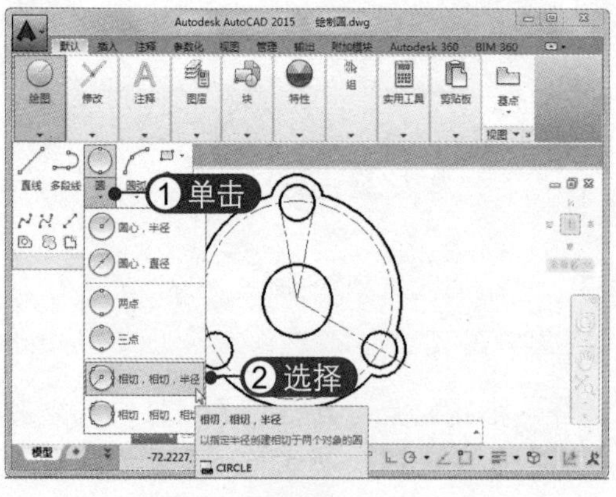

08 **指定第一切点** 在中间的圆上指定第一个切点，如下图所示。

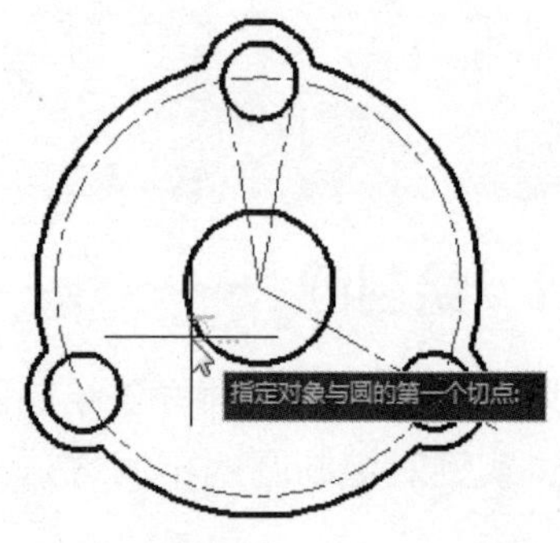

09 **指定第二切点** 在其右侧的小圆上指定第二个切点，如下图所示。

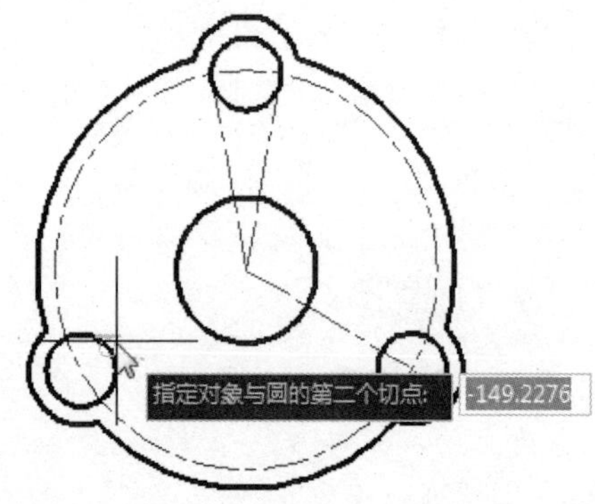

10 **指定半径** 输入13并按【Enter】键确认，即可绘制出与两圆相切的圆，如下图所示。

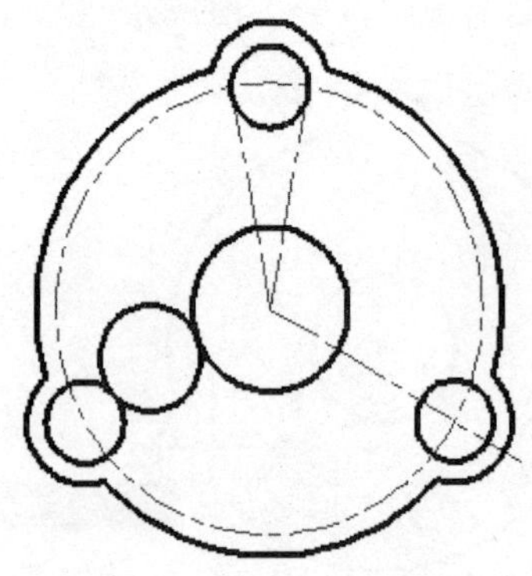

2.4.2 绘制圆弧

用户可以使用多种方法绘制圆弧。例如，通过指定起点、圆心、端点绘制圆弧，通过指定起点、圆心、角度绘制圆弧，通过指定起点、端点、半径绘制圆弧等。下面以绘制槽轮为例介绍圆弧的不同绘制方法，具体操作方法如下：

01 **选择“三点”命令** 打开素材文件，单击“绘图”面板中的“圆弧”下拉按钮，在弹出的下拉列表中选择“三点”命令，如下图所示。

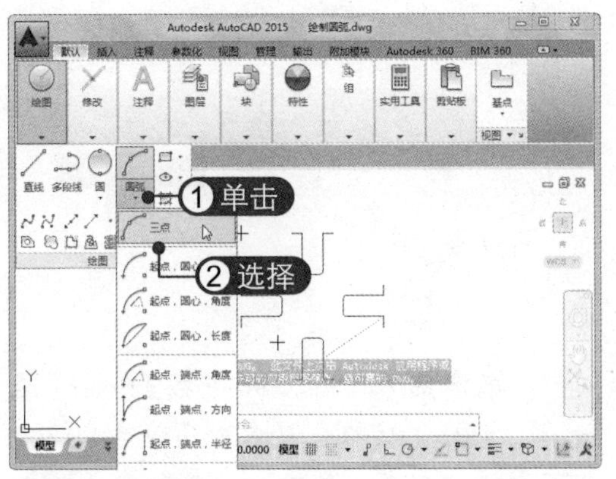

02 **指定圆弧起点** 通过对象捕捉模式指定图形的端点为圆弧起点，如下图所示。

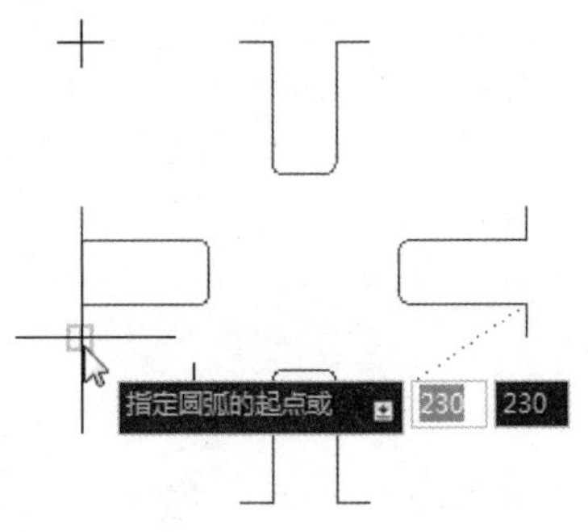

03 **指定圆弧第二点** 通过对象捕捉模式指定绘图区中的参照点为圆弧的第二个点，如下图所示。

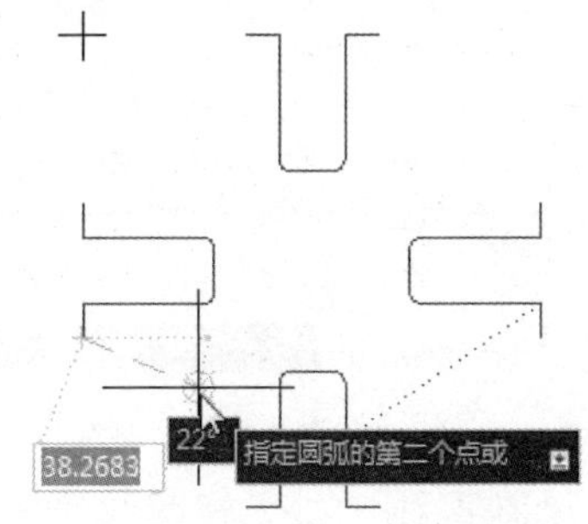

04 **指定圆弧端点** 通过对象捕捉模式指定圆弧的端点，如下图所示。

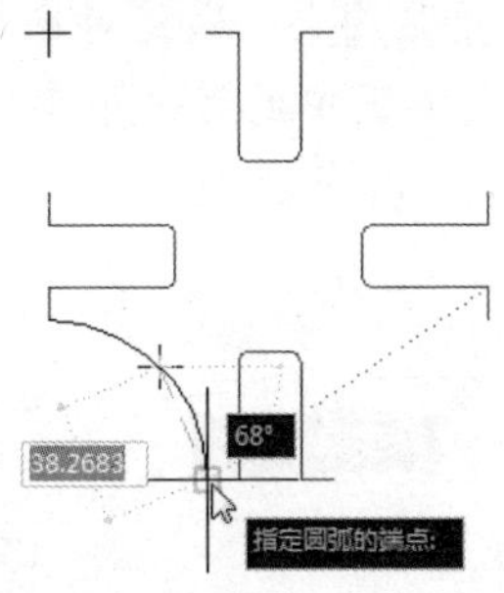

05 **绘制出圆弧** 此时即可通过指定三点绘制出一段圆弧，如下图所示。

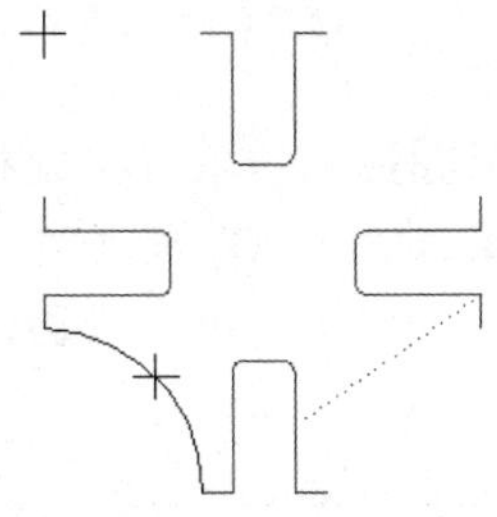

06 **选择“起点，圆心，端点”命令** 单击“绘图”面板中的“圆弧”下拉按钮，在弹出的下拉列表中选择“起点，圆心，端点”命令，如下图所示。

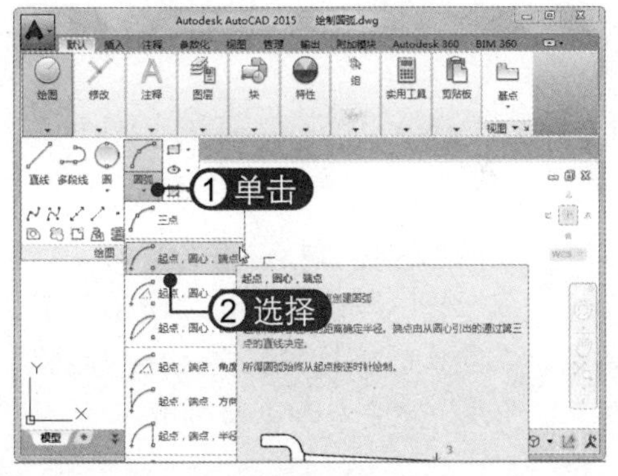

07 **指定圆弧起点** 通过对象捕捉模式指定图形的端点为圆弧起点，如下图所示。

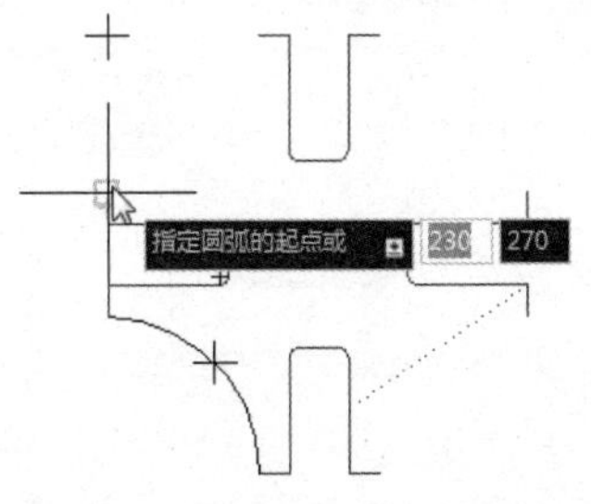

08 **指定圆弧圆心** 通过对象捕捉模式指定绘图区中的另一个参照点为圆弧的圆心，如下图所示。

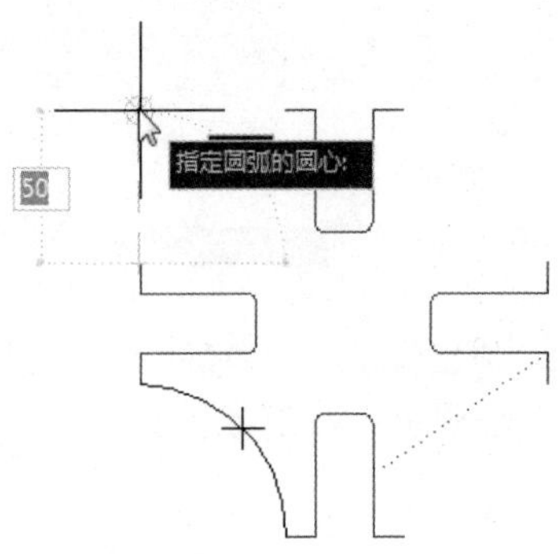

09 **绘制圆弧** 通过对象捕捉模式指定圆弧的端点，即可通过“起点，圆心，端点”命令绘制出一段圆弧，如下图所示。

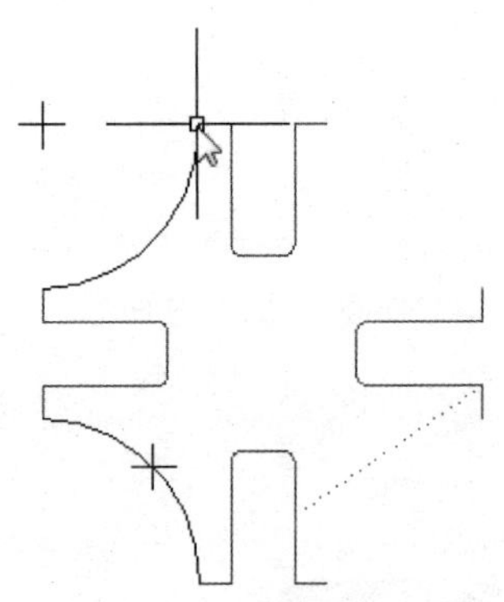

10 **选择“起点，端点，角度”命令** 单击“绘图”面板中的“圆弧”下拉按钮，在弹出的下拉列表中选择“起点，端点，角度”命令，如下图所示。

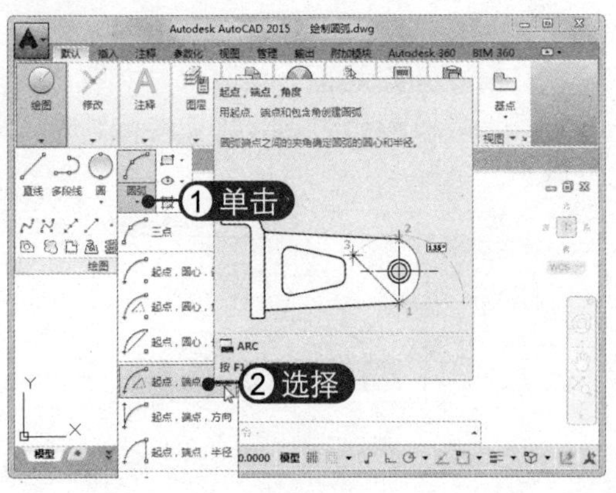

11 **指定起点和端点** 通过对象捕捉模式分别指定图形的两个端点为圆弧的起点和端点，如下图所示。

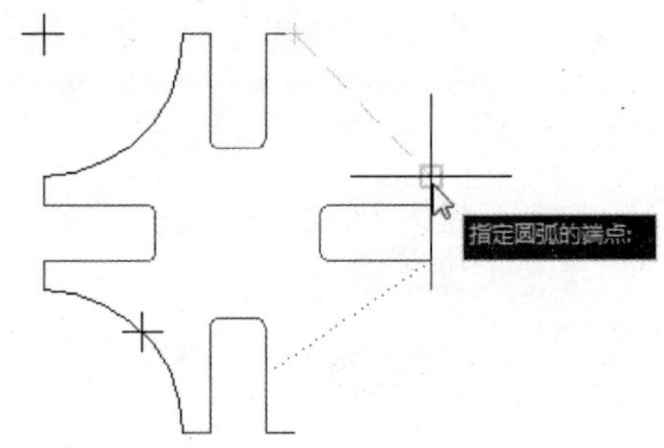

12 **指定角度** 输入 90 并按【Enter】键确认，指定圆弧的包含角度为 90 度，即可通过“起点，端点，角度”命令绘制出一段圆弧，如下图所示。

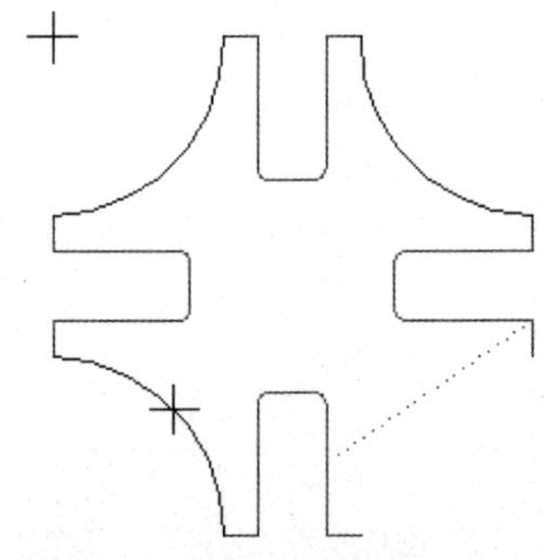

13 **指定直线第一点** 执行“直线”命令，指定辅助线的端点为直线的第一点，如下图所示。

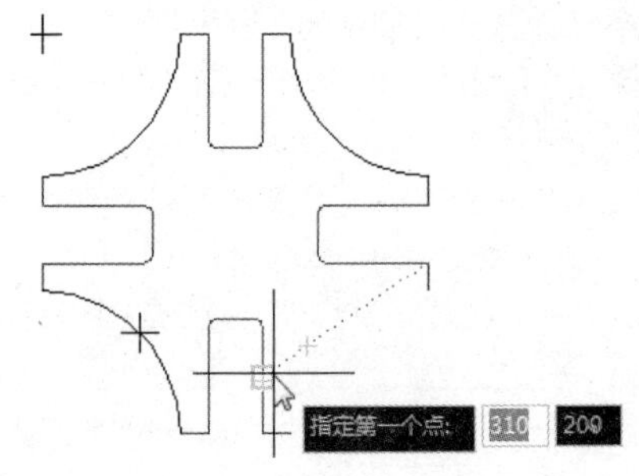

14 **绘制直线** 指定辅助线的中点为直线的下一点，绘制一条直线，如下图所示。

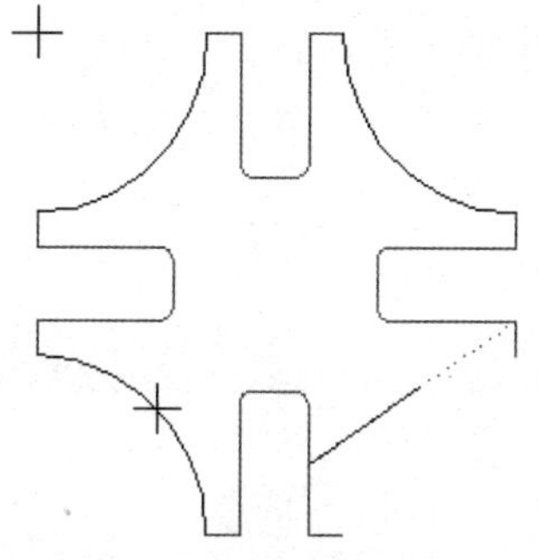

15 选择"连续"命令 单击"绘图"面板中的"圆弧"下拉按钮，在弹出的下拉列表中选择"连续"命令，如下图所示。

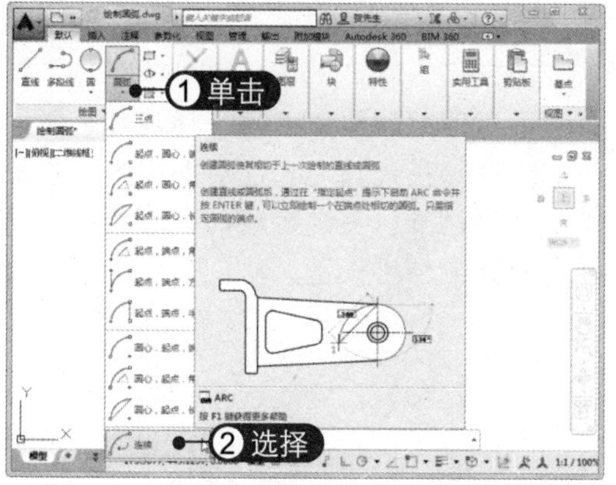

16 指定圆弧端点 此时即可从新绘制的直线端点处延伸出一条弧线，该弧线与直线相切。在指定位置单击鼠标左键，指定圆弧的端点，如下图所示。

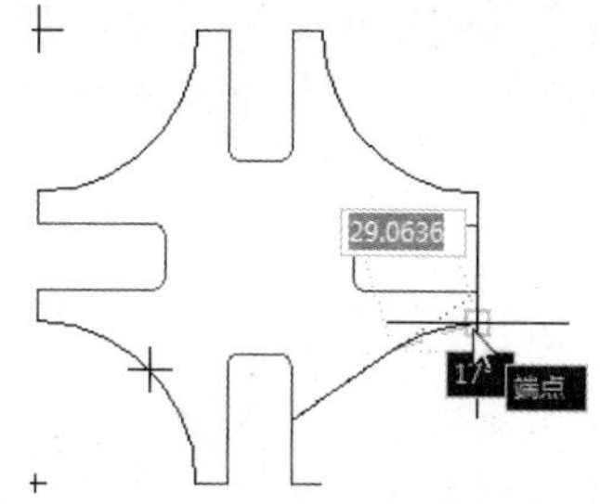

17 绘制圆弧 以同样的方法沿辅助线绘制另一条直线，通过"连续"命令绘制出另一段圆弧，如下图所示。

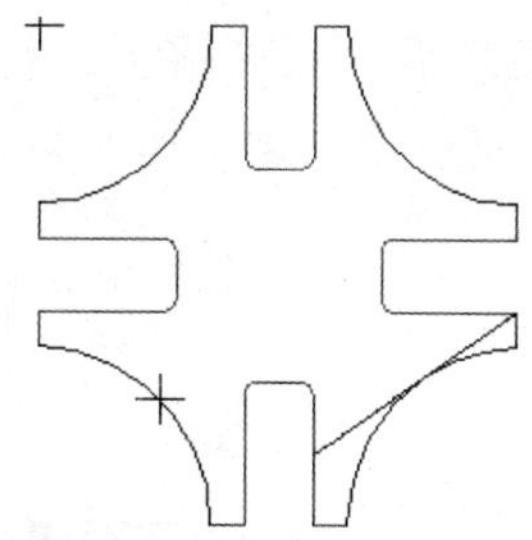

18 查看图形效果 删除绘图区中的辅助线和参照点，查看最终图形效果，如下图所示。

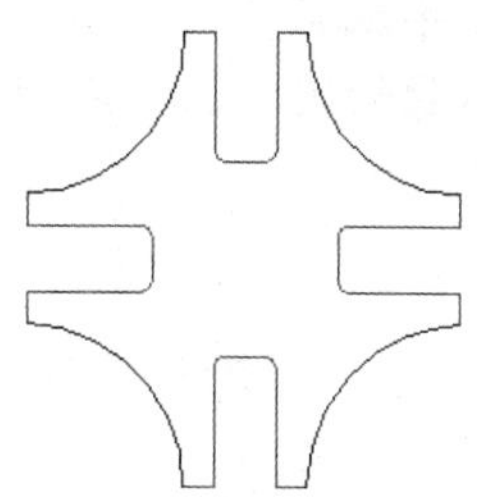

2.4.3 绘制椭圆

椭圆是圆锥曲线的一种，它其长度和宽度的两条轴决定。椭圆弧是椭圆对象上的一部分。下面将通过实例介绍如何绘制椭圆与椭圆弧，具体操作方法如下：

01 选择"圆心"命令 打开素材文件，单击"绘图"面板中的"圆心"下拉按钮，在弹出的下拉列表中选择"圆心"命令，如右图所示。

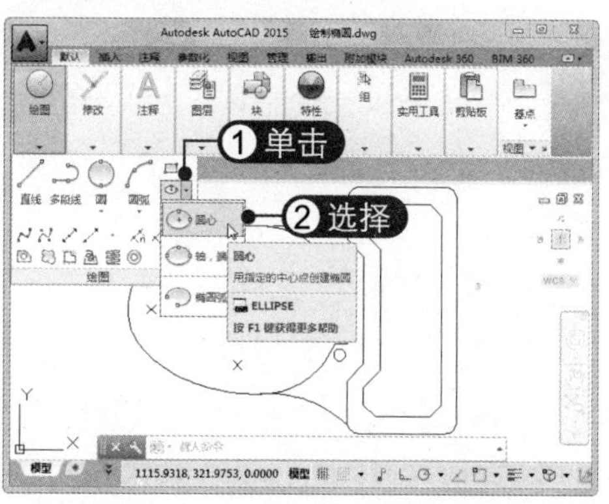

02 指定椭圆中心点 通过捕捉模式指定中间的参照点为椭圆的中心点，如下图所示。

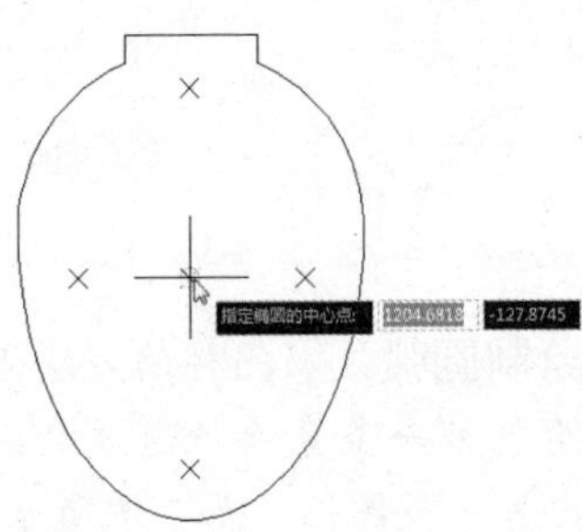

03 指定端点 通过捕捉模式指定椭圆短轴的端点，如下图所示。

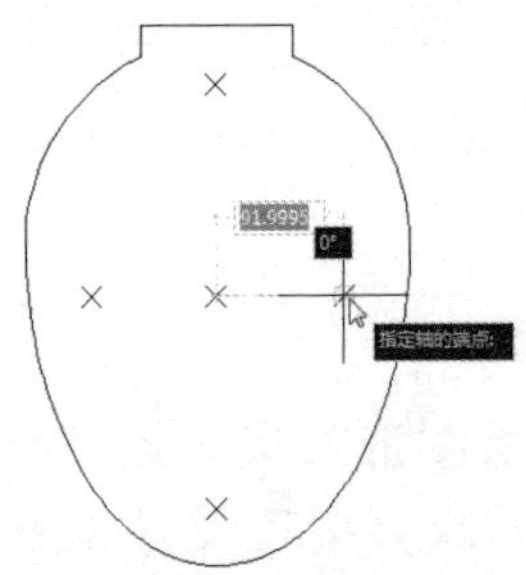

04 指定半轴长度 通过捕捉模式指定椭圆长轴的端点，即指定其半轴长度，如下图所示。

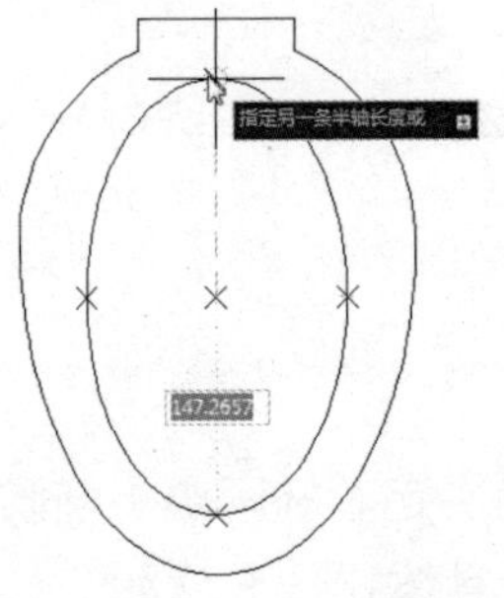

05 绘制出椭圆 此时即可通过“圆心”命令绘制出一个椭圆，如下图所示。

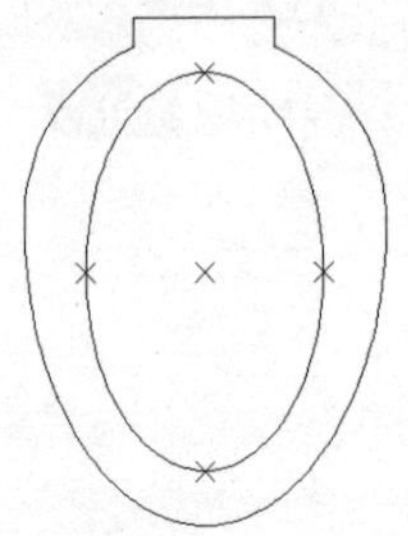

06 选择“轴，端点”命令 删除刚绘制的椭圆，单击“绘图”面板中的“圆心”下拉按钮，在弹出的下拉列表中选择“轴，端点”命令，如下图所示。

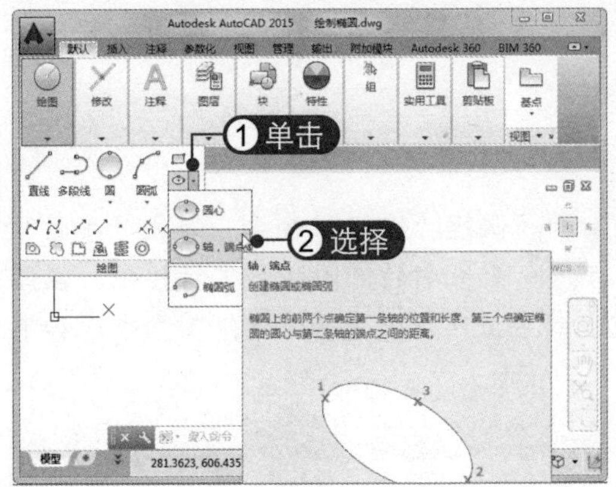

07 指定短轴半轴长度 通过对象捕捉追踪模式指定上下两个参照点为长轴的两个端点，指定短轴的一个端点，即指定短轴半轴的长度，如下图所示。

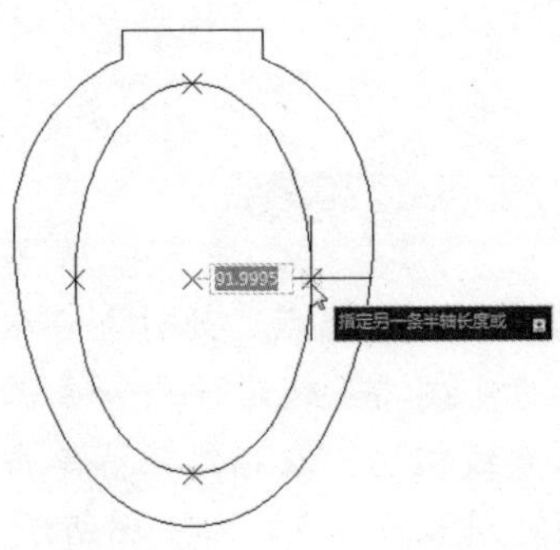

08 绘制椭圆 此时即可通过“轴，端点”命令绘制出一个椭圆，如下图所示。

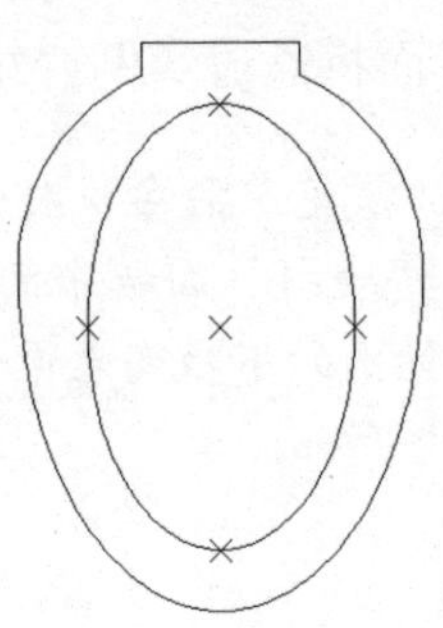

2.4.4 绘制椭圆弧

椭圆弧的绘制方法与椭圆的绘制方法相似，在指定椭圆两个轴长度后，再指定椭圆弧的起始角和终止角即可绘制出椭圆弧。下面将通过实例介绍如何绘制椭圆弧，具体操作方法如下：

01 **选择“椭圆弧”命令** 打开素材文件，单击“绘图”面板中的“圆心”下拉按钮，在弹出的下拉列表中选择“椭圆弧”命令，如下图所示。

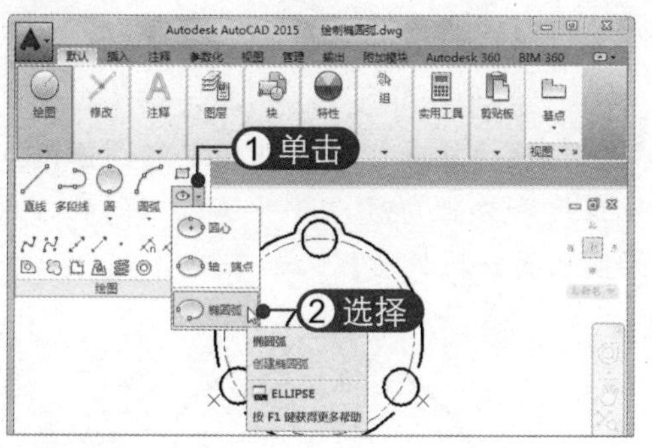

02 **指定轴端点** 通过捕捉模式指定图形上的端点为椭圆弧的轴端点，如下图所示。

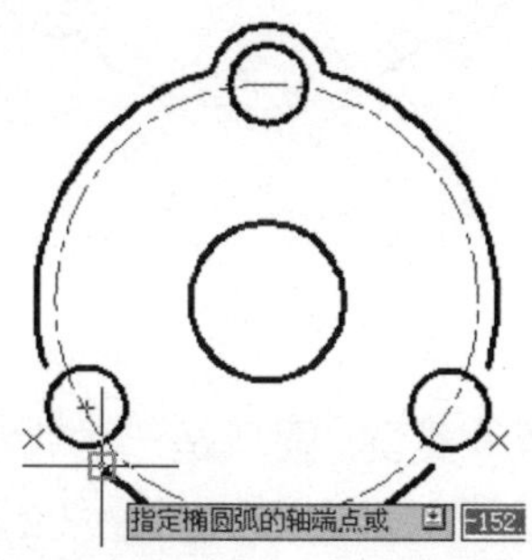

03 **指定另一端点** 通过捕捉模式指定图形上的另一个端点为椭圆弧轴的另一个端点，如下图所示。

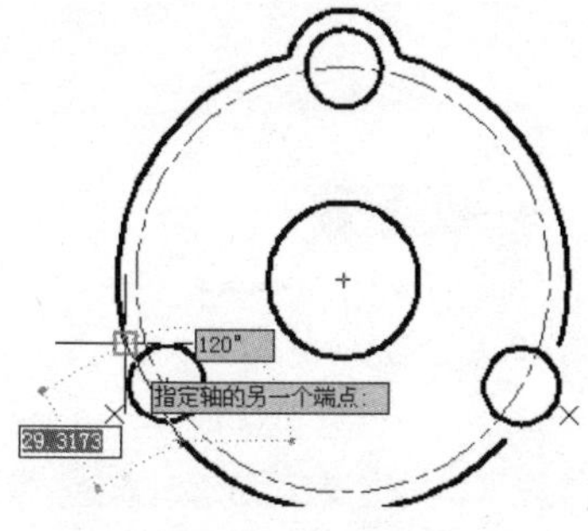

04 **指定半轴长度** 通过捕捉模式捕捉参照点，指定椭圆弧另一条半轴长度，如下图所示。

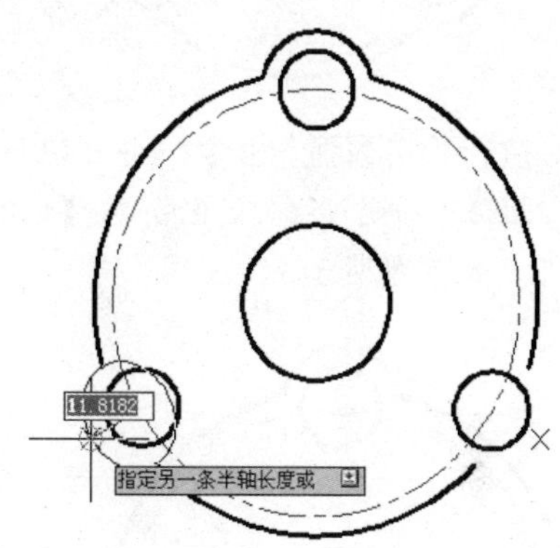

05 **指定起始角度** 通过捕捉模式捕捉图形的端点，指定椭圆弧的起始角度，如下图所示。

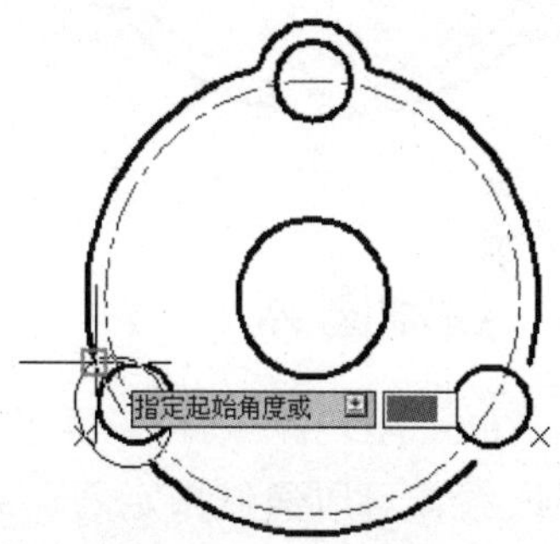

06 **指定终止角度** 通过捕捉模式捕捉图形的另一个端点，指定椭圆弧的终止角度，如下图所示。

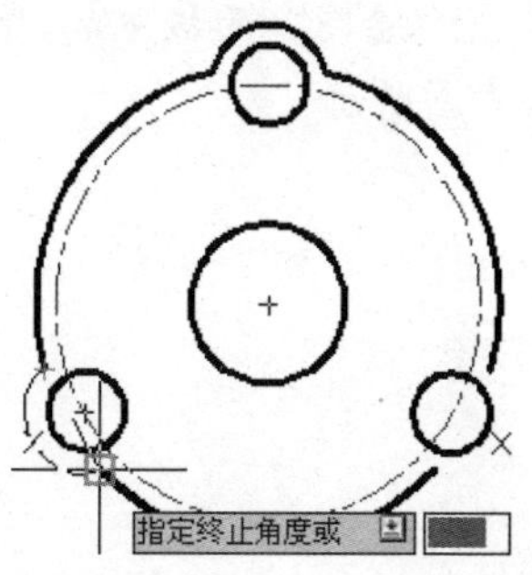

07 **绘制椭圆弧** 此时即可通过“椭圆弧”命令绘制出一段椭圆弧，如下图所示。

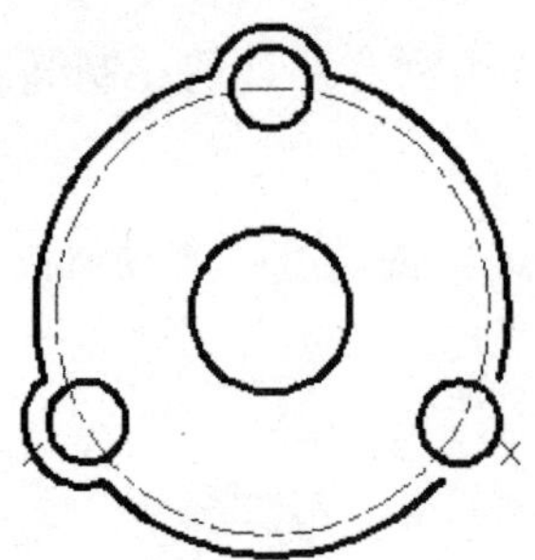

08 **执行“椭圆弧”命令** 再次执行“椭圆弧”命令，输入 C 并按【Enter】键确认，如下图所示。

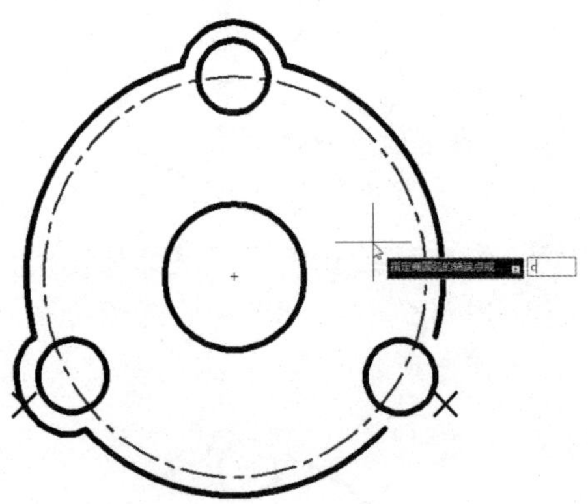

09 **指定中心点** 移动光标，通过捕捉模式指定右侧小圆的圆心为椭圆弧的中心点，如下图所示。

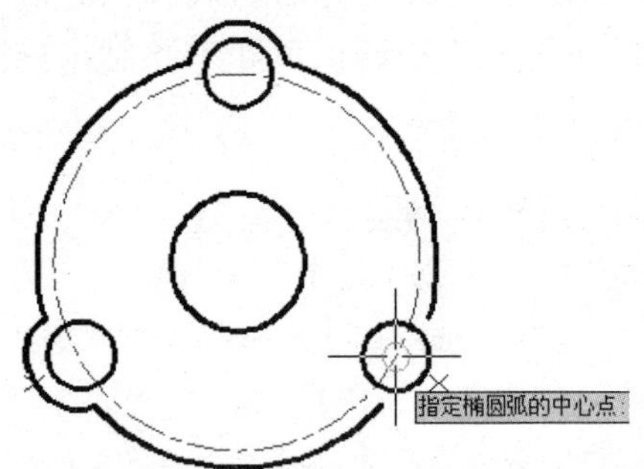

10 **绘制椭圆弧** 分别指定椭圆弧两个轴的端点，再分别指定椭圆弧的起始角度和终止角度，即可通过不同的方式绘制出另一段椭圆弧，如下图所示。

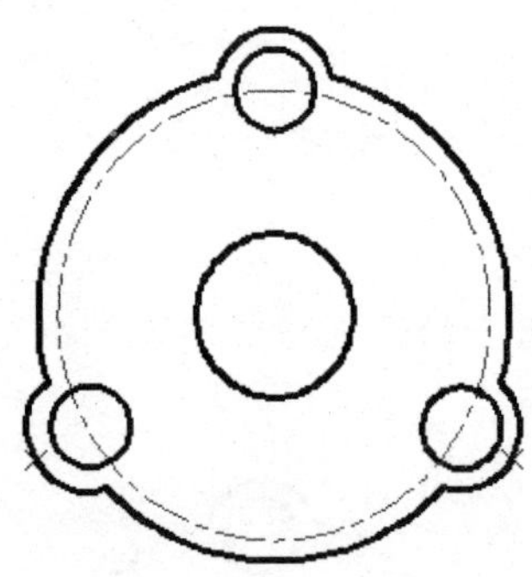

2.4.5 绘制圆环

在 AutoCAD 中，圆环包括填充环和实体填充圆两种类型。圆环是一种带有宽度的闭合多段线，可以通过指定圆环的内外直径和圆心来绘制圆环。在绘制一个圆环后，通过指定不同的中心点可以继续绘制具有相同直径的多个副本。下面通过实例来介绍如何绘制圆环，具体操作方法如下：

01 **单击“圆环”按钮** 打开素材文件，单击“绘图”面板中的“圆环”按钮◎，如右图所示。

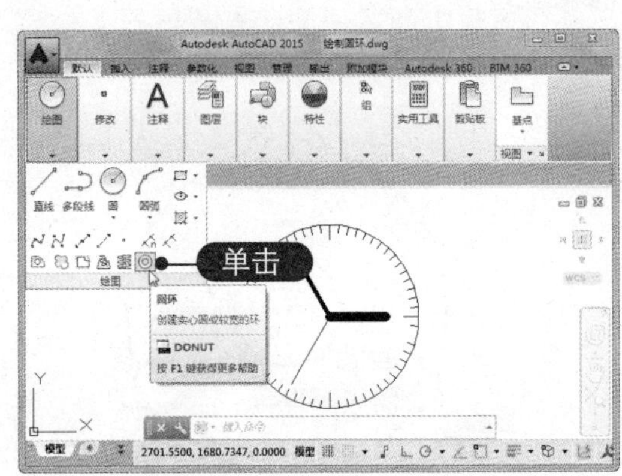

02 指定圆环内半径 通过依次捕捉圆的象限点指定圆环内半径，如下图所示。

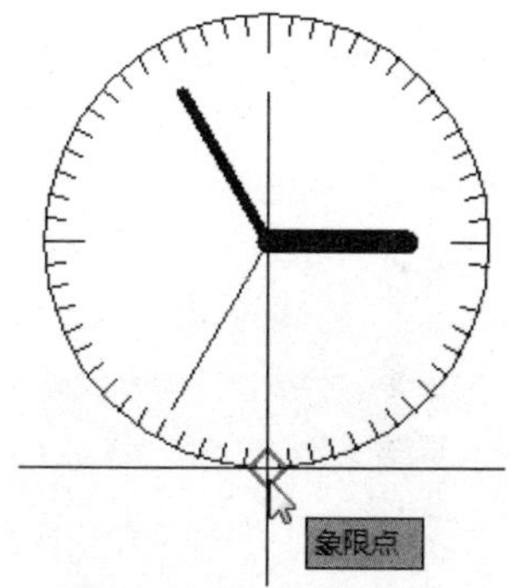

03 指定圆环外半径 依次在图形两侧单击指定两点，从而指定圆环的外半径，如下图所示。

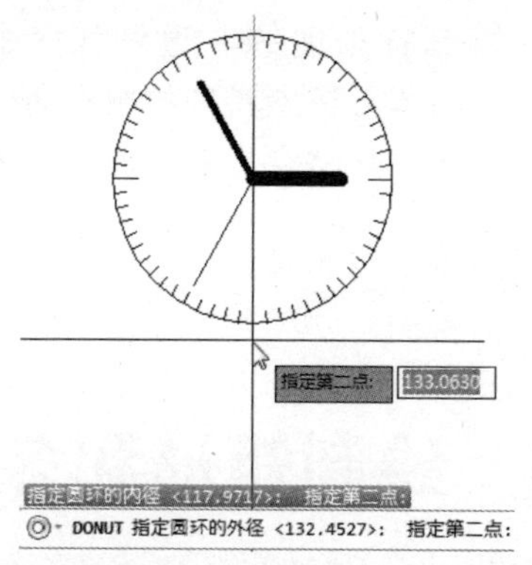

04 绘制圆环 通过捕捉圆心指定圆环的中心点，在原有图形的外侧绘制出一个圆环，如下图所示。

2.4.6 绘制样条曲线

样条曲线是通过指定一组拟合点或控制点得到的曲线，绘制样条曲线的具体操作方法如下：

01 单击“样条曲线拟合”按钮 打开素材文件，打开“绘图”面板，单击其中的“样条曲线拟合”按钮，如下图所示。

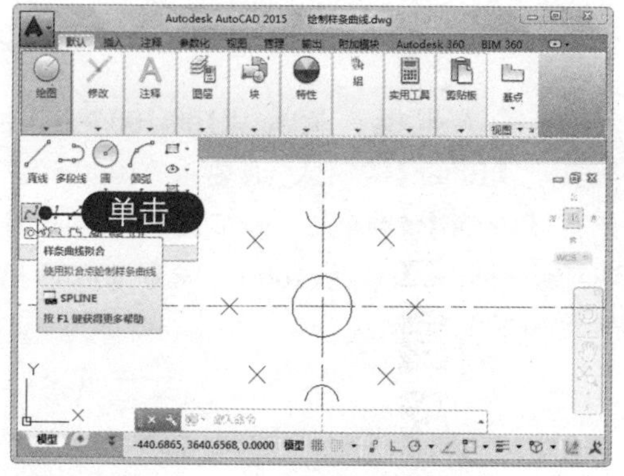

02 捕捉端点和节点 启用对象捕捉模式，从上到下依次捕捉图形的端点和节点，通过拟合点绘制样条曲线，如下图所示。

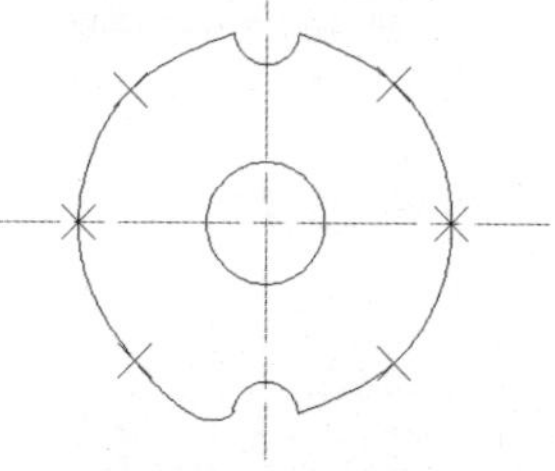

03 单击“样条曲线控制点”按钮 打开“绘图”面板，单击其中的“样条曲线控制点”按钮，如下图所示。

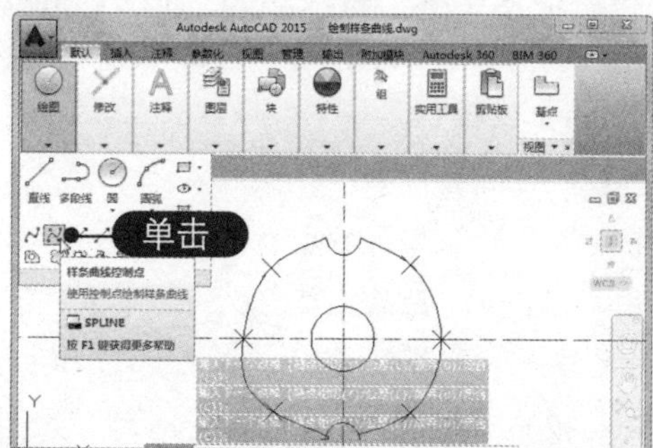

04 绘制样条曲线 通过捕捉图形中的端点与节点指定控制点的方式绘制样条曲线，并比较其不同之处，如右图所示。

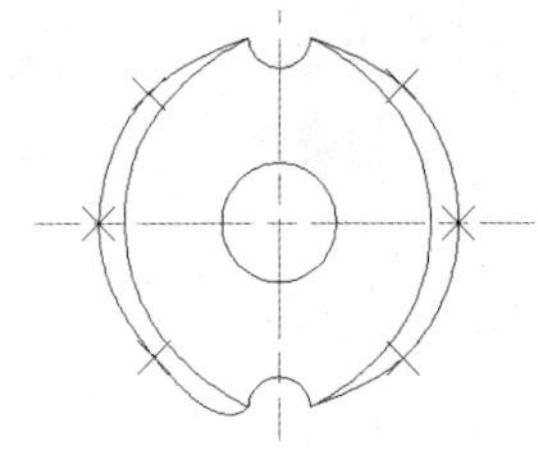

2.5 绘制矩形和多边形

矩形是对角线相等且互相平分的四边形，它的四个角均为直角。在 AutoCAD 2015 中还可以创建四个角为圆角或倒角的矩形。正多边形是各边相等，各角也相等的多边形。通过"正多边形"命令可以轻松地绘制等边三角形、正方形、五边形、六边形等图形。

2.5.1 绘制矩形

在绘制矩形时可以指定矩形的基本参数，如长度、宽度、旋转角度，还可以控制角的类型，如圆角、倒角或直角等。下面以绘制茶几为例介绍如何指定坐标绘制矩形，具体操作方法如下：

01 单击"矩形"按钮 打开素材文件，单击"绘图"面板中的"矩形"按钮，如下图所示。

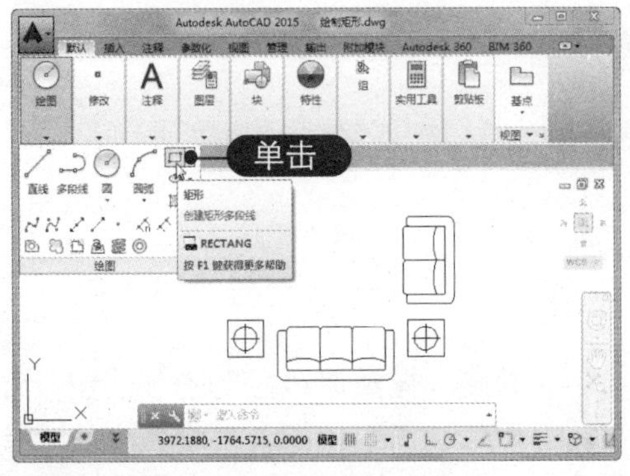

02 输入坐标 输入"0,0"并按【Enter】键确认，再输入"1200,700"并按【Enter】键确认。

命令: _rectang

指定第一个角点或 [倒角(C)/标高(E)/圆角(F)/厚度(T)/宽度(W)]: 0,0

指定另一个角点或 [面积(A)/尺寸(D)/旋转(R)]: 1200,700

03 绘制矩形 此时即可绘制出一个长为1200，宽为700的矩形，如下图所示。

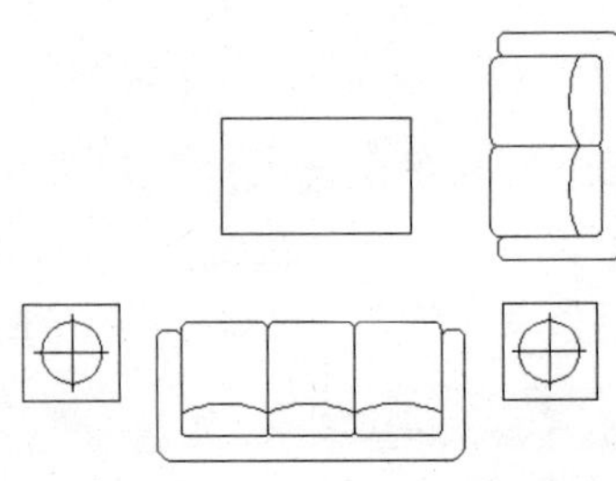

04 输入坐标 输入"100,100"并按【Enter】键确认，再输入"1000,500"并按【Enter】键确认，如下图所示。此时即可绘制出一个长为1000、宽为500的矩形，如下图所示。

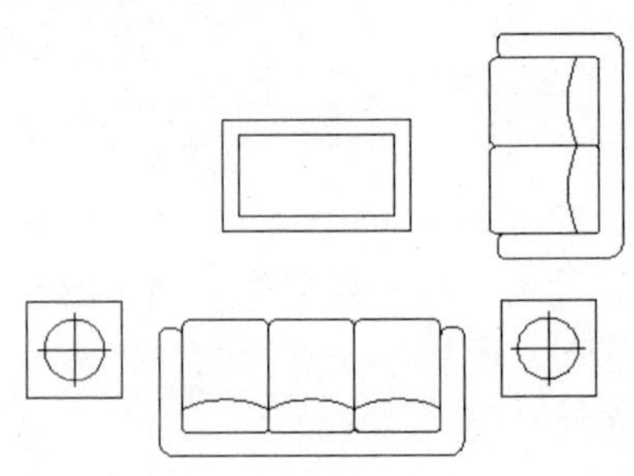

2.5.2 绘制圆角矩形

在绘制矩形时可以指定矩形的基本参数，如长度、宽度、旋转角度，并可以控制角的类型，如圆角、倒角或直角等。下面将通过实例介绍如何绘制圆角矩形，具体操作方法如下：

01 单击“矩形”按钮 打开素材文件，单击“绘图”面板中的“矩形”按钮，如下图所示。

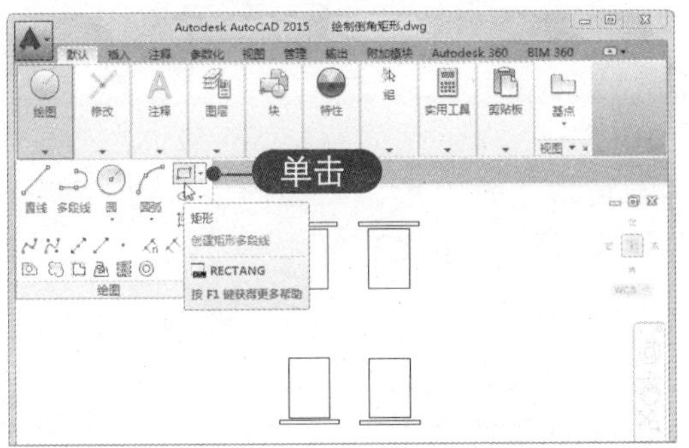

02 指定角点 根据命令行提示输入“0,0”并按【Enter】键确认，再输入“2200,1600”并按【Enter】键确认。

命令: _rectang
指定第一个角点或 [倒角(C)/标高(E)/圆角(F)/厚度(T)/宽度(W)]: 0,0
指定另一个角点或 [面积(A)/尺寸(D)/旋转(R)]: 2200,1600

03 绘制矩形 此时将绘制出一个长为2200、宽为1600的矩形，如下图所示。

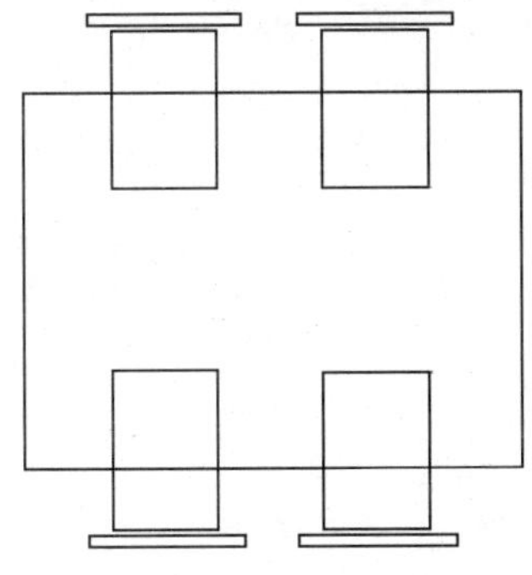

04 执行“矩形”命令 再次执行“矩形”命令，输入“300,300”并按【Enter】键确认，再输入“1900,1300”并按【Enter】键确认。

命令: _rectang
指定第一个角点或 [倒角(C)/标高(E)/圆角(F)/厚度(T)/宽度(W)]: 300,300
指定另一个角点或 [面积(A)/尺寸(D)/旋转(R)]: 1900,1300

05 绘制矩形 此时将绘制出一个长为1600、宽为1000的矩形，如下图所示。

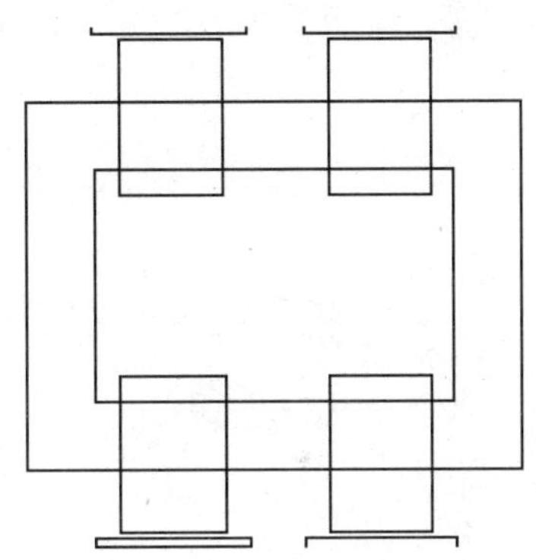

06 指定圆角半径 若需绘制带圆角的餐桌，可再次执行“矩形”命令，输入F并按【Enter】键确认，再指定矩形的圆角半径，如指定半径为200。

命令: _rectang
当前矩形模式： 圆角=0
指定第一个角点或 [倒角(C)/标高(E)/圆角(F)/厚度(T)/宽度(W)]: F
指定矩形的圆角半径 <0>: 200

07 绘制圆角矩形 通过捕捉原有矩形的两个对角点绘制一个圆角矩形，如下图所示。

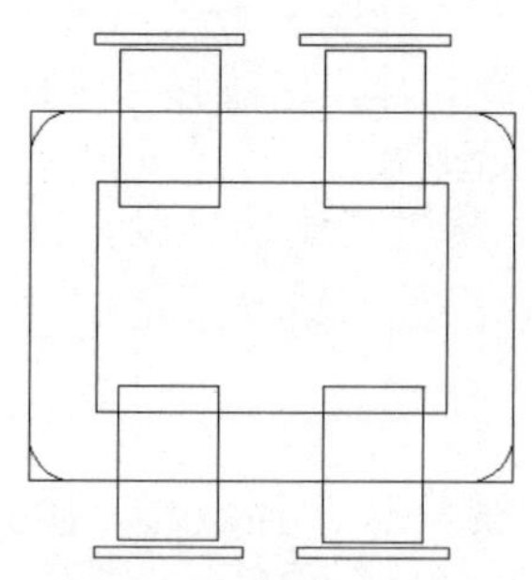

08 **查看图形效果** 删除原有矩形，查看最终图形效果，如右图所示。

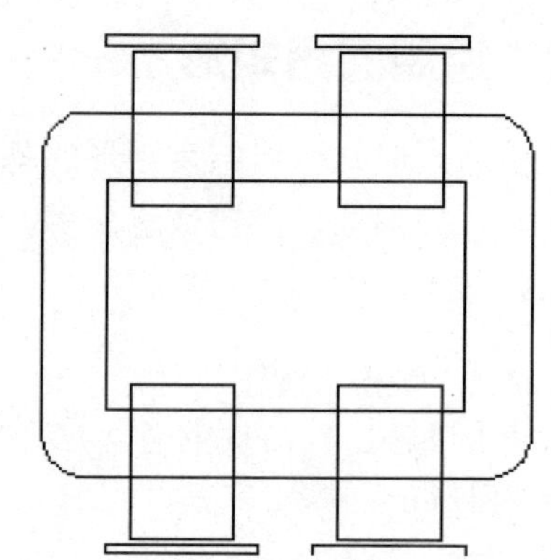

2.5.3 绘制正多边形

通过“多边形”命令可以轻松地绘制等边三角形、正方形、五边形、六边形等图形。下面将通过实例介绍如何绘制正多边形，具体操作方法如下：

01 **选择“多边形”命令** 打开素材文件，单击“绘图”面板中的“矩形”下拉按钮，选择“多边形”命令，如下图所示。

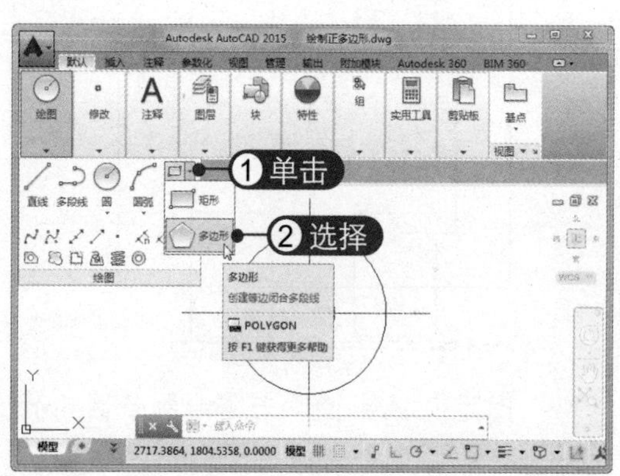

02 **输入侧面数** 输入正多边形的侧面数为3，并按【Enter】键确认，如下图所示。

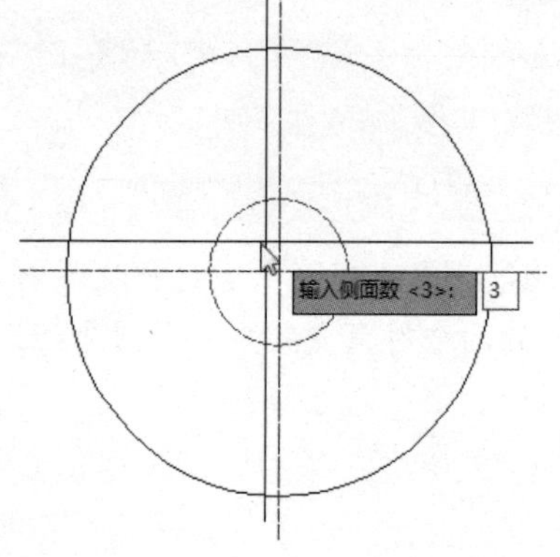

03 **指定中心点** 通过对象捕捉模式指定辅助线的交点为正多边形的中心点，如下图所示。

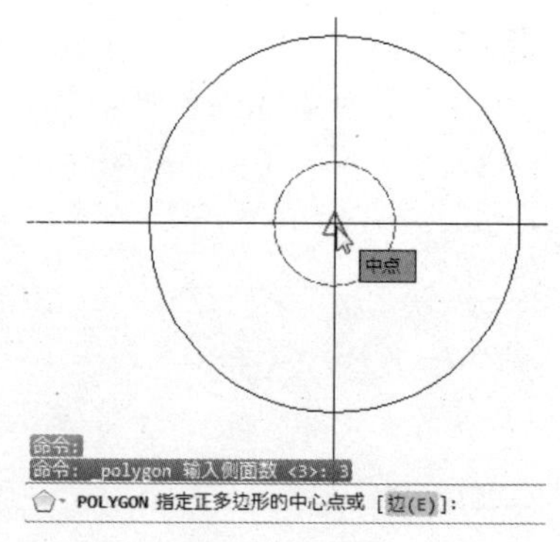

04 **选择“内接于圆”命令** 在弹出的快捷菜单中选择“内接于圆”命令，如下图所示。

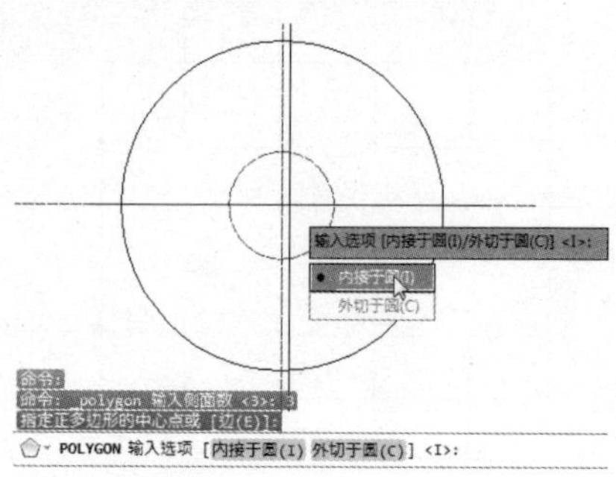

05 **指定半径** 通过捕捉圆的象限点指定半径，即可出现一个内接于圆的正三边形，如下图所示。

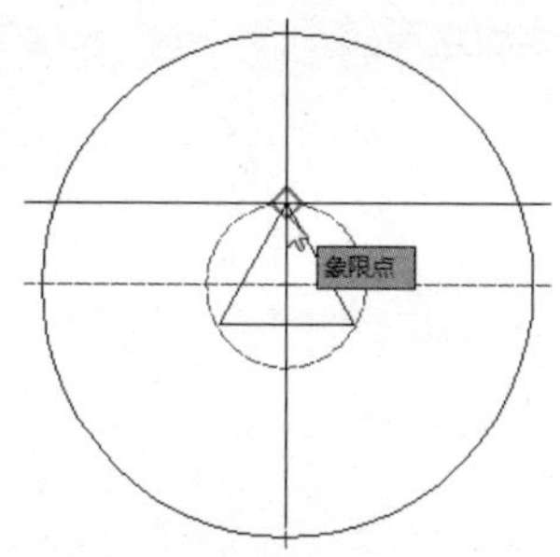

06 **绘制正六边形** 采用同样的方法输入正多边形的侧面数为 6，并按【Enter】键确认，如下图所示。

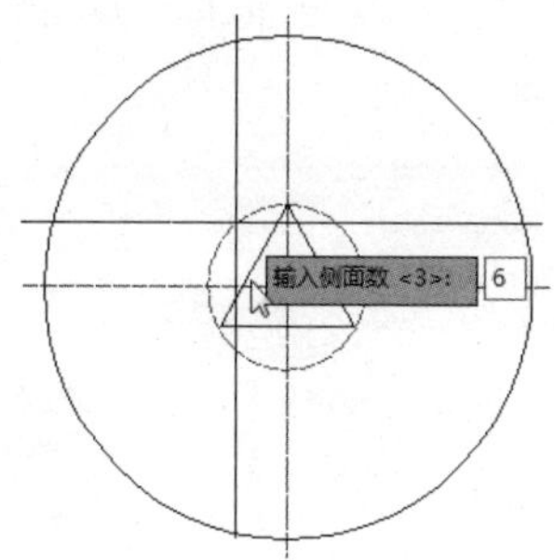

07 **选择"外切于圆"命令** 通过对象捕捉模式指定辅助线的交点为正多边形的中心点，选择"外切于圆"命令，如下图所示。

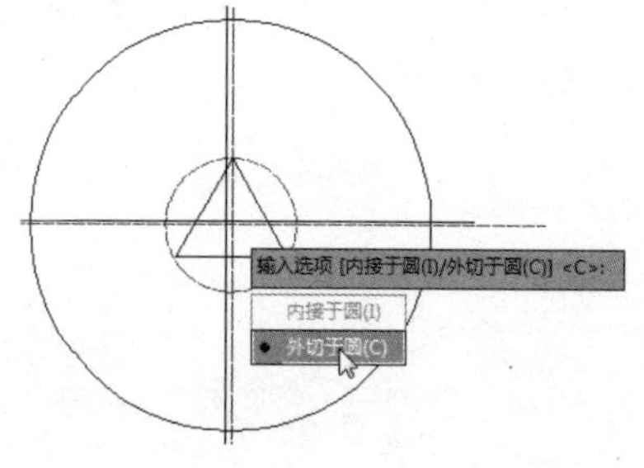

08 **指定大圆半径** 通过捕捉大圆的象限点指定半径，此时即可出现一个外切于圆的正六边形，如下图所示。

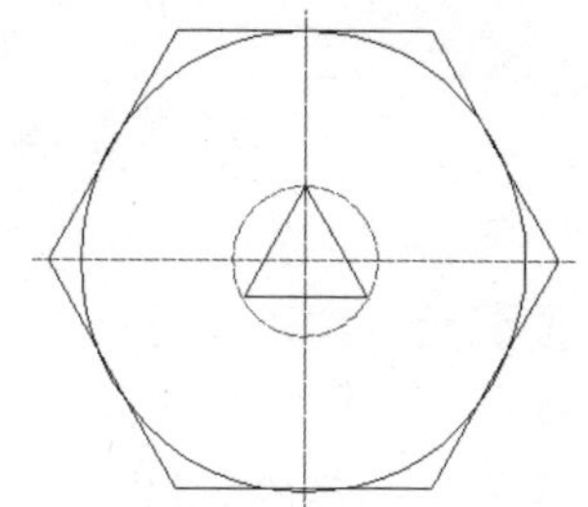

2.6 绘制多线

多线一般是由多条平行线组成的对象，平行线之间的间距和线数是可以设置的，多用于绘制建筑平面图中的墙体图形。下面将介绍如何绘制多线。

2.6.1 新建多线样式

在绘制多线时可以使用包含两个元素的 STANDARD 样式，也可以自定义多线样式或新建多线样式，具体操作方法如下：

01 **单击"多线样式"命令** 在 AutoCAD 窗口中单击"格式"|"多线样式"命令，如右图所示。

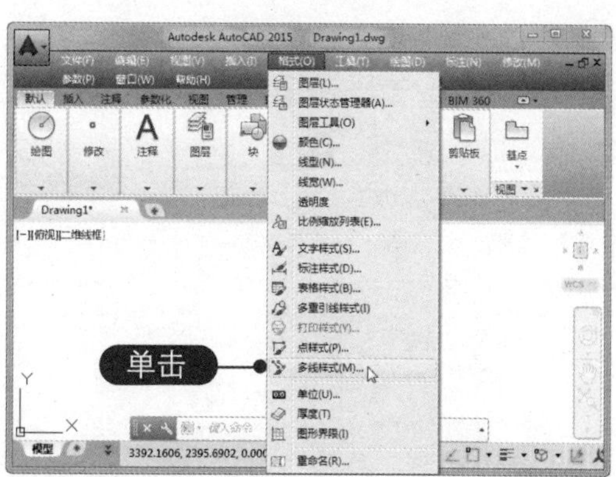

02 **新建多线样式** 弹出“多线样式”对话框，单击“新建”按钮，在弹出的对话框中输入多线样式名称，单击“继续”按钮，如下图所示。

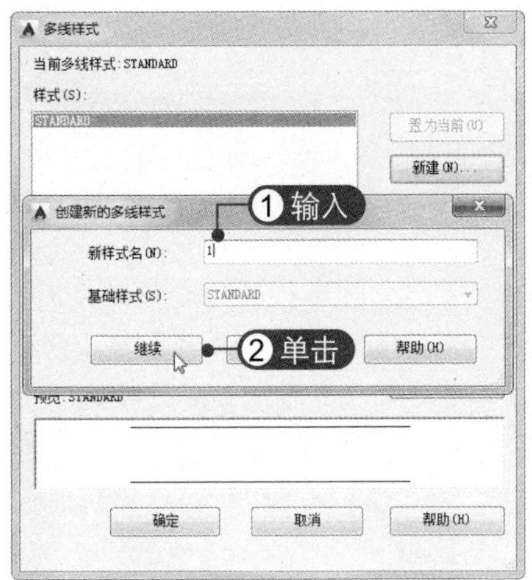

03 **设置图元** 在弹出的对话框中单击“添加”按钮，在“偏移”文本框中输入偏移量，单击“添加”按钮，添加图元偏移量，然后单击“确定”按钮，如下图所示。

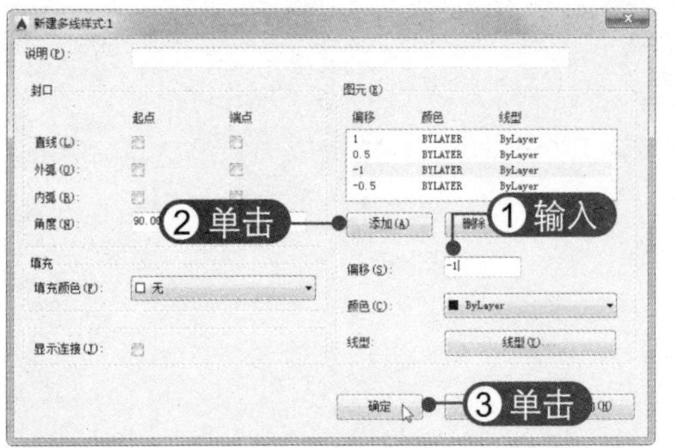

04 **置为当前** 返回“多线样式”对话框，选择刚新建的样式1，单击“置为当前”按钮，然后单击“确定”按钮，如下图所示。

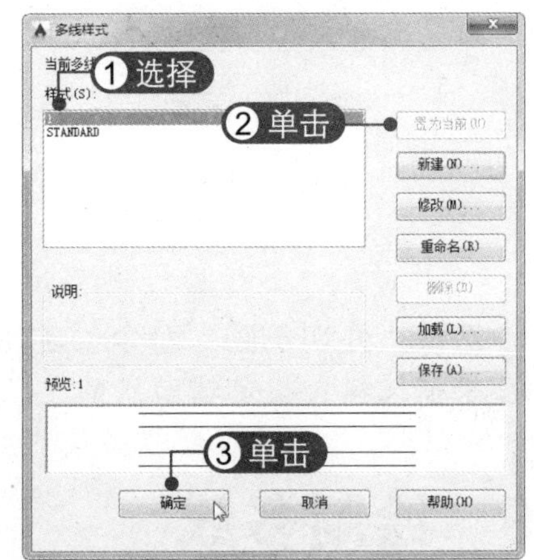

2.6.2 绘制多线

在设置所需的多线样式后即可进行多线的绘制，下面以绘制室内平面图为例介绍如何绘制多线，具体操作方法如下：

01 **单击“多线”命令** 打开素材文件，单击“绘图”|“多线”命令，如下图所示。

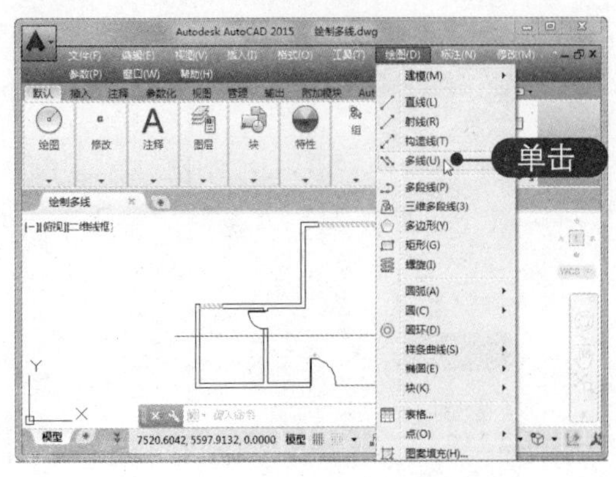

02 **指定起点** 捕捉图形上辅助线的端点为多线的起点，如下图所示。

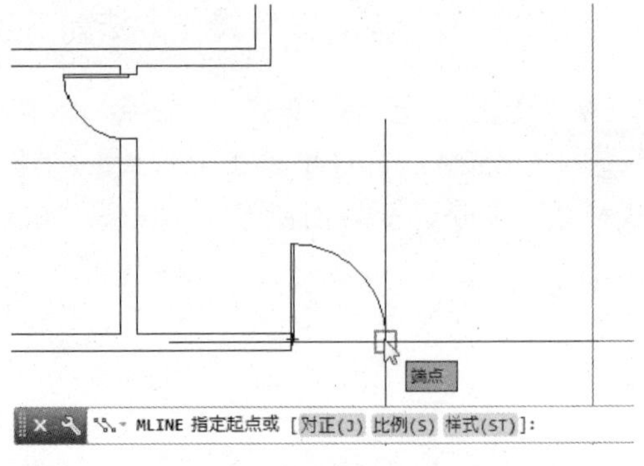

03 **捕捉交点** 通过捕捉模式依次捕捉辅助线的交点绘制多线，并按【Enter】键确认，如下图所示。

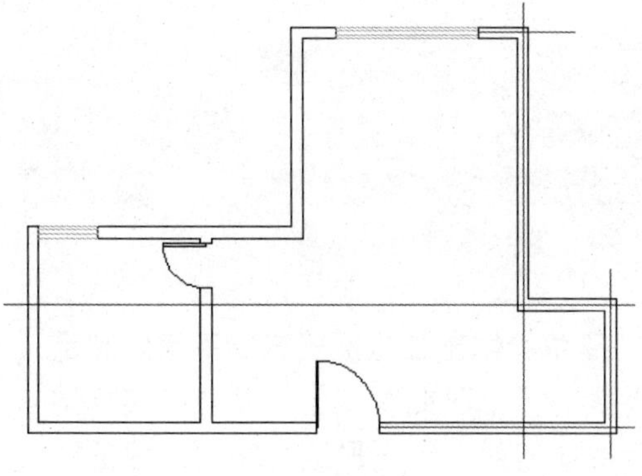

04 **绘制其他多线** 用同样的方法绘制其他多线，最终的图形效果如下图所示。

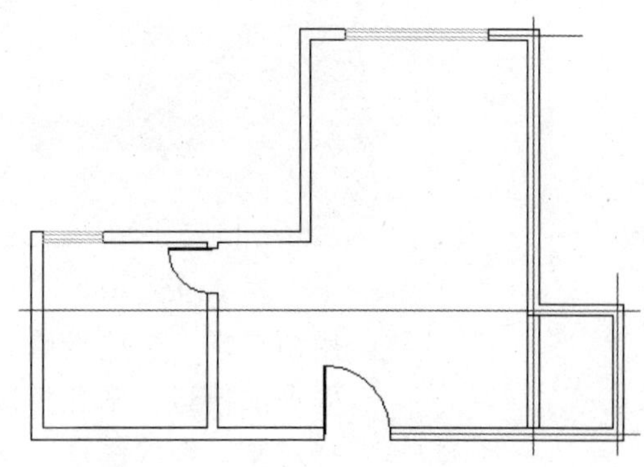

Chapter 03

编辑二维图形

在 AutoCAD 2015 中，简单绘制出二维图形可能不足以满足用户需求，有些特殊地方需要进行修改或者美化，才能与实际需要更加接近。本章将详细介绍如何对二维图形进行编辑，包括选择对象、创建图形副本、改变图形位置、改变图形特性及图案填充等知识。

本章要点

- 选择对象
- 创建图形副本
- 改变图形位置和特性
- 编辑多线、图案填充

知识等级

AutoCAD 初级读者

建议学时

建议学习时间为 120 分钟

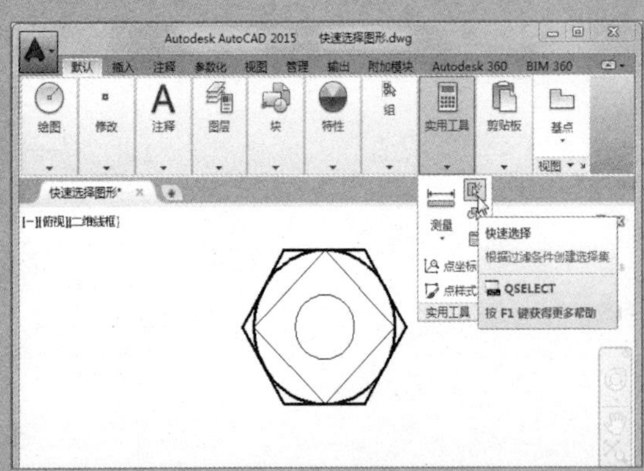

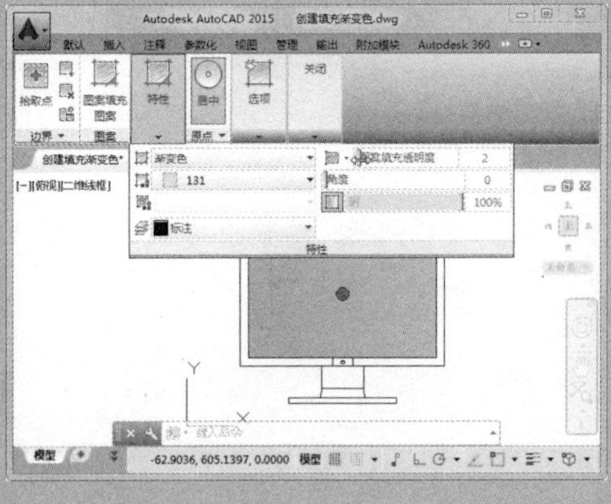

3.1 选择对象

在通过选择对象进行编辑时，可以进行多种选择。例如，通过单击鼠标逐个选择对象，也可以通过矩形选择、快速选择等方式同时选择多个对象。

3.1.1 单击选择对象和矩形选择对象

将矩形拾取框光标放在要选择对象的位置上，此时对象将亮显，此时单击即可进行选择。通过绘制矩形，可以进行窗口选择或窗交选择。使用窗口选择，所有部分均位于矩形窗口内的对象将被选中，只有部分位于矩形窗口内的对象不会被选中；使用窗交选择，所有部分均位于矩形窗口内的对象以及只有部分位于矩形窗口内的对象都将被选中。下面将通过实例对其进行介绍，具体操作方法如下：

01 **移动光标** 打开素材文件，移动光标到要选择的对象上，此时对象处于亮显状态，如下图所示。

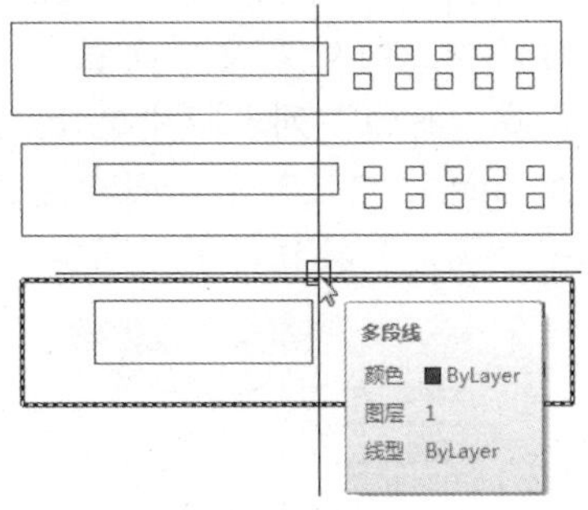

02 **选中对象** 单击此对象，出现蓝色夹点，即可选中图形对象，如下图所示。

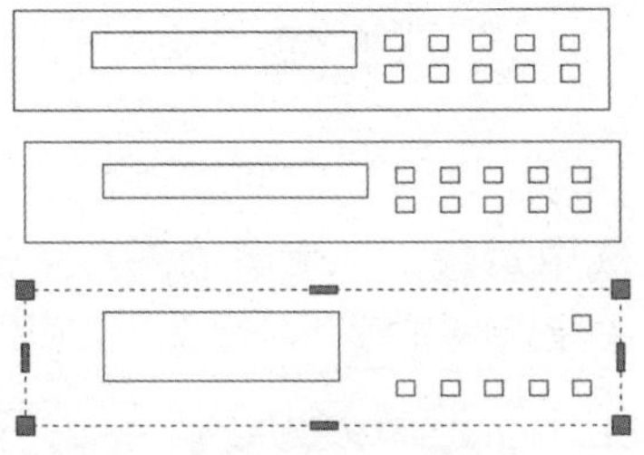

03 **窗交选择** 按【Esc】键取消选择，如下图所示。在绘图区右侧空白处单击鼠标左键，向左移动鼠标，出现一个绿色矩形，如下图所示。

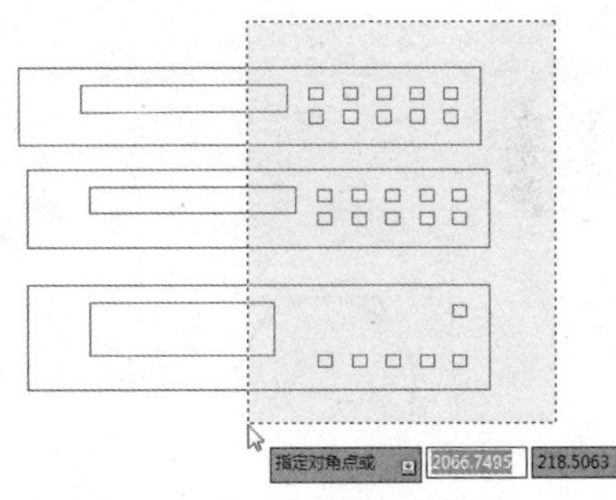

04 **选中图形** 单击鼠标左键，即可全部选中图形，如下图所示。

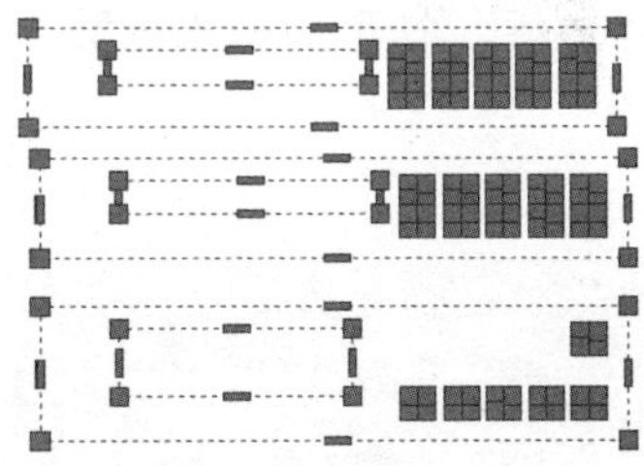

05 **窗口选择** 按【Esc】键取消选择，在绘图区左侧空白处单击鼠标左键，向右移动鼠标，出现一个蓝色矩形，如下图所示。

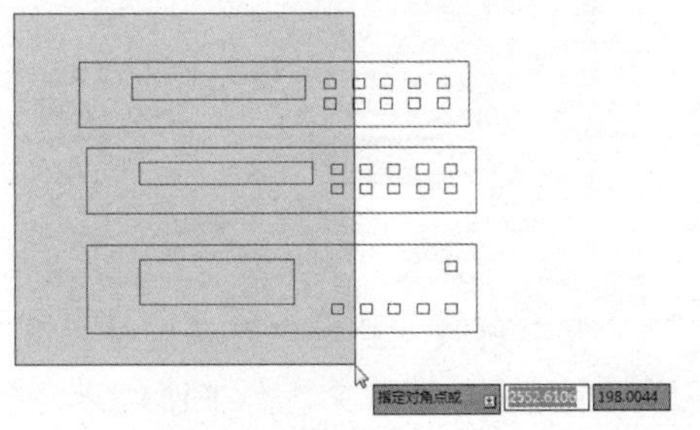

06 选中部分图形 单击鼠标左键，即可选中蓝色矩形中的图形，如右图所示。若图形是一个整体，窗口选择蓝色矩形只覆盖一部分，则这个图形不会被选中。

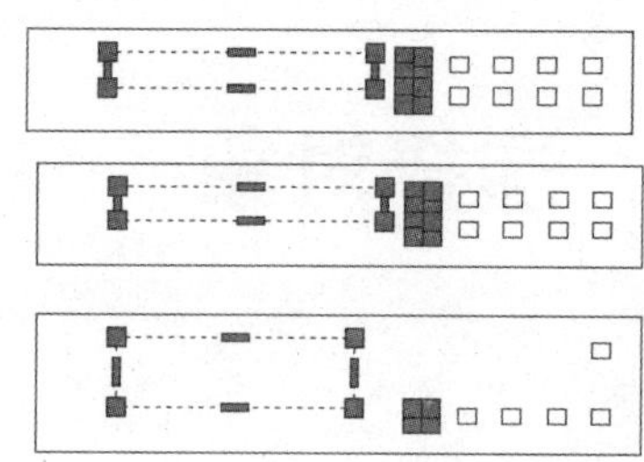

3.1.2 快速选择图形对象

通过快速选择工具可以按照对象类型和对象特性选择对象的集合。下面将通过实例介绍快速选择工具的应用，具体操作方法如下：

01 单击“快速选择”按钮 打开素材文件，打开“实用工具”面板，单击“快速选择”按钮，如下图所示。

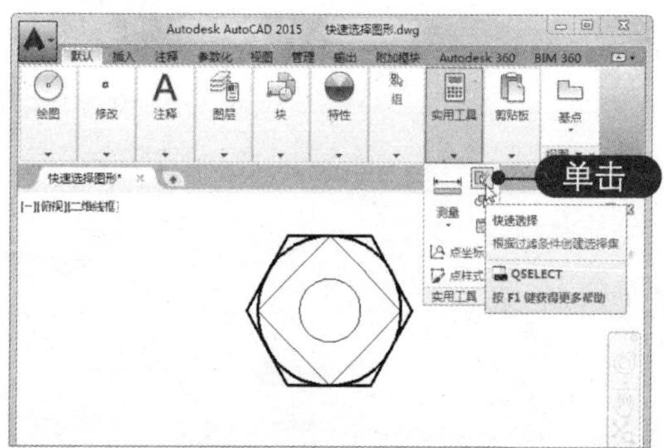

02 选择对象类型 弹出“快速选择”对话框，打开“对象类型”下拉列表，选择“圆”选项，单击“确定”按钮，如下图所示。

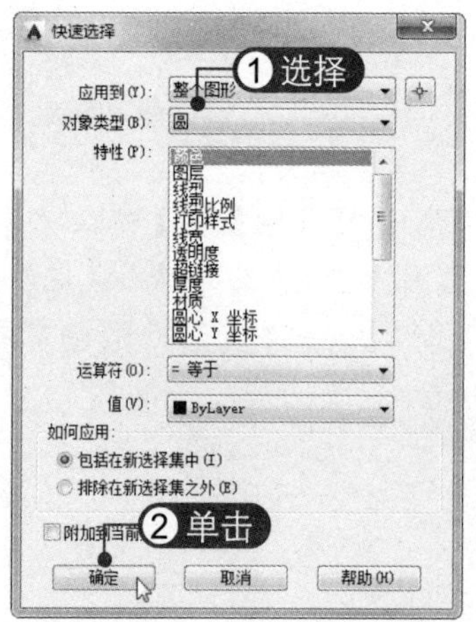

03 选中对象 此时即可快速选中图形中的全部圆对象，如下图所示。

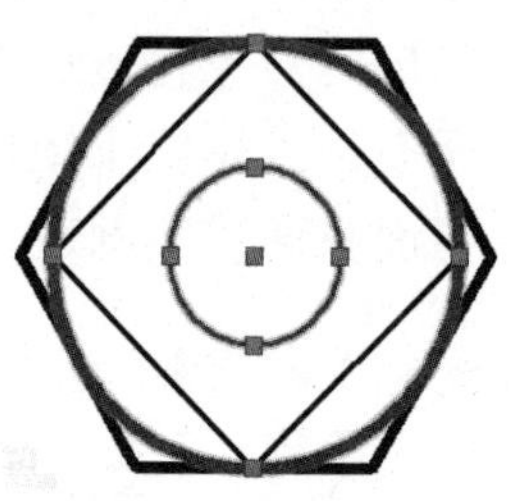

04 选择特性 再次打开“快速选择”对话框，将对象类型设置为“所有图元”，在“特性”列表框中选择“线宽”选项，然后通过“值”下拉列表选择线宽值，单击“确定”按钮，如下图所示。

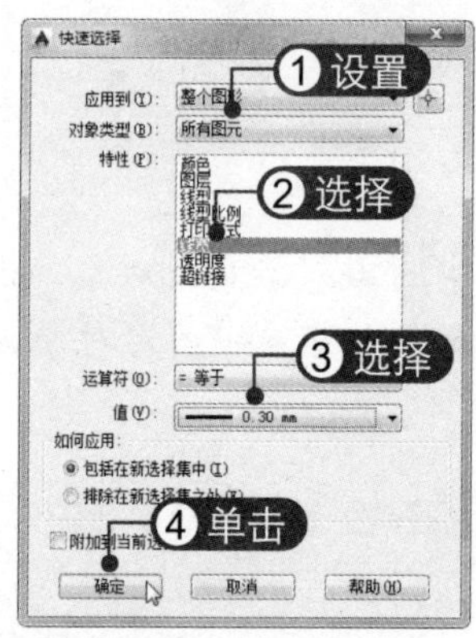

05 选中对象 此时将在图形中快速选中指定线宽的全部对象，如下图所示。

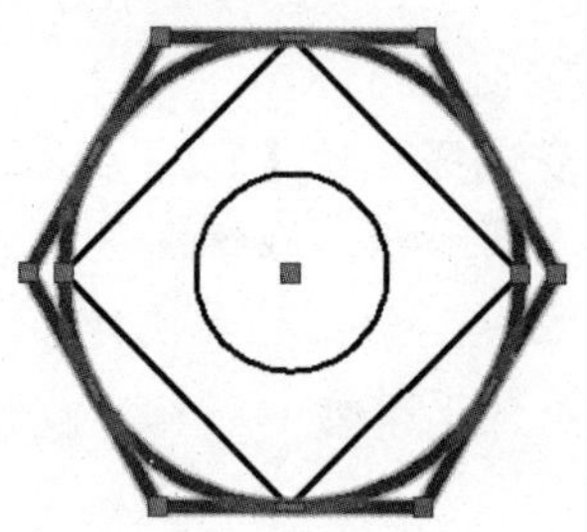

3.1.3 编组选择图形

用户可以为多个对象创建编组，以后便可以快速选择同一编组的对象。下面将通过实例对组的相关应用进行介绍，具体操作方法如下：

01 单击“组”按钮 打开素材文件，单击“组”面板中的“组”按钮，如下图所示。

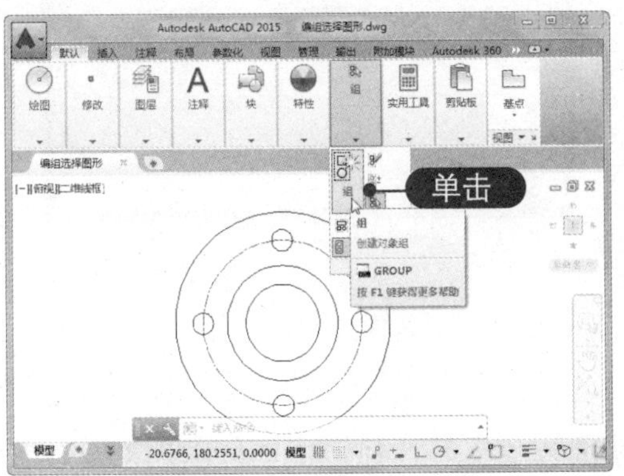

02 编组对象 在图形中选择四个小圆作为要编组的对象，按【Enter】键确认选择，即可编组对象，如下图所示。

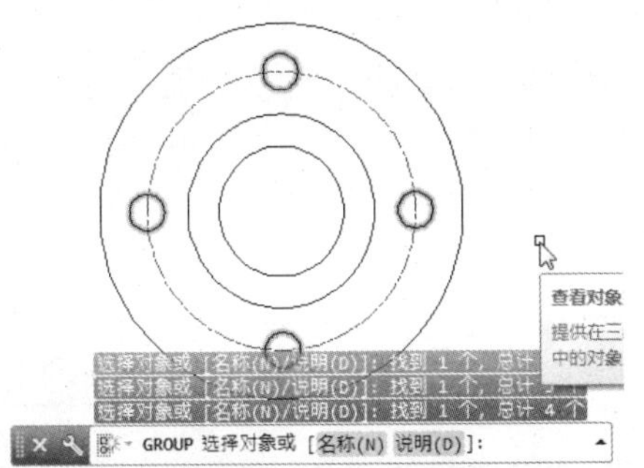

03 选择组对象 选择编组中的任意一个对象，编组中的其他对象将被同时选中，如下图所示。

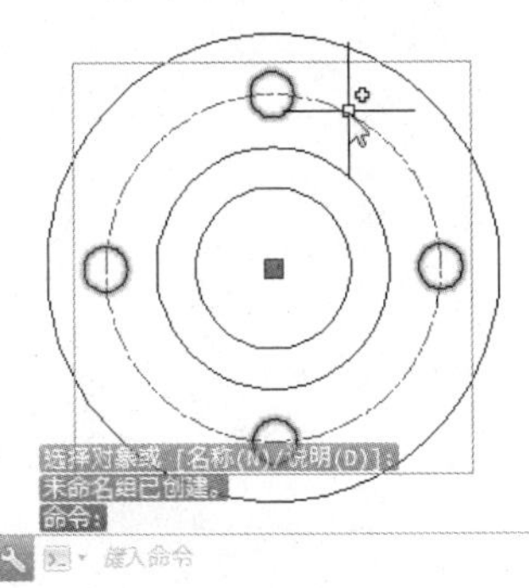

04 取消组边界框 打开“组”面板，单击“组边界框”按钮，取消其亮显状态，即可隐藏编组周围的边界框，如下图所示。

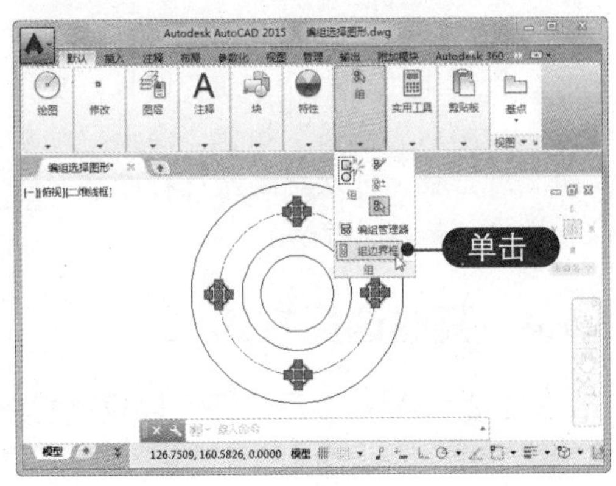

05 单击“重命名”按钮 打开“组”面板，单击“组编辑”按钮，可选择添加或删除组对象，以及重命名对象，如单击命令行提示符中的“重命名”按钮，如下图所示。

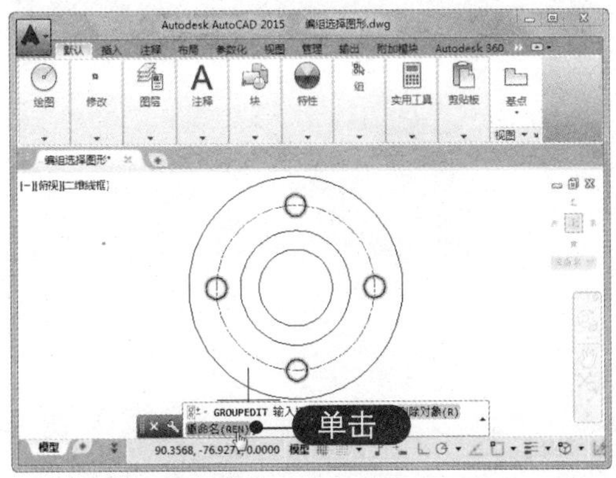

06 重命名编组 输入名称，按【Enter】键确认，即可重命名编组，如下图所示。

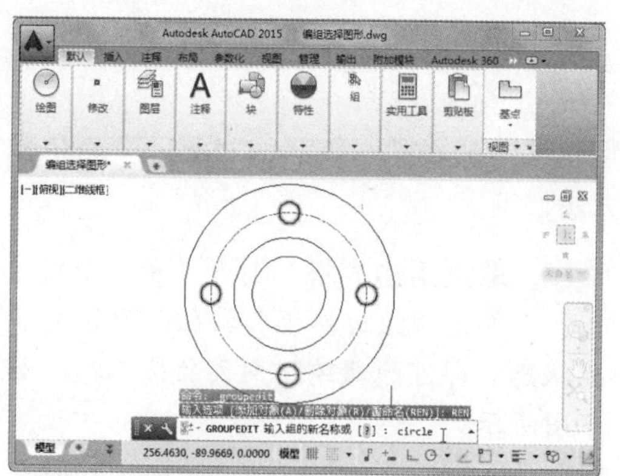

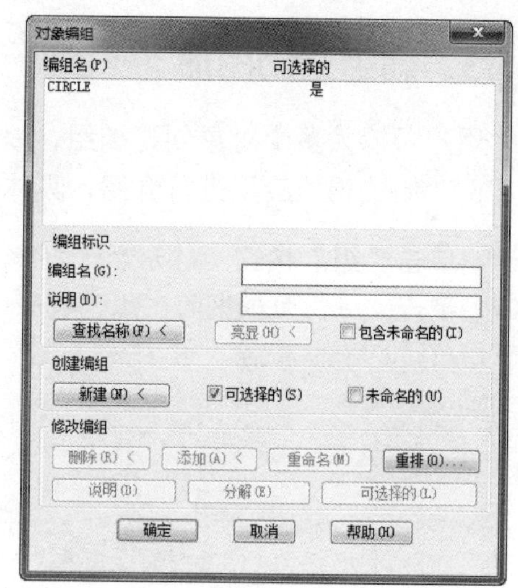

07 **管理编组** 打开“组”面板，单击“编组管理器”按钮，弹出“对象编组”对话框，可以对编组进行亮显、修改等操作，如右图所示。

3.1.4 其他选择方式

在执行编辑命令后，还可以通过栏选、圈围和圈交等选择方式选择图形对象，具体操作方法如下：

01 **单击“移动”按钮** 打开素材文件，执行任意编辑命令，如单击“修改”面板中的“移动”按钮，执行“移动”命令，如下图所示。

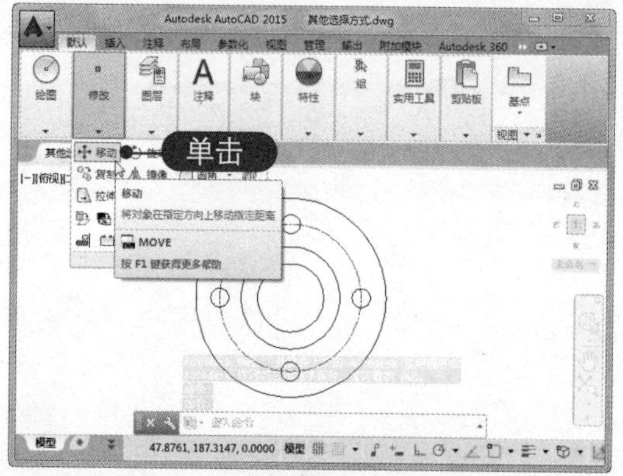

02 **指定栏选点** 输入F并按【Enter】键确认，选择栏选方式在图形中依次单击鼠标左键，指定多个栏选点，按【Enter】键确认操作，如下图所示。

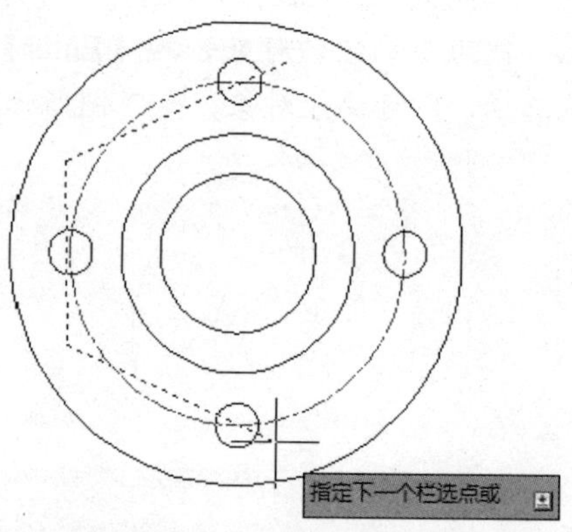

03 **栏选对象** 此时即可选中与栏选路径相交的多个对象，如下图所示。

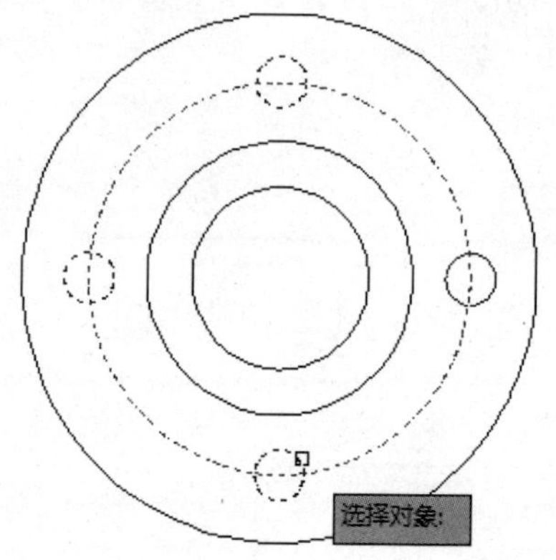

04 绘制圈围区域 重新执行“移动”命令，输入 WP 并按【Enter】键确认。选择圈围选择方式，在图形中依次指定多个端点，绘制圈围选择区域，如下图所示。

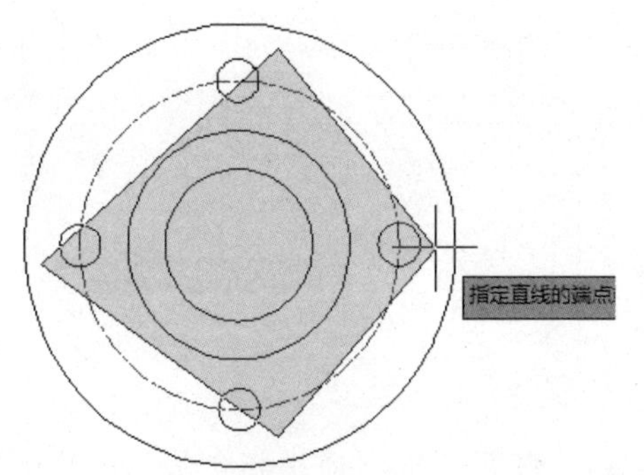

05 圈围选择对象 绘制完毕后按【Enter】键确认，即可选中所有全部位于选区内的对象，部分位于选区内的对象将不会被选中，如下图所示。

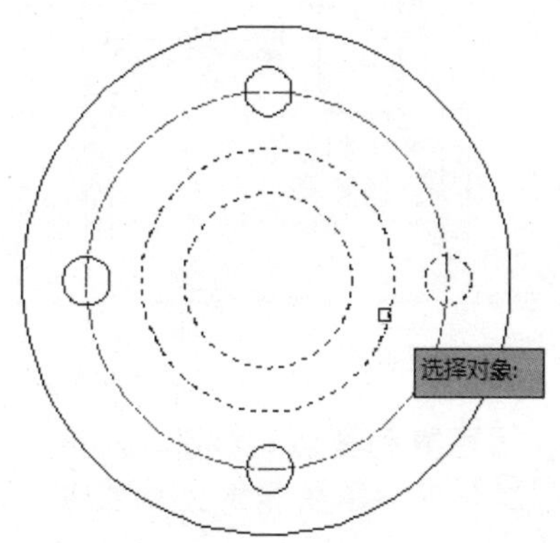

3.1.5 取消选择图形

当选择图形对象后，有时需要取消其选中状态。取消选择图形对象可以分为以下两种情况：

（1）当选择多个图形对象后，需要取消选择其中一部分误选的图形对象：按住【Shift】键后，通过适当的选择方式选择误选对象，即可取消其选择状态。

（2）需要同时取消选择全部对象。直接按【Esc】键，即可同时取消全部已选对象的选择状态。

3.2 创建图形副本

在使用 AutoCAD 2015 绘制图形时，经常需要创建一个或多个对象副本，可以通过“复制”、“偏移”、“镜像”与“阵列”等工具快速进行创建。

3.2.1 复制对象

复制对象是将原对象保留，移动原对象的副本图形，复制后的对象将继承原对象的属性。在 AutoCAD 2015 中可以单个复制，也可以根据需要连续复制。下面将通过实例对其进行介绍，具体操作方法如下：

01 单击“复制”按钮 打开素材文件，在“默认”选项卡下单击“修改”面板中的“复制”按钮，如右图所示。

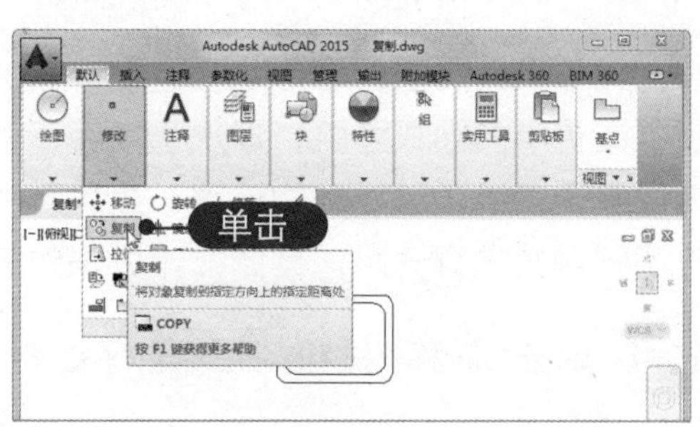

02 **选择对象** 用窗交选择方式选择左上方座椅作为要复制的对象，并按【Enter】键确认选择，如下图所示。

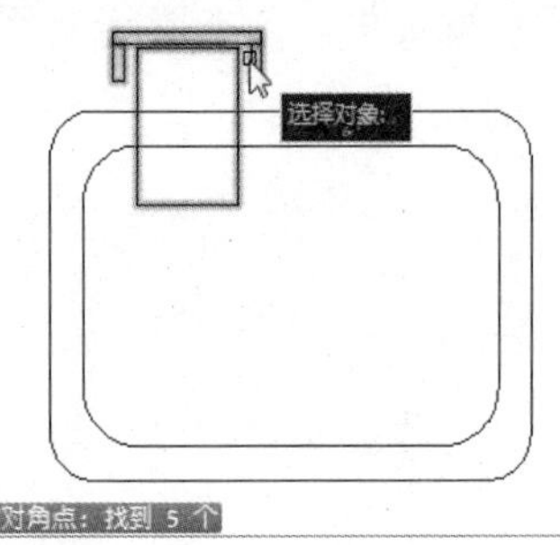

03 **指定复制基点** 移动光标到图形合适位置，单击指定复制基点，如下图所示。

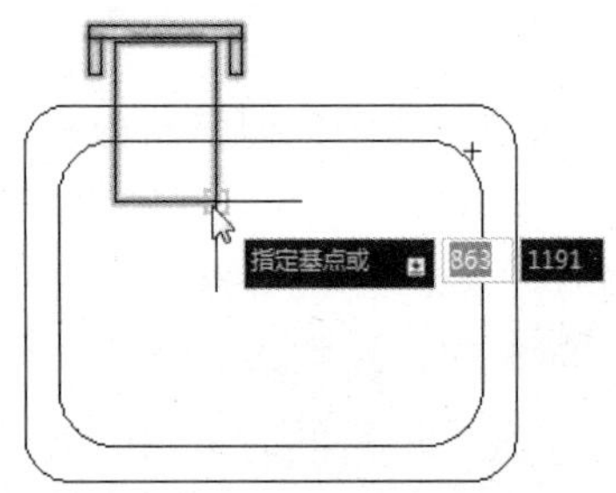

04 **复制对象** 移动光标到合适位置，单击指定第二个点，即可在该位置创建源对象的副本，如下图所示。

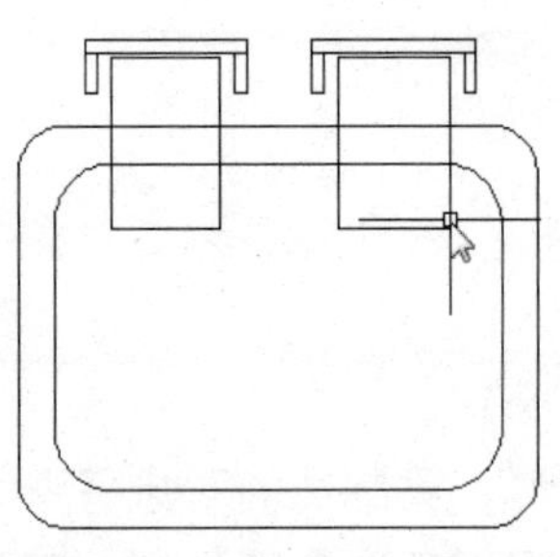

05 **复制多个对象** 如果希望同时复制多个对象，可在指定复制基点后输入 A 并按【Enter】键确认；输入要阵列的项目数，如输入 3 并按【Enter】键确认，如下图所示。

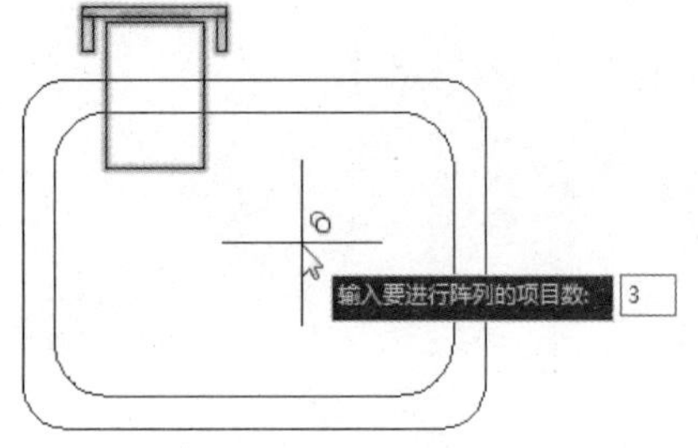

06 **查看效果** 通过指定第二点的位置来设置阵列间距，即可按指定距离同时复制出多个对象，如下图所示。

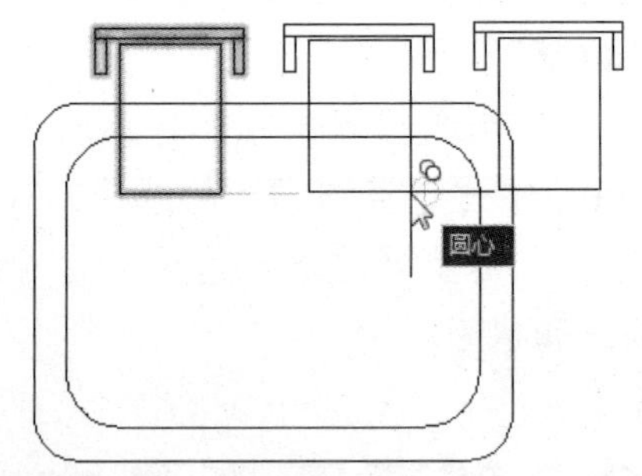

知识加油站

在命令行提示下输入COPY命令，可以快速执行“复制”命令，默认情况下，COPY命令将自动重复。要退出该命令，可按【Enter】键。

3.2.2 偏移对象

偏移工具用于创建形状与选定对象的形状平行的新对象。偏移圆或圆弧可以创建更大或更小的圆或圆弧，取决于向哪一侧偏移。用户可以对直线、圆弧、圆、椭圆、椭圆弧、二维多段线、构造线、射线和样条曲线等多种对象进行偏移操作。下面将通过实例对其进行介绍，具体操作方法如下：

01 **单击“偏移”按钮** 打开素材文件，在“默认”选项卡下单击“修改”面板中的“偏移”按钮，如下图所示。

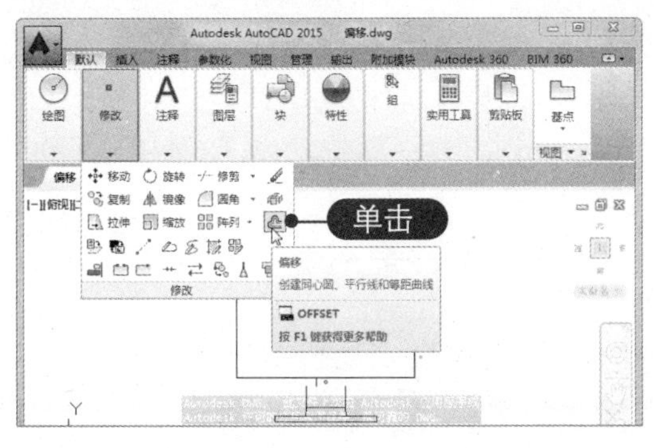

02 选择对象 输入T并按【Enter】键确认，选择以指定通过点方式创建偏移对象，选择要偏移复制的对象，如下图所示。

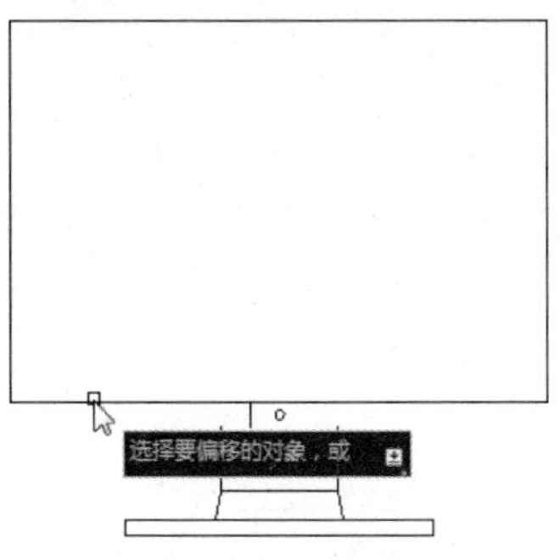

03 指定通过点 通过端点对象捕捉指定左侧座椅平面图的任意右端点为通过点，如下图所示。

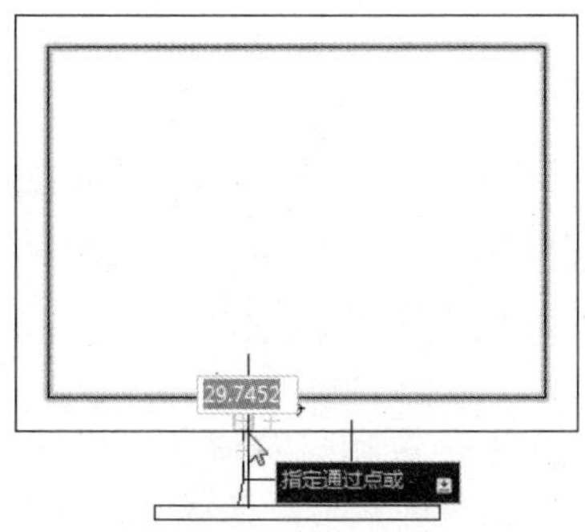

04 偏移对象 此时即可创建通过该点的偏移对象副本，如下图所示。

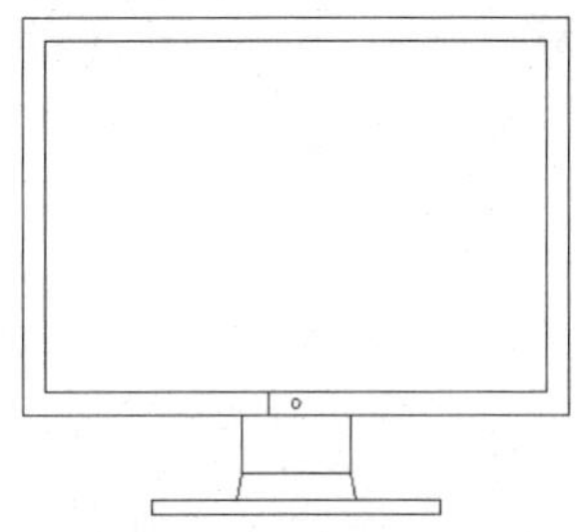

05 单击"偏移"按钮 选择偏移矩形内的竖线，单击"修改"面板中的"偏移"按钮，如下图所示。

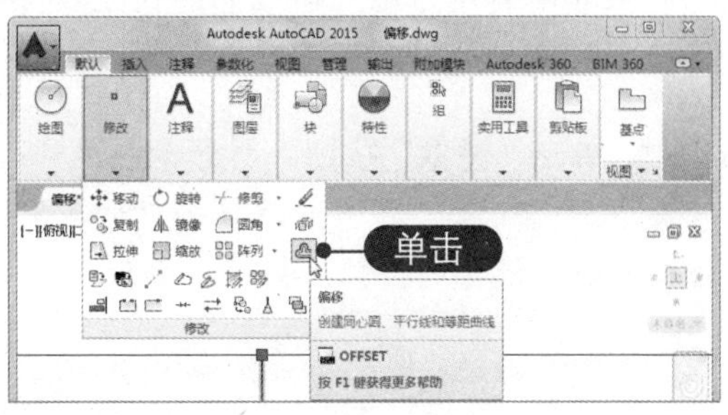

06 指定偏移距离 输入50并按【Enter】键确认，指定偏移距离，如下图所示。

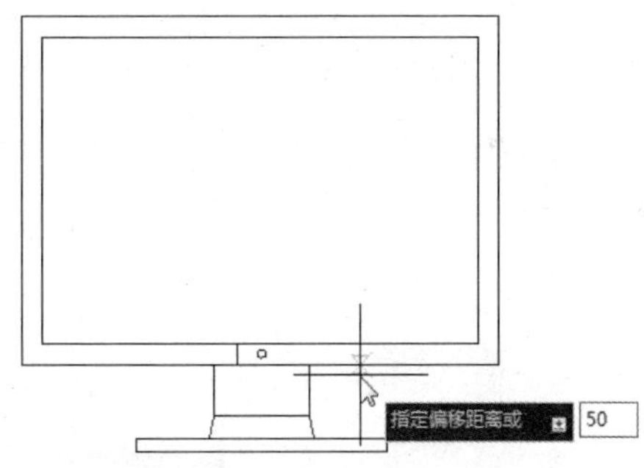

07 指定偏移方向 在直线右侧任意一点单击鼠标左键，指定偏移方向，如下图所示。

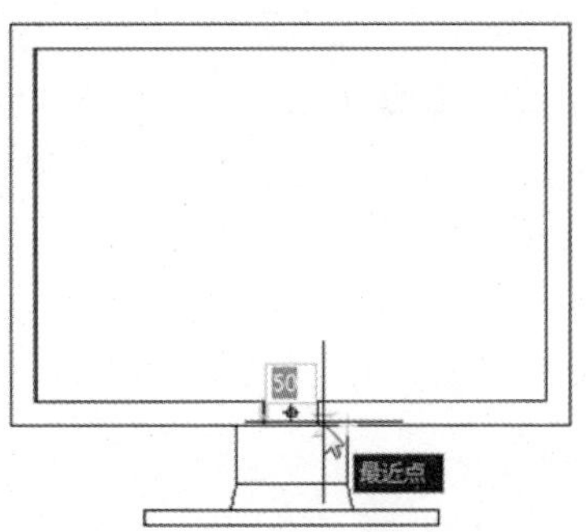

08 **偏移对象** 此时即可在所选方向偏移复制出指定距离的对象副本，如右图所示。

3.2.3 镜像对象

使用镜像工具可以绕指定轴翻转对象，创建对称的镜像图像。镜像工具对创建对称的对象非常有用，用户可以通过该工具绘制半个对象，然后将其镜像复制，从而省去绘制整个对象的麻烦。下面通过实例对其使用方法进行介绍，具体操作方法如下：

01 **单击“镜像”按钮** 打开素材文件，在“默认”选项卡下单击“修改”面板中的“镜像”按钮，如下图所示。

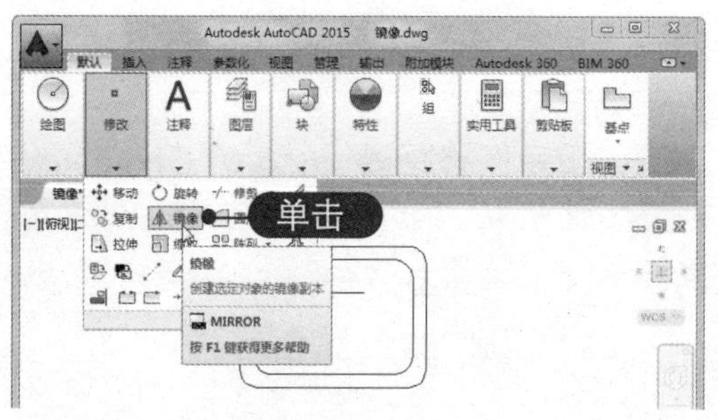

02 **选择对象** 选择绘图区中的两把座椅作为镜像复制对象，并按【Enter】键确认选择，如下图所示。

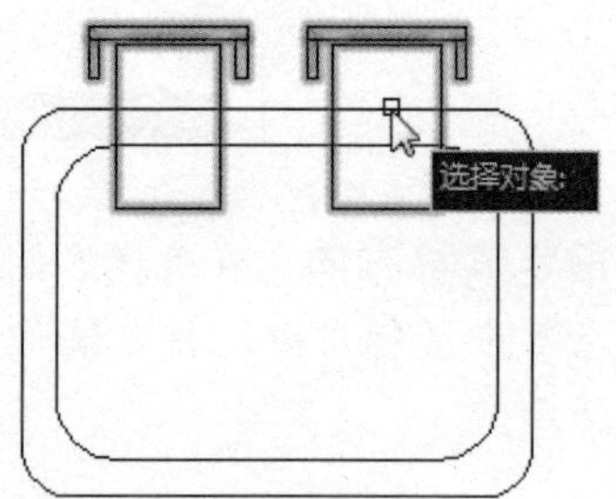

03 **指定镜像线第一点** 启用端点对象捕捉，指定桌面左侧直线中点为镜像线的第一点，如下图所示。

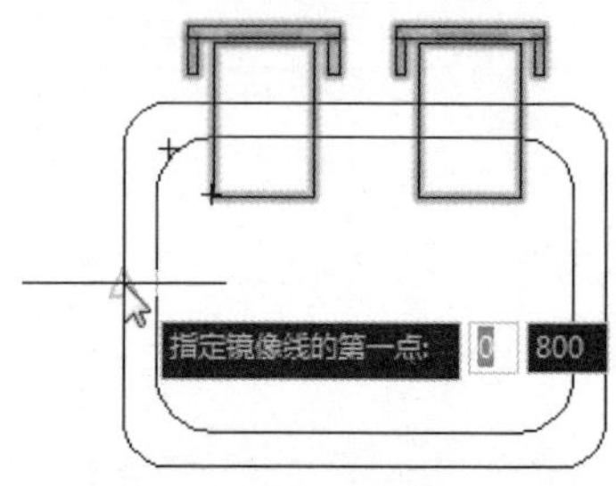

04 **指定镜像线第二点** 指定通过该点水平线上的任意一点作为镜像线第二点，如下图所示。

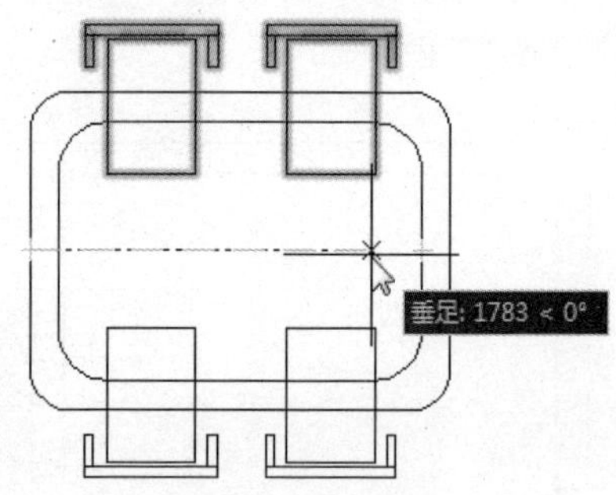

05 **选择是否删除源对象** 当提示是否删除源对象时，保持其默认选项 N，并按【Enter】键确认，如下图所示。

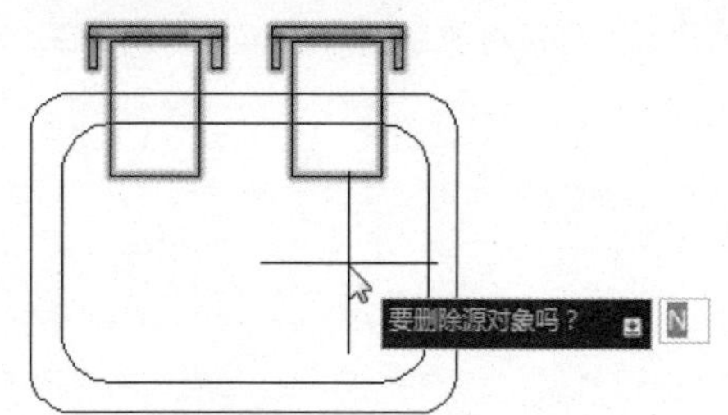

06 **查看图形效果** 保留源对象后即可查看最终图形效果，如右图所示。

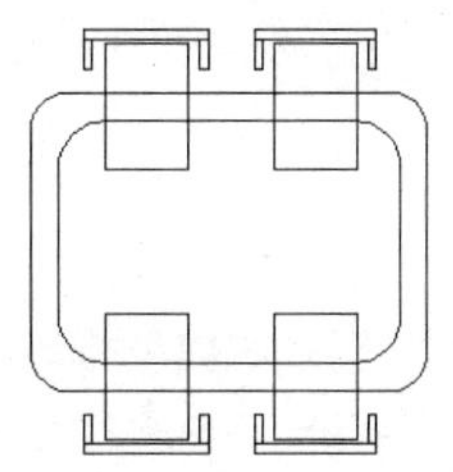

3.2.4 阵列对象

用户可以通过环形阵列、矩形阵列或路径阵列创建对象的副本。对于创建多个定间距的对象，使用阵列工具要比复制工具更有效率。

1. 环形阵列

通过环形阵列工具可以围绕指定中心点或旋转轴创建多个平均分布的对象副本，具体操作方法如下：

01 **选择"环形阵列"命令** 打开素材文件，打开"修改"面板中的阵列工具下拉菜单，选择"环形阵列"命令，如下图所示。

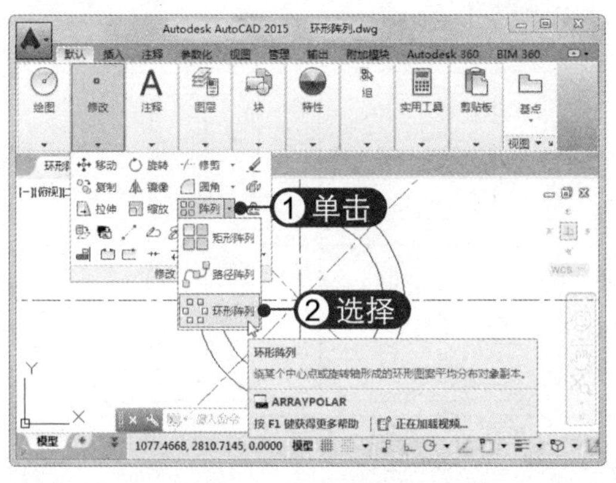

02 **选择对象** 选择图形上方小圆作为要创建阵列副本的对象，并按【Enter】键确认选择，如下图所示。

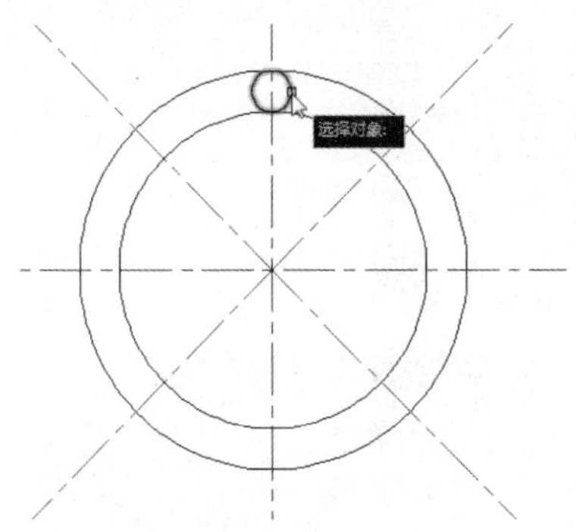

03 **指定阵列中心点** 启用对象捕捉，单击同心圆的圆心指定阵列的中心点，如下图所示。

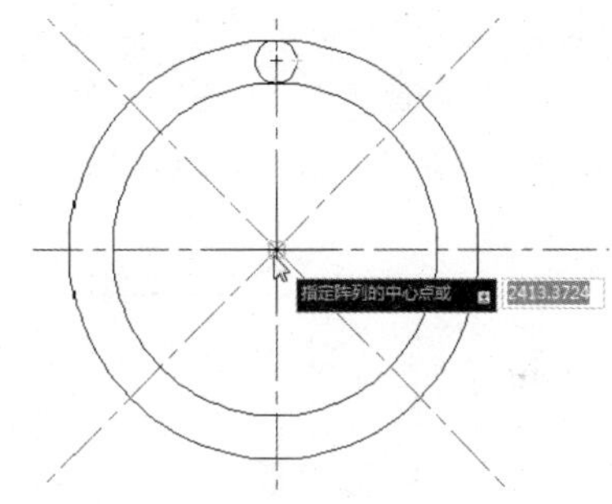

04 **设置阵列参数** 自动切换到"创建阵列"选项卡，设置项目数及旋转角度，单击"关闭阵列"按钮，即可完成阵列对象的创建，如下图所示。

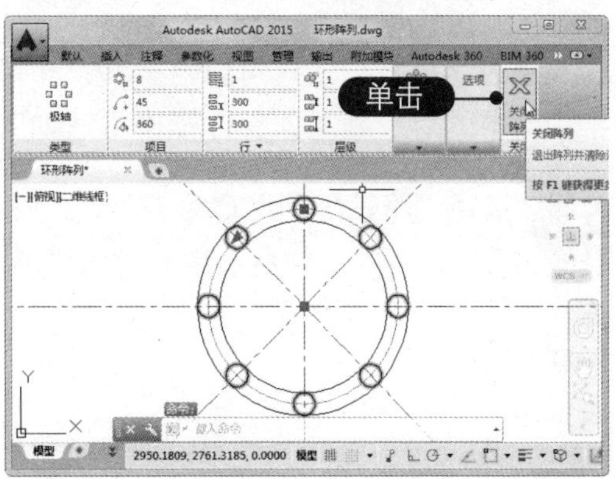

2. 矩形阵列

通过矩形阵列工具可以按指定行和列创建选定对象的副本，具体操作方法如下：

01 选择“矩形阵列”命令 打开素材文件，打开“修改”面板中的阵列工具下拉菜单，选择“矩形阵列”命令，如下图所示。

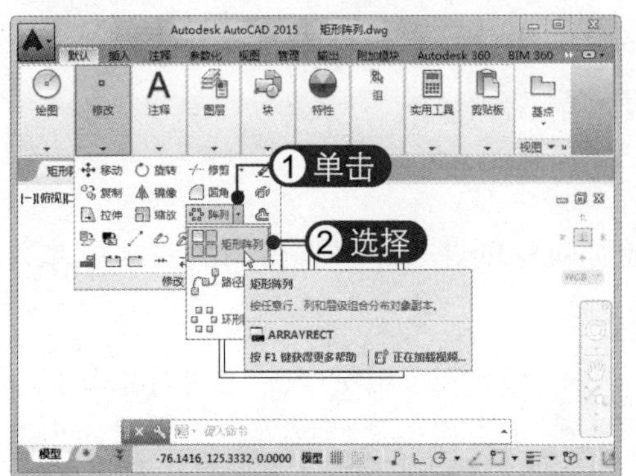

02 选择对象 利用窗交模式选择图形左上方窗户作为要创建阵列副本的对象，并按【Enter】键确认选择，如下图所示。

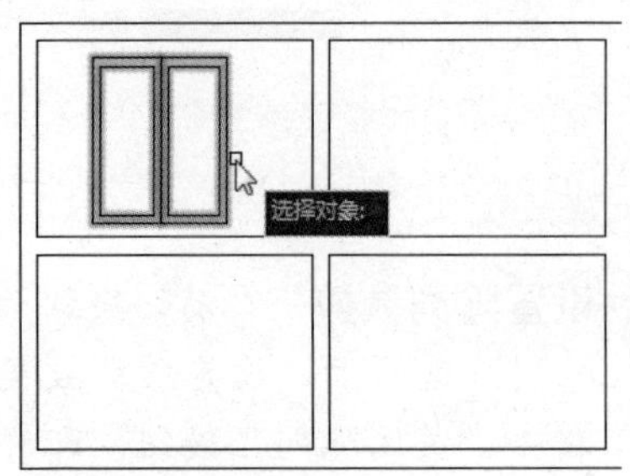

03 设置参数 自动切换到“创建阵列”选项卡，分别设置行数、列数、行间距及列间距，然后单击“关闭阵列”按钮，如下图所示。

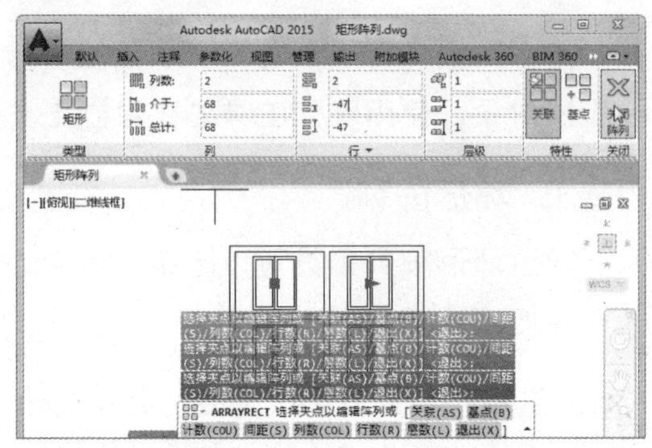

04 查看阵列效果 此时即可以平均分布方式创建多个矩形阵列对象副本，如下图所示。

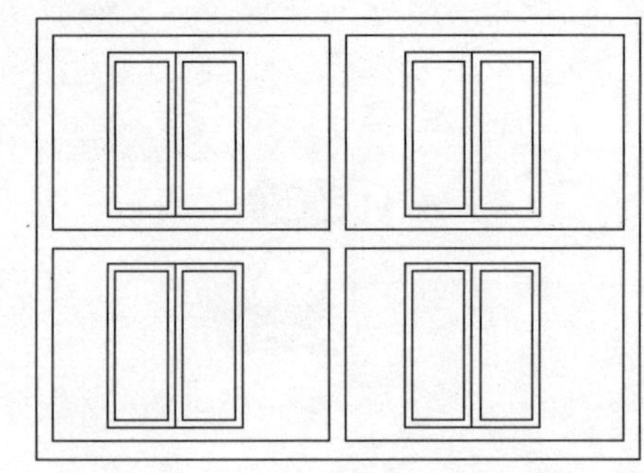

3. 路径阵列

通过路径阵列工具可以沿直线、多段线、样条曲线、圆弧和椭圆等路径创建多个平均分布的对象副本，具体操作方法如下：

01 选择“路径阵列”命令 打开素材文件，打开“修改”面板中的阵列工具下拉菜单，选择“路径阵列”命令，如右图所示。

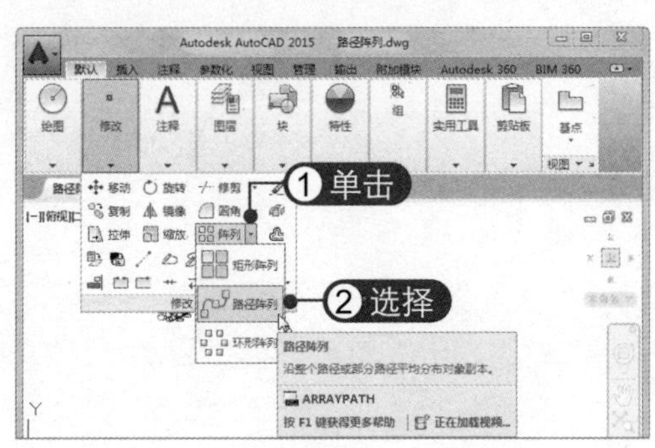

02 **选择对象** 选择图形右上方的植物对象作为要创建阵列副本的对象，并按【Enter】键确认选择，如下图所示。

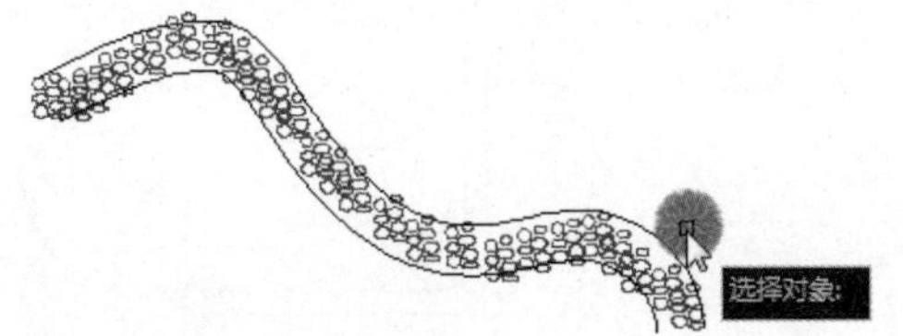

03 **选择路径曲线** 选择图形最上方的样条曲线作为路径曲线，如下图所示。

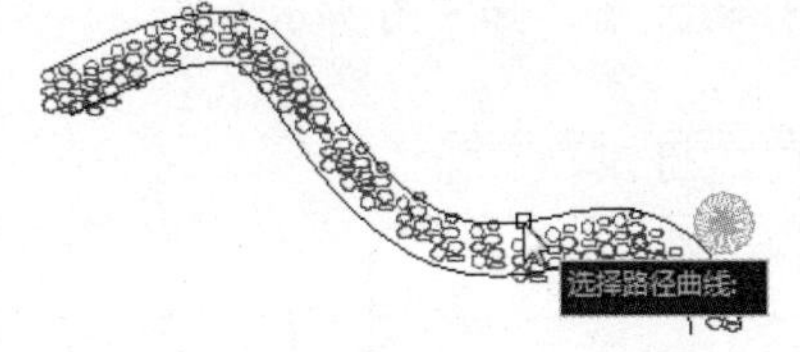

04 **设置阵列数目** 切换到“阵列创建”选项卡，设置阵列数目为8，然后单击“关闭阵列”按钮，如下图所示。

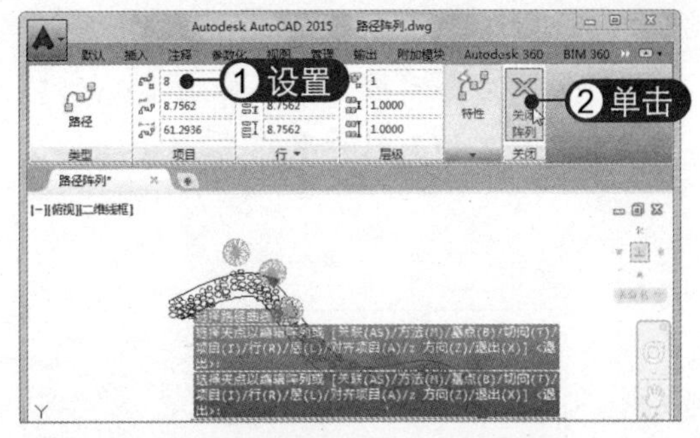

05 **查看阵列效果** 此时即可按指定间距沿所选路径创建多个对象副本，效果如下图所示。

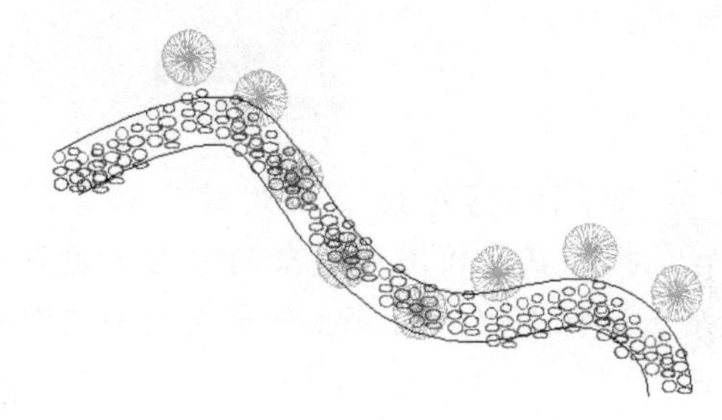

3.3 改变图形位置

使用移动工具可以将对象移到其他位置，也可以通过旋转工具按角度或相对于其他对象进行旋转来修改对象的方向，通过对齐工具可以使某个图形对象与另一个对象对齐。

3.3.1 移动图形

通过移动工具可以按指定的角度和方向移动对象，还可以借助坐标、栅格捕捉、对象捕捉和其他工具精确地移动对象。下面将通过实例对其进行介绍，具体操作方法如下：

01 **单击“移动”按钮** 打开素材文件，在“默认”选项卡下单击“修改”面板中的“移动”按钮，如右图所示。

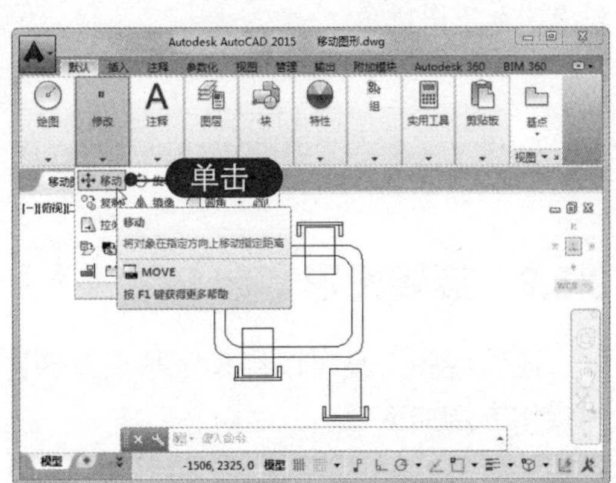

02 选择对象 利用窗交模式选择右下方的座椅图形对象，并按【Enter】键确认选择，如下图所示。

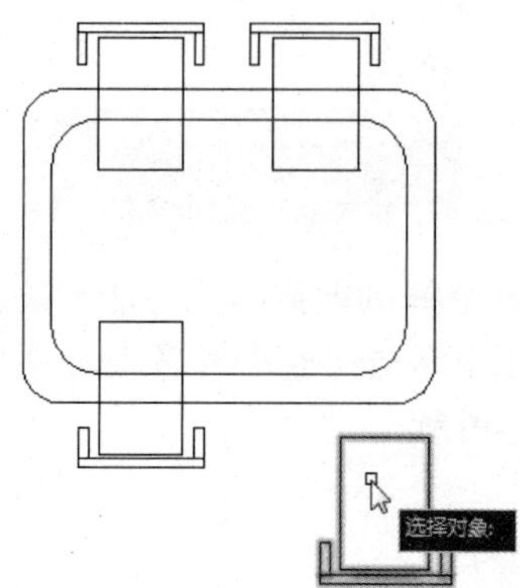

03 指定位移基点 启用端点对象捕捉，在座椅图形对象的右上方端点处单击鼠标左键，指定位移基点，如下图所示。

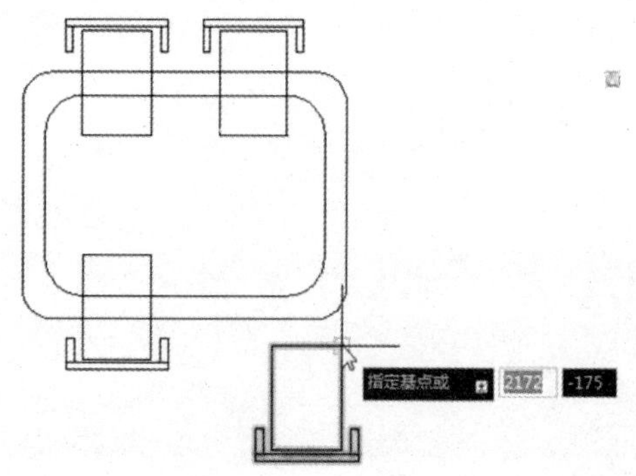

04 指定追踪点 启用对象捕捉追踪，移动光标到茶几图形右侧与其相对的图形端点位置，从而指定对象捕捉的追踪点，如下图所示。

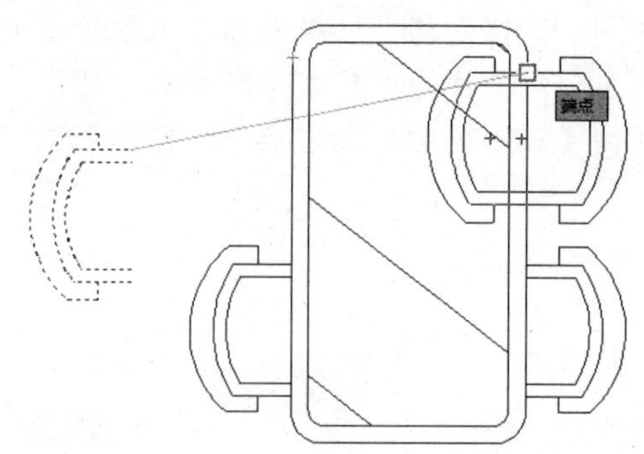

05 指定移动位置 移动光标，捕捉上方座椅与左侧座椅延伸线的交点，指定移动位置，如下图所示。

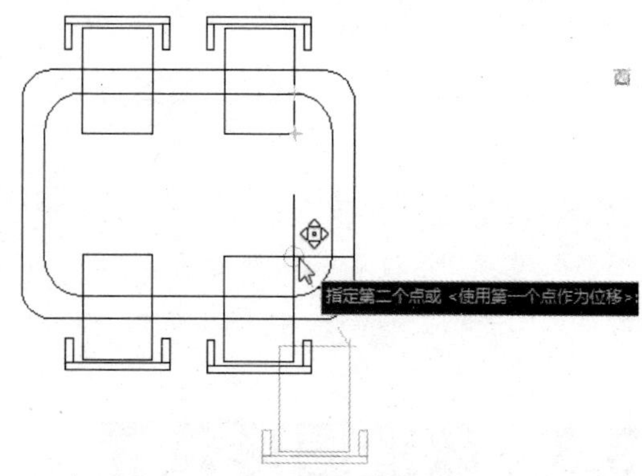

06 完成移动 此时即可通过移动工具及捕捉工具将所选图形对象移到指定位置，如下图所示。

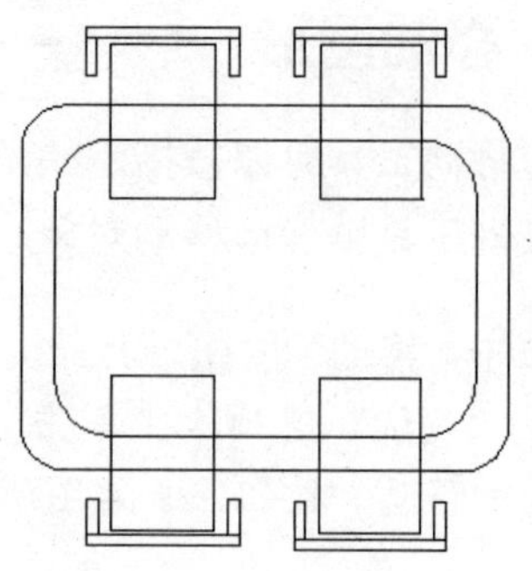

3.3.2 旋转图形

通过旋转工具可以绕指定基点旋转图形中的对象，下面将通过实例进行介绍，具体操作方法如下：

01 单击“旋转”按钮 打开素材文件，在“默认”选项卡下单击“修改”面板中的“旋转”按钮，如下图所示。

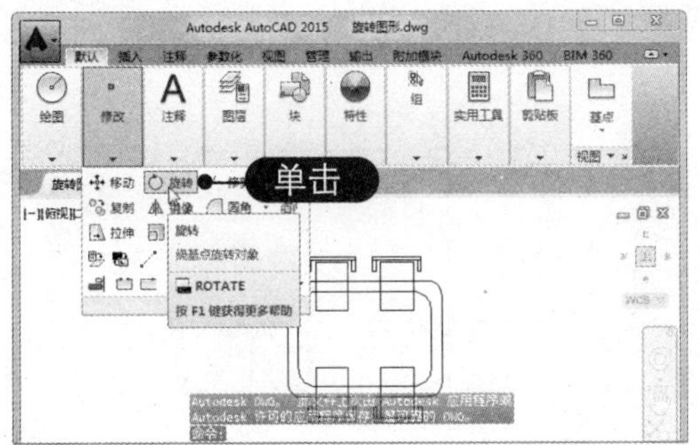

02 选择对象 选择所有图形作为要旋转的对象，并按【Enter】键确认选择，如下图所示。

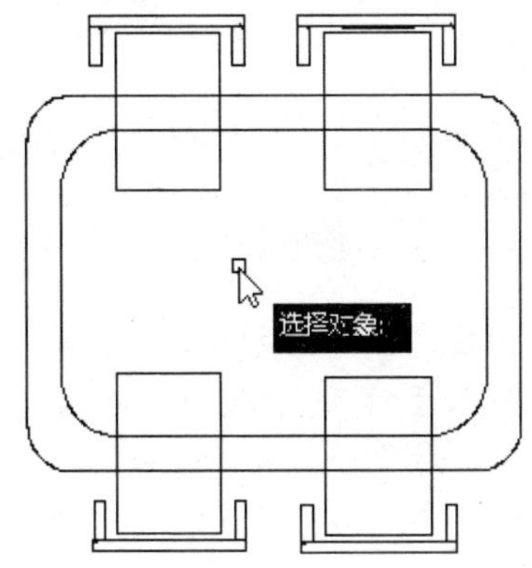

03 捕捉中点延伸线 启用对象捕捉，捕捉餐桌上沿直线中点向下延伸线，如下图所示。

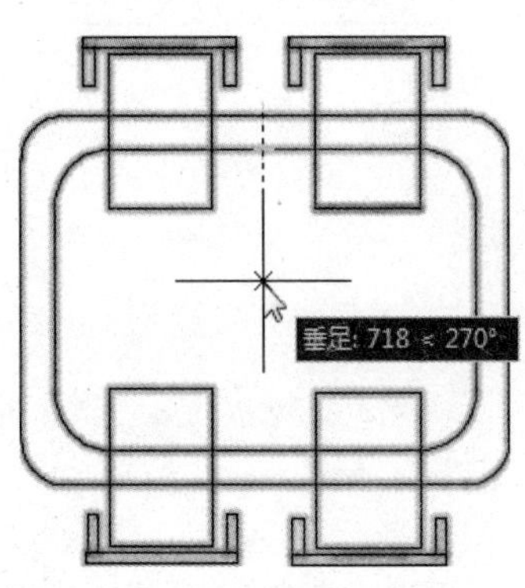

04 指定旋转基点 捕捉餐桌左沿直线中点向右延伸线及两条延伸线的垂足，指定旋转基点，如下图所示。

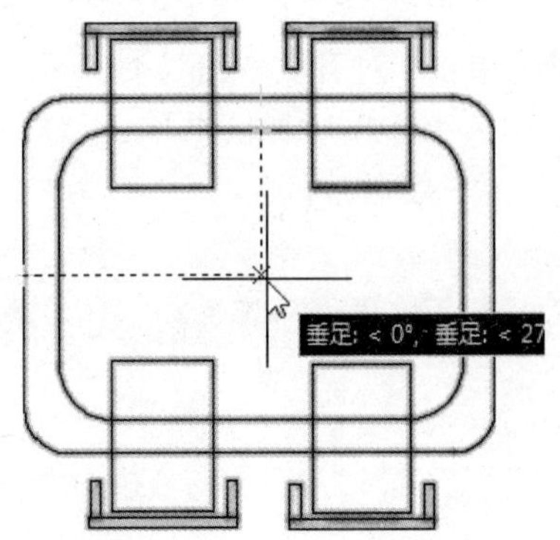

05 指定旋转角度 通过移动光标或输入数值指定旋转角度，如下图所示。

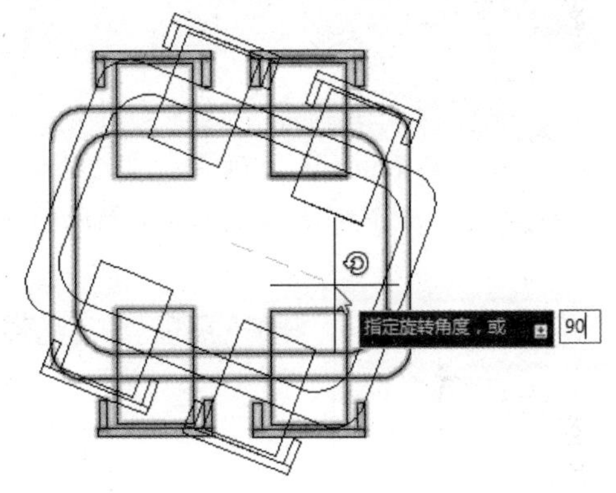

06 查看旋转效果 此时即可将所选对象旋转为指定角度，如下图所示。

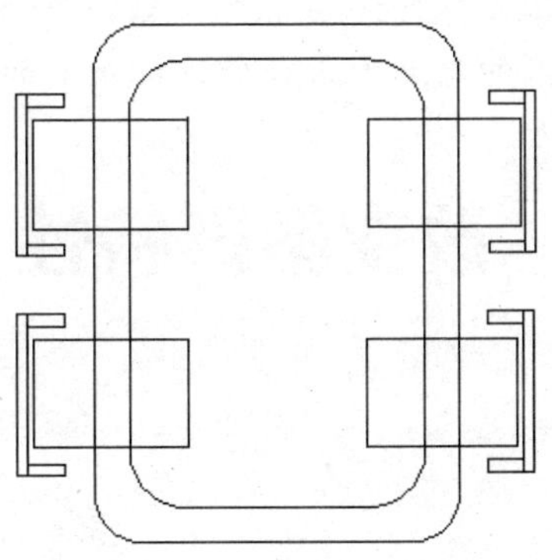

3.3.3 对齐图形

通过对齐工具可以对所选对象执行移动、旋转或倾斜操作，使其与另一个对象对齐。下面将通过实例进行介绍，具体操作方法如下：

01 单击“对齐”按钮 打开素材文件，在“修改”面板中单击“对齐”按钮，如下图所示。

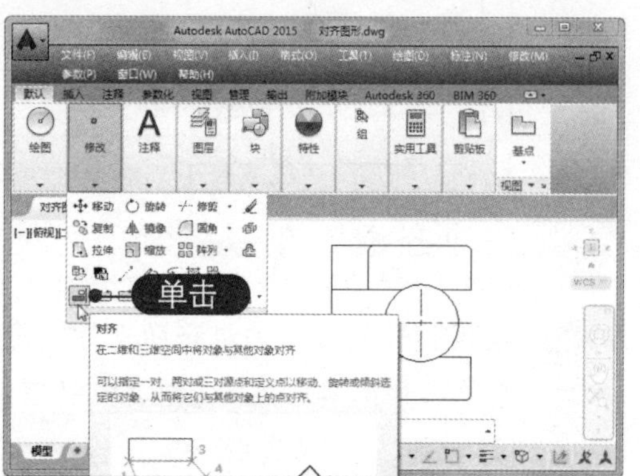

02 指定第一个源点 选择要对齐的对象并按【Enter】键确认，通过对象捕捉模式指定第一个对象源点，如下图所示。

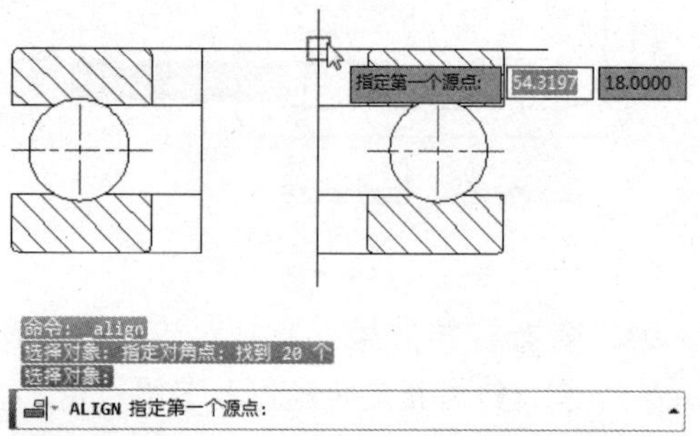

03 指定第一个目标点 指定另一个对象的端点为第一个目标点，如下图所示。

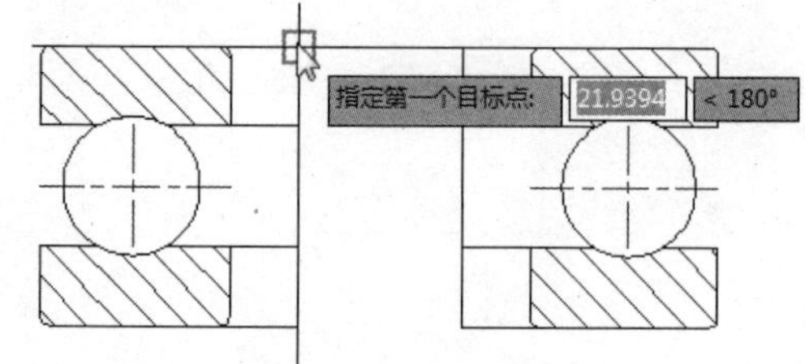

04 指定第二个源点和目标点 用同样的方法指定第二个源点和目标点，并按【Enter】键确认，如下图所示。

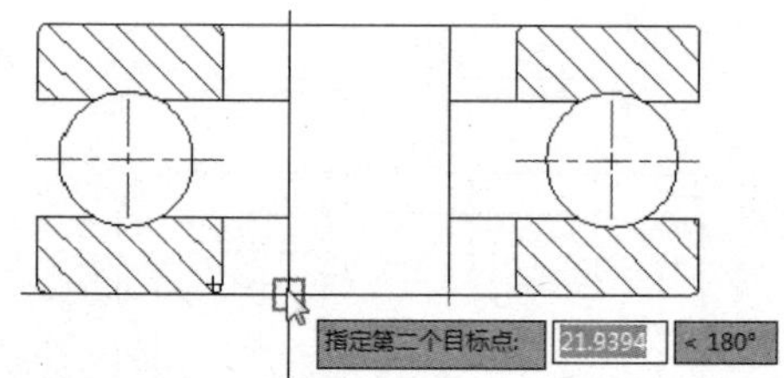

05 选择“否”命令 选择“否”命令，不基于对齐点缩放对象，此时即可将两个所选对象进行对齐，如下图所示。

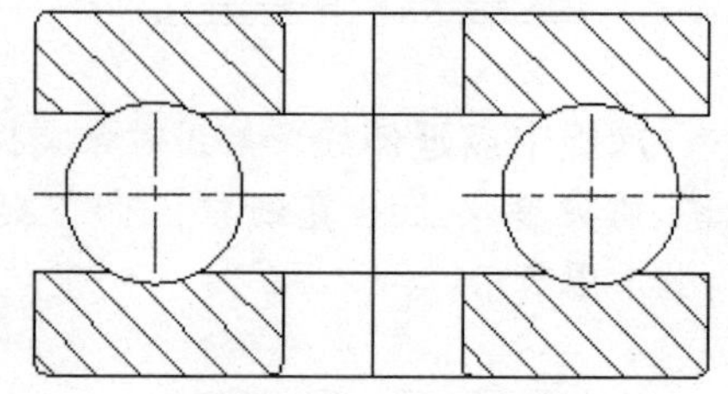

3.4 改变图形特性

通过改变图形对象本身的特性可以满足不同的绘图需求，如拉伸、延伸和缩放图形对象，为图形添加圆角和倒角等，下面将分别对其应用进行介绍。

3.4.1 拉伸、延伸与缩放图形

通过拉伸工具可以按指定方向和角度拉伸或缩短对象；通过延伸工具可以延伸所

选对象的端点至指定边界；通过缩放工具可以按比例改变图形的大小。下面将通过实例对上述工具的应用进行介绍，具体操作方法如下：

01 **单击“拉伸”按钮** 打开素材文件，在“常用”选项卡下单击“修改”面板中的“拉伸”按钮，如下图所示。

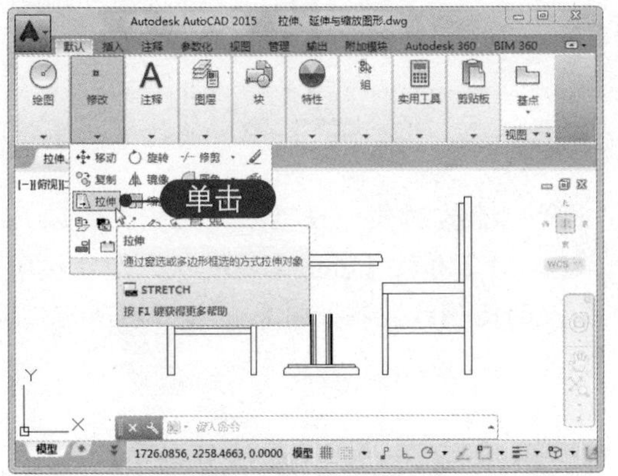

02 **选择对象** 以窗交方式选择桌面下方的部分区域，并按【Enter】键确认选择，如下图所示。

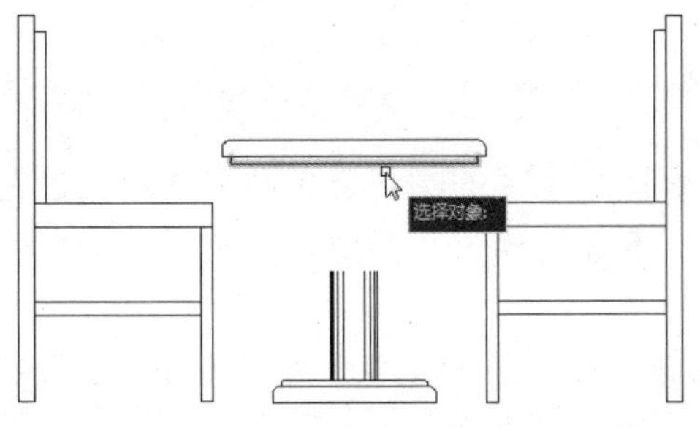

03 **拉伸对象** 分别指定位移的基点和第二点，从而拉伸对象，如下图所示。

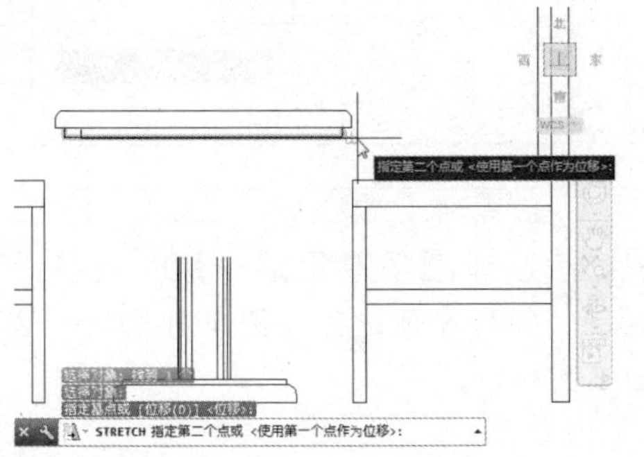

04 **移动对象** 完成拉伸操作后，通过对象捕捉追踪水平移动对象到中心位置，如下图所示。

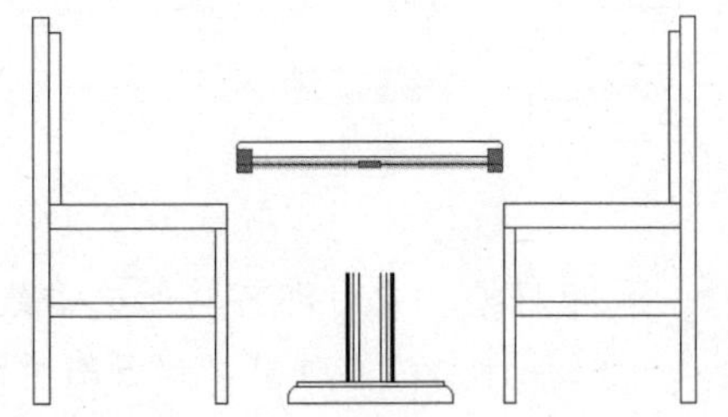

05 **选择“延伸”命令** 在“修改”面板中单击“修剪”下拉按钮，在弹出的下拉列表中选择“延伸”命令，如下图所示。

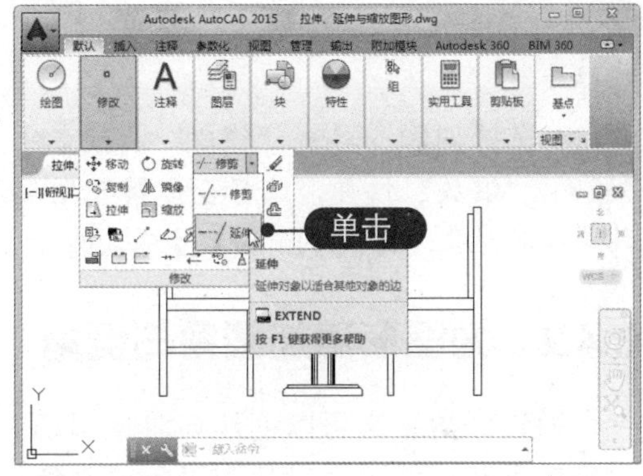

06 **选择边界对象** 选择茶几桌面底部对象作为要延伸至的边界对象，并按【Enter】键确认选择，如下图所示。

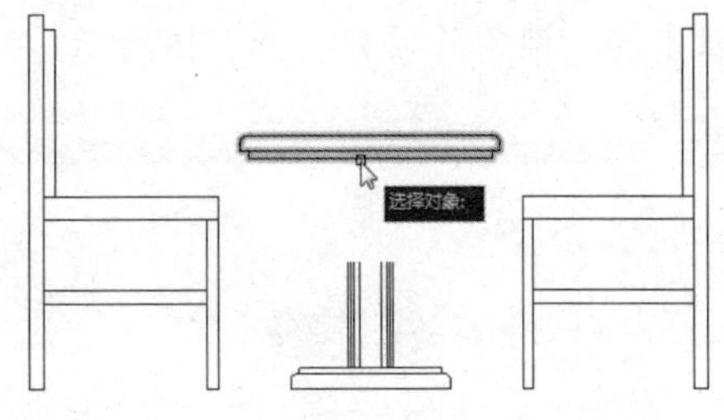

07 **选择垂线对象** 以窗交方式选择茶几桌面下方要延伸的垂线对象，如下图所示。

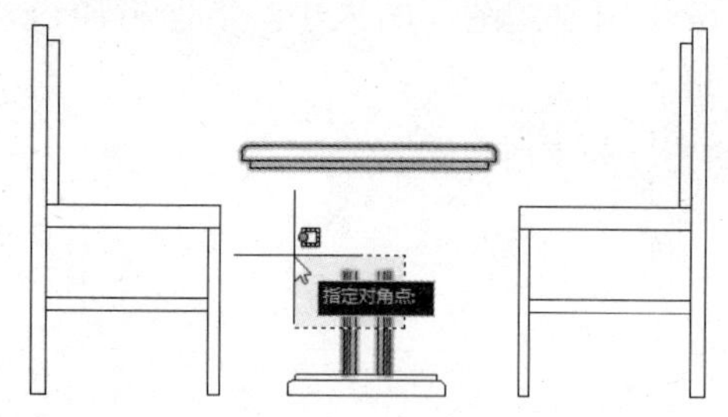

08 延伸对象 此时即可将所选垂线的一端延伸至边界对象，如下图所示。

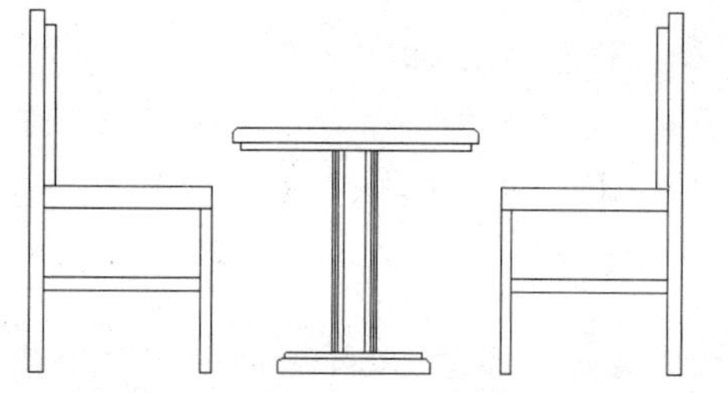

09 选择对象 单击“修改”面板中的“缩放”按钮，选择全部茶几图形作为缩放对象，并按【Enter】键确认选择，然后通过对象捕捉指定缩放基点，如下图所示。

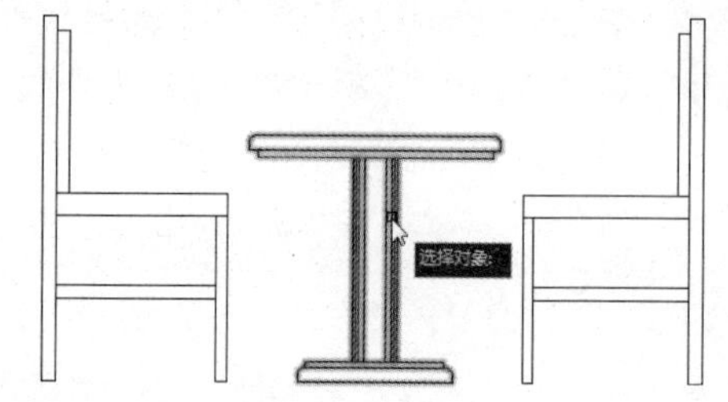

10 缩放对象 设置缩放比例，如输入1.2并按【Enter】键确认，即可按所输入的比例缩放茶几对象，如下图所示。

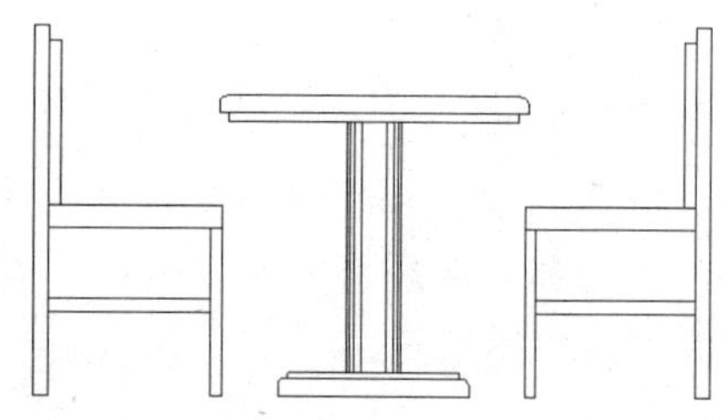

3.4.2 为图形添加圆角与倒角

通过圆角工具可以创建与对象相切并且具有指定半径的圆弧连接两个对象，通过倒角工具可以使两个对象以平角或倒角相连接。下面将通过实例对两个工具的应用进行介绍，具体操作方法如下：

01 单击“圆角”按钮 打开素材文件，在“常用”选项卡下单击“修改”面板中的“圆角”按钮，如下图所示。

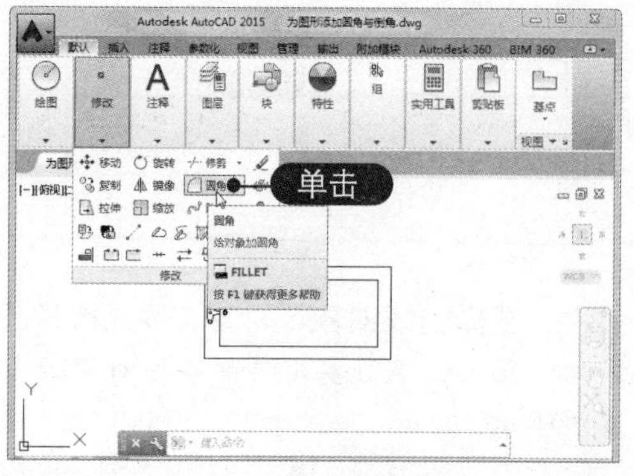

02 设置半径 输入R并按【Enter】键确认，切换到半径设置状态，设置圆角半径，如输入200并按【Enter】键确认，如下图所示。

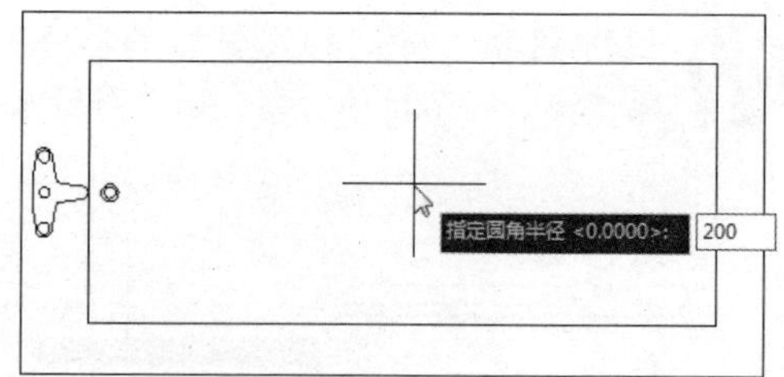

03 选择圆角对象的一边 选择外侧矩形左侧边作为圆角对象的一边，如下图所示。

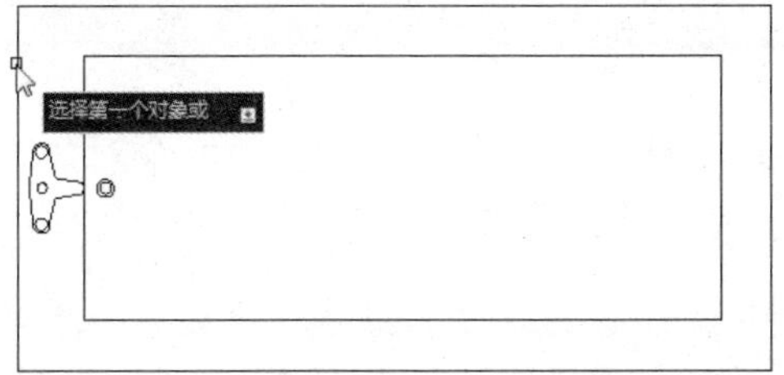

04 创建圆角对象 选择外侧矩形上边作为圆角对象的另一边，即可创建指定半径的圆角对象，如下图所示。

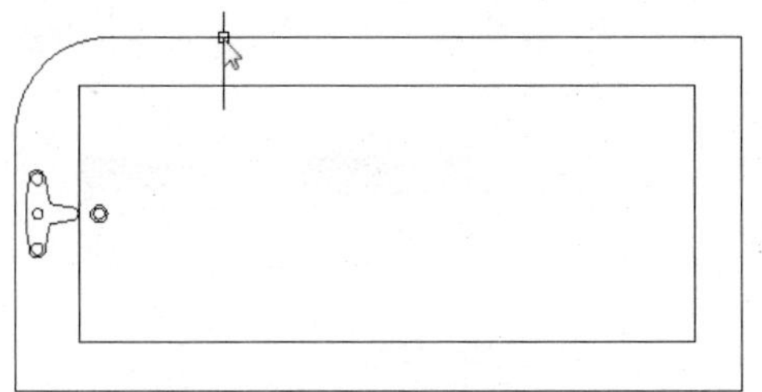

05 创建其他圆角对象 用同样的方法为相邻的其他边创建圆角对象，如下图所示。

06 选择"倒角"命令 单击"圆角"下拉按钮，在弹出的下拉列表中选择"倒角"命令，如下图所示。

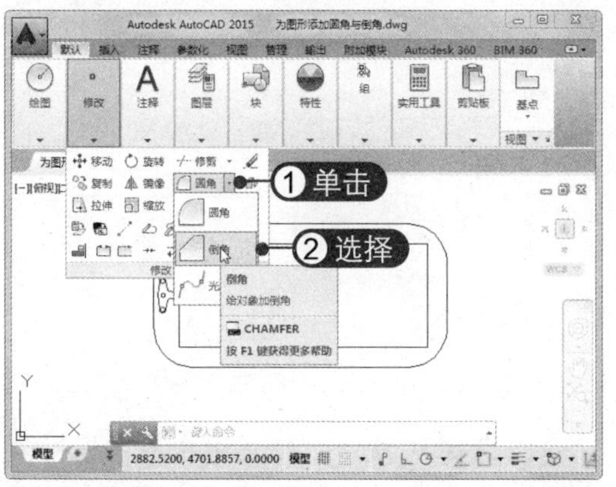

07 设置倒角距离 输入D并按【Enter】键确认，分别设置倒角两条边的距离，如输入60并按两次【Enter】键，设置相同的倒角距离，如下图所示。

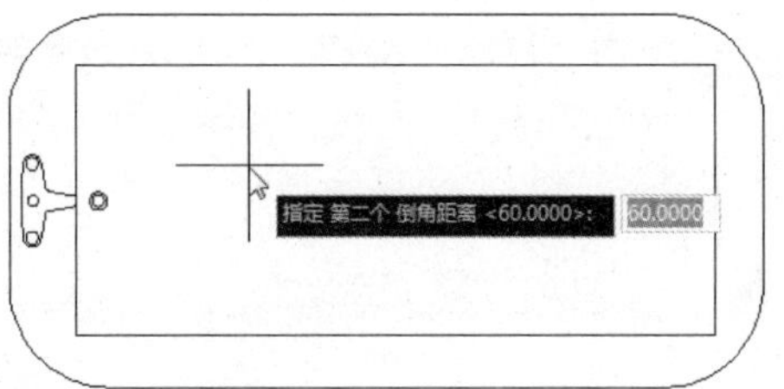

08 指定倒角的一边 选择内侧矩形左侧的指定边作为倒角的一边，如下图所示。

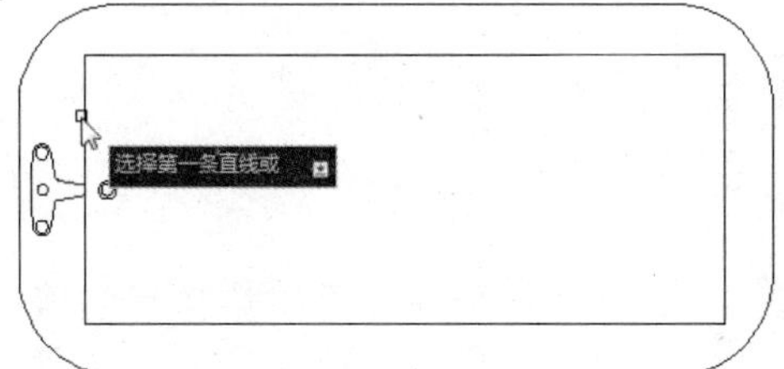

09 创建倒角对象 选择与其相邻的水平直线作为倒角的另一边，创建出一个指定距离的倒角，如下图所示。

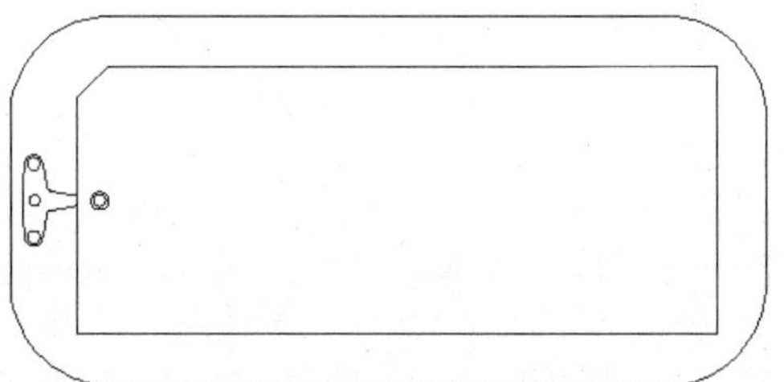

10 创建其他倒角 用同样的方法创建其他倒角，查看最终图形效果，如下图所示。

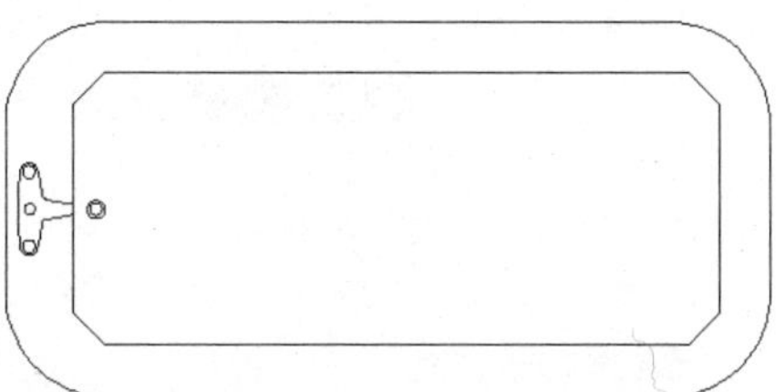

3.4.3 打断与合并图形

使用打断可以在对象上两个指定点之间创建间隔，从而将对象打断为两个对象；使用合并可以将所选的对象执行闭合操作，具体操作方法如下：

01 **单击“打断”按钮** 打开素材文件，打开“修改”面板，单击其中的“打断”按钮，如下图所示。

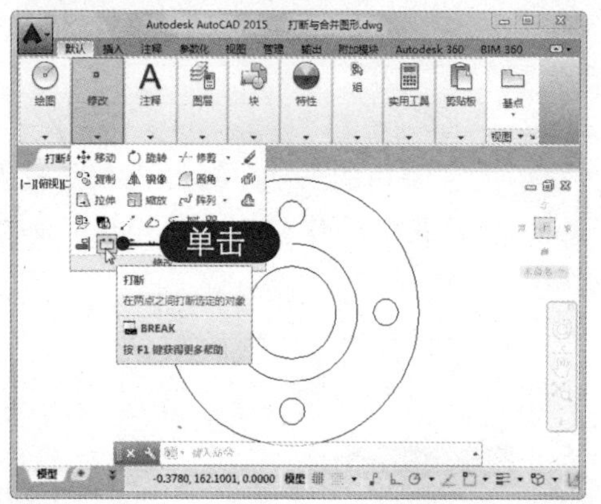

02 **选择打断对象** 在绘图区中的圆对象上单击鼠标左键，指定需要打断的对象，如下图所示。

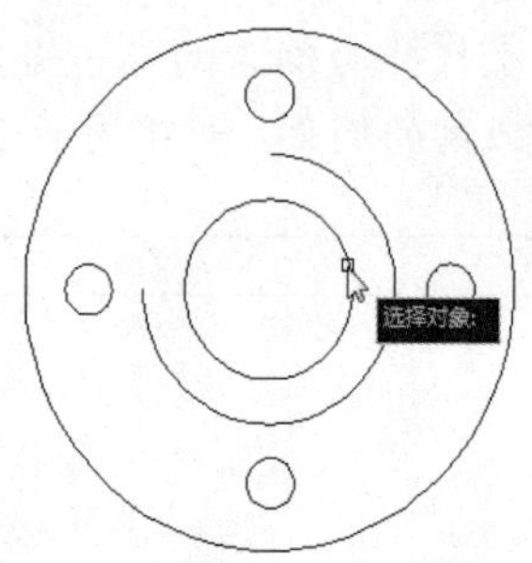

03 **指定第一个打断点** 输入 F 并按【Enter】键确认，通过象限点对象捕捉模式指定第一个打断点，如下图所示。

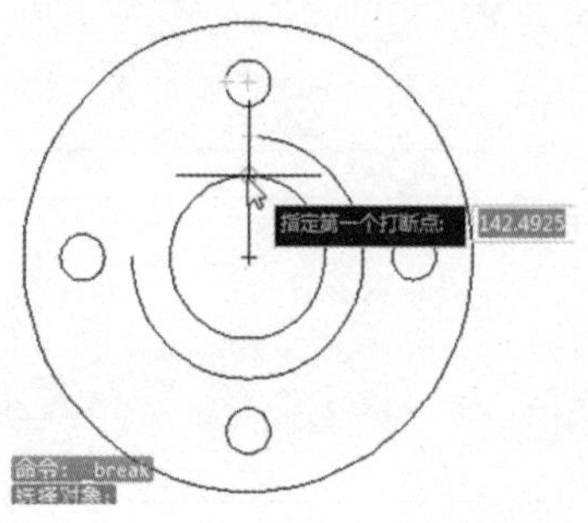

04 **指定第二个打断点** 通过象限点对象捕捉模式指定第二个打断点，如下图所示。

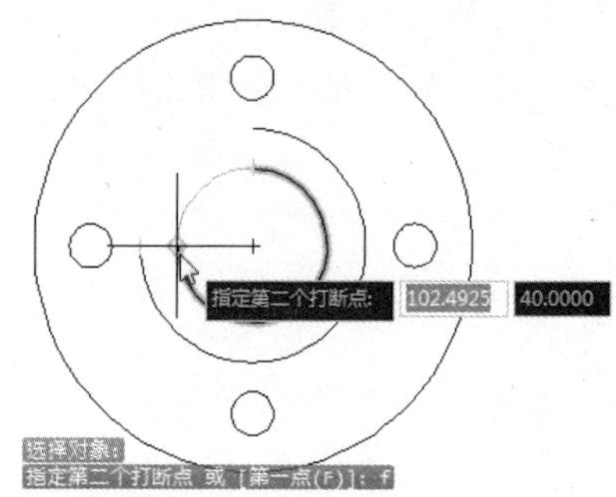

05 **打断对象** 此时即可按指定的打断点将所选圆对象打断，如下图所示。

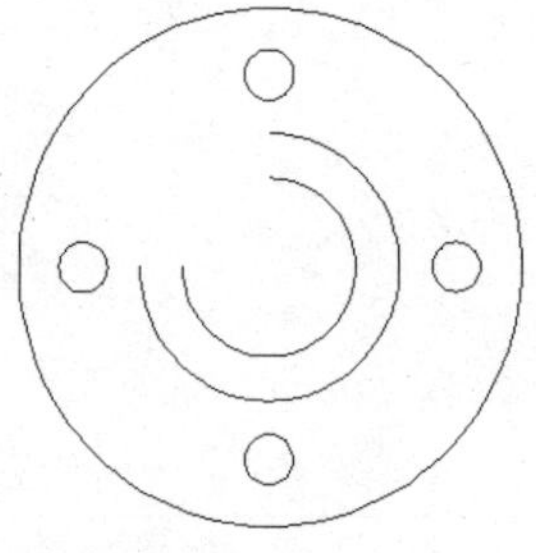

06 **单击“合并”按钮** 再次打开“修改”面板，单击其中的“合并”按钮，如下图所示。

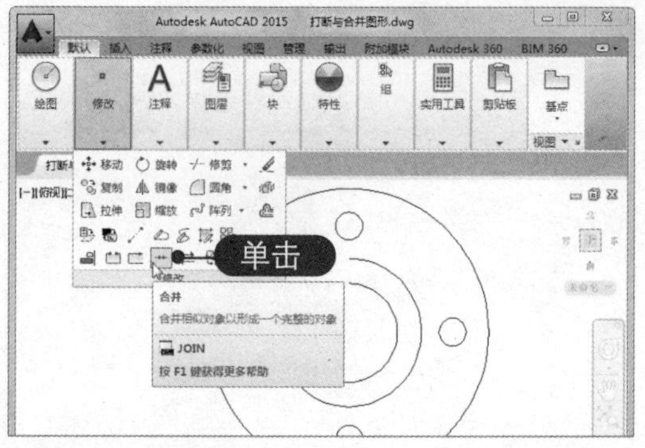

07 **选择对象** 选择图形中间的圆对象作为要执行合并操作的源对象，并

按【Enter】键确认选择，如下图所示。

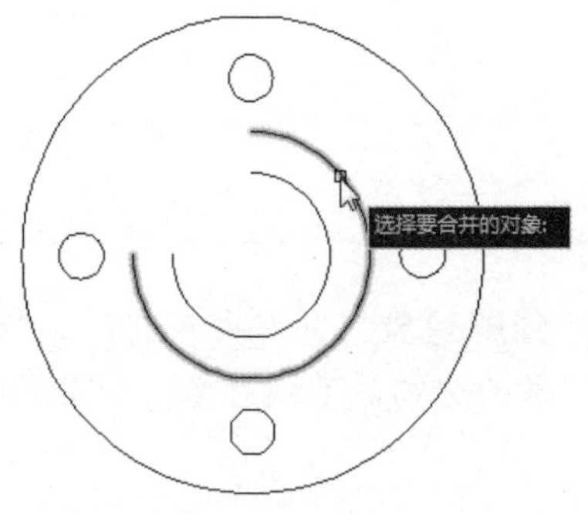

08 **合并对象** 输入 L 并按【Enter】键确认，对所选对象执行闭合操作即可，如下图所示。

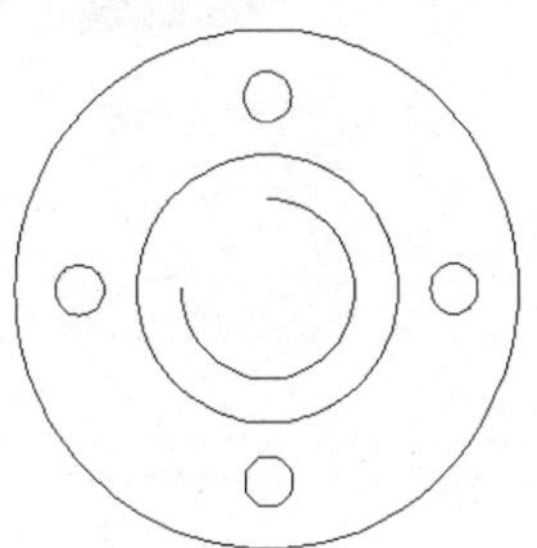

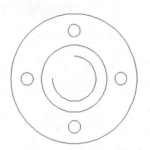

3.4.4 修剪与分解图形

通过修剪工具可以清理图形中不需要的相交部分；通过分解工具可以将复合对象（如矩形、多段线等）分解为其部件对象。下面将通过实例对这两个工具的应用进行介绍，具体操作方法如下：

01 **单击"修剪"按钮** 打开素材文件，在"常用"选项卡下单击"修改"面板中的"修剪"按钮，如下图所示。

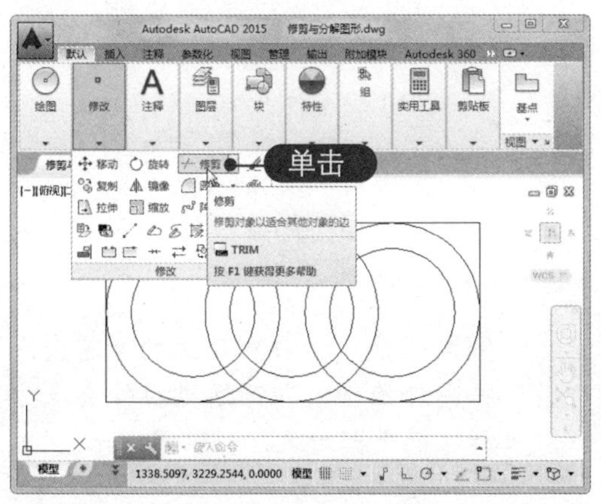

02 **选择对象** 通过窗交选择方式选择修剪区域，并按【Enter】键确认选择，如下图所示。

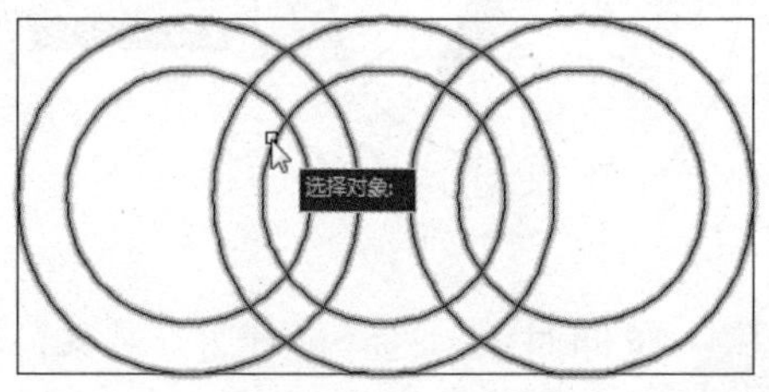

03 **修剪对象** 移动光标到图形中要修剪的对象上，单击对其线条进行修剪，如下图所示。

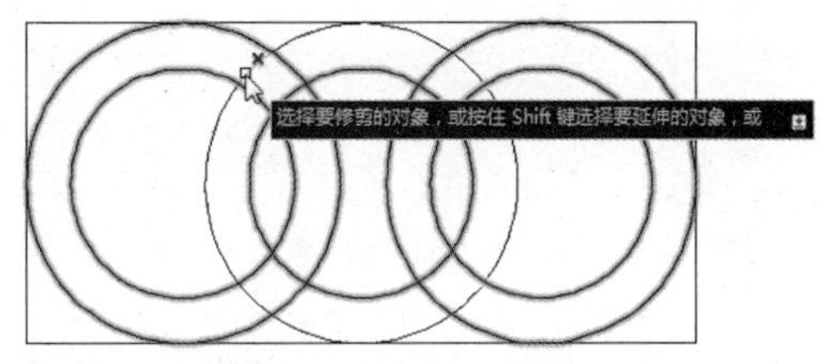

04 **修剪其他对象** 用同样的方法修剪图形中的其他对象，修剪完毕后按【Enter】键确认，退出修剪状态，如下图所示。

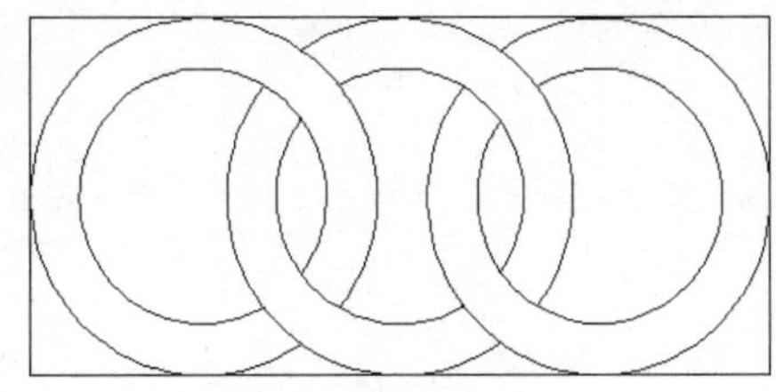

05 **单击"分解"按钮** 单击"修改"面板中的"分解"按钮，如下图所示。

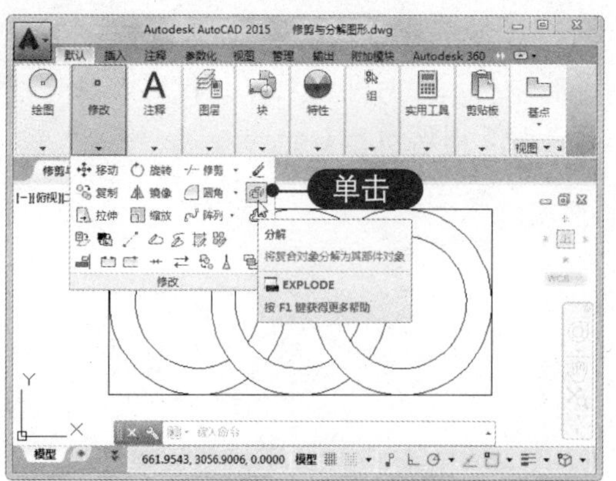

06 **选择对象** 选择要分解的对象，并按【Enter】键确认选择，如下图所示。

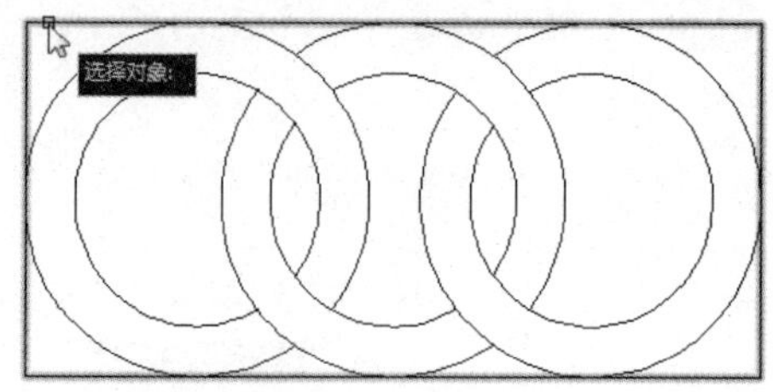

07 **分解对象** 此时即可将所选矩形分解为分离的直线对象，如下图所示。

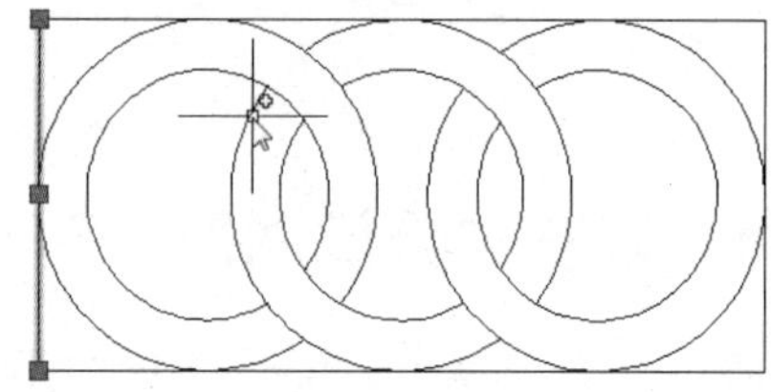

3.4.5 编辑夹点

当对象处于选中状态时，对象关键点上将出现蓝色实心小方块，这些位于关键点上的小方块就是夹点。不同类型的对象其夹点形状与位置也会不同，如下图所示。

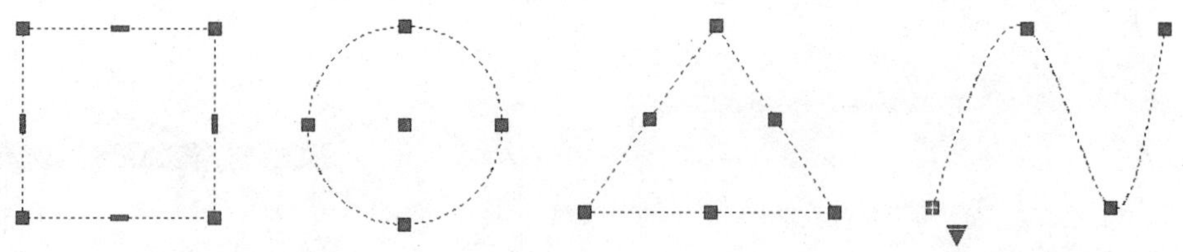

通过夹点可以对已选对象执行移动、旋转、复制、缩放和拉伸等操作。下面将通过实例对夹点的应用进行介绍，具体操作方法如下：

06 **选择对象** 打开素材文件，选择需要编辑的大圆对象，所选对象将蓝色显示，并在对象上出现蓝色夹点，如下图所示。

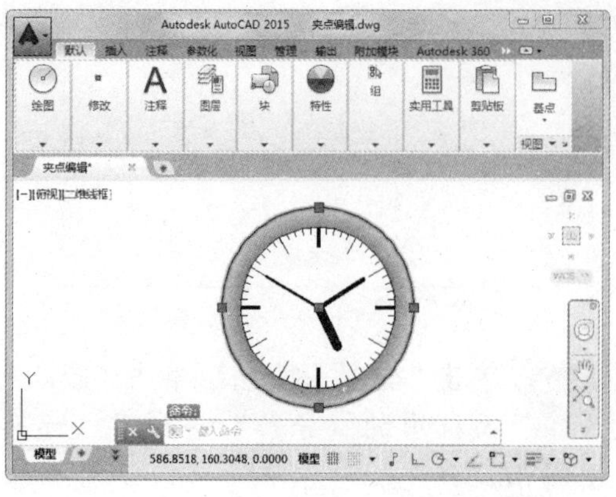

02 **拖动夹点** 选择对象上的任意夹点并向外拖动，即可通过拉伸夹点方式放大所选的大圆对象，如下图所示。

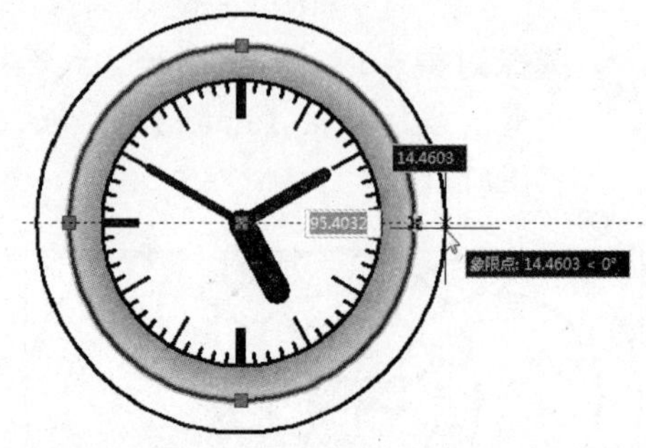

03 **拉伸对象** 选择时针图形对象，移动光标到右侧蓝色夹点上，在弹出

的快捷菜单中选择“拉伸”命令，如下图所示。若直接选择夹点并进行拖动，默认会启用拉伸夹点方式。

04 **缩短对象** 此时改变光标位置会发现所选对象将按原长度拉长或缩短，向左上方移动光标，缩短所选对象，如下图所示。

05 **选择编辑模式** 选择分针图形对象，然后单击对象左下方的夹点，并依次按【Enter】键确认，切换到旋转编辑模式，如下图所示。

06 **旋转对象** 此时改变光标位置会发现所选对象将按原角度进行旋转，其长度始终保持不变，旋转对象到合适的角度即可，如下图所示。

3.5 编辑多线

通常在使用多线命令绘制墙体线后都需要对线段进行编辑，AutoCAD 2015 中提供了多个多线编辑工具。下面将通过实例对其进行介绍，具体操作方法如下：

01 **单击“多线”命令** 打开素材文件，单击“修改”|“对象”|“多线”命令，如右图所示。

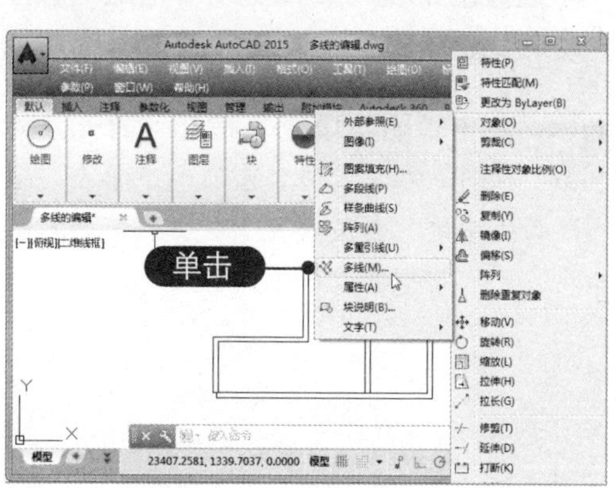

02 选择多线编辑工具 弹出“多线编辑工具”对话框，选择“T 形打开”工具，如下图所示。

03 选择第一条多线 在绘图区选择第一条多线，如下图所示。

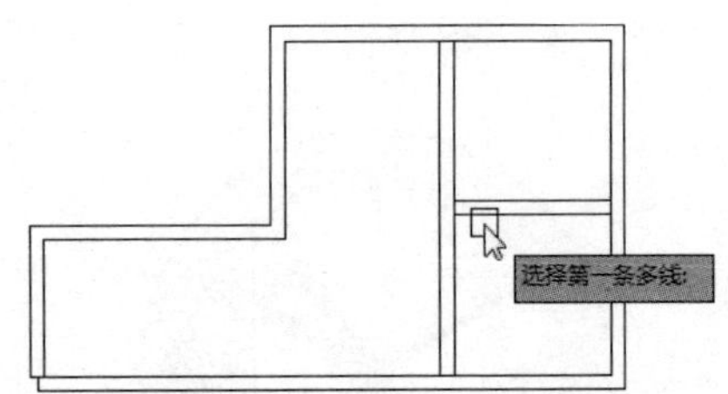

04 选择第二条多线 在绘图区选择第二条多线，如下图所示。

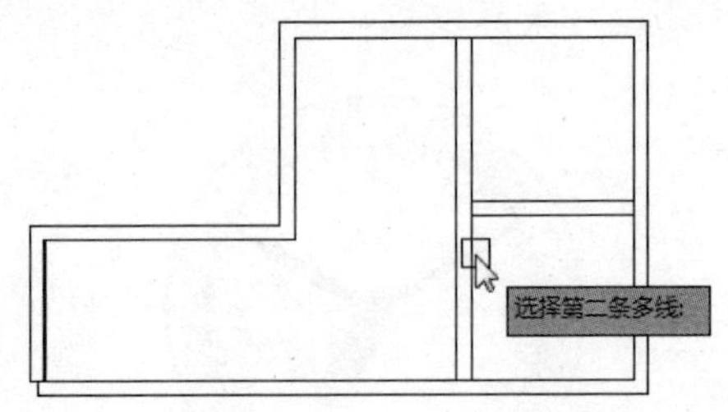

05 完成修剪编辑 选择完成后，即可完成多线的修剪编辑操作，如下图所示。

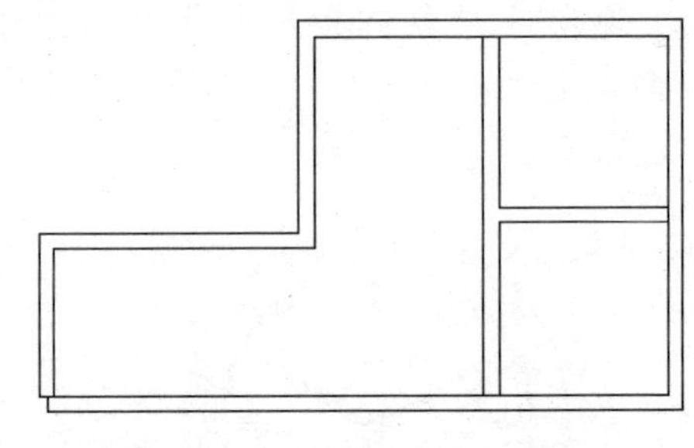

3.6 图案填充

在绘制复杂的机械图形剖面时，为了区分零件的不同部分，需要采用不同的图例区别显示。在绘制建筑剖面图或平面图时，经常需要象征性地表示不同的材质类型，如沙子、混凝土、钢铁、泥土等，此时便可以通过 AutoCAD 的图案填充功能来实现。

3.6.1 创建填充图案

通过图案填充工具可以对指定边界内的对象进行多种样式的图案填充，还可以对其角度和比例等进行自定义设置。下面将通过实例对其进行介绍，具体操作方法如下：

01 单击“图案填充”按钮 打开素材文件，在“常用”选项卡下单击“绘图”面板中的“图案填充”按钮▣，如右图所示。

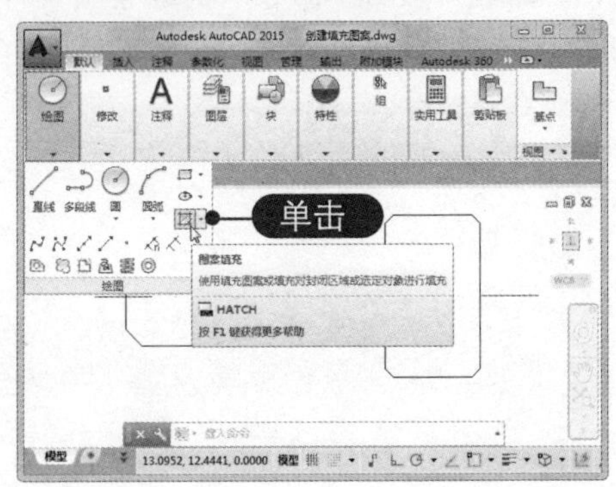

02 选择图案样式 切换到“图案填充创建”选项卡，单击“图案填充图案”按钮，在弹出的列表框中选择要填充的图案样式，如ANSI31图案，如下图所示。

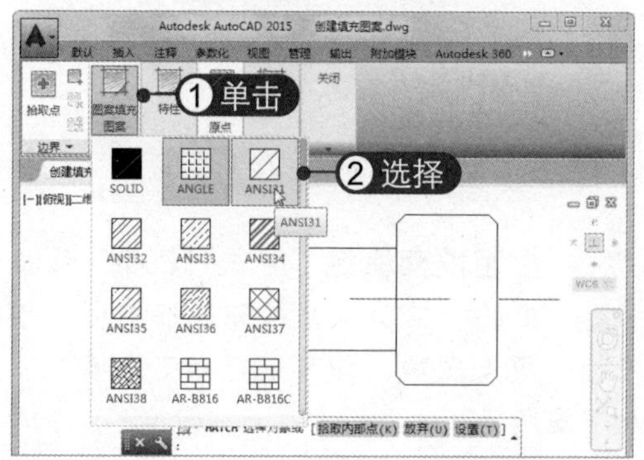

03 设置图案填充颜色与背景颜色 通过“特性”面板中的“图案填充颜色”和“背景色”下拉菜单分别设置图案填充颜色与背景颜色，如下图所示。

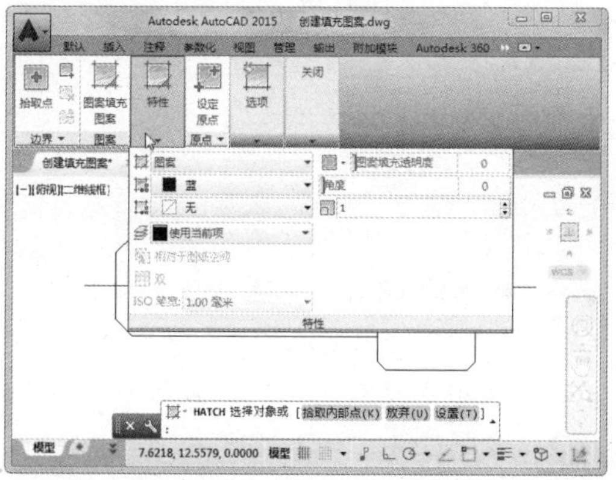

04 填充图案 移动光标到图形中要填充图案的封闭区域内，单击即可进行图案的填充，填充完毕后按【Esc】键退出填充状态即可，如下图所示。

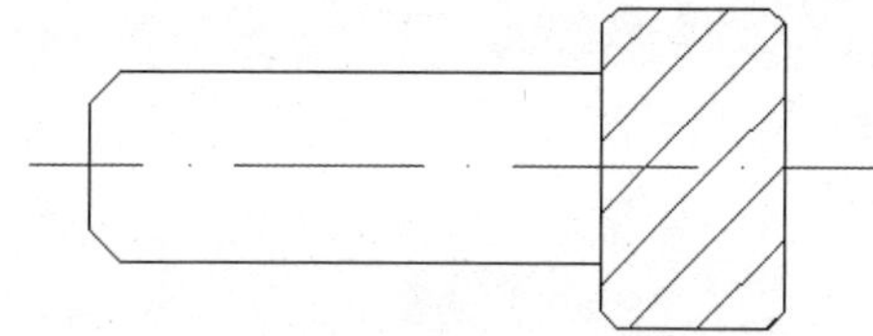

05 修改图案填充 单击图形中的填充图案，可随时切换到“图案填充编辑器”选项卡，通过“特性”面板可编辑图案的角度与比例，并实时进行修改效果的查看，如下图所示。

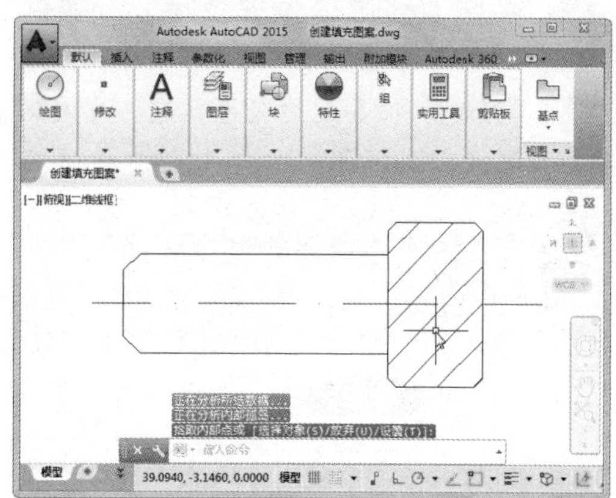

06 修改原点 打开“原点”面板，可以修改图案填充的起始原点位置，如下图所示。

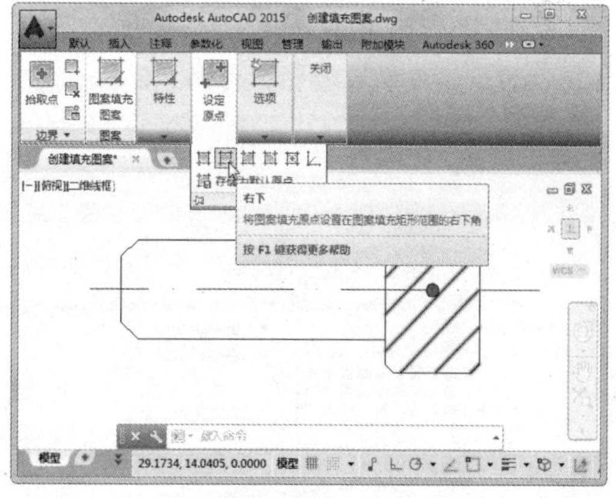

3.6.2 创建填充渐变色

通过渐变色工具可以为指定边界内的对象添加一种或两种颜色平滑过渡的渐变填充。下面将通过实例对该工具的应用进行介绍，具体操作方法如下：

01 选择“渐变色”命令 打开素材文件，单击“图案填充”下拉按钮，选择“渐变色”命令，如下图所示。

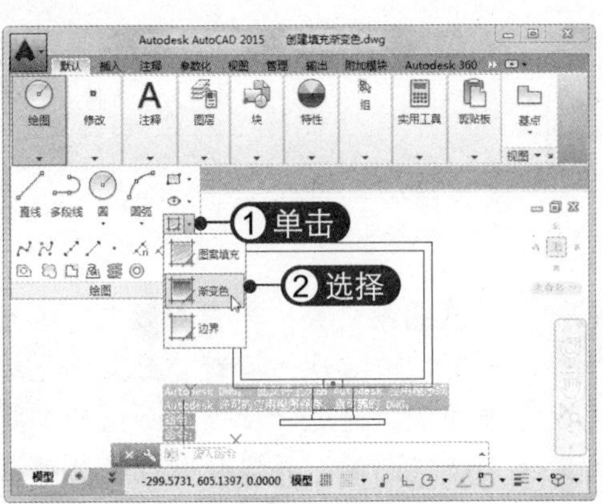

02 关闭双色渐变填充

自动切换到“图案填充创建”选项卡，单击“渐变色”按钮，使其变为灰色状态，关闭双色渐变填充，如下图所示。

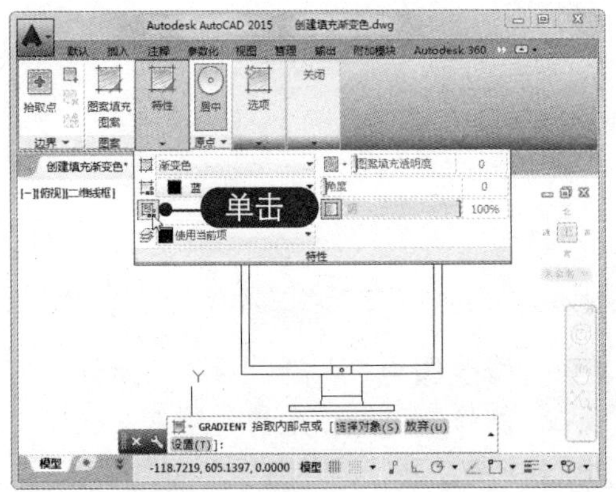

03 选择“更多颜色”命令

单击“渐变色 1”下拉按钮，选择“更多颜色”命令，如下图所示。

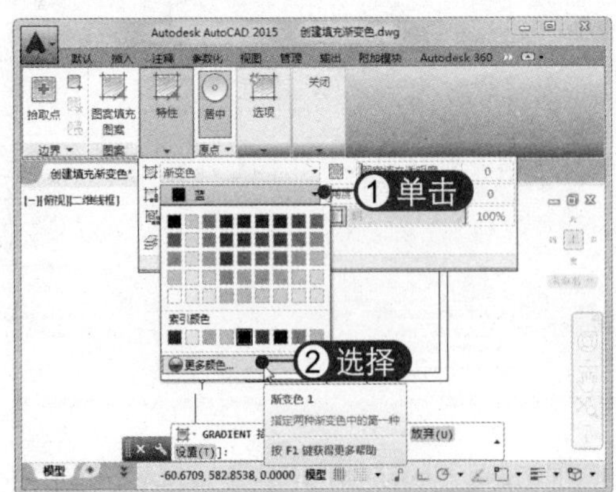

04 选择颜色

弹出“选择颜色”对话框，选择所需的颜色，然后单击“确定”按钮，如下图所示。

05 指定填充区域

单击“边界”面板中的“拾取点”按钮，在图形中单击指定填充区域，即可进行渐变色填充，如下图所示。

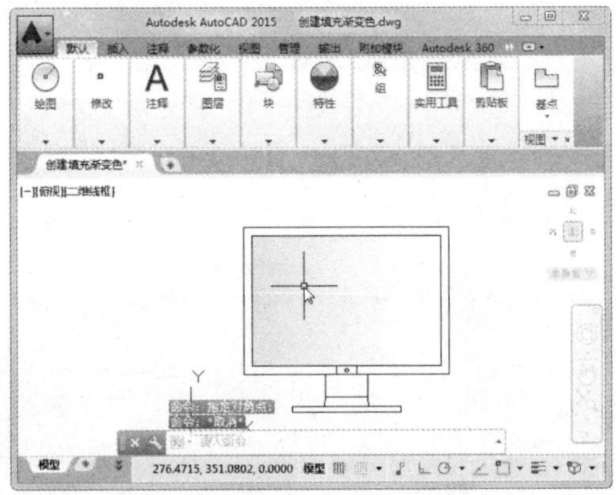

06 修改透明度

单击已填充渐变色，将打开“图案填充编辑器”选项卡，通过该选项卡可对渐变色参数进行更改，如修改透明度等，如下图所示。

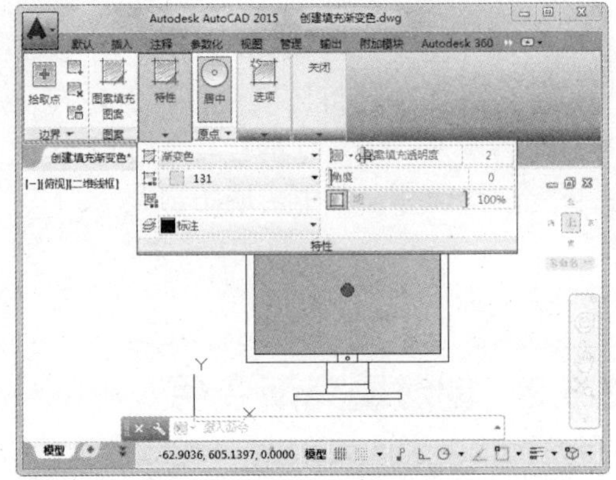

07 修改渐变色类型

单击“图案填充图案”按钮，通过弹出的列表框可以修改渐变色类型，如下图所示。

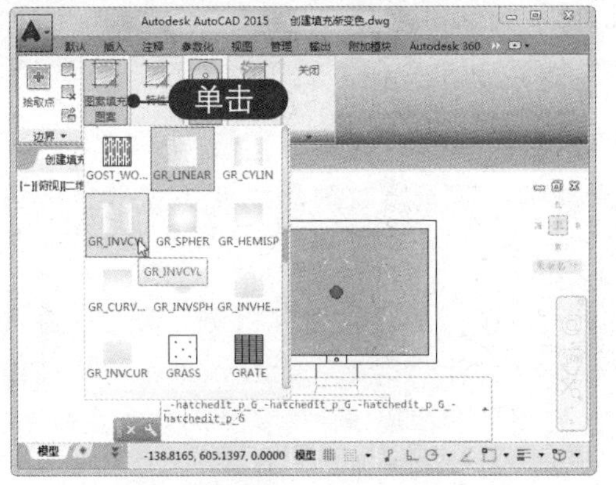

08 退出编辑状态 修改完毕后按【Esc】键退出编辑状态，查看修改效果，如下图所示。

3.6.3 创建填充边界

通过边界工具可以用拾取点的方式创建封闭区域或多段线。下面将对边界工具的用法进行介绍，具体操作方法如下：

01 选择"边界"命令 打开素材文件，单击"图案填充"下拉按钮，在弹出的下拉列表中选择"边界"命令，如下图所示。

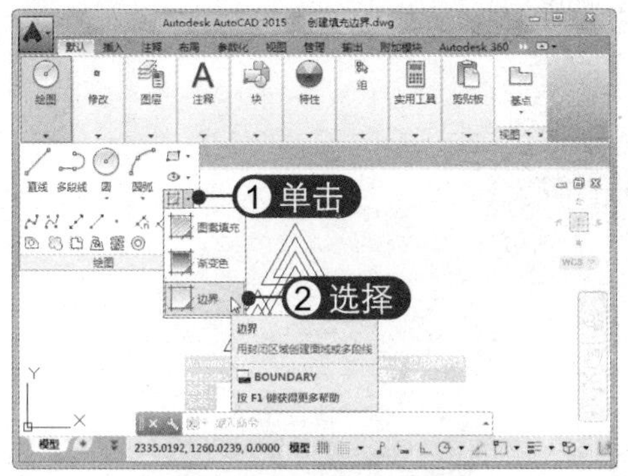

02 设置对象类型 弹出"边界创建"对话框，通过"对象类型"下拉列表设置对象类型，如"多段线"，然后单击"拾取点"按钮，如下图所示。

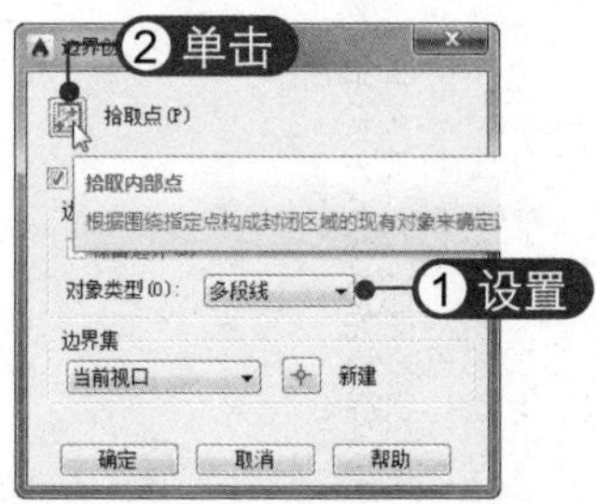

03 拾取内部点 移动光标到图形中的合适位置，单击拾取内部点，并按【Enter】键确认，如下图所示。

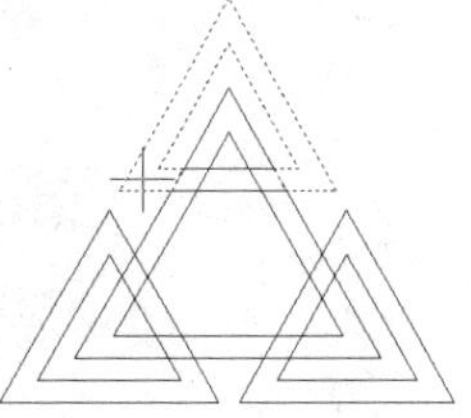

04 创建边界 此时即可在指定区域创建一个封闭的多段线边界，如下图所示。

05 创建面域 再次打开"边界创建"对话框，修改对象类型为"面域"，通过拾取点创建面域对象，如下图所示。

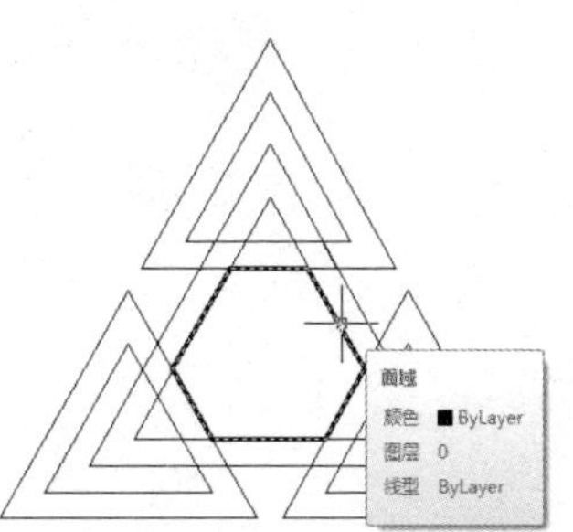

3.6.4 应用孤岛检测

当填充图案或渐变色后，默认将应用普通孤岛检测方式。孤岛检测用于控制是否检测图形内部的闭合边界，以实现不同类型的填充。下面将对孤岛检测方式的切换方法进行介绍，具体操作方法如下:

01 选择“外部孤岛检测”命令 打开素材文件，单击图形中的渐变色填充，选择“图案填充编辑器”选项卡，打开“选项”面板，单击“普通孤岛检测”下拉按钮，选择“外部孤岛检测”命令，如下图所示。

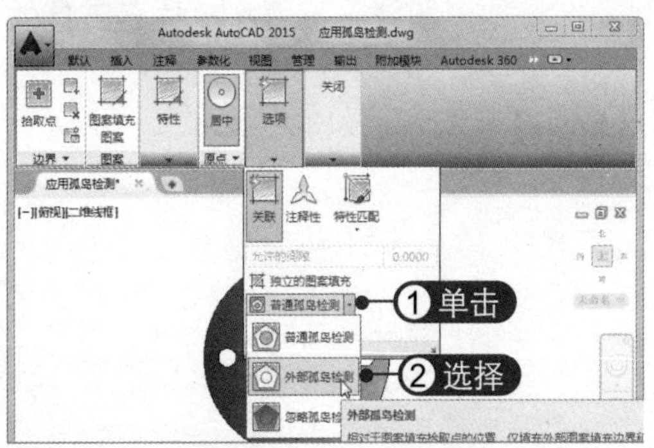

02 查看填充效果 此时图形内部的闭合边界将不再被渐变色填充，如下图所示。

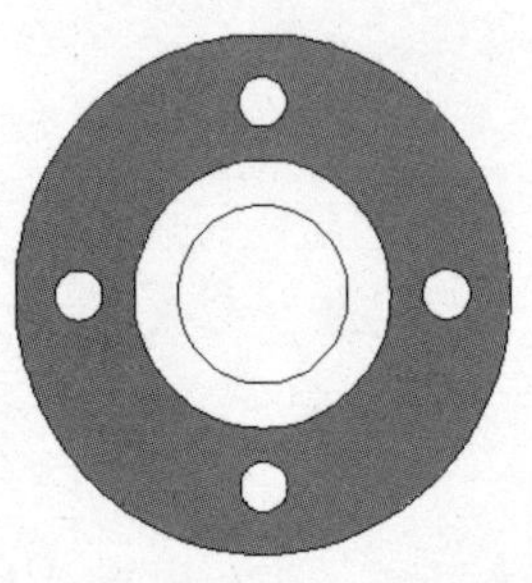

03 选择“忽略孤岛检测”命令 再次打开“选项”面板，单击“外部孤岛检测”下拉按钮，选择“忽略孤岛检测”命令，如下图所示。

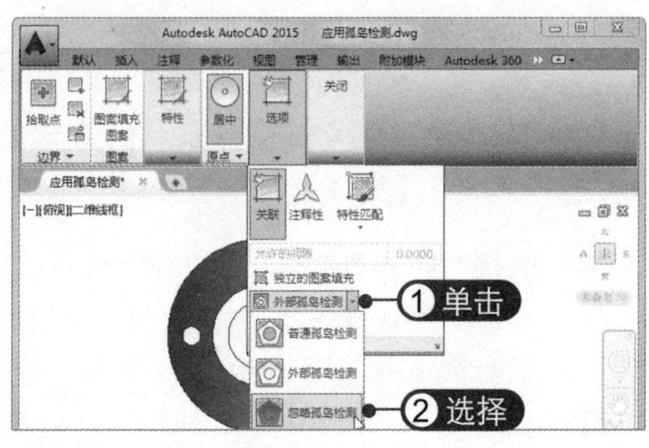

04 查看填充效果 此时程序将忽略图形内部的闭合边界，充满整个图形，如下图所示。

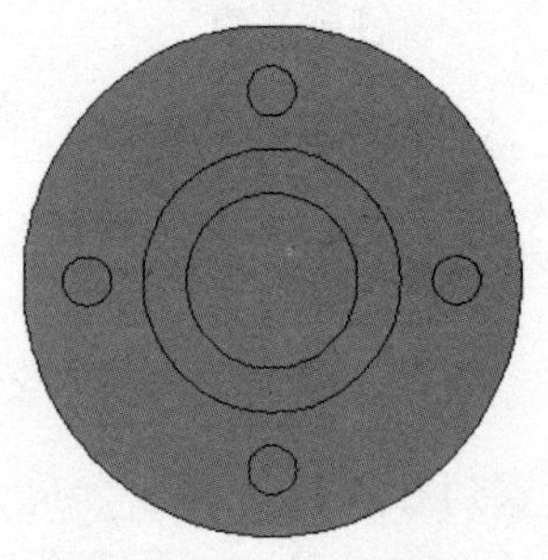

Chapter 04

应用辅助工具

AutoCAD 2015 提供了强大的精确绘图功能，可以进行各种图形处理和数据分析，数据结果的精度能够达到工程应用所需的程度，既降低了工作量，又提高了绘图效率。本章将详细介绍辅助工具的应用方法与技巧。

本章要点 

- 使用捕捉功能
- 使用特性面板
- 使用快速计算器

知识等级 

AutoCAD 初级读者

建议学时 

建议学习时间为 60 分钟

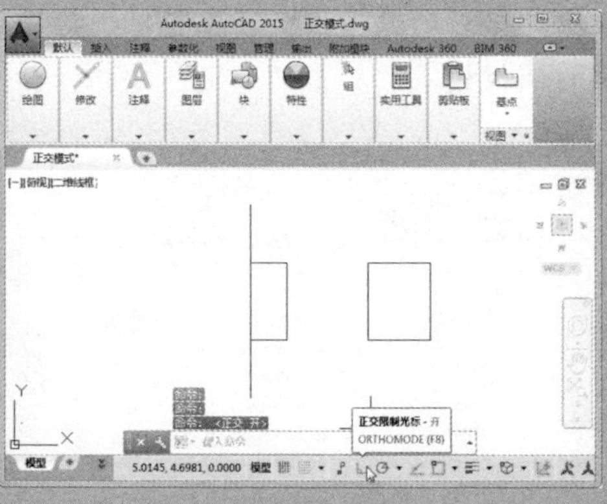

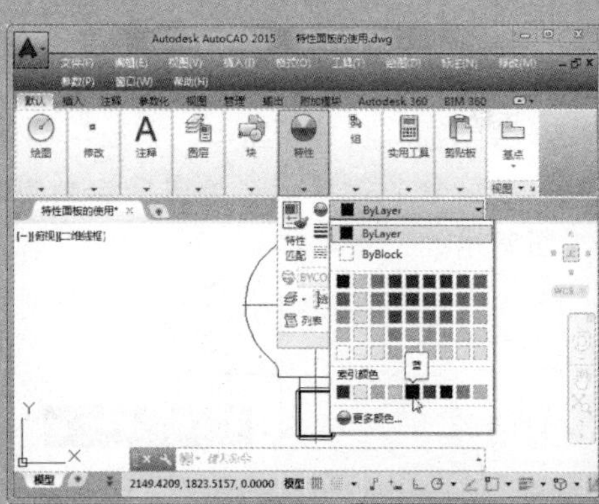

4.1 使用捕捉功能

通过“对象捕捉”、“对象捕捉追踪”和“正交”等功能可以精确、快速地指定对象上的位置，从而提高绘制图形的精确度与工作效率。

4.1.1 对象捕捉

对象捕捉是最为常用的辅助定位工具，主要用于捕捉对象上的特定位置，如捕捉对象的端点、中点、圆心、象限点或交点等，具体操作方法如下：

01 单击“圆心，半径”按钮 单击“默认”选项卡下“绘图”面板中的“圆心，半径”按钮，如下图所示。

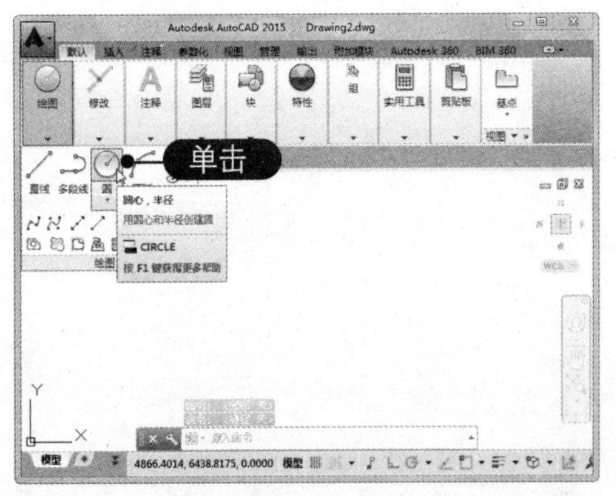

02 绘制圆 执行“圆心，半径”命令，根据命令行提示在绘图区绘制圆，如下图所示。

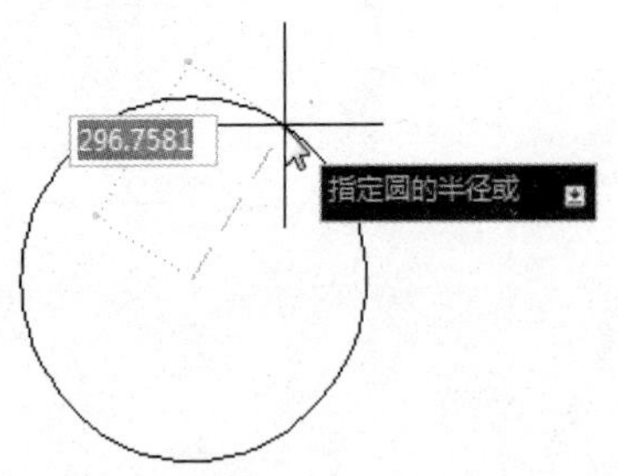

03 选择“捕捉设置”命令 右击状态栏中的“捕捉模式”按钮，在弹出的快捷菜单中选择“捕捉设置”命令，如下图所示。

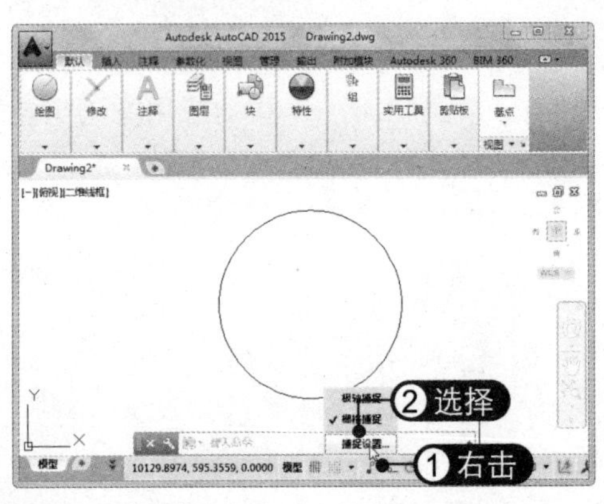

04 设置捕捉模式 弹出“草图设置”对话框，在“对象捕捉”选项卡下选中“启用对象捕捉”复选框，并启用所需的捕捉模式，单击“确定”按钮，如下图所示。

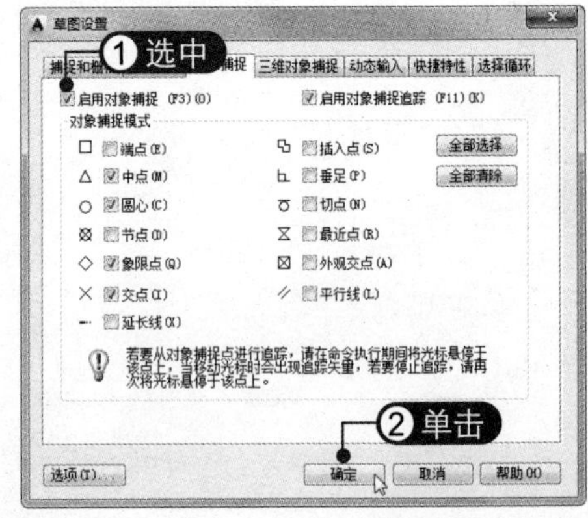

05 选择“多边形”命令 单击“默认”选项卡下“绘图”面板中的“矩形”下拉按钮，在弹出的下拉列表中选择“多边形”命令，如下图所示。

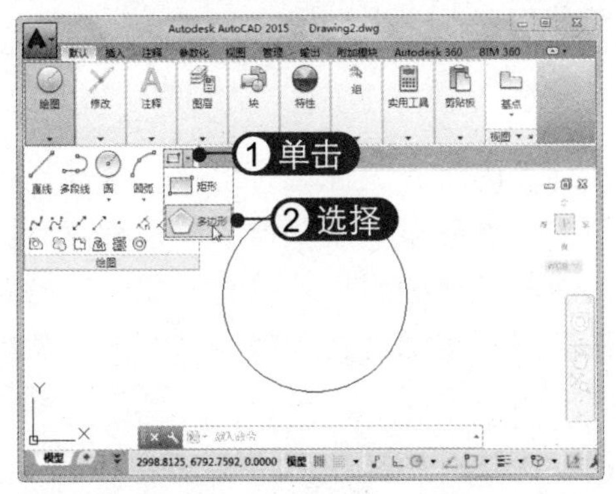

06 指定多边形边数 根据命令行提示指定多边形边数为5，如下图所示。

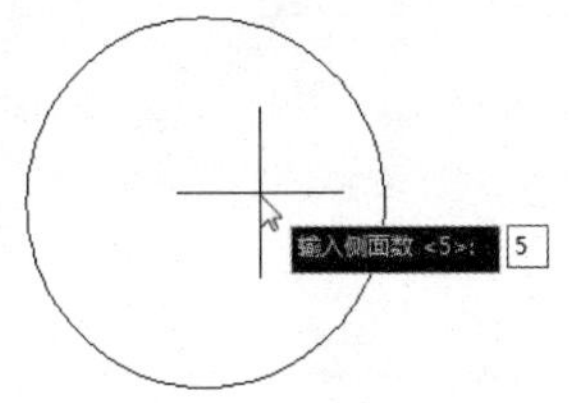

07 指定多边形中心点 移动光标，通过捕捉圆心所在位置指定多边形的中心点，如下图所示。

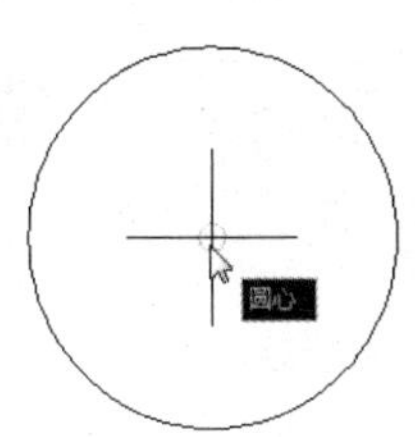

08 选择“外切于圆”命令 在弹出的列表中选择“外切于圆”命令，如下图所示。

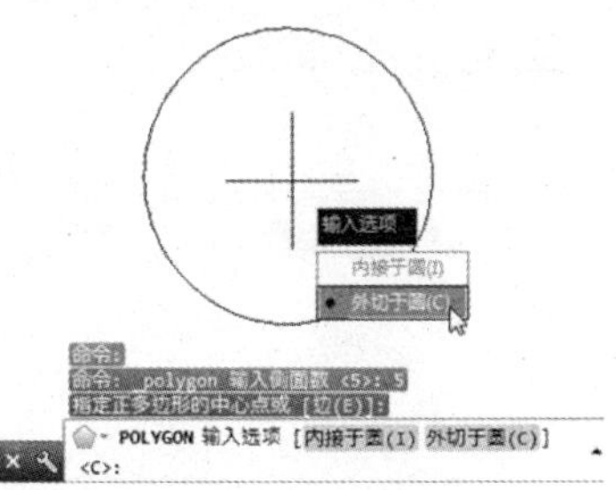

09 绘制正五边形 通过捕捉圆上的象限点绘制外切于圆的正五边形，如下图所示。

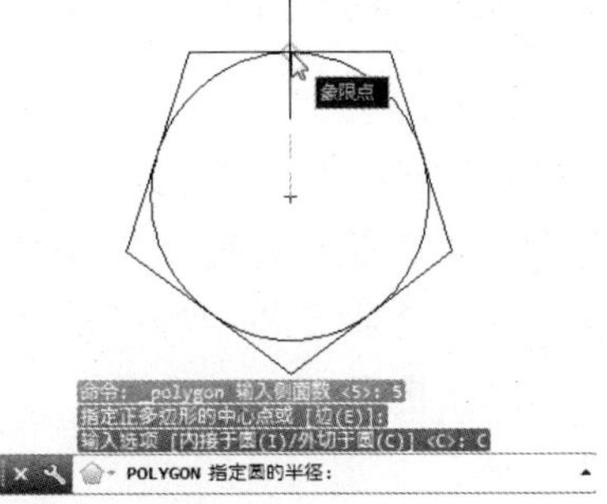

10 指定直线起点 执行“直线”命令，通过捕捉正多边形和圆的交点指定直线起点，如下图所示。

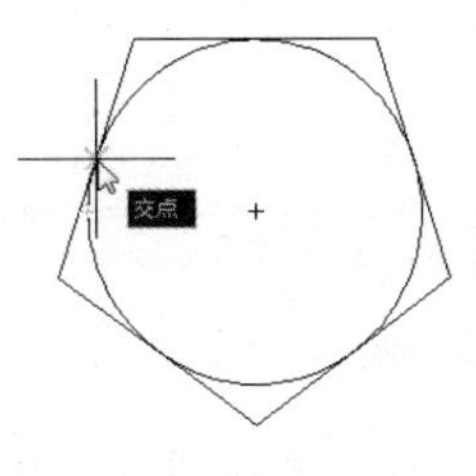

11 绘制直线 依次捕捉正多边形和圆的交点，或者捕捉正多边形边的中点，绘制直线的其他点，如下图所示。

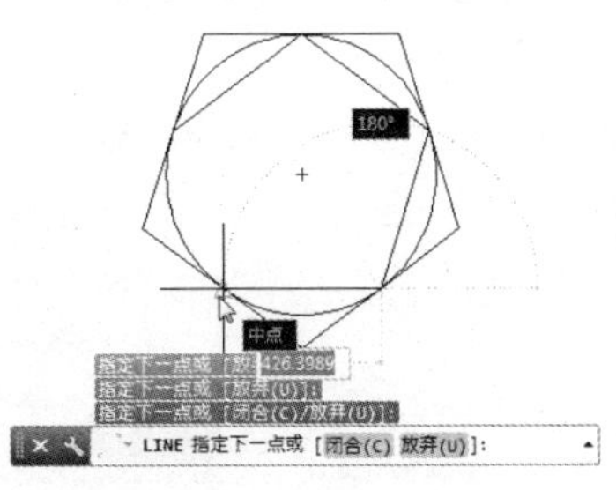

12 查看图形效果 绘制完成后按【Enter】键确认，查看最终图形效果，如下图所示。

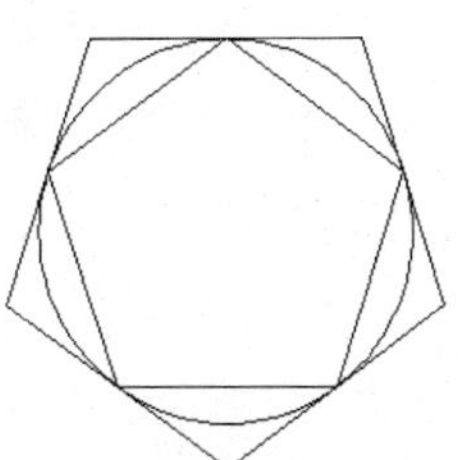

4.1.2 对象捕捉追踪

使用对象捕捉追踪功能可以沿着基于对象捕捉点的对齐路径进行追踪。移动光标到要追踪的对象捕捉点上，出现一个小加号“+”，一次最多可以获取七个追踪点。获取点之后，当在绘图路径上移动光标时显示相对于获取点的水平、垂直或极轴对齐路径，可通过单击状态栏中的“对象捕捉追踪”按钮或“草图设置”对话框开启对象捕捉追踪，如下图所示。

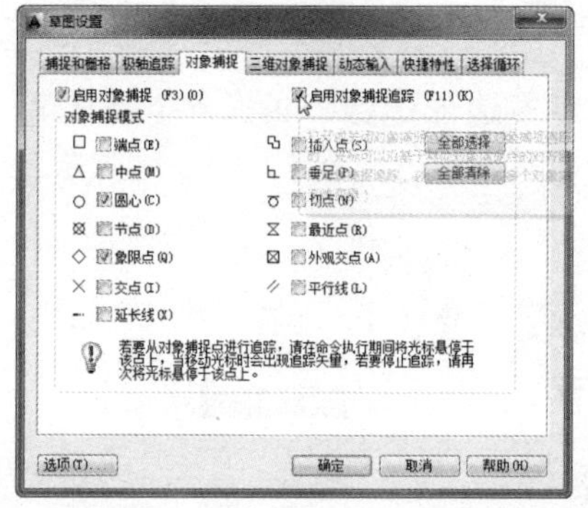

下面以绘制轴圈图案绘制为例介绍对象捕捉追踪的方法，具体操作方法如下：

01 选择“对象捕捉设置”命令 打开素材文件，右击状态栏中的“对象捕捉”按钮，选择“对象捕捉设置”命令，如下图所示。

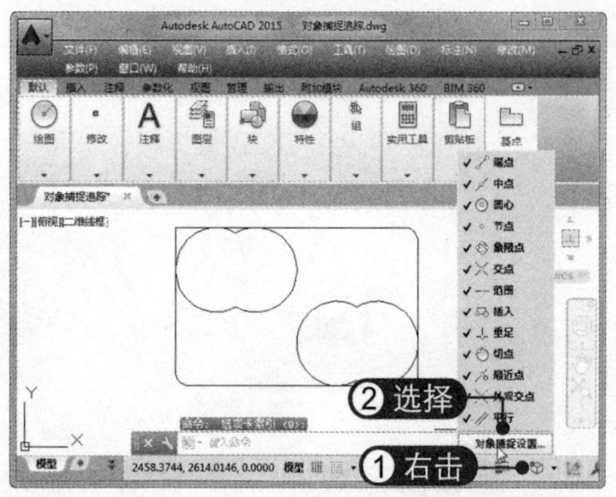

02 选择对象捕捉模式 在弹出的对话框中分别选中“圆心”、“交点”、“启用对象捕捉”、“启用对象捕捉追踪”复选框，然后单击“确定”按钮，如下图所示。

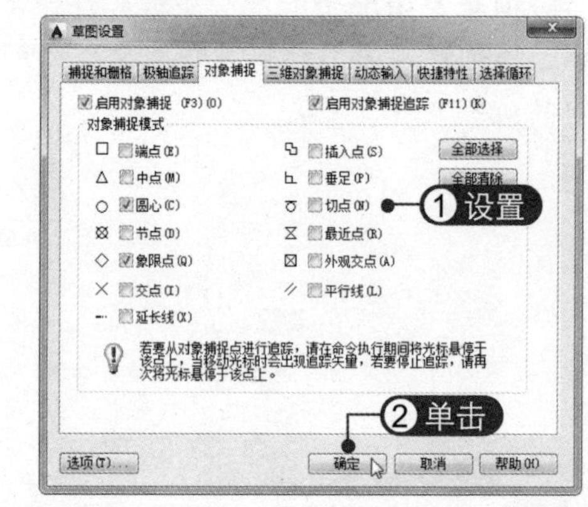

03 设置追踪点 执行“圆心，半径”命令，将光标置于最上方圆的圆心位置，当出现“+”号时说明已设置追踪点，绘制一个半径为50的圆，如下图所示。

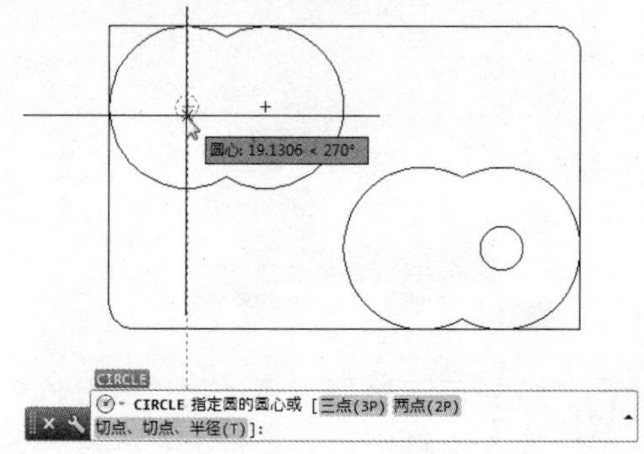

04 **绘制圆** 用同样的方法在最下方圆的圆心添加追踪点，绘制一个半径为 50 的圆，如下图所示。

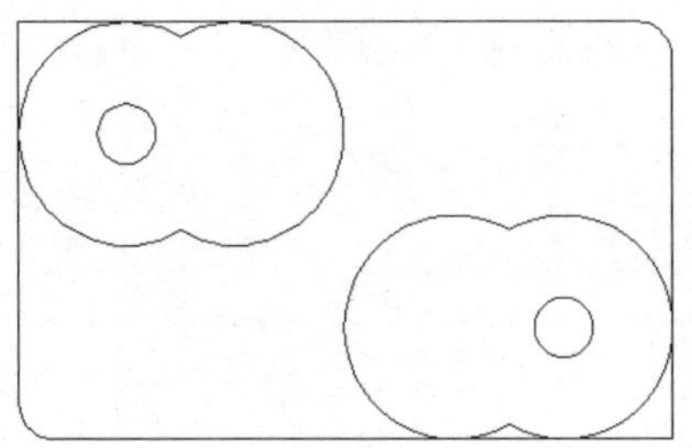

05 **捕捉交点** 执行“圆心，半径”命令，移动光标到指定位置，当出现提示时说明已捕捉到其交点，单击指定要绘制的圆的圆心，绘制一个半径为 100 的圆，如下图所示。

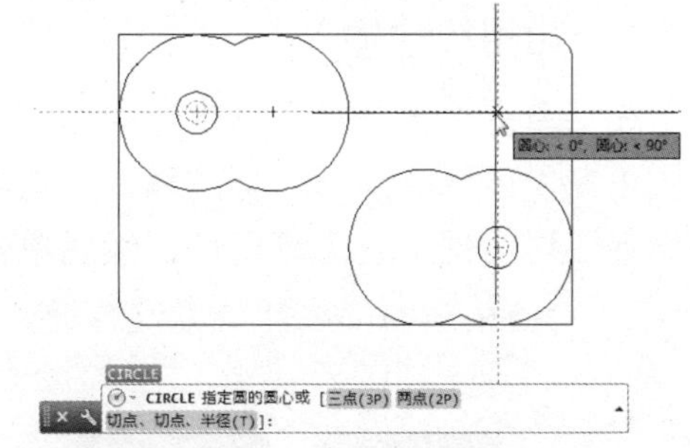

06 **绘制圆** 用同样的方法在最下方圆的圆心添加追踪点，绘制一个半径为 100 的圆，即可完成图形的绘制，如下图所示。

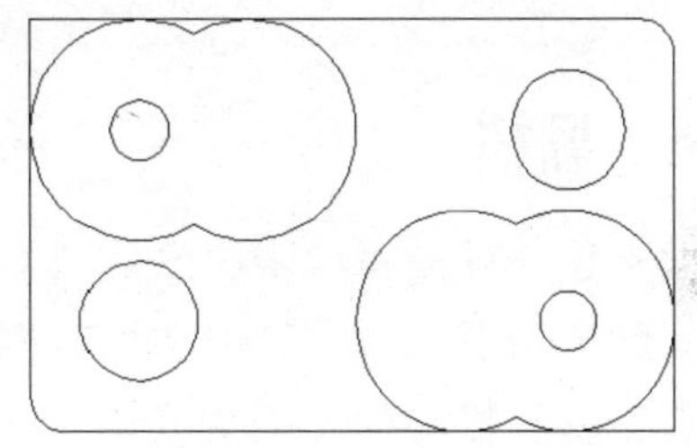

4.1.3 动态输入

动态输入是在执行某项命令时在光标右侧显示的一个命令界面，它可以帮助用户完成图形的绘制。该命令界面可根据光标的移动而动态更新。

1. 启用指针输入

在状态栏中右击“动态输入”按钮，在弹出的快捷菜单中选择“动态输入设置”命令，如右图所示。

弹出“草图设置”对话框，选中“启用指针输入”复选框，启动指针输入功能，如下图（左）所示。单击“指针输入”选项区中的“设置”按钮，在弹出的“指针输入设置”对话框中设置指针的格式和可见性，然后单击“确定”按钮，如下图（右）所示。

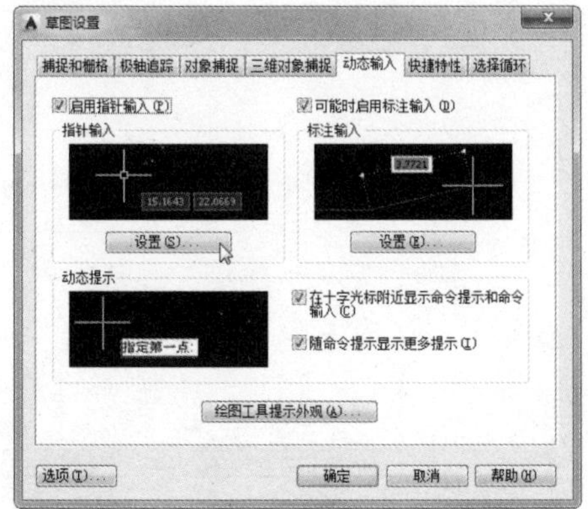

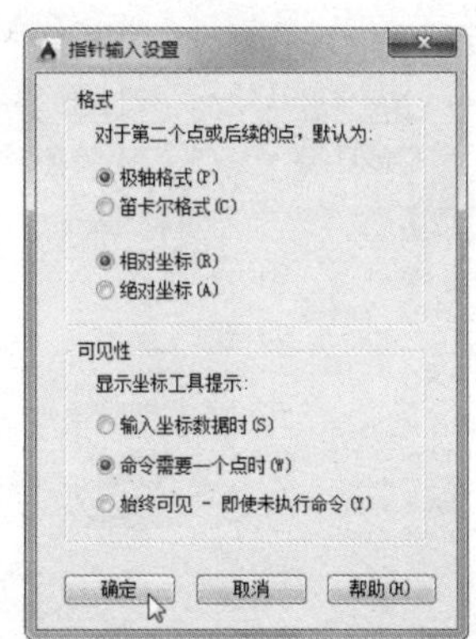

2. 启用标注输入

在“草图设置”对话框中选中“可能时启用标注输入”复选框，启动该功能，如下图（左）所示。单击“标注输入”选项区中的“设置”按钮，在弹出的“标注输入的设置”对话框中设置可见性，然后单击“确定”按钮，如下图（右）所示。

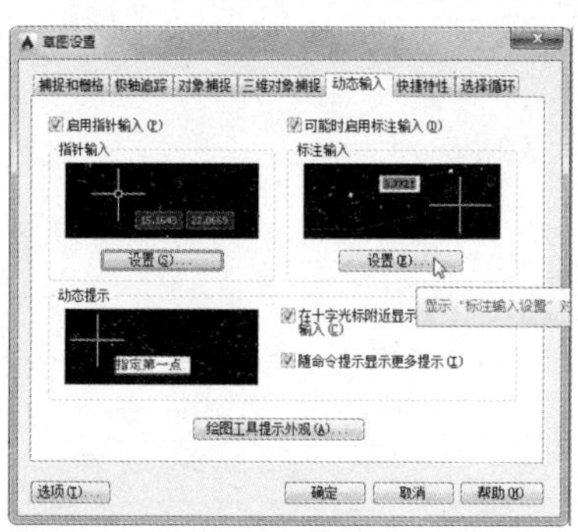

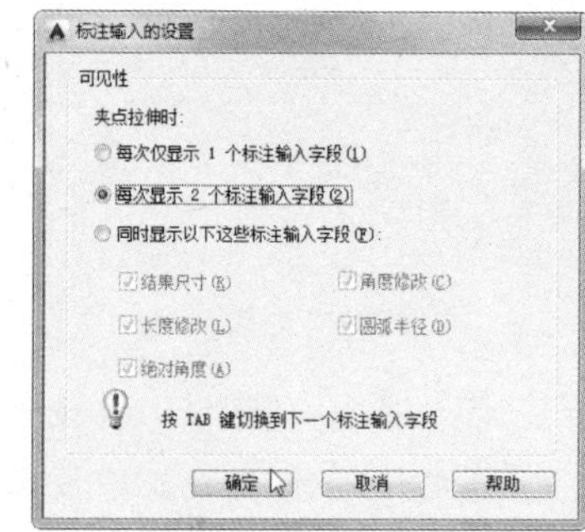

4.1.4 栅格

栅格是一种遍布绘图区域的线或点的矩阵，通过栅格可以直观地显示对象之间的距离。配合捕捉工具，可以在指定栅格点之间进行图形绘制。

右击状态栏中的“捕捉模式”按钮，在弹出的快捷菜单中选择“捕捉设置”命令，将弹出“草图设置”对话框，并显示“捕捉和栅格”选项卡，如下图（左）所示。通过该选项卡可以对 X 轴与 Y 轴的捕捉间距、栅格间距等进行自定义设置。例如，设置捕捉间距小于栅格间距，可以在栅格内部进行图形的绘制，如下图（右）所示。

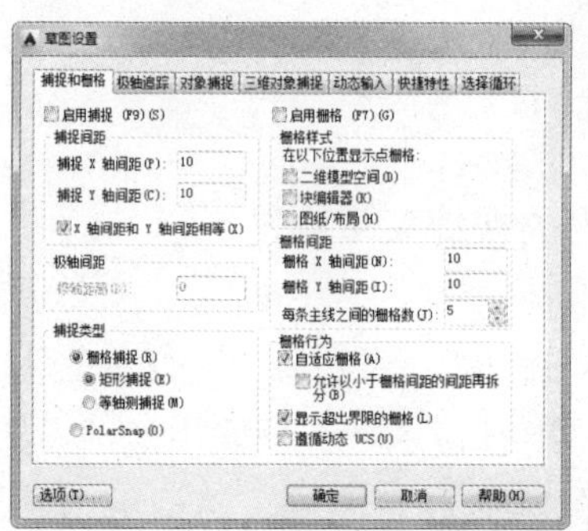

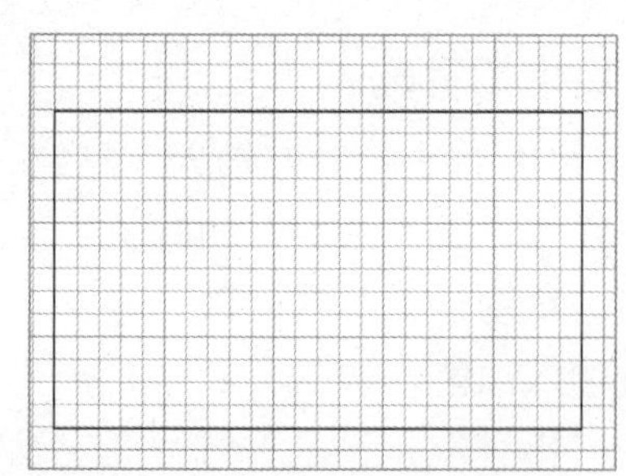

在“栅格样式”选项区中选中“二维模型空间”复选框，如下图（左）所示，可以将栅格样式改为旧版本 AutoCAD 默认的点栅格样式，如下图（右）所示。

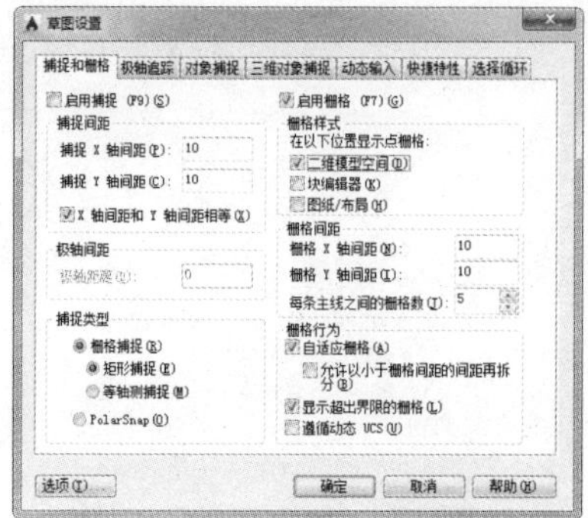

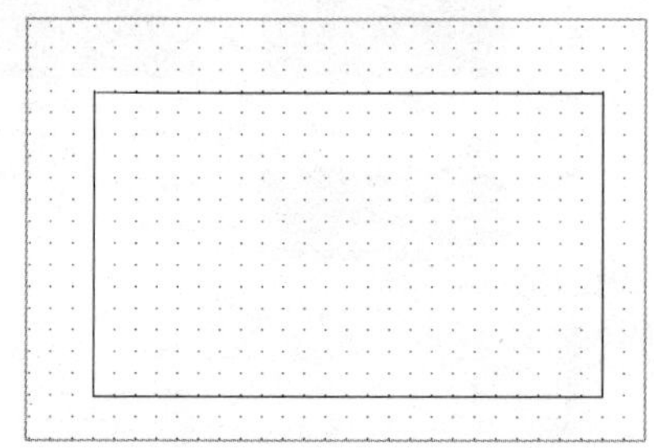

通过“栅格行为”选项区中的相应选项可以控制栅格的自适应细分，显示超出界限的栅格等行为。例如，同时选中“自适应栅格”和“允许以小于栅格间距的间距再拆分”复选框，在放大图形时将会自动生成更小的栅格线，如下图所示。

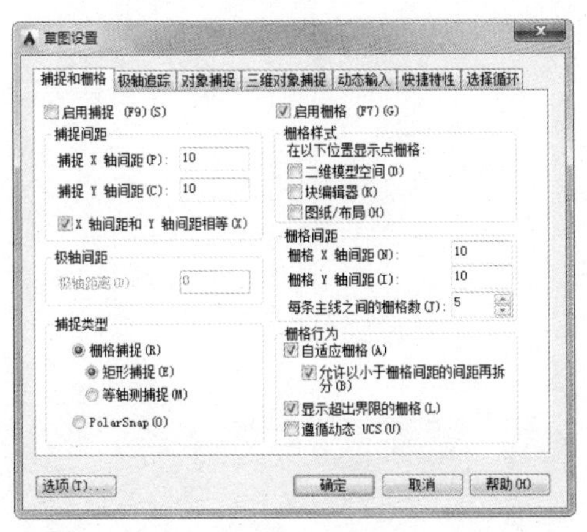

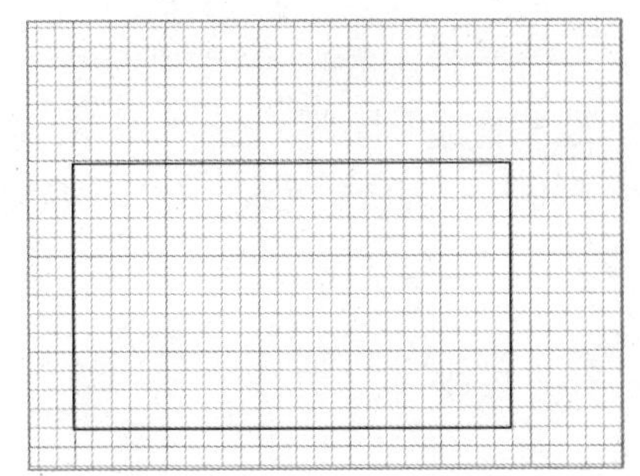

下面将介绍“栅格”工具在实际操作中的应用方法，具体操作方法如下：

01 选择“捕捉设置”命令 右击状态栏中的“捕捉模式”按钮，在弹出的快捷菜单中选择“捕捉设置”命令，如下图所示。

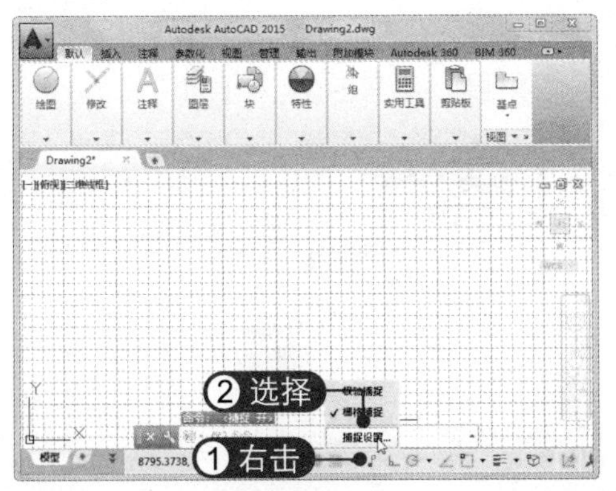

02 设置参数 弹出“草图设置”对话框，在“捕捉和栅格”选项卡下启用捕捉和栅格工具，分别设置X轴和Y轴的捕捉间距为100，栅格间距为100，选中“显示超出界限的栅格”复选框，然后单击“确定”按钮，如下图所示。

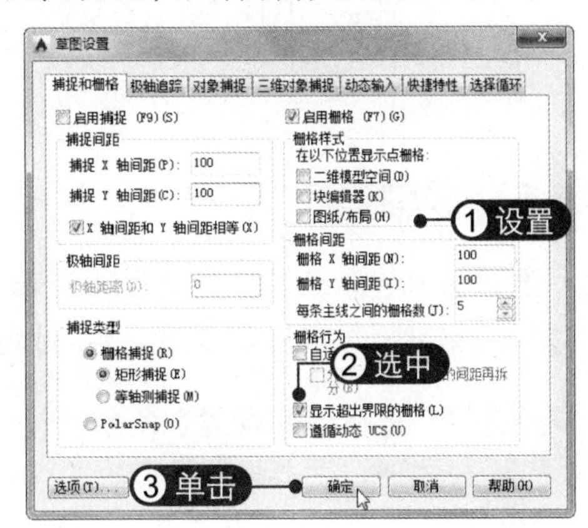

03 绘制矩形 执行“矩形”命令，参考栅格间距并配合捕捉间距，绘制长为2100、宽为1000的矩形，如下图所示。

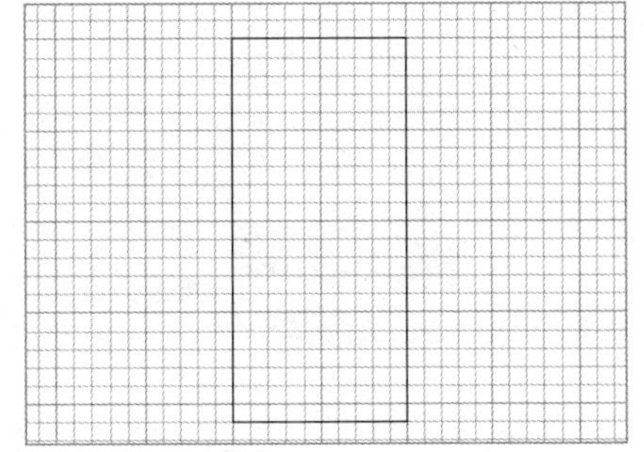

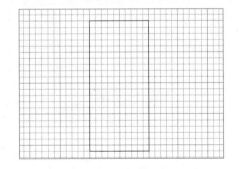

04 绘制矩形 再次执行“矩形”命令，通过栅格间距和捕捉间距绘制另外两个矩形，如下图所示。

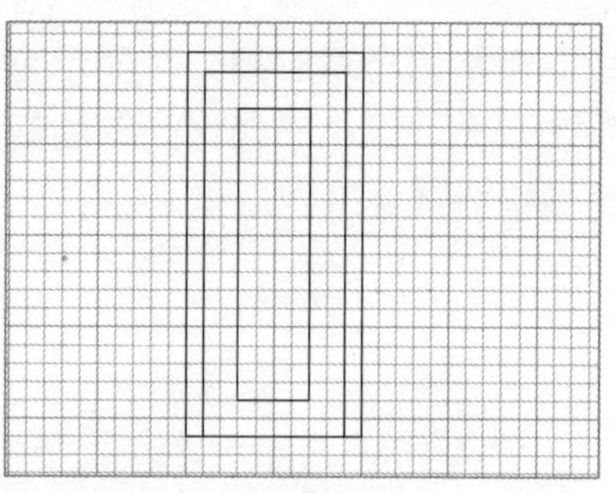

05 **绘制直线** 执行“直线”命令，在图形中心位置绘制直线，如下图所示。

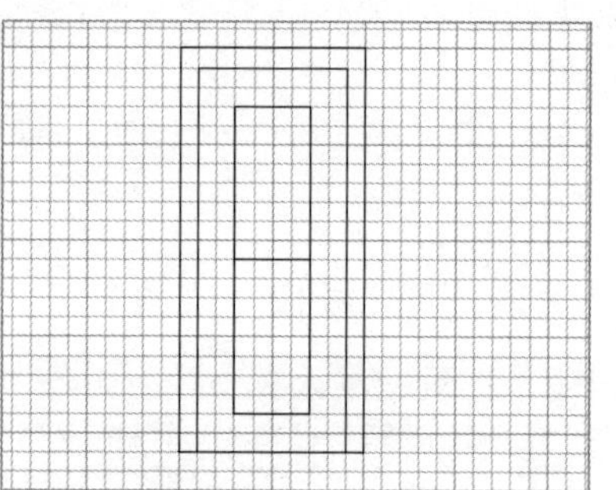

06 **绘制圆** 执行“圆心，半径”命令，完成装饰图案的绘制。关闭栅格显示，查看最终图形效果，如下图所示。

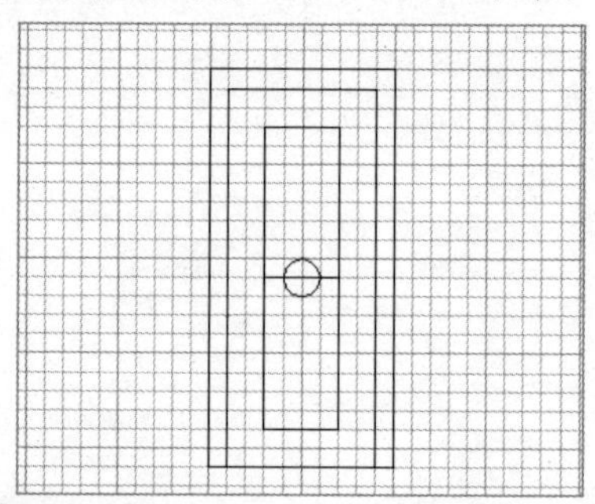

知识加油站

若在“草图设置”对话框中设置了“栅格行为”为“自适应栅格”，在缩放视图时将允许以小于栅格间距的间距拆分栅格，生成更多间距更小的栅格线。

4.1.5 极轴追踪

通过极轴追踪工具使光标可以沿着90°、60°、45°、30°等极轴角进行追踪，可以使用默认提供的增量角度，也可以自定义追踪角度，具体操作方法如下：

01 **选择“正在追踪设置”命令** 打开素材文件，右击状态栏中的“极轴追踪”按钮，在弹出的快捷菜单中选择“正在追踪设置”命令，如下图所示。

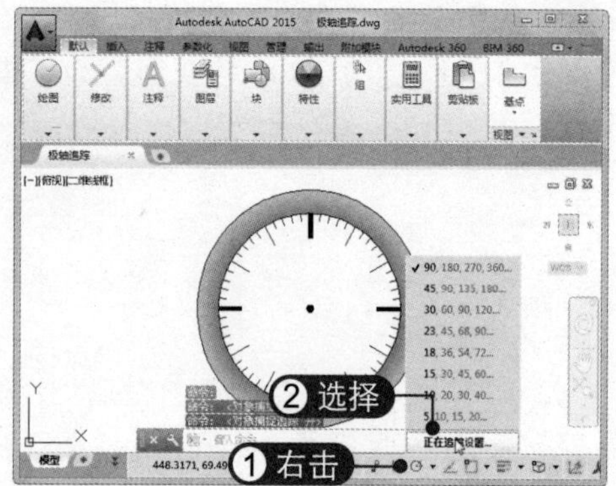

02 **设置增量角度** 弹出“草图设置”对话框，在“极轴追踪”选项卡下选中“启用极轴追踪”复选框，选择所需的增量角度，然后单击“确定”按钮，如下图所示。

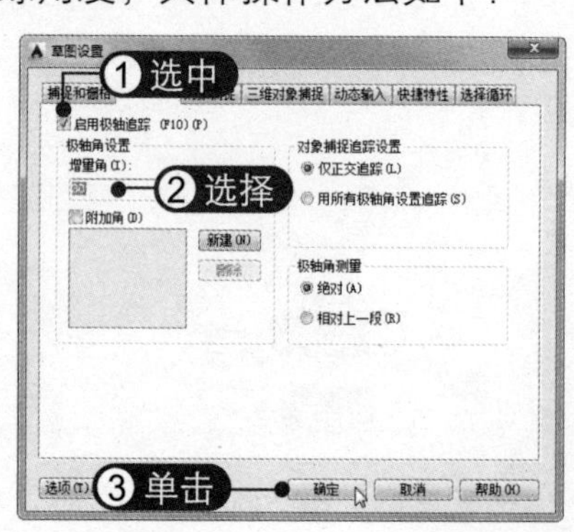

03 **指定直线第一点** 启用对象捕捉，执行“直线”命令，通过捕捉图形中心小圆的圆心指定直线的第一点，如下图所示。

04 **绘制分针** 移动光标，将出现极轴追踪路径，该路径将限制在已设置的角度及其整数倍范围内。移动到合适的角度后，输入长度值 45，从而绘制该直线，作为分针图形，如下图所示。

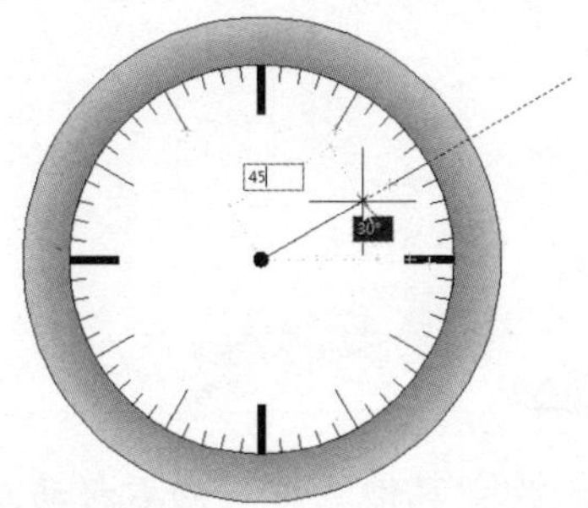

05 **设置追踪角度** 如果默认提供的增量角中未含有所需角度，可自定义追踪角度。打开“草图设置”对话框，单击“新建”按钮，输入要追踪的角度，然后单击“确定”按钮，如下图所示。

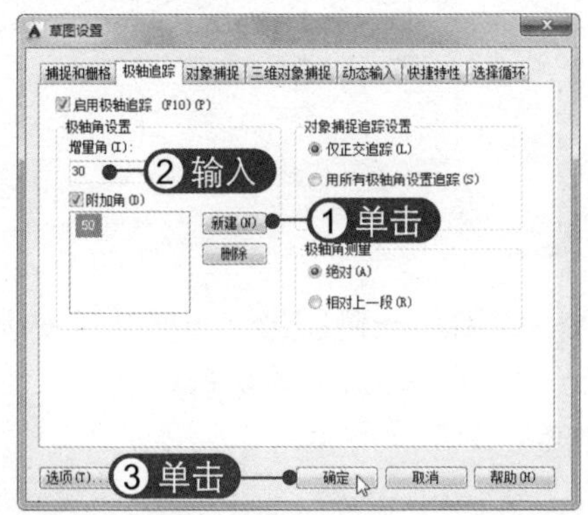

06 **绘制秒针** 再次执行直线命令，会发现其将沿所设角度进行追踪。沿所设角度绘制一条长为 50 的直线作为秒针图形，如下图所示。

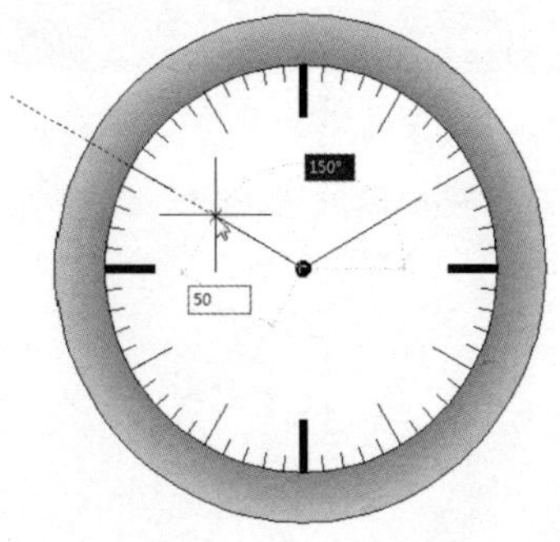

07 **绘制时针** 沿合适的角度绘制一条长为 35 的直线作为时针图形，如下图所示。

08 **查看效果** 分别调整作为分针和时针图形的直线的线宽为合适值，查看最终图形效果，如下图所示。

4.1.6 正交模式

使用正交模式可以将光标限制在水平或垂直方向上移动，以便精确地创建或修改特定类型的图形对象，具体操作方法如下：

01 **启用正交模式** 打开素材文件，单击状态栏中的“正交限制光标”按钮或直接按【F8】键，启用正交模式，如下图所示。

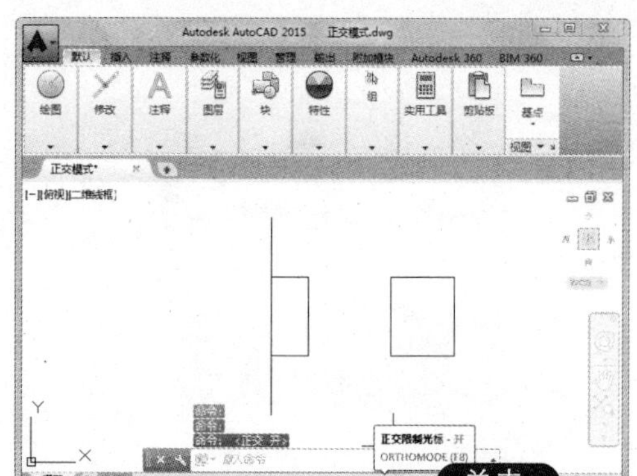

02 指定直线第一点

执行"直线"命令，并启用端点对象捕捉，捕捉图形上方的端点，指定直线的第一点，如下图所示。

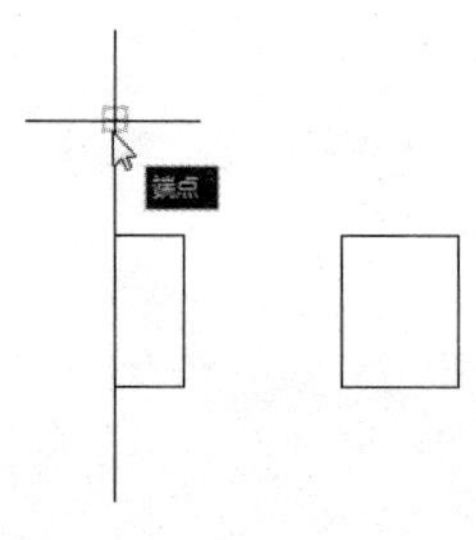

03 绘制水平直线

向右移动光标，会发现其只能沿水平或垂直方向移动。向右移动光标并指定直线的长度0.35，并按【Enter】键确认，即可绘制出一段指定长度的水平直线，如下图所示。

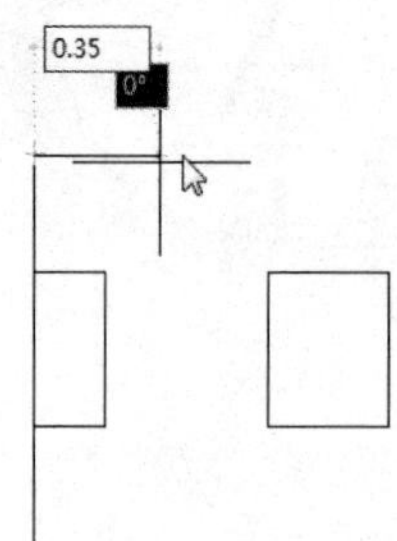

04 绘制垂线

向下移动光标，并指定直线的长度0.4，并按【Enter】键确认，绘制出一段长为0.4的垂线，如下图所示。

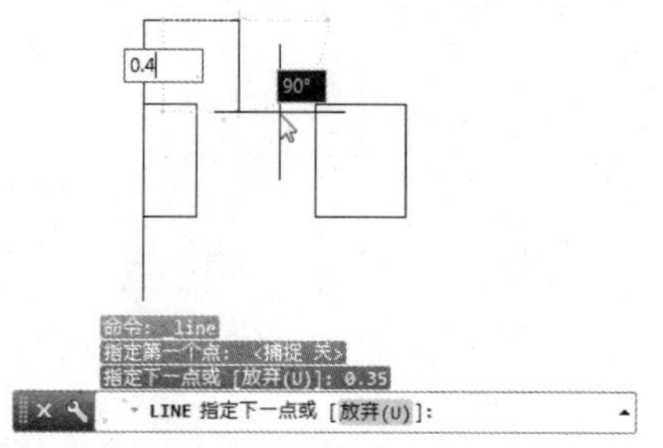

05 绘制其他直线

向右移动光标，绘制捕捉直线与矩形的垂足，绘制直线，按【Enter】键确认即可完成绘制，如下图所示。

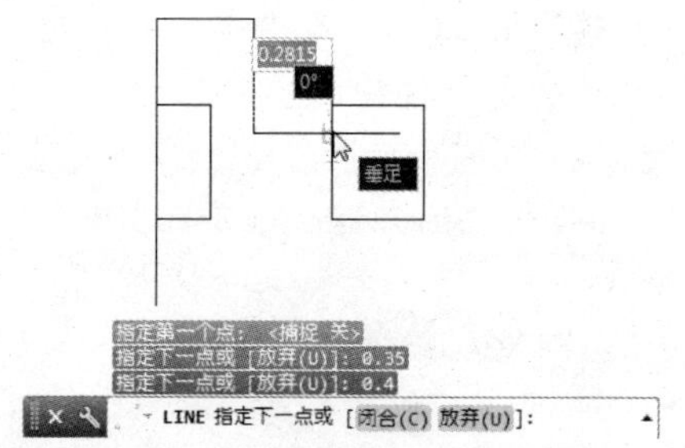

06 绘制另一侧图形

用同样的方法完成另一侧图形的绘制，查看最终图形效果，如下图所示。

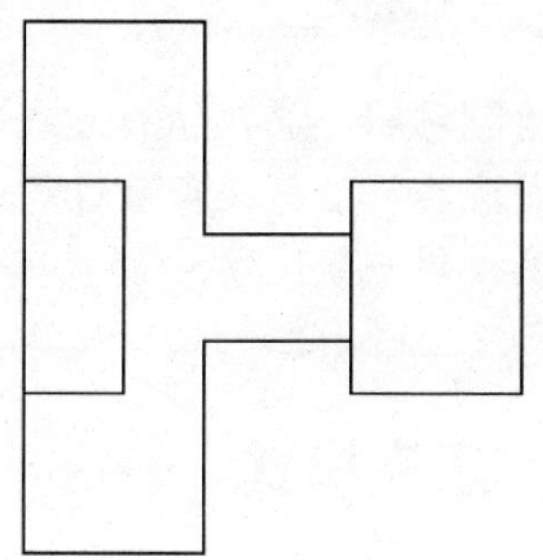

4.2 使用特性面板

通过特性面板可以在图形中显示和更改任何对象的当前特性。选中多个对象时，特性面板只显示选择集中所有对象的共有特性。如果未选中对象，特性面板只显示当前图层的常规特性、附着到图层的打印样式表的名称、视图特性以及有关 UCS 的信息。

下面将通过实例对特性面板的使用方法进行介绍，具体操作方法如下：

01 更改直径 打开素材文件，双击需要编辑的对象，弹出特性面板，对其各项参数进行编辑，如将直径更改为 80，如下图所示。

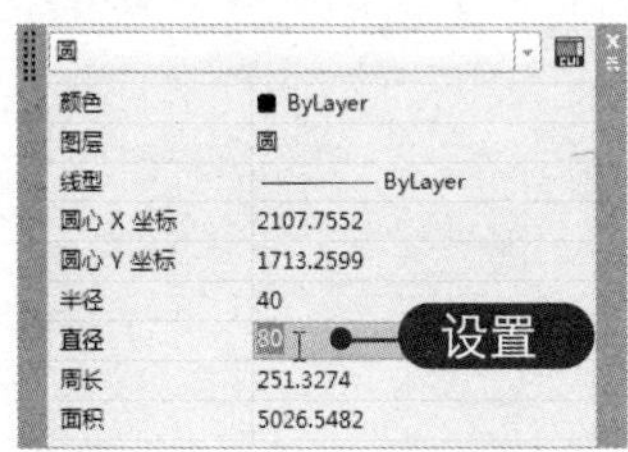

02 编辑矩形 按【Esc】键取消选择，选择矩形，在特性面板中更改其线宽为 0.60 毫米，如下图所示。

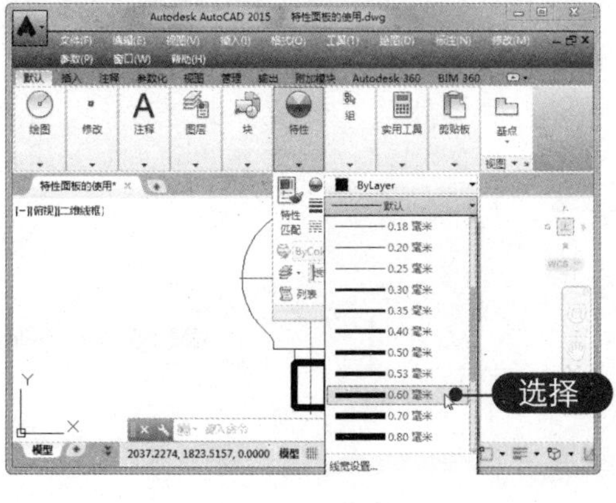

03 更改颜色 按【Esc】键取消选择，选择小圆，在特性面板中更改其颜色为蓝色，如下图所示。

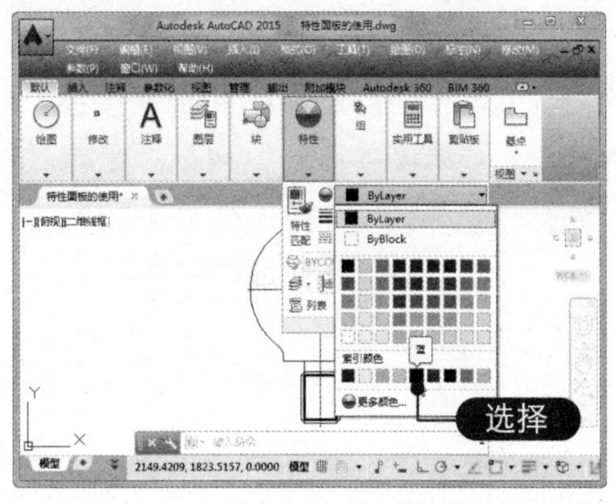

04 查看更改特性效果 此时即可查看绘图区中图形更改特性后的效果，如下图所示。

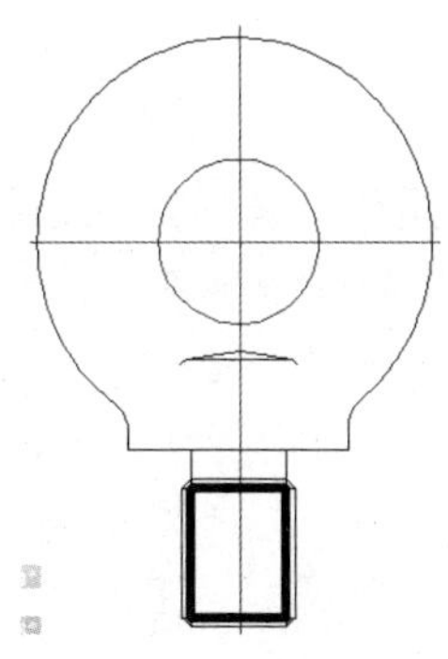

4.3 使用快速计算器

在 AutoCAD 绘图过程中，如果需要计算不同直线或者不在一条直线上的几点之间的距离，使用快速计算器功能可以很方便地进行测量。

下面将通过实例对其进行介绍，具体操作方法如下：

01 **单击“快速计算器”命令** 打开素材文件，单击“工具”|“选项板”|“快速计算器”命令，如下图所示。

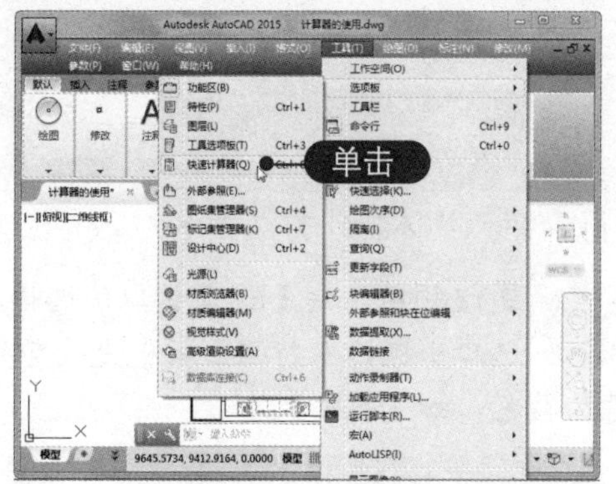

02 **单击“两点之间的距离”按钮** 打开“快速计算器”面板，单击“两点之间的距离”按钮，如下图所示。

03 **测量距离** 使用端点捕捉模式捕捉图形上的两个端点，即可得出距离，如下图所示。

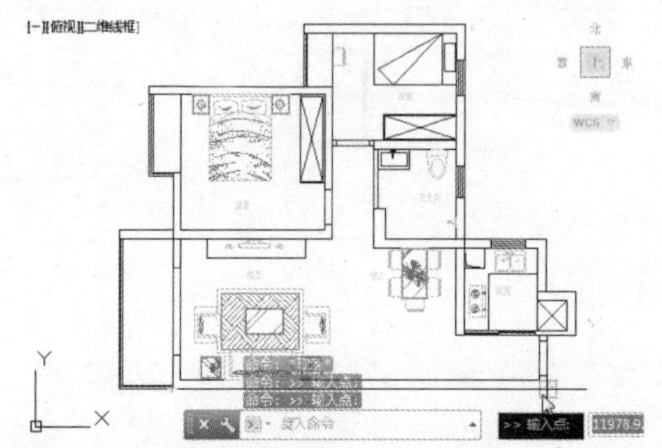

04 **得出两点距离** 返回“快速计算器”面板，在输入框中快速得出两点距离，如下图所示。

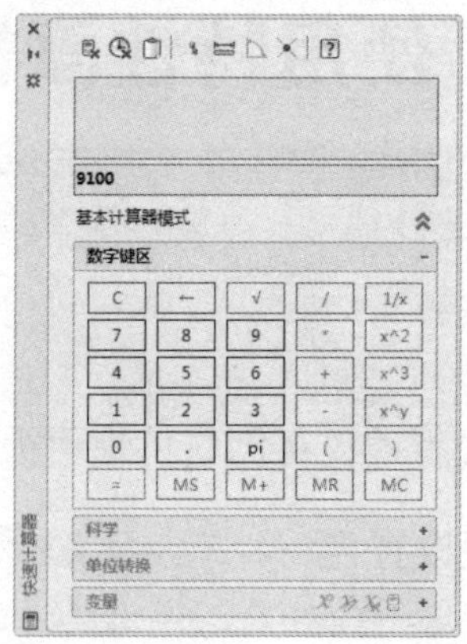

05 **单击加号按钮** 单击“数字键区”中的+号按钮，如下图所示。

06 **测量距离** 继续单击“两点之间的距离”按钮，测量其他两点之间的距离，如下图所示。

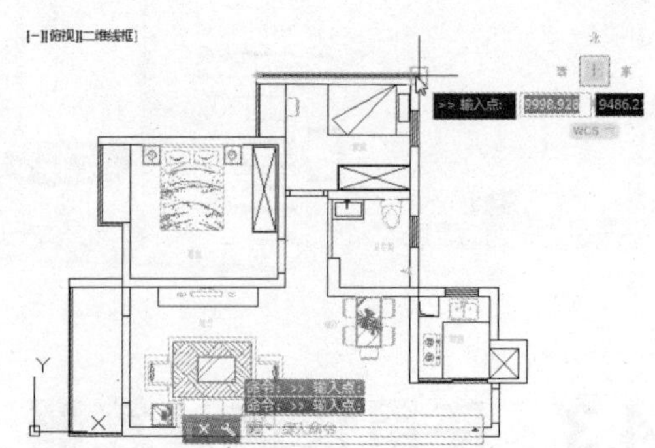

07 **得出结果** 返回“快速计算器”面板，单击数字键区中的=号按钮，即可得出结果，如下图所示。

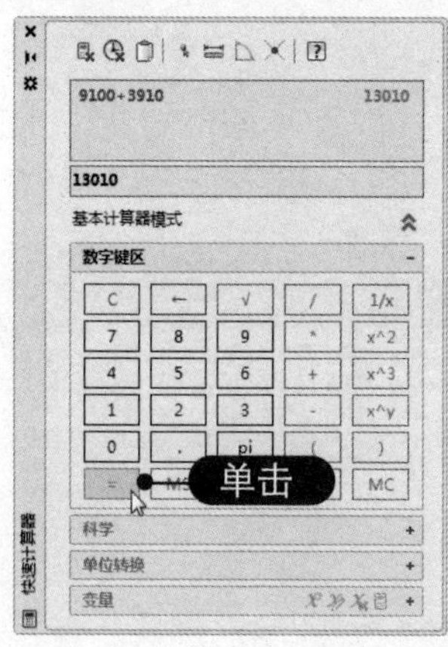

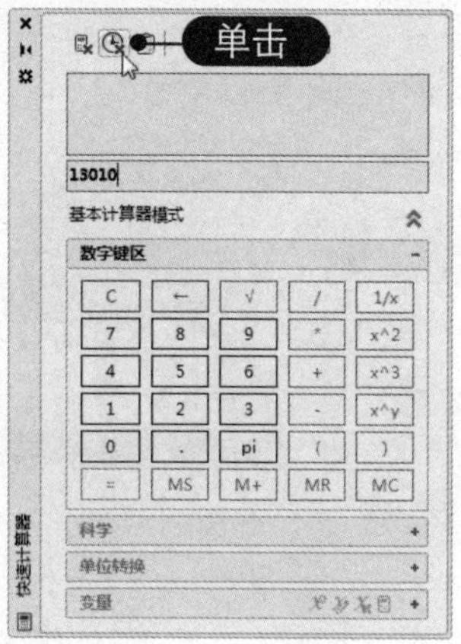

08 **清除历史记录** 单击面板中的“清除历史记录”按钮，清除历史记录，如右图所示。

Chapter 05 应用参数化与测量工具

在 AutoCAD 2015 中，可以对绘制好的图形进行测量、查询，或对其进行参数化约束。参数化是 AutoCAD 2015 新功能中的一个亮点。本章将对几何约束、标注约束、查询点坐标与距离、测量面积与周长等知识进行介绍。

本章要点

- 应用参数化功能
- 应用测量工具

知识等级

AutoCAD 中级读者

建议学时

建议学习时间为 50 分钟

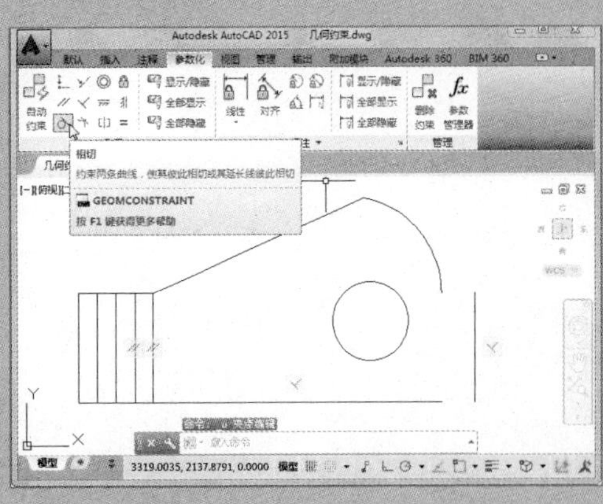

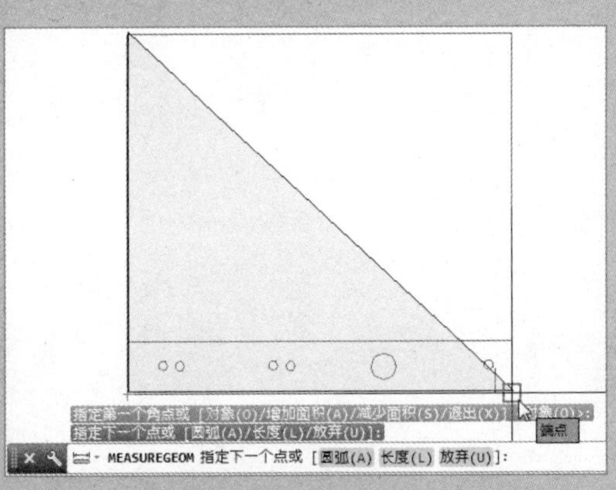

5.1 应用参数化功能

在 AutoCAD 2015 中，参数化可分为两种常用的约束类型：几何约束和标注约束。几何约束用于控制对象相对于彼此的关系；标注约束用于控制对象的距离、长度、角度和半径值。通过约束可以保持对象的设计规范和要求，通过修改变量值快速对其进行修改。

5.1.1 应用几何约束

几何约束主要用于限制二维图形或对象上的点位置，对象进行几何约束后具有关联性，不能再随意移动位置。通过几何约束工具可以控制两个对象彼此之间的关系，例如，可以对其进行重合、共线、同心、平行和垂直等约束操作。

下面将通过实例介绍如何应用几何约束，具体操作方法如下：

01 单击“平行”按钮 打开素材文件，选择“参数化”选项卡，在“几何”面板中单击“平行”按钮，如下图所示。

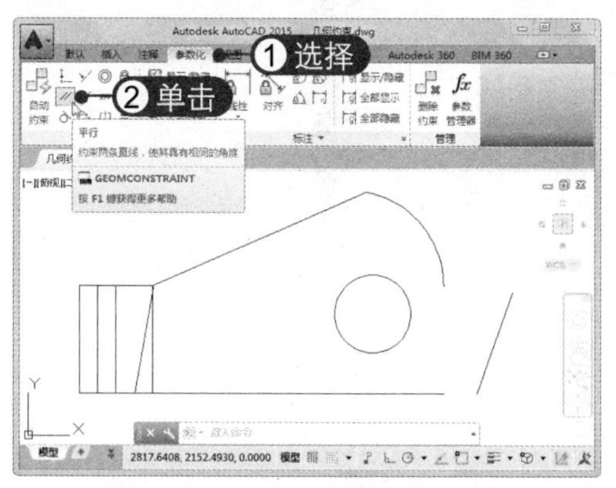

02 选择第一个对象 选择左侧矩形内的任意一条垂直直线作为第一个对象，如下图所示。

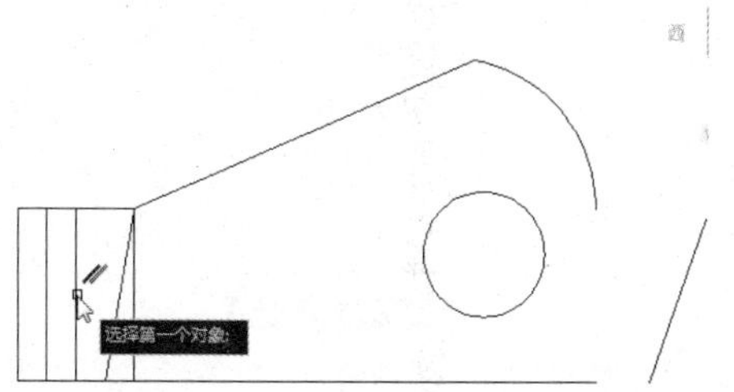

03 选择第二个对象 选择矩形内的倾斜直线作为第二个对象，如下图所示。

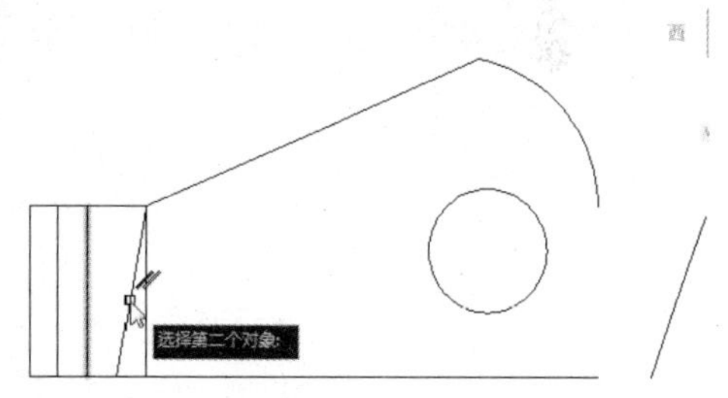

04 单击“垂直”按钮 此时即可添加平行约束，将第二个对象与第一个对象平行显示，单击“几何”面板中的“垂直”按钮，如下图所示。

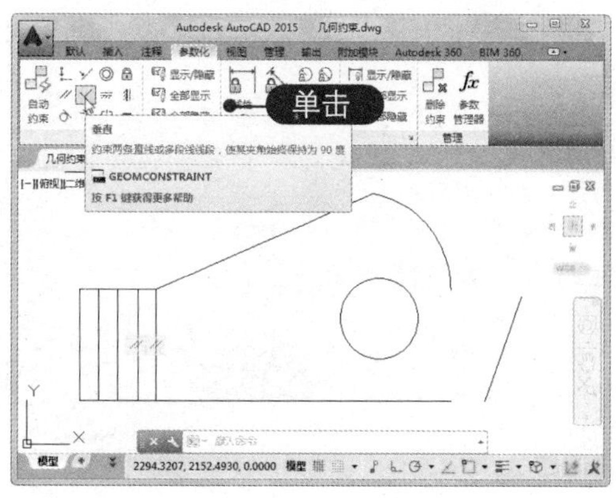

05 选择第一个对象 选择最下方水平直线为第一个对象，如下图所示。

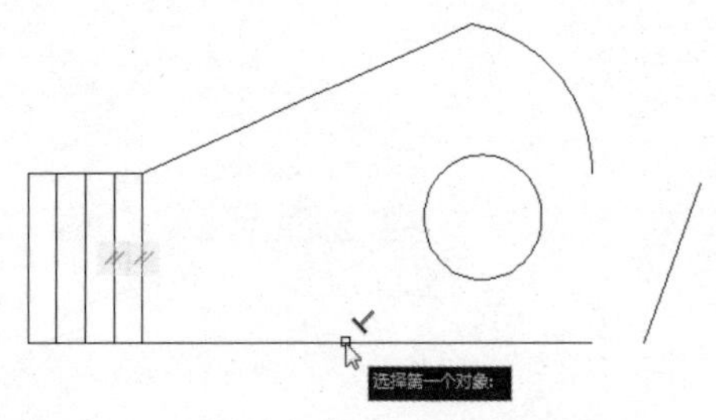

06 **单击"相切"按钮** 选择最右侧直线为第二个对象，即可添加垂直约束，单击"几何"面板中的"相切"按钮，如下图所示。

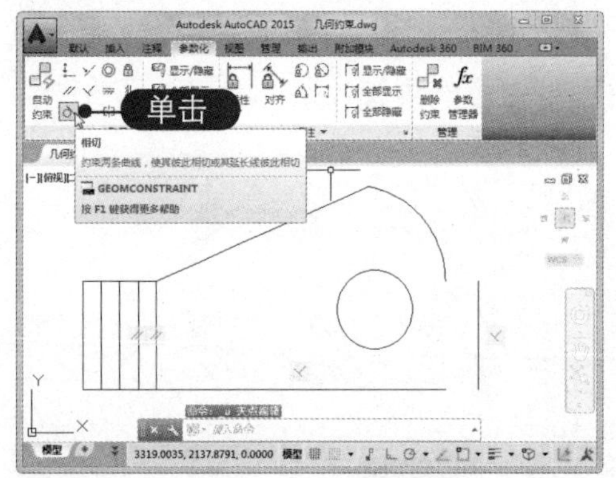

07 **单击"同心"按钮** 分别选择圆弧作为第一个对象，选择最右侧直线作为第二个对象，即可添加相切约束，单击"几何"面板中的"同心"按钮，如下图所示。

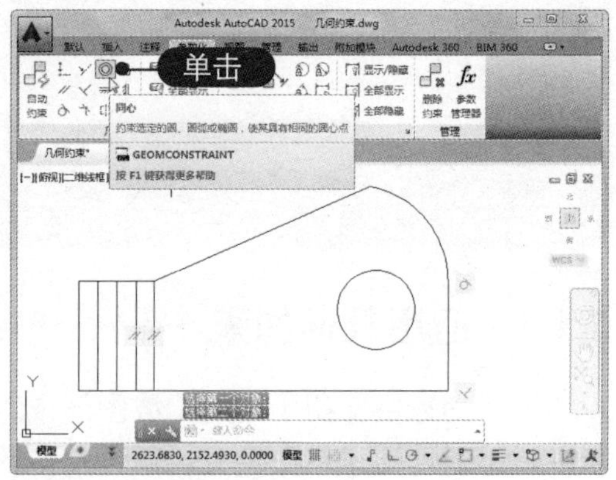

08 **添加同心标注** 分别选择圆弧和圆作为两个对象，添加同心标注，效果如下图所示。

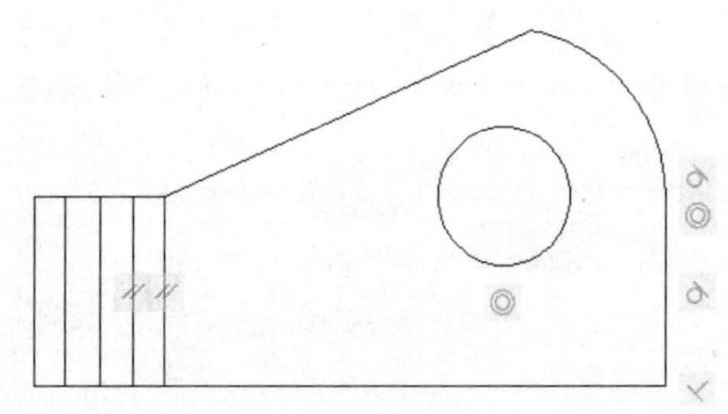

5.1.2 应用标注约束

通过标注约束工具可以控制对象的距离、长度、角度和半径值等参数。下面将通过实例对该工具的应用进行介绍，具体操作方法如下：

01 **启用线性标注约束** 打开素材文件，在"参数化"选项卡下单击"标注"面板中的"线性"按钮，启用线性标注约束，如下图所示。

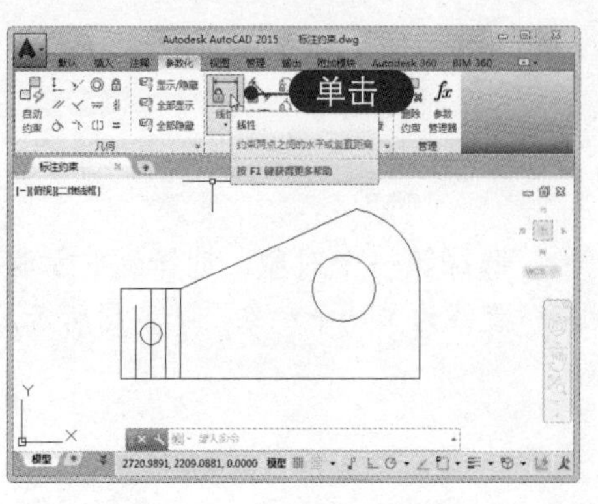

02 **指定第一个约束点** 在图形左下方较短直线的端点指定线性标注约束的第一个约束点，如下图所示。

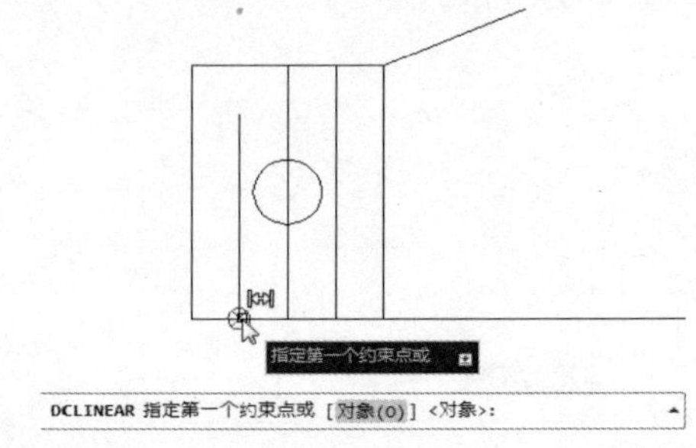

03 **指定第二个约束点** 向上移动光标，指定直线的另一端点为线性标

注约束的第二个约束点，如下图所示。

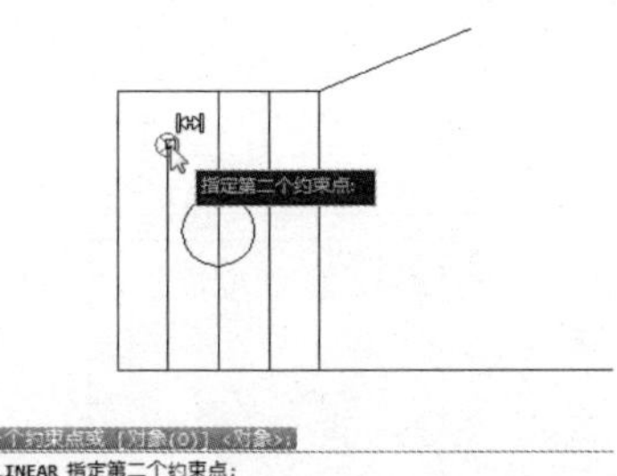

04 **指定尺寸线位置** 向左移动光标，指定线性标注约束的尺寸线位置，如下图所示。

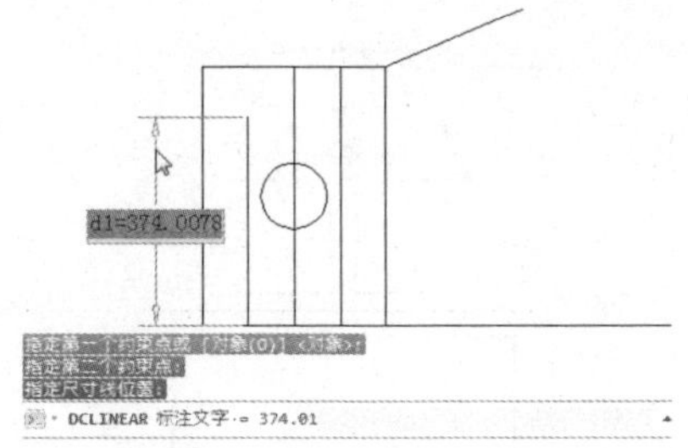

05 **单击“半径”按钮** 更改约束值为464，按【Enter】键确认，即可将所选直线约束为指定长度。单击“标注”面板中的“半径”按钮，如下图所示。

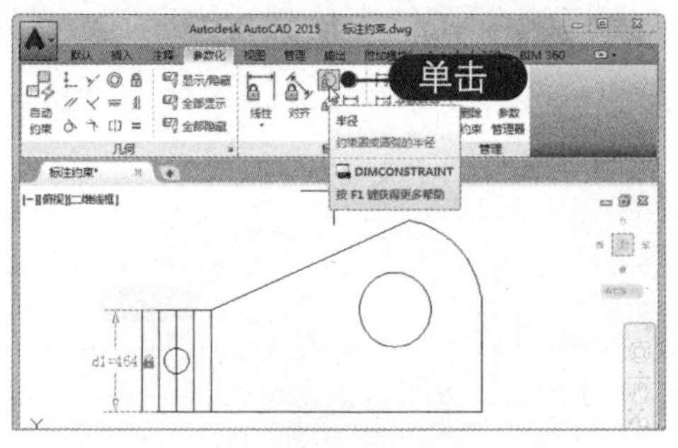

06 **选择对象** 选择矩形内的圆对象作为半径标注约束对象，如下图所示。

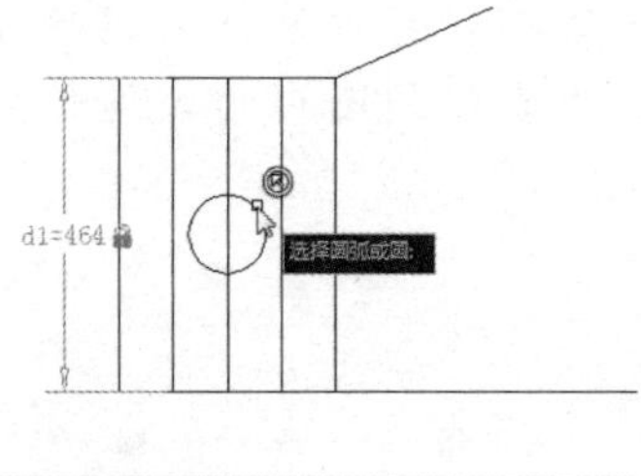

07 **指定尺寸线位置** 移动光标，指定半径标注约束的尺寸线位置，如下图所示。

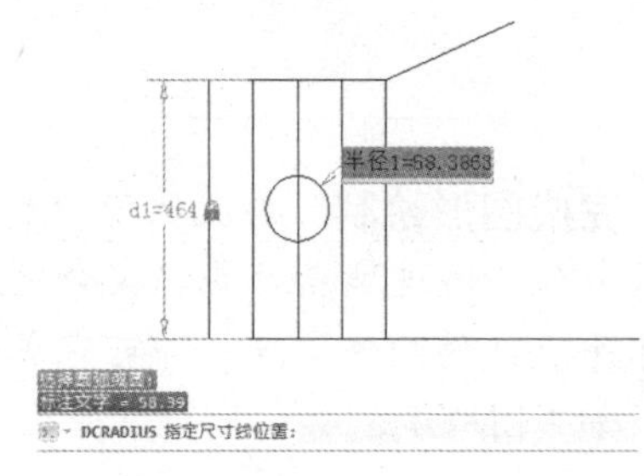

08 **指定约束大小** 设置弧度值为82.6，并按【Enter】键确认，即可将所选圆约束为指定大小，如下图所示。

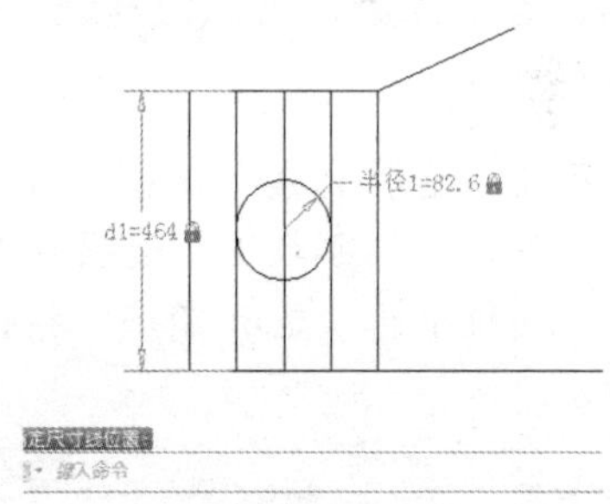

5.1.3 应用推断约束

启用状态栏中的推断约束工具后，AutoCAD 2015 会自动为正在创建或编辑的对象与对象捕捉的关联对象之间添加约束。下面将以完成台灯立面图的绘制为例，对推断约束工具的应用进行介绍，具体操作方法如下：

01 **绘制直线** 打开素材文件，启用状态栏中的“正交”工具，执行“直线”命令，分别绘制长为 300 和长为 150 的水平直线，如右图所示。

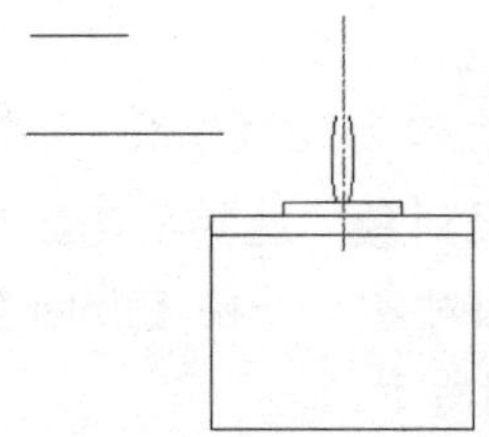

02 **移动直线** 单击状态栏中的“推断约束”按钮，启用推断约束，通过对象捕捉与对象捕捉追踪分别移动两条水平直线到图形的合适位置，如下图所示。

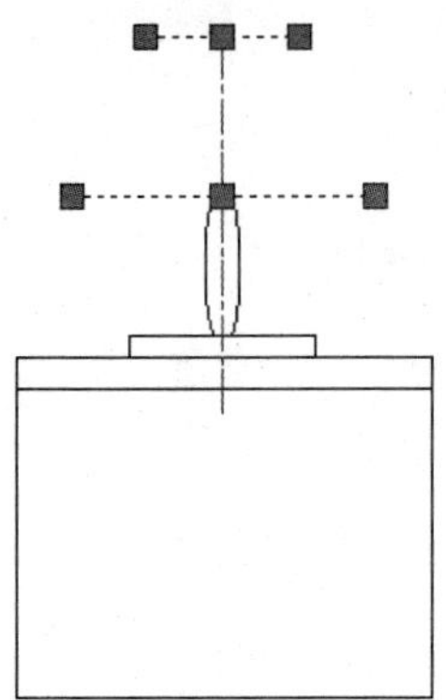

03 **完成图形绘制** 再次执行“直线”命令，通过端点对象捕捉分别连接两条水平直线的两侧端点，即可完成图形绘制，如下图所示。

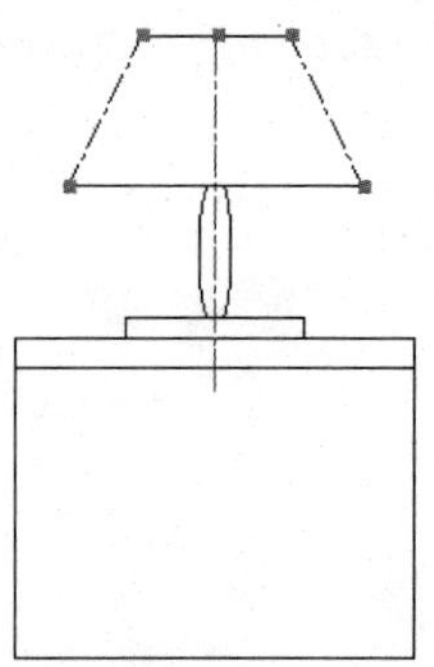

04 **查看推断约束** 移动光标到新绘制的图形上，将显示自动添加的推断约束，如下图所示。

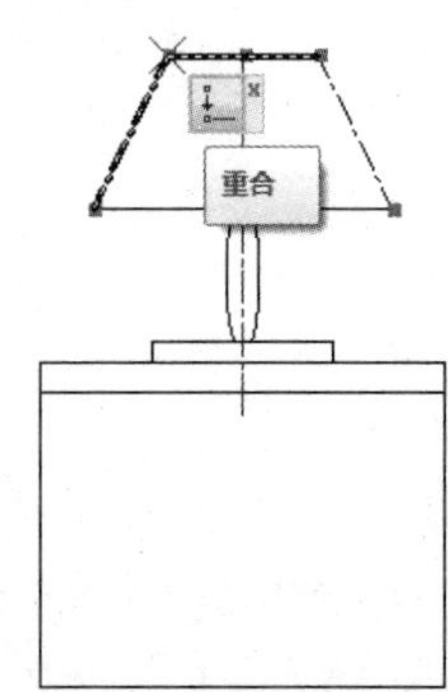

5.1.4 管理约束

当创建约束后，可以对其进行管理操作，如显示或隐藏约束，删除约束等，具体操作方法如下：

01 **单击“显示/隐藏”按钮** 打开素材文件，在“参数化”选项卡下单击“几何”面板中的“显示/隐藏”按钮，如下图所示。

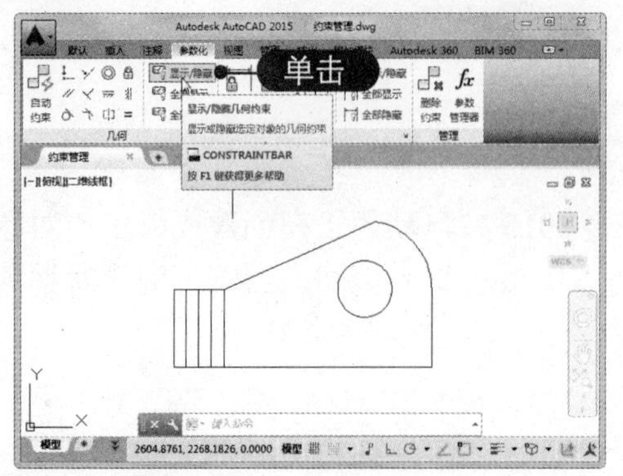

02 **选择对象** 选择要亮显几何约束的图形对象，并按【Enter】键确认选择，如下图所示。

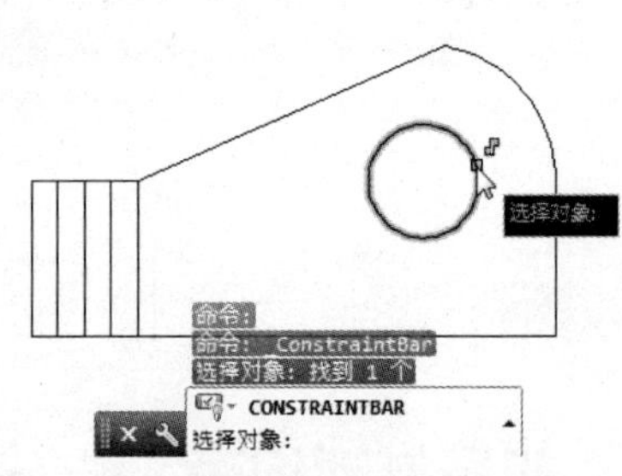

03 **选择“隐藏”命令** 弹出快捷菜单，选择“显示”命令。若要隐藏约束，则选择“隐藏”命令，如下图所示。

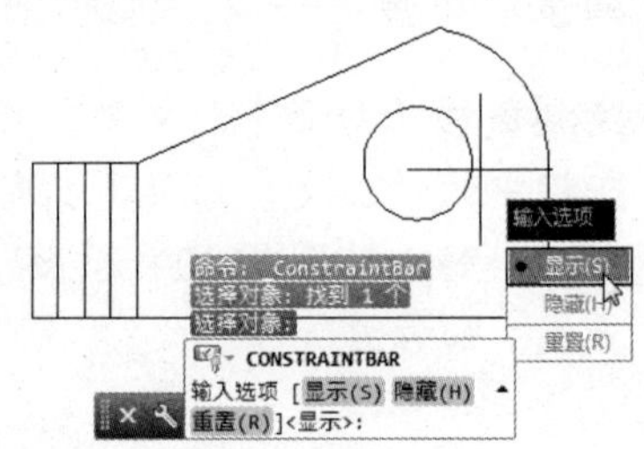

04 显示几何约束 此时即可在所选对象的下方显示该几何约束，如下图所示。

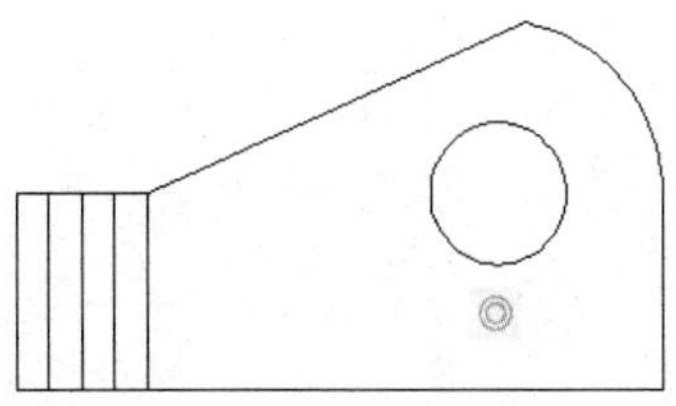

05 显示全部几何约束 若单击“几何”面板中的“全部显示”按钮，可以快速显示全部几何约束，如下图所示。

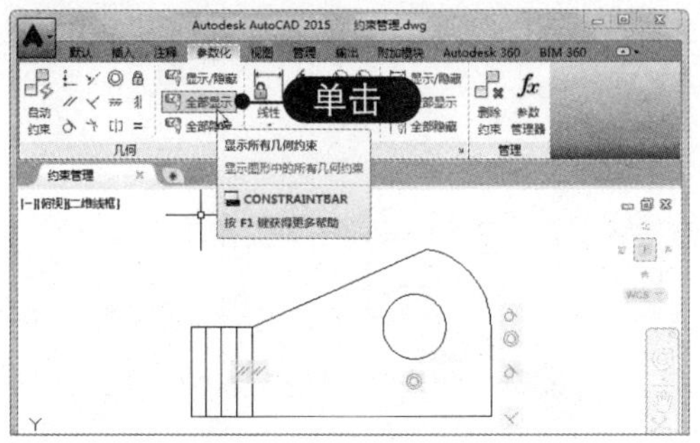

06 删除约束 若要删除某几何约束，则单击“管理”面板中的“删除约束”按钮，选择要删除几何约束的对象，并按【Enter】键确认选择，如下图所示。

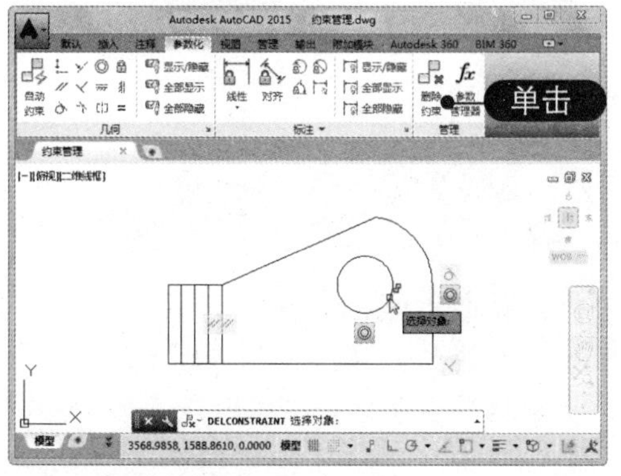

07 查看删除约束效果 此时即可删除所选对象上的几何约束，如下图所示。

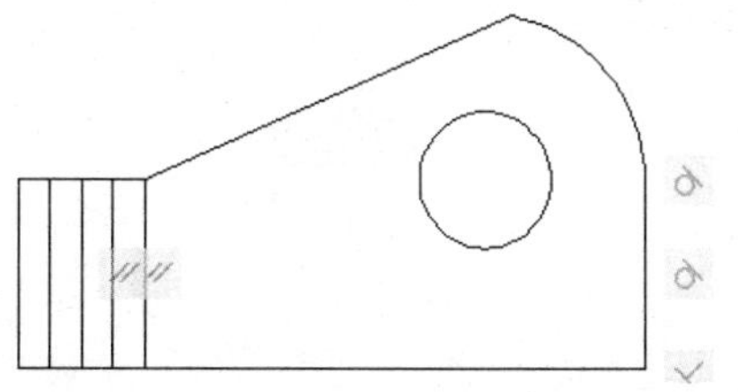

08 单击“约束设置”按钮 单击“几何”面板右下角的“约束设置”按钮，如下图所示。

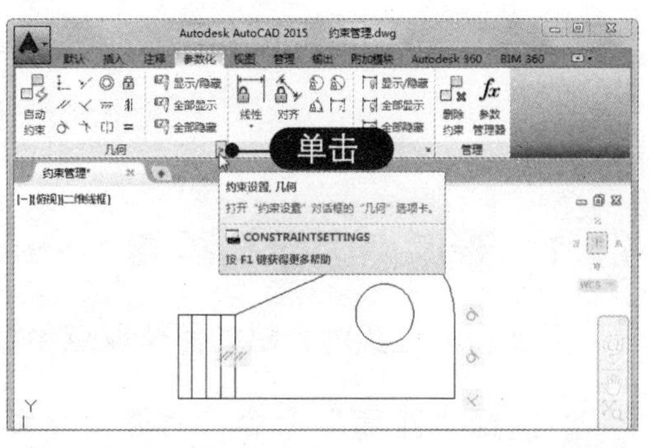

09 更改透明度 弹出“约束设置”对话框，在“几何”选项卡下可以设置约束栏的显示内容与透明度，如更改透明度为 90，单击“确定”按钮，如下图所示。

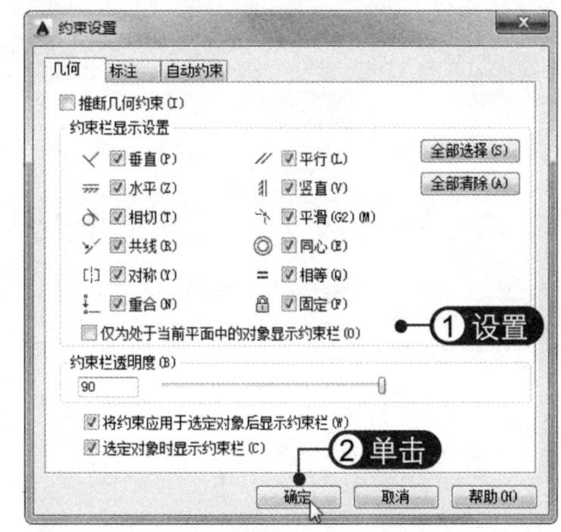

10 查看设置效果 此时即使未选定对象，也将清晰地显示其约束栏，如下图所示。

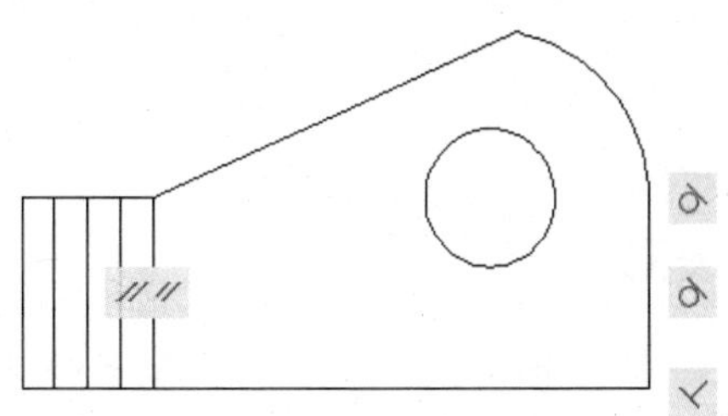

5.2 应用测量工具

通过测量工具可以获取图形中对象的相关信息，如距离、半径、角度、面积、体积等信息。通过点坐标工具可以获取某点的坐标，下面将进行详细介绍。

5.2.1 查询点坐标与距离

下面将通过实例介绍如何获取点坐标与两点之间的距离，具体操作方法如下：

01 选择“距离”命令 打开素材文件，单击“实用工具”面板中的“测量”下拉按钮，选择“距离”命令，如下图所示。

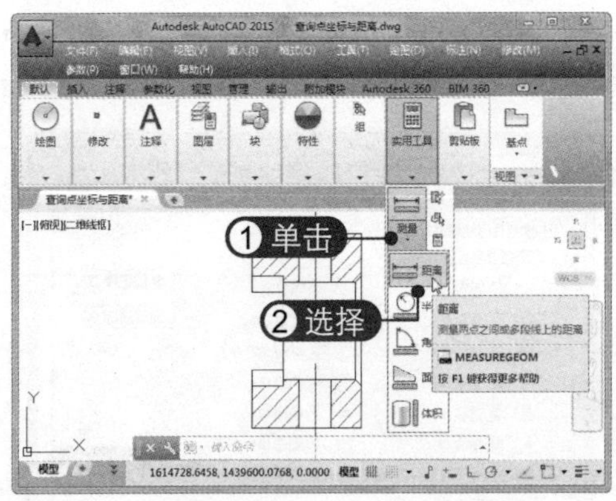

02 指定第一点 指定图形左侧的端点为测量的第一点，如下图所示。

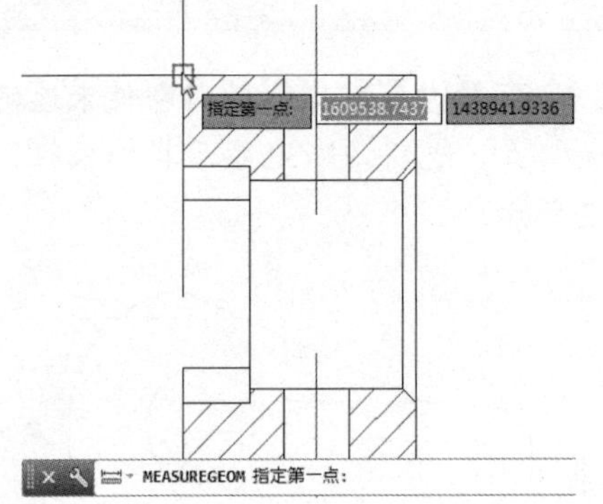

03 指定第二点 指定图形右侧的端点为测量的第二点，如下图所示。

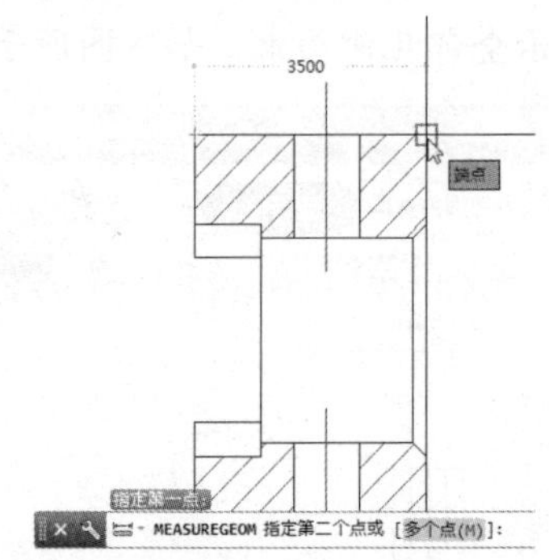

04 查看测量距离 此时即可出现测量距离的相关信息，如下图所示。

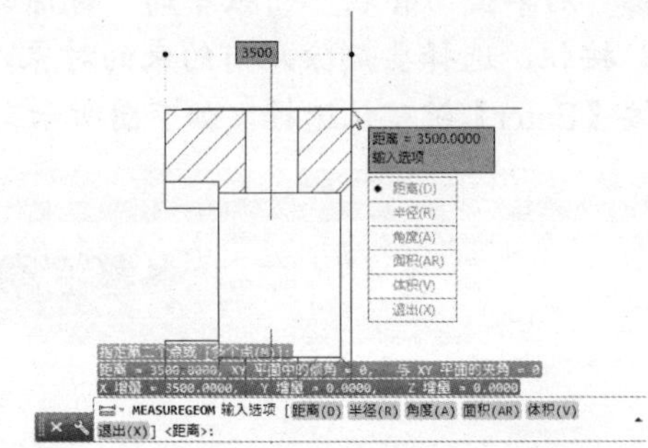

05 获取点坐标 单击“实用工具”下拉按钮，在弹出的下拉列表中选择“点坐标”命令，如下图所示。

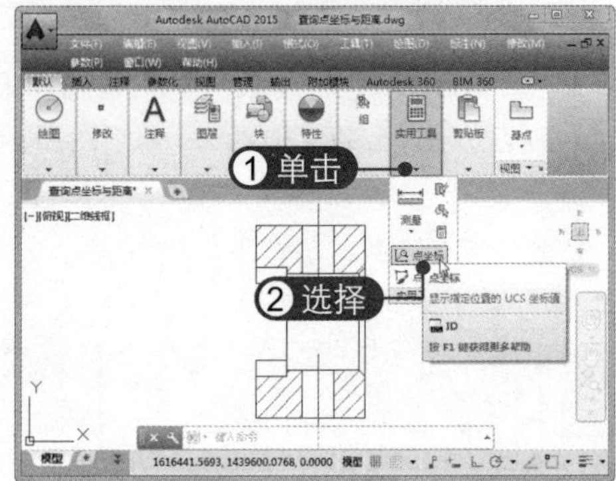

06 指定点 在图形上指定需要查询的点，即可出现坐标信息（统一剖面线方向），如右图所示。

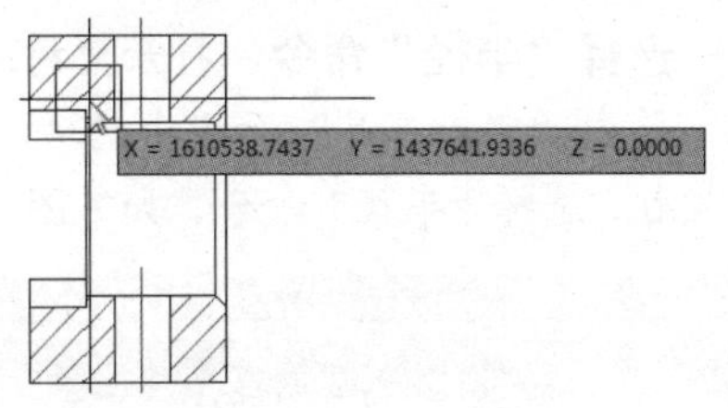

5.2.2 测量面积与周长

通过测量工具可以测量指定对象的面积和周长。下面将通过实例介绍如何对面积与周长进行测量，具体操作方法如下：

01 选择"面积"命令 打开素材文件，单击"实用工具"面板中的"测量"下拉按钮，选择"面积"命令，如下图所示。

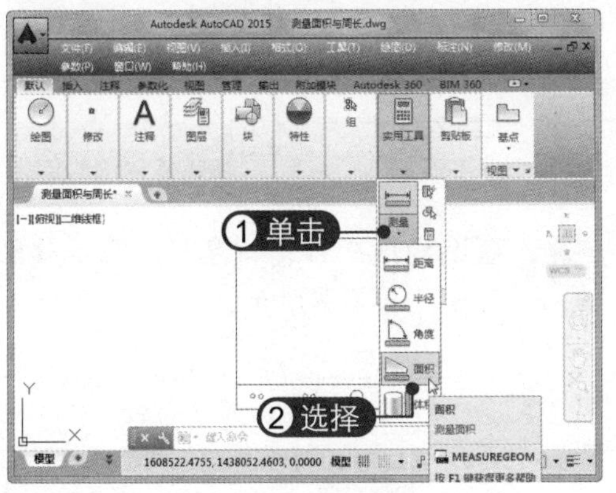

02 指定第一个角点 指定图形上方的端点为测量面积的第一个角点，如下图所示。

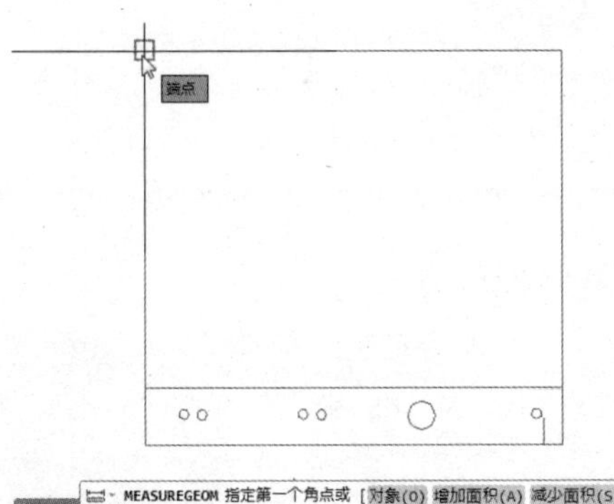

03 指定其他角点 指定其下方的端点为第二个点，指定其右侧的端点为第三个点，此时将绘制出一个绿色的三角形测量区域，如下图所示。

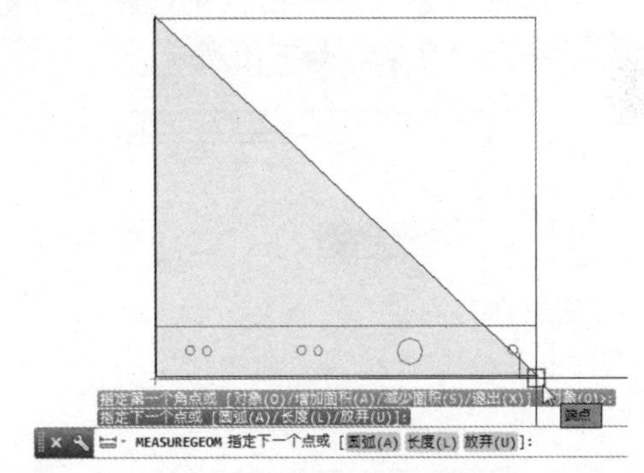

04 查看面积和周长 指定右上角的点为第四个点，将绘制出一个绿色的矩形测量区域，按【Enter】键确认，即可查看该区域的面积和周长，如下图所示。

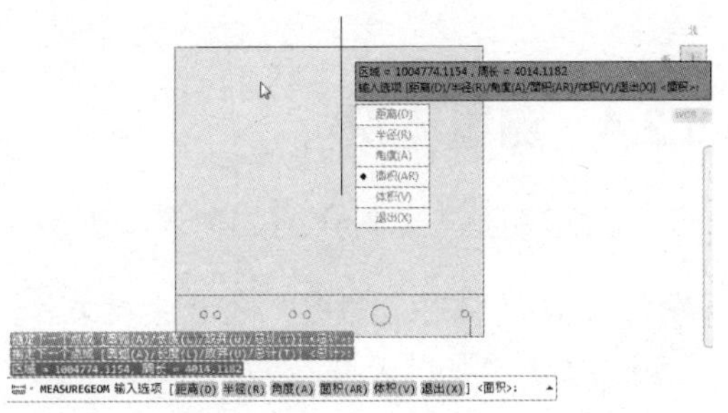

5.2.3 测量半径与角度

通过测量工具可以测量指定对象的半径和角度。下面将通过实例对半径和角度的测量方法进行介绍，具体操作方法如下：

01 选择“半径”命令 打开素材文件，单击“实用工具”面板中的“测量”下拉按钮，选择“半径”命令，如下图所示。

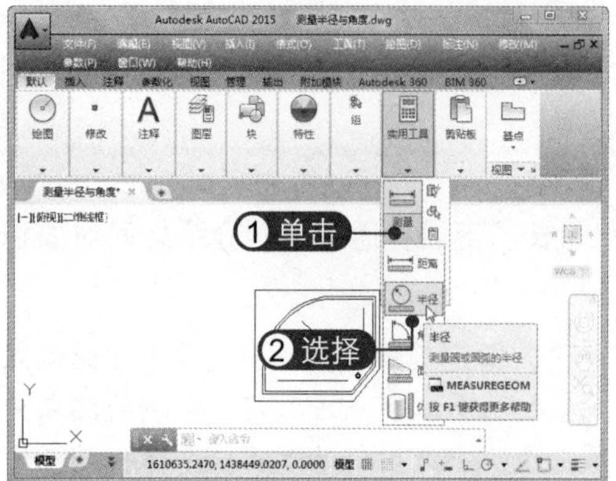

02 选择对象 在绘图区中选择要测量半径的对象，如下图所示。

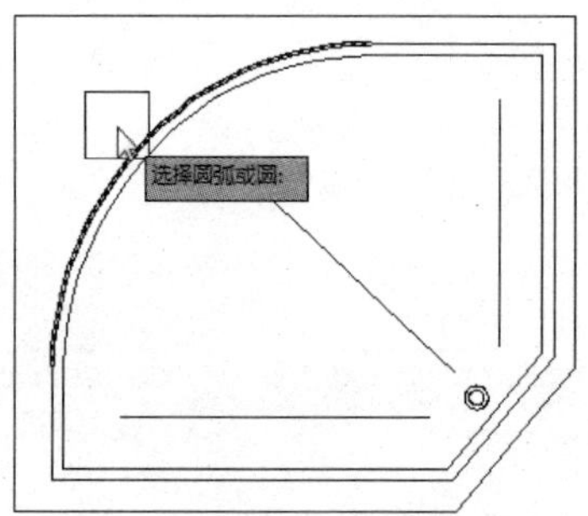

03 选择“角度”命令 弹出信息栏，显示对象半径，选择“角度”命令，如下图所示。

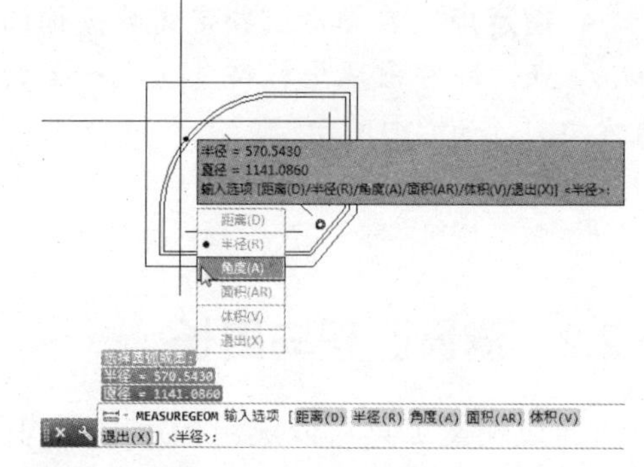

04 指定两条边 分别指定要测量角度对象的两条边，如下图所示。

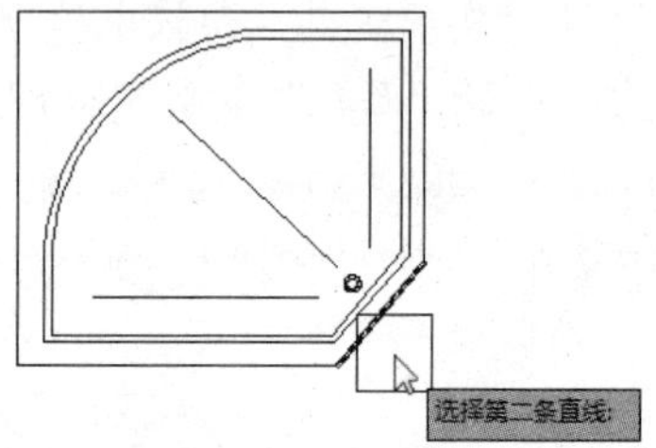

05 查询角度 弹出信息栏，显示对象角度，如下图所示。

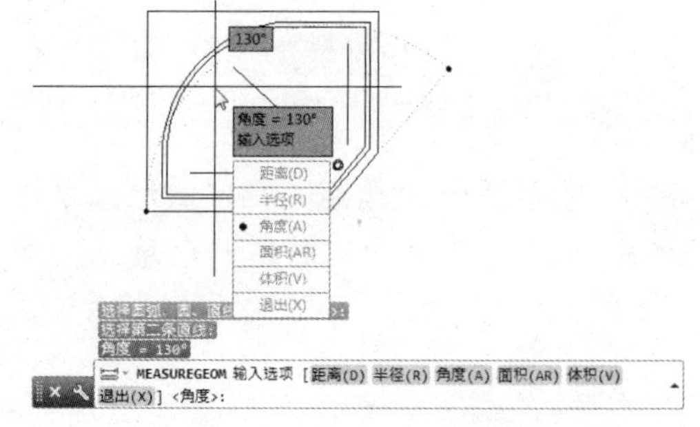

5.2.4 测量体积

下面将通过实例介绍如何测量对象的体积，具体操作方法如下：

01 选择“体积”命令 打开素材文件，打开“实用工具”面板中的测量工具下拉菜单，选择“体积”命令，如右图所示。

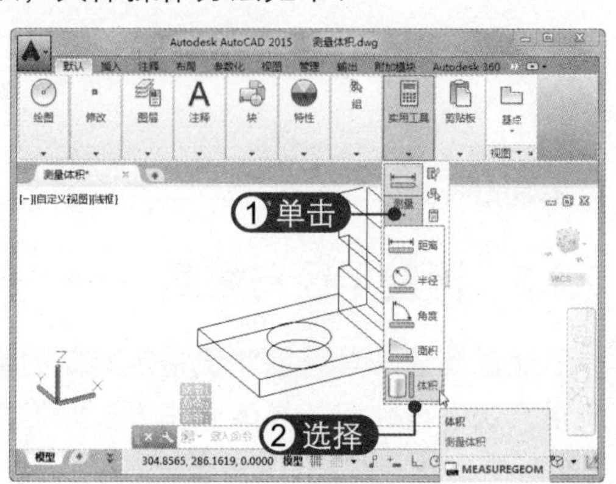

02 指定第一个角点 输入 A 并按【Enter】键确认，切换到增加体积状态，通过端点对象捕捉在图形中指定矩形的第一个角点，如下图所示。

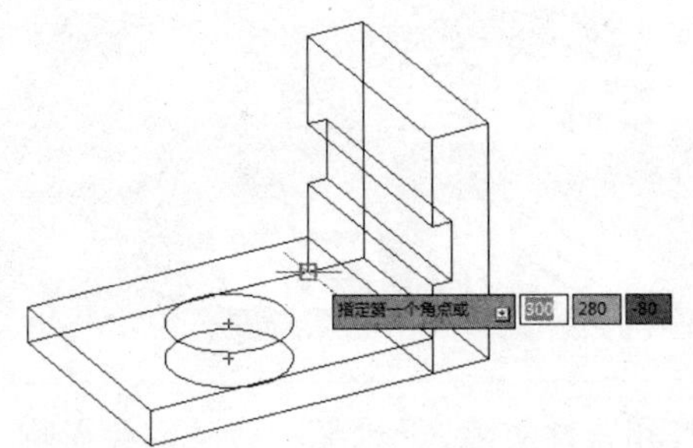

03 指定另外三个角点 依次指定矩形的另外三个角点，绘制出一个闭合的矩形选择区域，如下图所示。

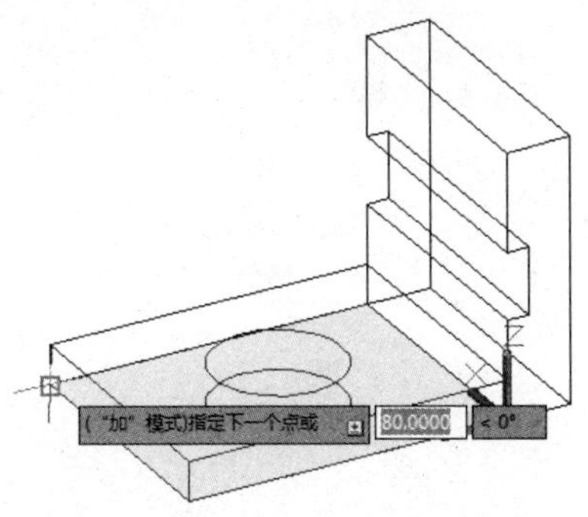

04 指定高度 通过输入数值或捕捉端点指定对象的高度，如下图所示。

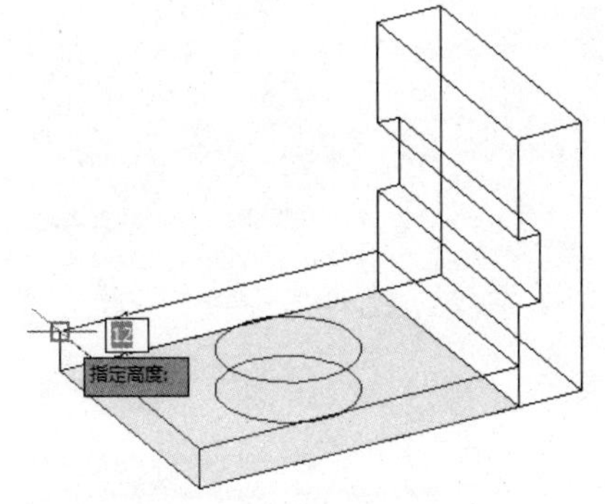

05 显示长方体体积 此时将在弹出的信息栏中显示所选长方体的体积，如下图所示。

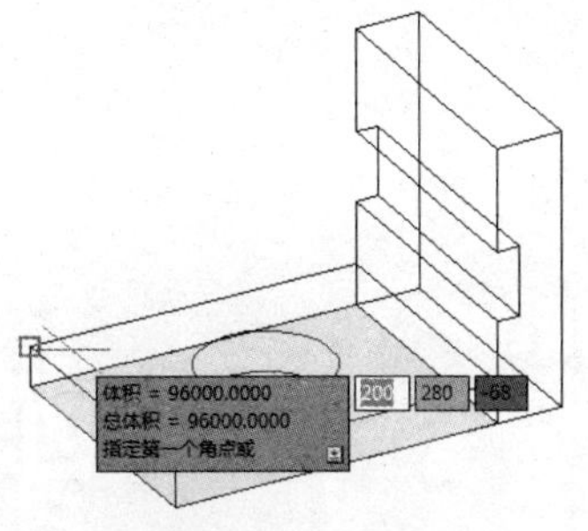

06 选择对象 输入 S 并按【Enter】键确认，切换到减去体积状态；输入 O 并按【Enter】键确认，选择要减去对象的面积，如下图所示。

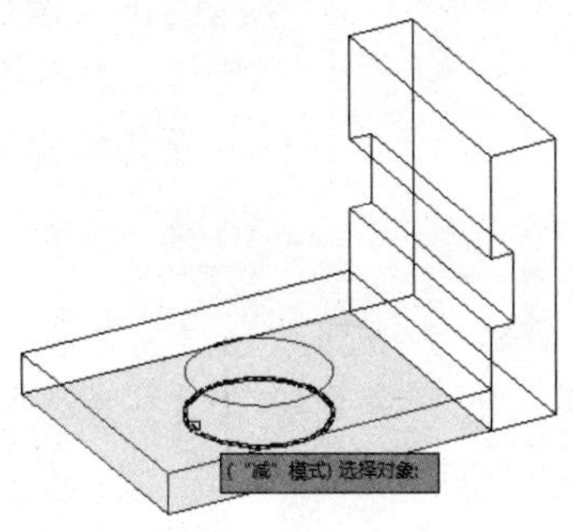

07 指定高度 通过输入数值指定要减去对象的高度，如下图所示。

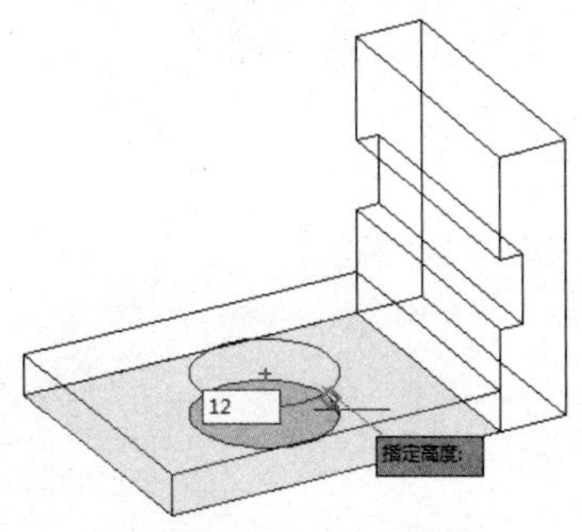

08 显示总体积 此时将在弹出的快捷菜单上方的信息栏中显示总体积，如下图所示。

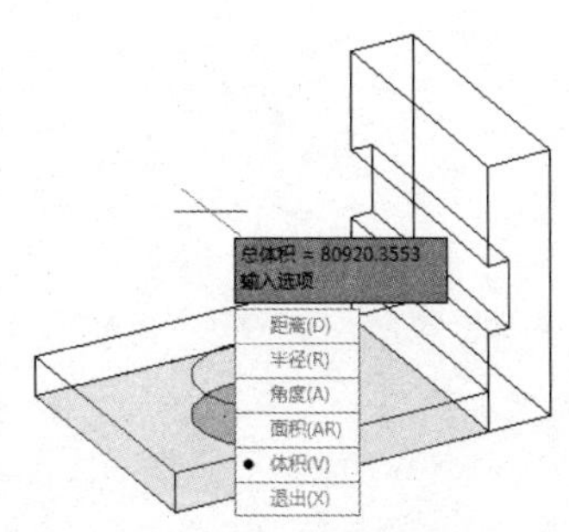

Chapter 06

电脑软硬件故障诊断方法

电脑故障可分为硬件故障和软件故障，无论哪种故障都会影响电脑的正常运行。虽然电脑的故障无法彻底杜绝，但如果做好了预防措施，很多故障还是可以避免的。本章将详细介绍电脑常见故障的诊断与维修方法。

本章要点 

- 判断电脑故障的基本依据
- 电脑软硬件故障的分类及成因
- 电脑故障常用检测方法
- 电脑故障排查原则与流程
- 电脑维修前的准备工作
- 认识电脑硬件维修工具

知识等级 

中级读者

建议学时 

建议学习时间为 50 分钟

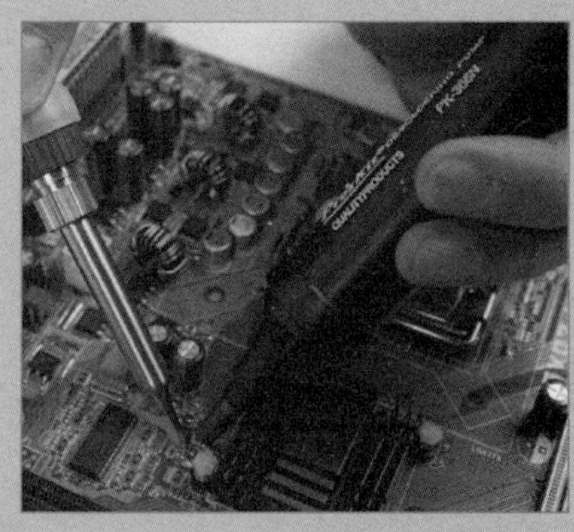

6.1 更改图层特性

图层相当于图纸绘图中使用的重叠图纸，是较为常用的图形组织工具。用户可以使用图层按功能编组，也可以强制执行线型、颜色及其他标准于图层中的对象。例如，可以将构造线、标注和图案填充置于不同的图层上，以便对其进行管理；显示或隐藏某个图层中的图形，更改图层上所有对象的颜色、线型和线宽等。

6.1.1 创建与删除图层

当启动 AutoCAD 2015 并新建文件后，程序将自动创建一个名为 0 的图层。该图层将默认使用索引颜色 7、Continuous 线型、默认线宽及透明图为 0。该图层无法被删除或重命名图层。用户可以手动创建更多的图层，具体操作方法如下：

01 单击“图层特性”按钮 新建图形文件，在“默认”选项卡下单击“图层”面板中的“图层特性”按钮，如下图所示。

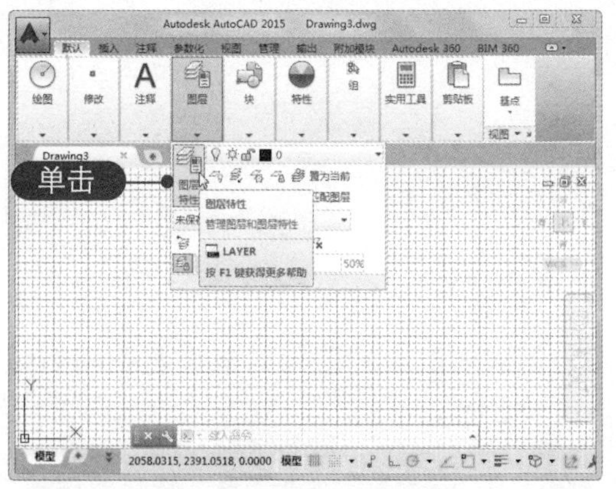

02 单击“新建图层”按钮 打开“图层特性管理器”面板，单击“新建图层”按钮，如下图所示。

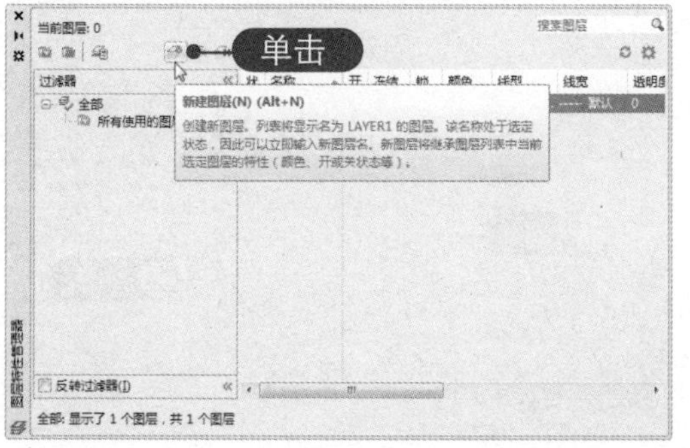

03 创建图层 此时即可在默认图层的下方创建出一个新的图层，其名称呈编辑状态，如下图所示。

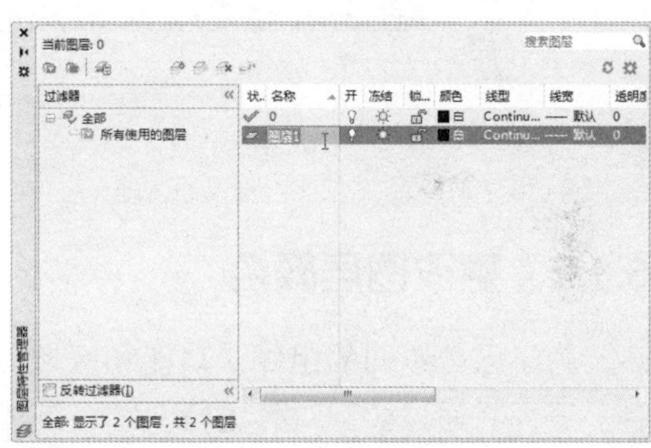

04 输入图层名称 输入图层名称，在空白位置单击鼠标左键，即可完成图层的创建，如下图所示。

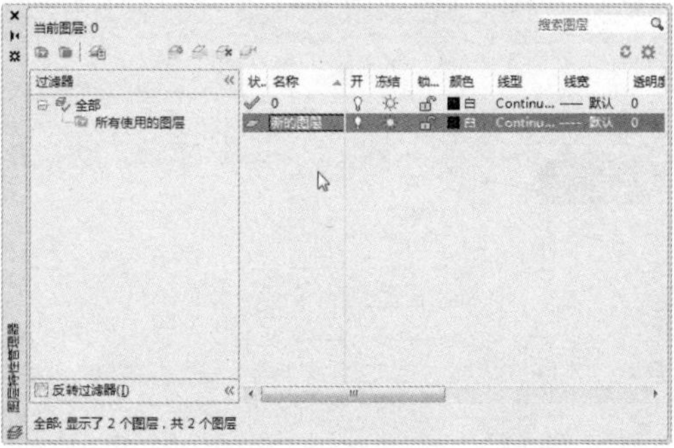

05 重命名图层 选择图层并右击，在弹出的快捷菜单中选择“重命名图层”命令，也对其进行重命名，如下图所示。

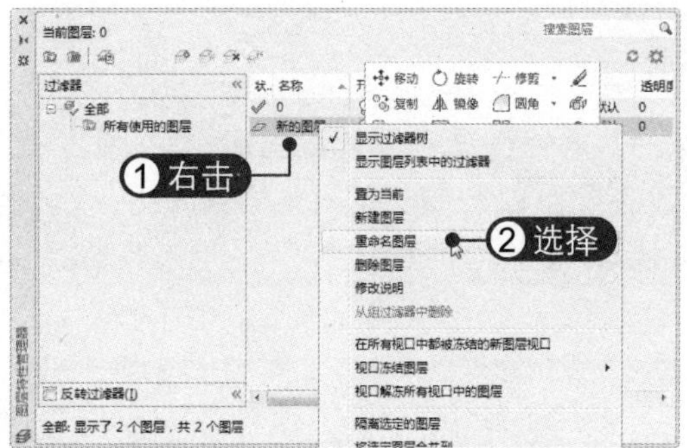

06 置为当前图层 当创建多个图层后，可选择某图层并单击“置为当前”按钮，将其置为当前层，如下图所示；也可直接双击某图层，将其置为当前层。

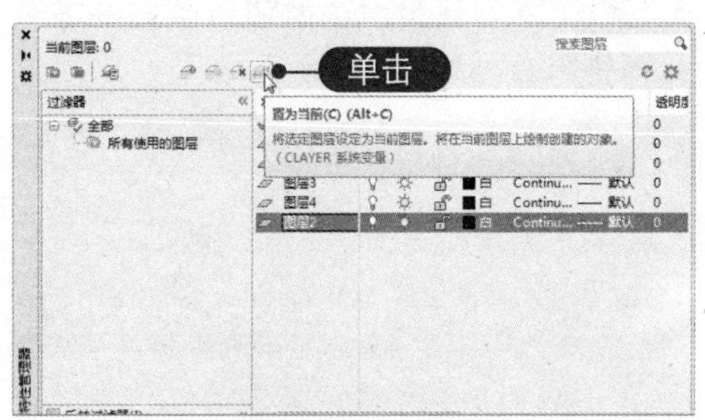

07 选择“删除图层”命令 选择某图层后，可单击“删除”按钮，或右击要删除的图层，在弹出的快捷菜单中选择“删除图层”命令，如下图所示。

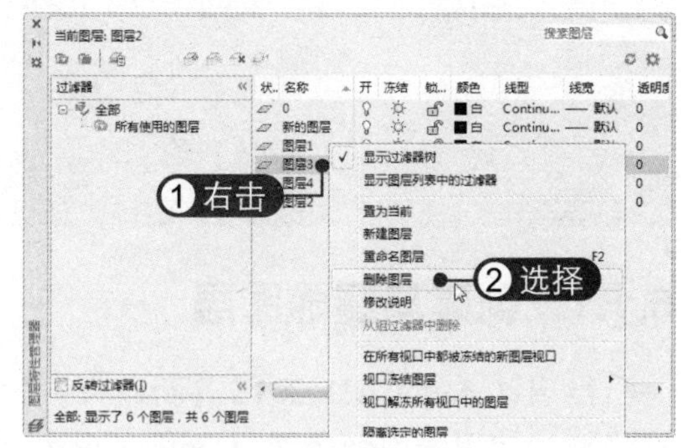

08 删除图层 此时即可将该图层删除，如下图所示。

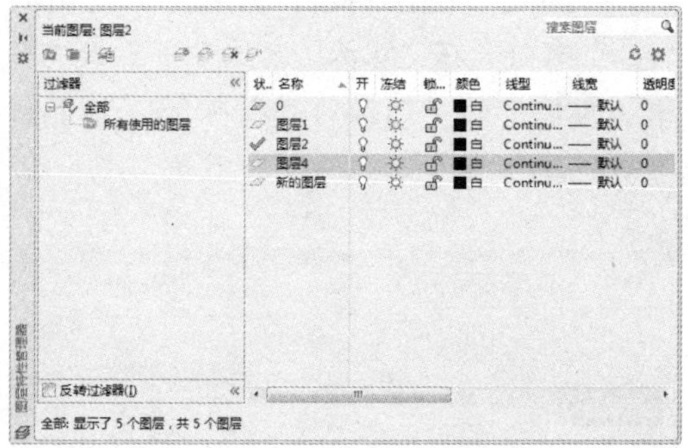

6.1.2 更改图层颜色

为了区分不同的组件、功能和区域，可以为不同图层中的图形对象设置不同的颜色。下面将通过实例对其进行介绍，具体操作方法如下：

01 单击“图层特性”按钮 打开素材文件，单击“图层”面板中的“图层特性”按钮，如下图所示。

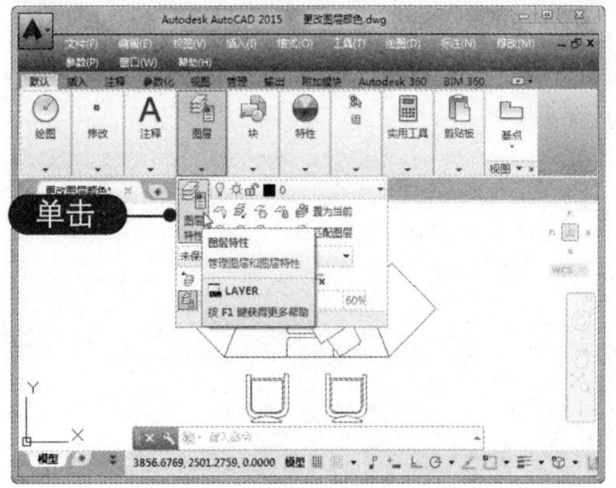

02 设置颜色 打开“图层特性管理器”面板，选择图层列表中的“办公桌”图层，单击“颜色”图标，如下图所示。

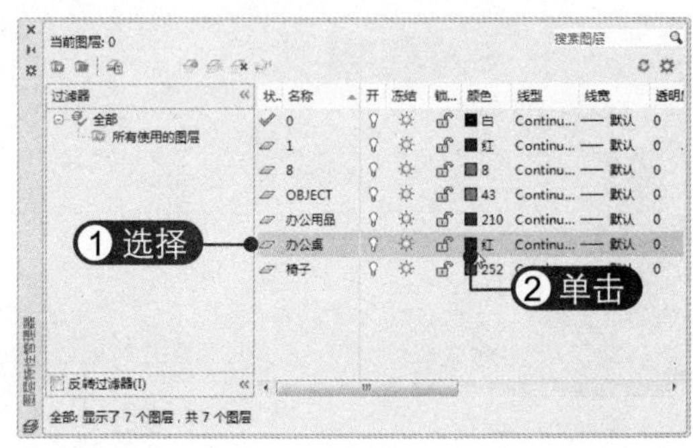

03 选择颜色 弹出“选择颜色”对话框，在“索引颜色”选项卡中选择所需的颜色，如选择黑色，单击“确定”按钮，如下图所示。

04 查看设置效果 查看设置效果，该图层的颜色已经发生变化，如下图所示。

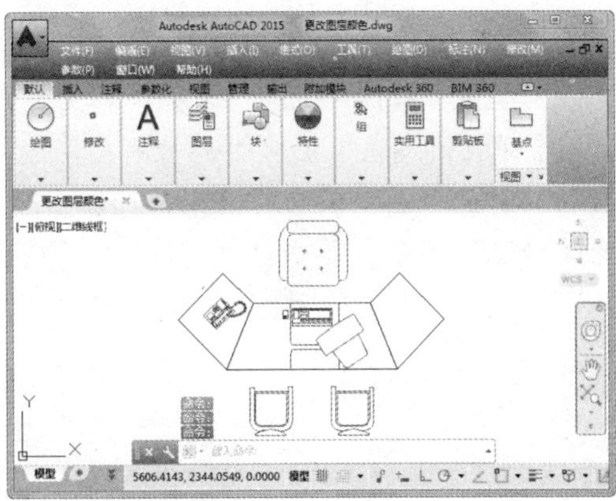

6.1.3 更改图层线型

线型是指图形中线条的组成和显示方式，系统默认线型为 Continuous 线型。下面将通过实例介绍如何更改图层线型，具体操作方法如下：

01 单击 Continuous 选项 打开素材文件，单击“图层”面板中的“图层特性”按钮，打开“图层特性管理器”面板。选择“办公用品”图层，单击 Continuous 选项，如下图所示。

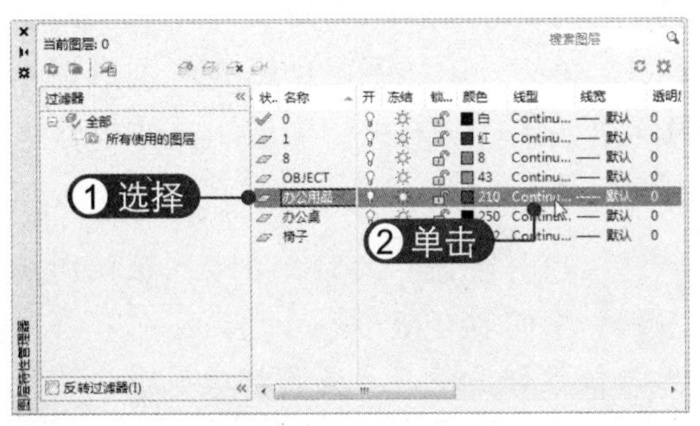

02 单击“加载”按钮 弹出“选择线型”对话框，单击其中的“加载”按钮，如下图所示。

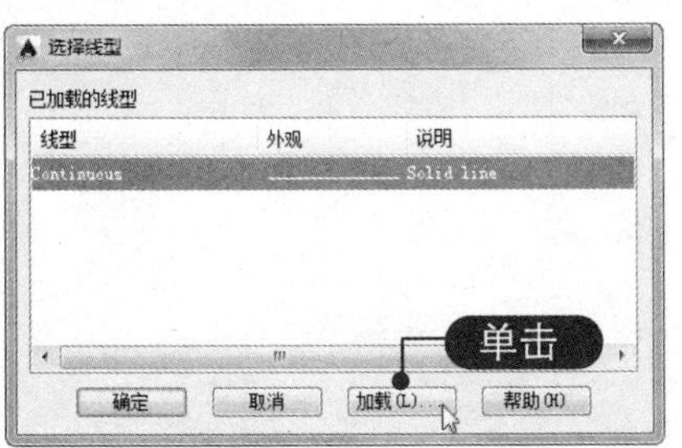

03 选择线型样式 弹出“加载或重载线型”对话框，在“可用线型”列表框中选择所需的线型样式，然后单击“确定”按钮，如下图所示。

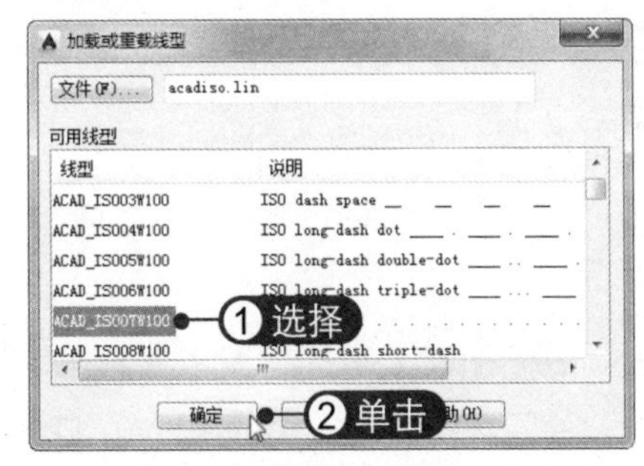

04 选择加载线型 返回“选择线型”对话框，选择新加载的线型，单击“确定”按钮，即可完成线型的更改，如下图所示。

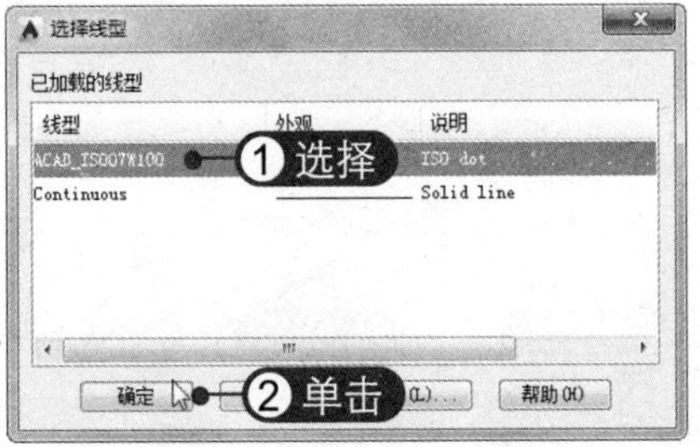

6.1.4 更改图层线宽

线宽是指线条在显示或打印时的宽度。下面将通过实例介绍如何更改图层的线宽，具体操作方法如下：

01 单击“默认”选项 打开素材文件，单击“图层”面板中的“图层特性”按钮，打开“图层特性管理器”面板。选择“椅子”图层，单击“线宽”下的“默认”选项，如下图所示。

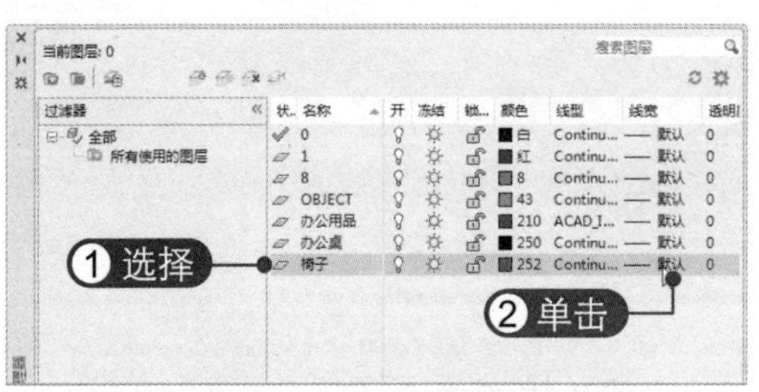

02 选择线宽样式 弹出“线宽”对话框，选择所需的线宽样式，然后单击“确定”按钮，即可完成线宽的更改，如下图所示。

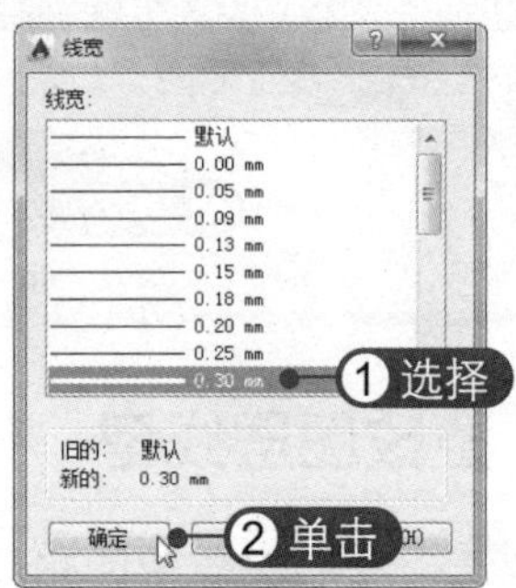

6.2 管理图层

在“图层特性管理器”中不仅可以创建图层，设置图层特性，还可以对创建好的图层进行管理，如锁定图层、关闭图层、冻结图层等。下面将详细介绍如何管理图层。

6.2.1 打开与关闭图层

系统默认的图层都处于打开状态，若将某图层关闭，则该图层中所有的图形都不可见，且不能被编辑和打印。下面将通过实例介绍如何打开与关闭图层，具体操作方法如下：

01 关闭图层 打开素材文件，单击“图层”面板中的“图层特性”按钮，打开“图层特性管理器”面板。选择“相框”图层，单击“开”下的💡图标，其变为灰色，则该图层已被关闭，如下图所示。

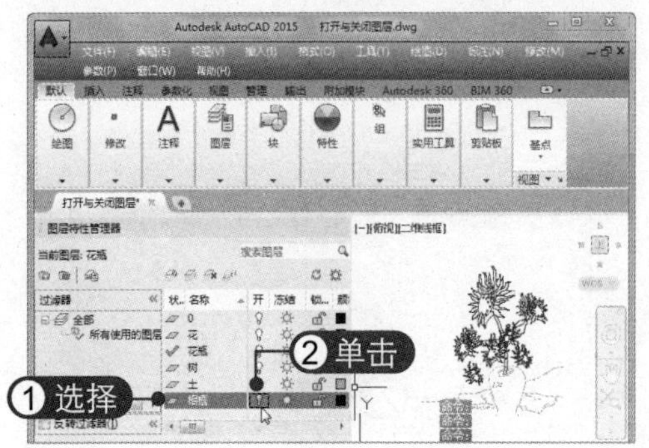

02 打开图层 此时，在绘图区该图层中的所有图形不可见。反之，再次单击该按钮，使其为高亮状态显示，即可打开图层进行操作，如下图所示。

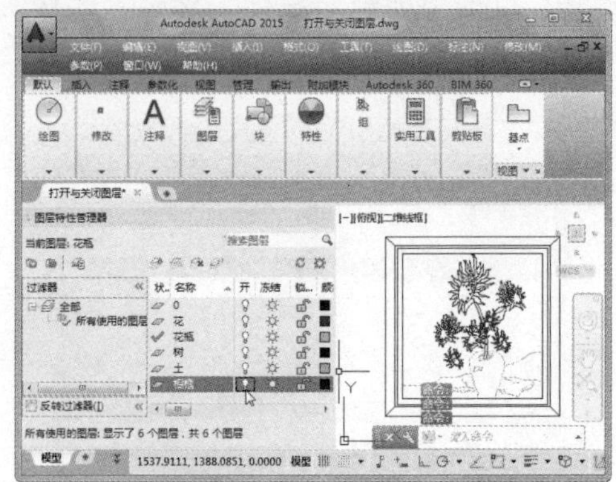

6.2.2 冻结与解冻图层

冻结图层有利于减少系统重生成图形的时间，在冻结图层中的图形文件不显示在绘图区中。下面将通过实例介绍如何冻结与解冻图层，具体操作方法如下：

01 冻结图层 打开素材文件，单击“图层”面板中的“图层特性”按钮，打开“图层特性管理器”面板。选择“花”图层，单击“冻结”下的☼按钮，即可冻结该图层，如下图所示。

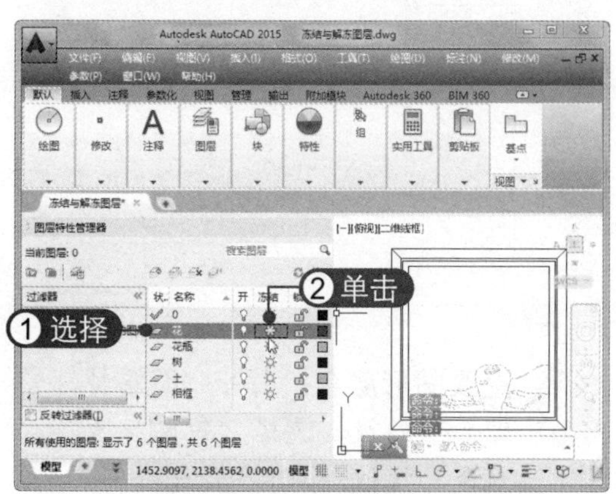

02 查看冻结效果 此时，在绘图区该图层中的所有图形均不可见。反之，再次单击该按钮，即可解冻图层，如下图所示。

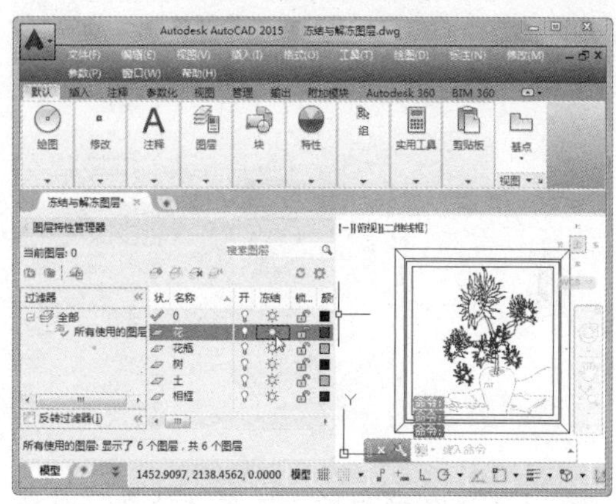

6.2.3 锁定与解锁图层

当某图层被锁定后，则该图层上所有的图形将无法进行修改或编辑。下面将通过实例介绍如何锁定与解锁图层，具体操作方法如下：

01 锁定图层 打开素材文件，单击“图层”面板中的“图层特性”按钮，打开“图层特性管理器”面板。选择“相框”图层，单击“锁定”下的🔓按钮，如下图所示。

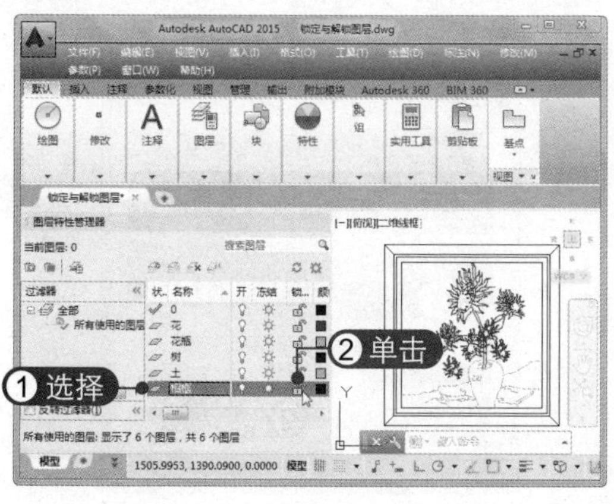

02 查看锁定效果 此时在绘图区该图层中的所有图形被锁定，当光标移至被锁定的图形上，就会显示锁定符号。再次单击该按钮，即可解锁该图层，如下图所示。

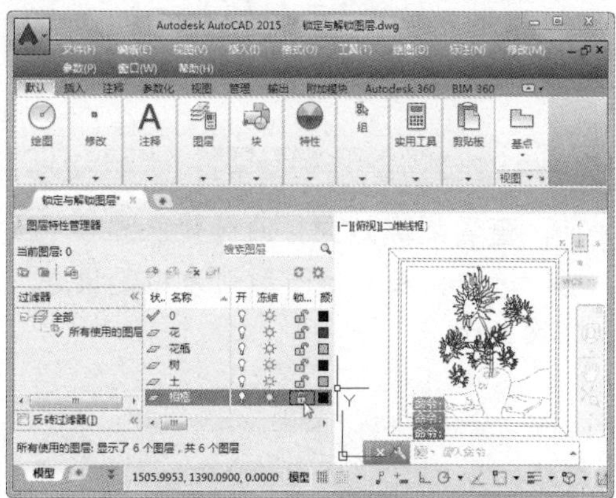

6.2.4 隔离图层

图层隔离与图层锁定在用法上是相似的，但图层隔离只能将选中的图层进行修改操作，而其他未被选中的图层都为锁定状态，无法进行编辑。下面将通过实例介绍如何隔离图层，具体操作方法如下：

01 单击“图层隔离”命令 打开素材文件，单击“格式”|“图层工具”|“图层隔离”命令，如下图所示。

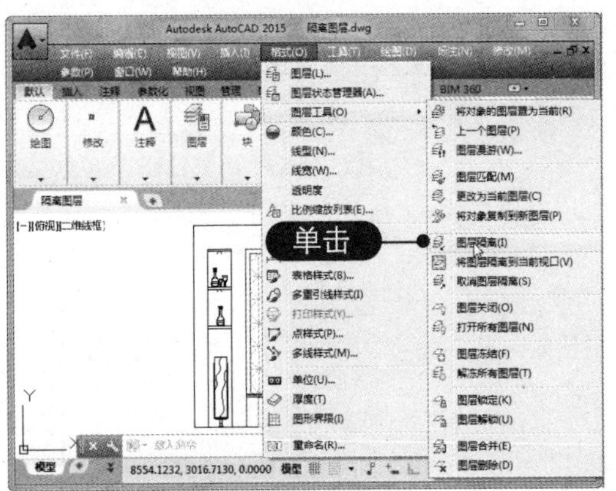

02 选择图形对象 选择“软包”图形为所需隔离图层上的图形对象，并按【Enter】键确认，如下图所示。

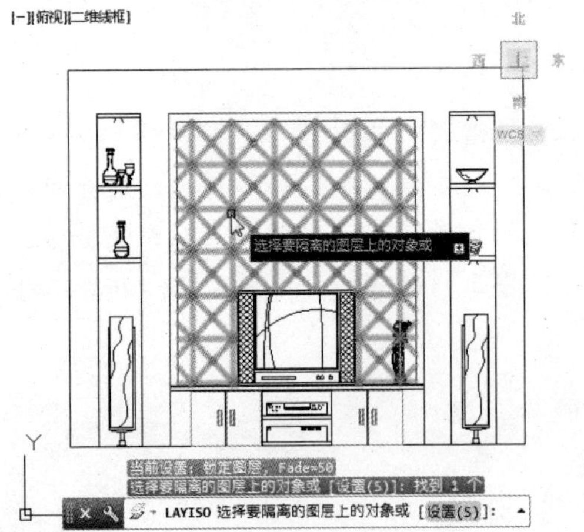

03 查看隔离效果 此时软包图形即被选中，而其他图形则为锁定状态，如下图所示。

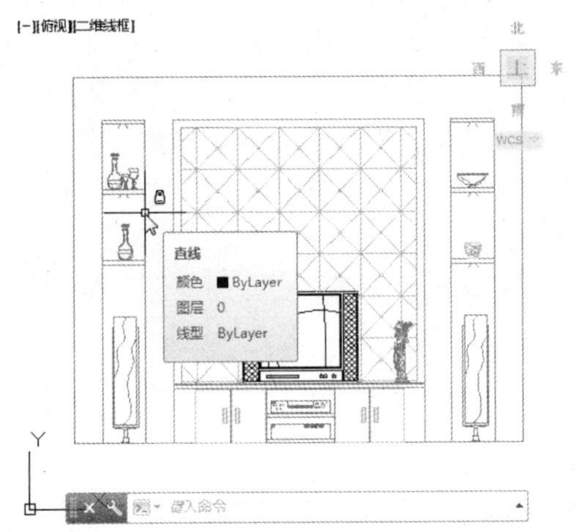

04 更改图形颜色 打开“图层特性管理器”面板，选择“软包”图层，单击“颜色”按钮，如下图所示。

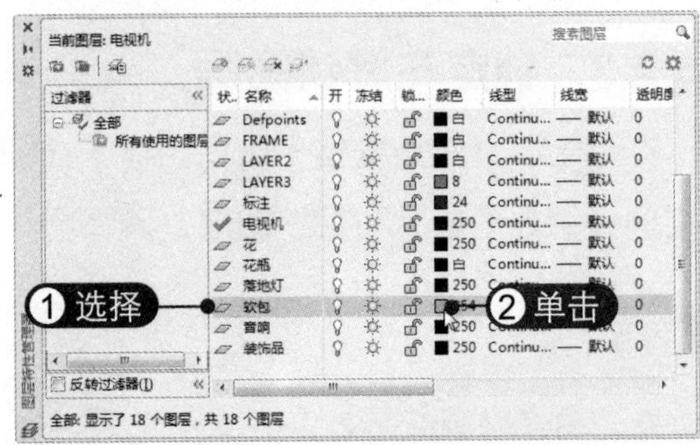

05 选择颜色 弹出“选择颜色”对话框，在“索引颜色”选项卡中选择红色，单击“确定”按钮，如下图所示。

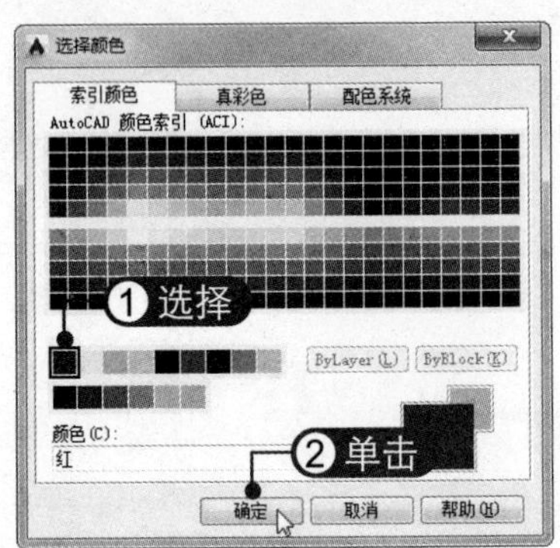

06 查看设置效果 设置完成后关闭“图层特性管理器”面板，此时被隔离的图层颜色已经发生改变，如右图所示。

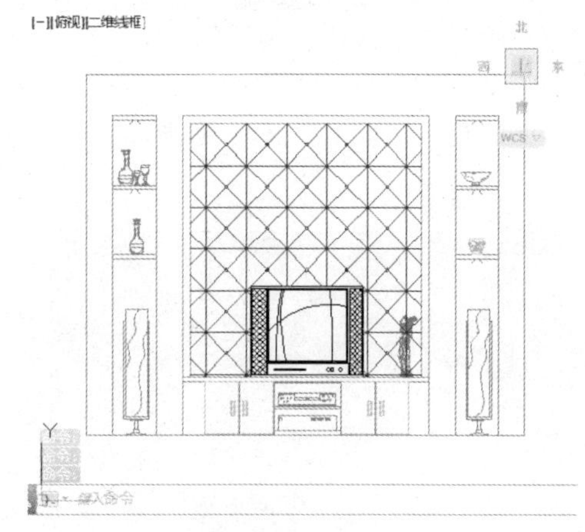

6.2.5 匹配图层

使用匹配图层工具可以将选定对象的图层更改为与目标图层相匹配。下面将通过实例对其进行介绍，具体操作方法如下：

01 单击“匹配图层”按钮 打开素材文件，单击“图层”面板中的“匹配图层”按钮，如下图所示。

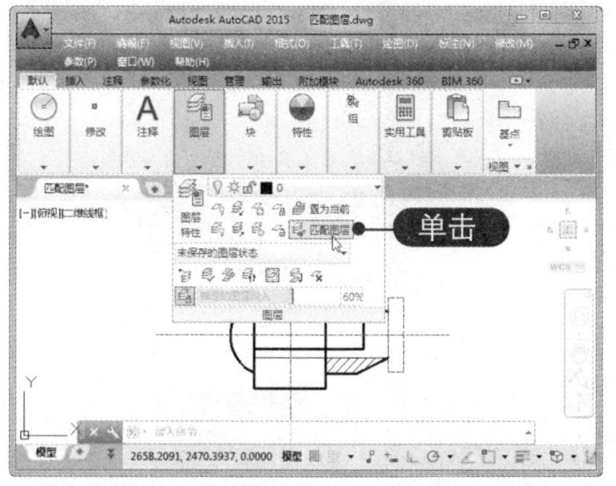

02 选择转换对象 在绘图区中选择需要转换图层的对象，并按【Enter】键确认，如下图所示。

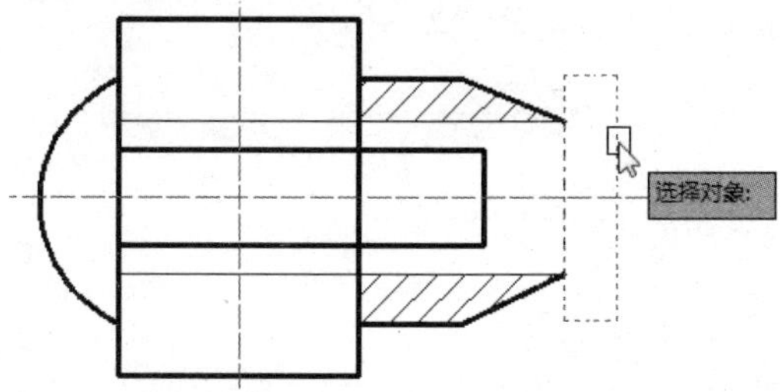

03 选择目标对象 选择目标图层上的任意对象，如下图所示。

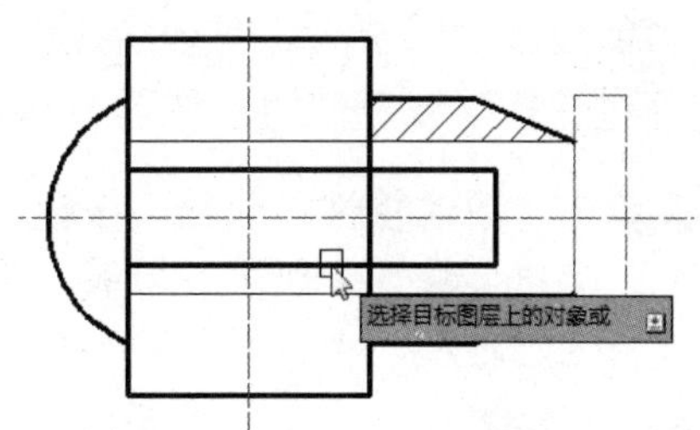

04 匹配图形 此时需要转换的图层即转到目标对象所在的图层，如下图所示。

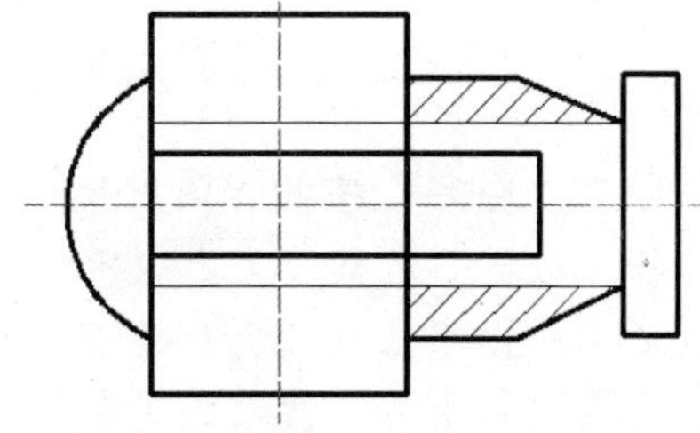

05 直接选择图层 如果目标图层并未包含图形对象，可在选择转换图层后输入N并按【Enter】键确认，如下图所示。

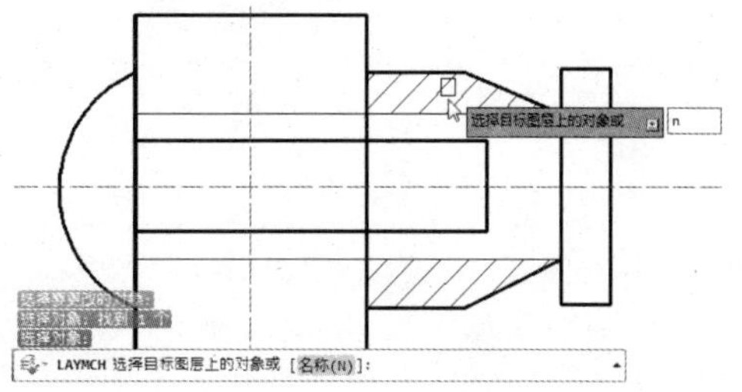

06 选择目标图层 在弹出的“更改到图层”对话框中选择目标图层，然后单击“确定”按钮，如下图所示。

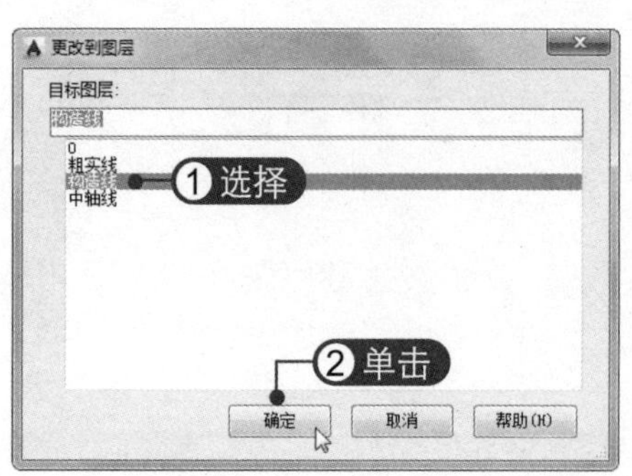

07 查看匹配效果 此时需要转换的图层即转到目标对象所在的图层，如下图所示。

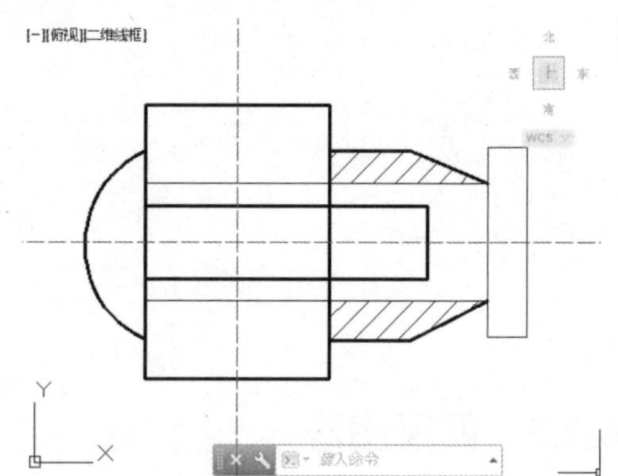

6.2.6 过滤图层

当创建多个图层后，可以通过图层过滤工具对图层进行过滤。图层过滤工具包含“特性过滤器”以及“组过滤器”两种类型，过滤图层的具体操作方法如下：

01 单击“新建特性过滤器”按钮 打开“图层特性管理器”面板，单击“新建特性过滤器”按钮，如下图所示。

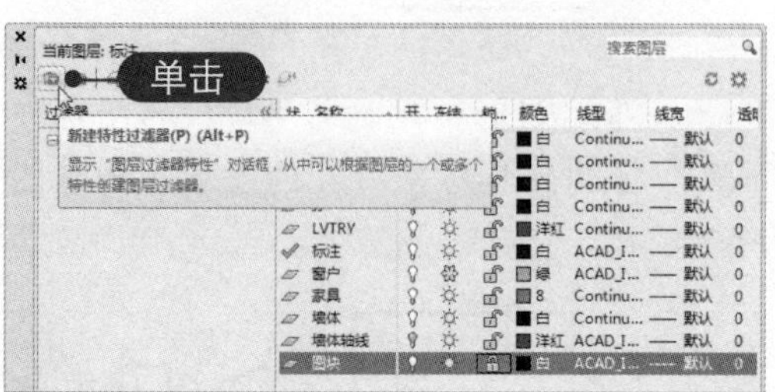

02 单击“更多”按钮 弹出对话框，在“过滤器名称”文本框中输入过滤方式的名称，单击“颜色”项下方空白区域，在出现“更多”按钮时单击该按钮，如下图所示。

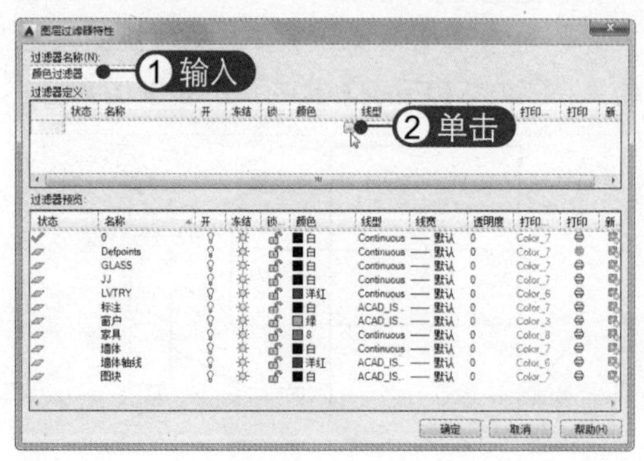

03 选择颜色 弹出“选择颜色”对话框，选择需要过滤的颜色，然后单击“确定”按钮，如下图所示。

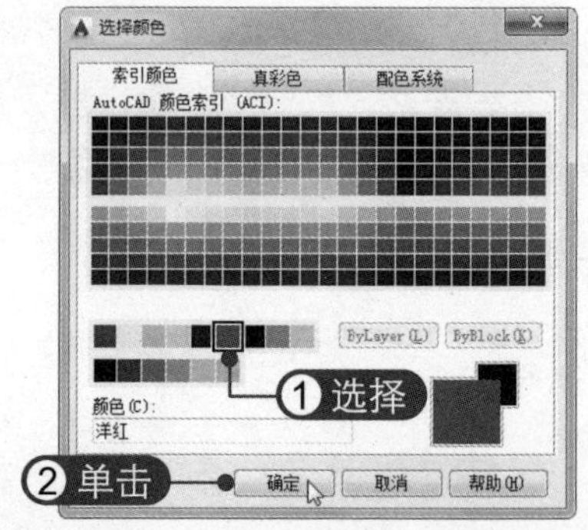

04 按颜色过滤图层 此时即可看到“图层特性管理器”上只显示颜色为洋红色的图层，单击“确定”按钮，即可确认过滤图层，如下图所示。

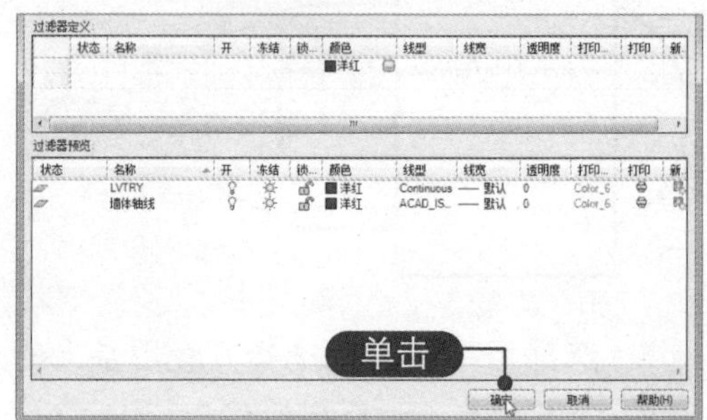

05 **单击“新建组过滤器”按钮** 返回“图层特性管理器”面板，单击“新建组过滤器”按钮，如下图所示。

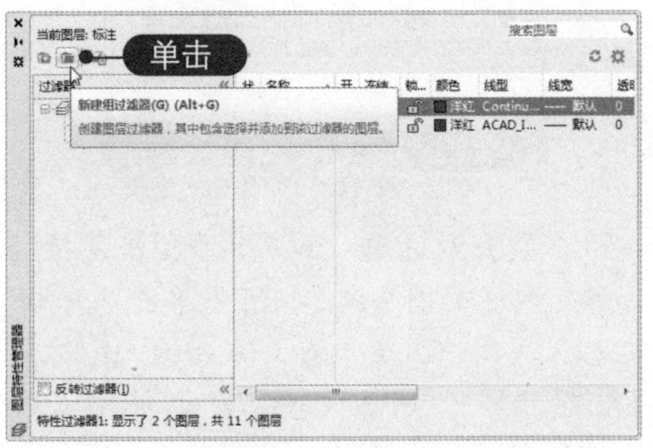

06 **新建组过滤器** 此时将新建一个组过滤器，将要保留的图层拖入新建的组过滤器图层中，即可实现按组过滤器过滤图层，如下图所示。

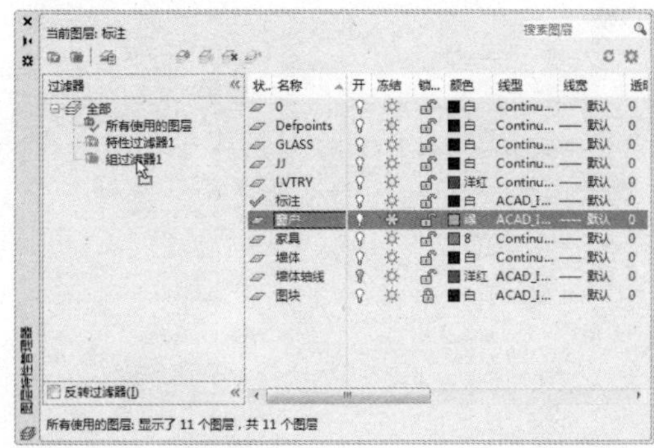

6.3 图层状态管理器的使用

通过图层状态管理器可以将图层的当前特性设置保存到一个命名的图层状态中，以便日后可以随时恢复图层状态相关设置。对图层状态的输出与输入的具体操作方法如下：

01 **单击“图层状态管理器”按钮** 打开“图层特性管理器”面板，单击“图层状态管理器”按钮，如下图所示。

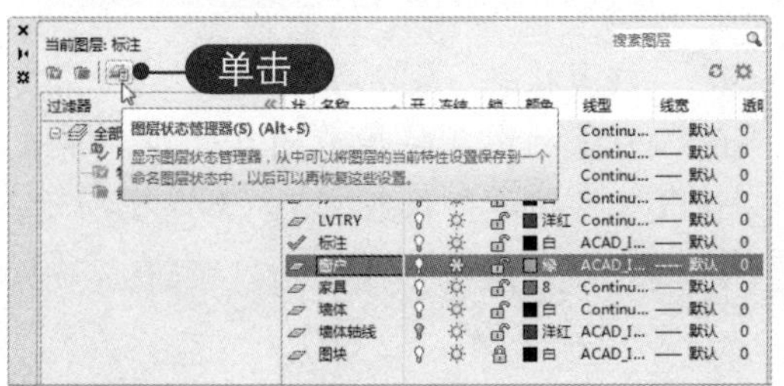

02 **单击“新建”按钮** 弹出“图层状态管理器”对话框，单击“新建”按钮，如下图所示。

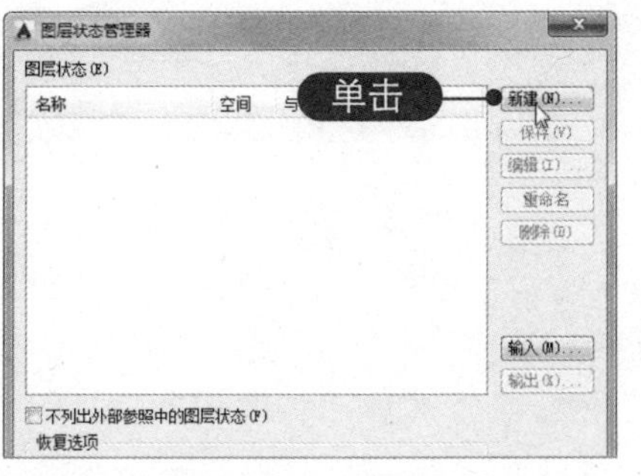

03 **输入名称** 弹出“要保存的新图层状态”对话框，输入新图层状态名称，然后单击“确定”按钮，如下图所示。

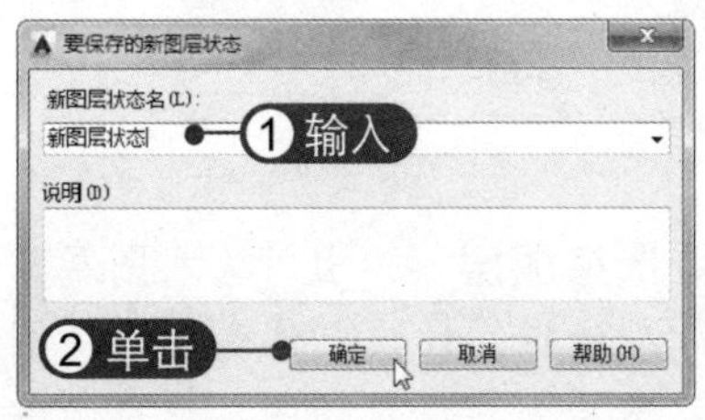

04 **输出图层状态** 返回“图层状态管理器”对话框，单击“输出”按钮，输出图层状态，如下图所示。

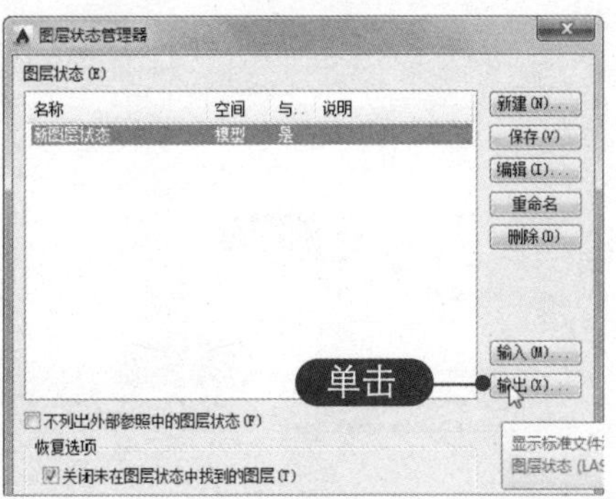

05 **保存图层** 弹出“输出图层状态”对话框，将图层状态保存为一个以.las为后缀名的文件，以便随时调用，然后单击“保存”按钮即可，如下图所示。

06 **导入图层** 当需要导入已保存的图层状态时，则打开“图层状态管理器”对话框，单击“输入”按钮，如下图所示。

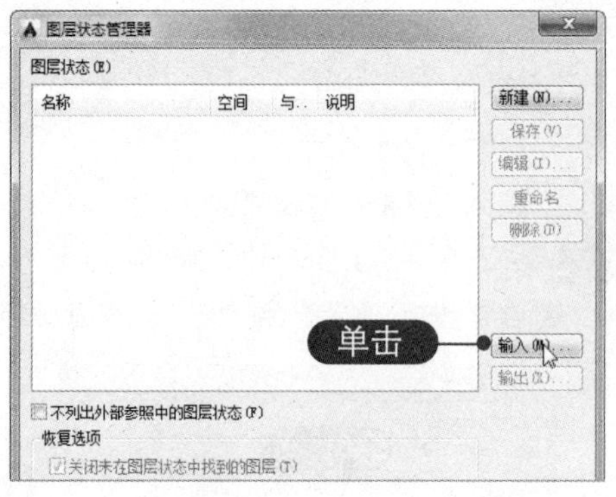

07 **选择图层** 弹出“输入图层状态”对话框，切换文件类型为“图层状态”，选择先前保存的图层状态文件，单击“打开”按钮，如下图所示。

08 **恢复状态** 弹出“图层状态 - 成功输入”对话框，可直接单击“恢复状态”按钮进行状态恢复，如下图所示。

09 **展开对话框** 如果只希望恢复指定特性的图层状态，可先单击“关闭”按钮，关闭“图层状态 - 成功输入”对话框，然后单击“图层状态管理”扩展按钮，如下图所示。

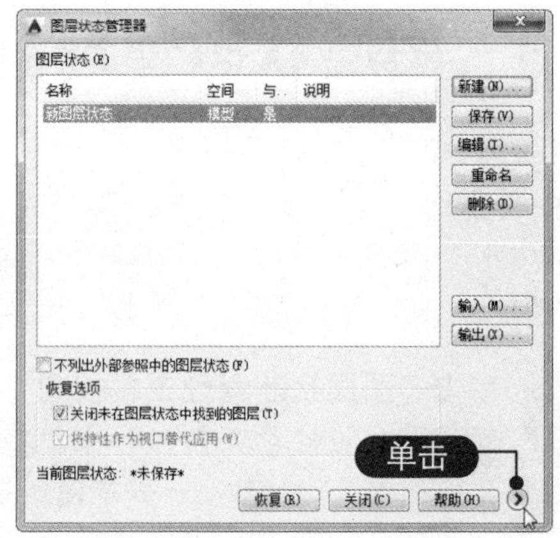

10 **恢复状态** 展开对话框后，选中需要恢复的图层特性前的复选框，单击“恢复”按钮进行状态恢复，如下图所示。

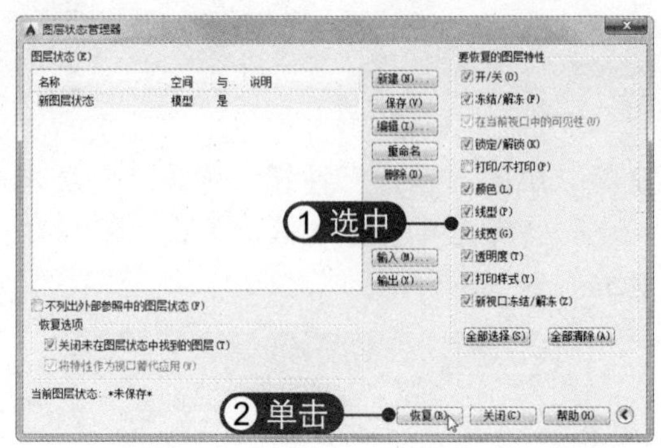

Chapter 07

文字标注与表格应用

一般在绘制完一张图纸之后，都需要在图纸上进行简单的文字说明和表格标注。通过添加文字表达如图纸技术要求、标题栏信息和标签等；通过创建表格可以表述如在机械图中说明零件的不同组成部分，以及技术要求等。本章将详细介绍文本标注与表格的应用方法。

本章要点 

- 认识文字样式
- 添加文字标注
- 编辑文字标注
- 创建与编辑表格
- 添加多重引线

知识等级 

AutoCAD 初级读者

建议学时 

建议学习时间为 100 分钟

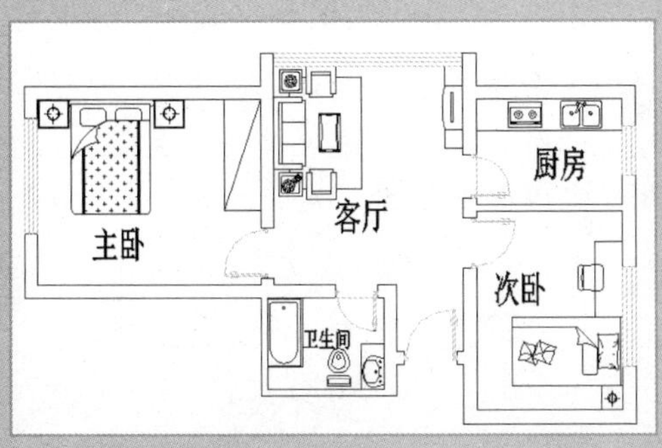

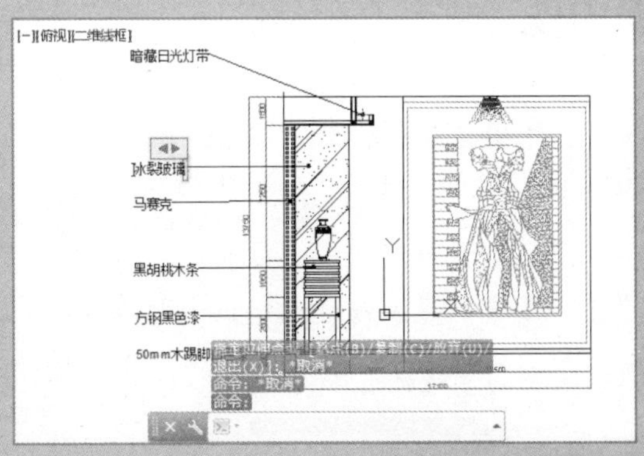

7.1 认识文字样式

文字标注样式包括字体、字号、倾斜角度、方向等多种文字特征，图形中的所有文字都具有与之相关联的文字样式。在输入文字时，程序将使用当前文字样式，可以使用当前文字样式创建和加载新的文字样式。在创建文字样式后，可以修改其特征、修改其名称，或在不再需要时将其删除。

7.1.1 新建文字样式

除了使用默认的 Standard 文字样式外，还可以创建任何所需的文字样式。下面将通过实例介绍如何新建文字样式，具体操作方法如下：

01 **单击“注释”下拉按钮** 单击“默认”选项卡下的“注释”下拉按钮，如下图所示。

02 **单击“文字样式”按钮** 弹出“注释”面板，单击“文字样式”按钮，如下图所示。

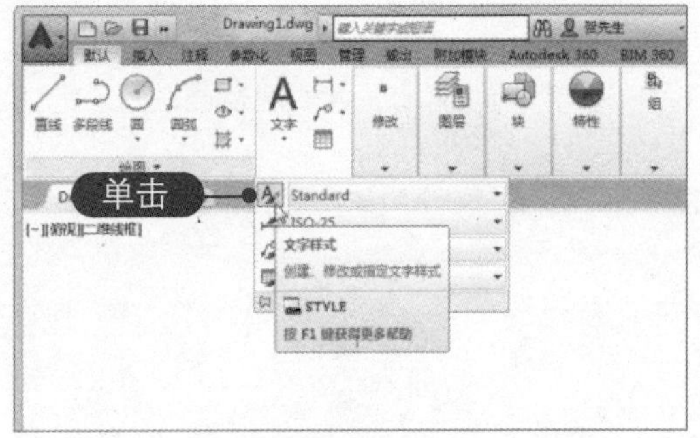

03 **输入样式名** 弹出“文字样式”对话框，单击“新建”按钮，弹出“新建文字样式”对话框，输入样式名，然后单击“确定”按钮，如下图所示。

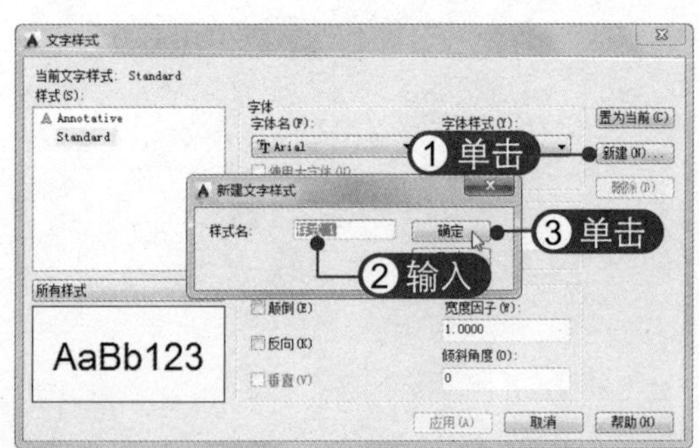

04 **设置参数** 设置相关参数，单击“应用”按钮，然后单击“关闭”按钮即可完成样式创建，如下图所示。

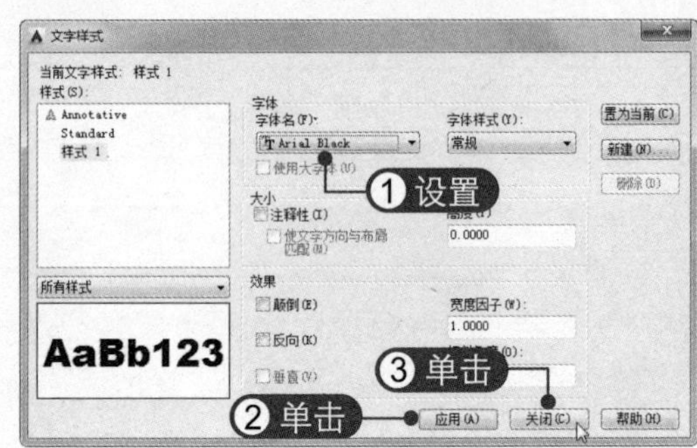

7.1.2 选择文字样式

在新建样式后，可以快速切换到所需的文字样式，具体操作方法如下：

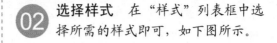

01 **单击"样式"下拉按钮** 单击"默认"选项卡下的"注释"下拉按钮，弹出"注释"面板，单击"样式"下拉按钮，如下图所示。

02 **选择样式** 在"样式"列表框中选择所需的样式即可，如下图所示。

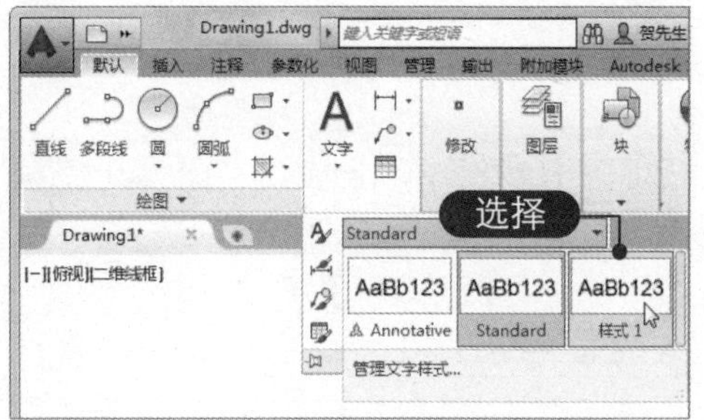

7.2 添加文字标注

文字标注即添加到图形中的文字，用于表达各种信息，如技术要求、标题栏信息和标签等。文字标注可分为单行文字和多行文字两种，下面将分别对其进行介绍。

7.2.1 添加单行文字

单行文字一般用于创建文字较少的对象，其中每行文字都是一个独立的对象，可以对其定位、调整格式或进行其他修改操作。下面将通过实例介绍如何添加单行文字，具体操作方法如下：

01 **选择文字样式** 打开素材文件，打开"注释"面板中的"文字样式"下拉列表，选择所需的文字样式，如下图所示。

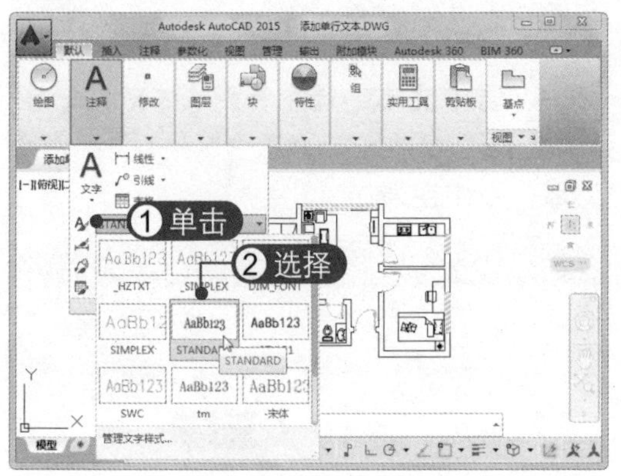

02 **选择"单行文字"命令** 再次打开"注释"面板，单击"文字"下拉按钮，在弹出的下拉列表中选择"单行文字"命令，如下图所示。

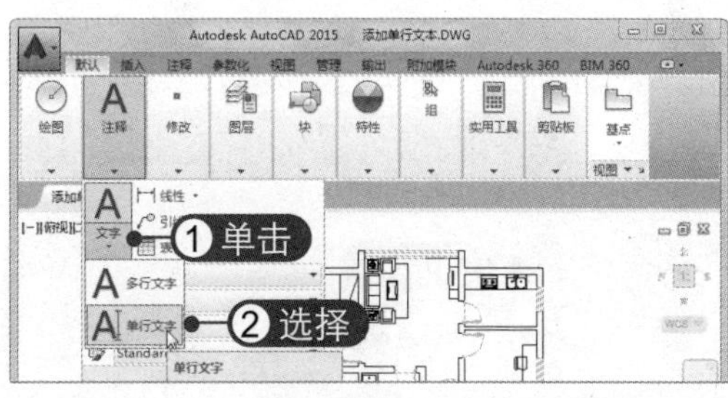

03 **指定起点与高度** 在绘图区中所需位置依次单击鼠标左键，分别指定文字的起点与高度，如下图所示。

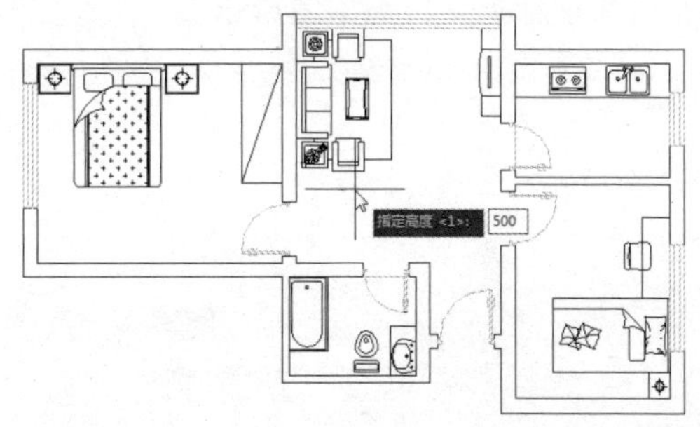

04 输入文字 指定文字高度后，直接按【Enter】键确认。指定文字旋转角度为0，输入所需文字后在旁边单击鼠标左键，然后按【Esc】键退出输入状态，如下图所示。

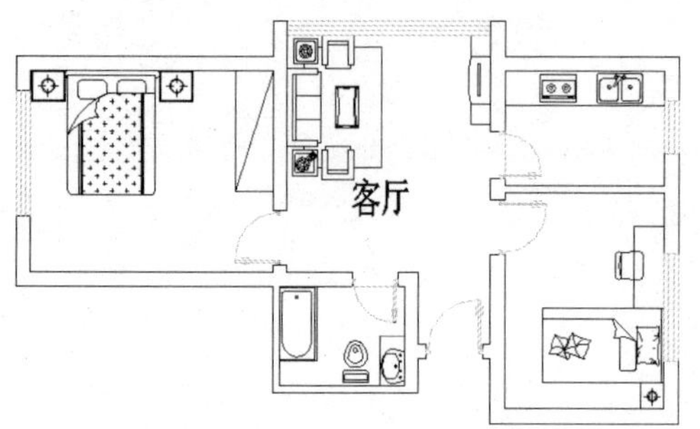

05 添加其他文字 用同样的方法在图形的其他位置输入所需的文字，最终的图形效果如下图所示。

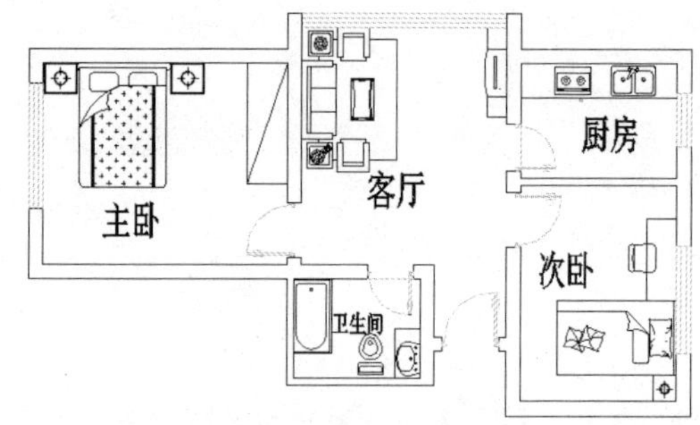

7.2.2 添加多行文本

“多行文字”又称为段落文字，它由多个文字行或段落组成。在创建多行文字时，所创建的多个文字行或段落将被视为同一个多行文字对象，用户可以对其进行整体编辑操作。下面将通过实例对多行文字的创建方法进行介绍，具体操作方法如下：

01 选择“多行文字”命令 打开“注释”面板，单击“文字”下拉按钮，在弹出的下拉列表中选择“多行文字”命令，如下图所示。

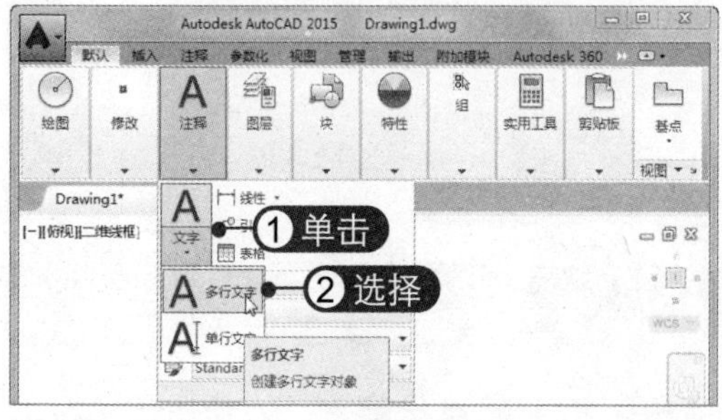

02 指定对角点 在绘图区中依次单击鼠标左键，分别指定多行文字文本框的两个对角点，如下图所示。

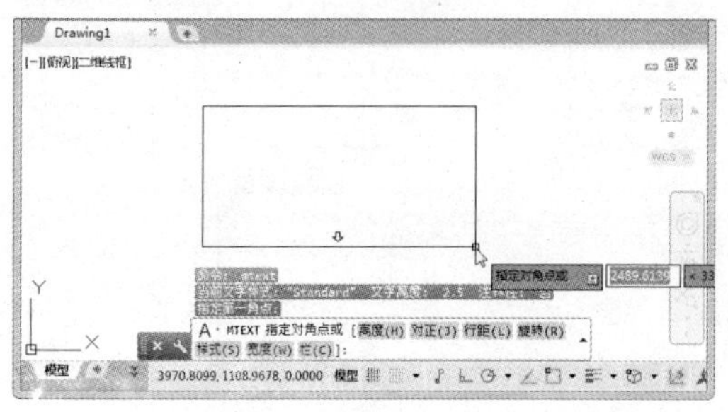

03 输入文字 此时AutoCAD将打开文字编辑器，并新建一个多行文字文本框。在多行文字文本框中输入所需的文字，如下图所示。

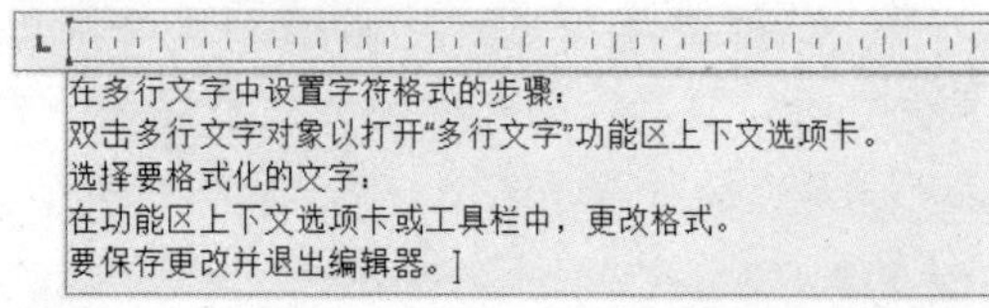

04 居中文本 选中标题文本，单击“段落”面板中的“居中”按钮，居中文本，如下图所示。

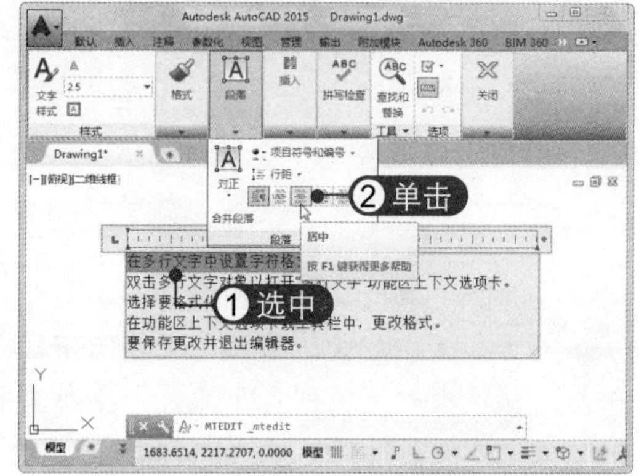

05 **设置段落格式** 选中段落文本，通过“样式”面板中的“文字高度”下拉列表修改其文字高度。单击“段落”面板中的“行距”下拉按钮，在弹出的下拉列表中选择行距，如下图所示。

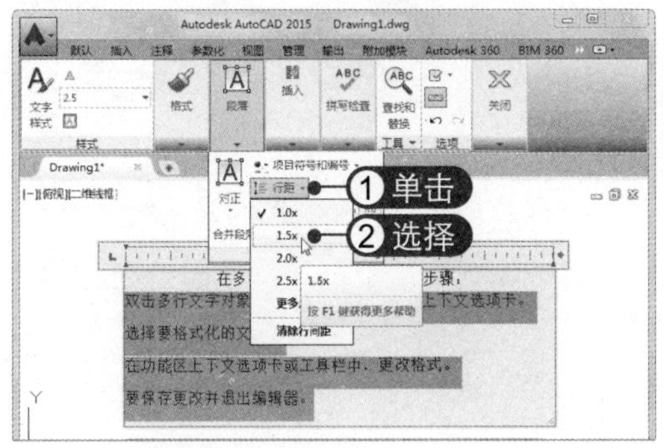

06 **添加段落编号** 单击“段落”面板中的“项目符号和编号”下拉按钮，选择“以数字标记”命令，添加段落编号，如下图所示。

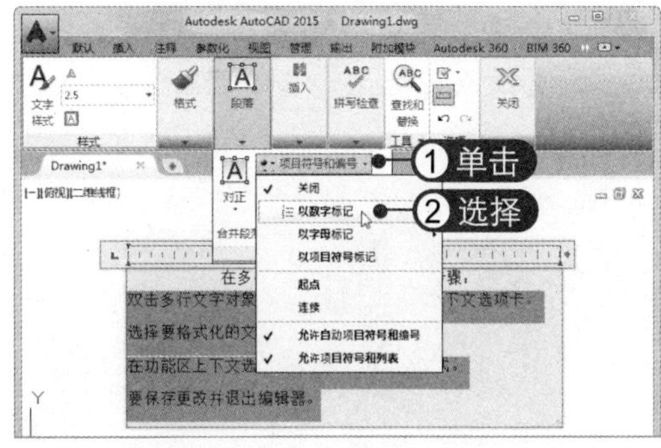

07 **查看文字效果** 单击“关闭”面板中的“关闭文字编辑器”按钮，退出编辑状态，查看最终的多行文字效果，如下图所示。

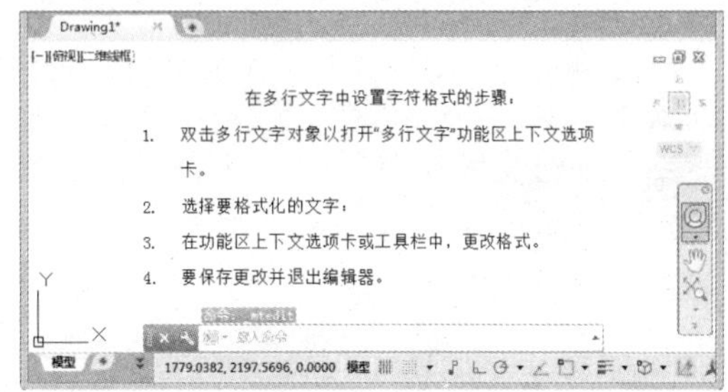

7.3 编辑文字标注

在创建文字标注后可以对其内容、特性等进行编辑，如更改文字内容，调整其位置，更改其字体与文字大小等。下面将详细介绍如何编辑文字标注。

7.3.1 修改文字内容

在创建文字标注后可以对其内容进行修改，具体操作方法如下：

01 **打开素材文件** 打开素材文件，如下图所示。

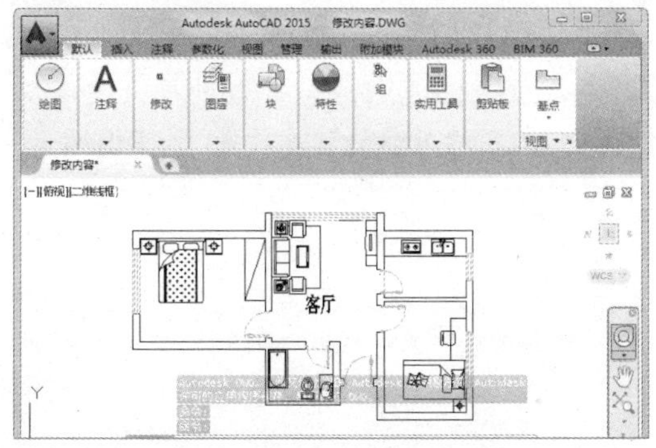

02 **双击文字标注** 双击图形中的文字标注，即可显示文本编辑框，如下图所示。

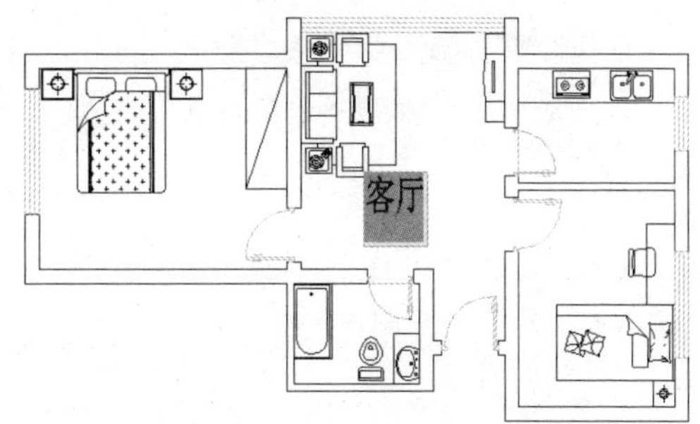

03 **更改文字** 输入需要替换的文字，更改原有标注，如下图所示。

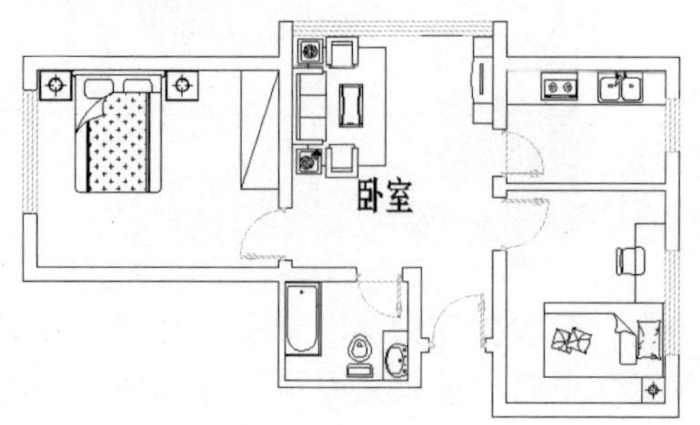

04 **移动标注位置** 单击标注出现夹点，单击夹点移动标注到图形的指定位置即可，如下图所示。

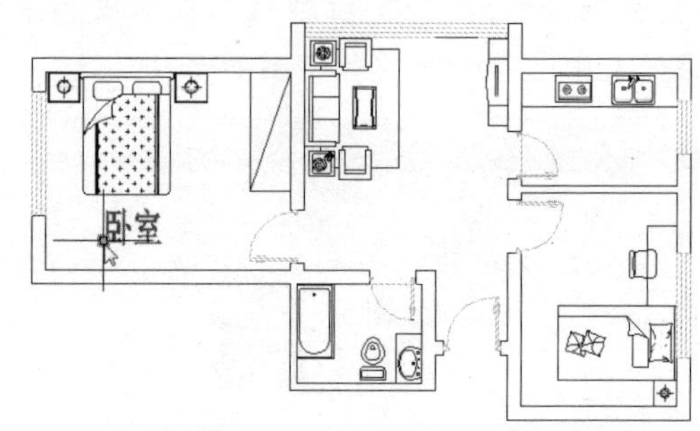

7.3.2 修改文字特性

在创建文字标注后，可以对其高度、字体等特性进行修改，具体操作方法如下：

01 **双击文字标注** 打开素材文件，双击绘图区中的文字标注，显示文本编辑框，如下图所示。

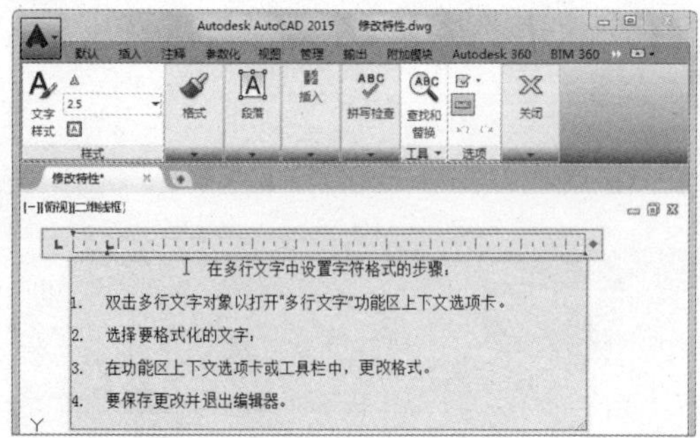

02 **选中文字** 选中需要修改特性的文字，如下图所示。

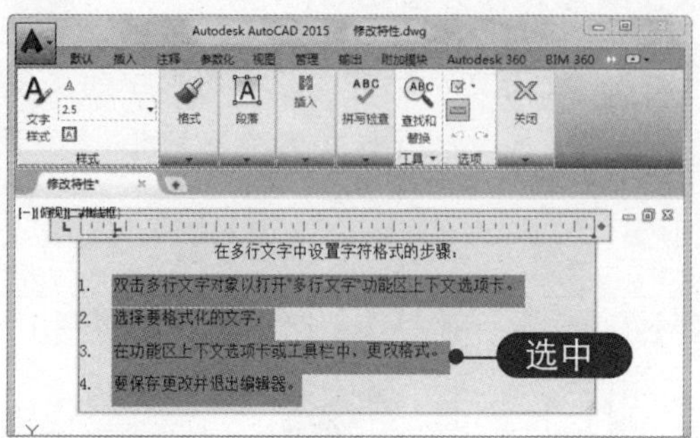

03 **设置文字高度** 设置合适的文字高度值，如下图所示。

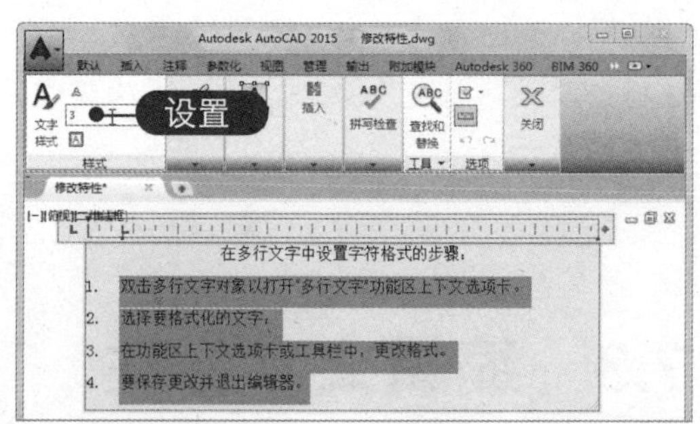

04 **选择字体** 单击“字体”下拉按钮，选择合适的字体，如下图所示。

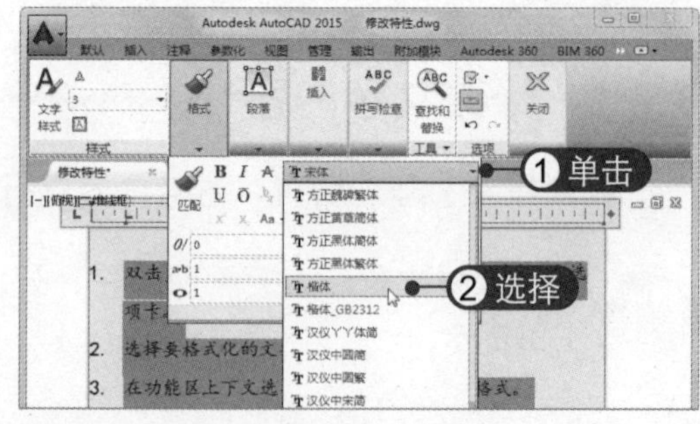

05 **查看标注效果** 此时即可查看修改文字特性后的标注效果，如下图所示。

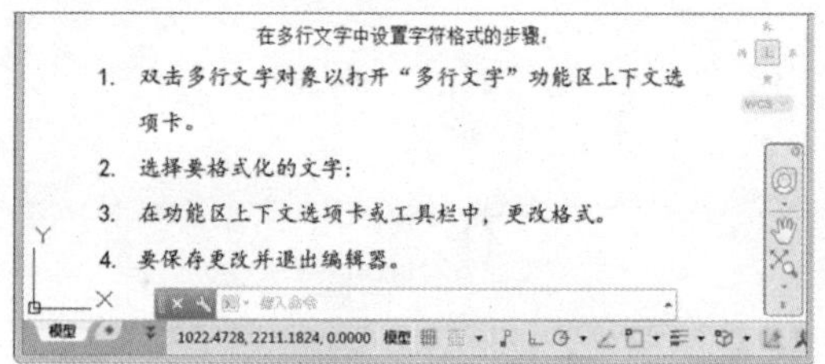

06 **设置文字特性** 如果开启了“快捷特性”功能，可单击文字标注，在弹出的面板中进行相应的设置，如右图所示。

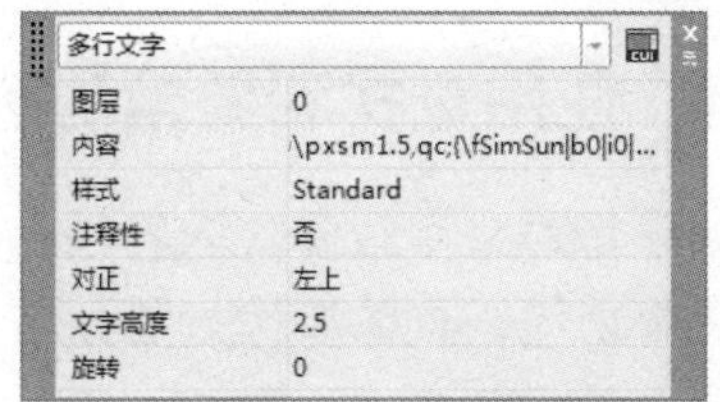

7.3.3 使用拼写检查功能

如果文字标注中包含外文，可以使用拼写检查功能检查其是否存在拼写错误，具体操作方法如下：

01 **双击文字标注** 打开素材文件，双击绘图区中的文字标注，显示文本编辑框，如下图所示。

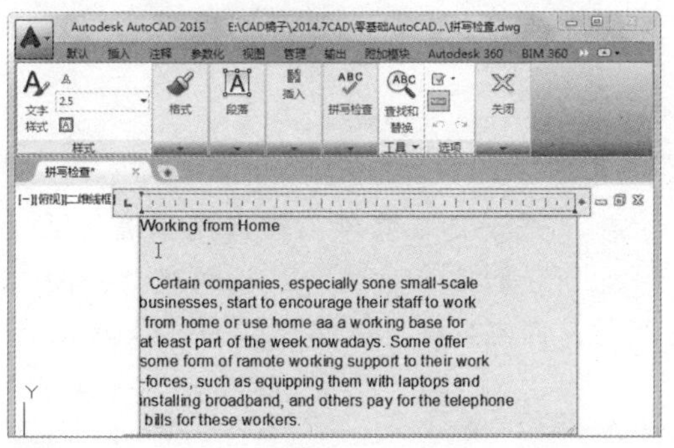

02 **单击“拼写检查”按钮** 单击“拼写检查”下拉按钮，在弹出的下拉列表中单击“拼写检查”按钮，如下图所示。

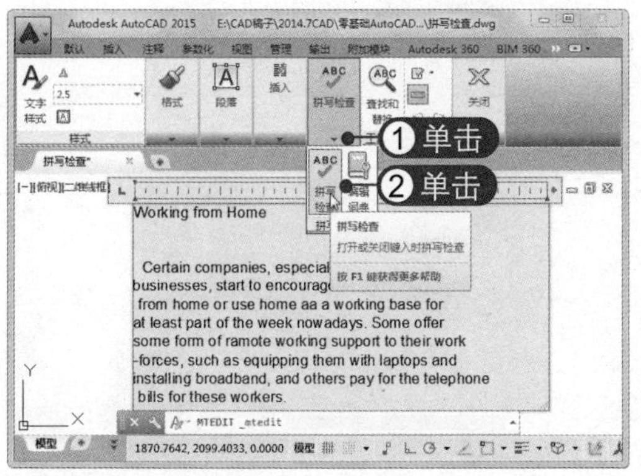

03 **检查出错误单词** 此时拼写错误的单词下面会出现红色的下划线标示，如下图所示。

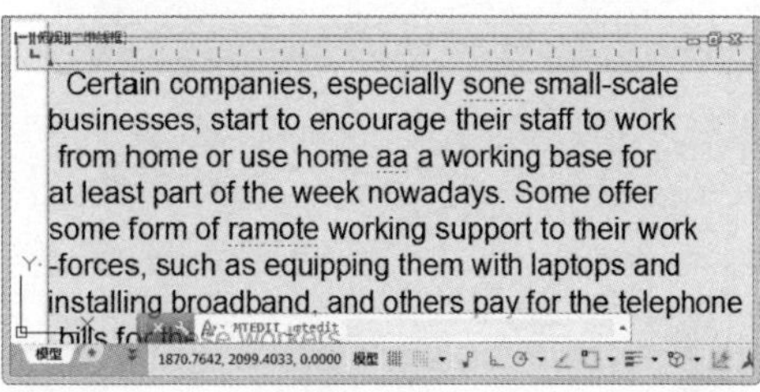

04 **单击“编辑词典”按钮** 可以针对不同语言的文字标注选择不同的词典，单击“拼写检查”下拉按钮，单击“编辑词典”按钮，如下图所示。

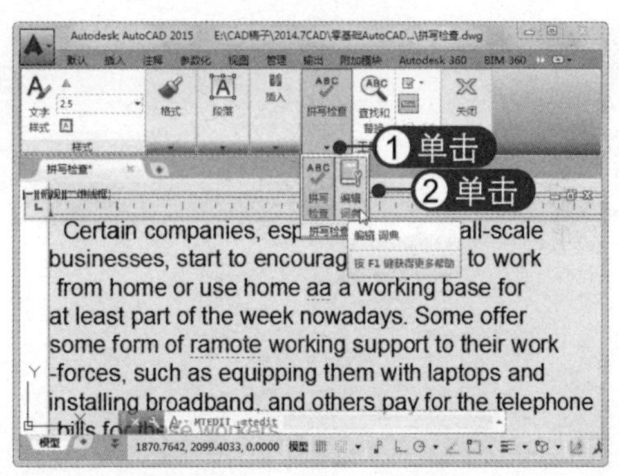

05 **选择词典** 弹出“词典”对话框，在“当前主词典”下拉列表中选择需要的词典即可，如下图所示。

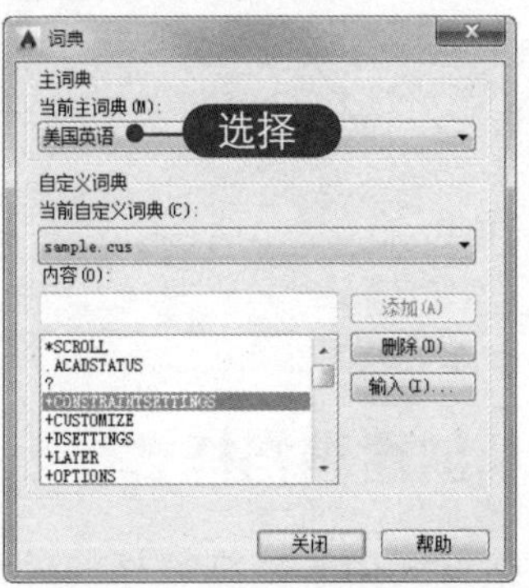

7.3.4 使用查找和替换功能

如果想对文字较多、内容较为复杂的文本进行查找与替换操作，可以使用查找和替换文本功能，具体操作方法如下：

01 **双击文字标注** 打开素材文件，双击绘图区中的标注，显示文本编辑框，如下图所示。

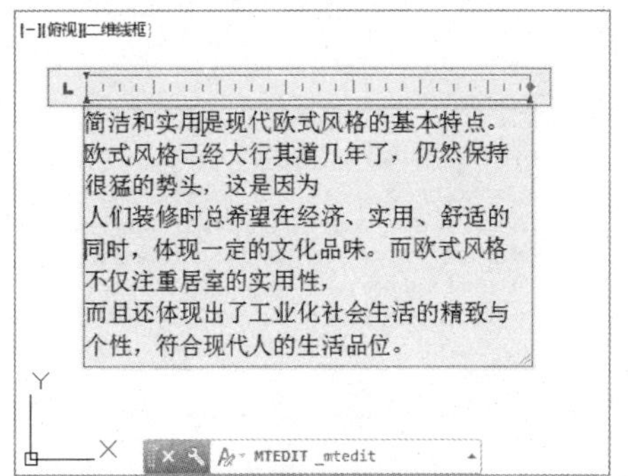

02 **单击"查找和替换"按钮** 在"文字编辑器"选项卡下"工具"面板中单击"查找和替换"按钮，如下图所示。

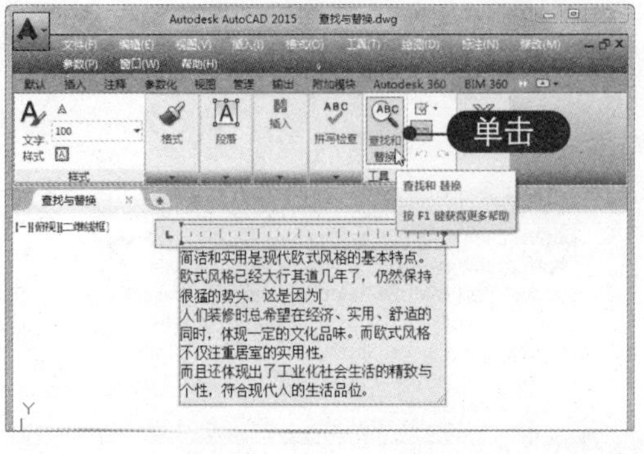

03 **设置替换文字** 弹出"查找和替换"对话框，在"查找"文本框中输入"欧式"，在"替换为"文本框中输入"简约"，然后单击"全部替换"按钮，如下图所示。

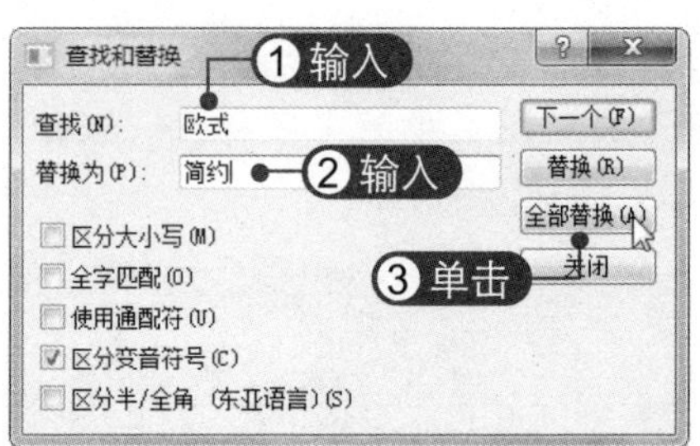

04 **完成文本替换** 弹出提示信息框，分别单击"确定"按钮和"关闭"按钮，即可完成文本替换，如下图所示。

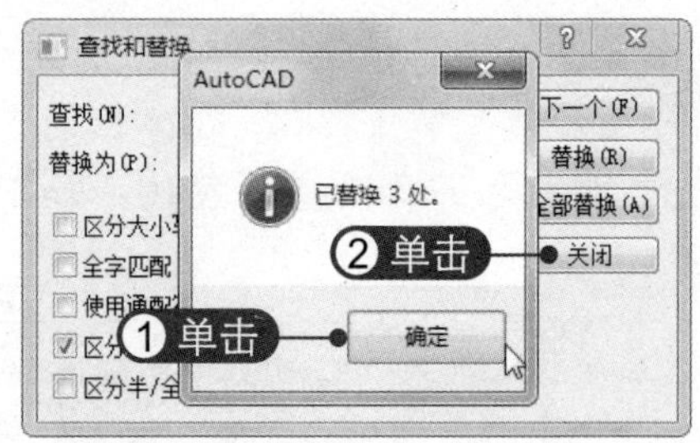

7.4 创建与编辑表格

表格是在行和列中包含数据的对象。用户可以从空表格或表格样式创建表格对象，还可以将表格与 Excel 电子表格中的数据进行链接。在 AutoCAD 2015 中可以创建不同类型的表格，以简洁、清晰的形式表达信息。表格创建完成后，可以单击该表格上的任意网格线以选中该表格，然后通过使用"特性"选项卡或夹点来修改该表格。

7.4.1 创建表格样式

表格样式用于控制表格的外观，如字体、颜色、文本高度和行距等。用户可以使用默认表格样式 STANDARD，也可以修改或创建出自己的表格样式。下面将通过实例对表格样式的创建方法进行介绍，具体操作方法如下：

01 单击“表格样式”按钮 在“默认”选项卡下打开“注释”面板，单击其中的“表格样式”按钮，如下图所示。

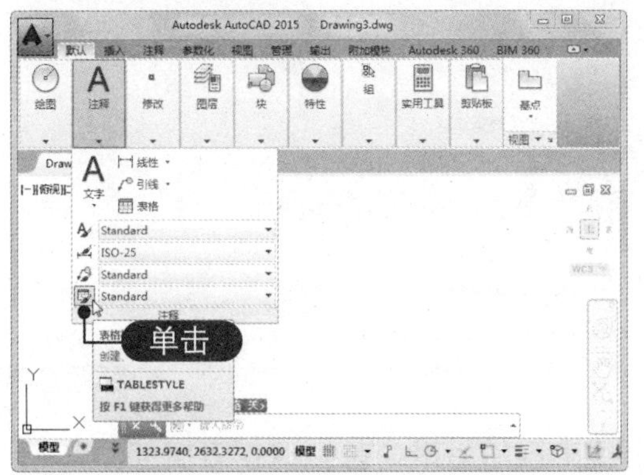

02 单击“新建”按钮 弹出“表格样式”对话框，单击“新建”按钮，如下图所示。

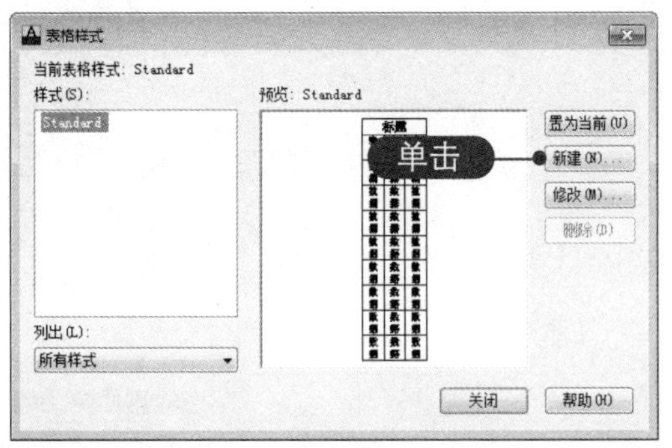

03 输入名称 弹出“创建新的表格样式”对话框，在“新样式名”文本框中输入名称，然后单击“继续”按钮，如下图所示。

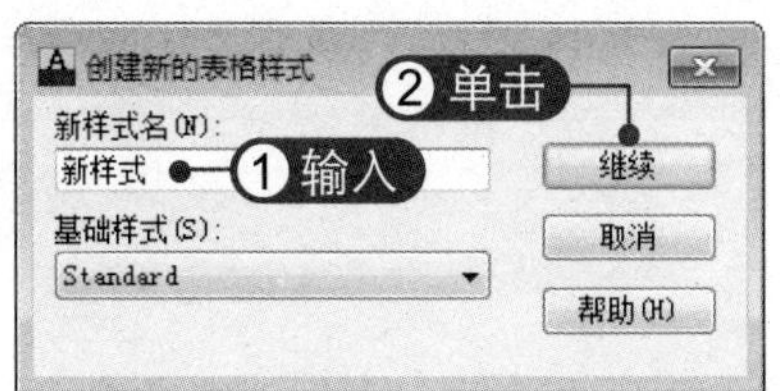

04 选择读取方向 在弹出的对话框中单击“起始表格”选项区中的按钮，可以在图形中选择用作样例的已有表格，通过“常规”选项区中的“表格方向”下拉列表选择表格读取方向，如下图所示。

05 选择单元样式 通过“单元样式”下拉列表选择要设置的单元样式，可选择默认提供的单元样式，也可新建单元样式，如下图所示。

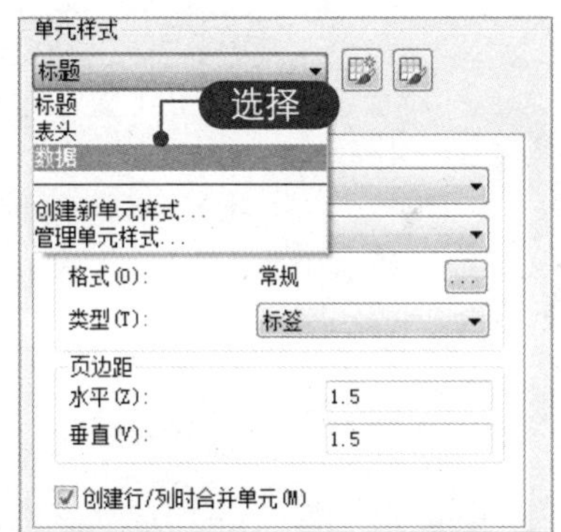

06 设置常规参数 在“常规”选项卡下可以对单元样式的常规参数进行设置，如设置其填充颜色、对齐方式与页边距等，如下图所示。

07 设置文字特性 在“文字”选项卡下可以对文字样式、文字高度及文字颜色等进行设置，如下图所示。

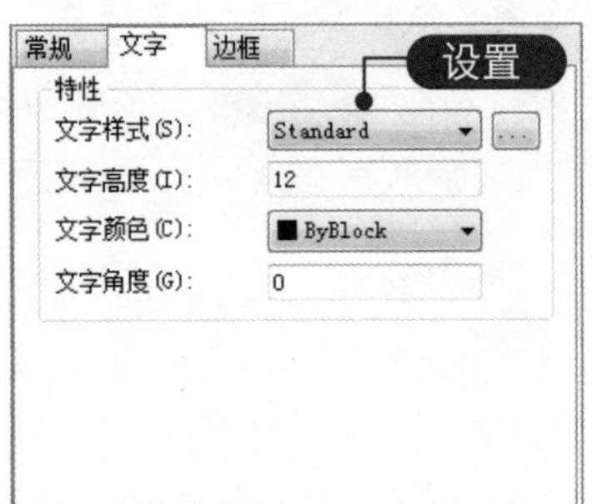

08 设置边框 在“边框”选项卡下可以对表格边框的线宽、线型等进行设置，设置完毕后单击“确定”按钮，如下图所示。

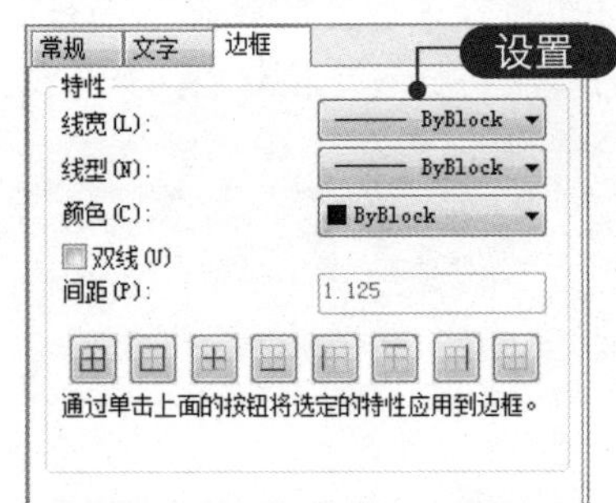

7.4.2 创建表格

下面将通过实例介绍如何在AutoCAD 2015中创建表格，具体操作方法如下：

01 单击“表格”按钮 在“默认”选项卡下打开“注释”面板，单击“表格”按钮，如下图所示。

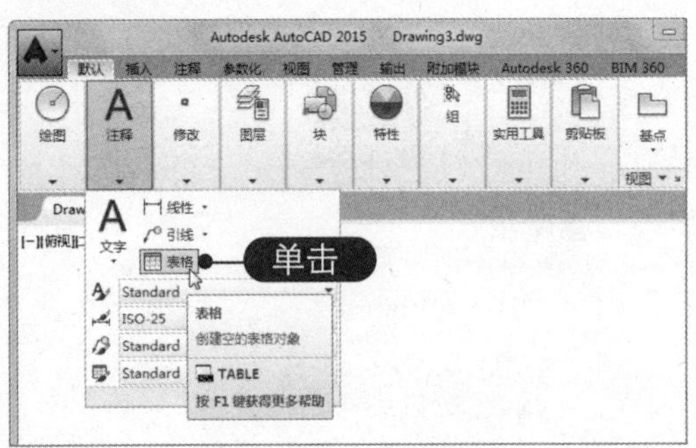

02 设置参数 弹出对话框，在“插入方式”选项区中选择插入表格方式，分别设置列数、行高和单元样式，然后单击“确定”按钮，如下图所示。

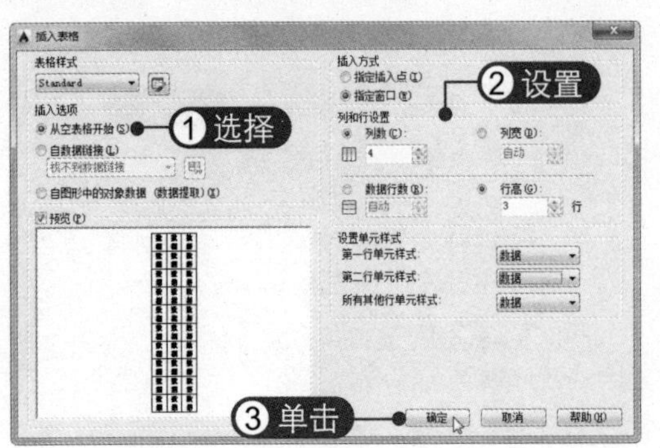

03 指定对角点 在绘图区中分别指定表格的两个对角点，如下图所示。

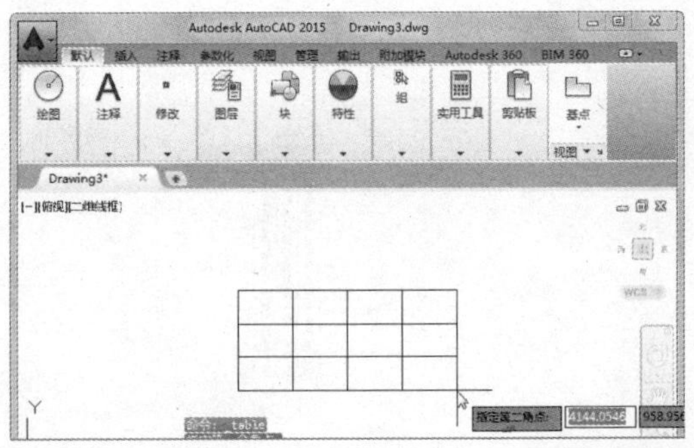

04 输入文字 此时即可创建表格并进入文本编辑状态，在表格的文本编辑框中输入所需的文字，如下图所示。

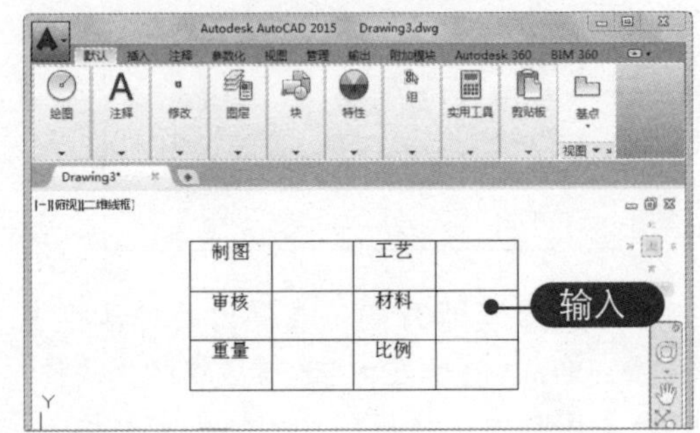

05 **设置文字特性** 双击表格中的单元格，打开“文字编辑器”选项卡，选中单元格中的文本，通过“样式”和“格式”面板调整文字的高度与样式，如下图所示。

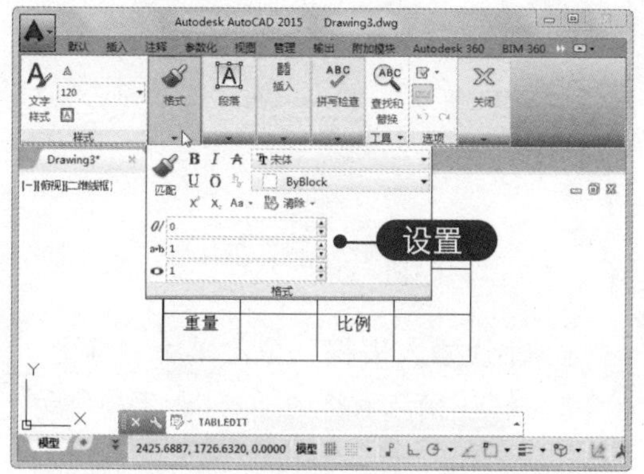

06 **设置段落格式** 单击“段落”面板中的“对正”下拉按钮，在弹出的下拉列表中选择“正中”命令，从而对正文字，如下图所示。

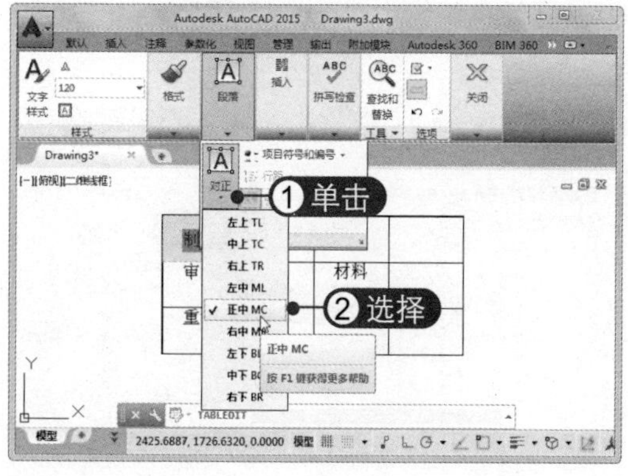

07 **修改其他文字样式** 用同样的方法修改其他文字的大小、格式与对正方式即可，效果如下图所示。

制图		工艺	
审核		材料	
重量		比例	

7.4.3 插入 Excel 表格

用户可以用 AutoCAD 2015 链接 Excel 电子表格中的数据，从而插入现有 Excel 表格，具体操作方法如下：

01 **单击“表格”按钮** 在“默认”选项卡下打开“注释”面板，单击“表格”按钮，如下图所示。

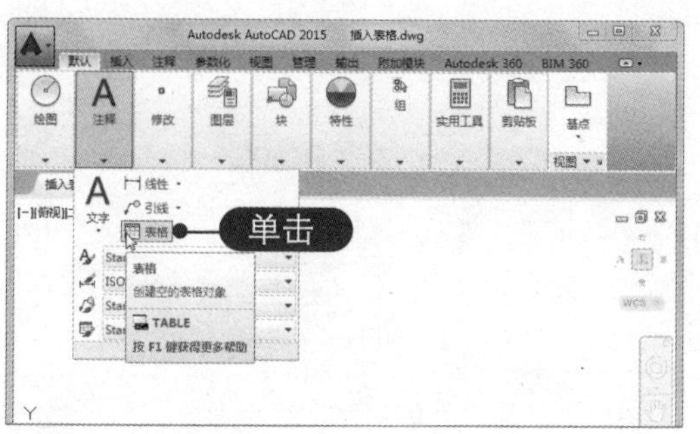

02 **启动数据链接管理器** 弹出“插入表格”对话框，在“插入选项”选项区中选中“自数据链接”单选按钮，单击“启动‘数据链接管理器’对话框”按钮，如下图所示。

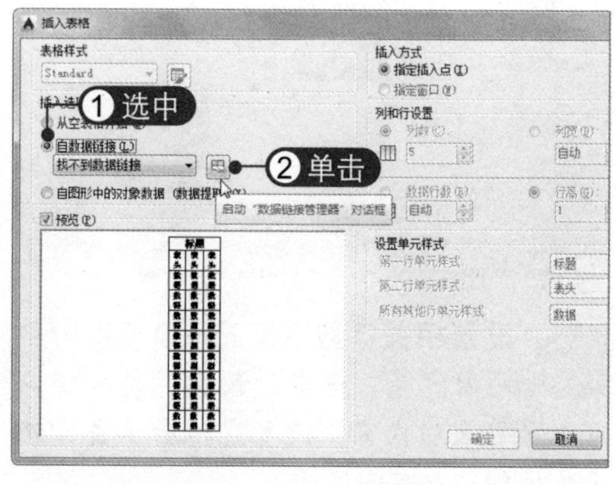

03 **输入名称** 弹出对话框，在列表框中单击“创建新的 Excel 数据链接”选项，弹出“输入数据链接名称”对话框，输入名称，然后单击“确定”按钮，如下图所示。

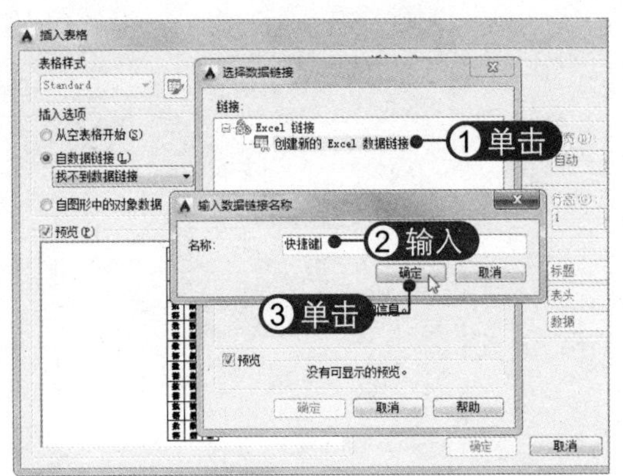

04 单击“浏览”按钮 弹出“新建 Excel 数据链接：快捷键”对话框，单击其中的[...]按钮，如下图所示。

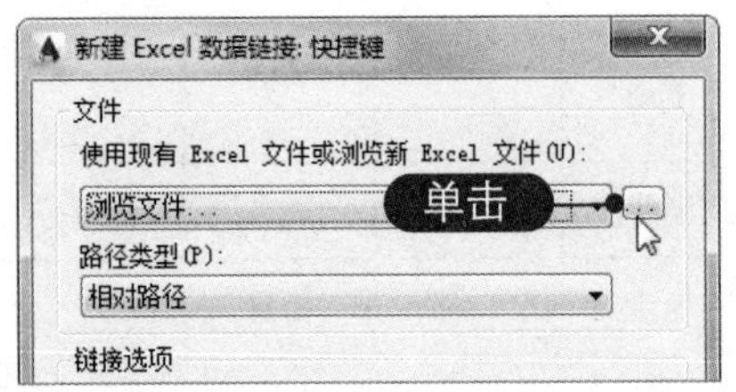

05 选择文件 弹出“另存为”对话框，选择 Excel 文件，然后单击“打开”按钮，如下图所示。

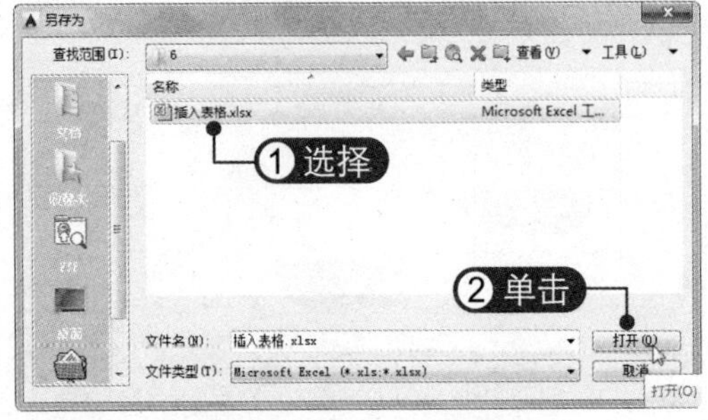

06 设置相关参数 设置链接范围、单元内容等，选中“预览”复选框，可以预览表格内容，设置完毕后单击“确定”按钮，如下图所示。

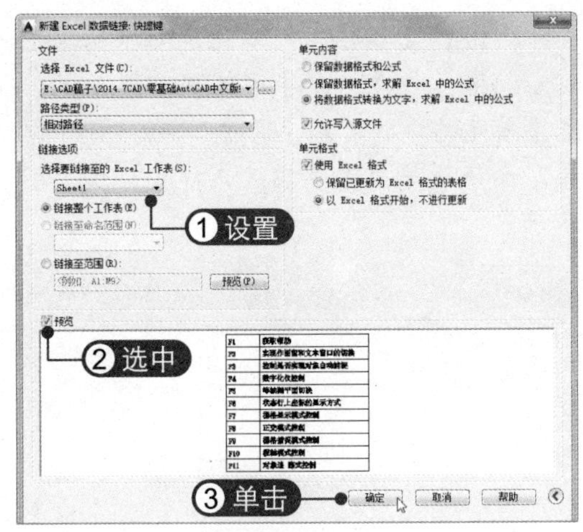

07 确认插入表格 依次单击“确定”按钮，确认表格的插入，如下图所示。

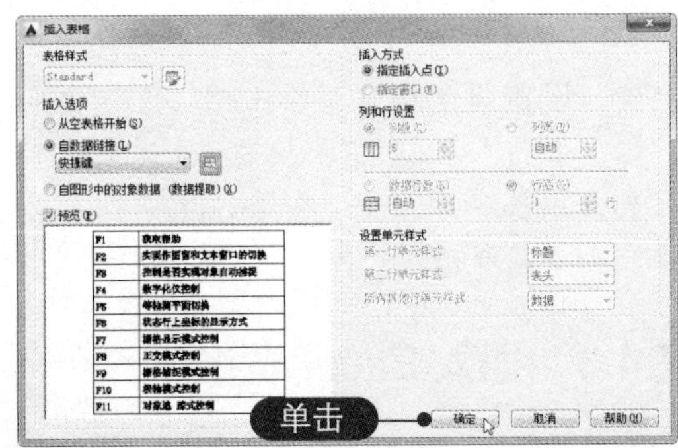

08 指定插入点 在绘图区中单击指定表格的插入点，即可插入 Excel 表格，如下图所示。

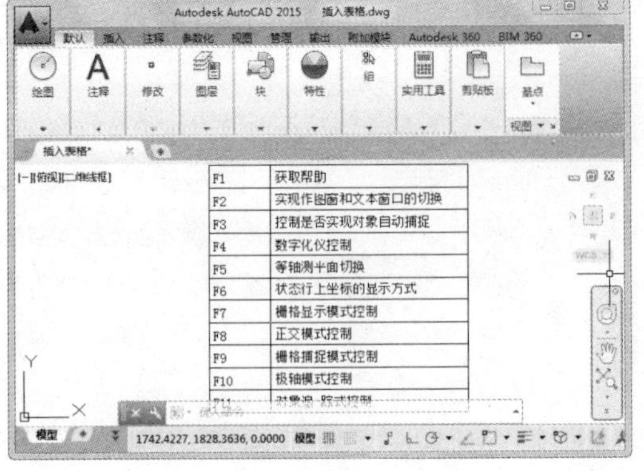

7.4.4 编辑表格

表格创建完成后，可以单击该表格上的任意网格线以选中该表格，再通过使用“特性”选项卡或夹点来修改该表格，如移动表格、更改表格宽度、拉伸表格等。下面将通过实例对表格的编辑进行介绍，具体操作方法如下：

01 修改表格宽度和高度 开启状态栏中的"快捷特性"工具，单击表格，打开快捷特性面板，即可统一修改表格的宽度和高度，如下图所示。

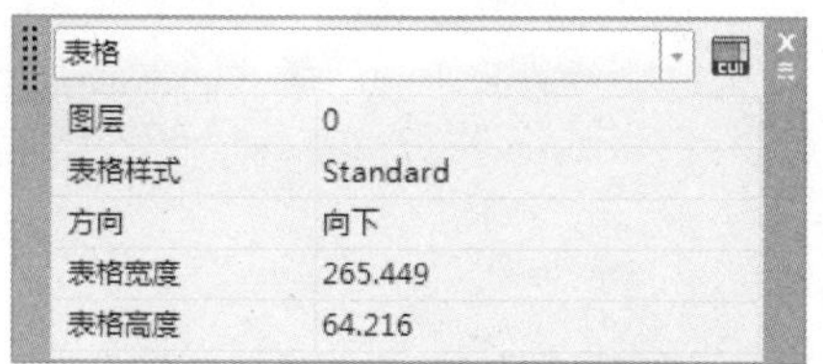

02 拉伸表格宽度 关闭"快捷特性"工具，选中表格，单击其右上角的夹点，移动光标，可以统一拉伸表格宽度，如下图所示。

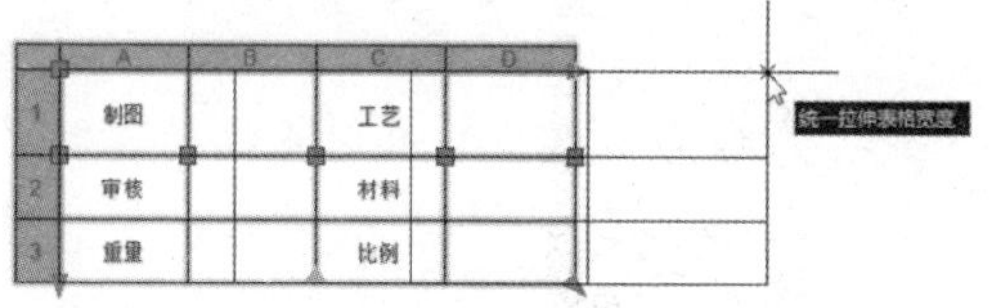

03 拉伸宽度和高度 单击表格右下角的夹点，移动光标，可以统一拉伸表格宽度和高度，如下图所示。

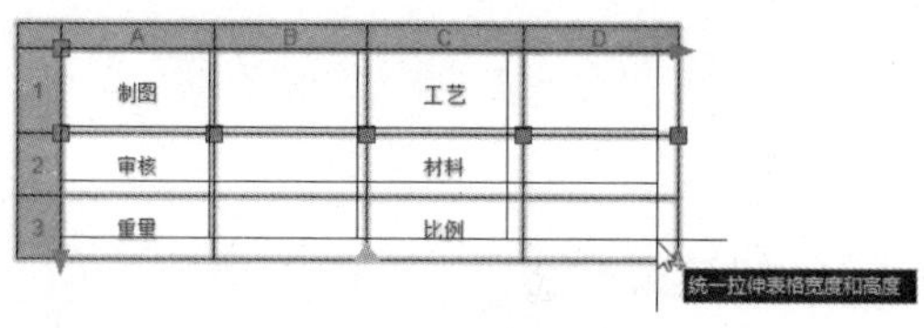

04 调整列宽 移动表格列两侧夹点的位置，可以更改表格单列的宽度，如下图所示。

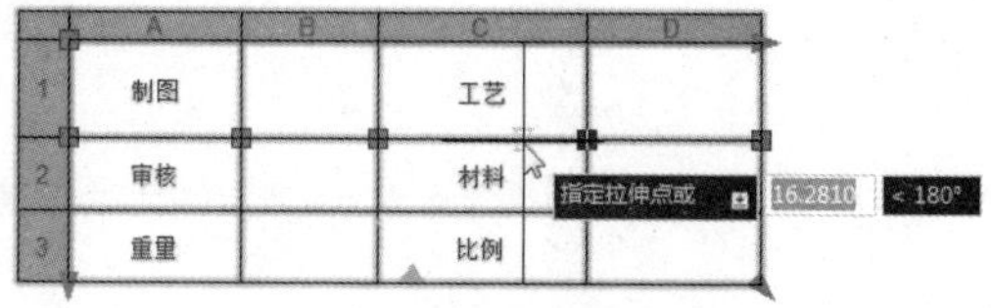

05 使用右键快捷菜单 右击表格，通过弹出的快捷菜单可以均匀调整表格的行与列，如下图所示。

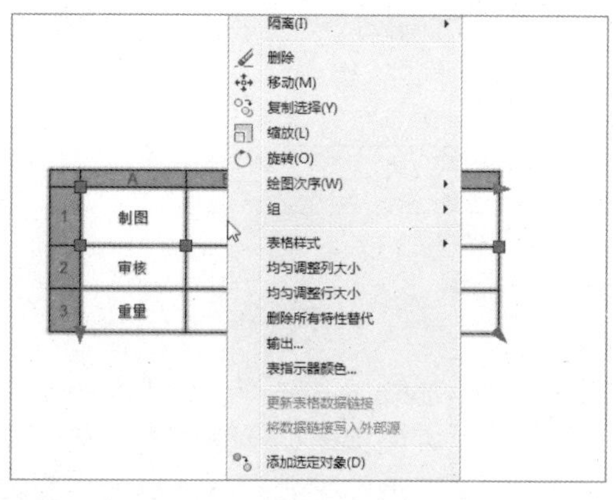

06 插入行 单击表格中的单元格，切换到"表格单元"选项卡，在"行"面板中单击"从上方插入"按钮，可在表格中所选单元格上方插入一行，如下图所示。

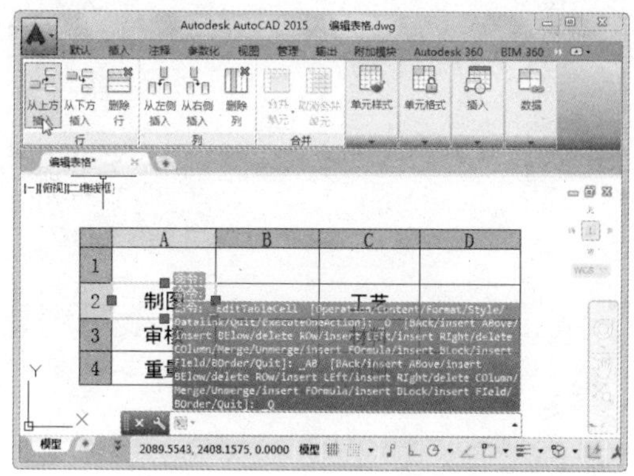

07 选择"按行合并"命令 选择表格中需要合并的单元格，单击"合并"面板中的"合并单元"下拉按钮，选择"按行合并"命令，如下图所示。

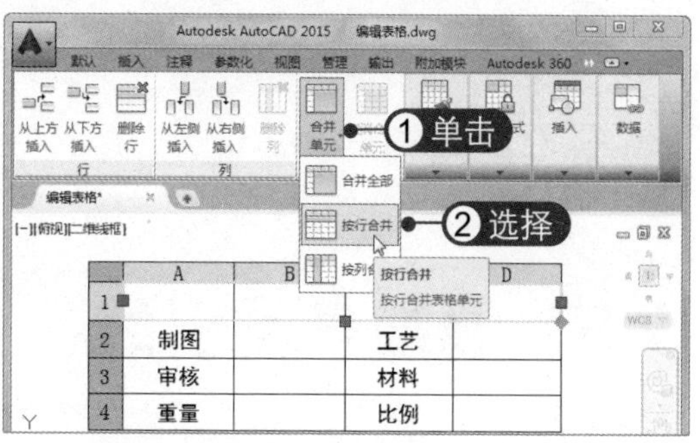

08 合并单元格 此时即可按行合并所选单元格，查看表格效果，如下图所示。

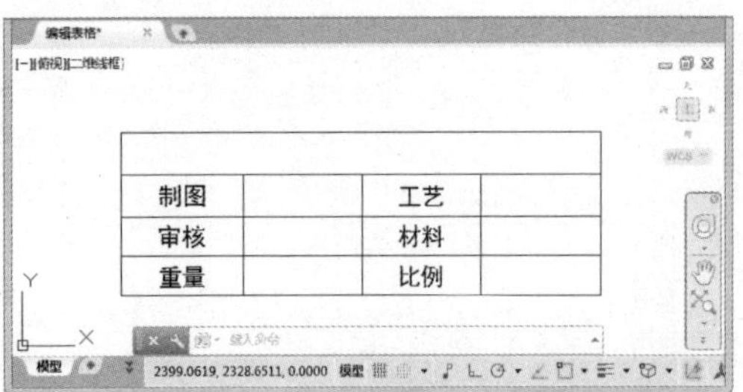

09 选择颜色 在新插入的单元格中输入所需的文字，选择该单元格，在“单元样式”面板中打开填充颜色下拉列表，选择合适的颜色，如下图所示。

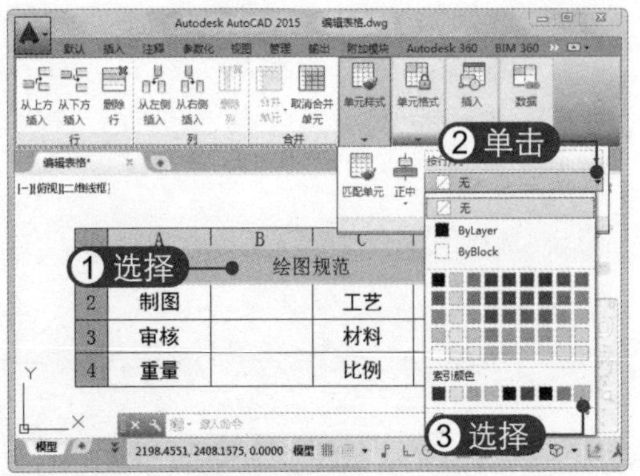

10 单击“编辑边框”按钮 此时所选单元格即可应用所选的背景颜色，选中全部单元格，打开“单元样式”面板，单击“编辑边框”按钮，如下图所示。

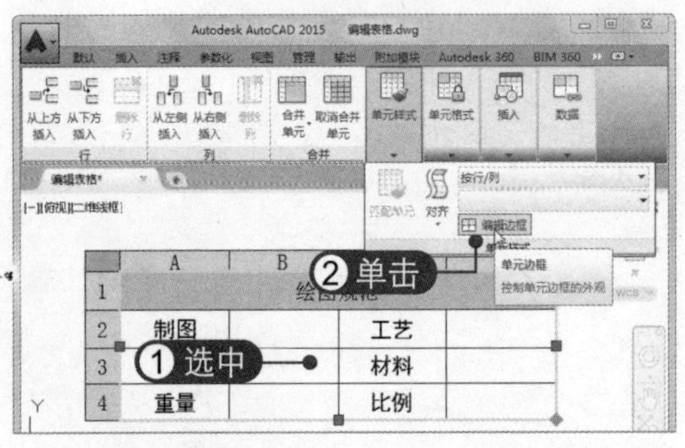

11 设置边框 弹出“单元边框特性”对话框，设置边框线宽、颜色与边框样式等，然后单击“确定”按钮，如下图所示。

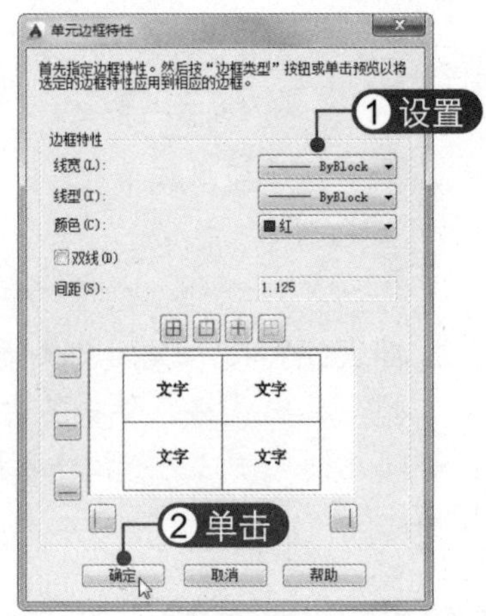

12 查看设置效果 此时表格的边框样式将会应用新设置的效果，如下图所示。

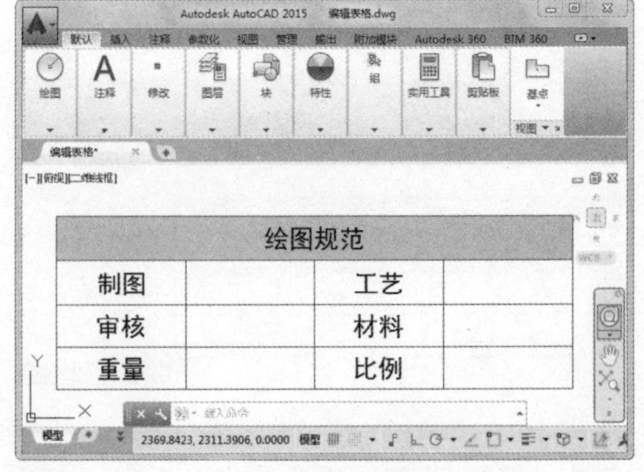

7.5 添加多重引线

用户可以向图形中添加多重引线标注，以表达所需的信息。引线对象通常包含箭头、可选水平基线、引线或曲线和多行文字对象或块。引线可以是直线段，也可以是平滑的样条曲线。下面将详细介绍如何添加多重引线。

7.5.1 添加多重引线样式

用户可以使用默认的 Standard 文字样式，也可以根据需要创建所需的新多重引线样式，具体操作方法如下：

01 单击“多重引线样式”按钮 新建文件，单击“默认”选项卡下的“注释”下拉按钮，在弹出的下拉列表中单击“多重引线样式”按钮，如下图所示。

02 新建多重引线样式 弹出“多重引线样式管理器”对话框，在其中单击“新建”按钮，如下图所示。

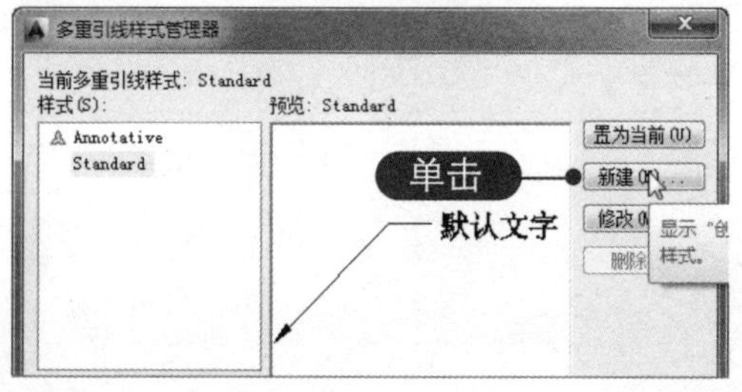

03 设置新样式名称 弹出“创建新多重引线样式”对话框，输入新样式名称，然后单击“继续”按钮，如下图所示。

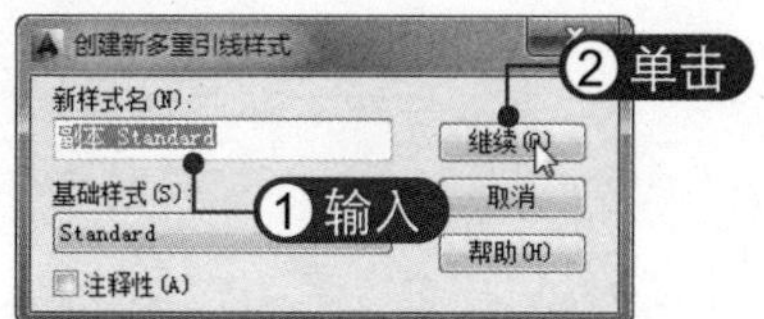

04 修改箭头符号 弹出“修改多重引线样式：副本 Standdard”对话框，在“箭头”选项区中单击“符号”下拉按钮，选择“点”选项，如下图所示。

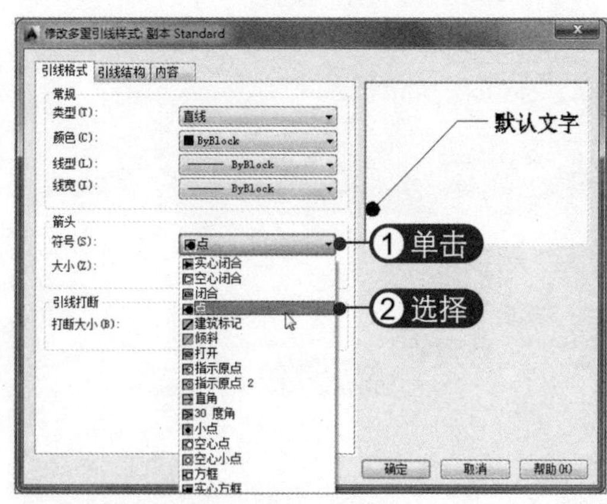

05 设置文字高度 选择“内容”选项卡，在“文字高度”文本框中输入指定的文字高度，单击“确定”按钮，如下图所示。

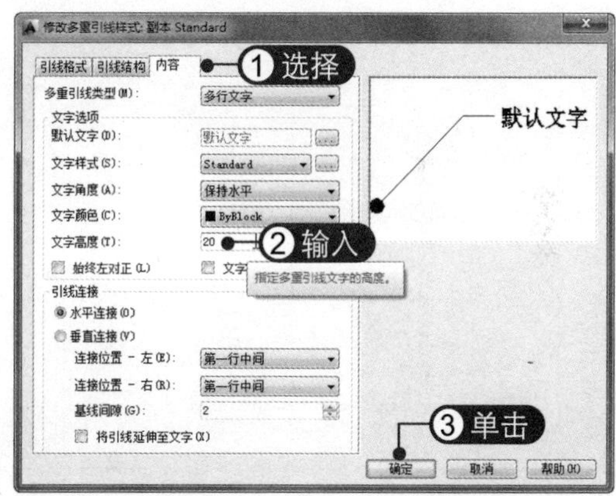

06 置为当前 返回“多重引线样式管理器”对话框，单击“置为当前”按钮，然后单击“关闭”按钮，如下图所示。

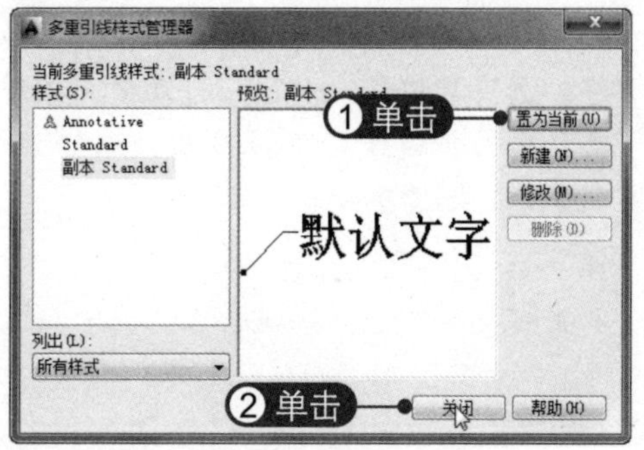

7.5.2 创建多重引线标注

学习了新建多重引线样式后，下面介绍如何创建多重引线标注，具体操作方法如下：

01 **单击“引线”按钮** 打开素材文件，单击“注释”面板中的“引线”按钮，如下图所示。

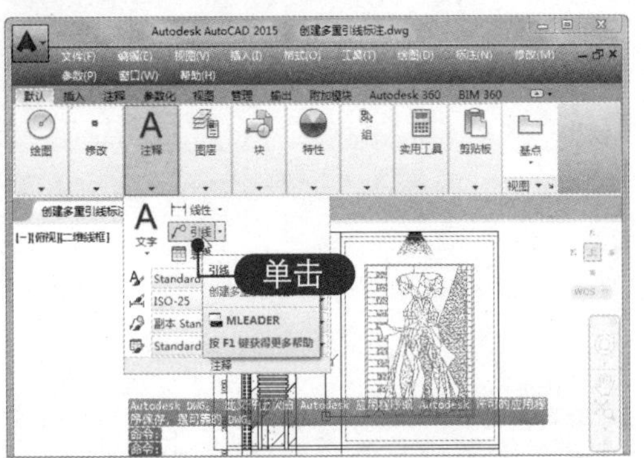

02 **绘制多重引线** 在绘图区图形的指定位置依次单击鼠标左键，绘制多重引线，如下图所示。

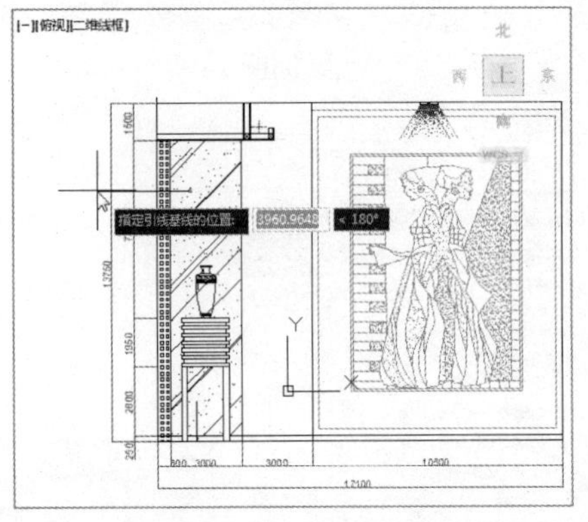

03 **输入文字注释** 绘制多重引线后出现文本框，输入所需的文字注释，如下图所示。

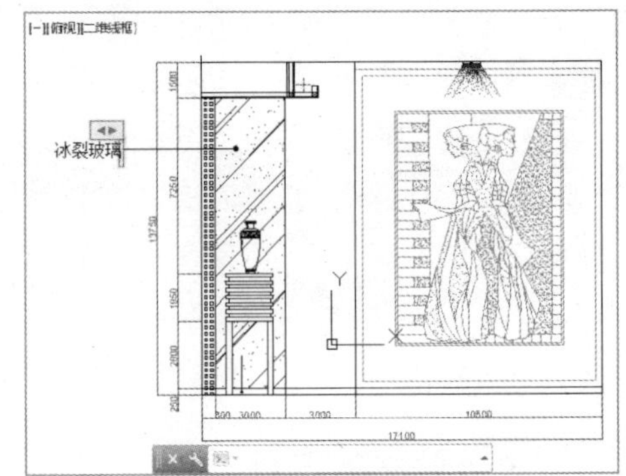

04 **添加其他多重引线标注** 用同样的方法添加其他多重引线标注，查看图形效果，如下图所示。

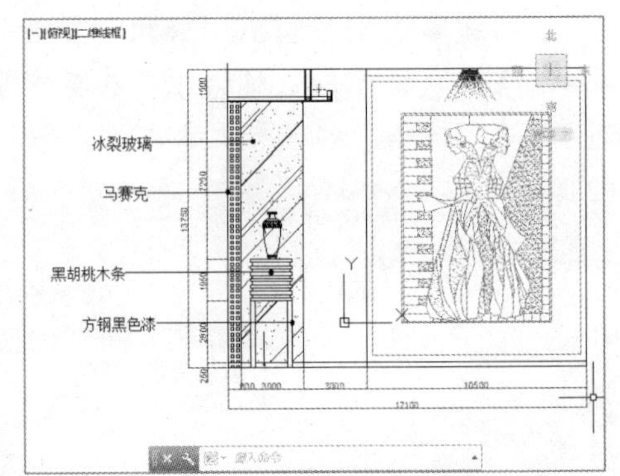

7.5.3 编辑多重引线标注

在创建多重引线标注后可以修改其内容，调整引线位置，或进行对齐多重引线等操作，具体操作方法如下：

01 **选择“对齐”命令** 打开素材文件，单击“引线”下拉按钮，选择“对齐”命令，如右图所示。

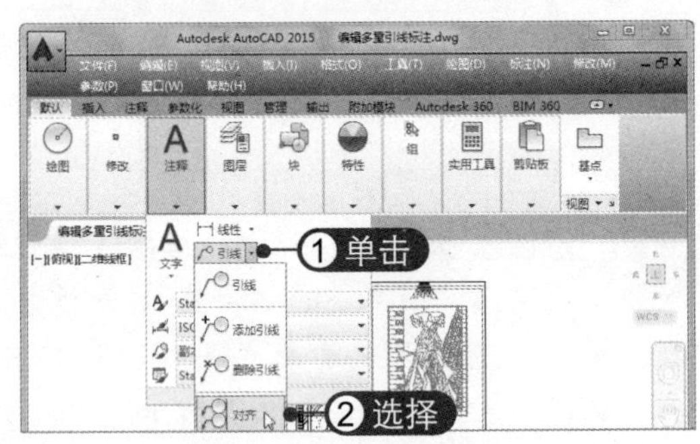

02 选择多重引线标注 选择要对齐的多重引线标注，并按【Enter】键确认，如下图所示。

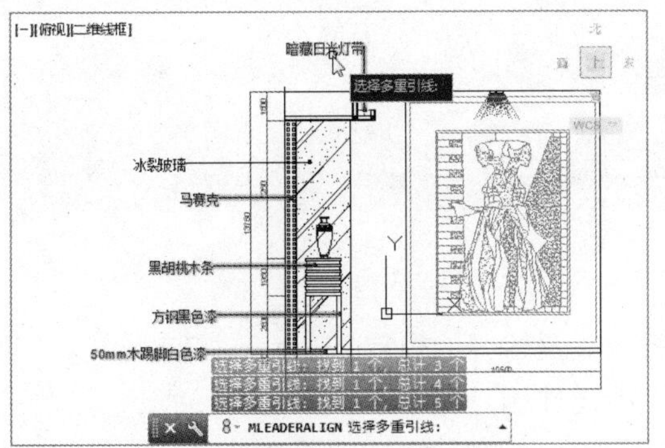

03 选择对齐多重引线 选择要对齐到的多重引线标注，如下图所示。

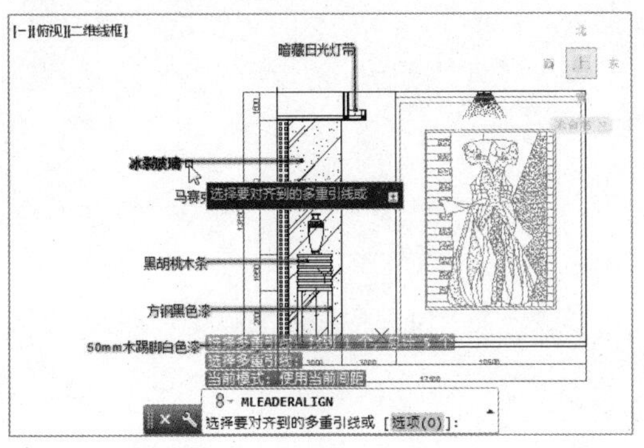

04 指定对齐方向 在绘图区中移动光标位置，指定对齐方向，如下图所示。

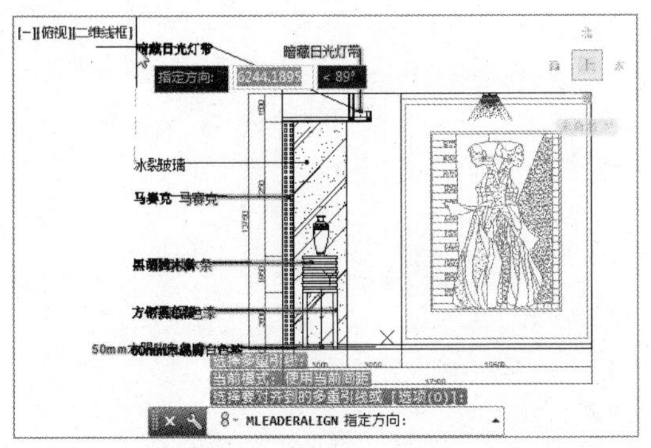

05 查看对齐效果 此时即可查看对齐后的多重引线效果，如下图所示。

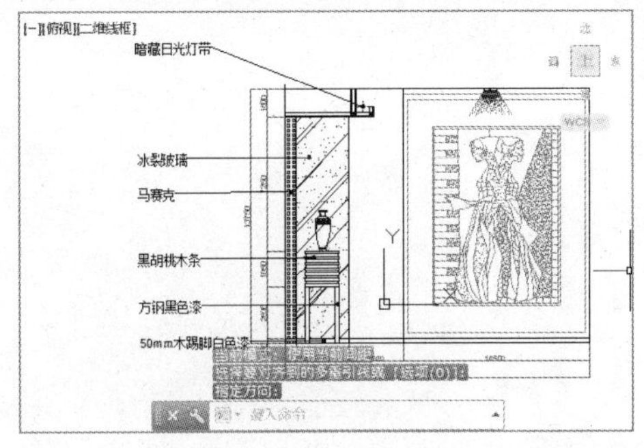

06 单击多重引线标注 单击“暗藏日光灯带”多重引线标注，在多重引线上将出现蓝色夹点，如下图所示。

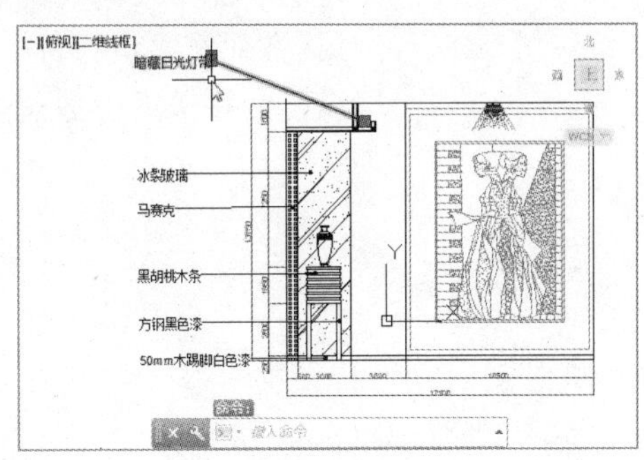

07 移动夹点 通过移动夹点可以改变多重引线与标注的位置，如下图所示。

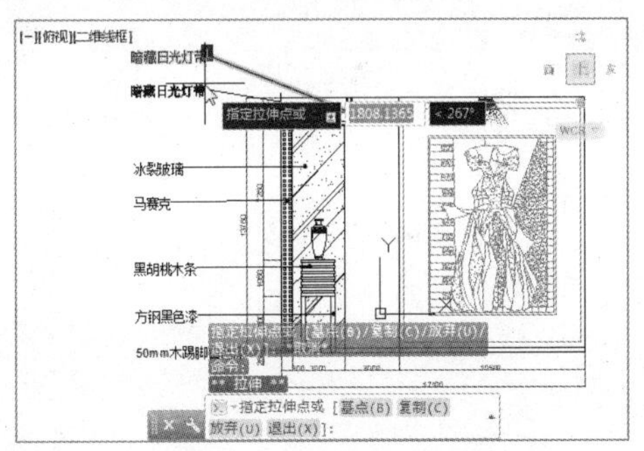

08 编辑标注 双击多重引线上的文字，显示文本编辑框，即可修改文字内容，如下图所示。

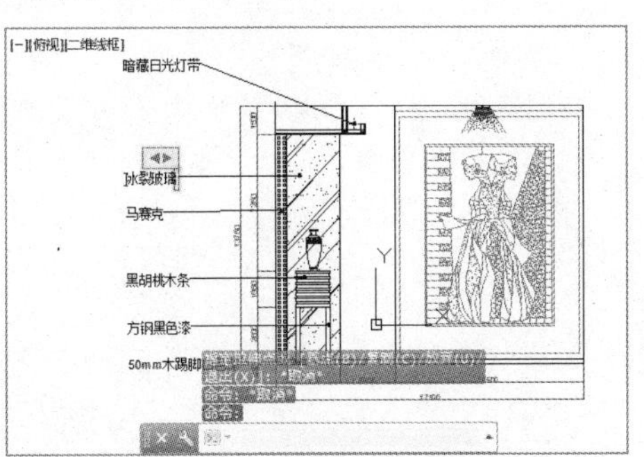

Chapter 08

尺寸标注

尺寸标注是向图形中添加测量注释的过程。尺寸标注可以精确地反映图形对象各部分的大小及其相互关系，是指导施工的重要依据。在对图纸进行尺寸标注以及文字注释之前，需要对其进行设置，以符合相关的行业规范。本章将详细介绍尺寸标注的方法。

本章要点 

- 认识尺寸标注
- 添加尺寸标注
- 编辑尺寸标注

知识等级 

AutoCAD 初级读者

建议学时 

建议学习时间为 100 分钟

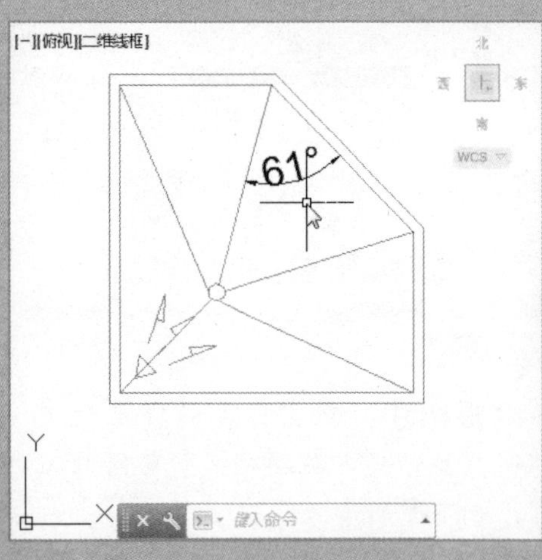

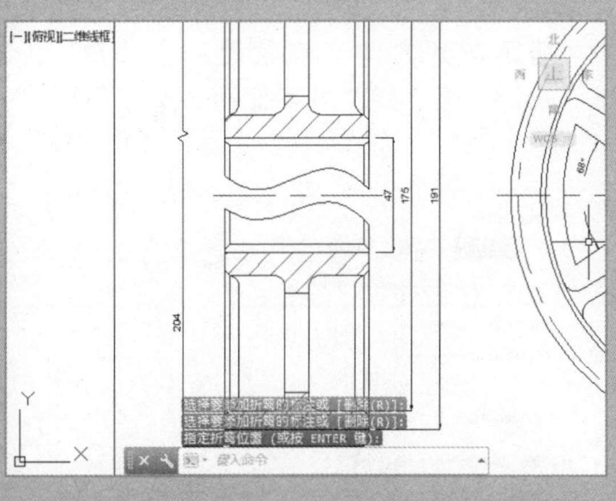

8.1 认识尺寸标注

尺寸标注是向图形中添加测量注释的过程。向图形添加尺寸标注，可以真实而准确地反映其大小与相互间的位置关系。尺寸标注由多个元素组成，用户可以通过修改尺寸标注样式来控制各个元素的格式与外观。

8.1.1 尺寸标注的组成元素

尺寸标注是建筑制图与机械制图中重要的组成部分，主要用于表达图形的尺寸大小和位置关系。其主要由标注文字、尺寸线、尺寸延伸线和箭头等元素组成，如右图所示。

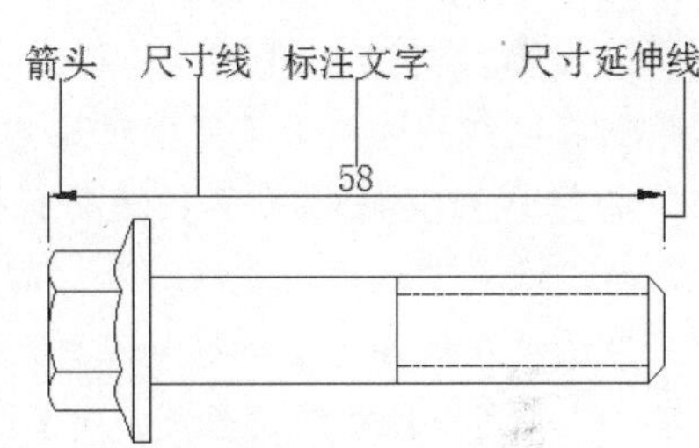

- **标注文字**：通常位于尺寸线的上方或中断处，用于表示特定对象的尺寸大小。在进行尺寸标注时，AutoCAD 会自动生成标注对象的尺寸值。也可以对所标注的值进行修改。
- **尺寸线**：通常是与所标注对象平行的直线，用于指示标注的方向和范围。但在进行角度标注时，尺寸线是一段圆弧。
- **箭头**：位于尺寸线的两端，用于表明尺寸线的起始位置与终止位置。用户可以为箭头指定不同的尺寸和形状样式。
- **尺寸延伸线**：也称为投影线，从标注对象延伸到尺寸线，一般与尺寸线保持垂直，但在某些情况下也可以使尺寸界线倾斜。

8.1.2 新建尺寸标注样式

用户可以基于默认的尺寸标注样式进行适当修改，也可以新建自己的尺寸标注样式，具体操作方法如下：

01 单击“标注样式”按钮 打开“注释”面板，单击其中的“标注样式”按钮，如下图所示。

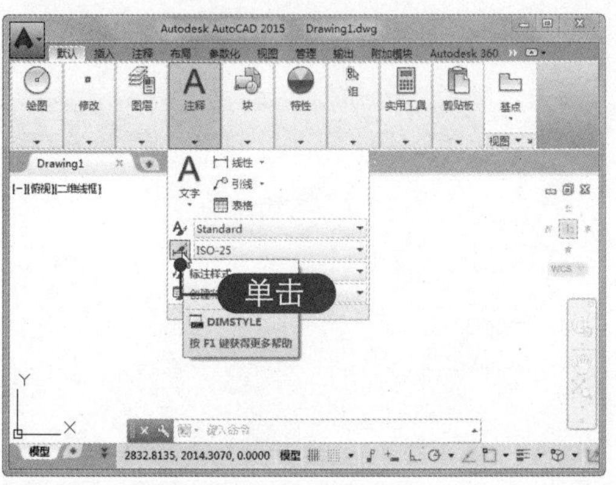

02 新建标注样式 弹出对话框，在左侧“样式”列表框中选择默认标注样式，单击“修改”按钮对其进行修改，也可直接单击“新建”按钮，如下图所示。

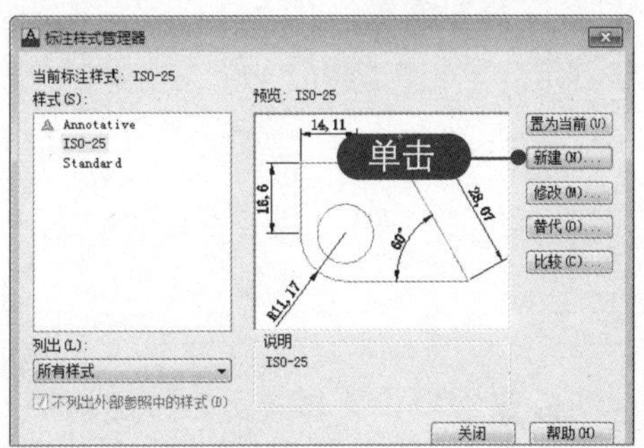

03 输入名称 若单击“新建”按钮，将弹出“创建新标注样式”对话框。在文本框中输入新样式名称，指定基础样式及其他参数，单击“继续”按钮，如下图所示。

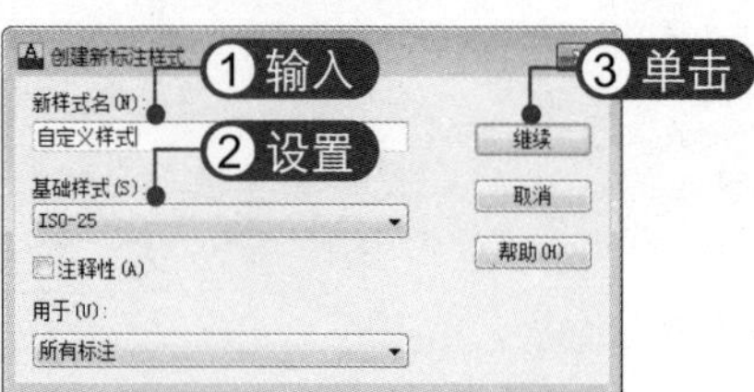

04 设置尺寸线和延伸线 弹出对话框，在“线”选项卡下可以对尺寸线和延伸线的样式与其他相关参数进行设置。例如，通过设置“超出尺寸线”和“起点偏移量”控制尺寸延伸线从标注起点到尺寸线的长度，以及超出尺寸线的长度，如下图所示。

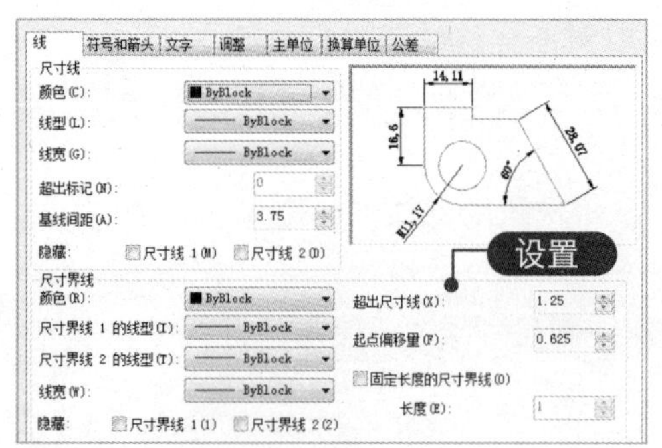

05 设置符号和尖头 选择“符号和箭头”选项卡，对箭头样式、圆心标记、折弯标注等参数进行设置。例如，设置箭头的样式为建筑标记样式，以便进行建筑图的尺寸标注，如下图所示。

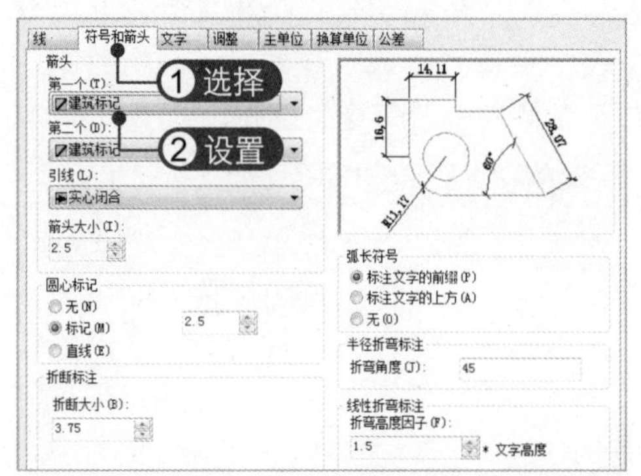

06 设置文字 选择“文字”选项卡，对文字外观、文字位置与对齐方式等参数进行设置。例如，通过“文字对齐”选项区中的选项设置文字保持水平，如下图所示。

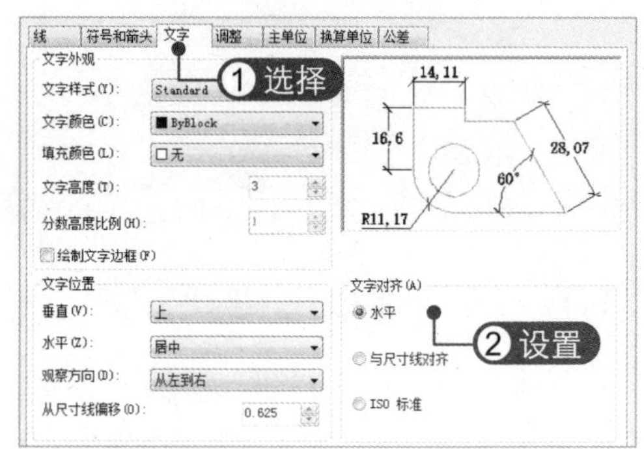

07 调整详细参数 选择“调整”选项卡，对尺寸标注中文字、箭头等元素的调整模式进行设置。例如，选中“手动放置文字”复选框，当尺寸界线之间没有足够空间放置文字时可手动将其放置到其他位置，如下图所示。

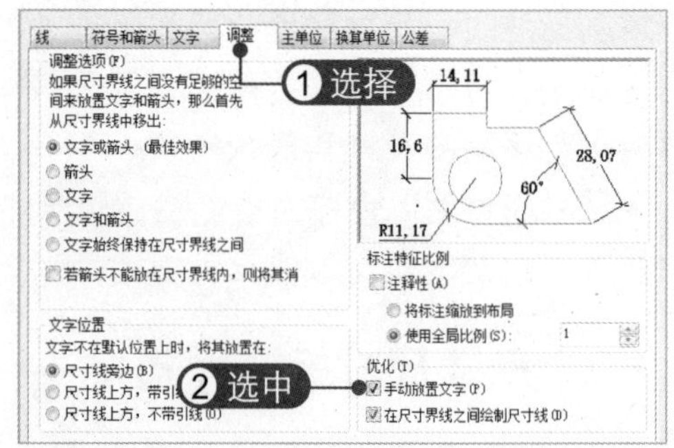

08 设置主单位 选择“主单位”选项卡，对标注的单位、精度和比例因子等进行设置。例如，通过“精度”下拉列表设置不同的尺寸标注精度，如下图所示。

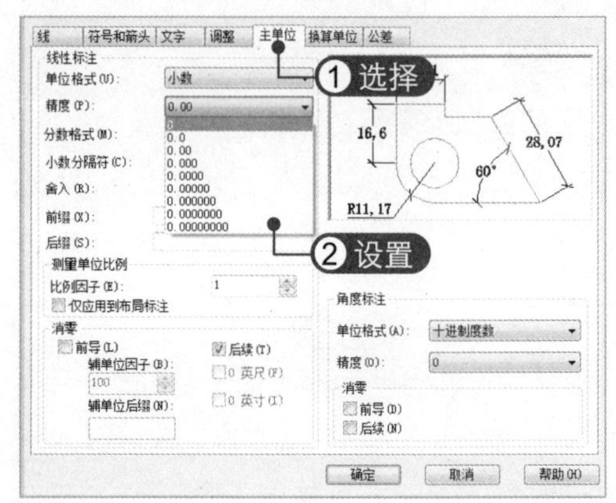

09 设置换算单位 选择“换算单位”选项卡，选中“显示换算单位”复选框，启用指定格式的换算单位，如下图所示。

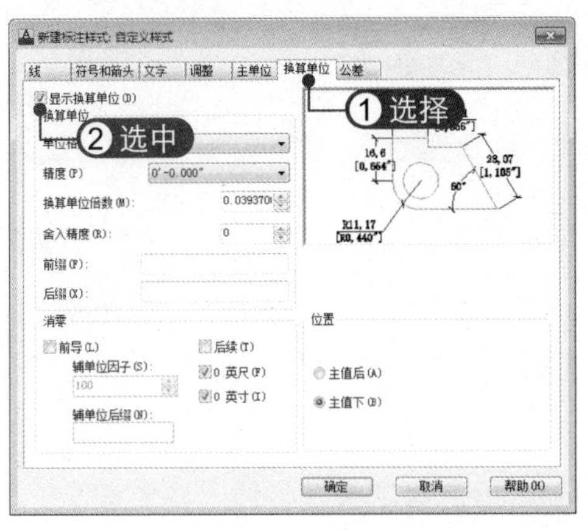

10 设置公差参数 选择“公差”选项卡，设置公差格式与对齐方式等参数，设置完毕后单击“确定”按钮，如下图所示。

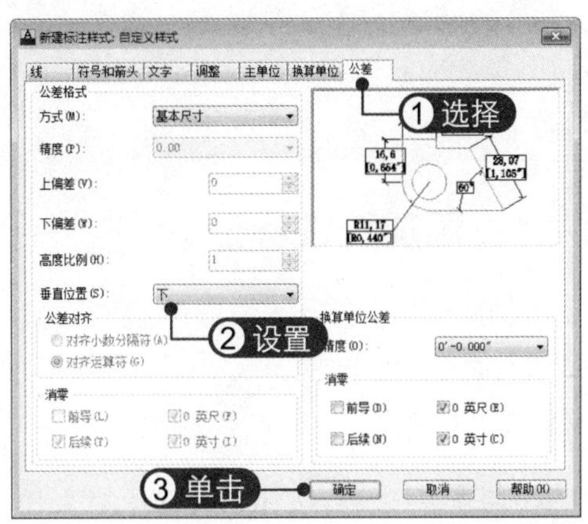

8.1.3 删除尺寸标注样式

若想删除多余的尺寸样式，可在“标注样式管理器”对话框中进行删除操作，具体操作方法如下：

01 单击“标注样式”命令 在AutoCAD窗口中单击“格式”|“标注样式”命令，如下图所示。

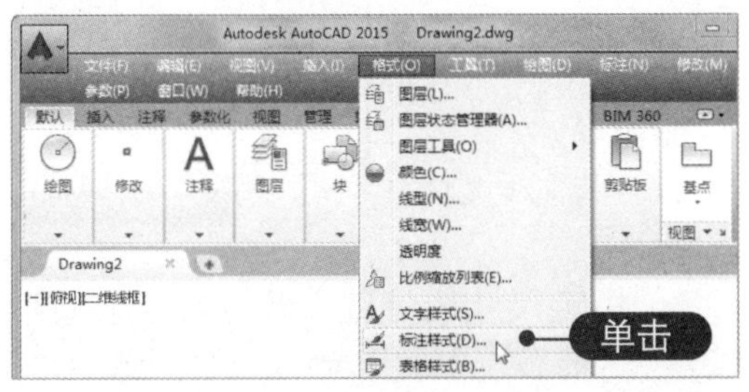

02 选择“删除”命令 弹出“标注样式管理器”对话框，在“样式”列表中右击“景观标注”选项，在弹出的快捷菜单中选择“删除”命令，如下图所示。

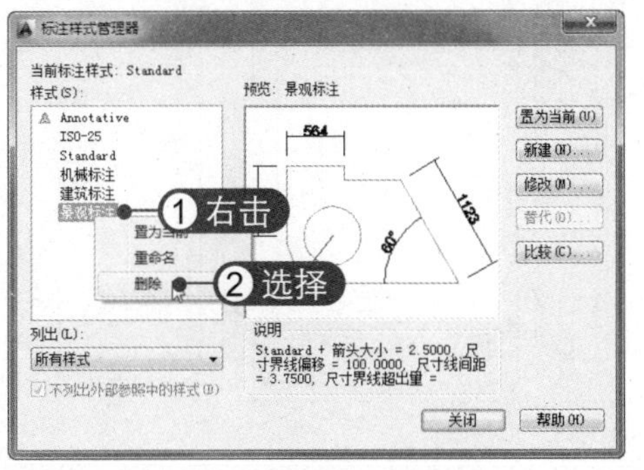

03 确定删除操作 在弹出的提示信息框中单击“是”按钮，确认删除操作，如下图所示。

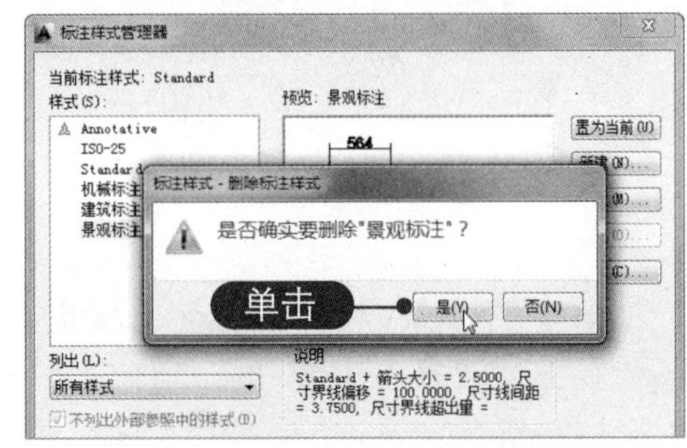

04 查看删除样式效果 返回“标注样式管理器”对话框，此时多余的样式已被删除，如下图所示。

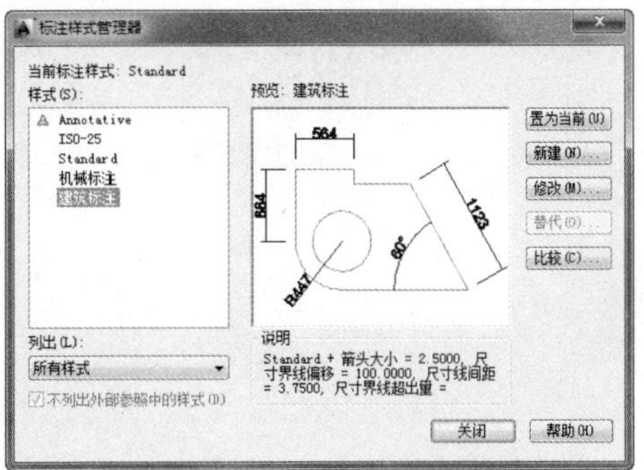

8.2 添加尺寸标注

尺寸标注可以分为线性标注、径向标注（半径、直径和折弯标注）、角度标注、弧长标注等类型。线性标注可以分为水平标注、垂直标注、对齐标注、旋转标注、基线标注和连续标注等类型，可以根据需要为各种对象沿各个方向创建标注。

8.2.1 添加线性标注

线性标注用于标注图形的线性距离或长度，可以水平、垂直或对齐方式放置，也可以将标注指定为水平或垂直标注。下面将通过实例对线性标注的添加方法进行介绍，具体操作方法如下：

01 单击"线性"按钮 打开素材文件，单击"注释"面板中的"线性"按钮，如下图所示。

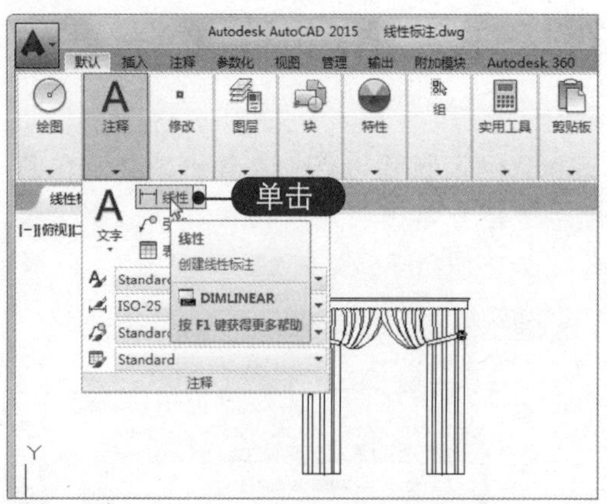

02 指定第一条延伸线原点 指定窗帘上方的顶点为第一条延伸线的原点，如下图所示。

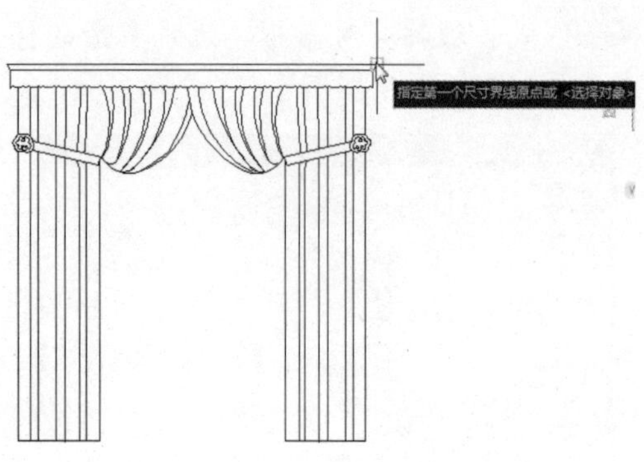

03 指定第二条延伸线 指定窗帘下方的顶点为第二条延伸线的原点，如下图所示。

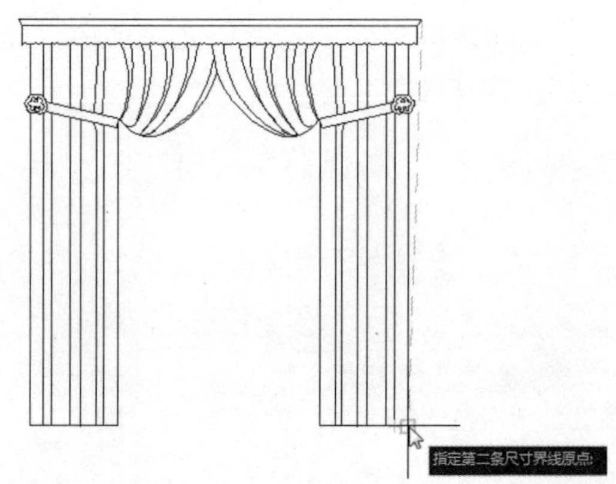

04 指定尺寸线位置 移动光标，在合适的位置指定尺寸线位置，系统会根据指定的尺寸延伸线原点自动应用垂直标注，如下图所示。

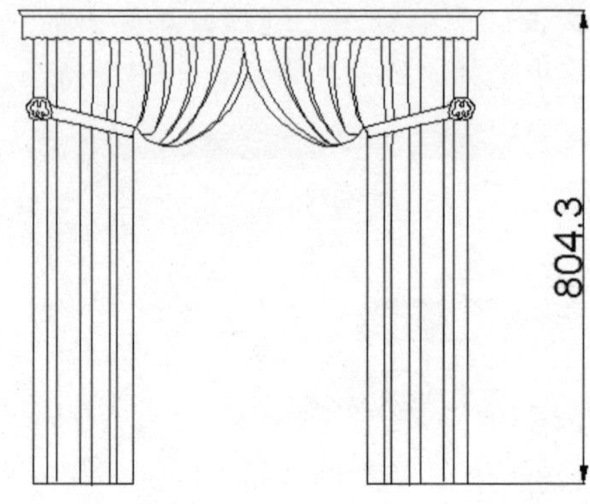

05 **指定尺寸线位置** 再次执行“线性”命令，指定同样的两个延伸线原点。输入H并按【Enter】键确认操作，指定水平标注的尺寸线位置，如下图所示。

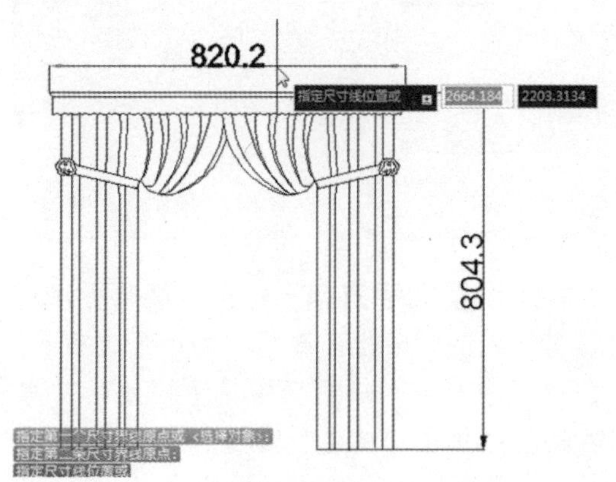

06 **创建水平标注** 此时即可创建指定的水平标注，如下图所示。

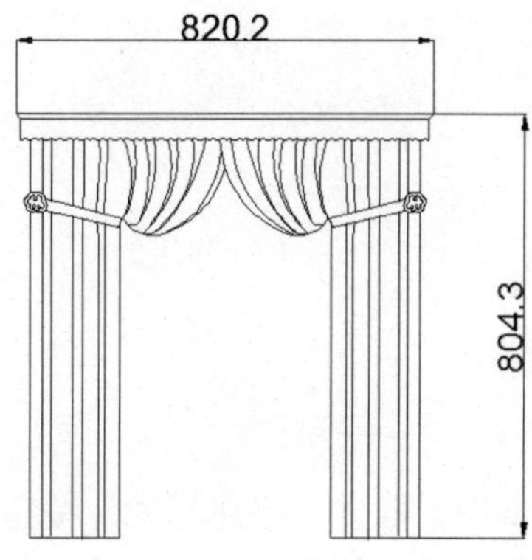

8.2.2 添加对齐标注

通过对齐工具可以创建与指定位置或对象平行的标注。在对齐标注中，尺寸线平行于尺寸延伸线原点连成的直线。下面对如何添加对齐标注进行介绍，具体操作方法如下：

01 **选择“对齐”命令** 打开素材文件，单击“注释”面板中的“线性”下拉按钮，选择“对齐”命令，如下图所示。

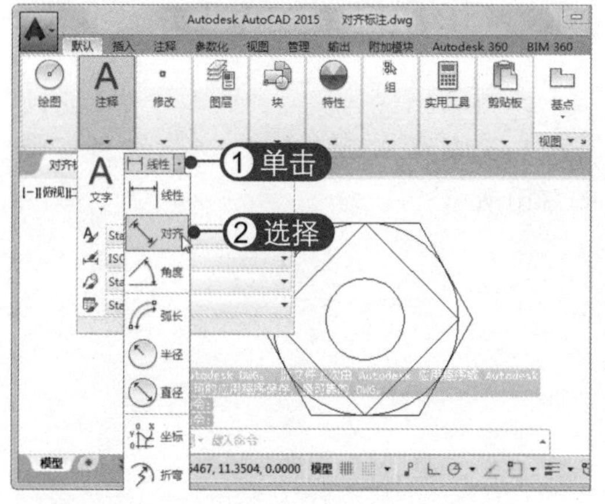

02 **指定第一条延伸线原点** 指定正六边形右上角的顶点为第一条延伸线原点，如下图所示。

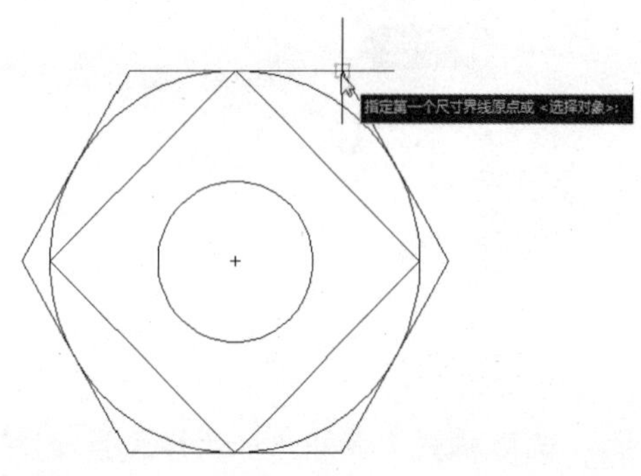

03 **指定第二条延伸线原点** 指定正六边形右侧的顶点为第二条延伸线原点，如下图所示。

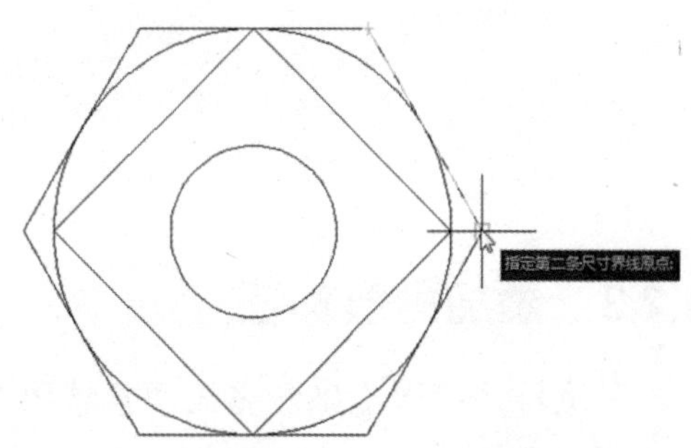

04 **指定尺寸线位置** 移动光标，指定对齐标注的尺寸线位置，即可在指定位置添加对齐标注，如下图所示。

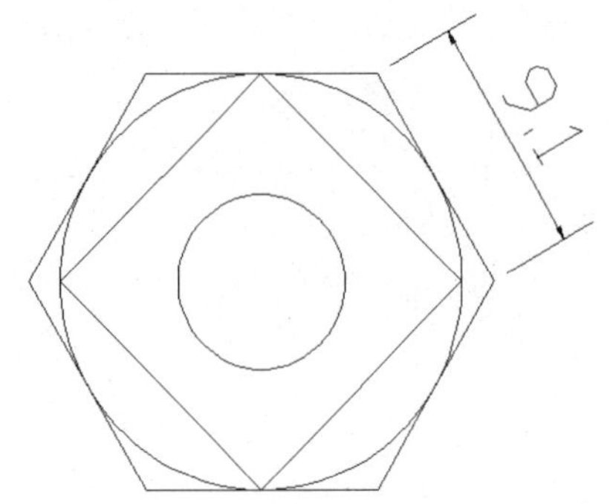

05 **单击“标注，标注样式”按钮** 若希望修改对齐标注的文字方向，可以通过修改标注样式来实现，单击“注释”下拉按钮，在弹出的“注释”面板中单击“标注样式”按钮，如下图所示。

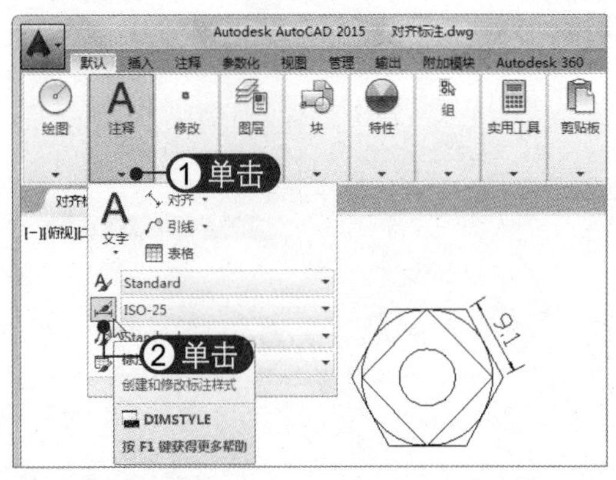

06 **选择样式** 弹出“标注样式管理器”对话框，选择样式，然后单击“修改”按钮，如下图所示。

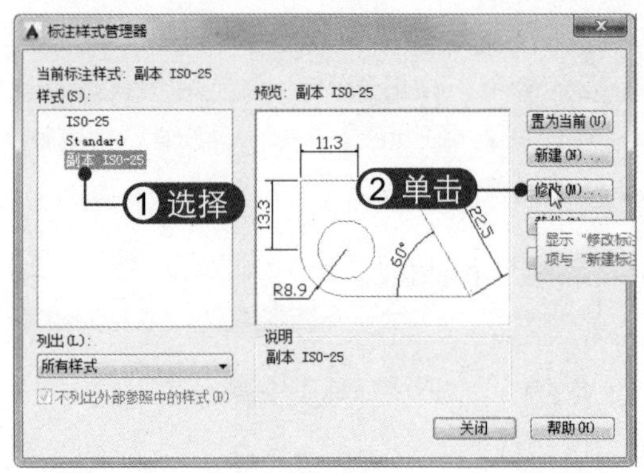

07 **设置文字方向** 弹出“修改标注样式”对话框，选择“文字”选项卡，在“文字对齐”选项区中选中“水平”单选按钮，单击“确定”按钮，如下图所示。

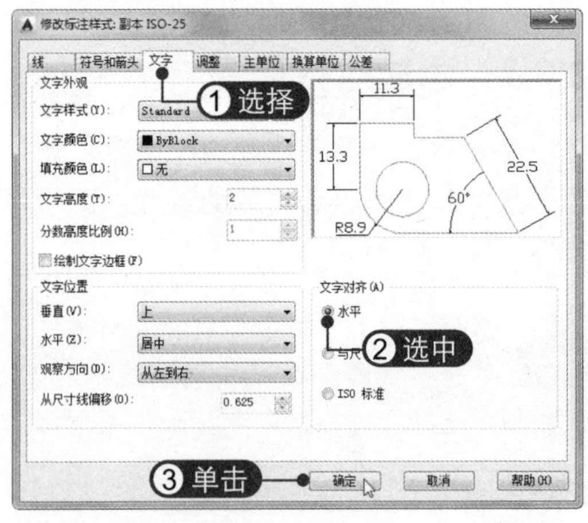

08 **查看标注效果** 此时即可查看更改文字对齐方式后的对齐标注效果，如下图所示。

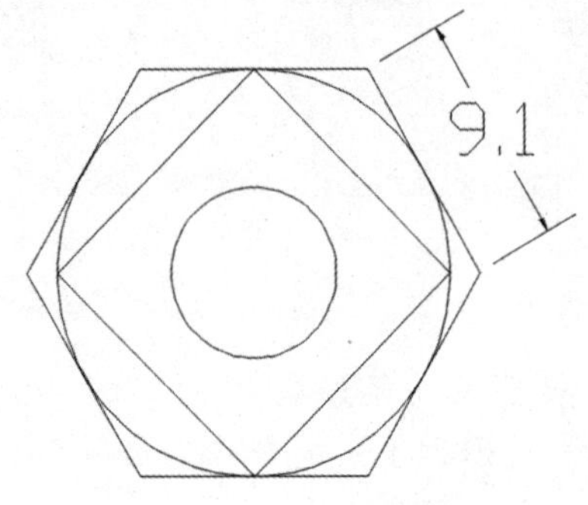

8.2.3 添加角度标注

角度标注可以准确测量出两条线段之间的夹角。下面将对角度标注的添加方法进行介绍，具体操作方法如下：

01 选择“角度”命令 打开素材文件，单击“注释”面板中的“线性”下拉按钮，选择“角度”命令，如下图所示。

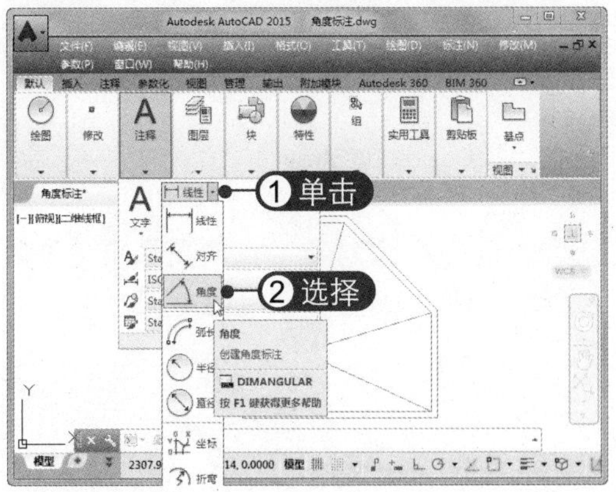

02 选择夹角一条测量边 选择图形上的一边作为测量角度的一边，如下图所示。

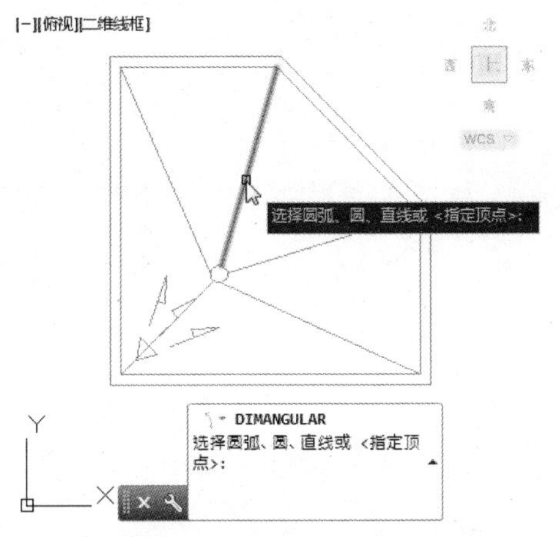

03 选择夹角另一条测量边 选择图形的另一边作为测量角度的另一边，如下图所示。

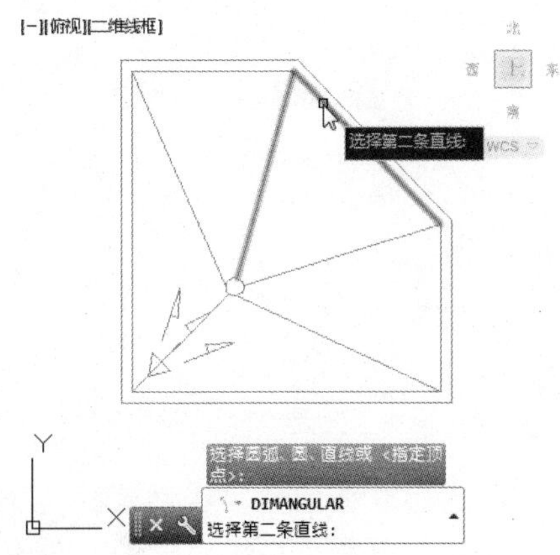

04 指定尺寸标注位置 移动光标，指定标注弧线的位置，即可为指定角添加角度标注，如下图所示。

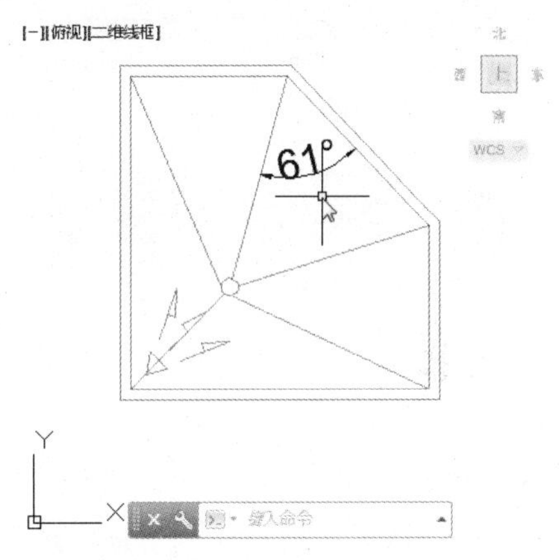

8.2.4 添加直径、半径与弧长标注

通过半径工具、直径工具以及弧长工具可以对圆或圆弧等图形添加尺寸标注，具体操作方法如下：

01 选择“直径”命令 单击“注释”面板中“线性”下拉按钮，在弹出的下拉列表中选择“直径”命令，如右图所示。

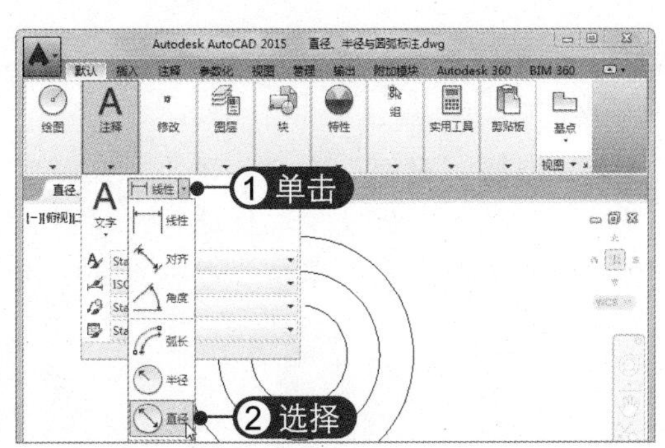

02 选择大圆对象 在绘图区中单击选择需要标注的大圆对象，如下图所示。

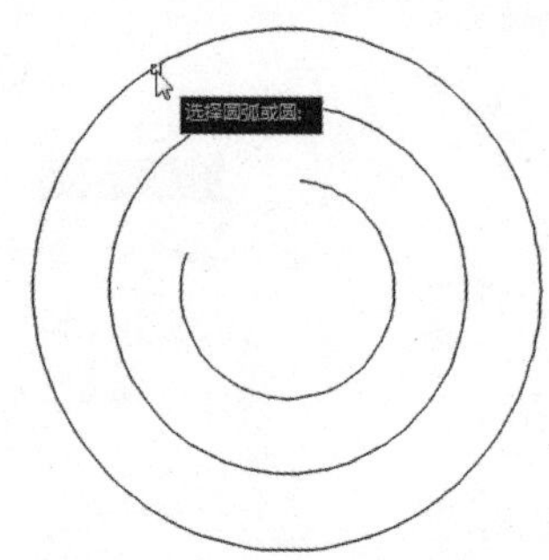

03 指定尺寸线位置 移动光标到合适位置，指定尺寸线的位置，如下图所示。

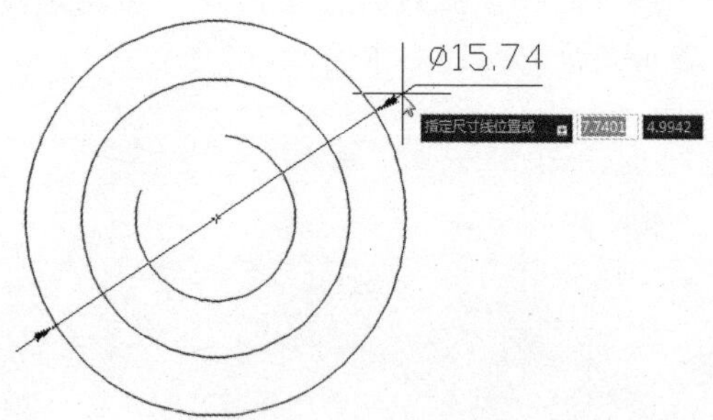

04 创建直径标注 此时即可在指定位置创建该圆的直径标注，如下图所示。

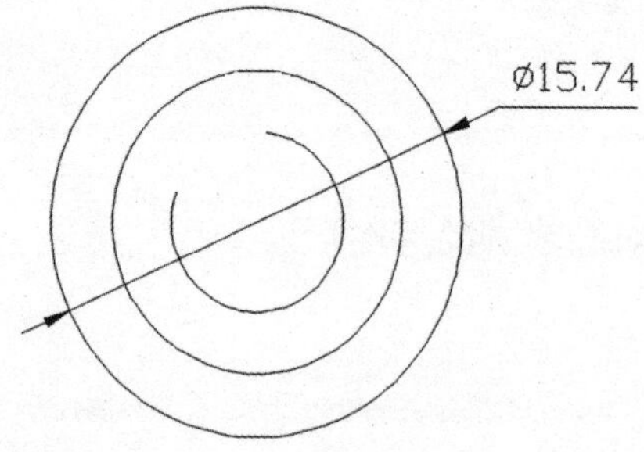

05 选择"半径"命令 单击"注释"面板中"线性"下拉按钮，在弹出的下拉列表中选择"半径"命令，如下图所示。

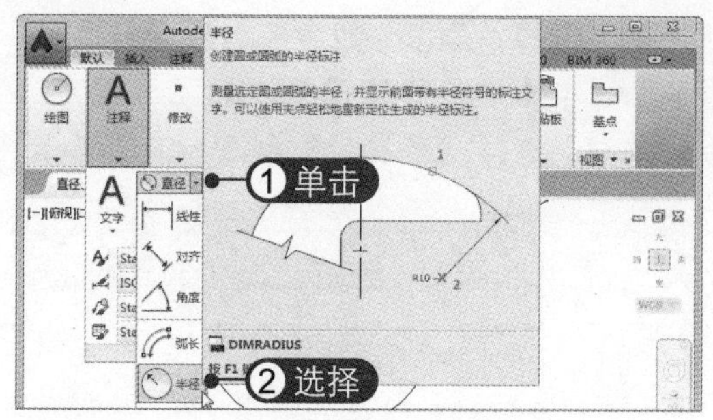

06 选择小圆对象 在绘图区中单击选择需要标注的中间的小圆对象，如下图所示。

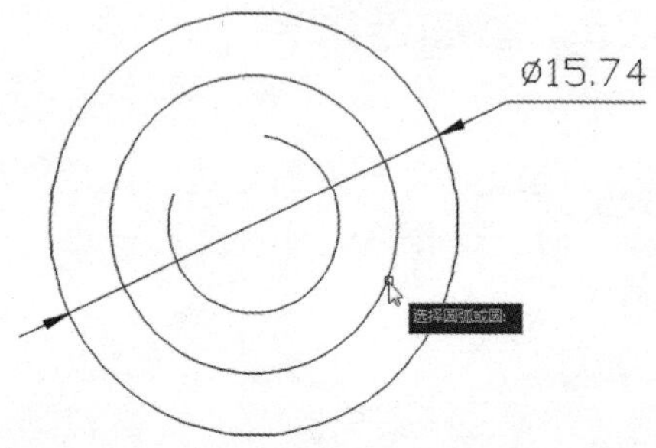

07 创建半径标注 移动光标指定尺寸线位置，即可创建该圆的半径标注，如下图所示。

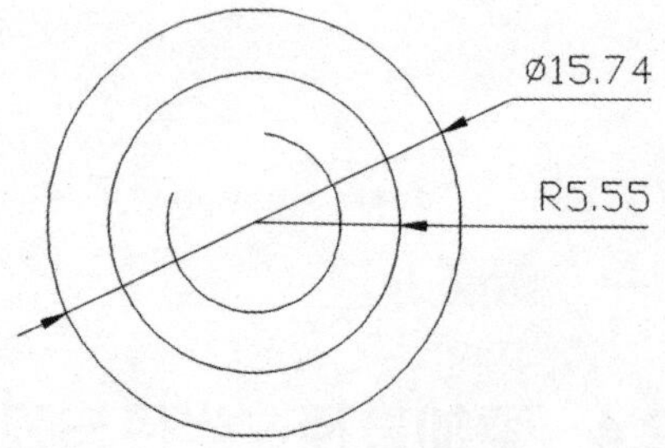

08 选择"弧长"命令 单击"注释"面板中的"线性"下拉按钮，在弹出的下拉列表中选择"弧长"命令，如下图所示。

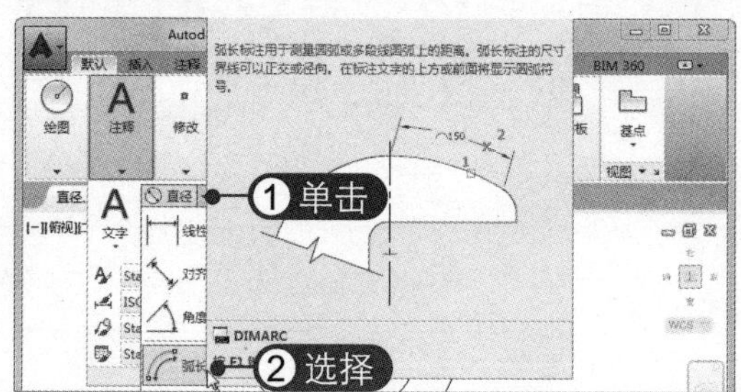

09 选择圆弧对象 在绘图区中单击选择需要标注的圆弧对象，如下图所示。

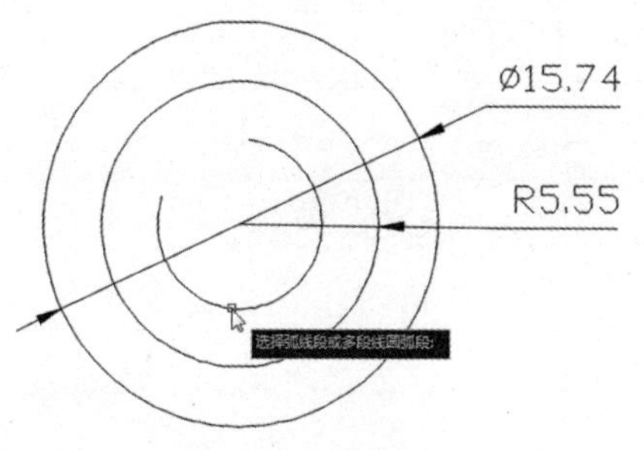

10 创建弧长标注 移动光标，指定尺寸线位置，创建弧长标注即可，如下图所示。

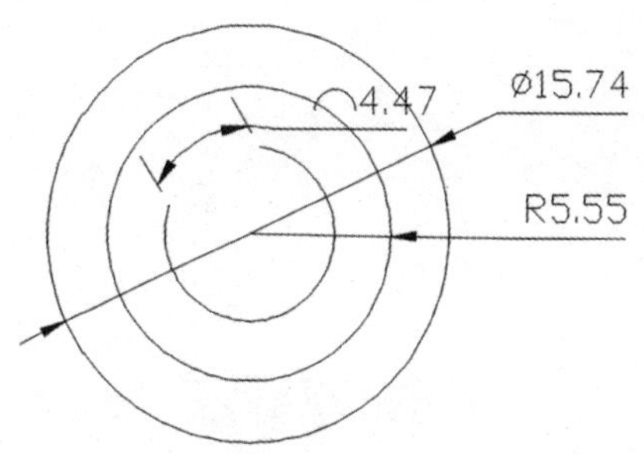

8.2.5 添加连续标注

连续标注是首尾相连的多个标注。在创建连续标注之前，必须创建线性、对齐或角度标注。连续标注是从上一个尺寸延伸线处测量的，除非指定另一点作为原点。下面将通过实例对连续标注的添加方法进行介绍，具体操作方法如下：

01 单击“线性”按钮 打开素材文件，单击“注释”面板中的“线性”按钮，如下图所示。

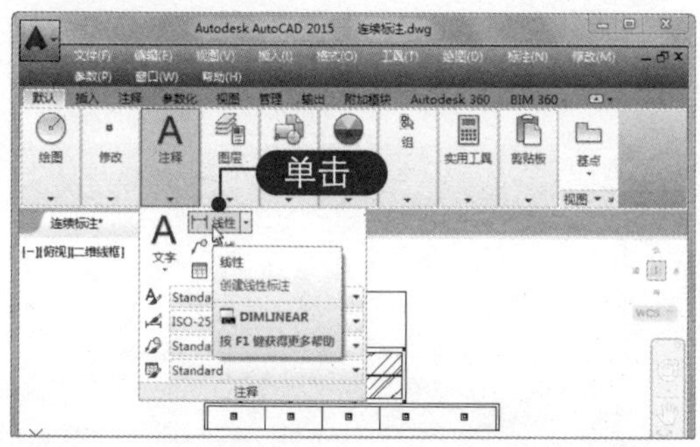

02 添加标注 捕捉图形上的两个端点，指定尺寸线的位置，添加标注，如下图所示。

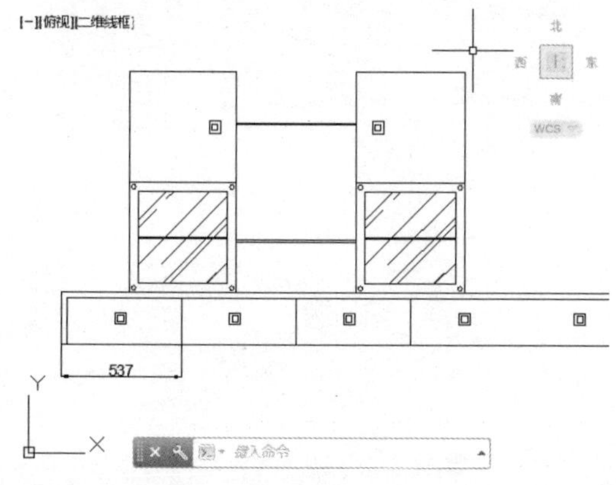

03 单击“连续”命令 在菜单栏中单击“标注”|“连续”命令，如下图所示。

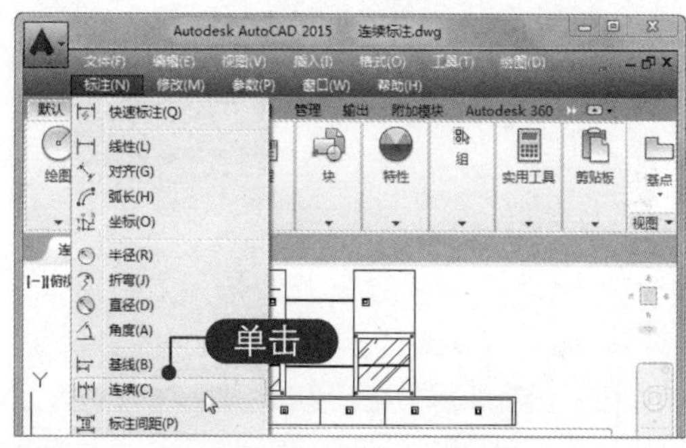

04 指定第二条尺寸线原点 捕捉图形上的端点，指定端点为第二条尺寸线的原点，如下图所示。

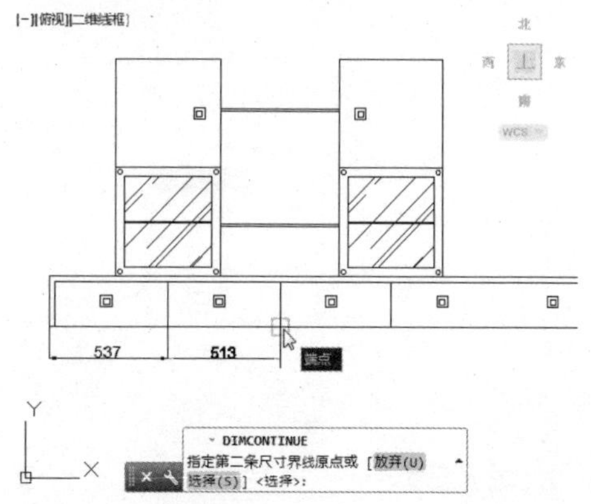

05 完成连续标注 依次捕捉剩余的端点，并按【Enter】键确认，即可完成标注操作，如右图所示。

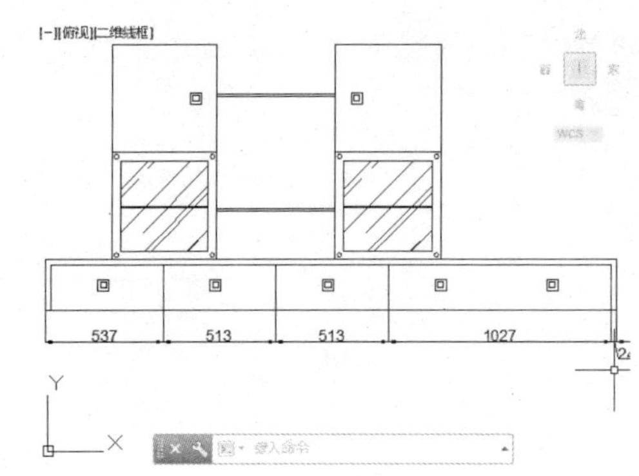

8.2.6 添加折弯标注

折弯标注也称为折弯半径标注或缩放半径标注。当圆弧或圆的中心位于布局之外，并且无法在其实际位置显示时，即可创建折弯半径标注。在替代位置指定标注原点，即中心位置替代。下面将通过实例对折弯标注的添加方法进行介绍，具体操作方法如下：

01 选择"折弯"命令 打开素材文件，单击"注释"面板中的"线性"下拉按钮，选择"折弯"命令，如下图所示。

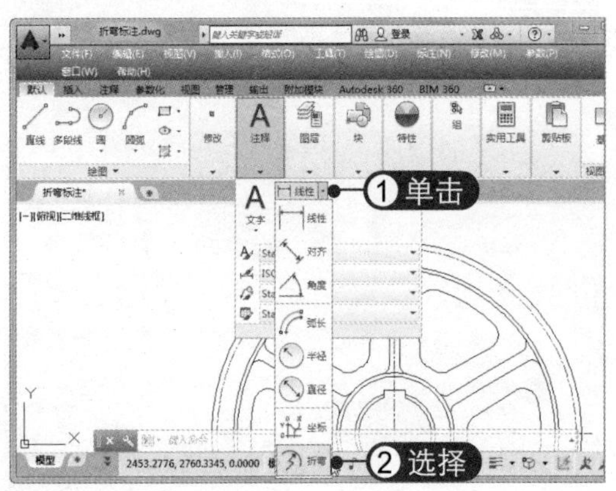

02 选择指定圆弧 在绘图区要添加标注的图形上单击鼠标左键，选择指定圆弧，如下图所示。

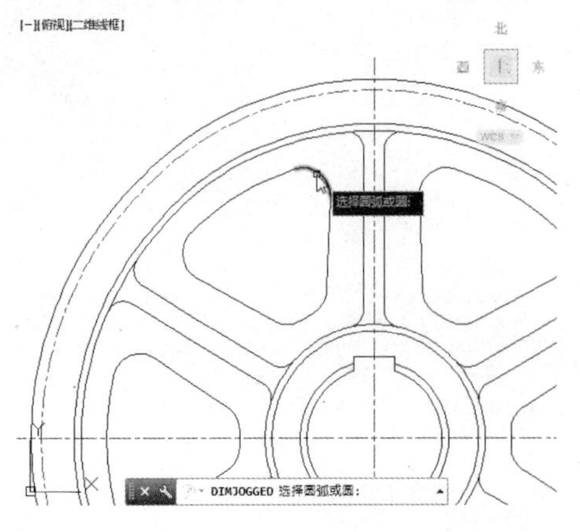

03 指定圆弧中心替代位置 在合适的位置单击鼠标左键，指定圆弧中心的替代位置，如下图所示。

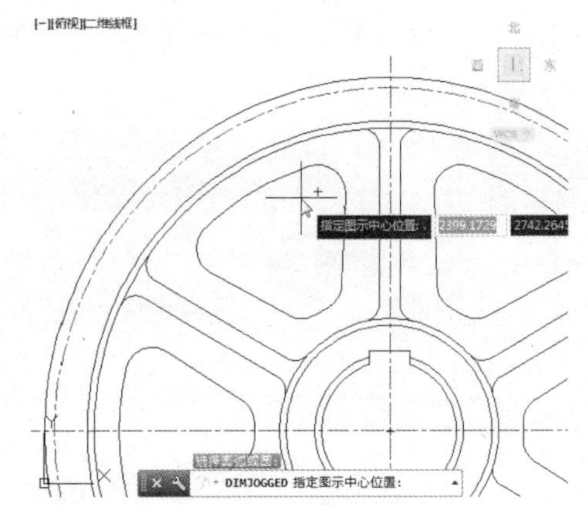

04 创建折弯标注 移动光标，依次指定折弯标注的尺寸线位置和折弯位置，即可在指定位置创建折弯标注，如下图所示。

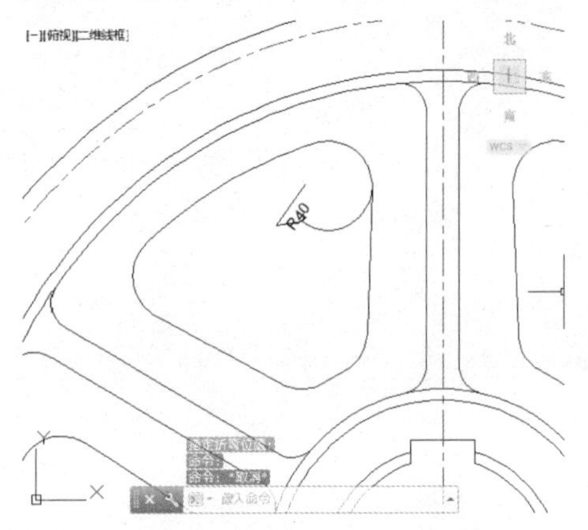

8.3 编辑尺寸标注

在创建尺寸标注后，可以对其进行修改。例如，修改现有标注文字的位置和方向或者替换文字，通过打断工具修改标注，以及通过夹点编辑操作来修改标注要素等。

8.3.1 编辑文字

创建标注后可以修改现有标注文字的角度，对正标注文字或替换标注文字。下面将通过实例对编辑文字的方法进行介绍，具体操作方法如下：

01 单击“文字角度”按钮 打开素材文件，选择“注释”选项卡，单击“标注”下拉按钮，在打开的下拉面板中单击“文字角度”按钮，如下图所示。

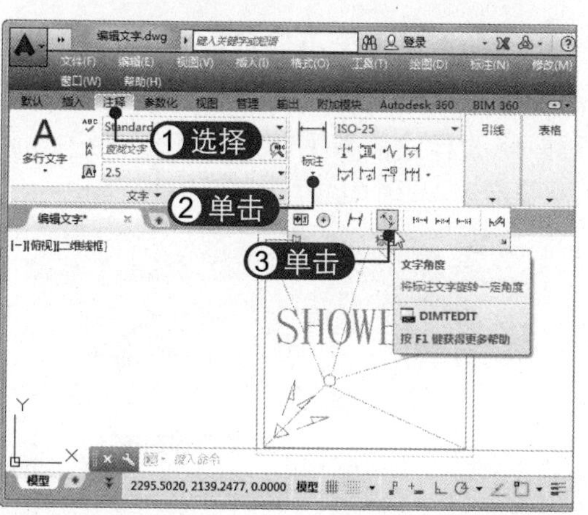

02 指定角度 选择要调整文字角度的标注，指定标注文字的角度，如输入 60 并按【Enter】键确认，此时标注文字即可按指定角度旋转，如下图所示。

03 单击“左对正”按钮 单击“标注”下拉按钮，在弹出的下拉面板中单击“左对正”按钮，如下图所示。

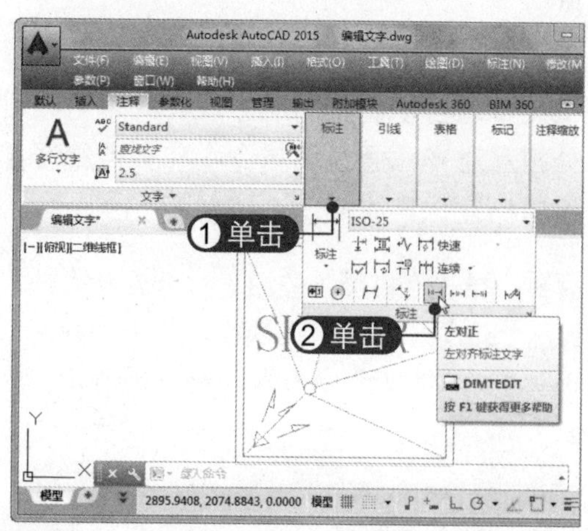

04 左对正文字 选择需要对正的标注，即可左对正标注文字，查看对正效果，如下图所示。

05 **输入新标注内容** 双击标注，自动切换到“文字编辑器”选项卡，标注文字呈编辑状态，输入新标注内容，如下图所示。

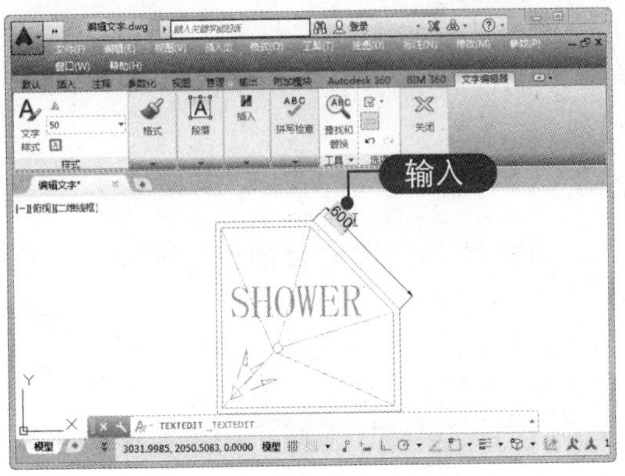

06 **关闭文字编辑器** 单击“关闭文字编辑器”按钮，即可完成标注操作，如下图所示。

8.3.2 编辑标注

通过打断工具可以使标注、尺寸延伸线或引线的指定部分不显示；通过调整间距工具可以自动调整图形中现有的平行线性标注和角度标注，使其间距相等或在尺寸线处相互对齐；通过编辑命令和夹点编辑操作可以修改标注。下面将通过实例介绍如何编辑标注，具体操作方法如下：

01 **单击“打断”按钮** 打开素材文件，选择“注释”选项卡，单击“标注”面板中的“打断”按钮，如下图所示。

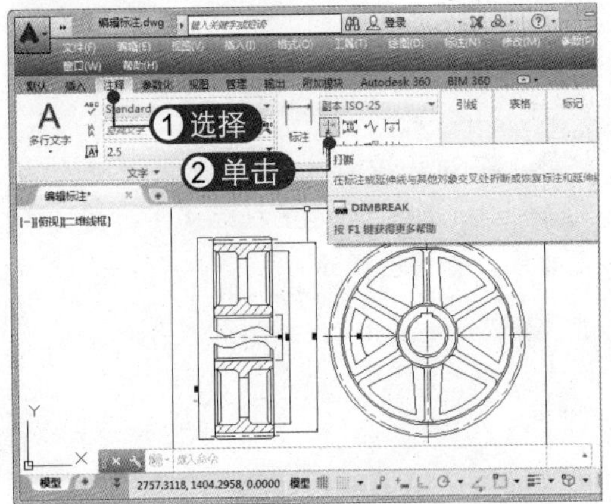

02 **选择标注** 在绘图区中选择角度标注为要添加折断的标注，如下图所示。

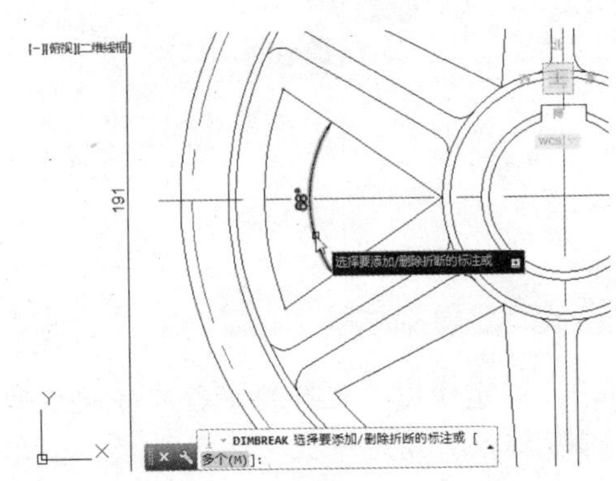

03 **指定第一个打断点** 输入 M 并按【Enter】键确认，在标注上指定第一个打断点，如下图所示。

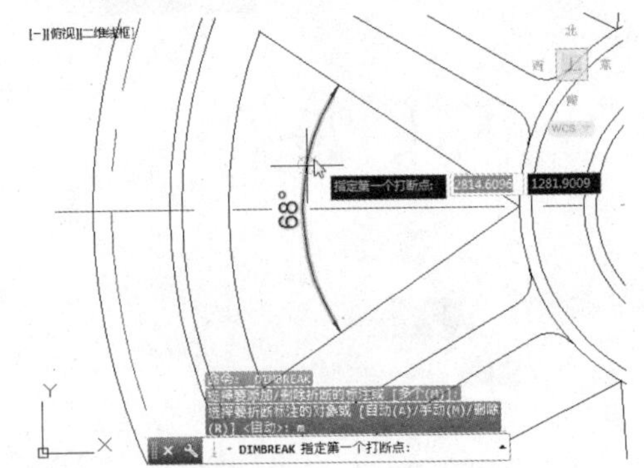

04 指定第二个打断点 在标注上指定第二个打断点，即可在指定标注上添加折断，如下图所示。

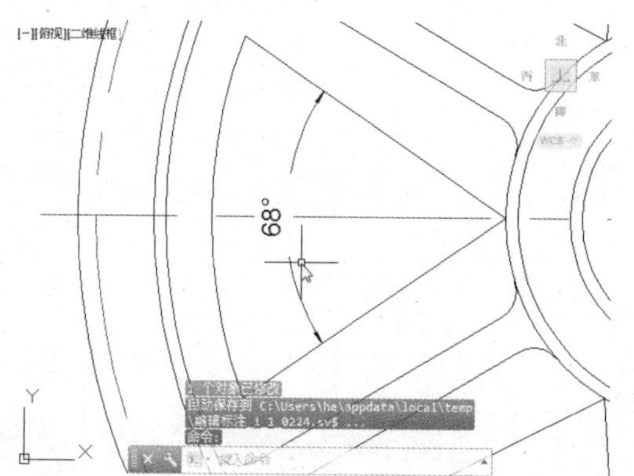

05 移动夹点位置 选择角度标注，显示夹点，移动标注文字所对应的夹点位置，如下图所示。

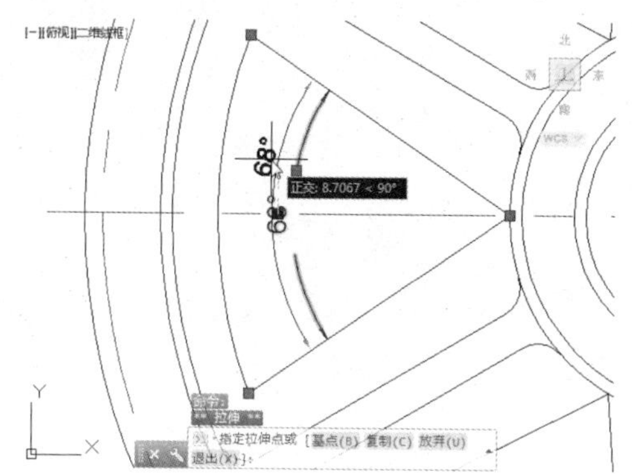

06 查看标注效果 此时即可通过编辑夹点改变角度标注文字的位置，如下图所示。

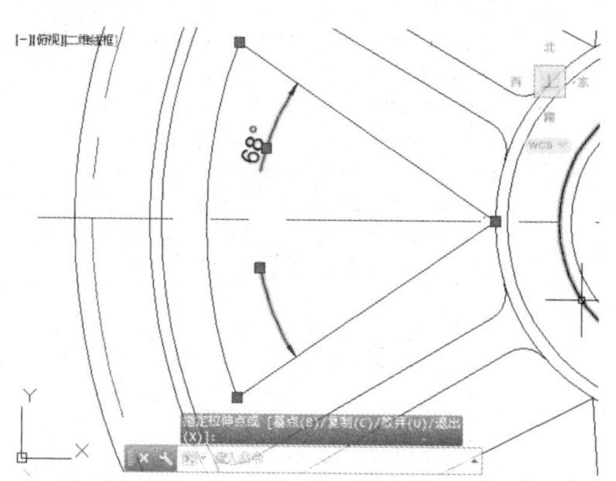

07 调整间距 单击"标注"面板中的"调整间距"按钮，如下图所示。

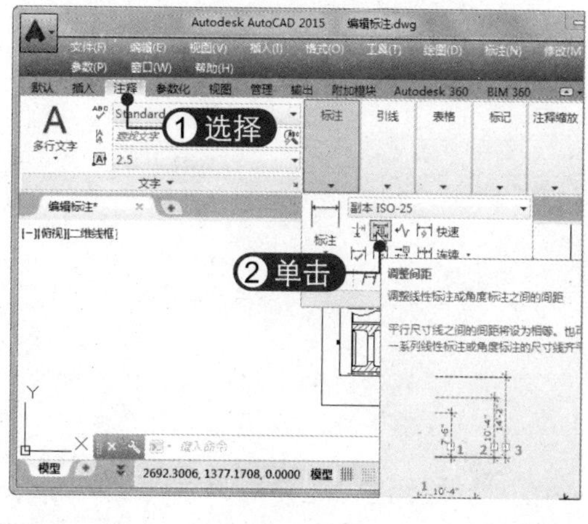

08 选择基准标注 选择基线标注作为调整间距的基准标注，并选择需要产生间距的标注，按【Enter】键确认，如下图所示。

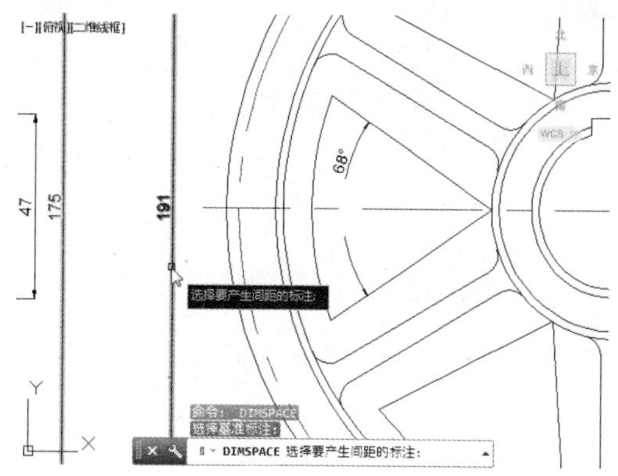

09 调整间距 输入数值12为调整间距的距离，并按【Enter】键确认，如下图所示。

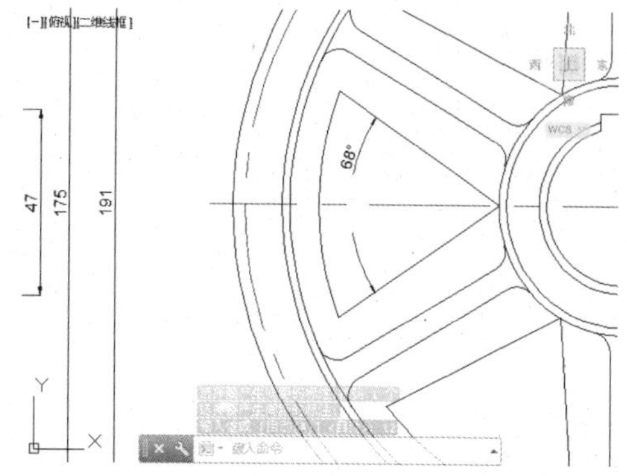

10 单击"标注，折弯标注"按钮 单击"标注"面板中的"标注，折弯标注"按钮，如下图所示。

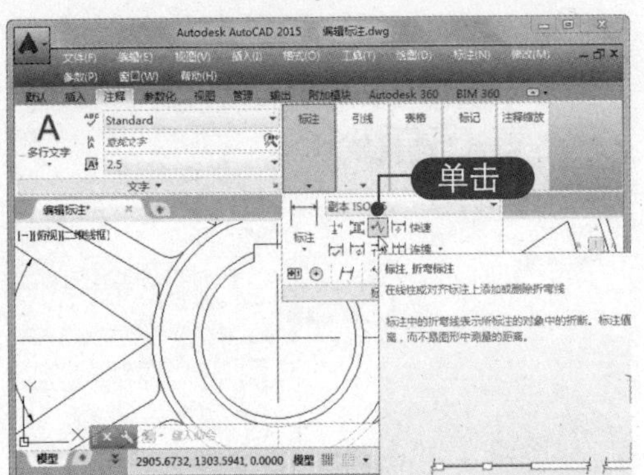

11 选择标注 选择图形中需要折弯的标注，如下图所示。

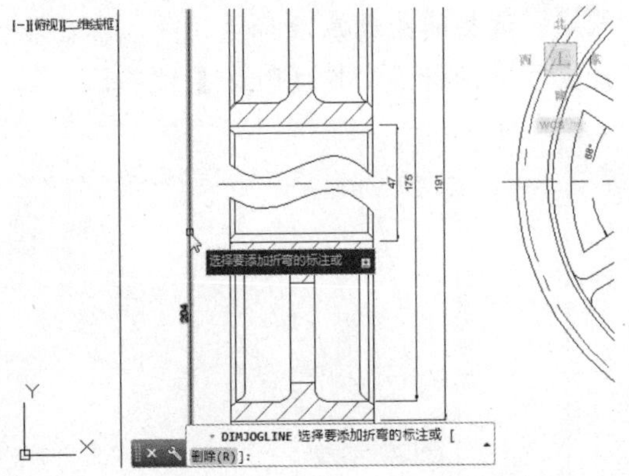

12 完成折弯标注 在标注上单击一点为折弯位置，即可完成折弯标注，如下图所示。

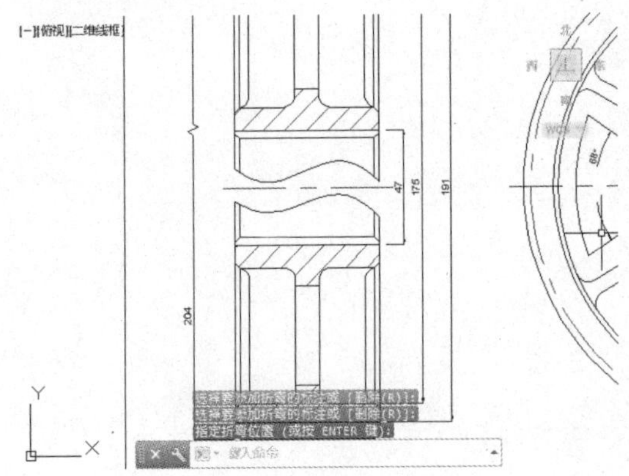

Chapter 09

块、外部参照与设计中心

在使用 AutoCAD 进行绘图时，使用图块可以将诸多对象作为一个部件进行组织和操作，且可以多次插入。外部参照是把已有的图形文件以参照的形式插入到当前图形中，设计中心可以很方便地对图块、外部参照等进行管理。本章将详细介绍图块、外部参照与设计中心的应用方法。

本章要点

- 应用块
- 应用外部参照
- 应用设计中心

知识等级

AutoCAD 中级读者

建议学时

建议学习时间为 60 分钟

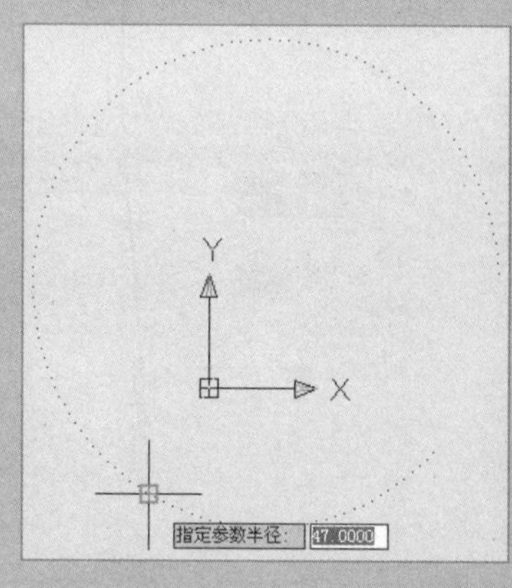

9.1 应用块

将一些经常需要重复使用的对象组合在一起形成一个块对象，并按指定的名称保存起来，以后可以随时将它插入到绘图区的图形中，而不必再重新绘制，比如在绘制大量相同的门、窗等图形时，应用块会非常方便。

9.1.1 认识块

在创建一个块后，AutoCAD 将该块存储在图形数据库中，之后可以根据需要多次插入同一个块，不但节省了大量的绘图时间，而且插入块并不是对块进行复制，而只是根据一定的位置、比例和旋转角度来重复引用，因此降低了数据量。

在 AutoCAD 2015 中可以将块存储为一个独立的图形文件，即外部块。这样可以随时将某个图形文件作为块插入到自己的图形中，不必重新进行创建。用户可以将不同图层、颜色等特性的对象组合成一个单独、完整的对象来操作，对其进行复制、移动、旋转和缩放等一系列操作。

9.1.2 创建块

01 单击“创建块”按钮 打开素材文件，单击“插入”选项卡下“块定义”面板中的“创建块”按钮，如下图所示。

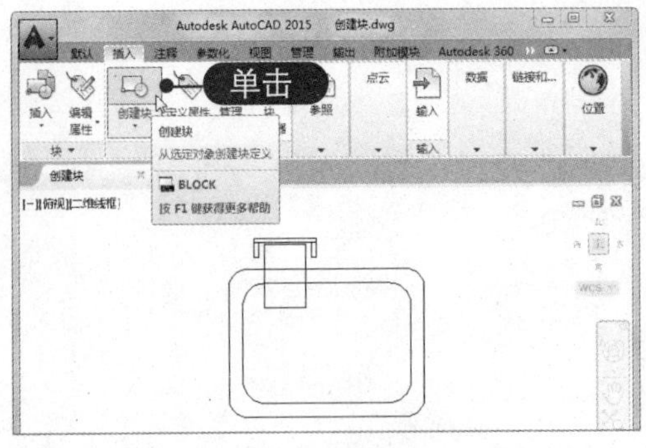

02 输入名称 弹出“块定义”对话框，在“名称”文本框中输入名称，然后单击“选择对象”按钮，如下图所示。

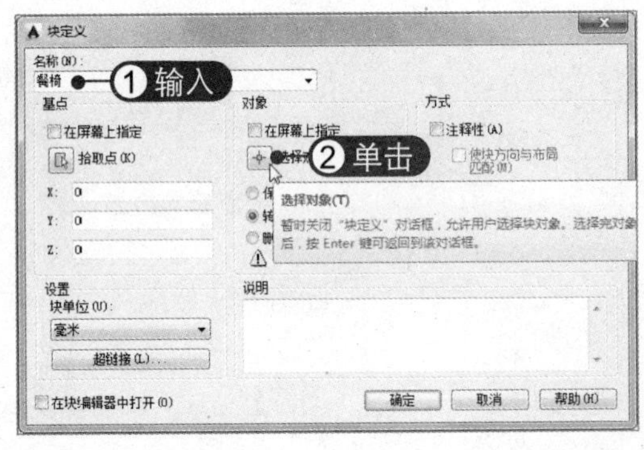

03 选择对象 在绘图区中使用窗交模式框选需要创建块的对象，并按【Enter】键确认，如下图所示。

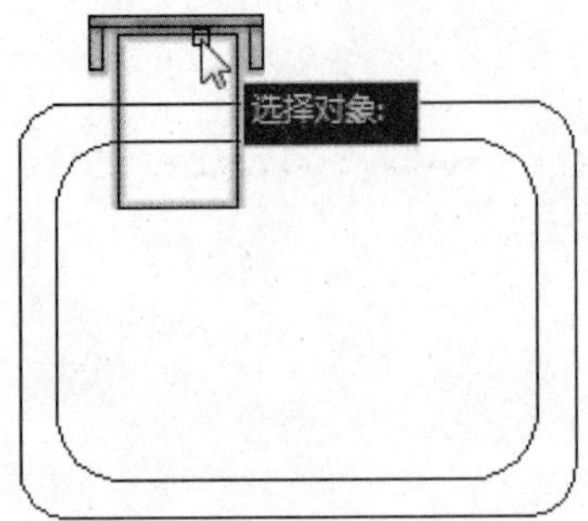

04 单击“拾取点”按钮 返回“块定义”对话框，单击“拾取点”按钮，如下图所示。

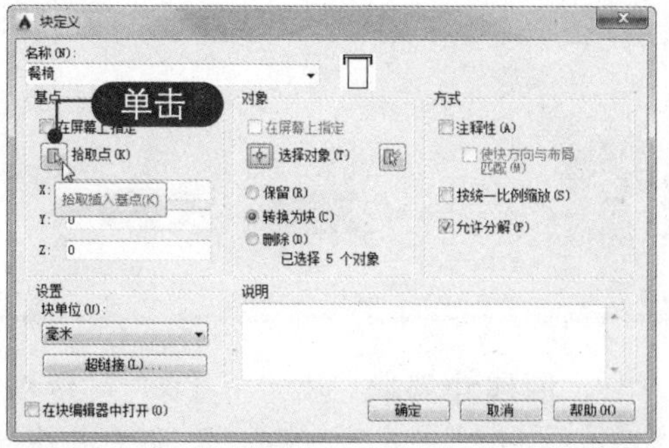

05 指定插入基点 移动光标到图形所需的位置，指定图块对象的插入基点，如下图所示。

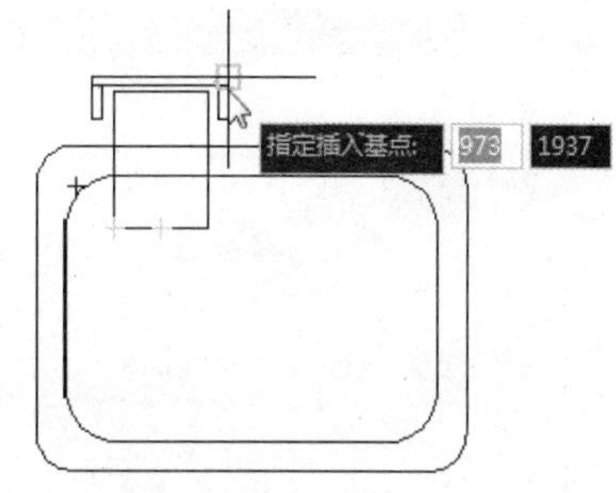

06 创建图块对象 返回“块定义”对话框，设置块单位及是否允许分解等其他参数，然后单击“确定”按钮，即可将所选对象创建为图块对象，如下图所示。

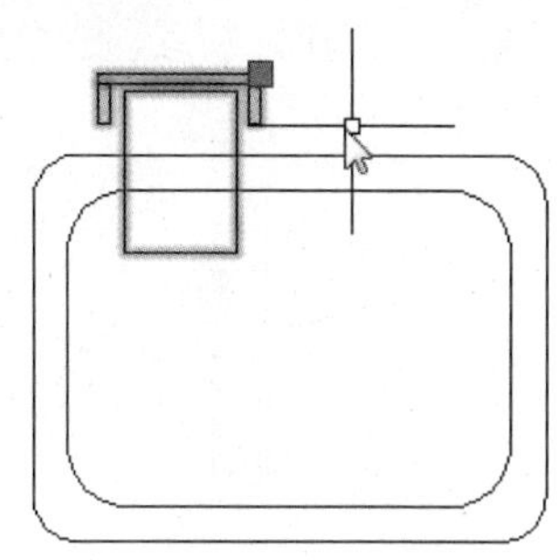

9.1.3 创建外部块

将图形文件中的整个图形、内部块或某些实体写入一个新的图形文件，其他图形文件均可以将它作为块调用。下面将通过实例介绍如何创建外部块，具体操作方法如下：

01 单击“选择对象”按钮 打开素材文件，在命令行窗口中输入wblock 后按【Enter】键确认，弹出“写块”对话框，单击“选择对象”按钮，如下图所示。

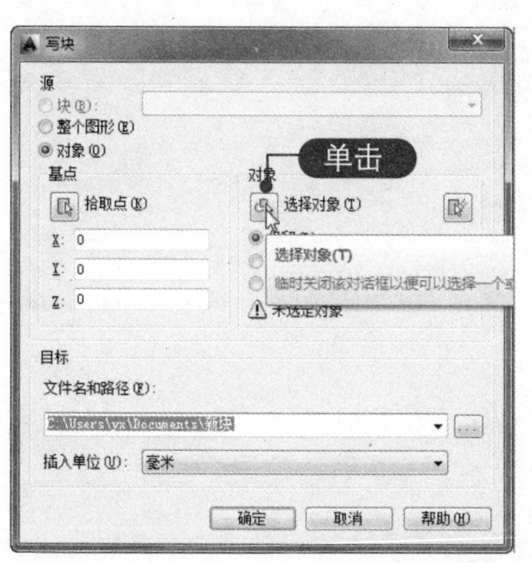

02 选择图形对象 在绘图区中选择图形对象，并按【Enter】键确认，如下图所示。

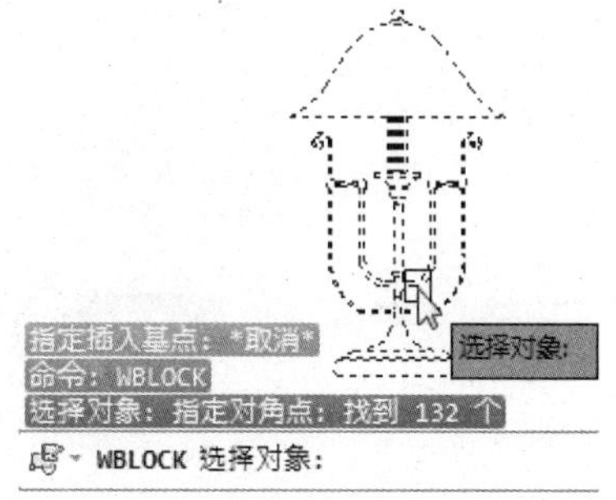

03 单击“拾取点”按钮 返回“写块”对话框，在其中单击“拾取点”按钮，如下图所示。

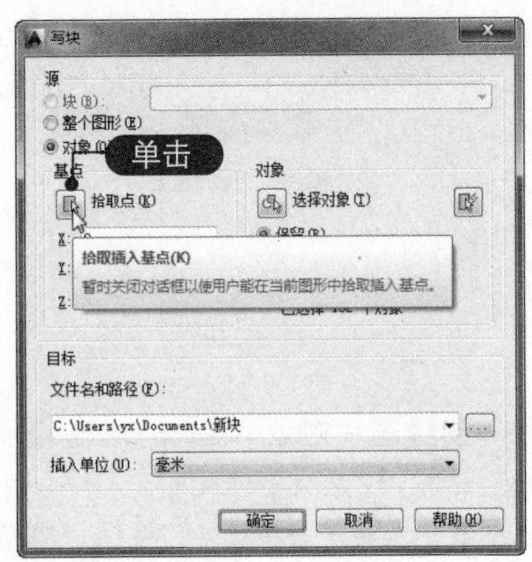

04 **指定插入基点** 移动光标到所需位置，指定块的插入基点，如下图所示。

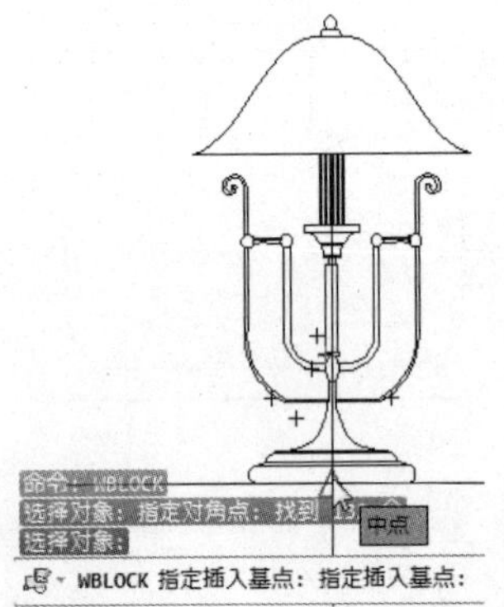

05 **选择保存路径** 单击“文件名和路径”文本框右侧的□按钮，如下图所示。

06 **设置保存选项** 弹出“浏览图形文件”对话框，指定保存路径，在“文件名”文本框中输入名称，然后单击“保存”按钮，如下图所示。

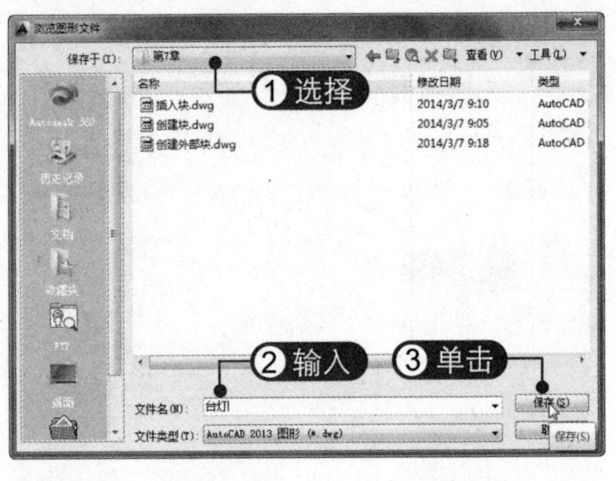

07 **创建外部块** 返回“写块”对话框，单击“确定”按钮，即可完成外部块创建，如下图所示。

08 **查看外部块** 选择指定到的保存路径，即可查看外部块，如下图所示。

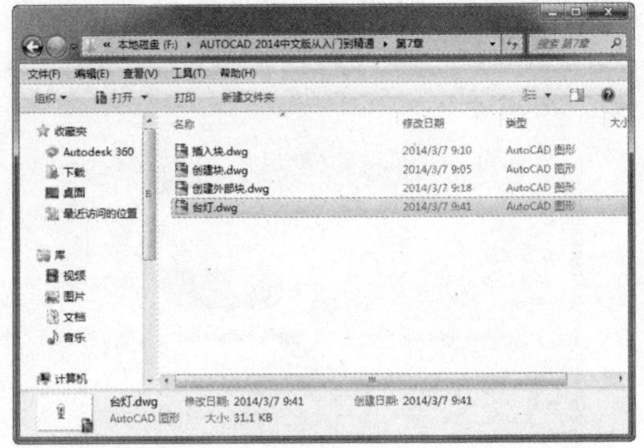

9.1.4 插入块

下面将通过实例介绍如何插入块到指定位置，具体操作方法如下：

01 单击“插入”按钮 打开素材文件，单击“块”面板中的“插入”按钮，如下图所示。

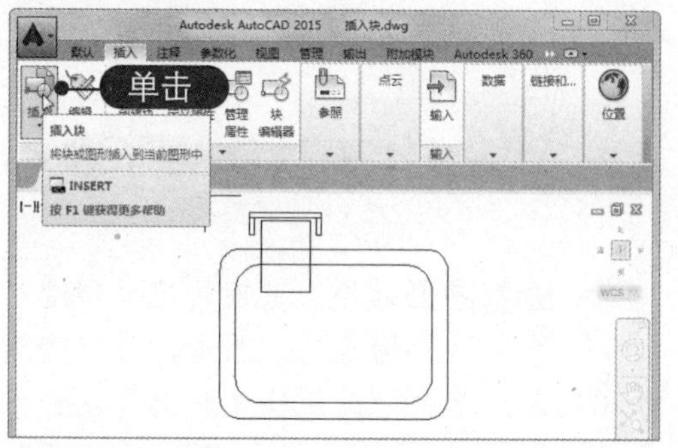

02 选择块 弹出“插入”对话框，在“名称”下拉列表框中选择“餐椅”块，然后单击“确定”按钮，如下图所示。

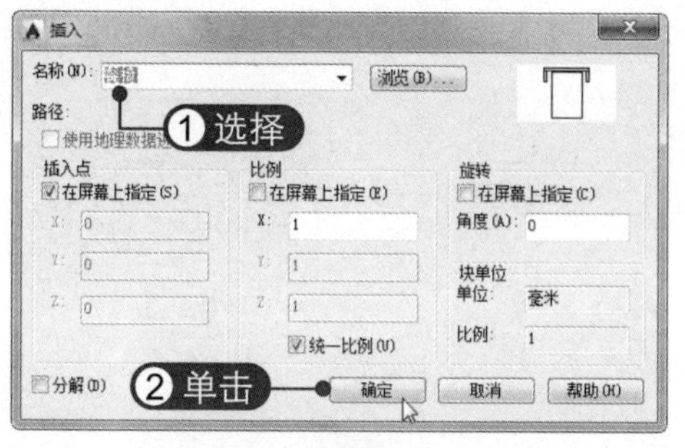

03 指定插入点 在图形上指定图块的插入点，如下图所示。

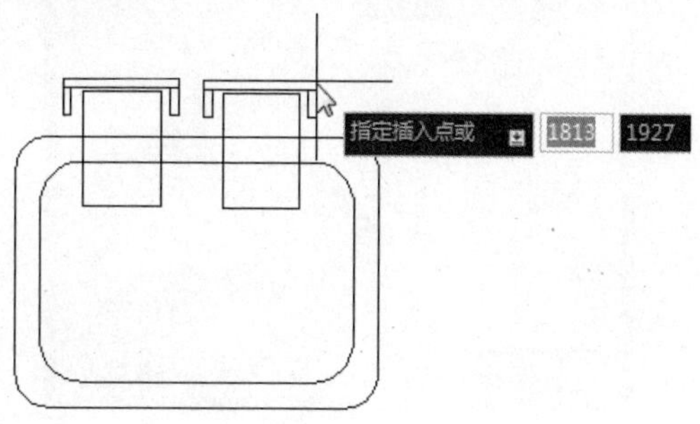

04 插入块 此时即可将指定图块插入到图形中，如下图所示。

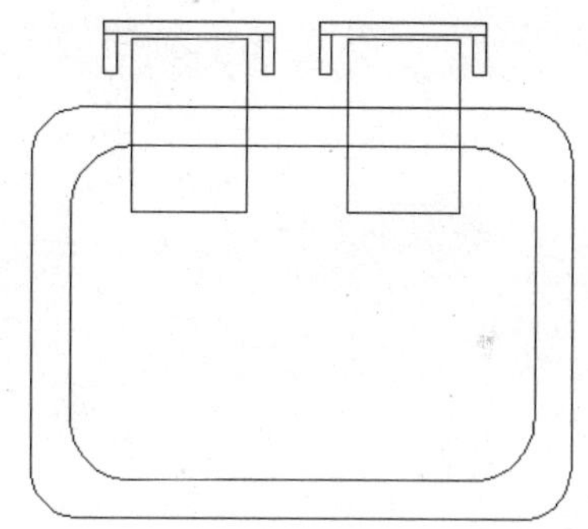

9.1.5 构造几何图形

当插入图块到图形文件后，如果不希望显示其中的某一部分，可以将其转换为构造几何图形，从而暂时将其隐藏，具体操作方法如下：

01 单击“块编辑器”按钮 在“插入”选项卡下单击“块定义”面板中的“块编辑器”按钮，如右图所示。

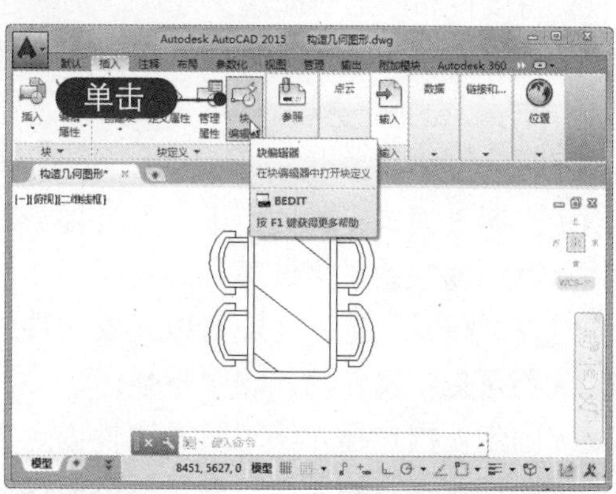

02 选择“当前图形”选项 弹出“编辑块定义”对话框，在列表中选择“当前图形”选项，然后单击“确定”按钮，如下图所示。

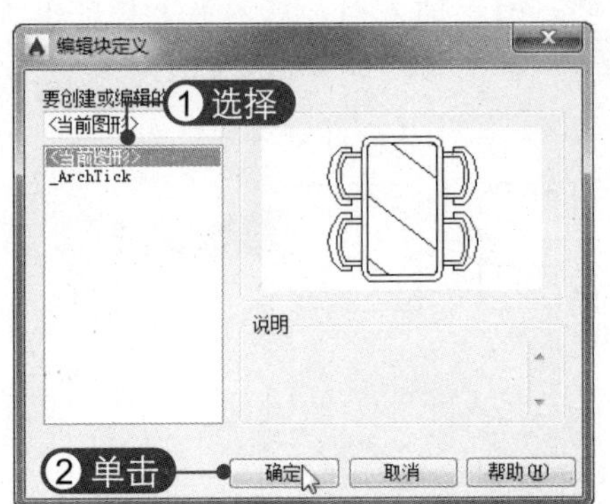

03 单击“构造”按钮 选择“块编辑器”选项卡，在“管理”面板中单击“构造”按钮，如下图所示。

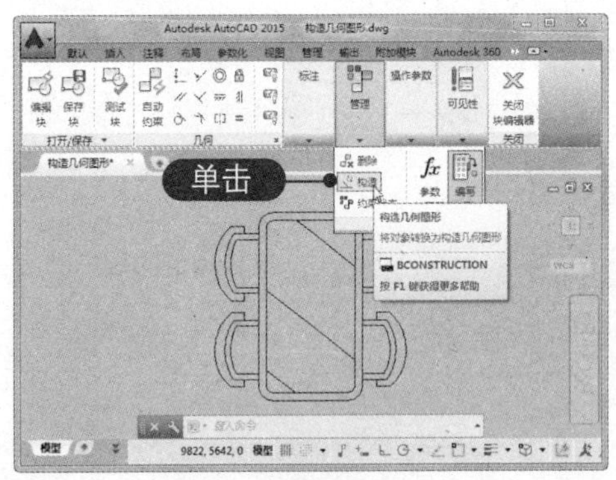

04 转换对象 选择要转换的对象，并按【Enter】键确认，在弹出的快捷菜单中选择“转换”命令，如下图所示。

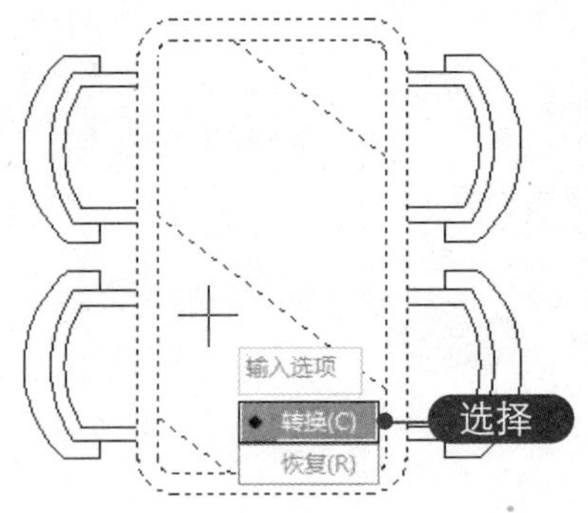

05 查看图形效果 此时即可将所选对象转换为构造几何图形，并以虚线方式显示。单击“关闭块编辑器”按钮，构造几何图形在绘图区中将处于隐藏状态，如下图所示。

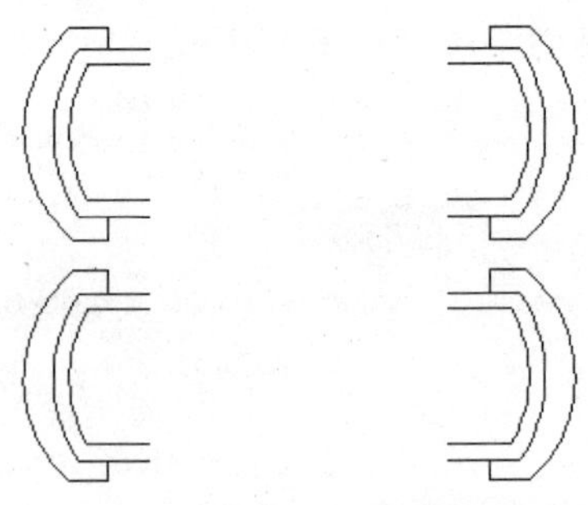

9.1.6 创建块属性

块属性是块的组成部分，是包含在块定义中的文字对象。在定义块之前，要先定义该块的每个属性，将属性和图形一起定义成块。块属性是不能脱离块而存在的，删除图块时其属性也会删除。

单击“插入”选项卡下“块定义”面板中的“定义属性”按钮，弹出“属性定义”对话框，从中可以定义属性模式、属性标记、属性提示、属性值、插入点和属性的文字设置，如右图所示。

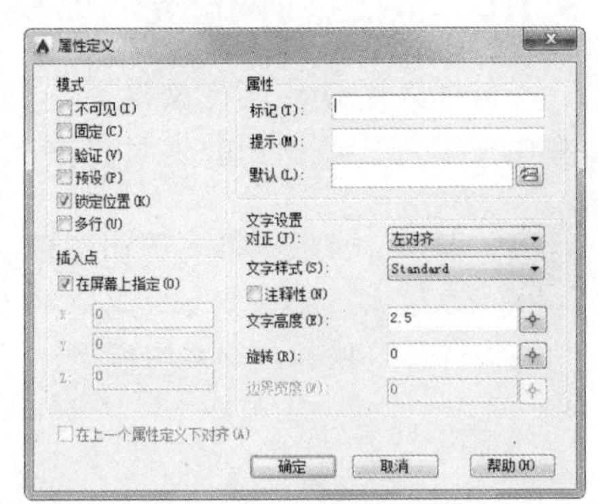

在“模式”选项区中可以设置与块关联的不同属性值，其中：

- **不可见**：指在插入块时不显示。
- **固定**：指在插入块时赋予属性固定值。
- **验证**：指在插入块时提示验证属性值是否正确。

- **预设**：指插入包含预设属性值的块时，将属性设置为默认值。
- **锁定位置**：指锁定块参照中属性的位置，无法对其进行调整。
- **多行**：指属性值可以包含多行文字。选定此命令后，可以指定属性的边界宽度。

"属性"选项区用于设置属性数据，如下图所示。

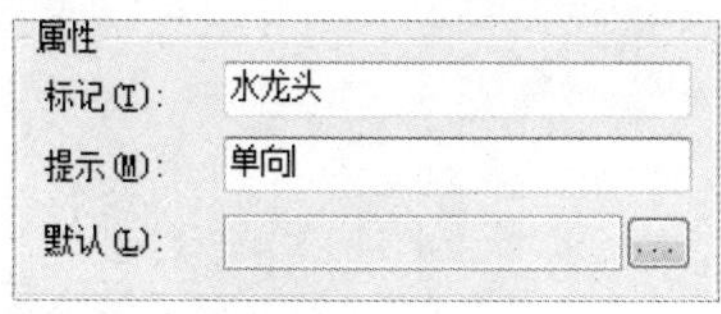

其中：

- **标记**：该文本框用于标识图形中每次出现的属性，可使用任何字符组合（空格除外）输入属性标记，小写字母会自动转换为大写字母。
- **提示**：该文本框用于指定在插入包含该属性定义的块时显示的提示。如果不输入提示，属性标记将用作提示。
- **默认**：该文本框用于指定默认值。

块属性包括属性模式、标记、提示、属性值、插入点和文字设置等。下面将通过实例介绍如何创建块属性，具体操作方法如下：

01 单击"定义属性"按钮 打开素材文件，单击"插入"选项卡下"块定义"面板中的"定义属性"按钮，如下图所示。

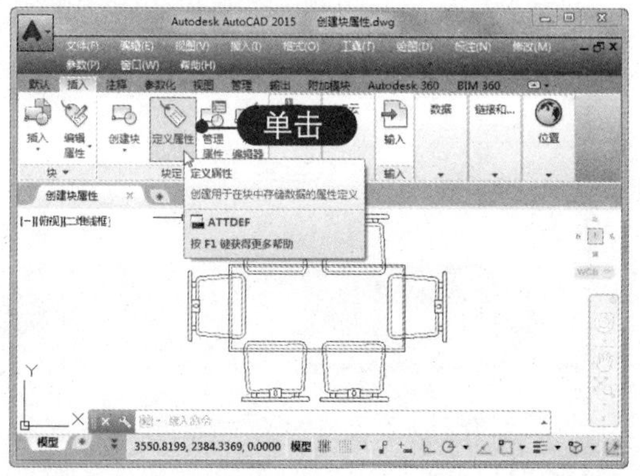

02 定义属性 弹出"属性定义"对话框，在"标记"文本框中输入"餐桌"，设置"对正"为"居中"，"文字高度"为200，单击"确定"按钮，如下图所示。

03 创建块属性 在绘图区的图形中指定属性起点，即可在指定位置创建一个块属性，如下图所示。

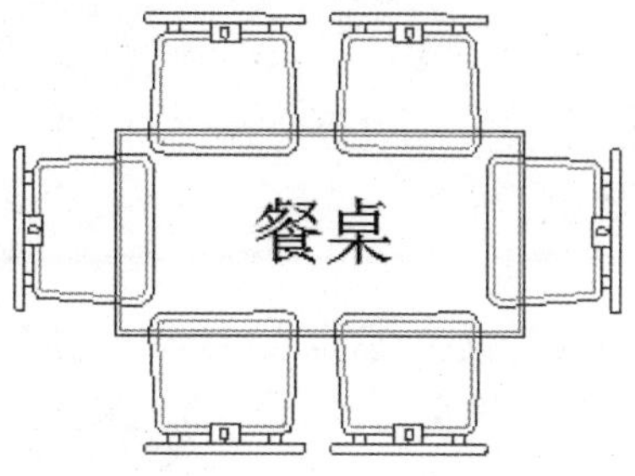

04 创建块 单击"默认"选项卡下"块"面板中的"创建"按钮，弹出"块定义"对话框，在"名称"文本框中输入

“餐区”，单击“选择对象”按钮，如下图所示。

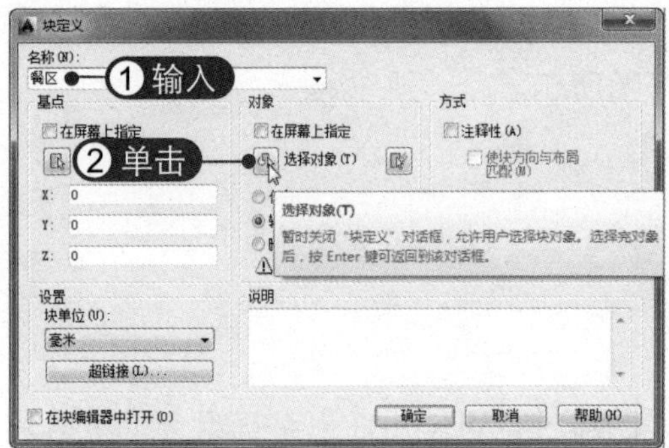

05 **选择块与属性** 在绘图区选择块与刚才创建的属性，并按【Enter】键确认，如下图所示。

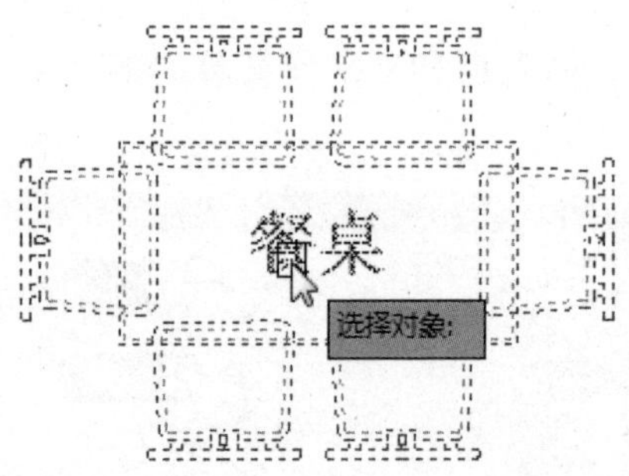

06 **单击“拾取点”按钮** 返回“块定义”对话框，单击“拾取点”按钮，如下图所示。

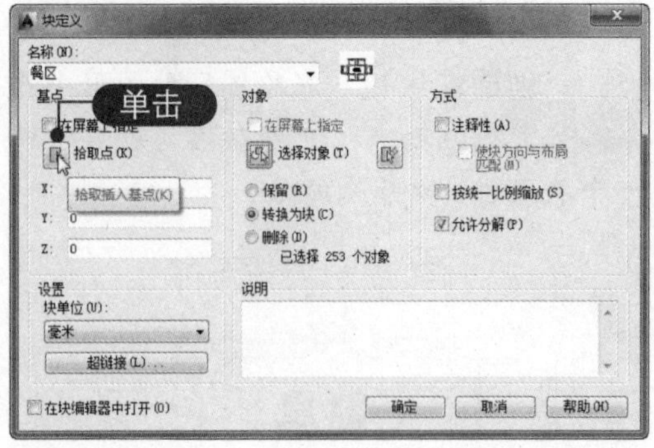

07 **指定插入基点** 移动光标到所需的位置，指定块的插入基点，如下图所示。

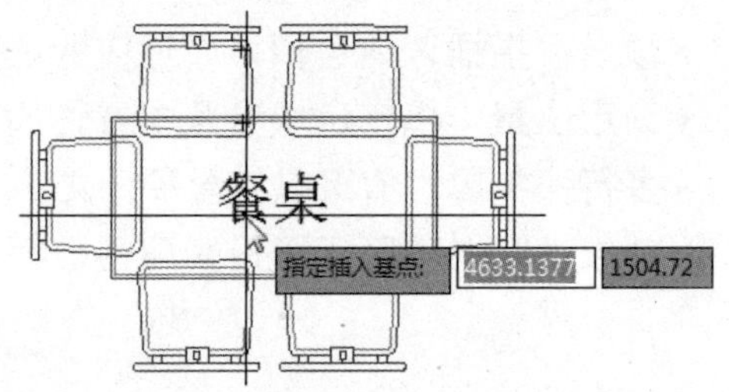

08 **确认创建操作** 返回“块定义”对话框，单击“确定”按钮，如下图所示。

09 **编辑块属性** 弹出“编辑属性”对话框，在文本框中输入“餐桌”，单击“确定”按钮，如下图所示。

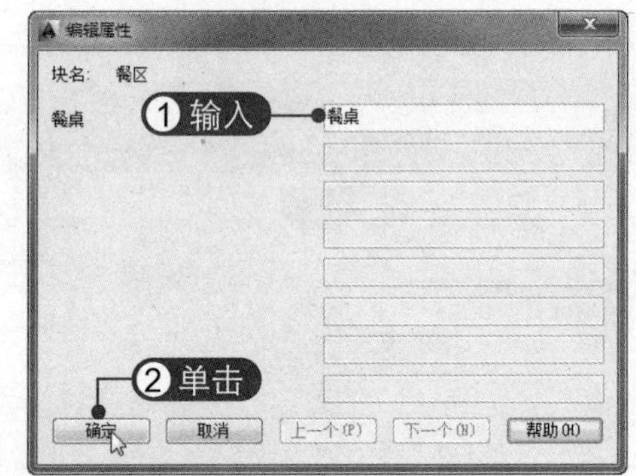

10 **关联属性** 此时即可将属性与图块相关联，如下图所示。

9.1.7 应用块编辑器

块编辑器是专门用于创建块定义并添加动态行为的编写区域。单击“插入”选项卡下“块定义”面板中的“块编辑器”按钮，即可打开“编辑块定义”对话框，如下图所示。

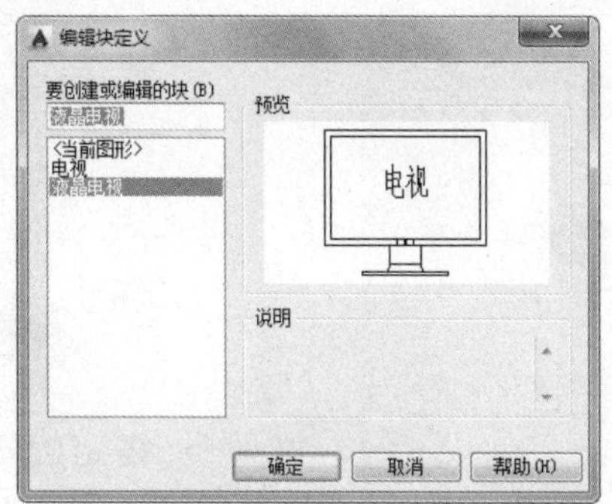

在“要创建或编辑的块”文本框中可以指定要在块编辑器中编辑或创建的块的名称。

“名称”列表框用于显示保存在当前图形中的块定义的列表。从该列表中选择某个块定义后，其名称将显示在文本框中。

通过“名称”列表框选择某个块定义并单击“确定”按钮后，此块定义将在块编辑器中打开。通过块编辑器可以快速访问块编写工具，添加各种约束、参数、动作和定义块属性，如下图所示。

用户可以向现有的块定义中添加动态行为（见下表），参数和动作仅显示在块编辑器中。添加动态定义后，可以通过夹点轻松对块进行各种操作。

参考类型	夹点类型		可与参数关联动作
点	■	标准	移动、拉伸
线性	▶	线性	移动、缩放、拉伸、阵列
极轴	■	标准	移动、缩放、拉伸、极轴拉伸、阵列
XY	■	标准	移动、缩放、拉伸、阵列
旋转	●	旋转	旋转
翻转	➡	翻转	翻转
对齐	▶	对齐	无（此动作隐含在参数中）
可见性	▼	查寻	无（此动作是隐含的，并且受可见性状态的控制）
查寻	▼	查寻	查寻
基点	■	标准	无

下面将通过实例介绍如何通过块编辑器添加动态行为，具体操作方法如下：

01 单击"块编辑器"按钮 打开素材文件，选择"插入"选项卡，单击"块定义"面板中的"块编辑器"按钮，如下图所示。

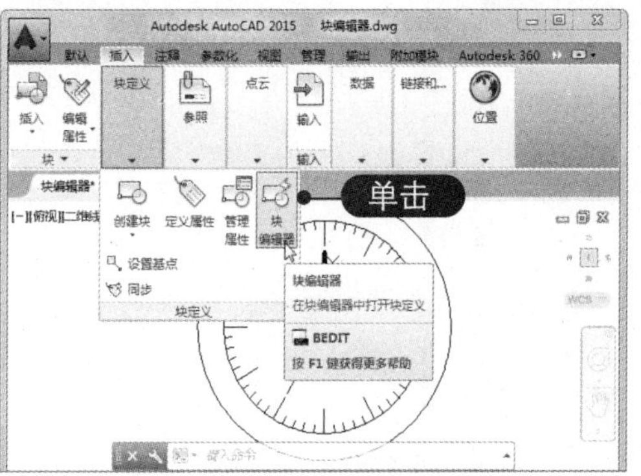

02 选择块 弹出"编辑块定义"对话框，选择"秒针"块，然后单击"确定"按钮，如下图所示。

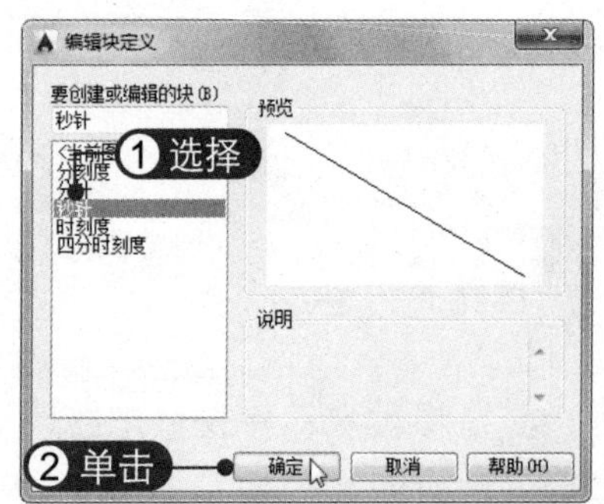

03 单击"编写选项板"按钮 选择"块编辑器"选项卡，单击"管理"面板中的"编写选项板"按钮，如下图所示。

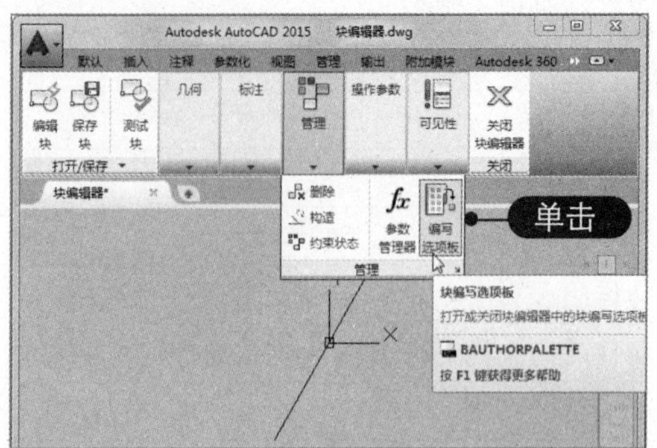

04 单击"旋转"按钮 弹出"块编写选项板"面板，单击"旋转"按钮，如下图所示。

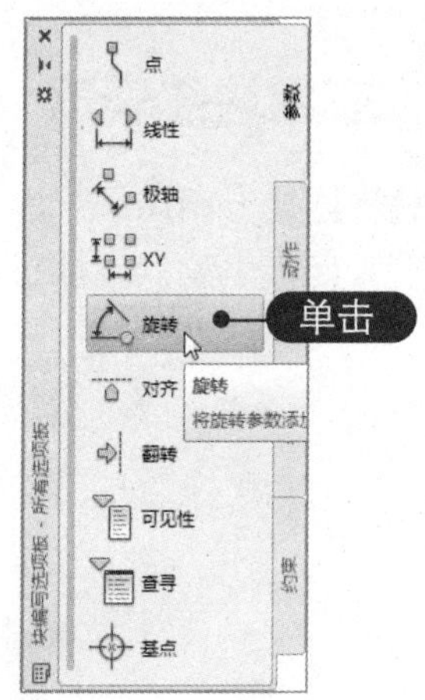

05 指定旋转基点 指定直线的一个端点为旋转基点，如下图所示。

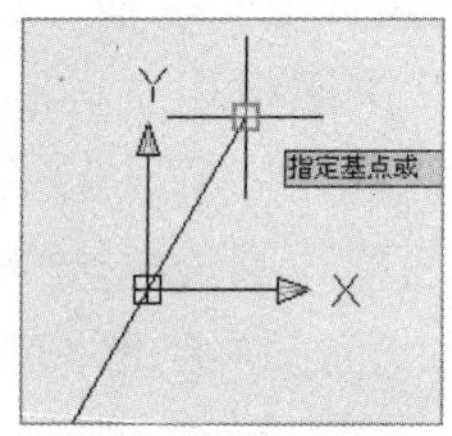

06 指定参数半径 捕捉直线的另一个端点，指定参数半径，如下图所示。

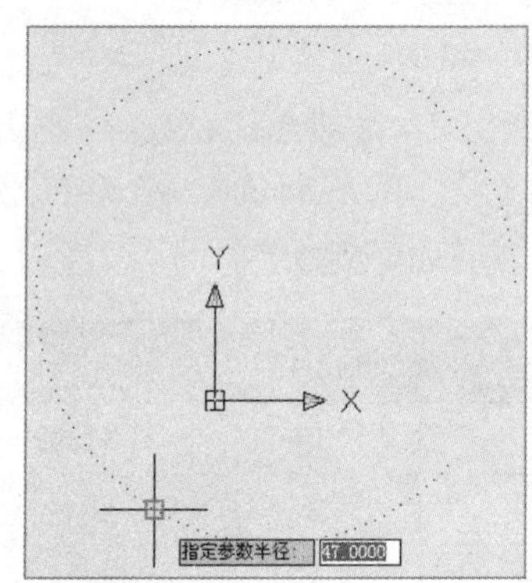

07 指定旋转角度 通过移动光标或输入数值指定旋转角度，如下图所示。

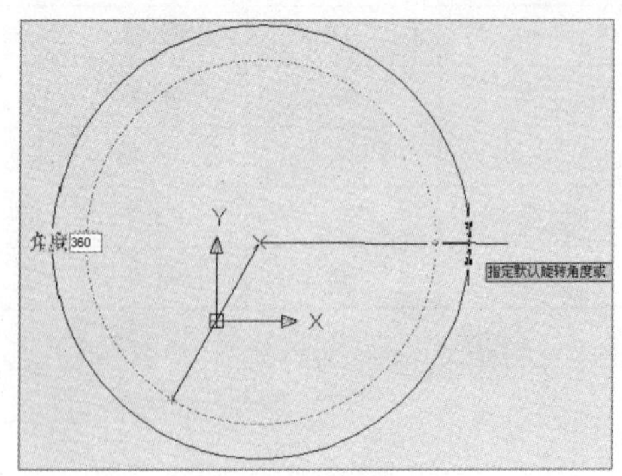

08 指定旋转参数 此时即可为块定义指定旋转参数，如下图所示。

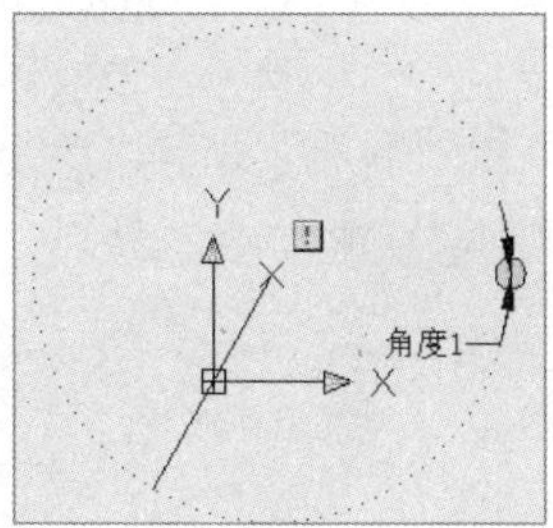

09 选择"旋转"命令 单击"操作参数"面板中的"移动"下拉按钮，在弹出的下拉列表中选择"旋转"命令，如下图所示。

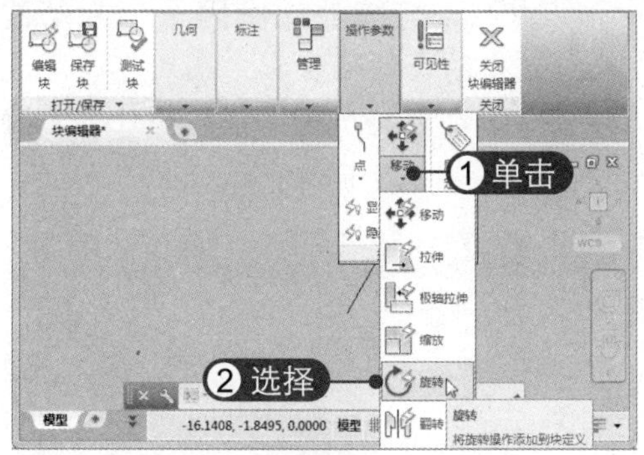

10 选择动作和对象 选择动作参数，然后选择添加动作对象，并按【Enter】键确认，如下图所示。

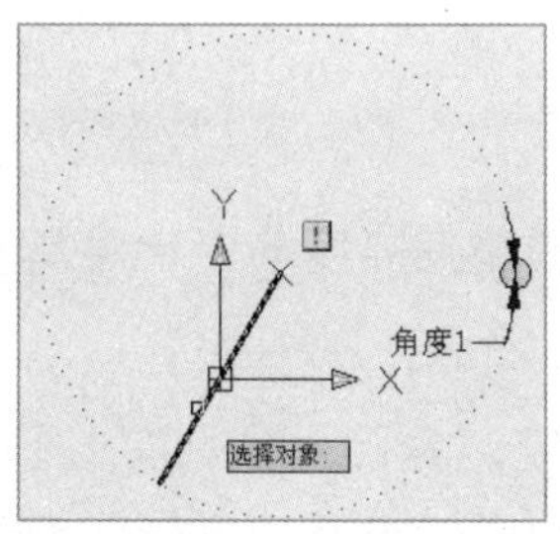

11 单击"保存块"按钮 单击"打开/保存"面板中的"保存块"按钮，如下图所示。

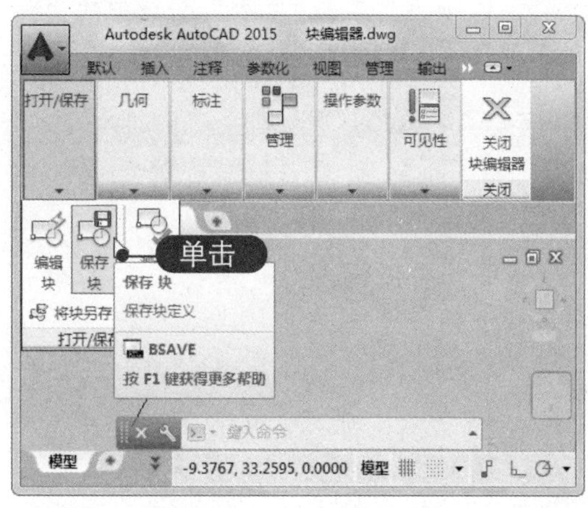

12 旋转夹点 关闭块编辑器，返回绘图区。选中添加动作的图形，将会出现旋转夹点，通过移动旋转夹点的位置即可旋转块，如下图所示。

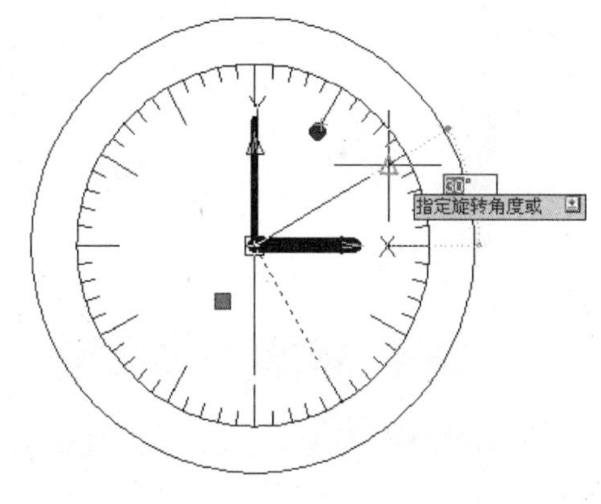

9.2 应用外部参照

相对于图块，使用外部参照是一种更为灵活的图形引用方式。用户可以通过外部参照将多个图形链接到当前图形中，还可以使作为外部参照的图形与原图形保持同步更新。

9.2.1 附着外部参照

用户可以将 DWF、DWF、DGN 或 PDF 文件作为参考底图附着到图形文件。下面

将通过实例介绍如何附着外部参照，具体操作方法如下：

01 单击“附着”按钮 选择“插入”选项卡，单击“参照”面板中的“附着”按钮，如下图所示。

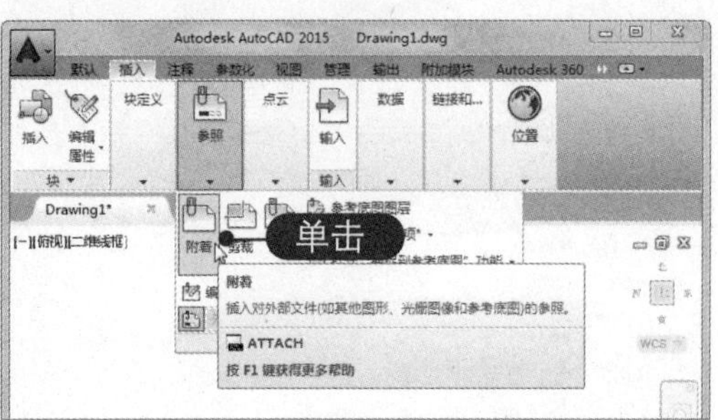

02 选择参照图片 弹出“选择参照文件”对话框，选择要附着的图片文件，单击“打开”按钮，如下图所示。

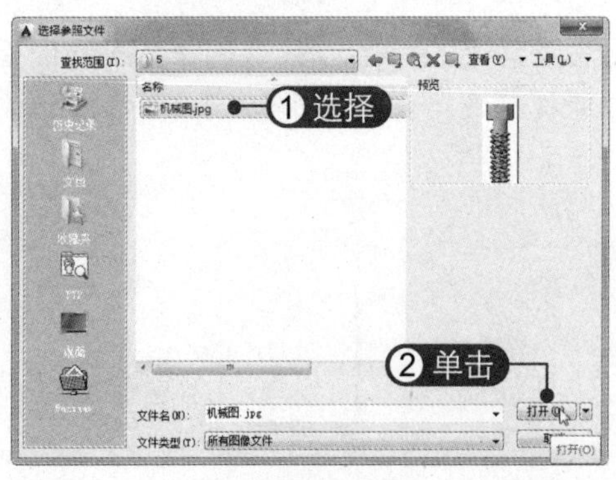

03 设置附着参数 弹出“附着图像”对话框，设置插入点和缩放比例等各项参数，单击“确定”按钮，如下图所示。

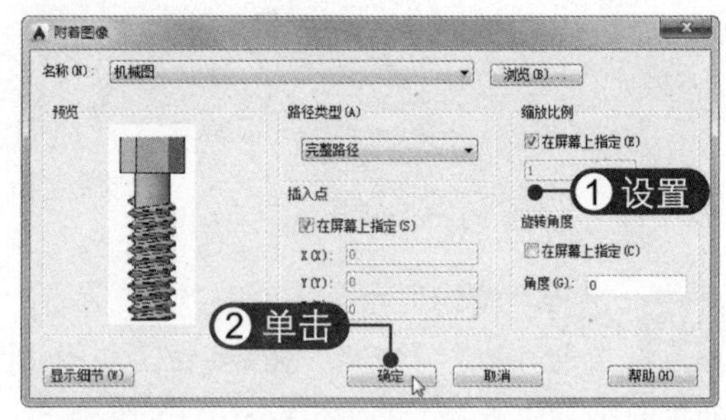

04 插入点与缩放比例因子 在绘图区中的合适位置指定插入点与缩放比例因子，即可将所选图片作为外部参照附着到图形中，如下图所示。

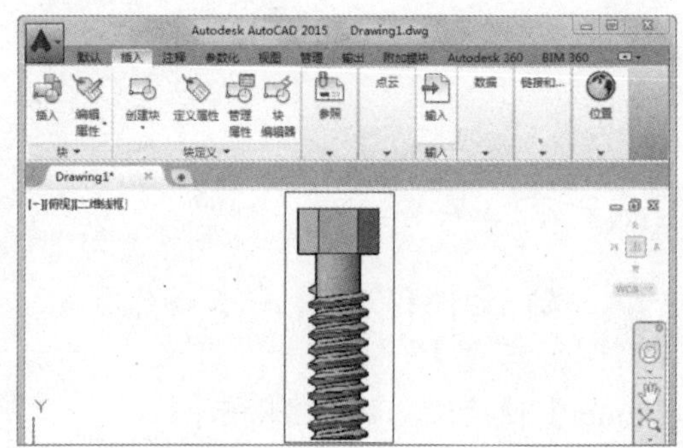

9.2.2 调整与剪裁外部参照

当附着外部参照后，可以对其边界进行剪裁，或调整其亮度与对比度等参数，具体操作方法如下：

01 单击“创建剪裁边界”按钮 打开素材文件，单击外部参照对象，选择“图像”选项卡，单击“剪裁”面板中的“创建剪裁边界”按钮，如下图所示。

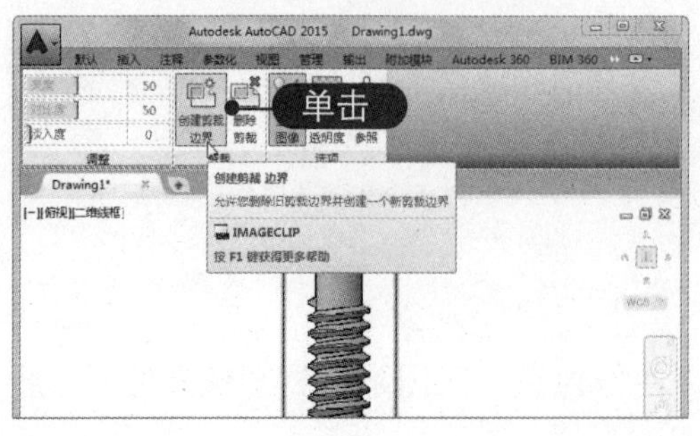

02 指定对角点 依次在图形中的合适位置单击指定对角点，创建剪裁边界，如下图所示。

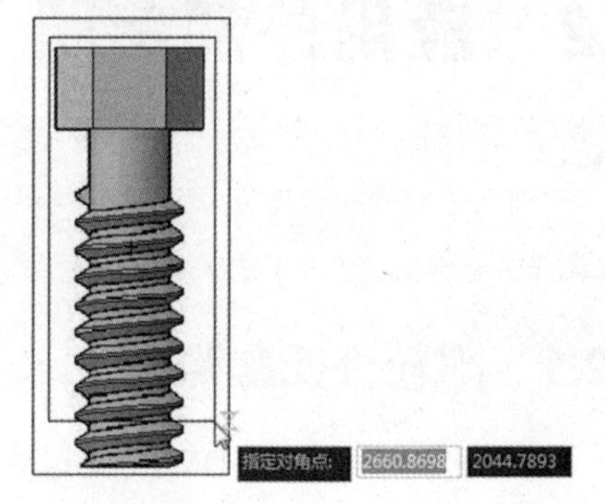

03 剪裁外部参照对象 此时即可按所创建的边界剪裁外部参照对象，如下图所示。

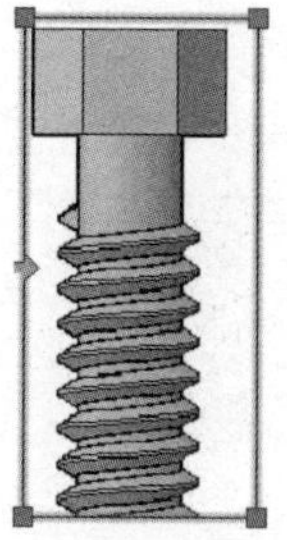

04 调整亮度和对比度 再次单击外部参照对象，选择“图像”选项卡，通过拖动“调整”面板中的调节滑块调整参照对象的亮度和对比度，如下图所示。

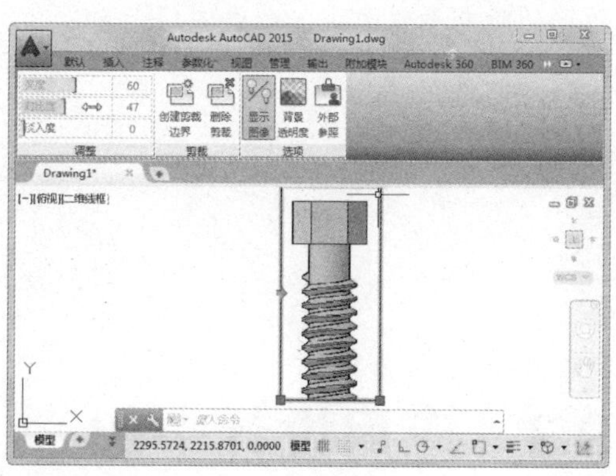

9.3.3 管理外部参照

外部参照管理器是一种外部应用程序，使用它可以检查图形文件可能附着的任何文件。参照管理器报告的特性包括：文件类型、状态、文件名、参照名、保存路径、找到路径、宿主版本等信息。下面将通过实例介绍如何管理外部参照，具体操作方法如下：

01 单击“参照管理器”命令 单击“开始”菜单，单击“所有程序”按钮，选择 Autodesk |“AutoCAD 2015 - 简体中文”|“参照管理器”命令，如下图所示。

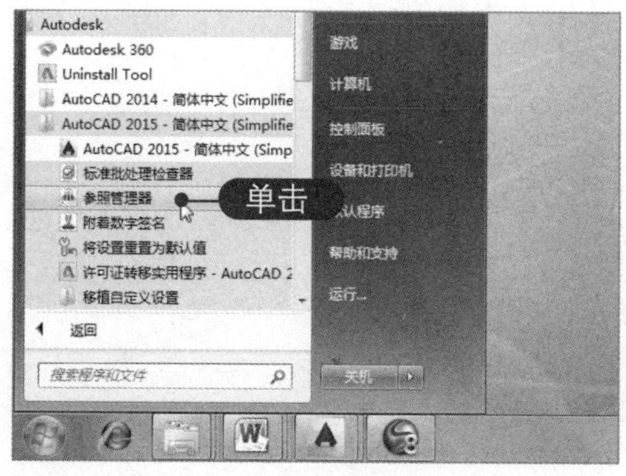

02 单击“添加图形”按钮 在打开的“参照管理器”窗口中单击“添加图形”按钮，如下图所示。

03 选择图形文件 弹出“添加图形”对话框，选择要添加的图形文件，然后单击“打开”按钮，如下图所示。

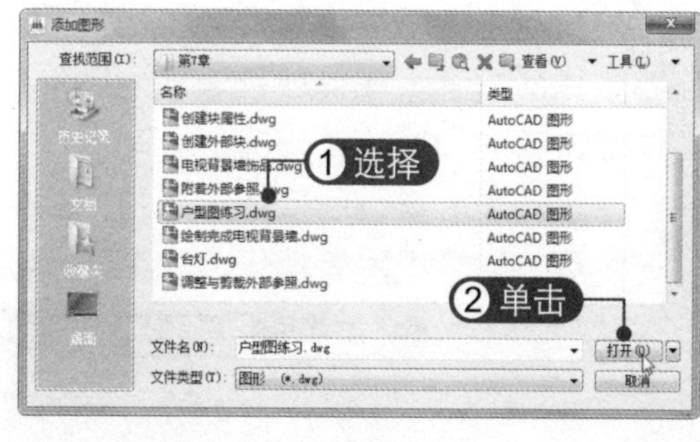

04 选择添加外部参照 弹出“参照管理器 - 添加外部参照”对话框，选择“自动添加所有外部参照，而不管嵌套级别”选项，如下图所示。

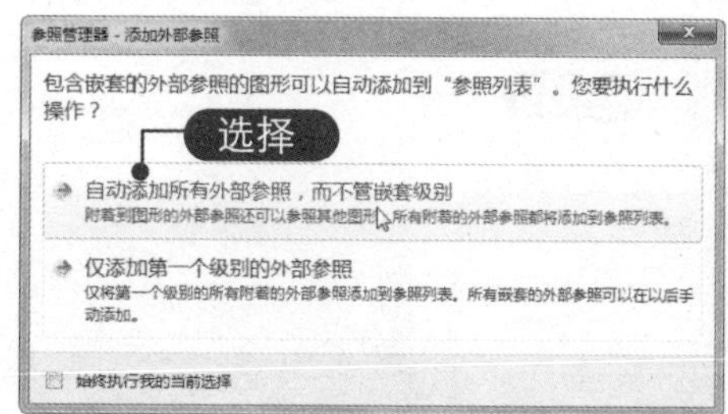

05 **显示所有参照图块** 此时在“参照管理器”窗口中将会自动显示出该图形的所有参照图块，如右图所示。

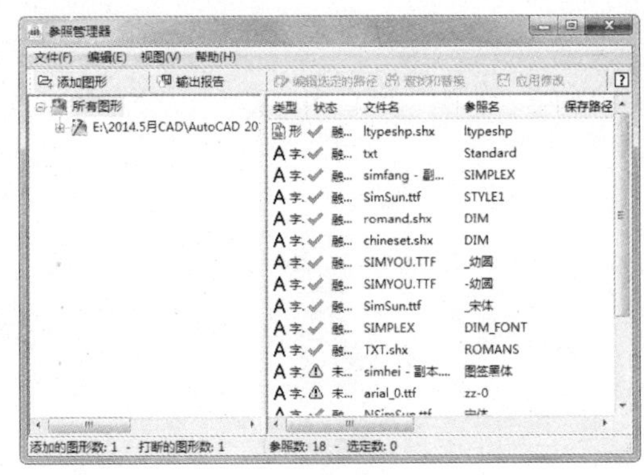

9.3 应用设计中心

通过设计中心可以组织对图形、块、图案填充和其他图形内容的访问，可以将源图形中的任何内容拖到当前图形中，还可以将图形、块和填充拖到工具选项板上。源图形可以位于用户的电脑、网络或网站上。另外，如果打开了多个图形，可以通过设计中心在图形之间复制和粘贴其他内容（如图层定义、布局和文字样式）来简化绘图过程。

9.3.1 认识设计中心选项板

通过单击“视图”选项卡下“选项板”面板中的“设计中心”按钮，即可打开设计中心窗口。“设计中心”窗口分为两部分，左窗格为树状图，右窗格为内容区、预览区以及说明区。

用户可以通过树状图列表依次打开文件夹，找到要加载的文件；通过右窗格中的内容区查看内容，或将项目添加到图形或工具选项板中；通过预览区和说明区显示选定图形文件的预览或说明信息。

在设计中心窗口的顶部工具栏中提供了若干工具，可用于加载图形、搜索文件、打开主页、切换视图等操作，如下图所示。

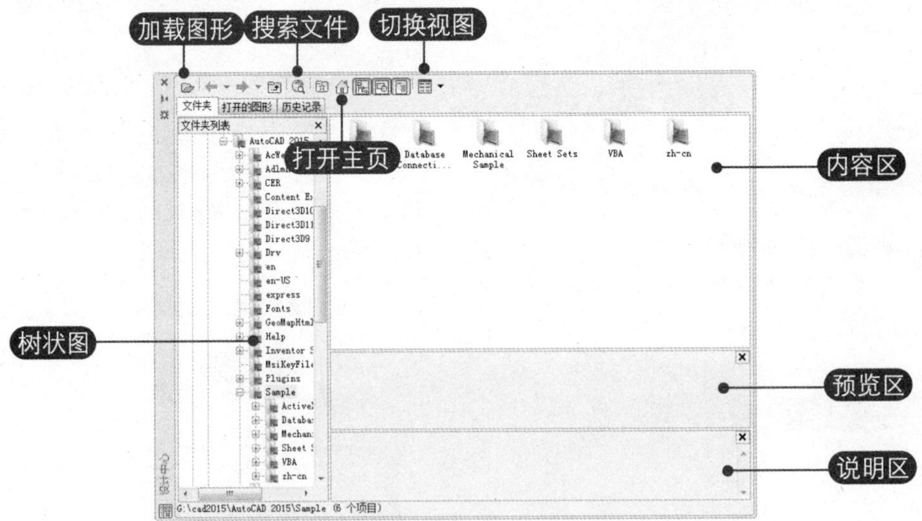

9.3.2 搜索图形内容

通过设计中心的“搜索”对话框可以快速查找所需对象，包括图形、图层、布局、标注样式和块等样式，具体操作方法如下：

01 **单击“设计中心”按钮** 选择“视图”选项卡，单击“选项板”面板中的“设计中心”按钮，如下图所示。

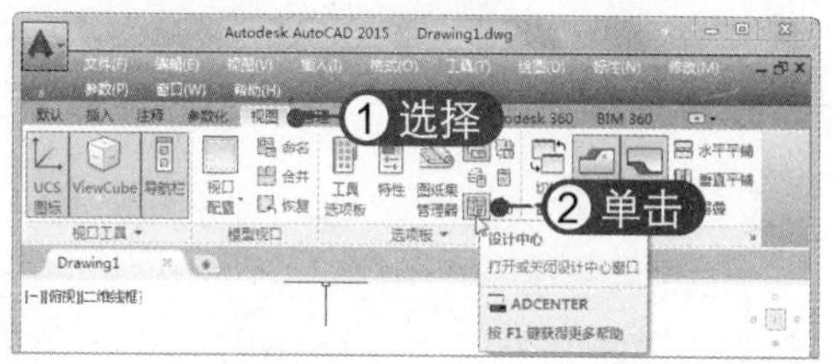

02 **单击“搜索”按钮** 弹出“设计中心”面板，单击工具栏中的“搜索”按钮，如下图所示。

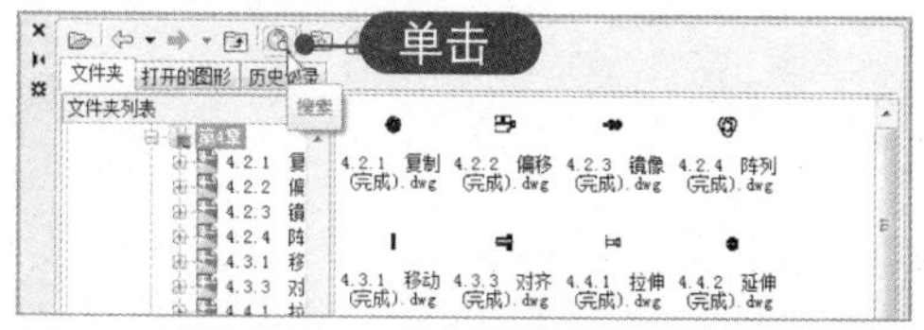

03 **设置参数** 弹出“搜索”对话框，单击“搜索”下拉按钮，选择所需的样式，如“块”，然后单击“浏览”按钮，如下图所示。

04 **选择路径** 弹出“浏览文件夹”对话框，选择合适的路径，然后单击“确定”按钮，如下图所示。

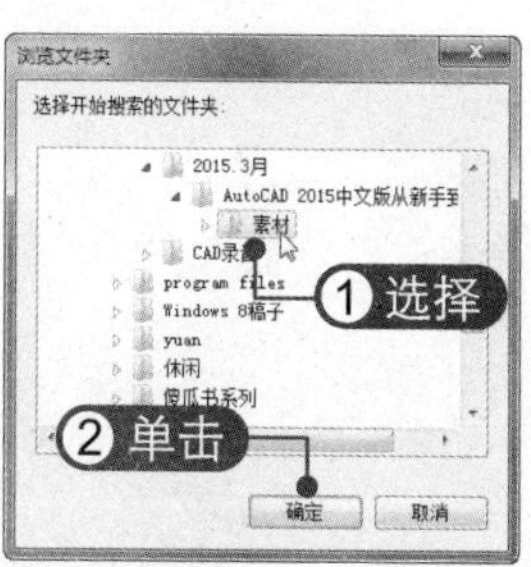

05 **输入块名称** 返回“搜索”对话框，在“搜索名称”文本框中输入块的名称，单击“立即搜索”按钮，如下图所示。

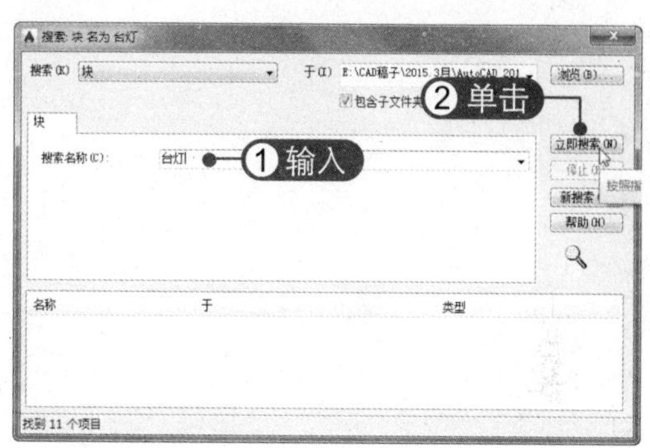

06 **加载对象** 搜索完成后即可在最下方的列表框中显示搜索结果。右击搜索结果名称，选择相应的处理命令，如“加载到内容区中”，如下图所示。

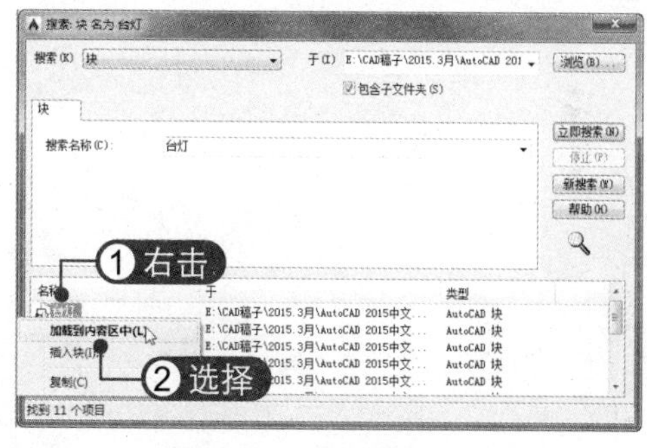

07 **查看内容** 此时该图块将被加载到内容区，以便进一步对其进行其他操作，如下图所示。

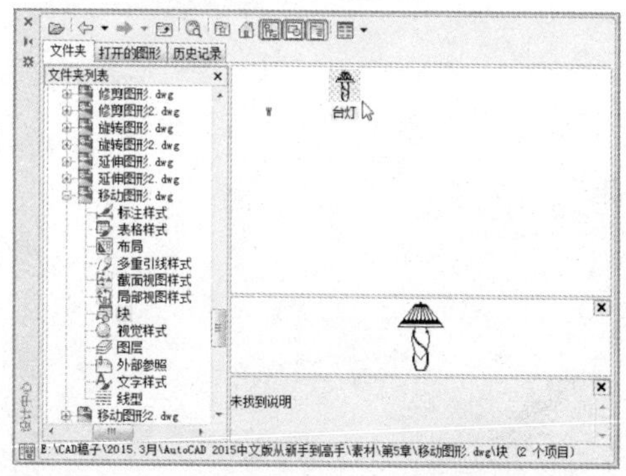

Chapter 10

三维绘图基础入门

AutoCAD 2015 不仅具有强大的二维绘图功能，在三维建模方面的功能也非常全面。三维造型能够直观地反映物体的外观，是大多数设计的基本要求。但在进行三维绘图之前，需要对绘图环境及一些参数进行设置。本章将介绍三维绘图的一些基础知识。

本章要点 

- 三维绘图基础知识
- 三维视觉样式
- 设置三维动态的显示

知识等级 

AutoCAD 初级读者

建议学时 

建议学习时间为 50 分钟

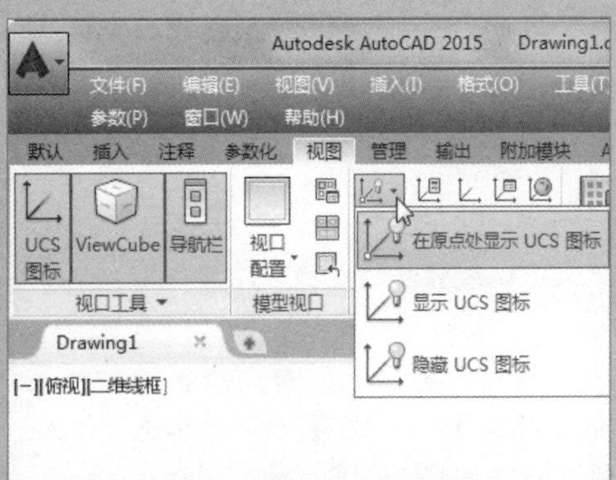

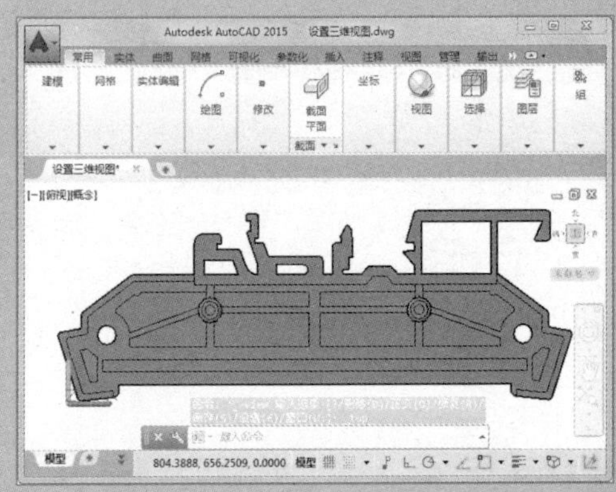

10.1 三维绘图基础知识

下面将学习三维绘图的基础知识，其中包括三维坐标系的基础知识，如何通过视图对三维模型进行查看，以及如何更改视觉视口等。

10.1.1 认识三维坐标系

在 AutoCAD 中，三维坐标也可分为世界坐标系（WCS）和用户坐标系（UCS）两种形式。

世界坐标系是在二维世界坐标系的基础上增加 Z 轴而形成的。同二维世界坐标系一样，三维世界坐标系是其他三维坐标系的基础，不能对其重新定义。输入三维坐标值（X,Y,Z）类似于输入二维坐标值（X,Y），除了指定 X 和 Y 值以外，还需要指定 Z 值。

用户坐标系为坐标输入、操作平面和观察提供一种可变动的坐标系，定义用户坐标系可以改变原点（0,0,0）的位置。要了解当前用户坐标系的方向，可以显示用户坐标系图标。有几种版本的图标可供使用，可以改变其大小、位置和颜色。用户可以在 UCS 原点或当前视口的左下角显示 UCS 图标。

通过“视图”选项卡下“坐标”面板中的显示与隐藏 UCS 图标下拉列表，可以选择在 UCS 原点或当前视口的左下角显示 UCS 图标，或将 UCS 图标隐藏，如下图（左）所示。

单击“视图”选项卡下“坐标”面板中的 UCS 图标特性按钮，如下图（右）所示，将弹出“UCS 图标”对话框，可以对 UCS 图标样式进行相应的设置。

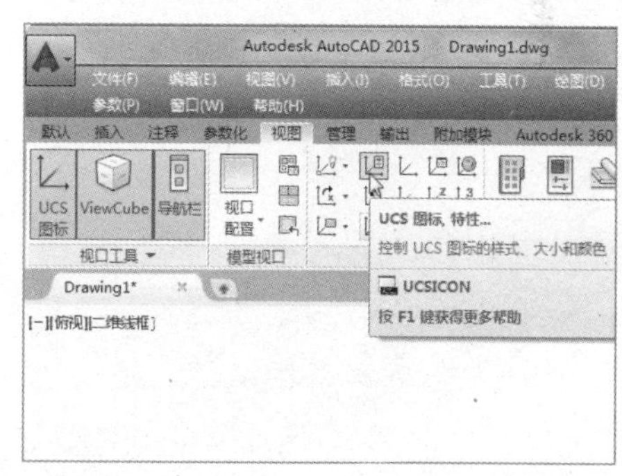

下面将介绍三维坐标系的使用方法，具体操作方法如下：

01 选择“三维建模”命令 打开素材文件，单击状态栏中的“切换工作空间”按钮，在弹出的下拉列表中选择“三维建模”命令，如右图所示。

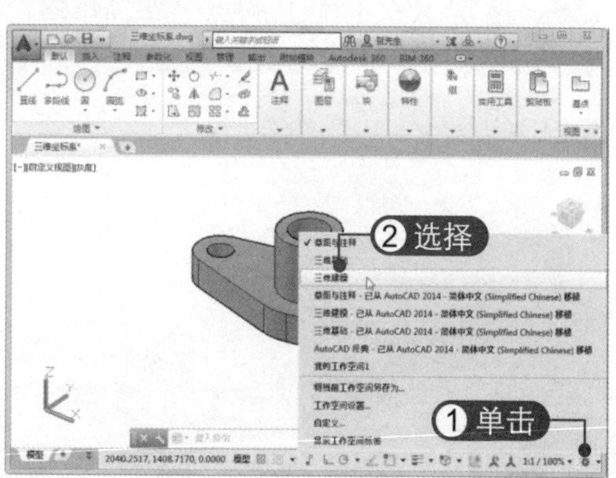

02 选择“新UCS”命令 单击ViewCube导航工具下方的WCS下拉按钮，在弹出的下拉列表中选择“新UCS”命令，如下图所示。

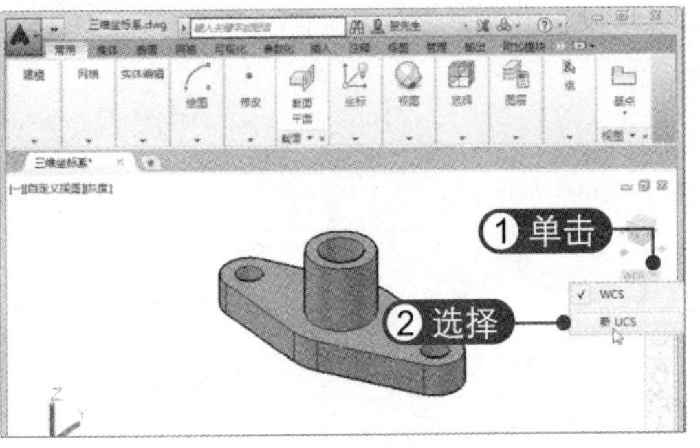

03 指定UCS原点 在三维图形对象上单击指定UCS原点，如下图所示。

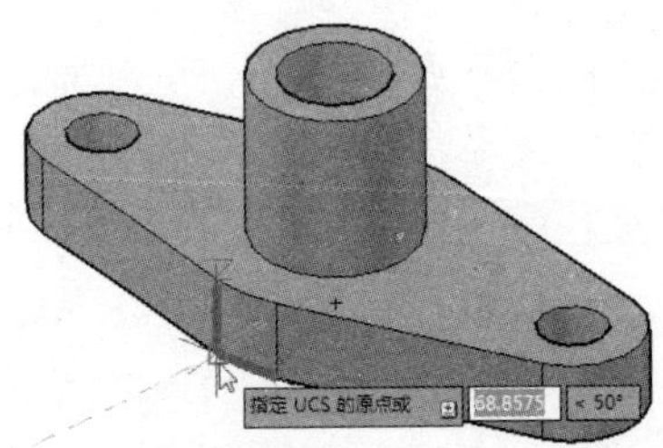

04 指定X轴上的点 在三维图形对象上单击指定X轴上的点，如下图所示。

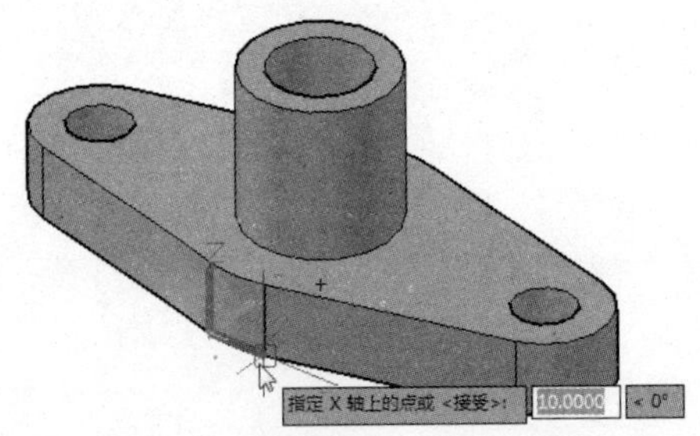

05 指定XY平面上的点 在三维图形对象上单击指定XY平面上的点，如下图所示。

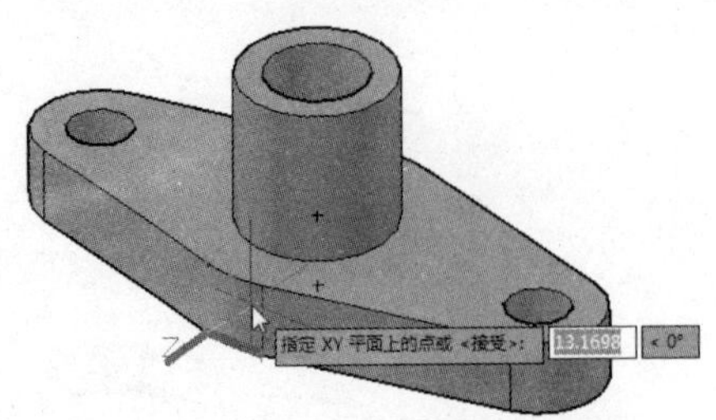

06 创建UCS用户坐标系 此时即可通过指定三个点创建UCS用户坐标系，如下图所示。

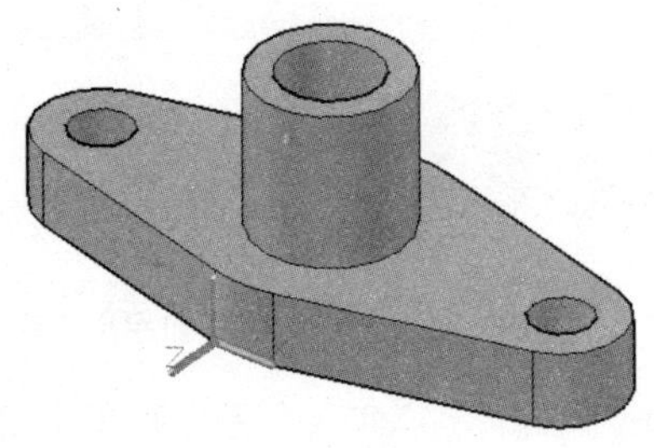

07 单击“UCS，命名UCS”按钮 在“常用”选项卡下打开“坐标”面板，单击“UCS，命名UCS”按钮，如下图所示。

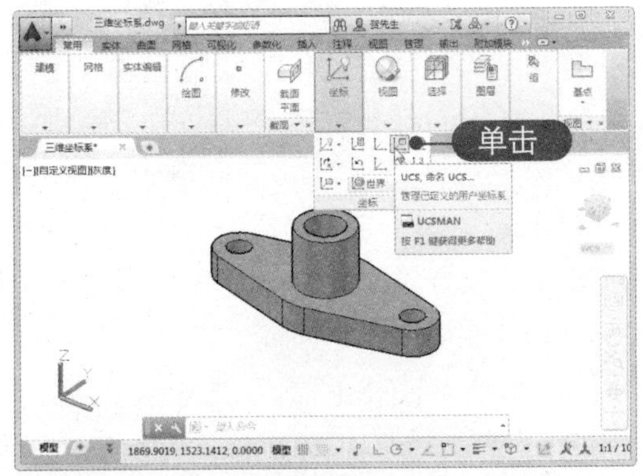

08 选择“重命名”命令 弹出UCS对话框，右击列表框中新创建的用户坐标系选项，在弹出的快捷菜单中选择“重命名”命令，如下图所示。

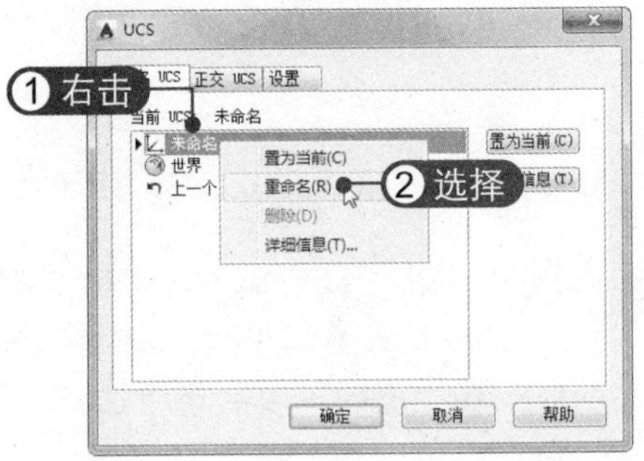

09 输入名称 此时名称变为可编辑状态，输入名称，并在空白位置单击鼠标左键，即可自定义用户坐标系的名称，单击“确定”按钮，如下图所示。

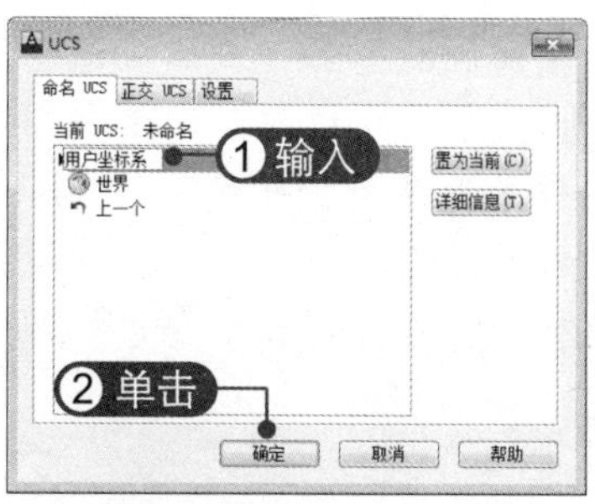

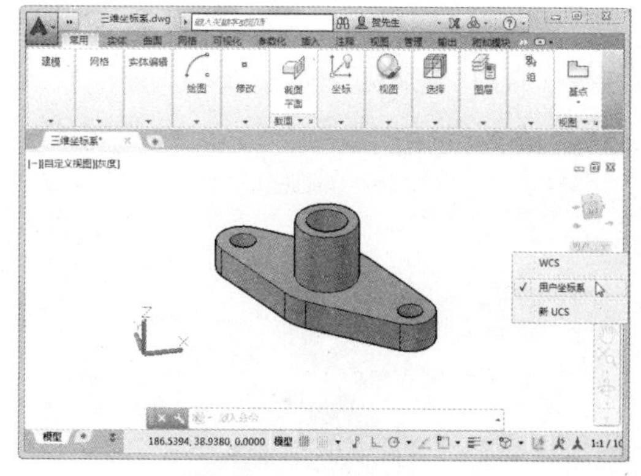

10 **查看命名效果** 返回绘图窗口，查看命名效果，如右图所示。

10.1.2 设置三维视图

通过“视图”面板中的“视图”下拉列表可以对三维模型进行不同角度的观察，通过 ViewCube 工具可以在模型的标准视图和等轴测视图之间进行切换。显示 ViewCube 工具后，将在窗口一角以不活动状态显示在模型上方。

下面将通过实例介绍如何通过“视图”下拉列表切换视图，以及如何使用 ViewCube 工具观察三维图形，具体操作方法如下：

01 **选择“俯视”命令** 打开素材文件，单击“视图”面板中的“三维导航”下拉按钮，选择“俯视”命令，如下图所示。

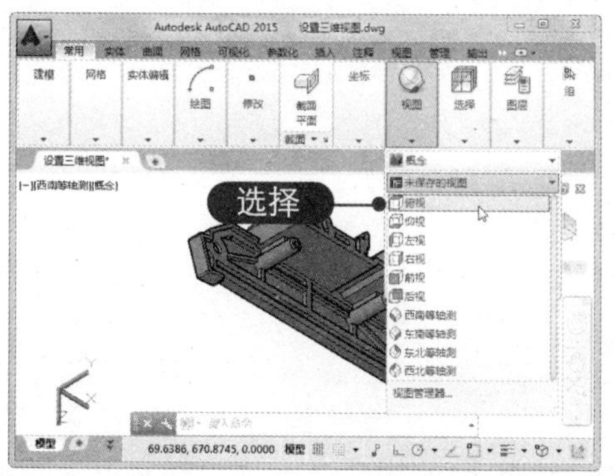

02 **切换视图角度** 此时绘图区中的三维图形将切换到俯视图角度，如下图所示。

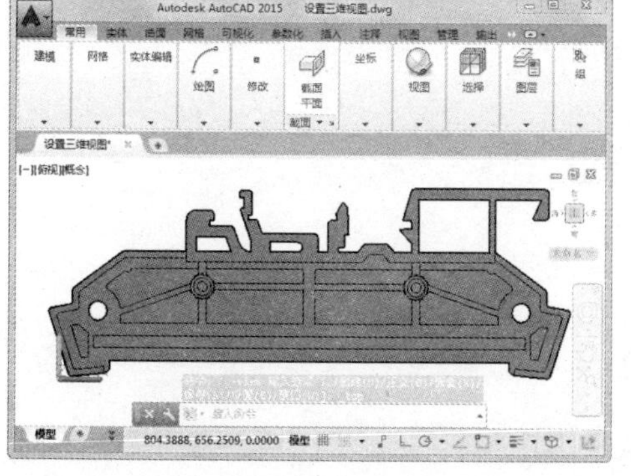

03 **切换到左视图** 单击“视图”面板中的“三维导航”下拉按钮，在弹出的下拉列表中选择“左视”命令，切换到左视图，如下图所示。

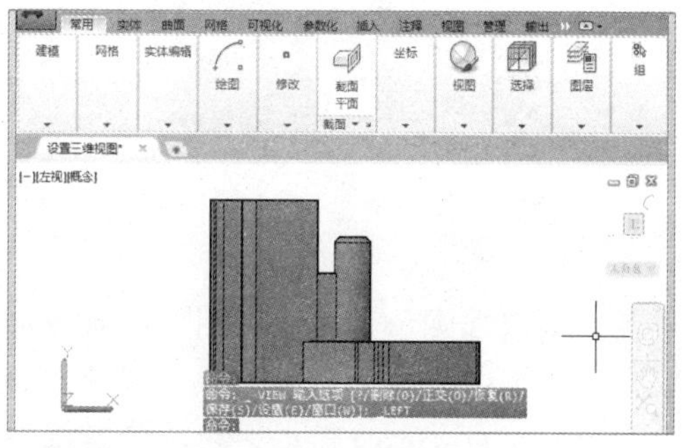

04 **切换到东南等轴测视图** 在下拉列表中选择“东南等轴测”命令，可以切换到东南等轴测视图，如下图所示。

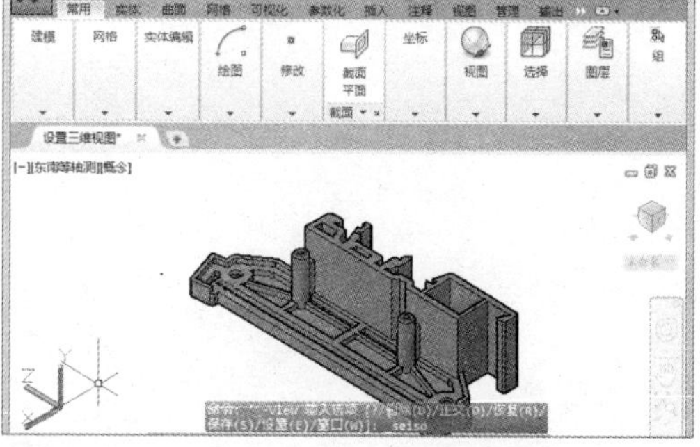

05 选择视图方式 在绘图区单击左上角的“视图控件”链接，在弹出的下拉列表中也可选择视图方式，如下图所示。

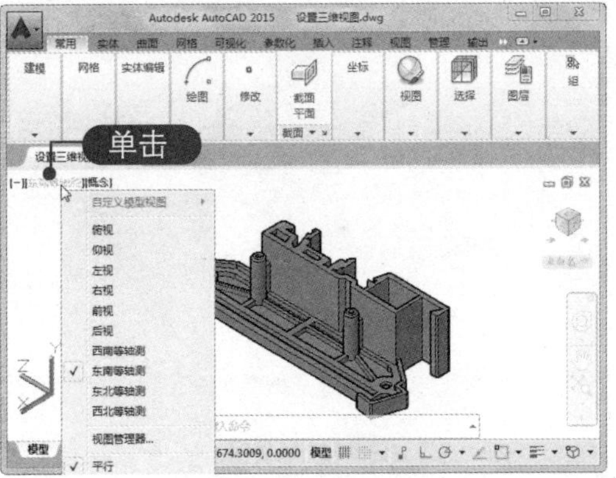

06 自定义视图方向 还可同时按住【Shift】键和鼠标滚轮键，通过移动鼠标自定义视图方向，如下图所示。

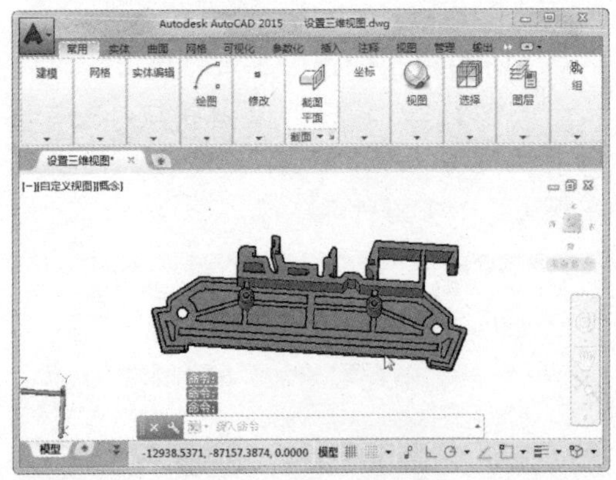

07 新建视图 单击“视图”面板中的“三维导航”下拉按钮，选择“视图管理器”命令，将弹出“视图管理器”对话框，单击“新建”按钮，基于当前视图方向新建视图，如下图所示。

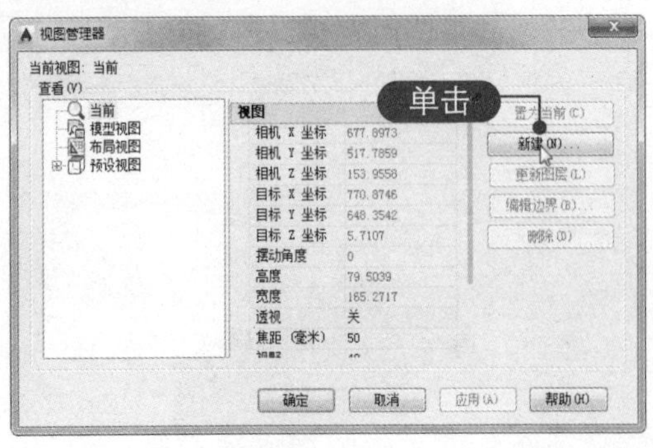

08 设置视图参数 弹出“新建视图/快照特性”对话框，设置视图名称、视图类型等，单击“确定”按钮即可新建视图，如下图所示。

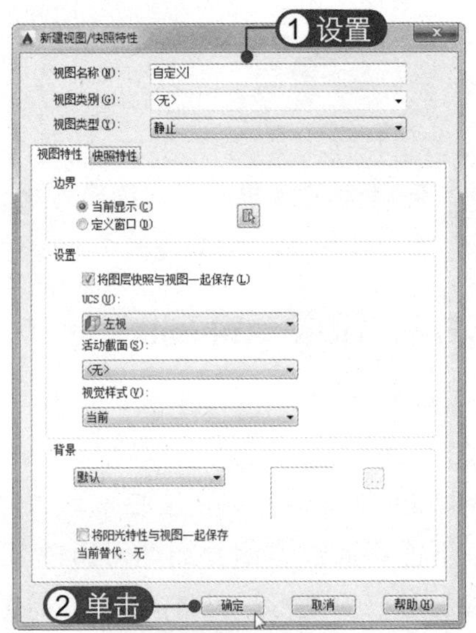

09 查看视图名称 返回“视图管理器”对话框，在左侧列表中将看到新建的视图名称，单击“确定”按钮，如下图所示。

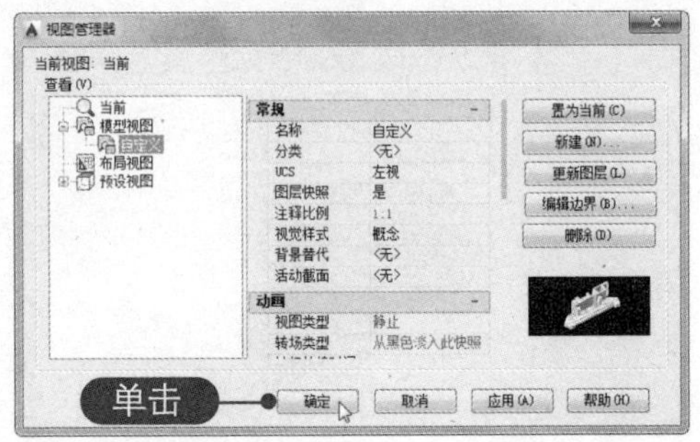

10 应用视图 此后可以通过“三维导航”下拉列表随时应用该视图，如下图所示。

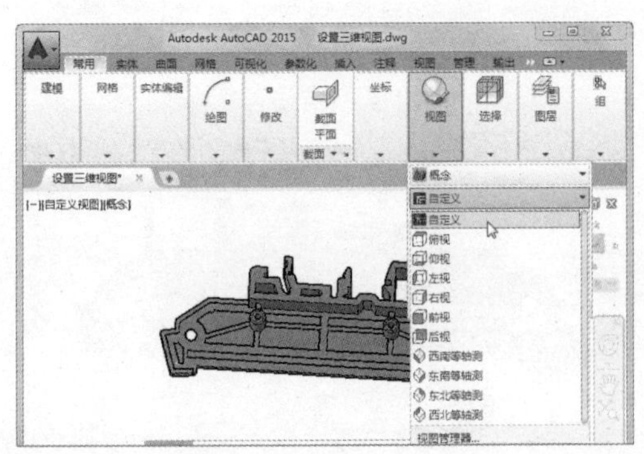

10.1.3 更改三维视口

视口是显示用户模型的不同视图的区域。在 AutoCAD 中可以将绘图区域拆分成一个或多个相邻的矩形视图，即模型空间视口。在绘制复杂的三维图形时，显示不同的视口可以方便通过不同角度的视图同时观察和操作三维图形。创建的视口充满整个绘图区域，并且相互之间不重叠。在一个视口中做出修改后，其他视口也会立即更新。

下面将通过实例介绍如何创建多个视口，并对视口的相关操作进行介绍，具体操作方法如下：

01 选择“两个：垂直”命令 打开素材文件，选择“可视化”选项卡，单击“模型视口”面板中的“视口配置”下拉按钮，选择“两个：垂直”命令，如下图所示。

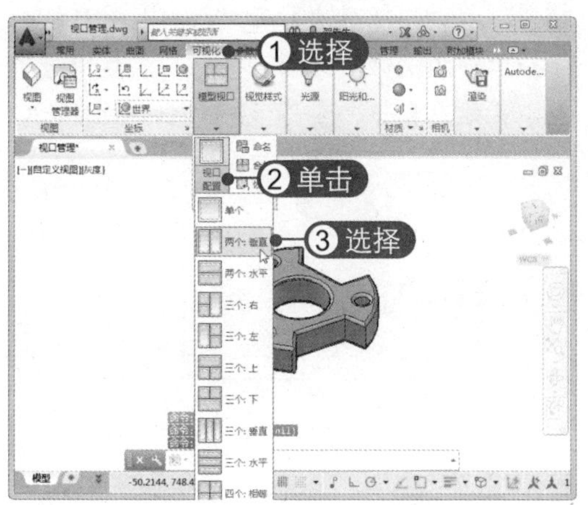

02 切分为两个垂直的视口 此时绘图区域将被切分为两个垂直放置的视口，如下图所示。

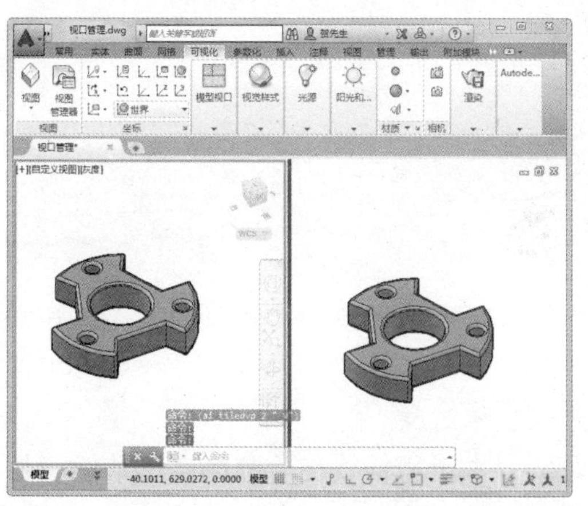

03 切分为四个平均分布的视口 选择“四个：相等”命令，则绘图区域将被切分为四个平均分布的视口，如下图所示。

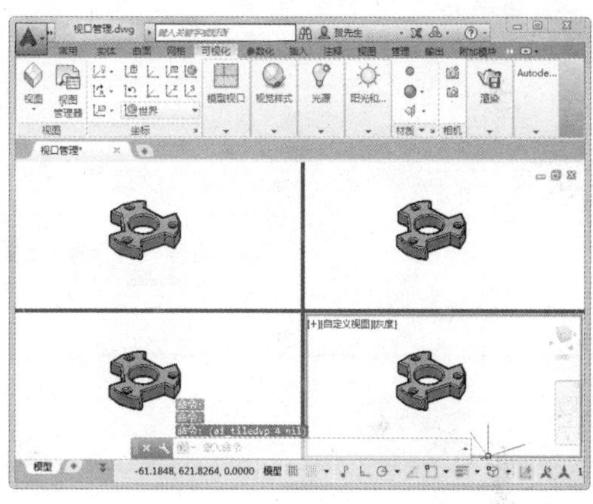

04 设置视图方向 分别为不同的视口设置不同的视图方向，以便于观察，如下图所示。

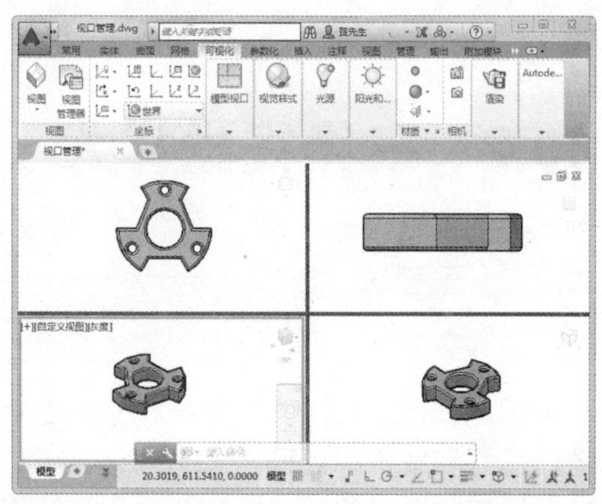

05 单击“合并”按钮 单击“模型视口”面板中的“合并”按钮，如下图所示。

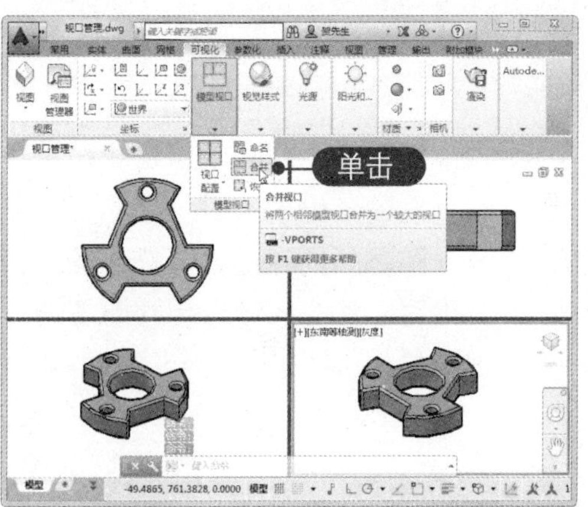

06 合并视口　分别选择主视口与要合并的视口，即可执行合并视口操作，如下图所示。

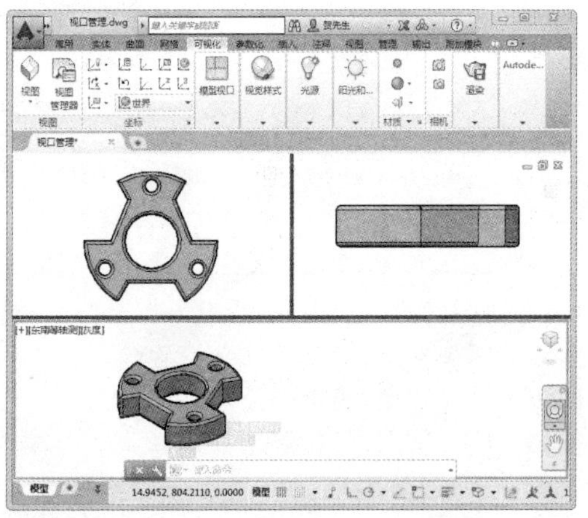

07 输入视口名称　单击“模型视口”面板中的“命名”按钮，弹出“视口”对话框，选择“新建视口”选项卡，输入视口名称，单击“确定”按钮，即可保存当前视口，如下图所示。

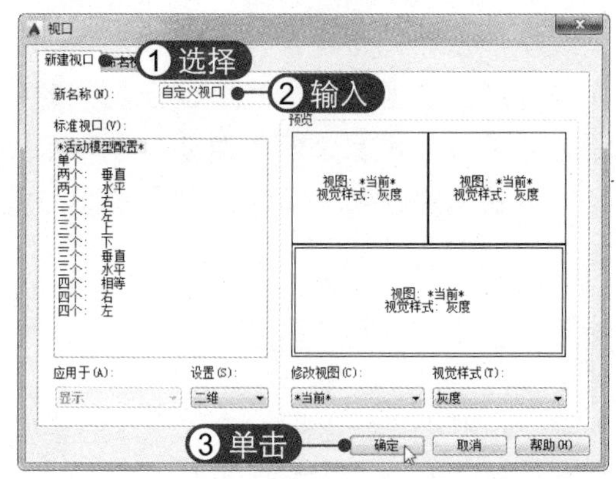

08 选择视口名称　若需切换到自定义视口，可再次打开“视口”对话框，选择“命名视口”选项卡，在列表框中选择视口名称，单击“确定”按钮，如下图所示。

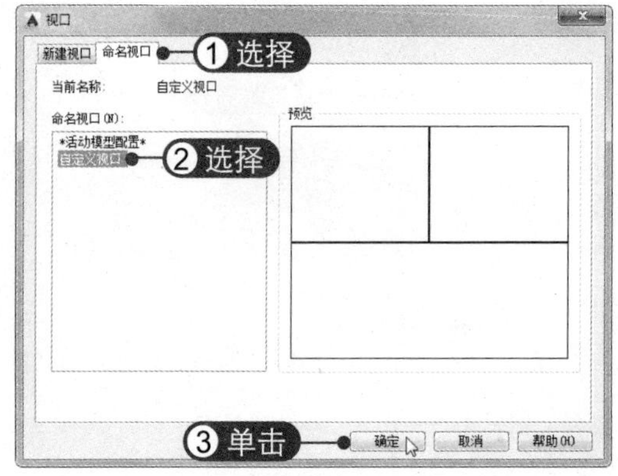

10.2　三维视觉样式

视觉样式是一组用于控制视图中三维模型边和着色显示的设置，在 AutoCAD 2015 中默认提供了以下多种预定义视觉样式：

- **二维线框**：通过使用直线和曲线表示边界的方式显示对象，其光栅图像、OLE 对象、线型和线宽均可见。
- **线框**：通过使用直线和曲线表示边界的方式显示对象。
- **概念**：使用平滑着色和古氏面样式显示对象。古氏面样式在冷暖颜色而非明暗效果之间转换，其效果缺乏真实感，但可以方便查看模型的细节。
- **消隐**：使用线框表示法显示对象，而隐藏背面不可见的线。

- **真实**：使用平滑着色和材质显示对象。
- **着色**：使用平滑着色显示对象。
- **带边缘着色**：使用平滑着色和可见边显示对象。
- **灰度**：使用平滑着色和单色灰度显示对象。
- **勾画**：使用线延伸和抖动边修改器显示手绘效果的对象。
- **X 射线**：以局部透明度显示对象。

如下图所示为具有代表性的几种预定义视觉样式效果。

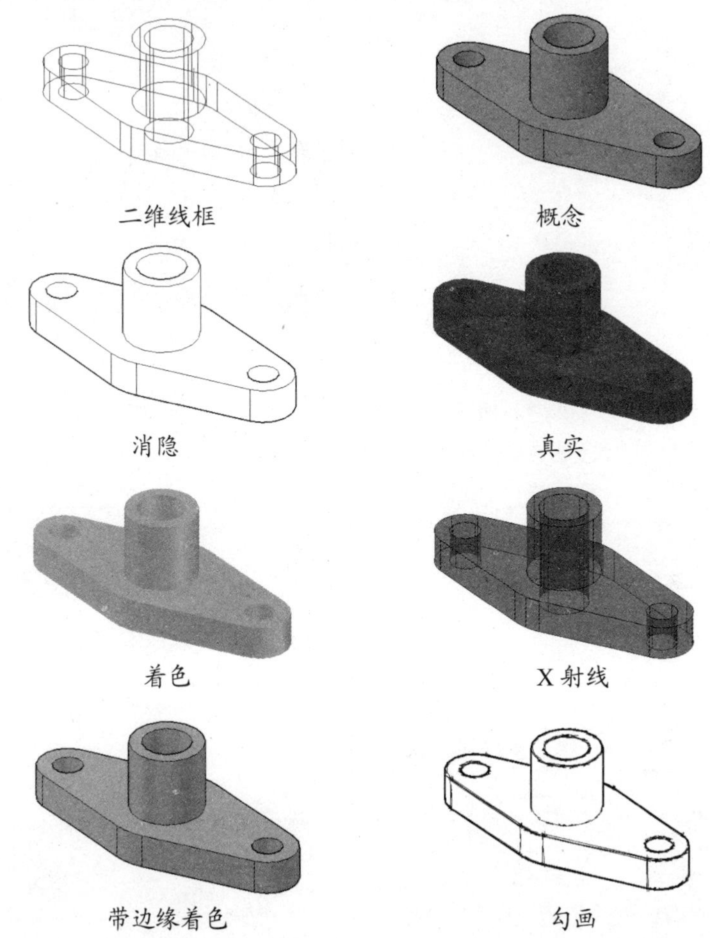

通过视觉样式管理器可以对视觉样式进行自定义设置，还可以修改三维模型的面、环境和边等显示特性，具体操作方法如下：

01 选择"视觉样式管理器"命令 打开素材文件，选择"视图"选项卡，单击"视觉样式"面板中的"二维线框"下拉按钮，选择"视觉样式管理器"命令，如右图所示。

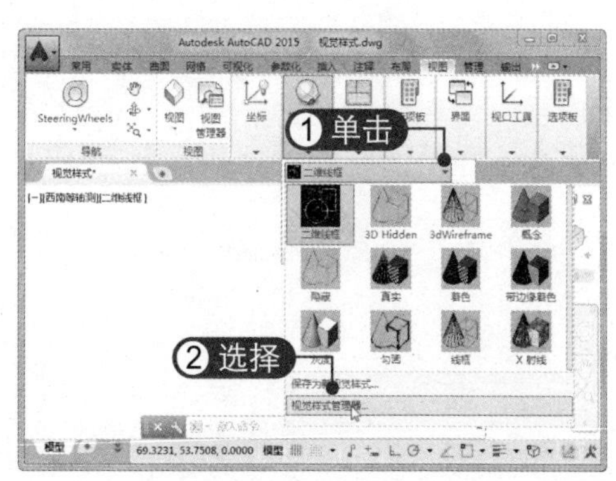

02 **选择视觉样式** 在弹出的“视觉样式管理器”面板中选择“着色”样式，如下图所示。

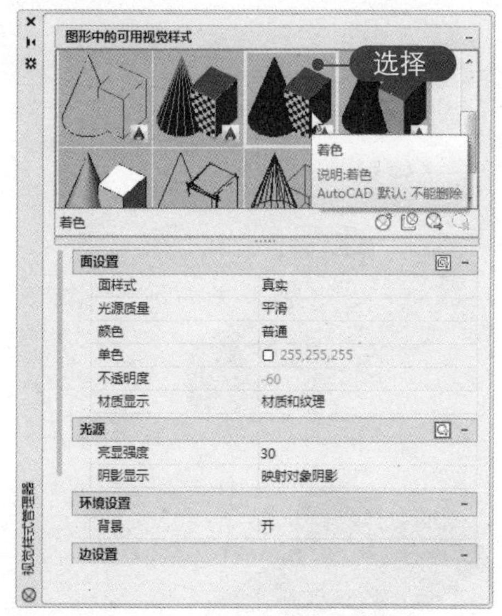

03 **设置视觉样式** 分别对“材质显示”、“阴影显示”、“边颜色”和“轮廓边显示”进行设置，如下图所示。

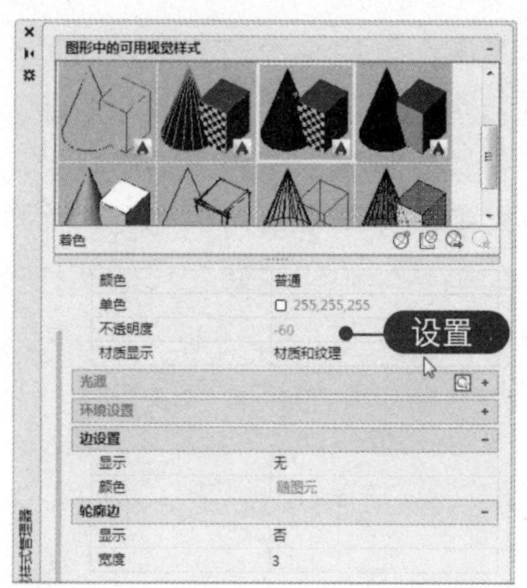

04 **查看图形效果** 切换到“着色”视觉样式，即可查看更改视觉样式后的图形效果，如下图所示。

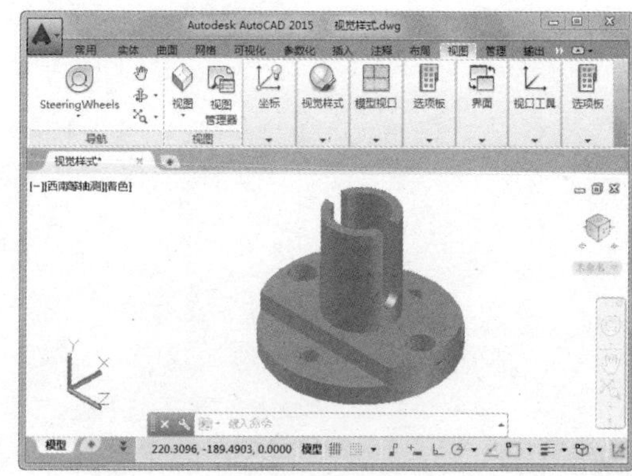

10.3 设置三维动态的显示

三维动态的显示便于用户观察三维模型，对视图进行缩放、漫游等操作，从而方便用户对模型进行编辑修改操作。

10.3.1 应用 ViewCube

ViewCube 工具是一种可单击、可拖动的常驻界面，默认在窗口一角以不活动状态半透明显示在模型上方。用户可通过单击指南针上的基本方向字符来旋转模型，也可单击并拖动指南针圆环，绕轴心点旋转模型，具体操作方法如下：

01 **单击字符更改视图方向** 打开素材文件，通过单击 ViewCube 立方体指南针上的“东”、“南”、“西”、“北”等字符可快速更改视图方向，如单击“前”字符，切换到前视图，如下图所示。

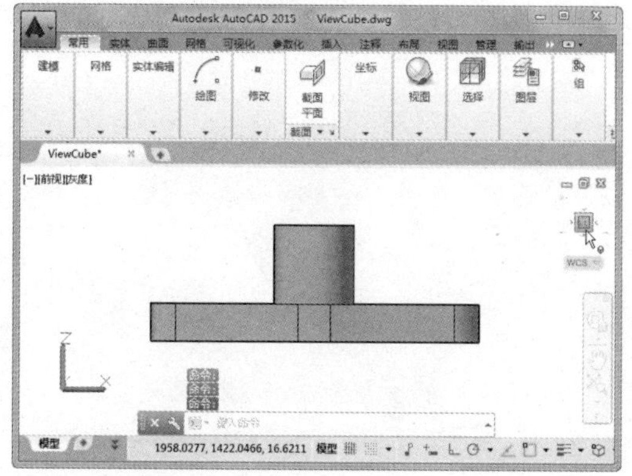

02 绕轴心点旋转视图 在 ViewCube 工具图标上按住鼠标左键进行拖动，可以绕轴心点旋转视图，如下图所示。

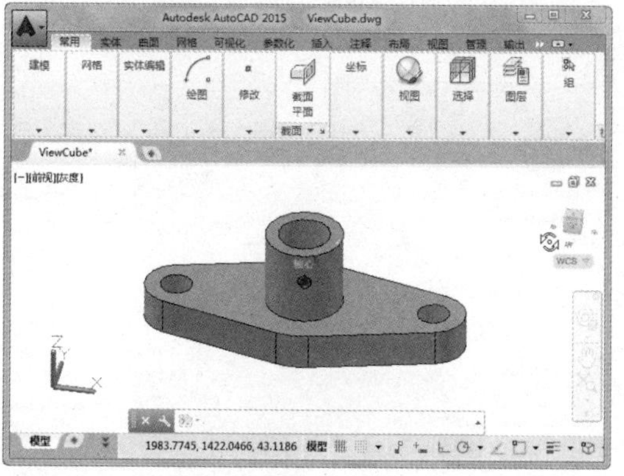

03 切换到透视图 右击 ViewCube 导航工具图标，在弹出的快捷菜单中选择“透视”命令，可以切换到透视图，如下图所示。

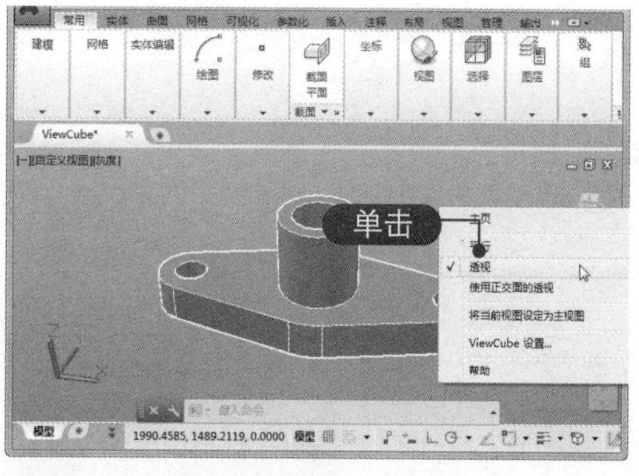

04 设置 ViewCube 参数 右击 ViewCube 导航工具图标，选择“ViewCube 设置”命令，弹出对话框，可以对 ViewCube 图标大小，以及其他相关参数进行设置，如下图所示。

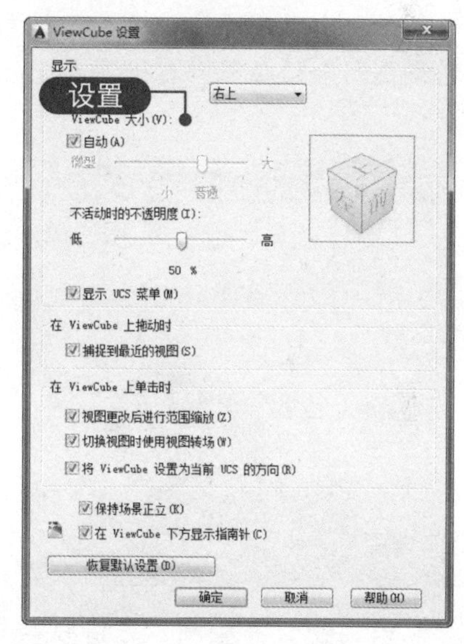

10.3.2 应用 Steering Wheels

SteeringWheels 又称控制盘，它将多个常用导航工具结合到一起，方便用户观察三维模型。在选择所需样式的控制盘后，单击其中的按钮，按住鼠标左键并进行拖动，即可激活导航工具，更改当前视图方向。

下面将通过实例对 SteeringWheels 查看对象控制盘的应用进行介绍，具体操作方法如下：

01 选择“查看对象（基本型）”命令 打开素材文件，在“视图”选项卡下单击 SteeringWheels 下拉按钮，选择“查看对象（基本型）”命令，如右图所示。

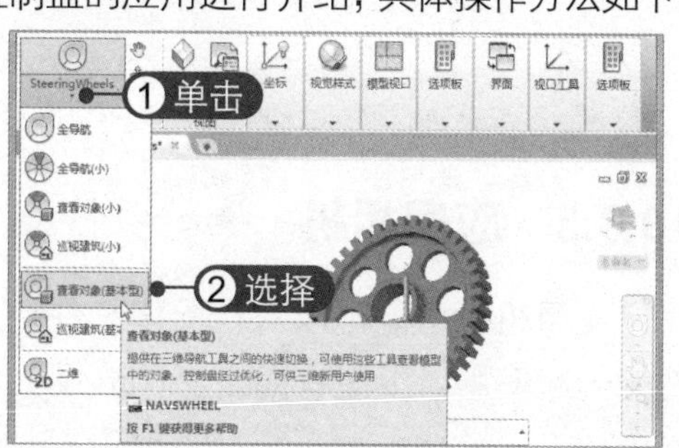

02 **单击"中心"按钮** 移动光标到控制盘的"中心"按钮上，单击并按住鼠标左键，如下图所示。

03 **确定中心点** 向图形中心位置拖动鼠标，出现浅绿色"中心"图标，将其移到图形合适位置并松开鼠标，如下图所示。

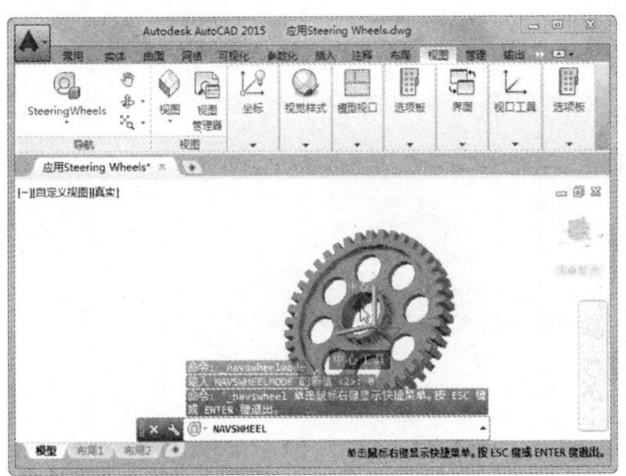

04 **动态观察三维模型** 在控制盘上的"动态观察"按钮上按住鼠标左键进行拖动，即可按刚才指定的中心点动态观察三维模型，如下图所示。

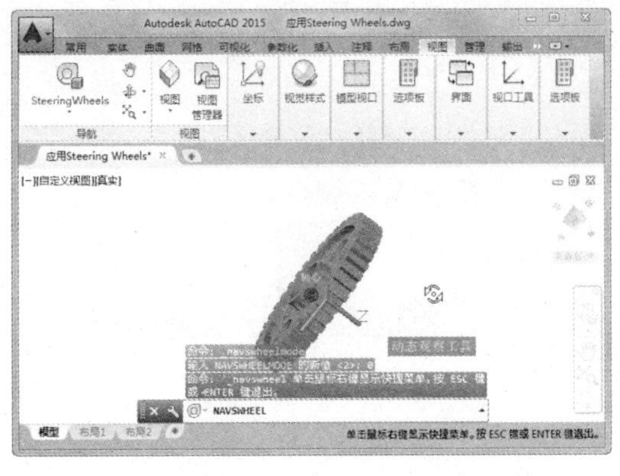

05 **历史回放** 在控制盘上的"回放"按钮上按住鼠标左键进行拖动，出现一排回放图标，单击任意图标即可还原到该历史状态，如下图所示。

06 **选择其他控制盘样式** 单击控制盘右下角的下拉按钮，或直接右击控制盘，可以选择其他控制盘样式，如下图所示。

10.3.3 应用相机

使用相机功能可以对当前模型任何一个角度进行查看，通常相机功能与路径动画功能一起使用。下面将通过实例介绍如何应用相机，具体操作方法如下：

01 单击“工具选项板”按钮 打开素材文件，单击“视图”选项卡下“选项板”面板中的“工具选项板”按钮，如下图所示。

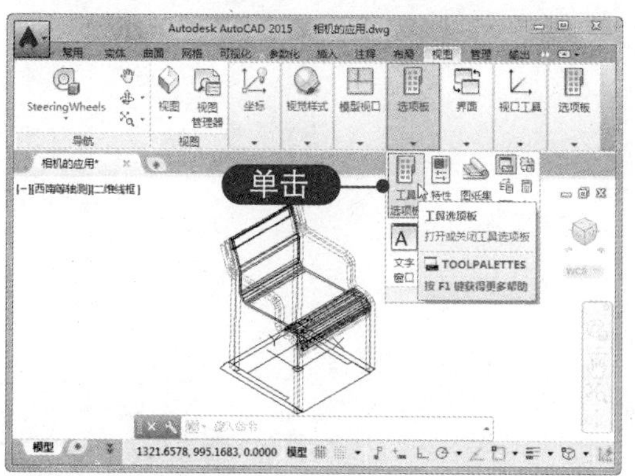

02 选择“相机”命令 单击界面右上方的“特性”按钮，在弹出的下拉列表中选择“相机”命令，如下图所示。

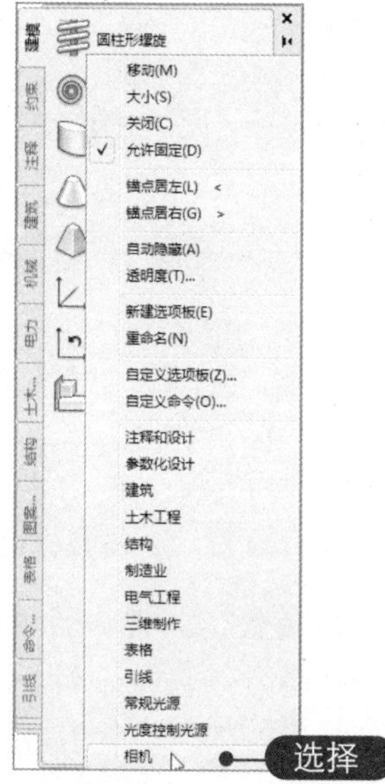

03 选择相机类别 在弹出的相机列表中单击“普通相机”按钮，如下图所示。

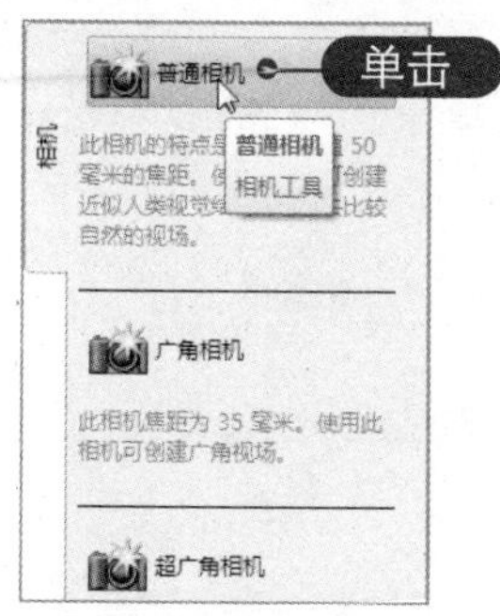

04 指定相机位置 关闭相机选项板，在绘图区指定相机位置，如下图所示。

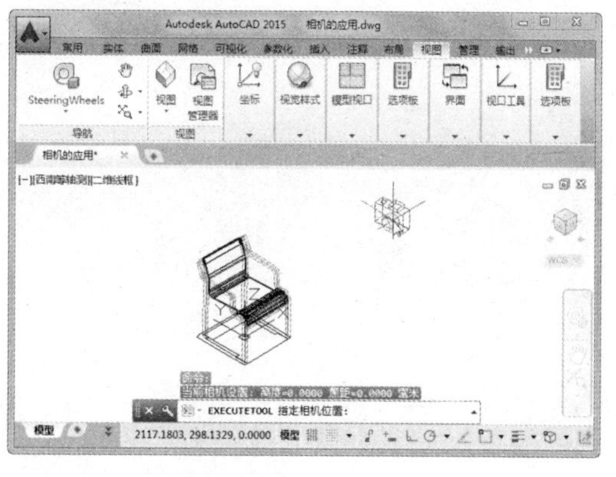

05 指定目标位置 在绘图区指定目标位置，如下图所示。

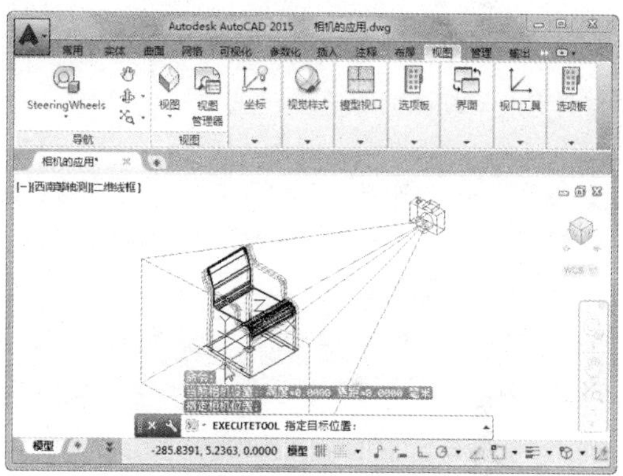

06 选择视图方式 单击“视图”下拉按钮，在弹出的下拉列表中选择“相机1”命令，如下图所示。

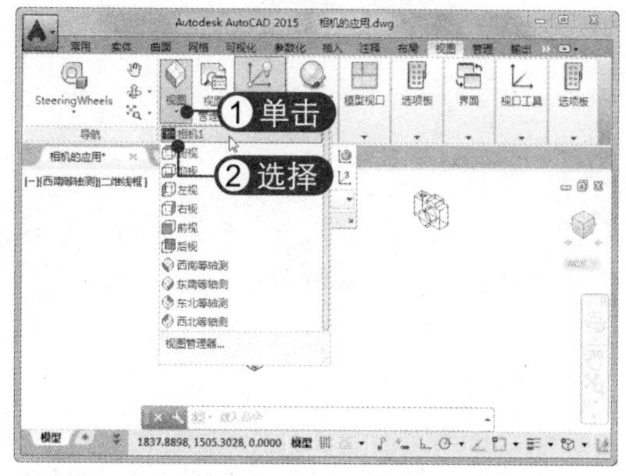

07 调整焦距 单击“常用”选项卡下的“视图”下拉按钮，通过调整“焦距”调节滑块可以调整相机视图的焦距，如下图所示。

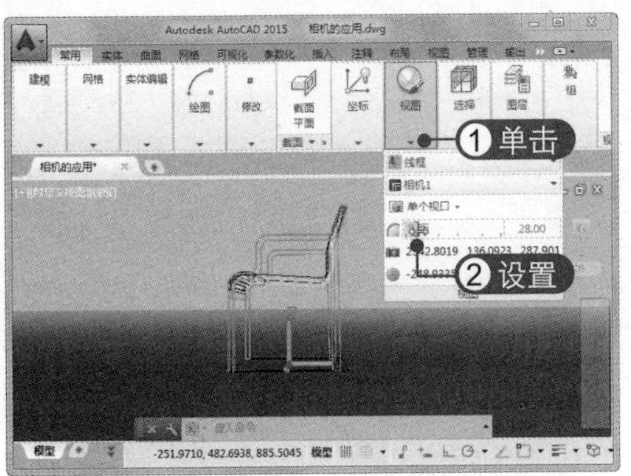

08 **更改视觉样式** 单击相机图标，弹出“相机预览”对话框，通过小窗口预览相机视图，通过“视觉样式”下拉列表可以更改其视觉样式，如下图所示。

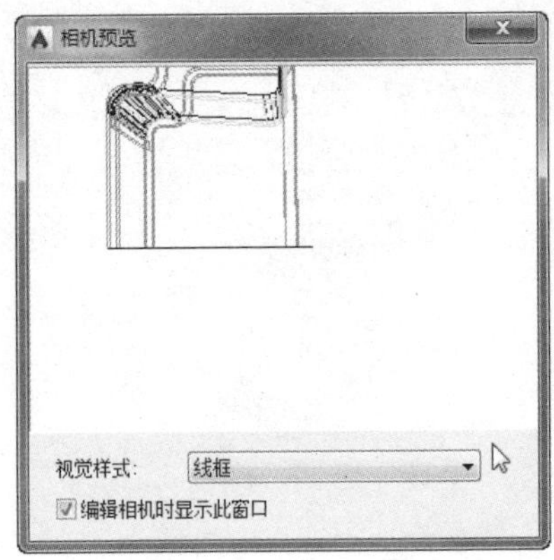

10.3.4 应用 ShowMotion

使用 ShowMotion 工具可以创建快照，并向其中添加移动和转场。下面将通过实例对 ShowMotion 工具的使用方法进行介绍，具体操作方法如下：

01 **单击 ShowMotion 命令** 打开素材文件，单击“视图”| ShowMotion 命令，如下图所示。

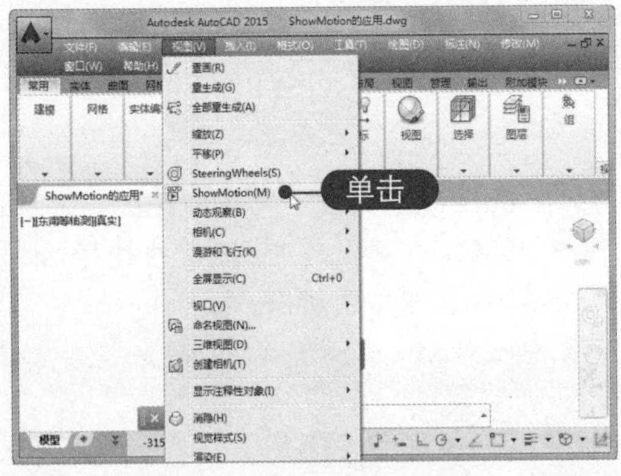

02 **新建快照** 此时出现一排 Show Motion 工具栏，单击其中的“新建快照”按钮，如下图所示。

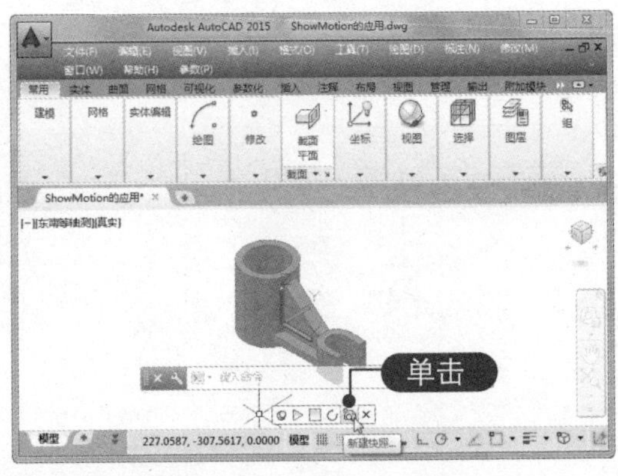

03 **设置特性** 在弹出的对话框中设置视图名称、类型、转场等特性，然后单击“确定”按钮，如下图所示。

知识加油站

在非二维线框视觉样式下才可以使用ShowMotion等三维导航工具，ShowMotion快照包含静止、电影式和录制漫游3种不同类型。

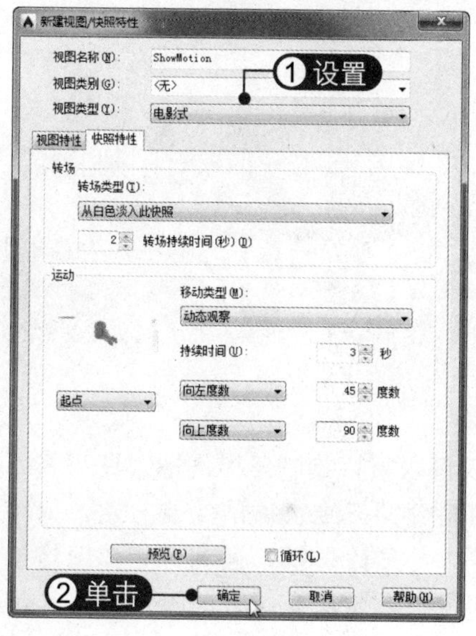

04 播放快照 此时即可按照所设置的参数创建一个电影式快照，移动光标到快照缩略图上，单击“播放”按钮，即可播放快照，如下图所示。

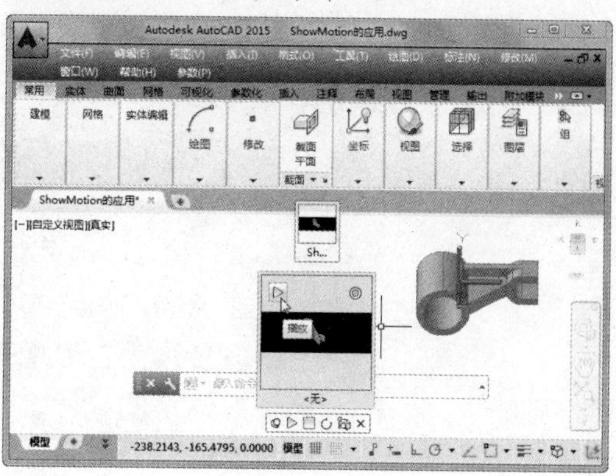

Chapter 11

绘制三维图形

在 AutoCAD 2015 中不仅可以直接绘制三维图形，还可将二维图形转换为三维图形。本章将介绍三维实体的绘制方法，如绘制长方体、圆柱体、楔体、球体、多段体等，还将介绍如何将二维图形转换为三维实体，如何进行布尔运算等，合理地构造和组织三维图形。

本章要点 

- 绘制三维实体
- 由二维图形创建三维实体
- 布尔运算

知识等级 

AutoCAD 初级读者

建议学时 

建议学习时间为 80 分钟

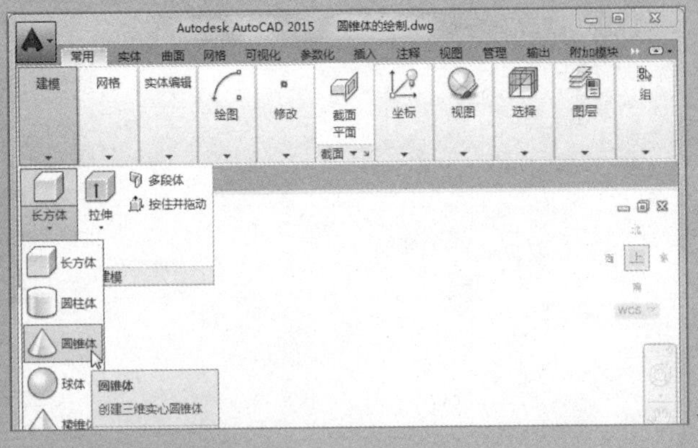

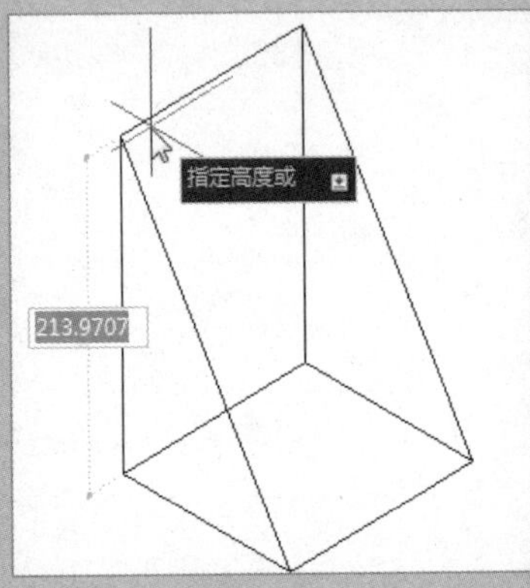

11.1 绘制三维实体

三维实体是三维图形中的重要组成部分，下面将详细介绍如何创建长方体、圆柱体、圆锥体、球体、棱锥体、楔体、圆环体和多段体等基本三维实体。

11.1.1 绘制长方体

长方体的基本参数有底面和高度，创建实心长方体的具体操作方法如下：

01 选择视图方式 单击绘图区左上角的“视图控件”链接，在弹出的快捷菜单中选择“东南等轴测”命令，如下图所示。

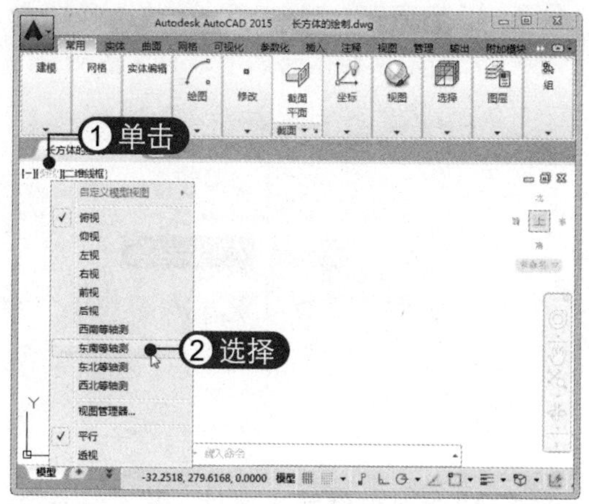

02 单击“长方体”按钮 单击“常用”选项卡下“建模”面板中的“长方体”按钮，如下图所示。

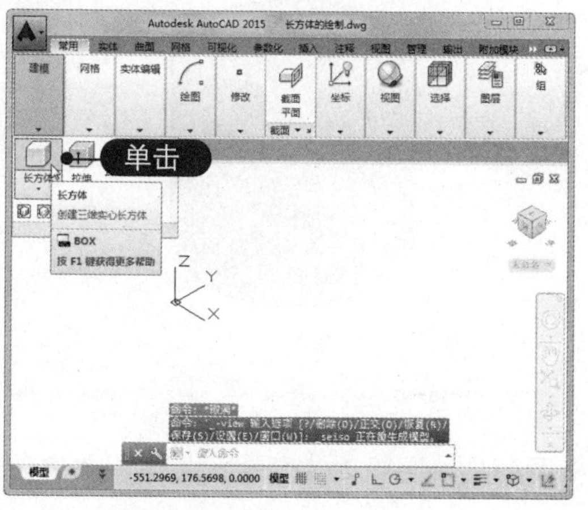

03 指定对角点 在绘图区中分别指定图形的两个对角点，如下图所示。

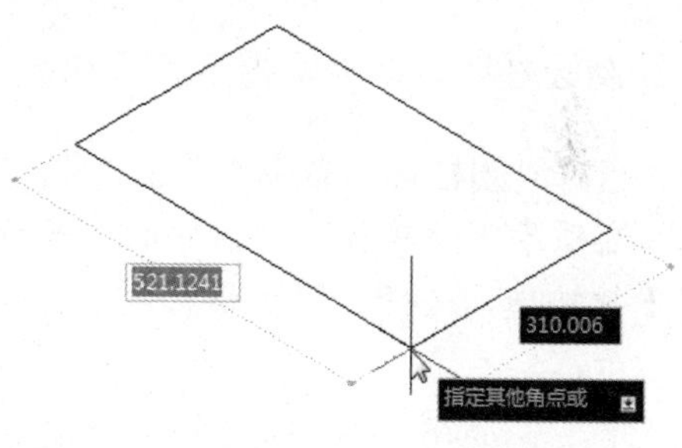

04 指定高度 在绘图区中指定长方体的高度，如下图所示。

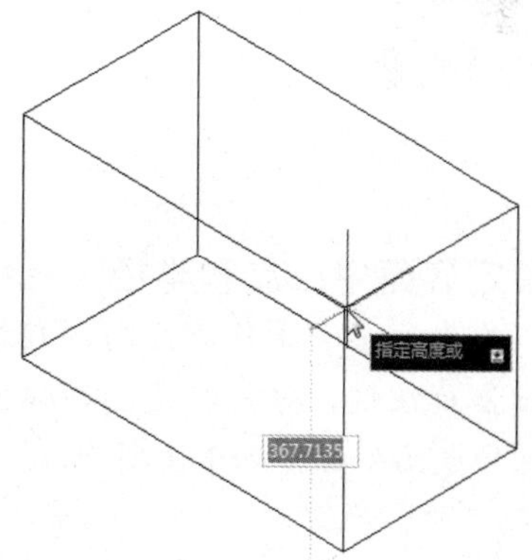

05 选择视觉样式 单击“常用”选项卡下“视图”面板中的“视觉样式”下拉按钮，打开“视觉样式”列表框，选择“概念”命令，如下图所示。

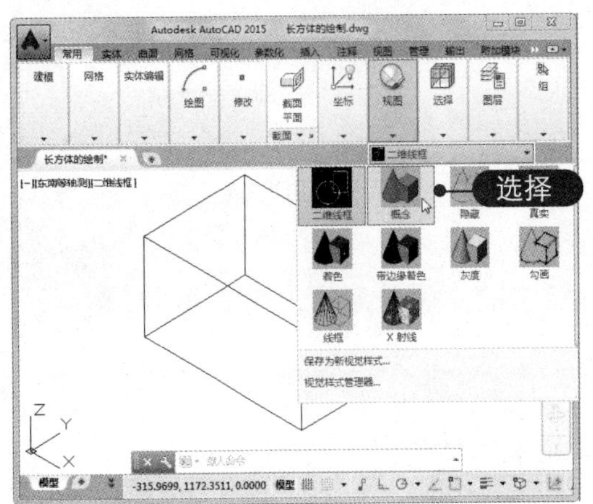

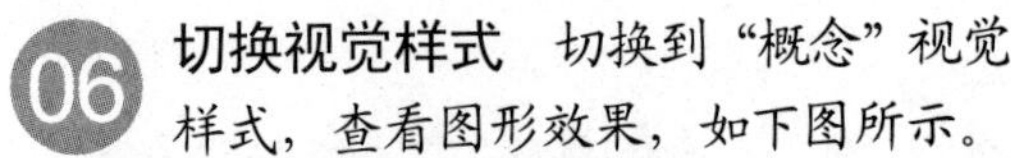

06 切换视觉样式 切换到“概念”视觉样式，查看图形效果，如下图所示。

11.1.2 绘制圆柱体

绘制圆柱体需要分别指定底面和高度，具体操作方法如下：

01 选择“圆柱体”命令 单击“常用”选项卡下“建模”面板中的“长方体”下拉按钮，选择“圆柱体”命令，如下图所示。

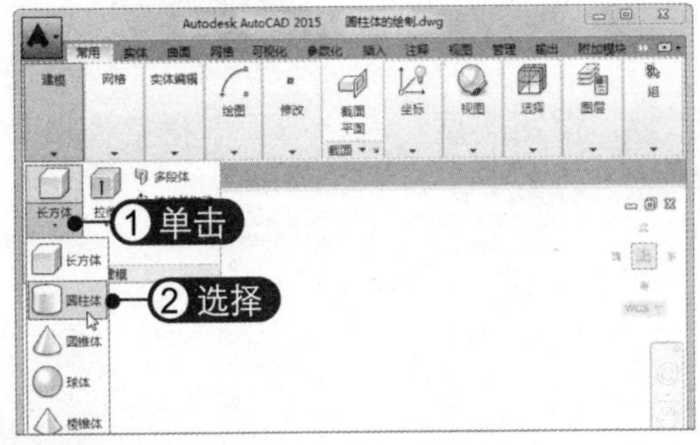

02 指定底面中心点和半径 将视图方向改为东南等轴测方向，在绘图区中单击鼠标左键，分别指定圆柱体的底面中心点和底面半径，如下图所示。

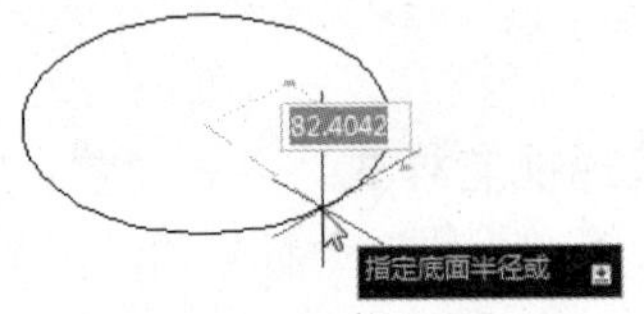

03 指定高度 通过输入数值或移动光标指定圆柱体的高度，如下图所示。

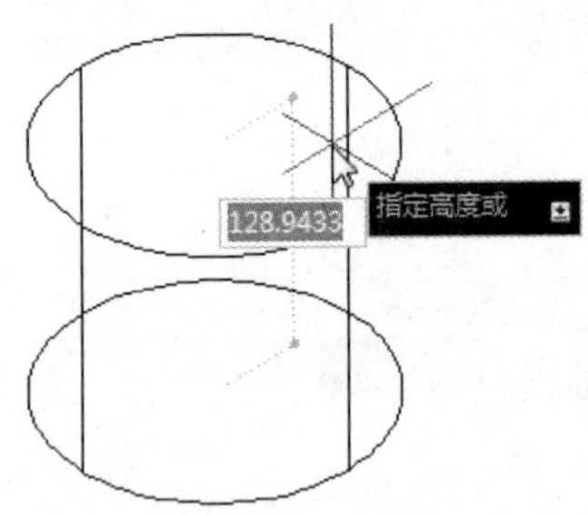

04 切换视觉样式 通过“视觉样式”列表框切换到“概念”视觉样式，查看图形效果，如下图所示。

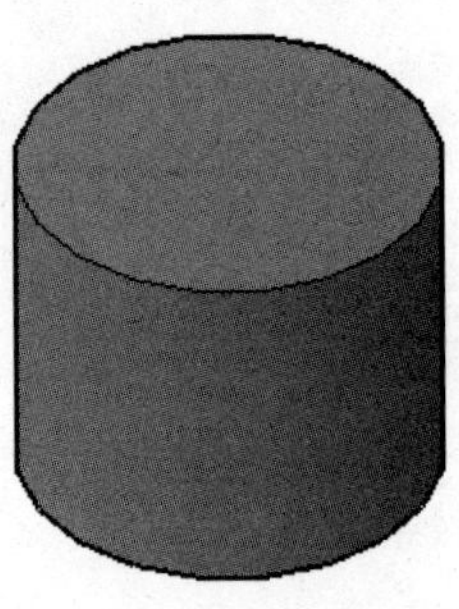

11.1.3 绘制圆锥体

通过圆锥体工具可以创建底面为圆形或椭圆的尖头圆锥体或圆台，具体操作方法如下：

01 选择“圆锥体”命令 单击“常用”选项卡下“建模”面板中的“长方体”下拉按钮，选择“圆锥体”命令，如下图所示。

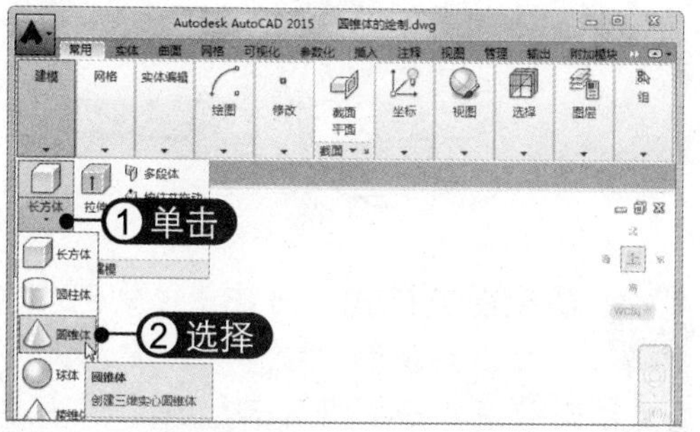

02 指定底面中心点和半径 将视图方向改为东南等轴测方向，在绘图区中单击鼠标左键，分别指定圆锥体的底面中心点和底面半径，如下图所示。

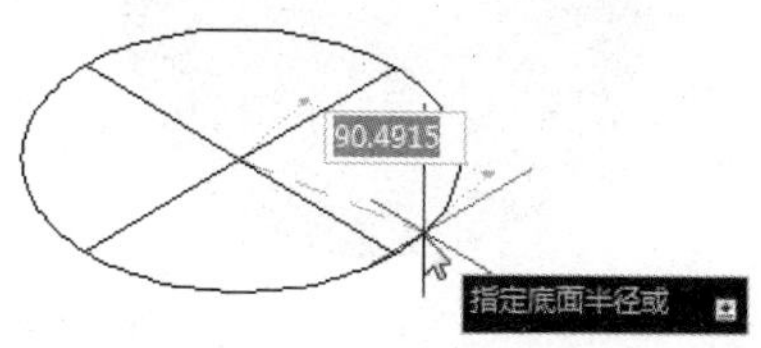

03 指定高度 通过输入数值或移动光标可以指定圆锥体的高度，如下图所示。

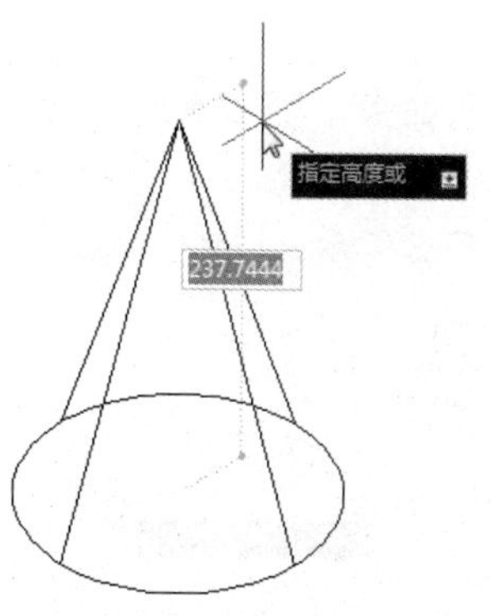

04 切换视觉样式 通过“视觉样式”列表框切换到“概念”视觉样式，查看图形效果，双击圆锥体图形，如下图所示。

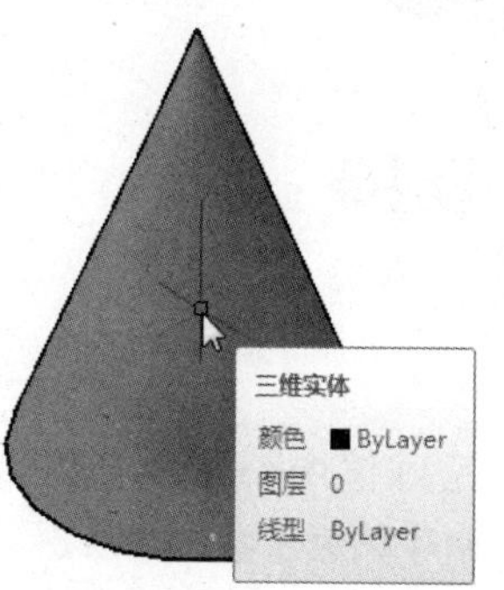

05 修改顶面半径 弹出特性面板，修改顶面半径参数，如下图所示。

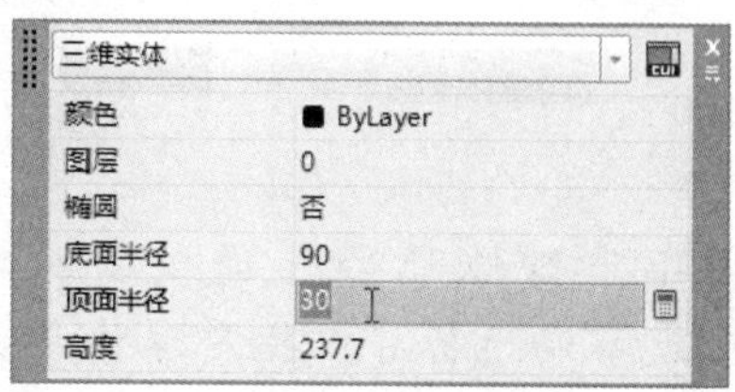

06 查看圆台效果 将圆锥体顶面改为圆台，查看最终圆台效果，如下图所示。

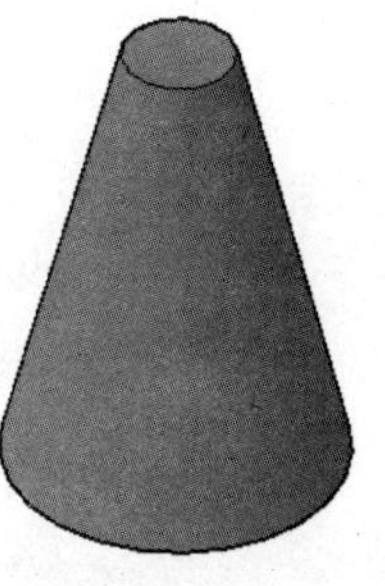

11.1.4 绘制球体

从圆心开始创建的球体，其中心轴将与当前用户坐标系（UCS）的Z轴平行。绘制球体的具体操作方法如下：

01 选择“球体”命令 单击“常用”选项卡下“建模”面板中的“长方体”下拉按钮，选择“球体”命令，如下图所示。

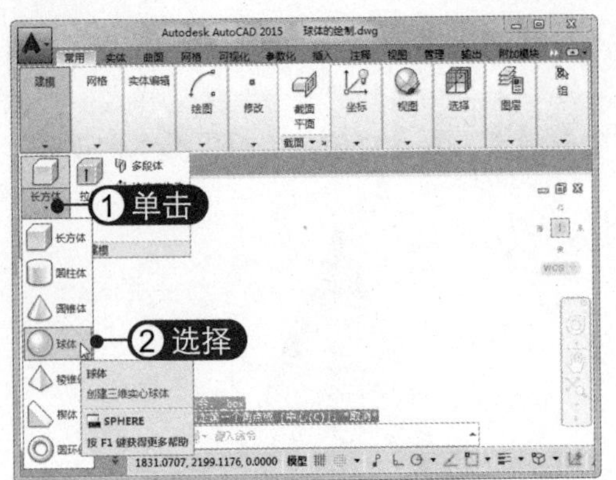

02 **指定球体中心点** 将视图方向改为东南等轴测方向，在绘图区中单击鼠标左键，指定球体的中心点，如下图所示。

03 **指定球体半径** 通过输入数值或移动光标可以指定球体半径的值，如下图所示。

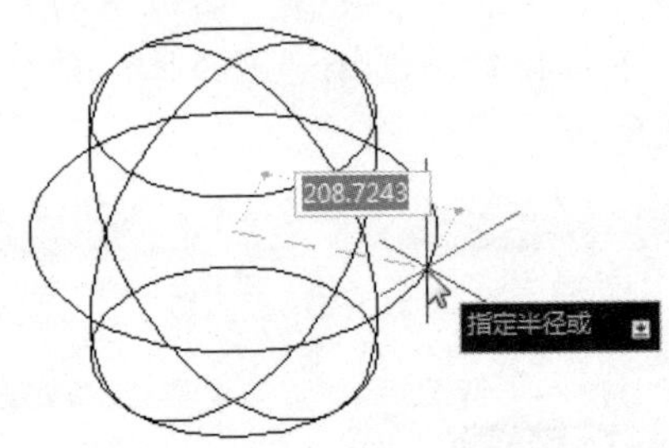

04 **切换视觉样式** 通过“视觉样式”列表框切换到“概念”视觉样式，查看图形效果，如下图所示。

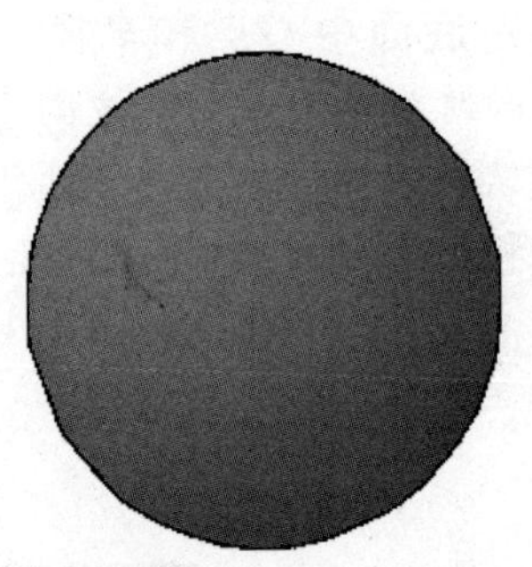

11.1.5 绘制棱锥体

通过棱锥体工具可以创建最多具有32个侧面的实体棱锥体，绘制棱锥体的具体操作方法如下：

01 **选择“棱锥体”命令** 单击“常用”选项卡下“建模”面板中的“长方体”下拉按钮，选择“棱锥体”命令，如下图所示。

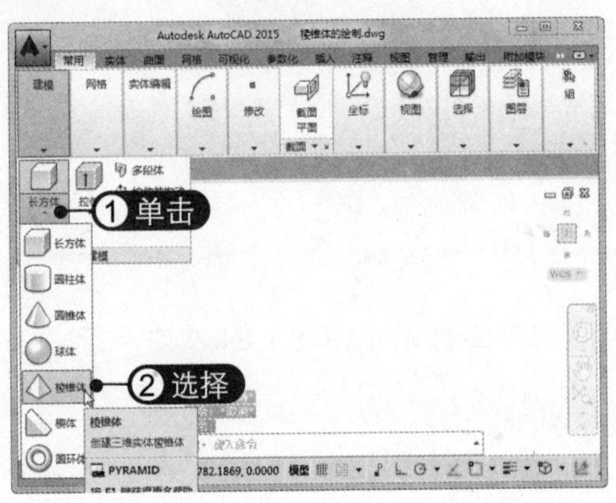

02 **输入命令** 将视图方向改为东南等轴测方向，输入S并按【Enter】键确认，如下图所示。

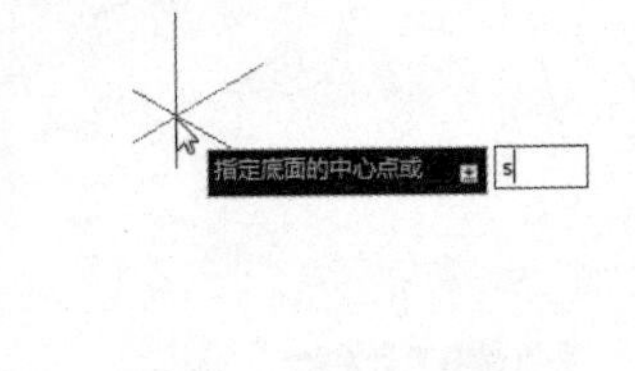

03 **输入侧面数目** 输入侧面数目，如输入8并按【Enter】键确认，如下图所示。

04 指定底面中心点和半径 指定底面中心点和半径，如下图所示。

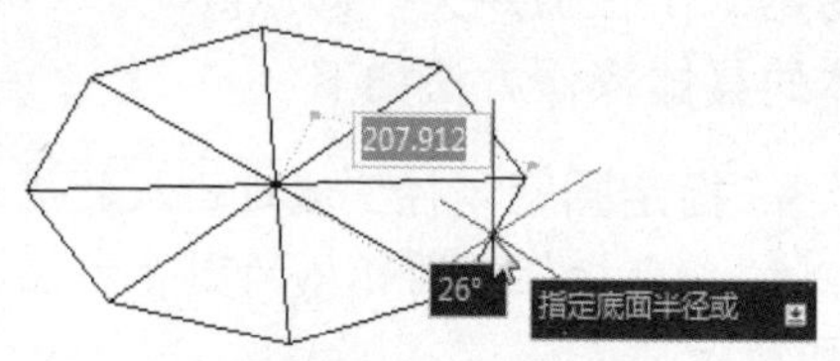

05 指定高度 通过输入数值或移动光标指定棱锥体的高度，如下图所示。

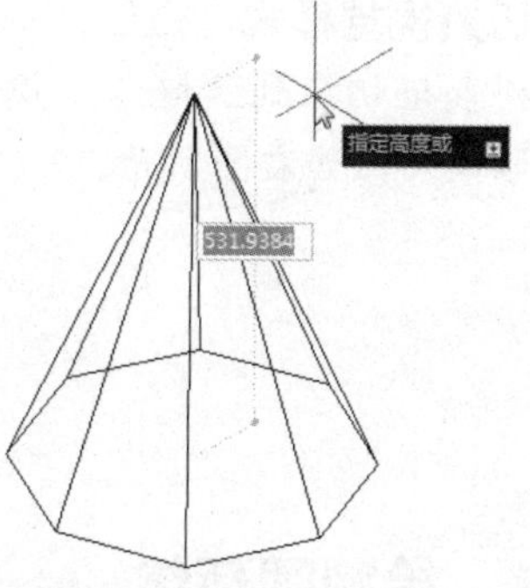

06 切换视觉样式 通过"视觉样式"列表框切换到"概念"视觉样式，查看图形效果，如下图所示。

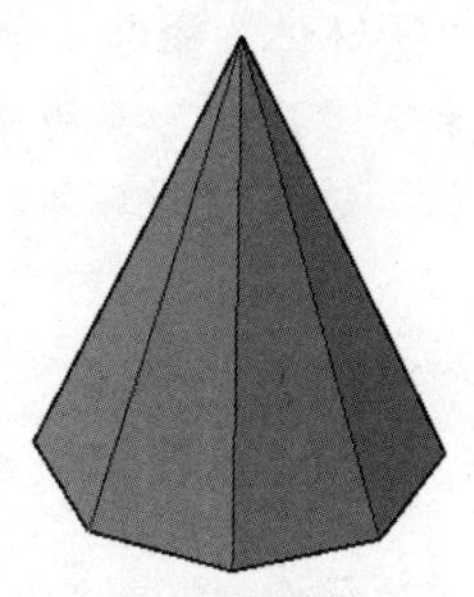

11.1.6 绘制楔体

通过楔体工具可以创建面为矩形或正方形的实体楔体，绘制楔体的具体操作方法如下：

01 选择"楔体"命令 单击"常用"选项卡下"建模"面板中的"长方体"下拉按钮，选择"楔体"命令，如下图所示。

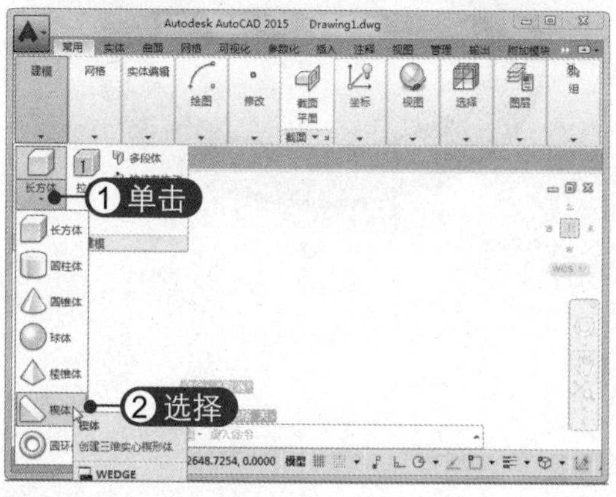

02 指定两个角点 将视图方向改为东南等轴测方向，在绘图区分别指定两个角点，如下图所示。

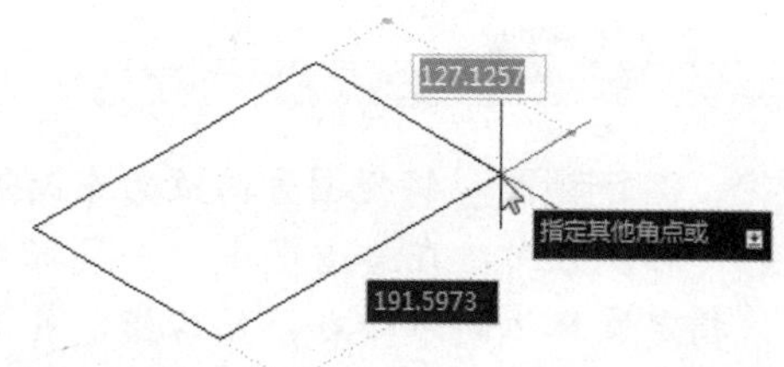

03 指定高度 通过输入数值或移动光标指定楔体的高度，如下图所示。

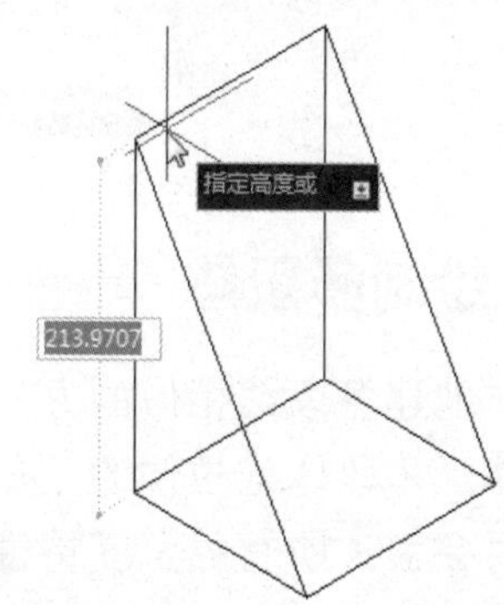

04 **切换视觉样式** 通过“视觉样式”列表框切换到“概念”视觉样式，查看图形效果，如右图所示。

11.1.7 绘制圆环体

圆环体即类似于轮胎内胎的环形实体，它由两个半径值定义，即从圆环体中心到圆管中心的距离和圆管的半径距离。绘制圆环体的具体操作方法如下：

01 **选择“圆环体”命令** 单击“常用”选项卡下“建模”面板中的“长方体”下拉按钮，选择“圆环体”命令，如下图所示。

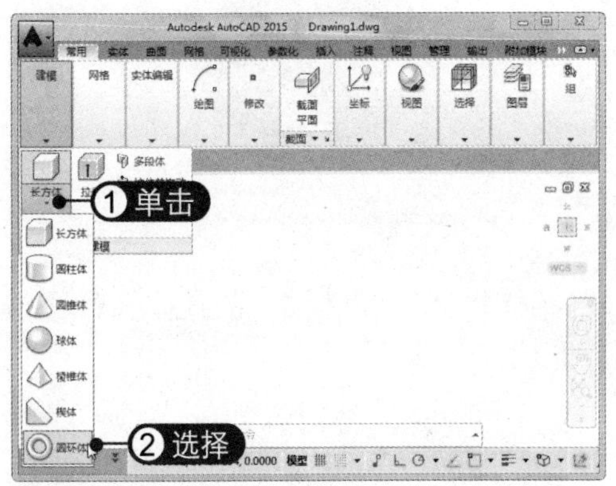

02 **指定距离** 将视图方向改为东南等轴测方向，在绘图区中单击鼠标左键，指定圆环体的中心点，然后指定其中心点到圆管中心的距离，如下图所示。

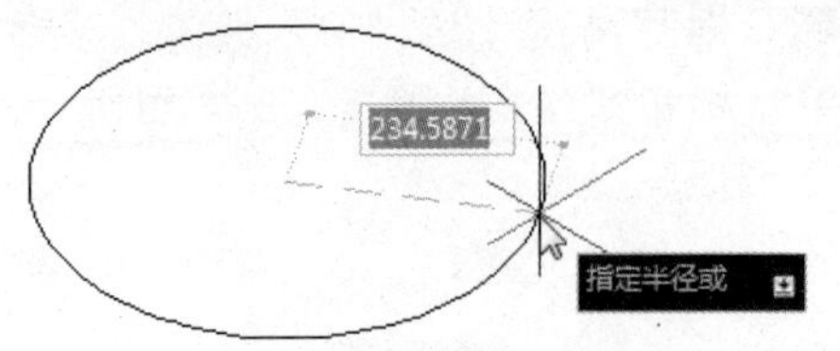

03 **指定圆管半径** 通过输入数值或移动光标指定圆环体的圆管半径，如下图所示。

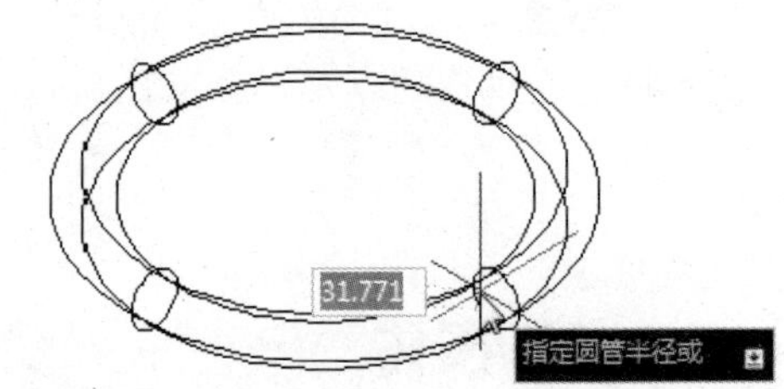

04 **切换视觉样式** 通过“视觉样式”列表框切换到“灰度”视觉样式，查看图形效果，如下图所示。

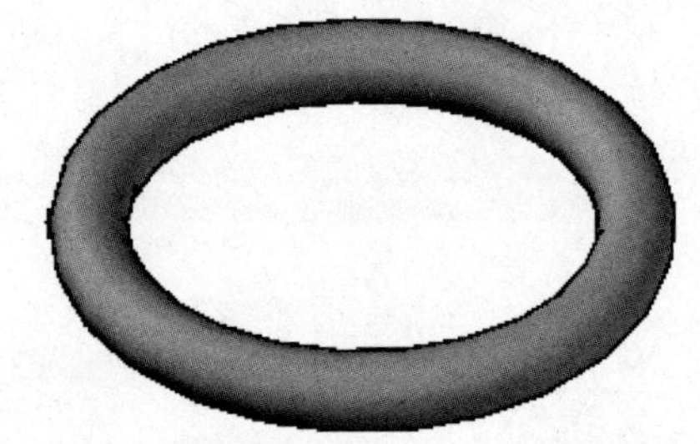

11.1.8 绘制多段体

使用与创建多段线相似的方法可以创建多段体对象，通过多段体工具可以快速绘制三维墙体。多段体与拉伸的宽多段线类似，与拉伸多段线的不同之处在于拉伸多段线在拉伸时会丢失所有的宽度特性，而多段体会保留其直线段的宽度。下面将通过实例介绍如何绘制多段体，具体操作方法如下：

01 单击“多段体”按钮 打开素材文件，单击“常用”选项卡下“建模”面板中的“多段体”按钮，如下图所示。

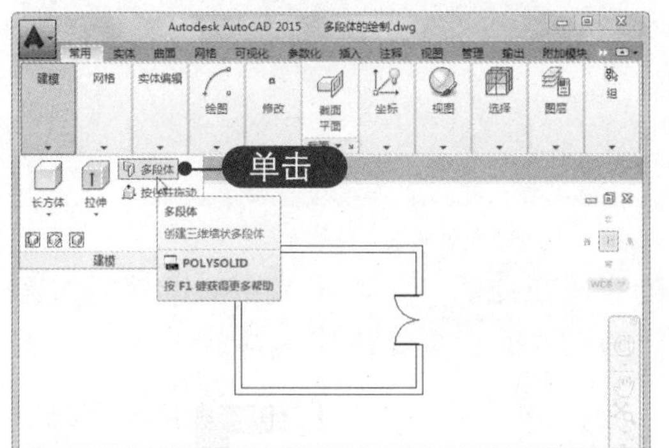

02 设置参数 将多段体的高度、宽度、对正方式分别设置为3000、240、右对齐，命令提示如下：

命令：_Polysolid 高度=2.0000，宽度=5.0000，对正=左对齐
指定起点或 [对象(O)/高度(H)/宽度(W)/对正(J)] <对象>: H
指定高度 <2.0000>: 3000
高度=3000.0000，宽度=5.0000，对正=左对齐
指定起点或 [对象(O)/高度(H)/宽度(W)/对正(J)] <对象>: W
指定宽度 <5.0000>: 240
高度=3000.0000，宽度=240.0000，对正=左对齐
指定起点或 [对象(O)/高度(H)/宽度(W)/对正(J)] <对象>: J
输入对正方式 [左对正(L)/居中(C)/右对正(R)] <左对正>: R
高度=3000.0000，宽度=240.0000，对正=右对齐

03 指定起点 通过端点对象捕捉在图形上单击指定多段体的起点，如下图所示。

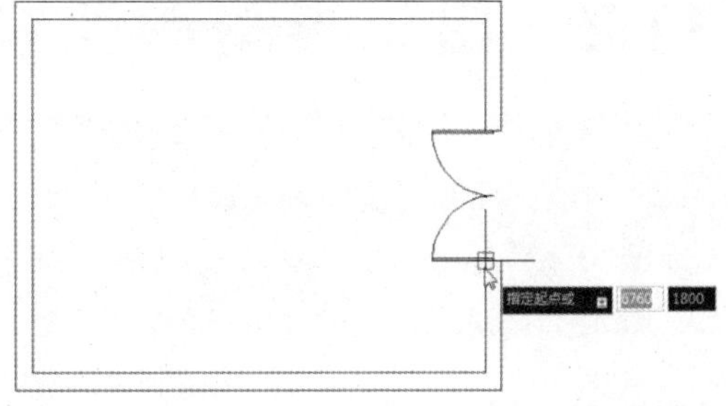

04 指定下一点 移动光标，指定另一侧端点为多段体的下一点，如下图所示。

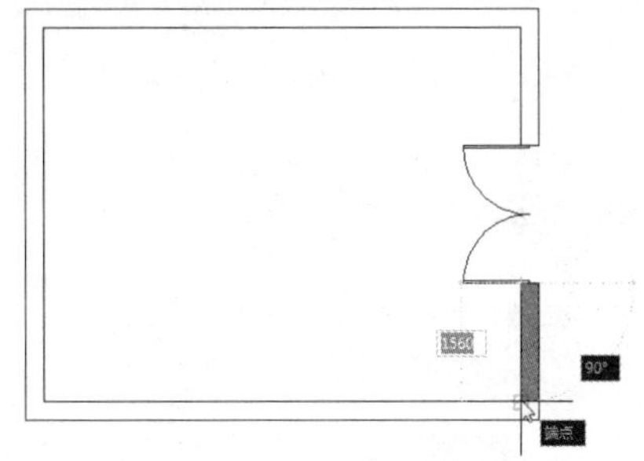

05 依次捕捉端点 沿平面墙体图形依次捕捉端点，即可完成多段体的绘制，如下图所示。

06 查看绘制效果 修改视图方向与视觉样式，查看绘制效果，如下图所示。

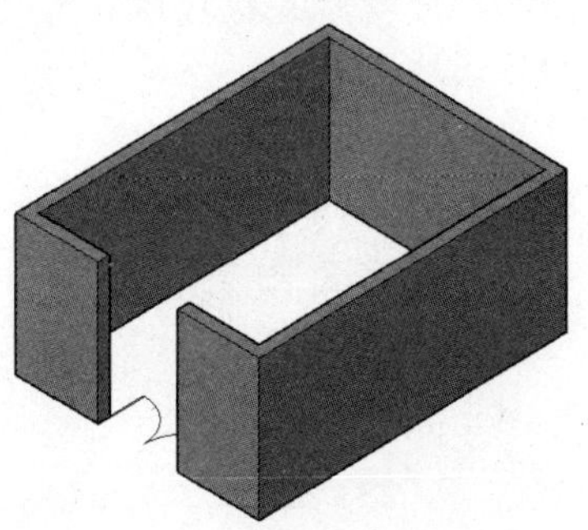

11.2 由二维图形创建三维实体

通过现有的二维图形可以创建三维实体或曲面，例如，将对象拉伸到三维空间来创建实体和曲面，通过沿路径扫掠平面曲线来创建新实体或曲面，通过放样创建实体或曲面，以及通过旋转创建实体或曲面等。

11.2.1 拉伸实体

通过拉伸工具可以创建延伸对象的形状的实体或曲面，可以将闭合对象转换为三维实体，也可以将开放对象（如直线）转换为三维曲面，具体操作方法如下：

01 **单击“拉伸”按钮** 打开素材文件，单击“常用”选项卡下“建模”面板中的“拉伸”按钮，如下图所示。

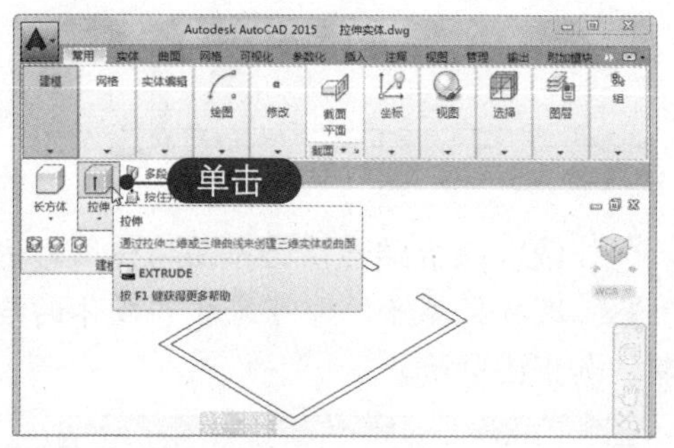

02 **选择拉伸对象** 选择要拉伸的对象，并按【Enter】键确认，如下图所示。

03 **指定拉伸高度** 指定拉伸高度为2700，即可将其拉伸成没有厚度的曲面，如下图所示。

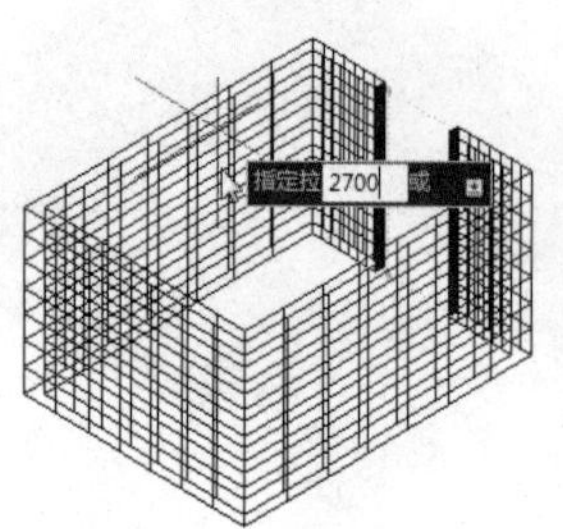

04 **单击“边界”按钮** 撤销刚才的操作，打开“绘图”面板，单击“边界”按钮，如下图所示。

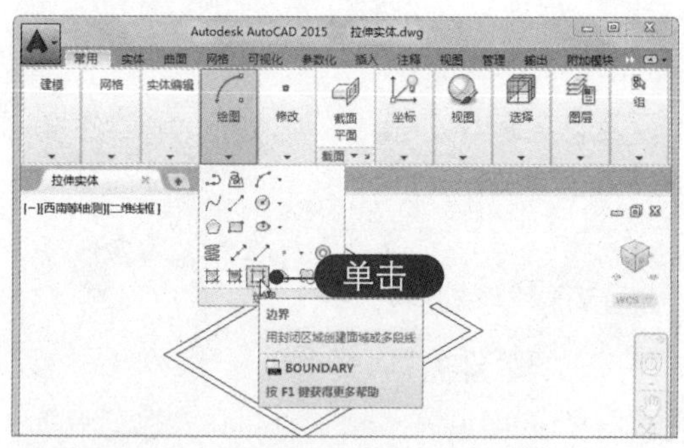

05 **单击“拾取点”按钮** 弹出“边界创建”对话框，单击“拾取点”按钮，如下图所示。

06 **拾取内部点** 移动光标到墙体图形内部，单击拾取内部点，并按【Enter】键执行操作，如下图所示。

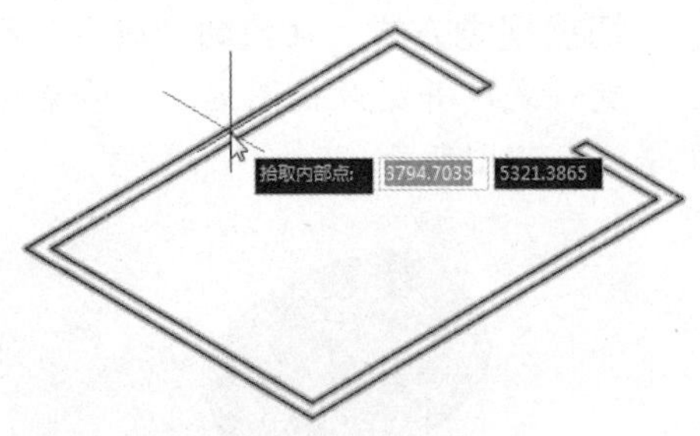

07 **合并多线段** 此时即可将墙体图形创建为合并的多段线，如下图所示。

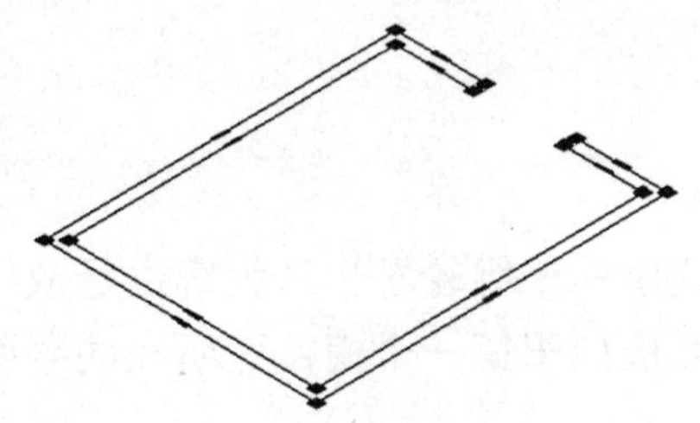

07 **拉伸对象** 再次拉伸对象，即可创建带有厚度的三维实体，更改视觉样式，查看图形效果，如下图所示。

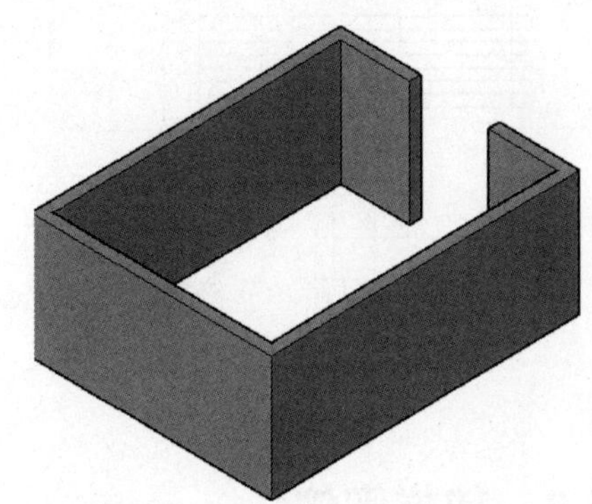

11.2.2 旋转实体

通过旋转工具可以绕轴旋转对象来创建三维对象，具体操作方法如下：

01 **绘制多段线** 执行“多段线”命令，绘制多段线，如下图所示。

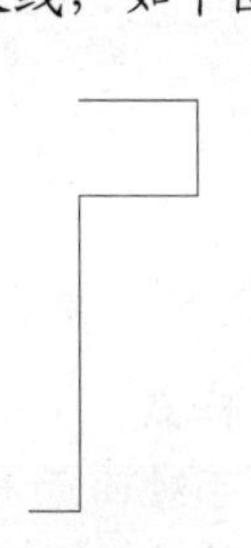

02 **选择“旋转”命令** 单击“常用”选项卡下“建模”面板中的“拉伸”下拉按钮，选择“旋转”命令，如下图所示。

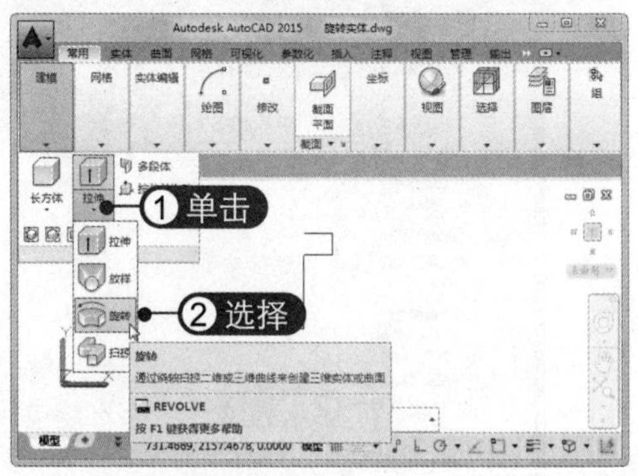

03 **选择旋转对象** 选择刚才绘制的对象作为要旋转的对象，并按【Enter】键确认，如下图所示。

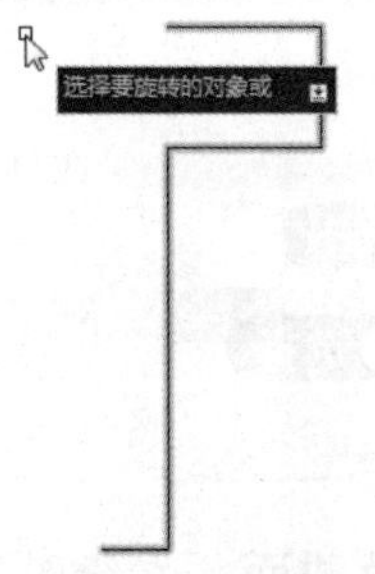

04 **指定旋转轴** 指定对象左侧端点所在垂线上的任意两点，确定旋转轴，如下图所示。

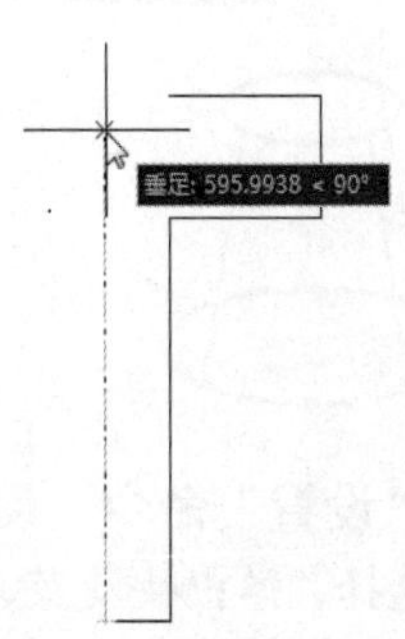

05 指定旋转角度 设置旋转角度为360度，即可绕轴旋转对象，如下图所示。

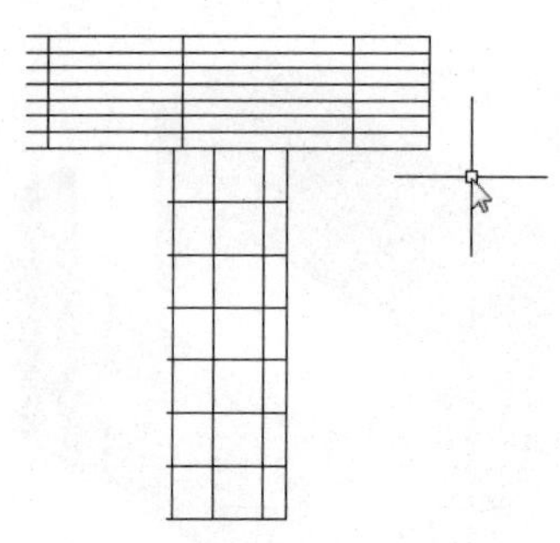

06 切换视觉方式 切换到“概念”视觉样式，并更改视图方式，查看图形效果，如下图所示。

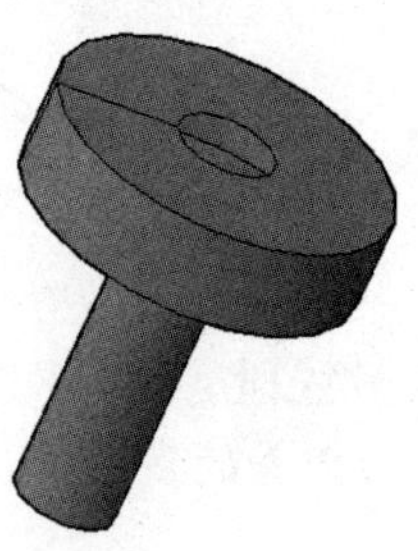

11.2.3 放样实体

通过放样工具可以在包含两个或更多横截面轮廓的一组轮廓中对轮廓进行放样来创建三维实体或曲面，以获得最佳效果。路径曲线应始于第一个横截面所在的平面，止于最后一个横截面所在的平面。

使用放样工具放样实体的具体操作方法如下：

01 选择“放样”命令 打开素材文件，单击“常用”选项卡下“建模”面板中的“拉伸”下拉按钮，选择“放样”命令，如下图所示。

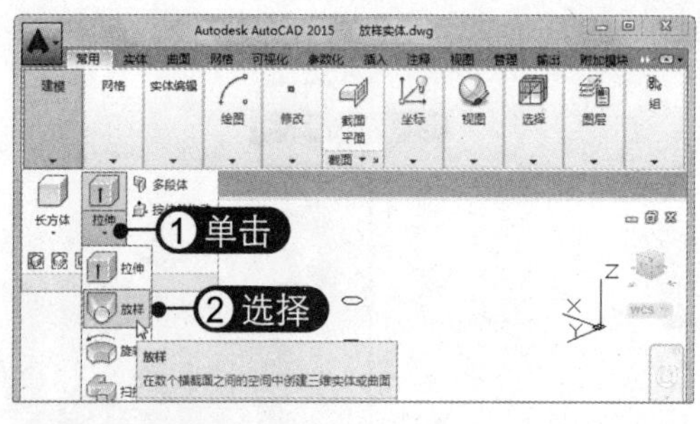

02 选择横截面 在绘图区中按放样次序依次单击选择横截面，如下图所示。

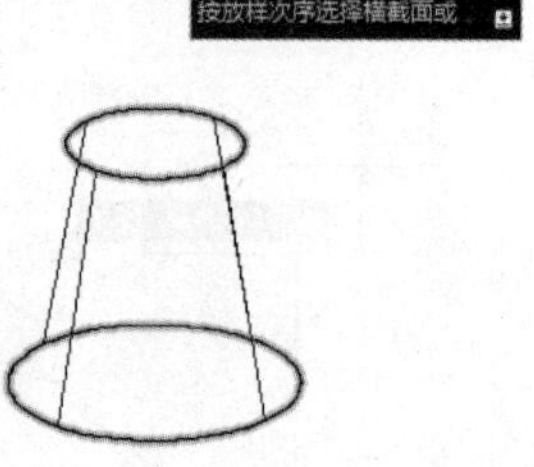

03 选择“设置”命令 按【Enter】键确认选择，弹出快捷菜单，选择“设置”命令，如下图所示。

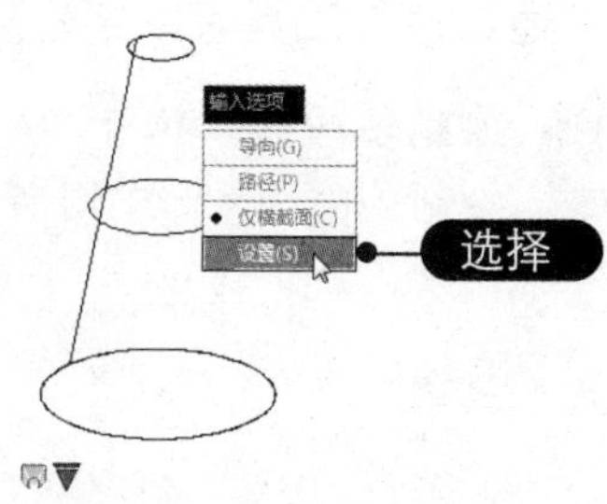

04 设置曲面样式 弹出“放样设置”对话框，可对曲面样式进行控制，如选中“直纹”单选按钮，单击“确定”按钮，如下图所示。

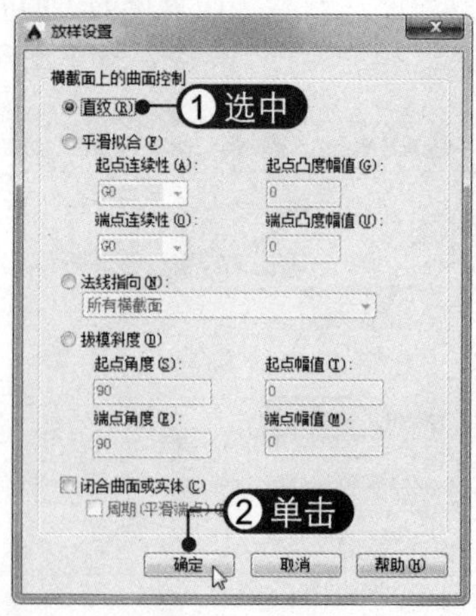

05 **切换视觉样式** 通过“视觉样式”列表框切换到“灰度”视觉样式，查看绘图区中的直纹放样图形效果，如下图所示。

06 **选择其他样式** 选中图形对象，单击其下方的夹点，在弹出的快捷菜单中可选择其他样式，如选择“平滑拟合”命令，如下图所示。

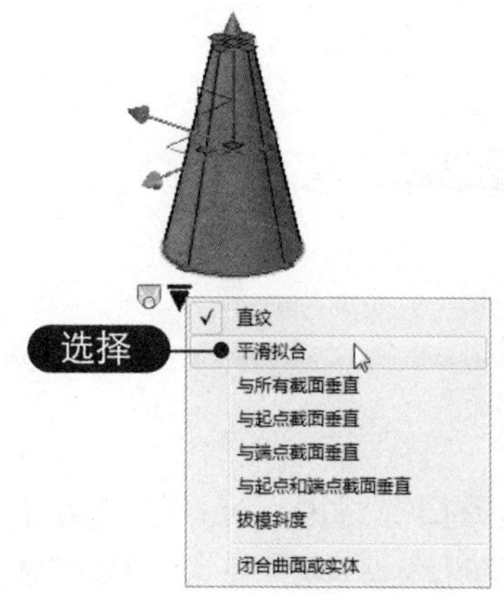

07 **查看图形效果** 此时即可查看修改放样样式后的图形效果，如下图所示。

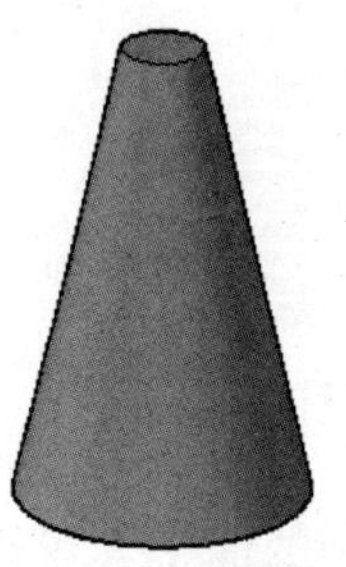

11.2.4 扫掠实体

通过扫掠工具可以沿指定路径拉伸轮廓形状来绘制实体或曲面对象。沿路径扫掠轮廓时，轮廓将被移动，并与路径垂直对齐。如果沿一条路径扫掠闭合的曲线，则生成实体；如果沿一条路径扫掠开放的曲线，则将生成曲面。

通过扫掠工具创建曲面的具体操作方法如下：

01 **绘制样条曲线和圆** 分别使用样条曲线工具和“圆心，半径”命令绘制一段样条曲线和一个圆对象，如下图所示。

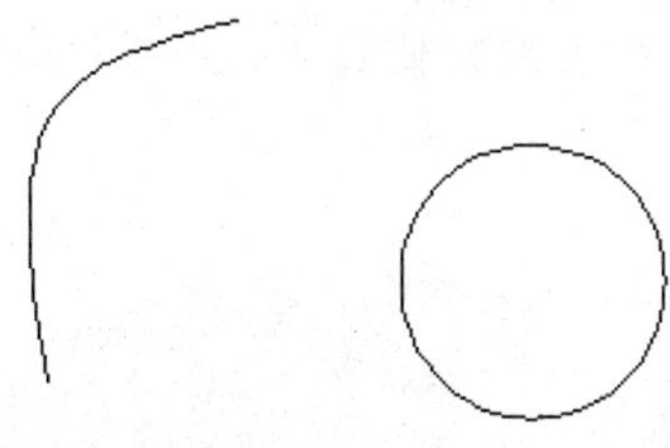

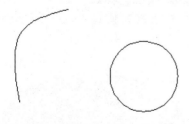

02 **选择“扫掠”命令** 单击“常用”选项卡下“建模”面板中的“拉伸”下拉按钮，选择“扫掠”命令，如下图所示。

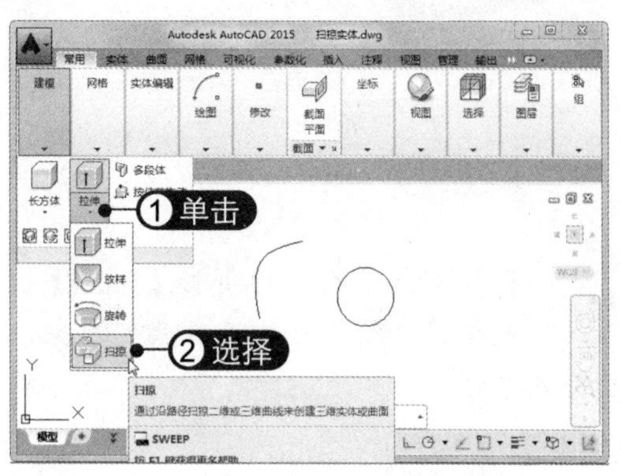

03 **选择对象** 选择样条曲线作为要扫掠的对象，并按【Enter】键确认，如下图所示。

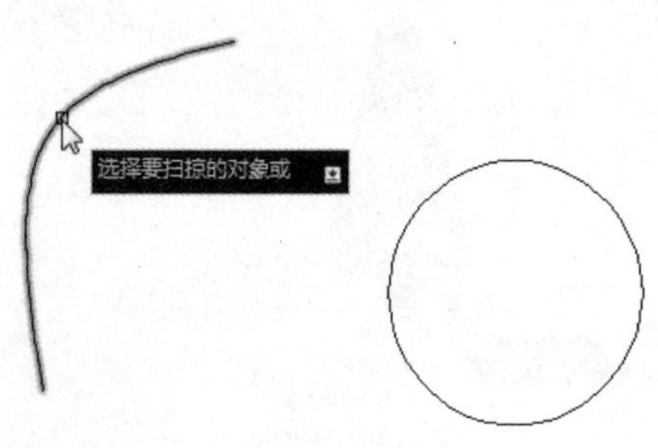

04 选择扫掠路径 选择圆对象作为扫掠路径，从而将样条曲线扫掠为三维曲面，如下图所示。

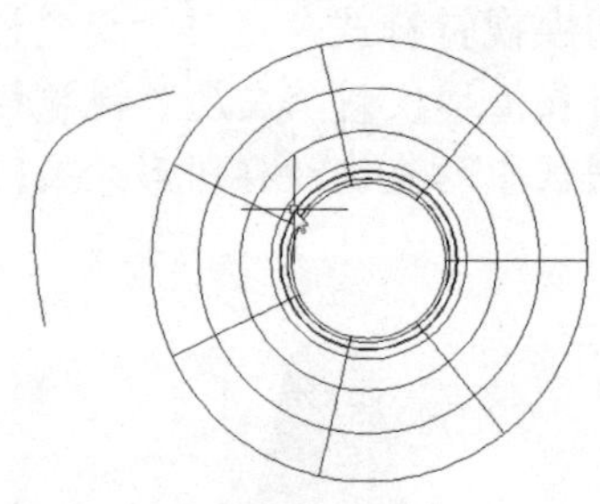

05 切换视觉样式 通过“视觉样式”列表框切换到“概念”视觉样式，并更改视图方式，查看图形效果，如下图所示。

11.2.5 平面曲面

通过平面曲面工具可以将封闭区域或矩形创建为平整的平面曲面，具体操作方法如下：

01 单击“平面”按钮 打开素材文件，单击“曲面”选项卡下“创建”面板中的“平面”按钮，如下图所示。

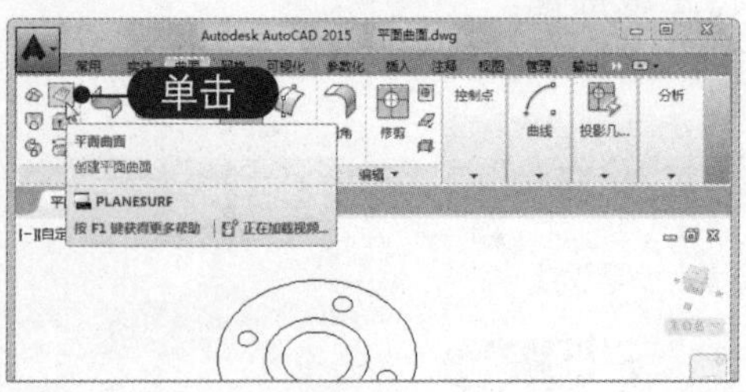

02 选择对象 输入O并按【Enter】键确认，在绘图区中选择指定对象，如下图所示。

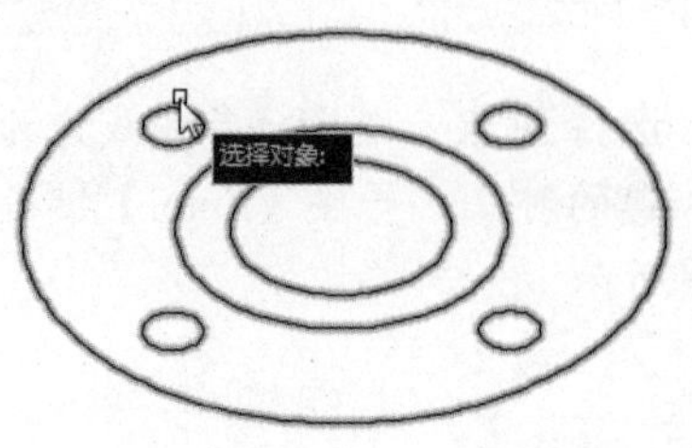

03 创建平面曲面 按【Enter】键确认操作，即可创建平面曲面，如下图所示。

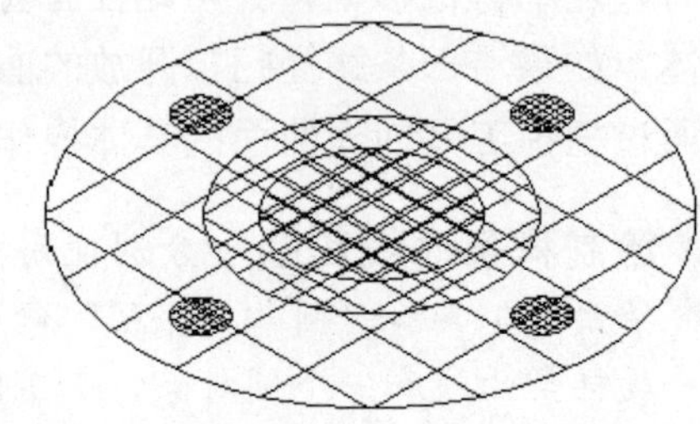

04 切换视觉样式 通过“视觉样式”列表框切换到“概念”视觉样式，查看图形效果，如下图所示。

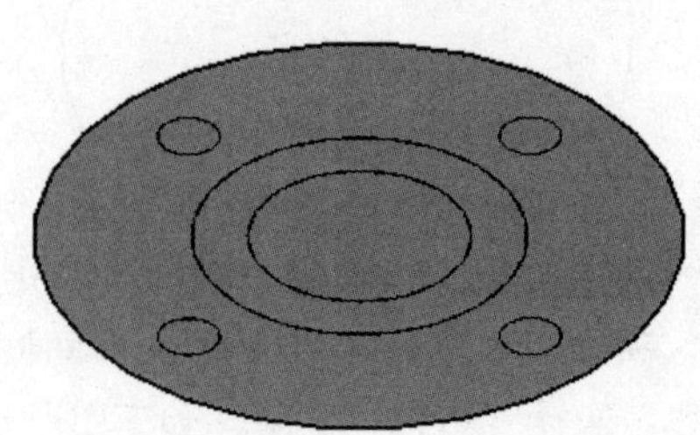

11.3 布尔运算

布尔运算是创建复杂三维实体时较为常用的工具，通过合并、减去或找出两个或两个以上三维实体、曲面或面域的相交部分，从而创建复合三维对象。

11.3.1 并集运算

通过并集工具可以将两个或两个以上的对象合并为一个整体，具体操作方法如下：

01 单击“实体，并集”按钮 打开素材文件，单击“常用”选项卡下“实体编辑”面板中的“实体，并集”按钮，如下图所示。

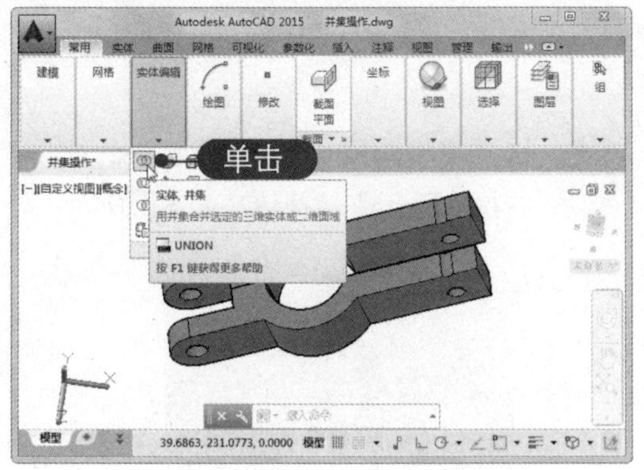

02 选择模型对象 选择绘图区中要合并的两个模型对象，如下图所示。

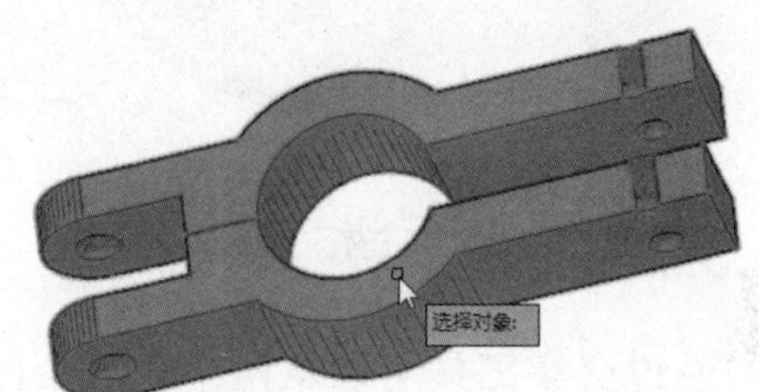

03 执行并集运算 按【Enter】键确认执行并集运算，即可将所选对象合并为一个无缝隙的三维实体，如下图所示。

11.3.2 差集运算

通过差集工具可以从另一个交集中减去一个现有的三维实体集来创建三维实体或曲面。下面将以完成连接轴承模型的创建为例介绍差集工具的使用方法，具体操作方法如下：

01 单击“实体，差集”按钮 打开素材文件，单击“常用”选项卡下“实体编辑”面板中的“实体，差集”按钮，如下图所示。

02 选择差集对象 选择要执行差集操作的对象，并按【Enter】键确认，如下图所示。

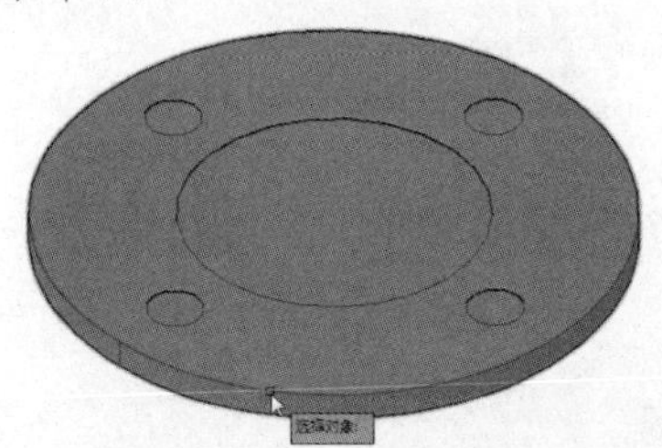

03 执行差集运算 选择四个小圆柱体及中间大圆柱体作为要减去的三维对象，并按【Enter】键确认，执行差集运算，如下图所示。

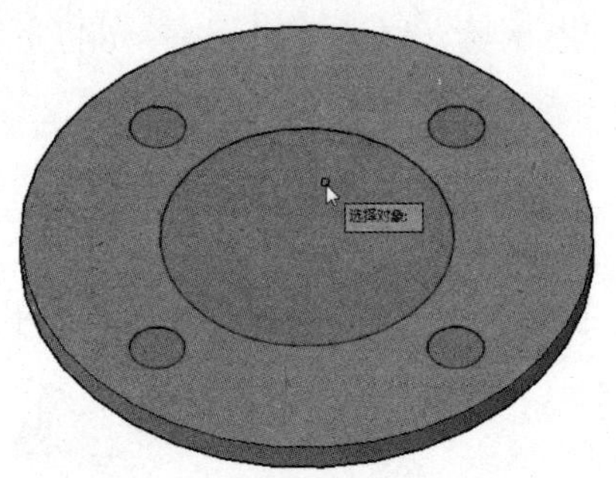

04 查看差集效果 此时即可从所选对象中减去圆柱体对象，效果如下图所示。

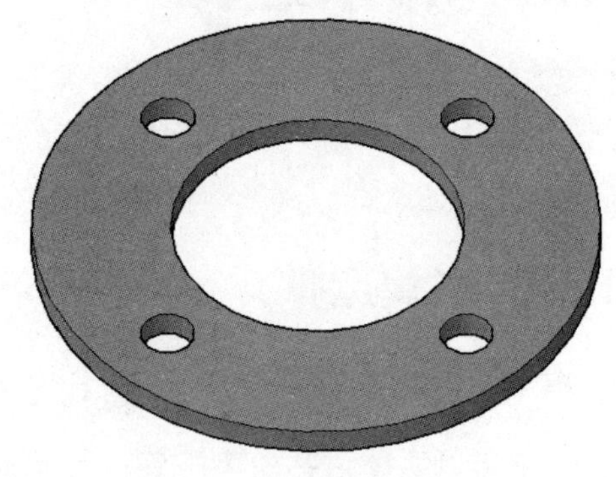

11.3.3 交集运算

通过交集工具可以从两个或两个以上现有三维实体、曲面或面域的公共体积创建三维实体，具体操作方法如下：

01 打开素材 打开素材文件，图形为一个立方体和一个球体，如下图所示。

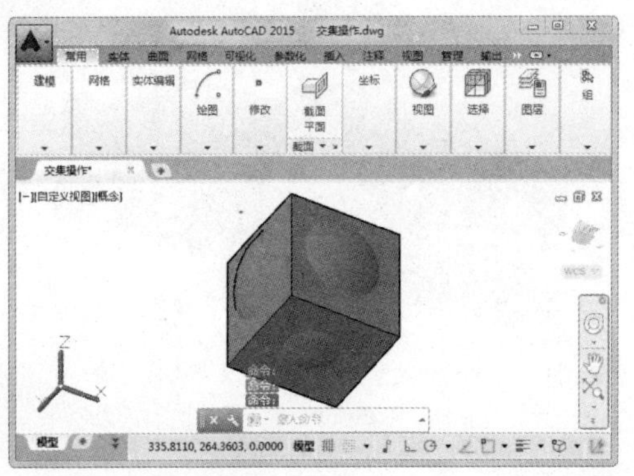

02 单击"实体，交集"按钮 单击"常用"选项卡下"实体编辑"面板中的"实体，交集"按钮，如下图所示。

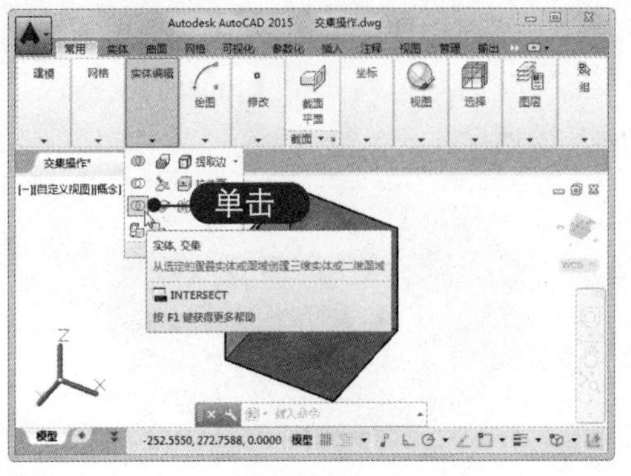

03 选择交集对象 选择绘图区中的对象，并按【Enter】键确认，如下图所示。

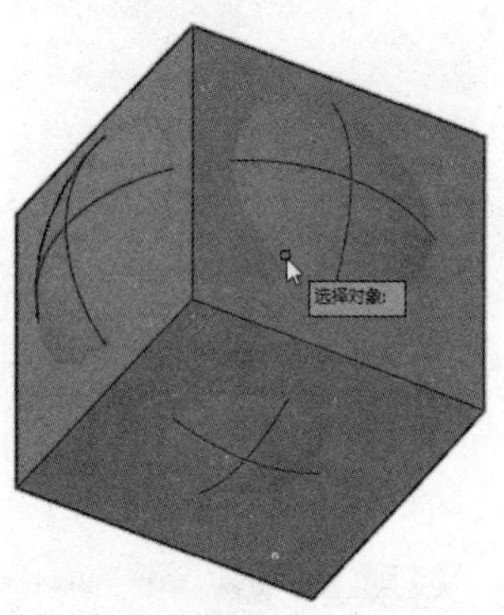

04 查看交集效果 此时即可执行交集运算，查看运算后的效果，如下图所示。

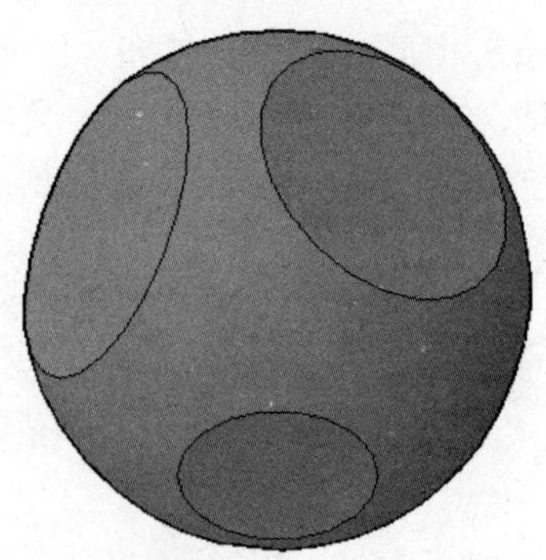

Chapter 12

实体编辑与三维操作

创建三维模型后，通常需要对其进行编辑，以满足更多的设计要求。本章将学习基本的三维编辑操作，以及如何对实体边、实体面、实体、网格等对象进行编辑，主要包括三维移动、三维旋转、三维对齐、三维镜像、三维阵列，以及三维图形的修改、创建网格图元和曲面网格等。

本章要点

- 编辑三维实体
- 更改三维实体形状
- 编辑三维网格

知识等级

AutoCAD 中级读者

建议学时

建议学习时间为 120 分钟

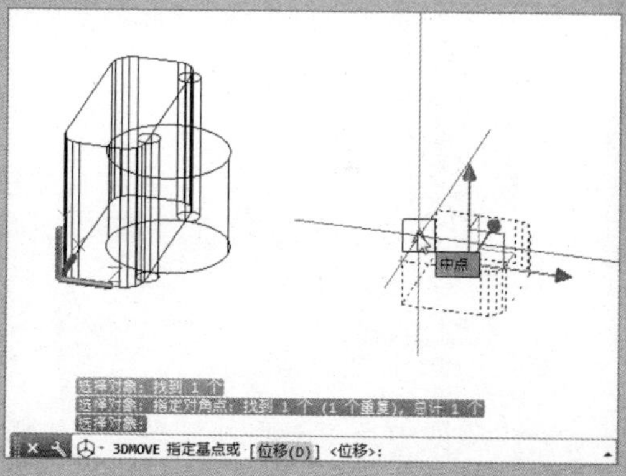

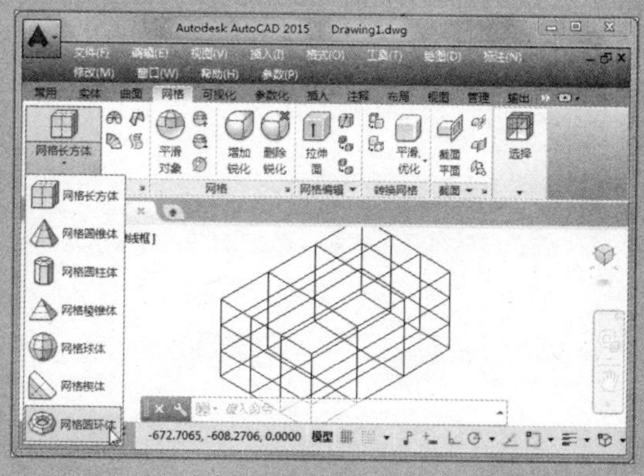

12.1 编辑三维实体

为了使图形更具完整性，需要对三维实体进行编辑，如对三维实体进行移动、旋转、对齐、镜像和阵列等操作，下面将分别对其进行介绍。

12.1.1 三维移动

默认情况下，在选择视图中具有三维视觉样式的对象或子对象时会自动显示小控件，这些小控件可以帮助用户沿三维轴或平面移动、旋转或缩放一组对象。在进行三维移动时可以将小控件移动约束到轴或平面上，再对指定三维对象进行三维移动。将光标悬停在小控件上的轴控制柄上时，将显示与轴对齐的矢量，且指定轴变为黄色。单击轴控制柄，即可将对象约束到亮显的轴上，如下图所示。

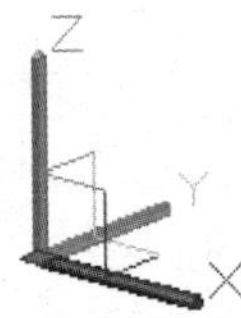

三维移动小控件

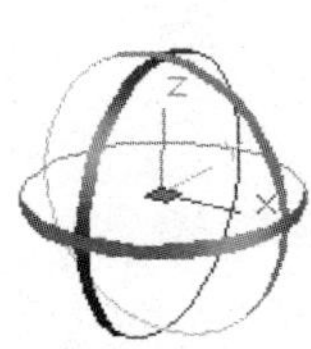

三维旋转小控件

三维缩放小控件

将光标移到小控件的矩形平面上，当矩形变为黄色后单击该矩形。拖动光标时可以将选定对象和子对象仅沿亮显的平面移动，具体操作方法如下：

01 单击“三维移动”按钮 打开素材文件，单击“修改”面板中的“三维移动”按钮，如下图所示。

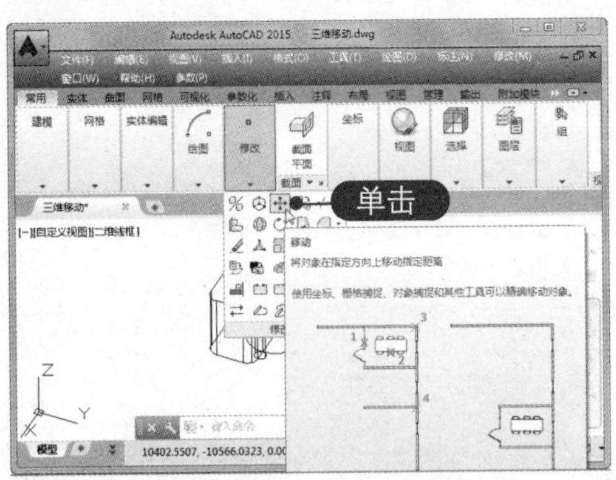

02 选择移动对象 在绘图区中单击选择要移动的对象，并按【Enter】键确认，如下图所示。

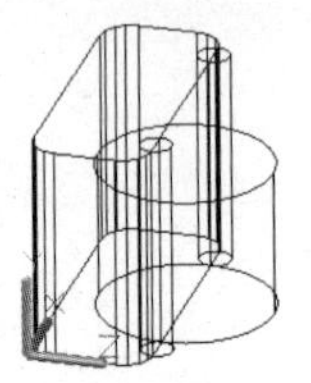

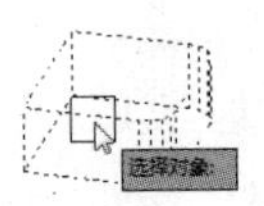

03 捕捉中点 启用捕捉模式，捕捉移动对象的中点，如下图所示。

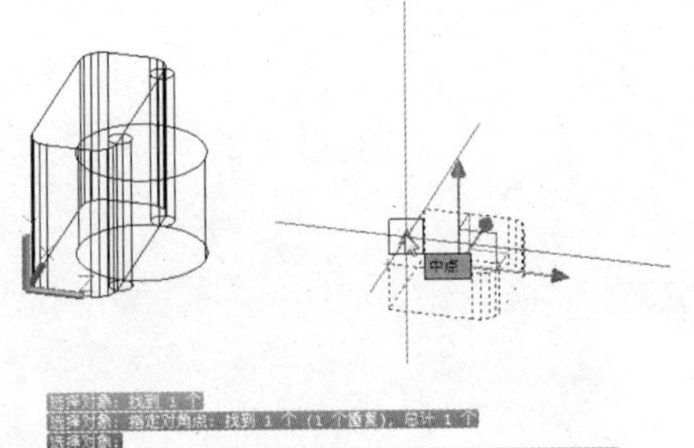

04 移动对象 捕捉另一个图形的中点作为移动的第二点，即可移动对象，如下图所示。

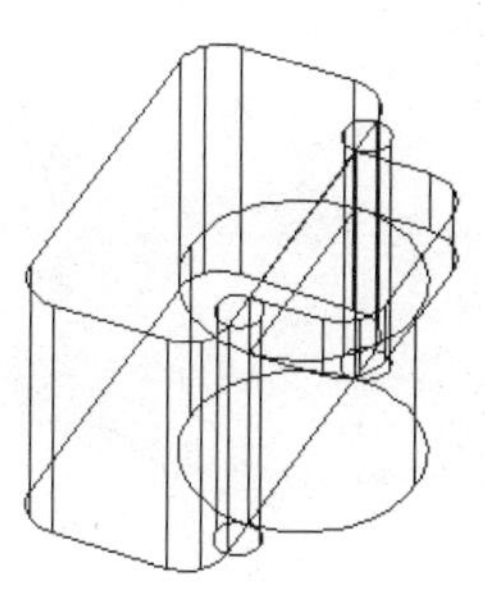

05 切换视觉样式 切换到“概念”视觉样式，查看图形效果，如下图所示。

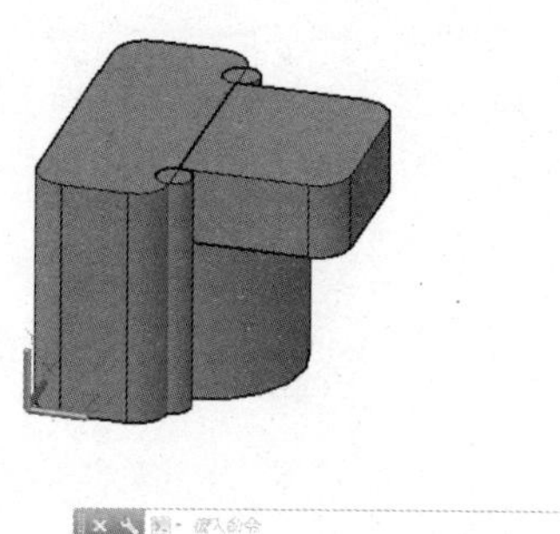

12.1.2 三维旋转

通过三维旋转工具可以按约束轴旋转之前选定的对象。选择要旋转的对象和子对象后，小控件将位于选择集的中心，此位置由小控件的基准夹点指示。将光标移到三维旋转小控件的旋转路径上时，将显示表示旋转轴的矢量线。在旋转路径变为黄色时单击该路径，即可指定旋转轴为约束轴。

通过三维旋转工具旋转对象的具体操作方法如下：

01 单击“三维旋转”按钮 打开素材文件，单击“常用”选项卡下“修改”面板中的“三维旋转”按钮，如下图所示。

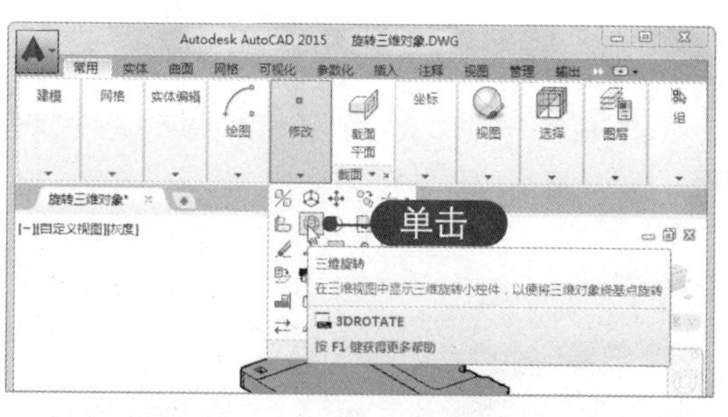

02 选择三维对象 选择要旋转的三维对象，并按【Enter】键确认，如下图所示。

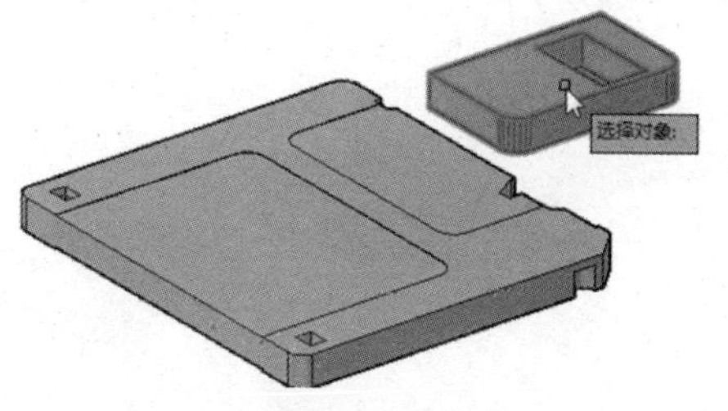

03 指定旋转基点 移动光标至边缘中点并单击指定旋转基点，如下图所示。

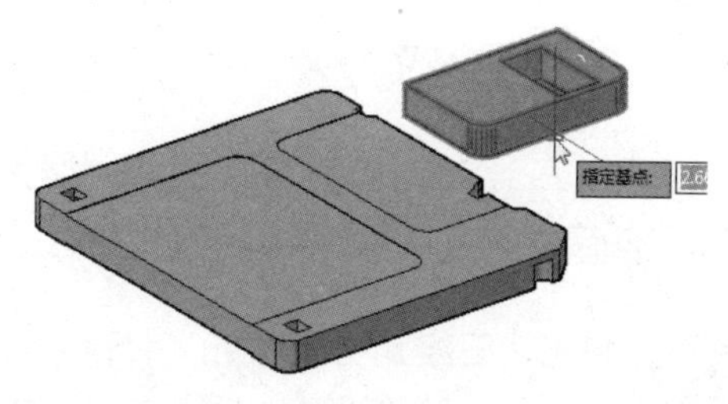

04 指定旋转角度 输入-90并按【Enter】键确认，指定旋转角度，从而旋转所选对象，如下图所示。

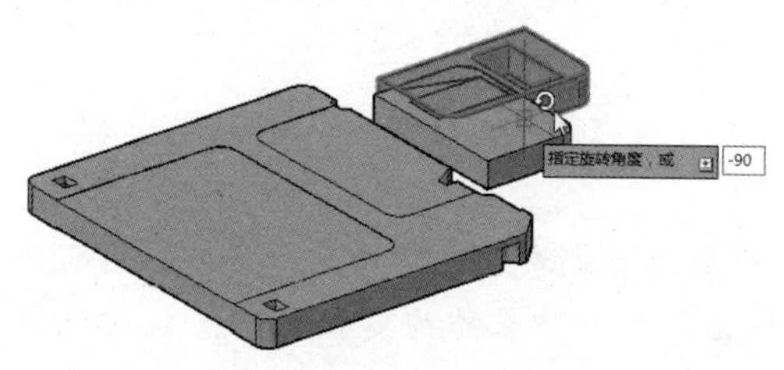

05 **单击“三维移动”按钮** 单击“常用”选项卡下“修改”面板中的“三维移动”按钮，如下图所示。

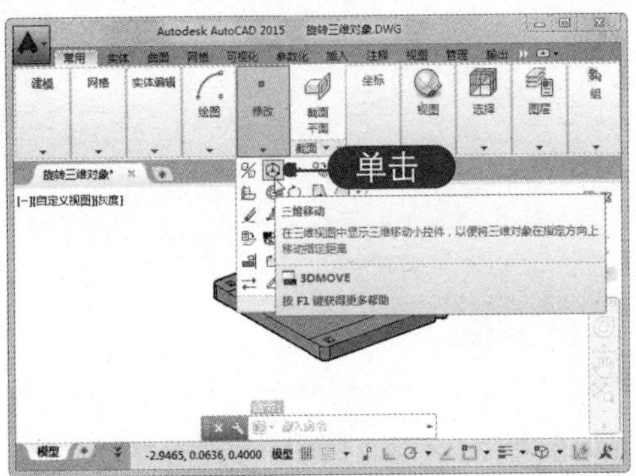

06 **指定移动基点** 选择刚才旋转的三维模型作为移动对象，通过象限点对象捕捉指定移动基点，如下图所示。

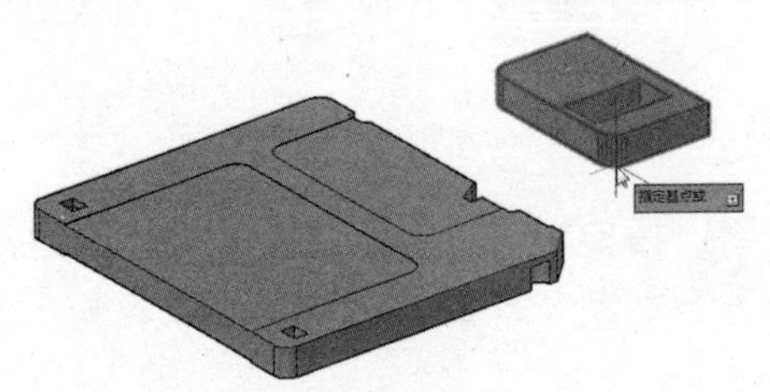

07 **指定第二点** 通过象限点对象捕捉指定另一个图形的象限点为三维移动的第二点，如下图所示。

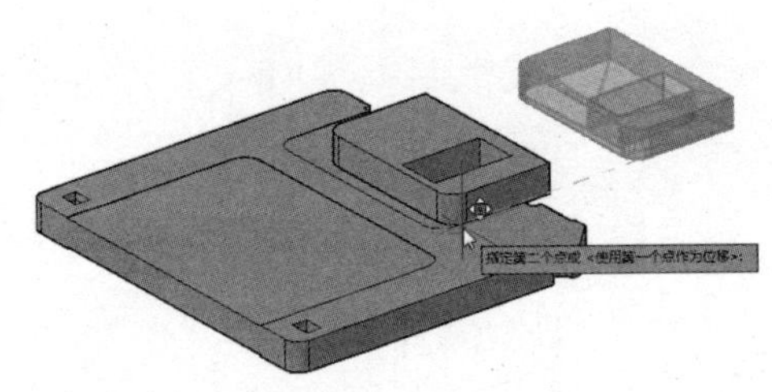

08 **移动对象位置** 此时即可将该对象移到图形的合适位置，如下图所示。

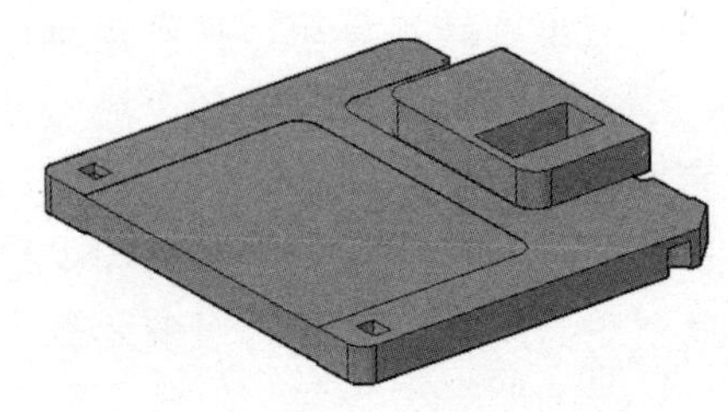

12.1.3 三维对齐

通过三维对齐工具可以为源对象和目标对象指定三个点，使源对象和目标对象对齐。下面将通过实例介绍三维对齐工具的使用方法，具体操作方法如下：

01 **单击“三维对齐”按钮** 打开素材文件，单击“常用”选项卡下“修改”面板中的“三维对齐”按钮，如下图所示。

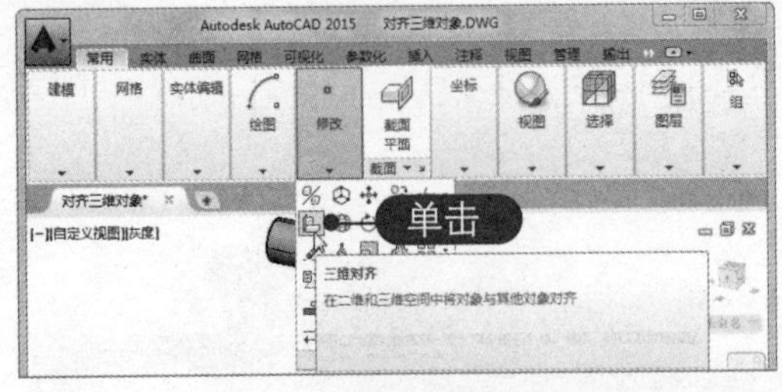

02 **选择对齐对象** 选择绘图区右侧的图形对象作为要执行对齐操作的源对象，并按【Enter】键确认，如下图所示。

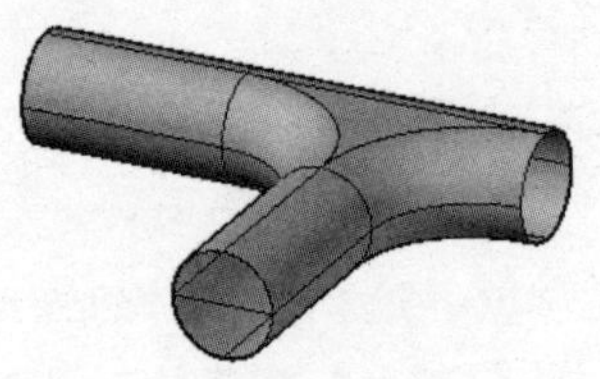

03 **指定对齐基点** 通过端点对象捕捉在对象上单击指定对齐基点，如下图所示。

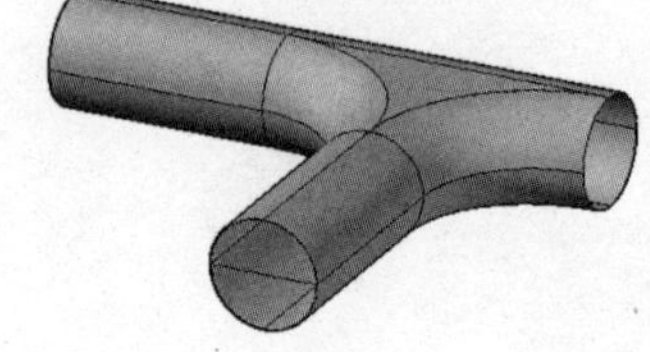

04 指定第二个目标点 通过端点对象捕捉在源对象上指定第二个目标点，如下图所示。

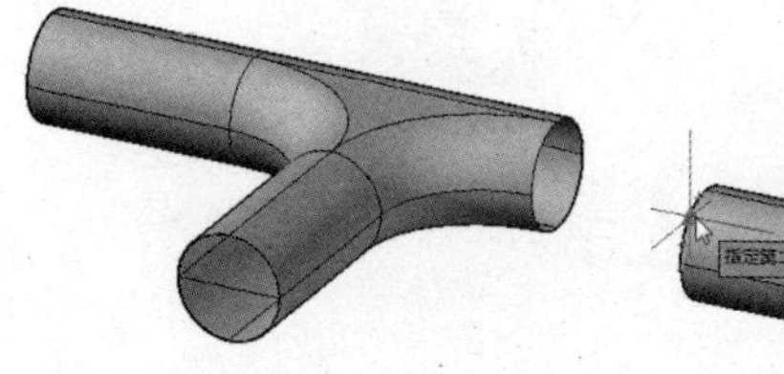
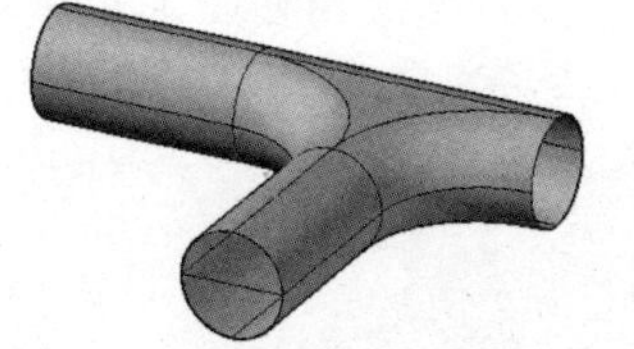

05 指定第三个目标点 通过端点对象捕捉在源对象上指定第三个目标点，如下图所示。

06 对齐对象 用同样的方法指定目标对象上指定的三个点，即可对齐对象，如下图所示。

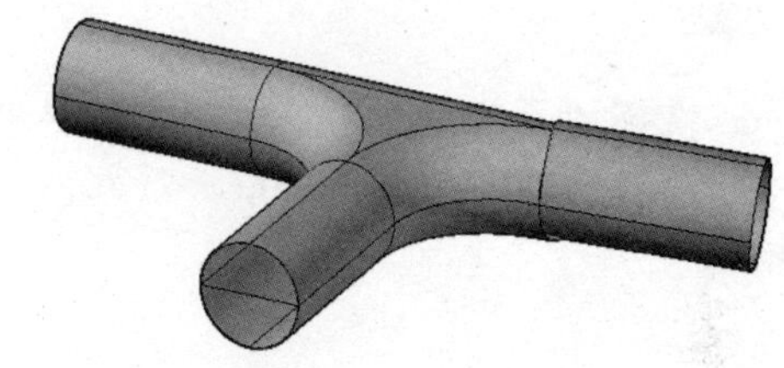

12.1.4 三维镜像

通过三维镜像工具可以通过指定镜像平面来镜像对象。镜像平面可以是平面对象所在的平面，通过指定点且与当前UCS的XY、YZ或XZ平面平行的平面，或由三个指定点定义的平面。

下面将通过实例介绍三维镜像工具的使用方法，具体操作方法如下：

01 单击"三维镜像"按钮 打开素材文件，单击"修改"面板中的"三维镜像"按钮，如下图所示。

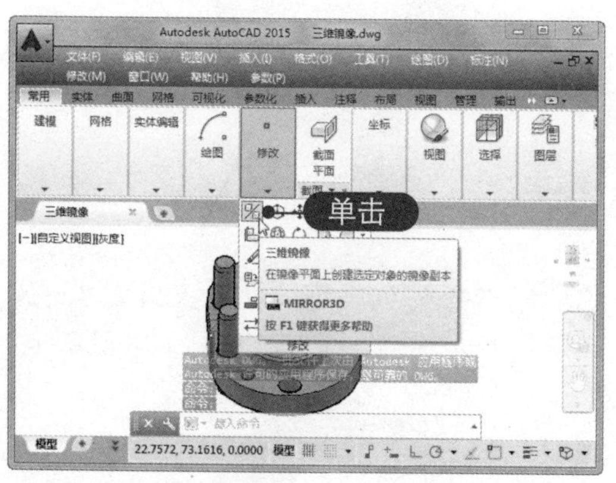

02 选择镜像对象 在绘图区中选择执行三维镜像操作的对象，并按【Enter】键确认，如下图所示。

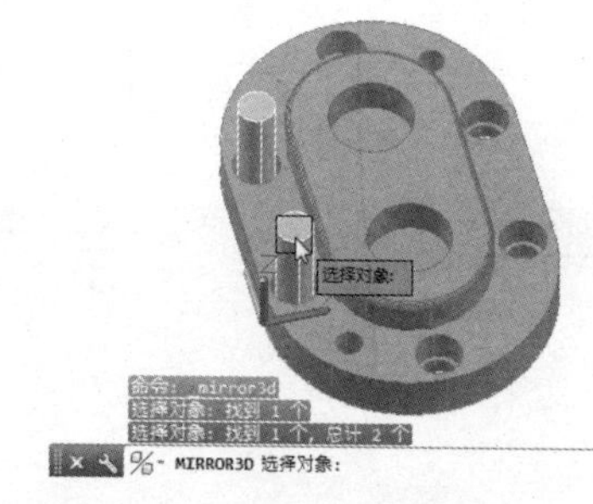

03 指定第一个点 在绘图区中捕捉大圆柱的圆心作为指定镜像平面的第一个点，如下图所示。

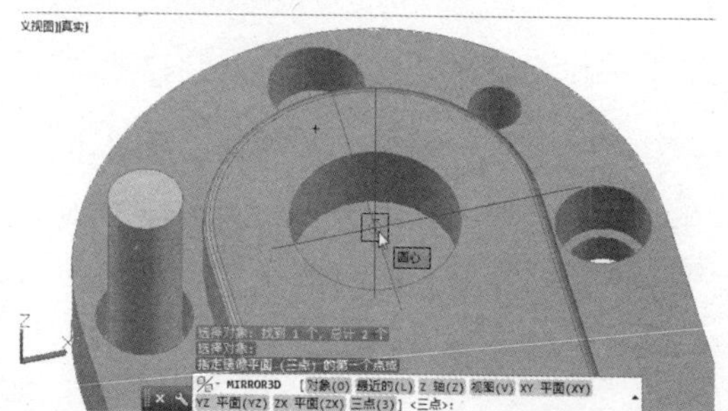

04 指定其他点 在绘图区指定镜像平面的第二点和第三点，如下图所示。

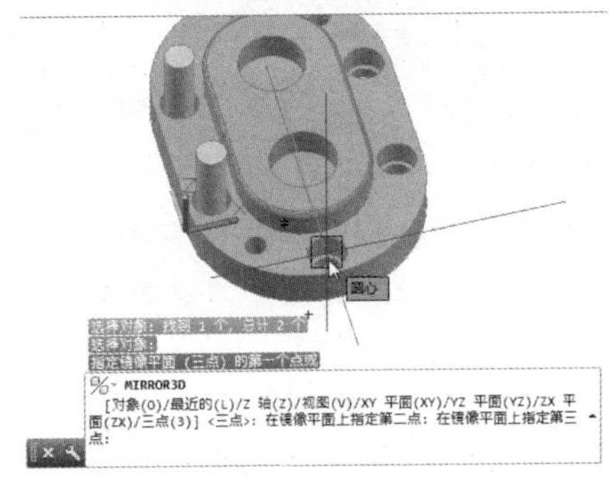

05 选择“否”命令 在弹出的菜单中选择“否”命令，保留源对象，如下图所示。

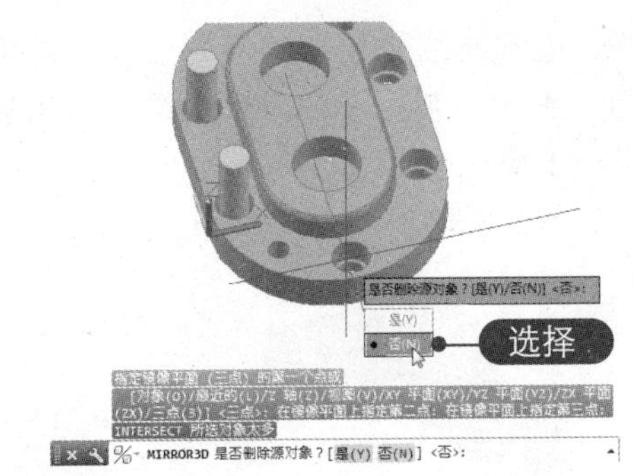

06 复制对象 此时可沿指定平面三维镜像复制出对象的副本，如下图所示。

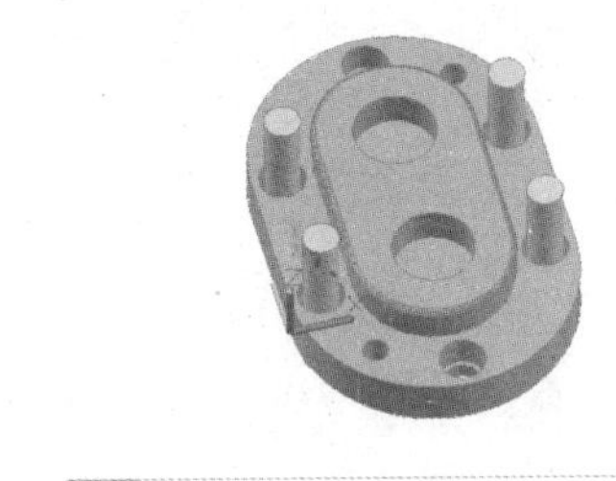

12.1.5 三维阵列

通过三维阵列工具可以在三维空间中创建对象的矩形阵列或环形阵列。下面将通过实例介绍三维阵列工具的使用方法，具体操作方法如下：

01 单击“三维阵列”命令 打开素材文件，单击“修改”|“三维操作”|“三维阵列”命令，如下图所示。

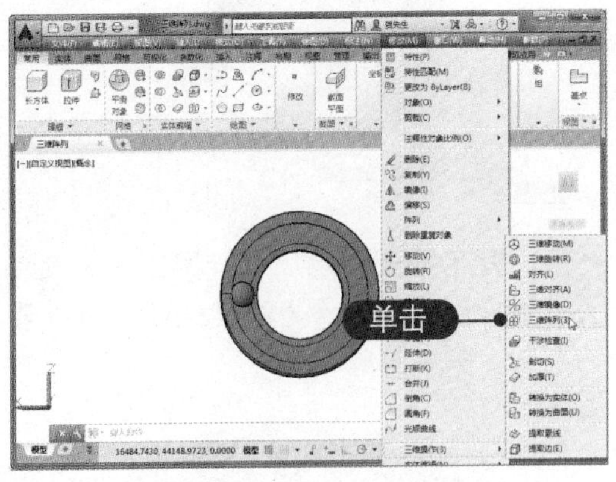

02 选择阵列对象 在绘图区选择要阵列的对象，并按【Enter】键确认，如下图所示。

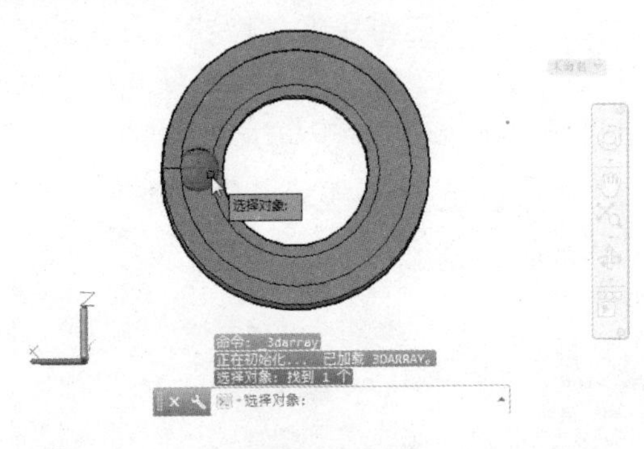

03 选择阵列类型 在弹出的菜单中选择“环形”阵列类型，如下图所示。

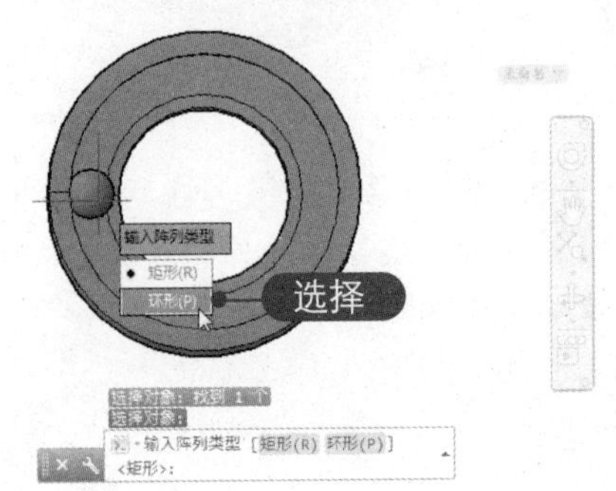

04 输入阵列项目数目 输入阵列项目数目为 12，并按【Enter】键确认，如下图所示。

05 指定填充角度 指定要填充的角度为 360° ，并按【Enter】键确认，如下图所示。

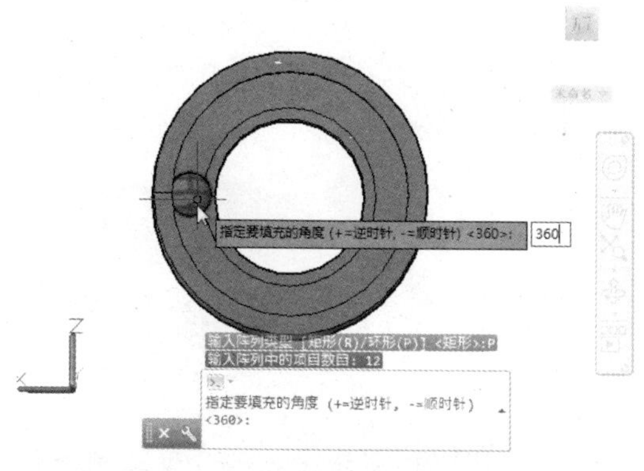

06 确认阵列对象 在弹出的菜单中选择“是”命令，如下图所示。

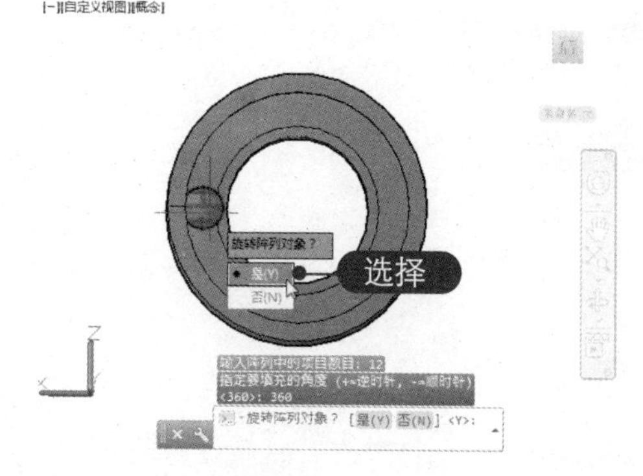

07 指定阵列中心点 启用圆心捕捉模式，指定圆心为阵列的中心点，如下图所示。

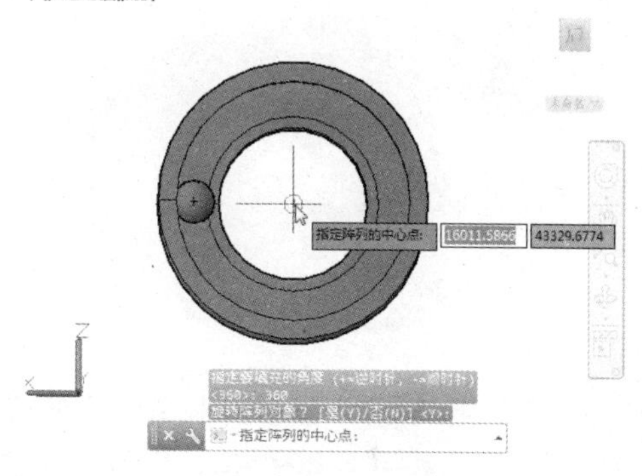

08 指定旋转轴 在绘图区指定旋转轴，即可完成小圆的三维环形阵列操作，效果如下图所示。

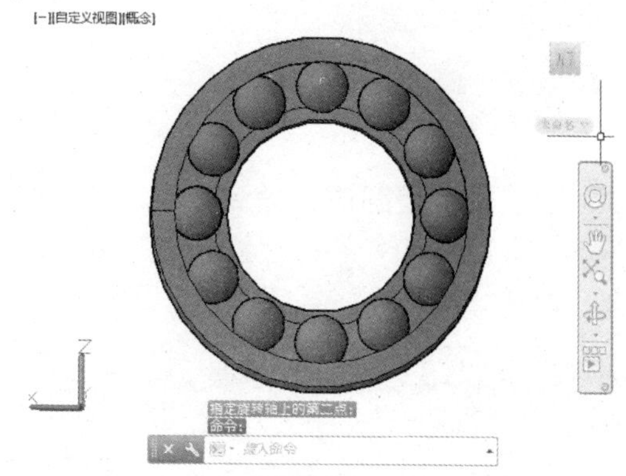

12.1.6 编辑三维实体边

用户可对三维实体边进行各种编辑操作，如提取边、压印边、着色边和复制边等。下面将通过实例介绍如何编辑三维实体边，具体操作方法如下：

01 单击“提取边”按钮 打开素材文件，在“常用”选项卡下“实体编辑”面板中单击“提取边”按钮，如下图所示。

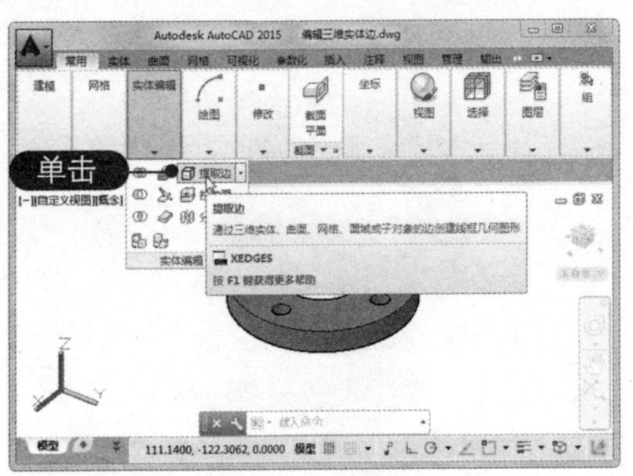

02 选择对象 在绘图区中单击选择要提取边的对象，并按【Enter】键确认，如下图所示。

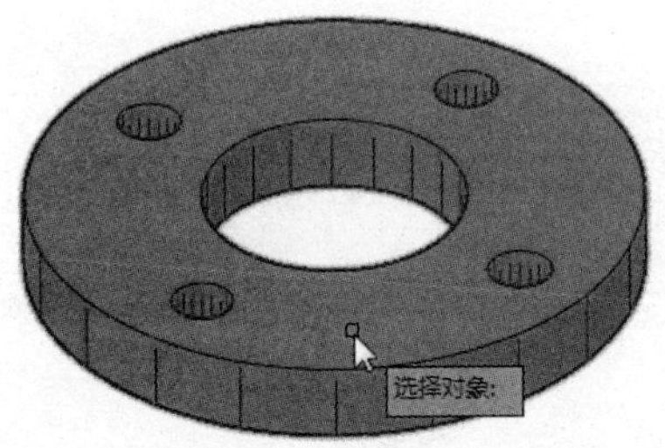

03 移动源对象 移动源对象，即可显示已提取的实体边副本对象，如下图所示。

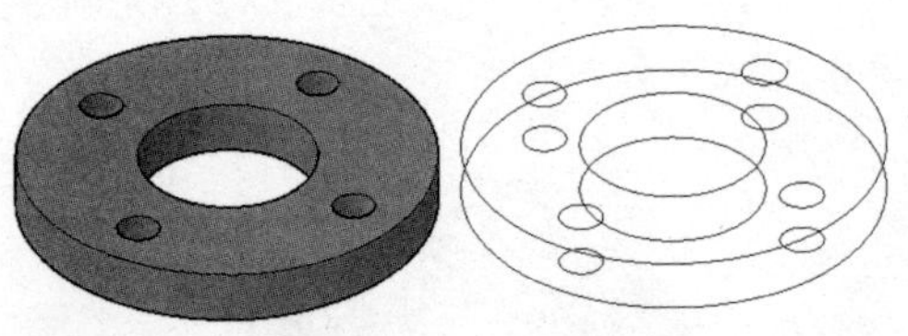

04 选择"复制边"命令 在"实体编辑"面板中单击"提取边"下拉按钮，选择"复制边"命令，如下图所示。

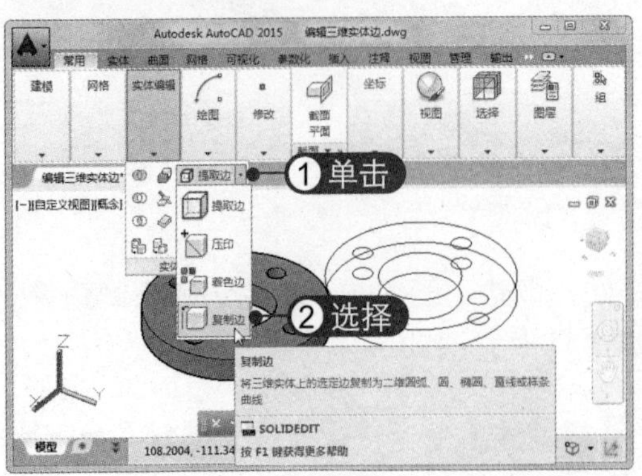

05 选择边 依次单击选择要复制的边，并按【Enter】键确认，如下图所示。

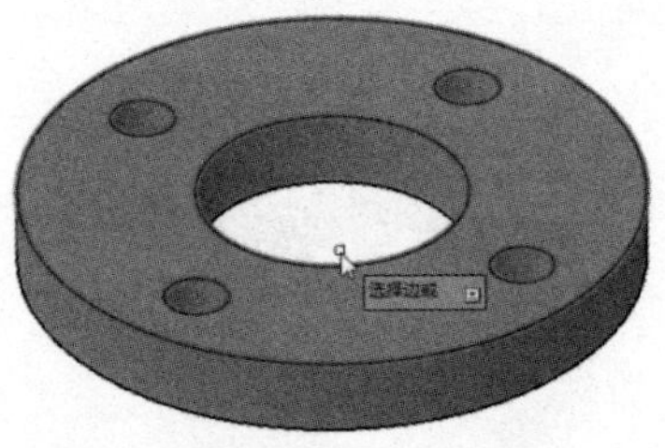

06 指定位移基点 在图形上单击指定位移的基点，如下图所示。

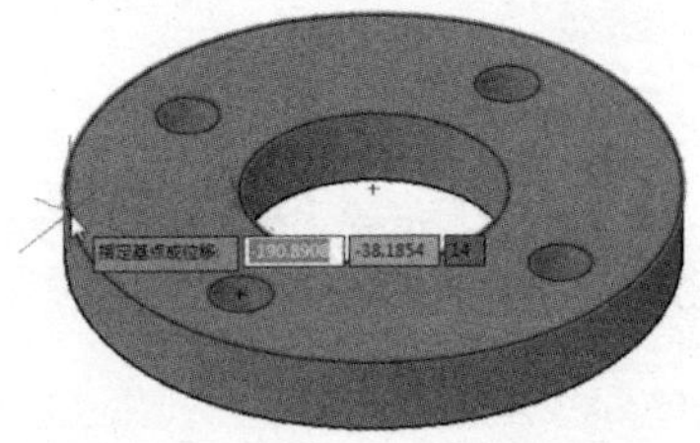

07 指定位移第二点 在图形上单击指定位移的第二点，如下图所示。

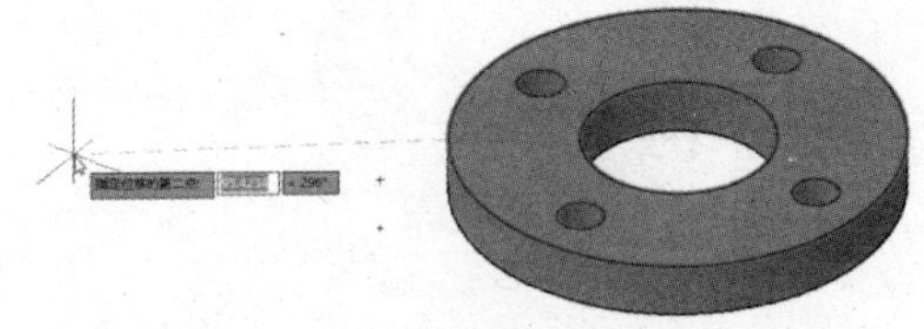

08 查看位移效果 此时即可复制所选实体边到指定位置，效果如下图所示。

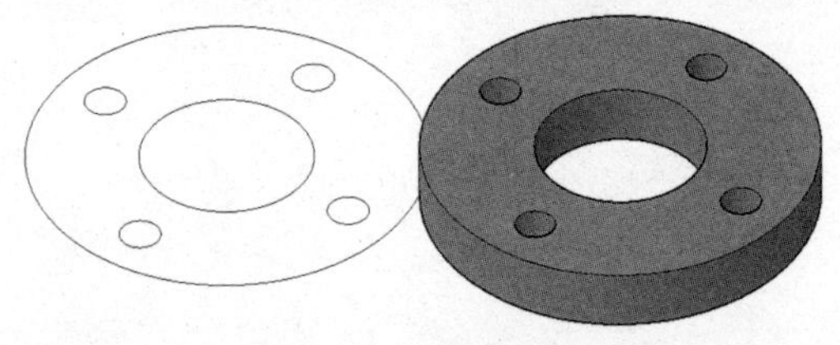

知识加油站

移动、旋转或缩放具有压印边或压印面的面时，可能会遗失压印边和压印面。

12.1.7 编辑三维实体面

在 AutoCAD 2015 中提供了多种修改三维实体面的方法，可以对实体面执行拉伸、移动、旋转、偏移、倾斜、复制和删除等操作，为指定面添加颜色或材质。下面将通过实例介绍如何编辑三维实体面，具体操作方法如下：

01 单击"拉伸面"按钮 打开素材文件，单击"常用"选项卡下"实体编辑"面板中的"拉伸面"按钮，如下图所示。

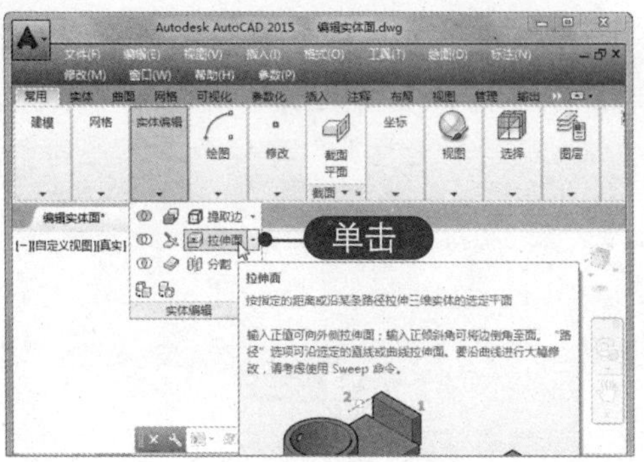

02 选择拉伸面 在三维实体上选择要拉伸的面，并按【Enter】键确认，如下图所示。

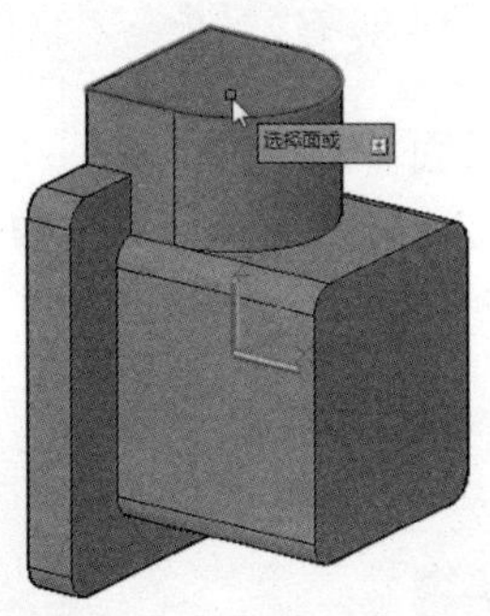

03 指定拉伸高度 通过依次单击指定两点或输入数值指定拉伸高度，按【Enter】键确认倾斜角度为 0，从而拉伸实体面，如下图所示。

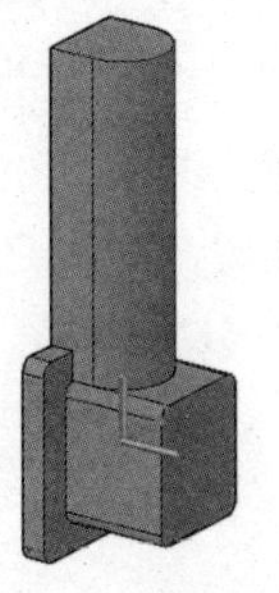

04 选择"复制面"命令 单击"实体编辑"面板中的实体面编辑工具下拉按钮，选择"复制面"命令，如下图所示。

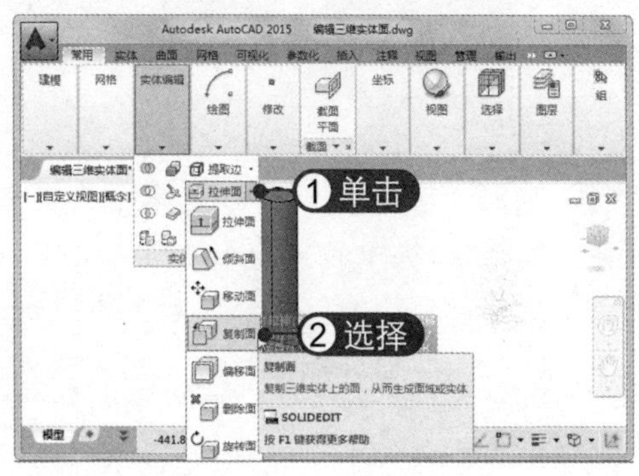

05 选择面 在三维对象上依次单击选择要复制的面，并按【Enter】键确认，如下图所示。

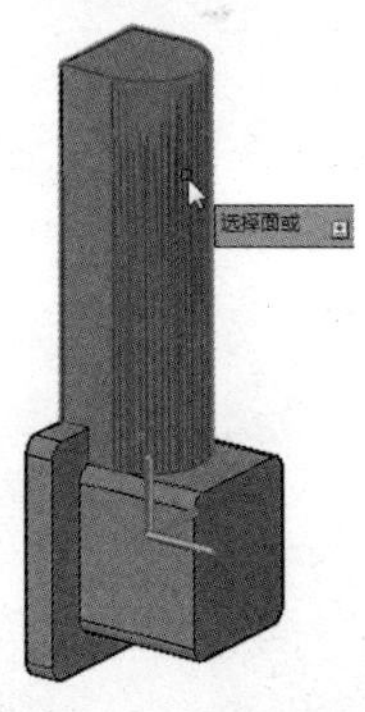

06 指定位移基点和第二点 分别指定位移的基点和第二点，如下图所示。

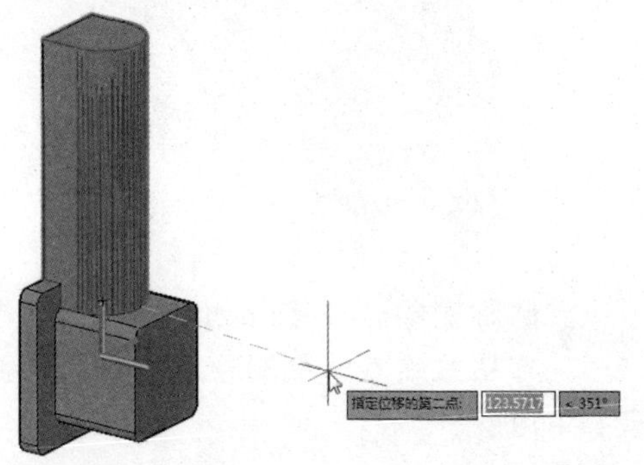

07 **复制面** 此时即可在所需位置创建所选实体面的副本对象，如下图所示。

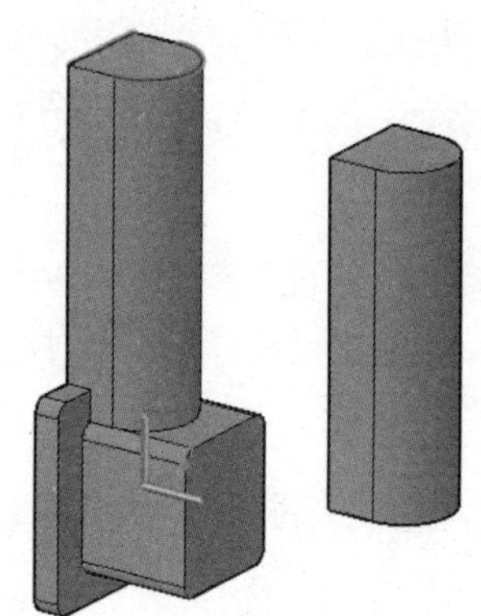

08 **选择"删除面"命令** 单击"实体编辑"面板中的实体面编辑工具下拉按钮，选择"删除面"命令，如下图所示。

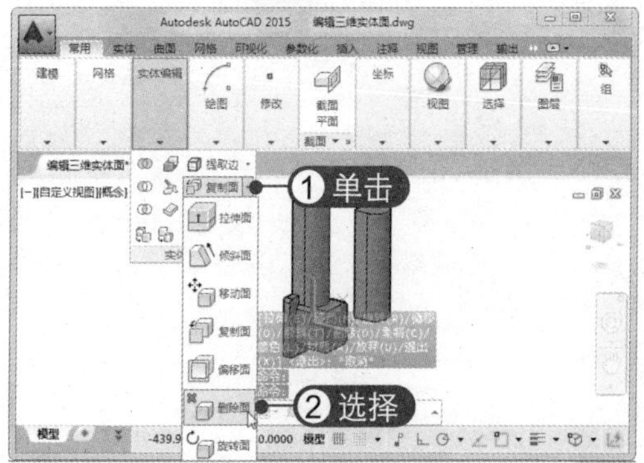

09 **选择面** 在三维对象上单击选择要删除的面，如下图所示。

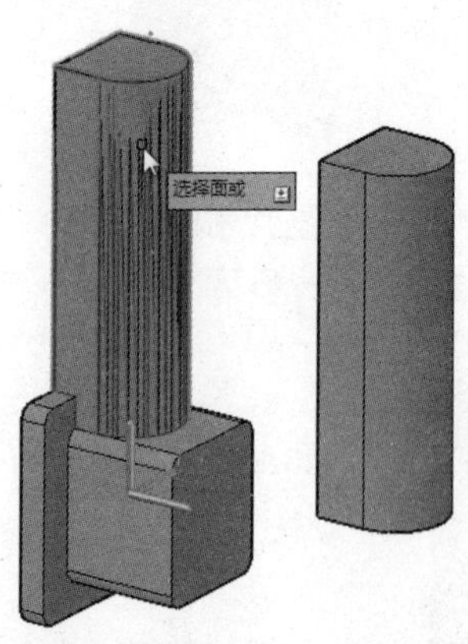

10 **删除对象** 按【Enter】键确认，即可从三维实体中删除所选对象，效果如下图所示。

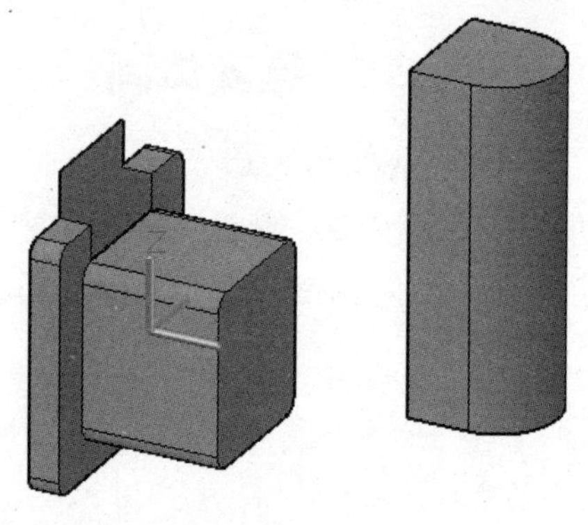

11 **选择"着色面"命令** 单击"实体编辑"面板中的实体面编辑工具下拉按钮，选择"着色面"命令，如下图所示。

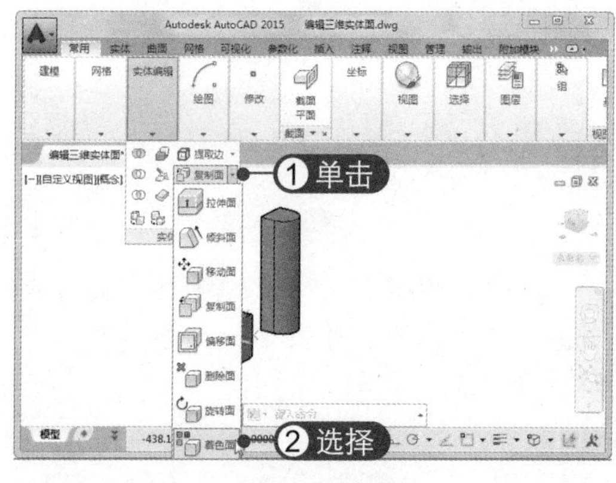

12 **选择面** 在三维对象上单击选择要着色的面，并按【Enter】键确认，如下图所示。

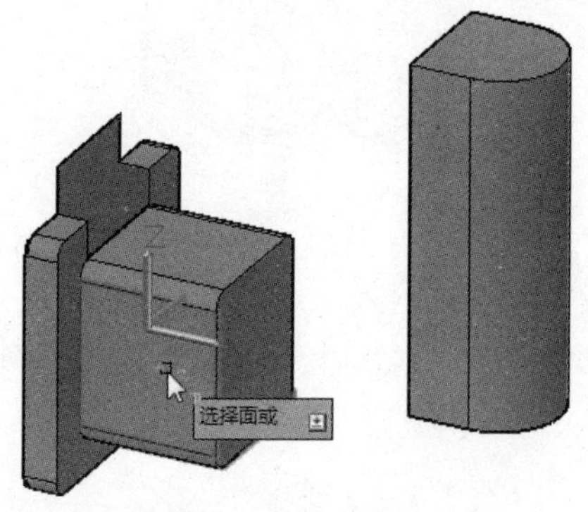

13 **选择颜色** 弹出"选择颜色"对话框，选择所需的颜色，然后单击"确定"按钮，如下图所示。

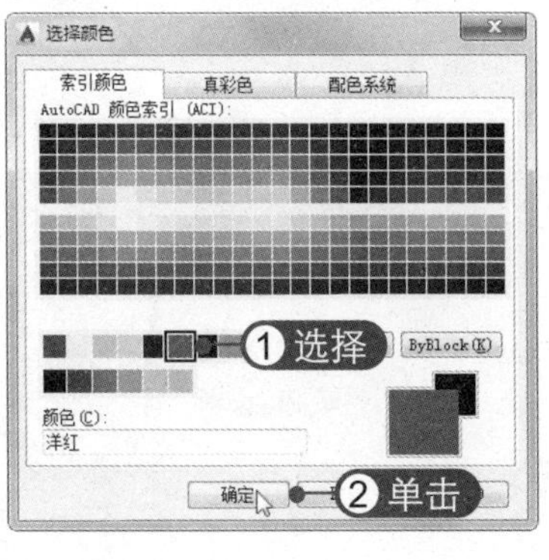

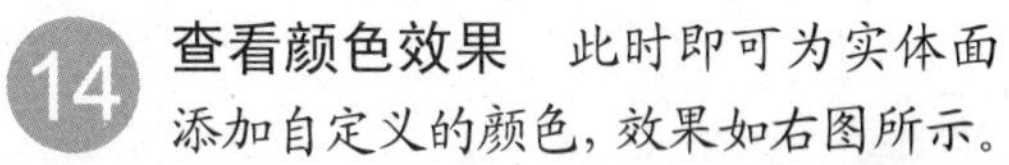

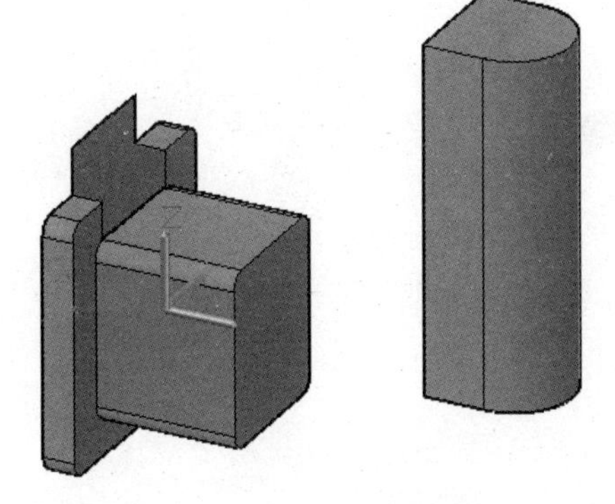

14 查看颜色效果 此时即可为实体面添加自定义的颜色，效果如右图所示。

12.2 更改三维实体形状

在对三维实体进行编辑时，除了对三维实体对象进行编辑操作外，还可对其进行剖切、加厚、抽壳、倒圆角、倒直角等操作。

12.2.1 剖切

通过剖切工具可以拆分现有对象来创建新的三维实体或曲面。使用剖切工具剖切三维实体时，可以通过多种方法定义剪切平面。例如，可以指定三个点、一条轴、一个曲面或一个平面对象以用作剪切平面。

在剖切实体后可以保留剖切对象的一半，删除或保留另一半，具体操作方法如下：

01 单击"剖切"按钮 打开素材文件，单击"实体"选项卡下"实体编辑"面板中的"剖切"按钮，如下图所示。

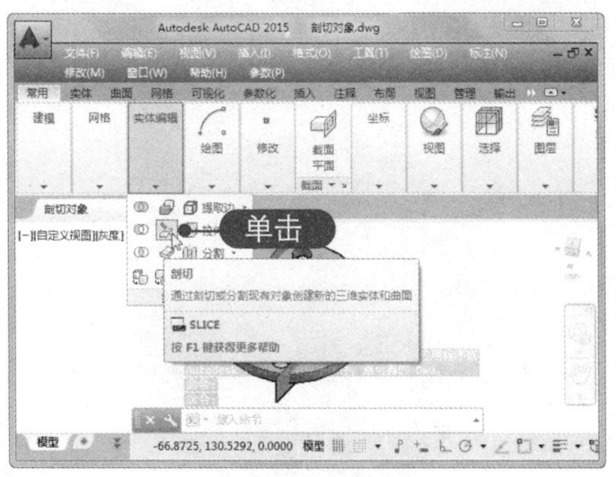

02 选择对象 选择三维实体作为要剖切的对象，并按【Enter】键确认，如下图所示。

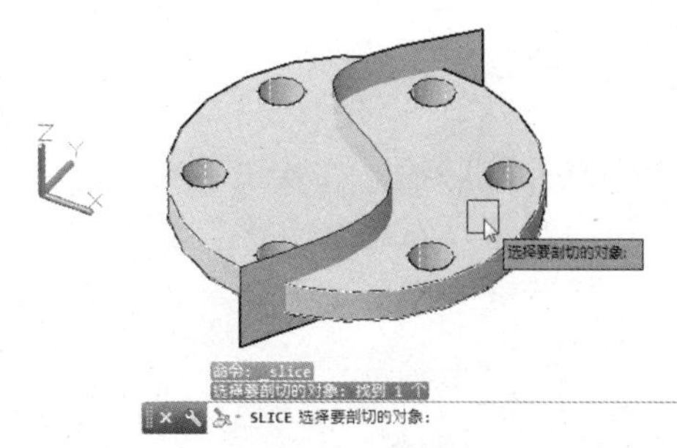

03 选择曲面 输入S并按【Enter】键确认，然后选择曲面，如下图所示。

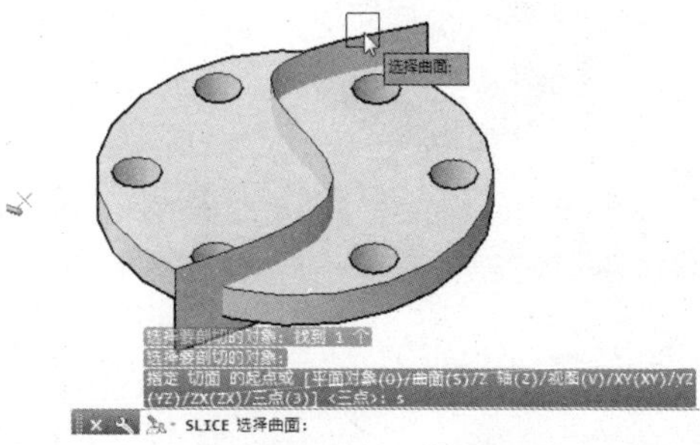

04 **选择要保留的对象** 选择曲面一侧要保留的三维对象，即可剖切三维实体，查看剖切效果，如右图所示。

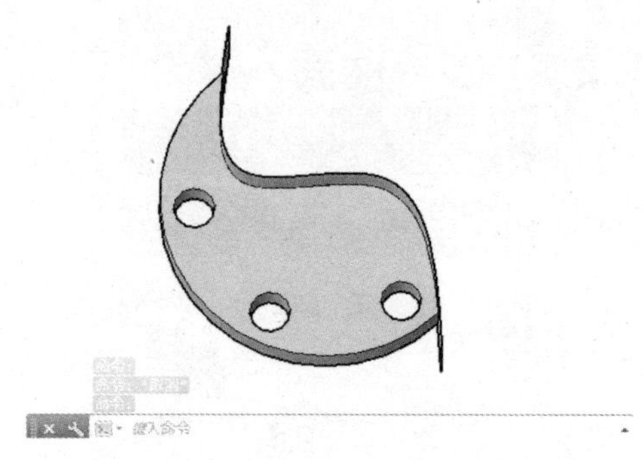

12.2.2 抽壳

通过抽壳工具可以指定的厚度在三维实体对象上创建中空的薄壁，具体操作方法如下：

01 **单击“抽壳”按钮** 打开素材文件，单击“实体”选项卡下“实体编辑”面板中的“抽壳”按钮，如下图所示。

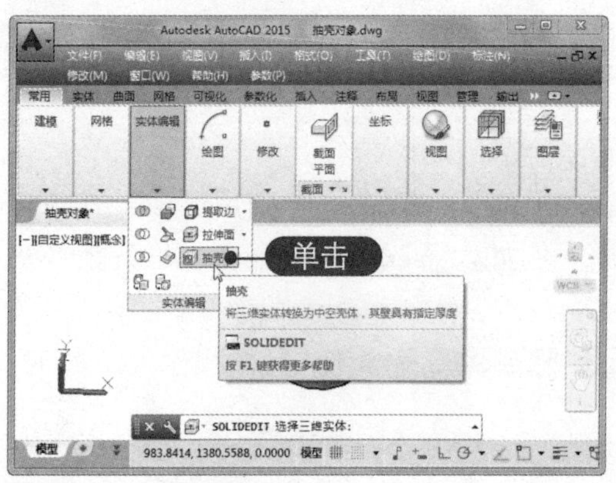

02 **选择删除面** 在绘图区选择要抽壳的对象，在三维实体上单击选择要删除的面，并按【Enter】键确认，如下图所示。

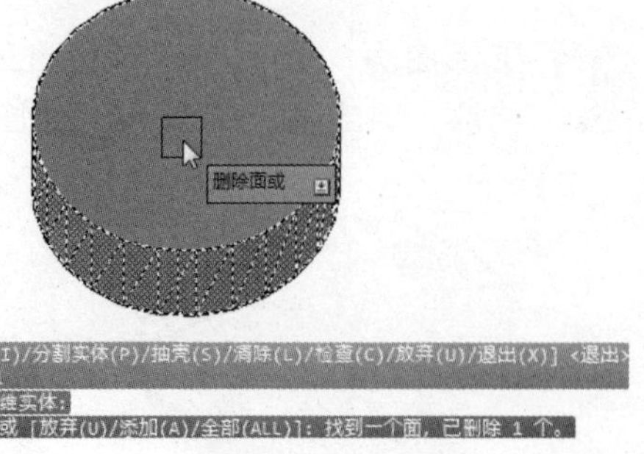

03 **输入抽壳偏移距离** 输入抽壳偏移距离为40，并按【Enter】键确认，如下图所示。

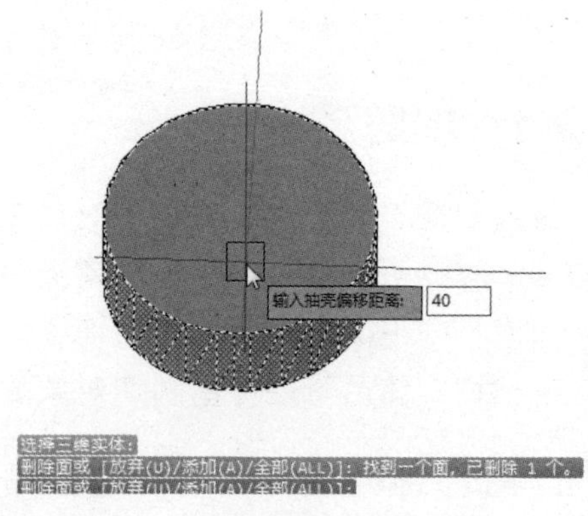

04 **查看抽壳效果** 按【Esc】键结束命令，即可完成抽壳操作，查看图形效果，如下图所示。

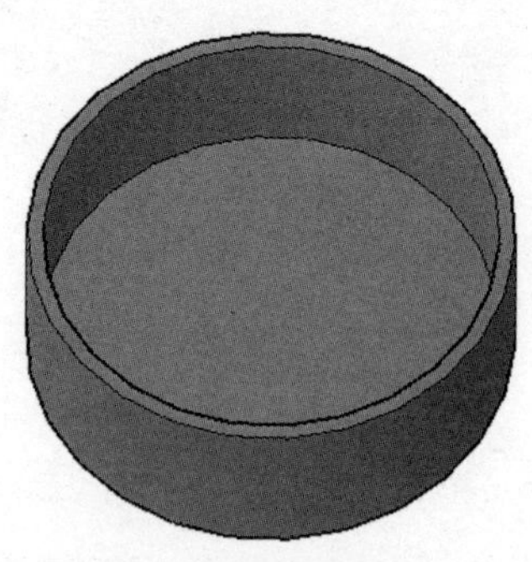

12.2.3 加厚曲面

加厚工具是创建复杂的三维曲线实体的实用工具。通过加厚工具可以将某个曲面转换为一定厚度的三维曲线形实体，具体操作方法如下：

01 **单击“加厚”按钮** 打开素材文件，单击“常用”选项卡下“实体编辑”面板中的“加厚”按钮，如下图所示。

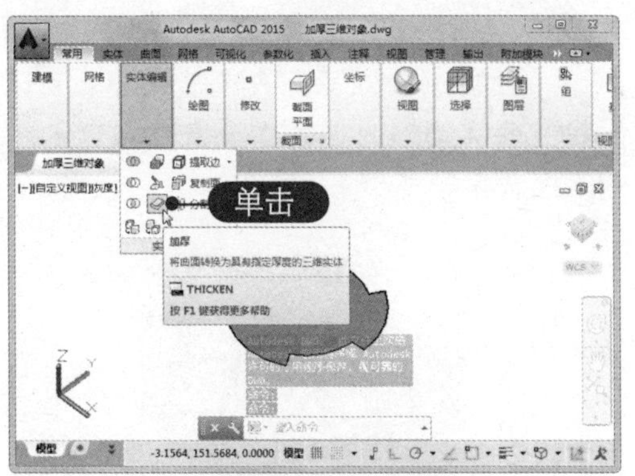

02 **选择对象** 选择要加厚的曲目对象，并按【Enter】键确认，如下图所示。

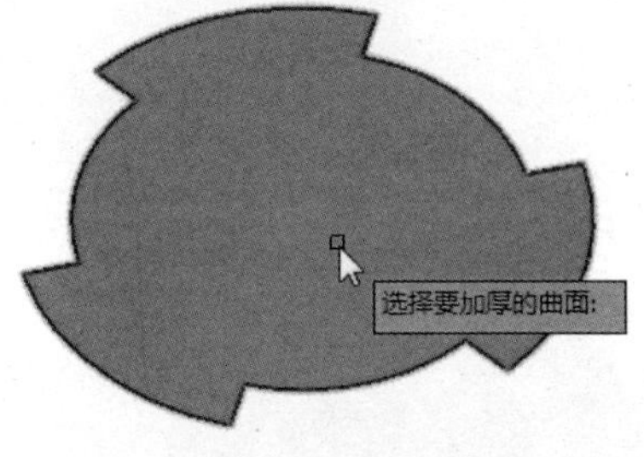

03 **指定厚度** 通过输入数值指定厚度，如下图所示。

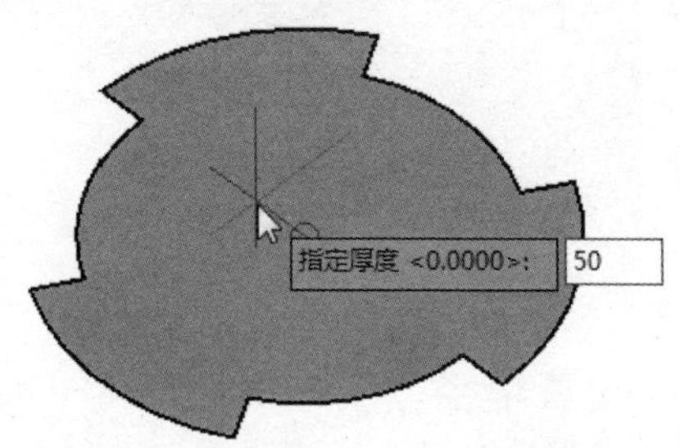

04 **查看加厚效果** 此时即可按指定厚度将曲面对象加厚为实体对象，如下图所示。

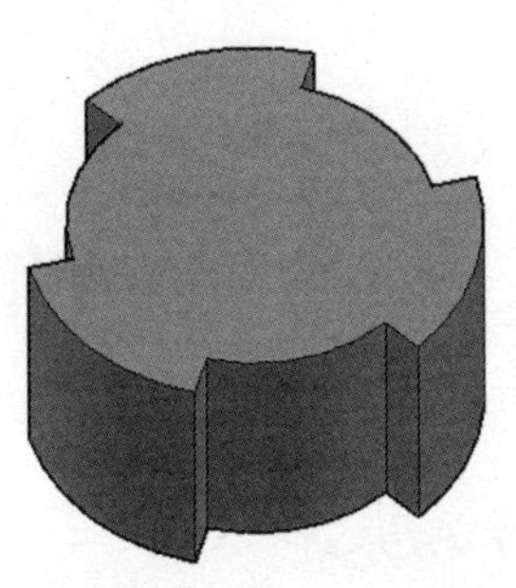

12.2.4 为三维实体倒圆角

三维圆角边是指使用与对象相切，且具有指定半径的圆弧连接两个对角。下面将通过实例介绍如何使用圆角边工具为三维实体倒圆角，具体操作方法如下：

01 **单击“圆角边”按钮** 打开素材文件，单击“实体”选项卡下“实体编辑”面板中的“圆角边”按钮，如右图所示。

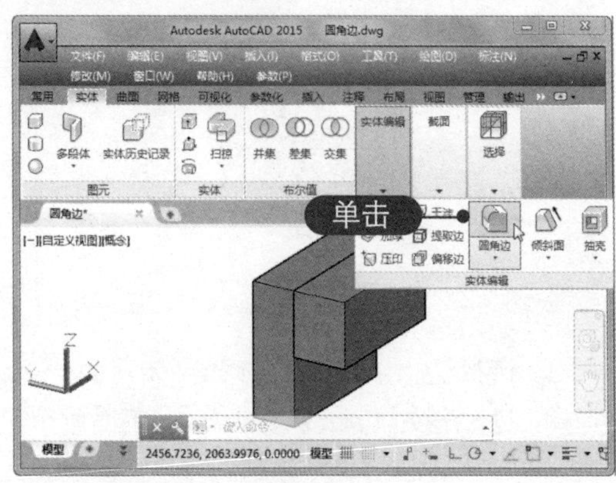

02 **选择边** 在绘图区选择要倒圆角的边，并按【Enter】键确认，如下图所示。

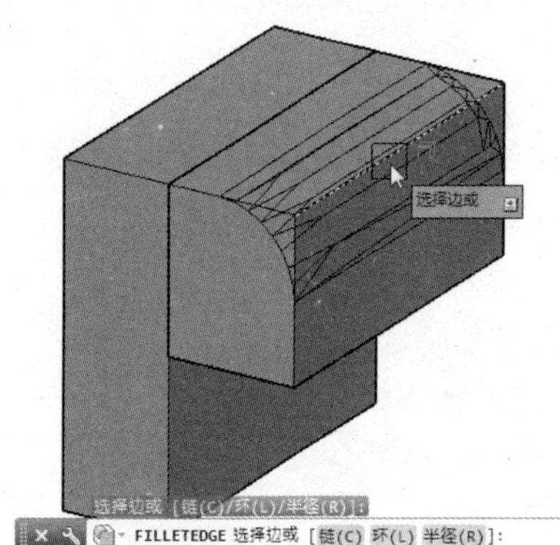

03 **设置半径** 在弹出的菜单中选择“半径”命令，设置半径为 20，并按【Enter】键确认，如下图所示。

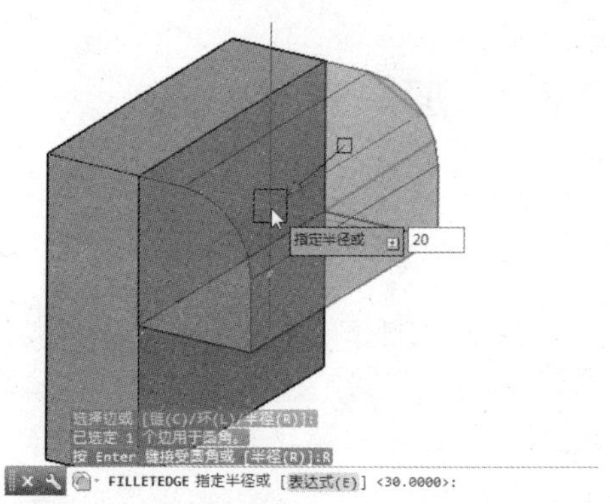

04 **查看倒角效果** 再次按【Enter】键确认倒圆角操作，查看图形效果，如下图所示。

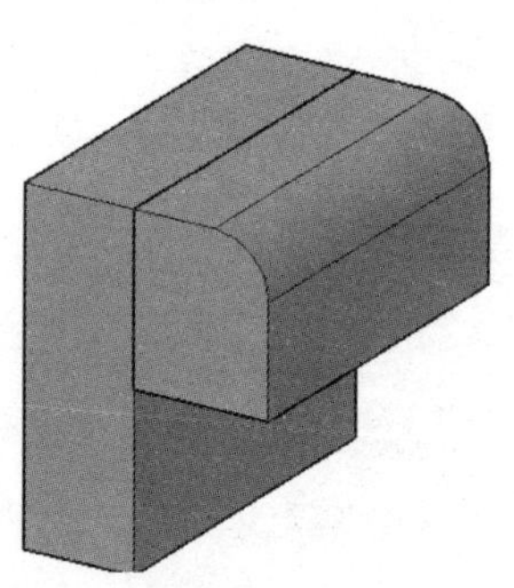

12.2.5 为三维实体倒直角

使用倒角边工具可以为三维实体倒直角，具体操作方法如下：

01 **选择倒角边命令** 打开素材文件，单击“实体”选项卡下“实体编辑”面板中的“圆角边”下拉按钮，选择“倒角边”命令，如下图所示。

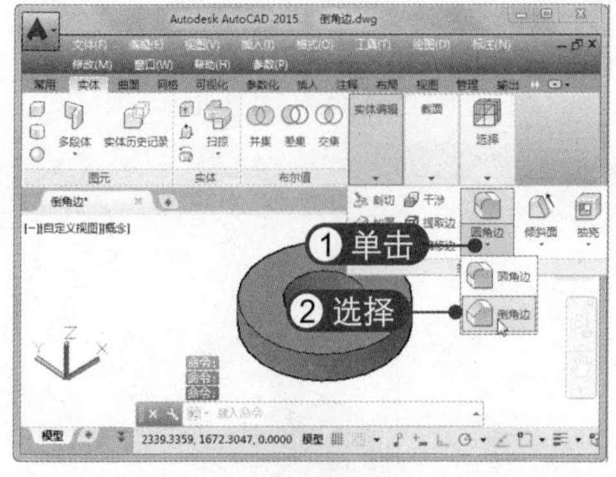

02 **选择边** 在绘图区选择要倒角的一条边，并按【Enter】键确认，如下图所示。

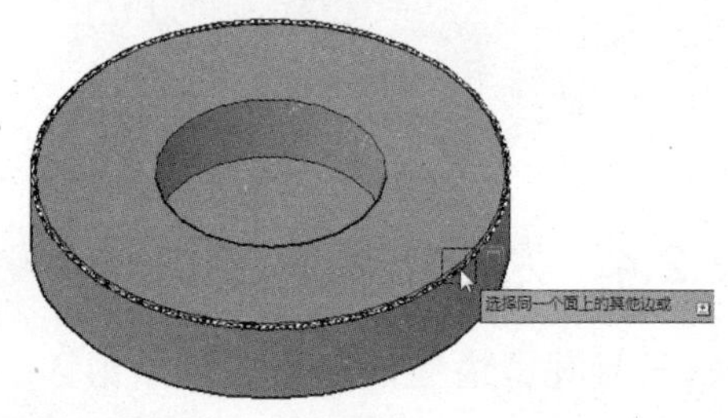

03 **选择“距离”命令** 弹出快捷菜单，选择“距离”命令，接受倒角距离，如下图所示。

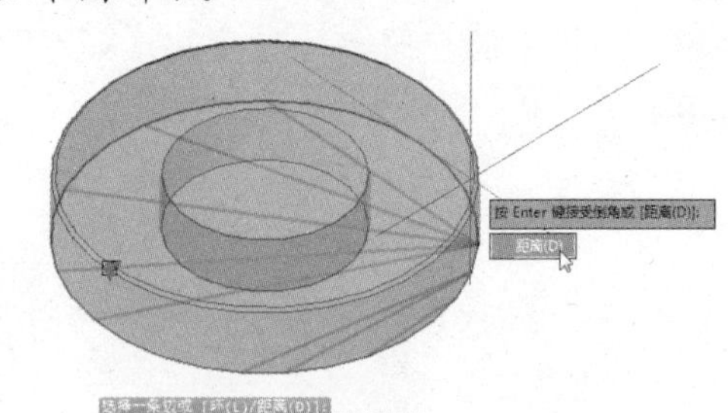

04 指定基面倒角距离 输入10，指定基面倒角距离，并按【Enter】键确认，如下图所示。

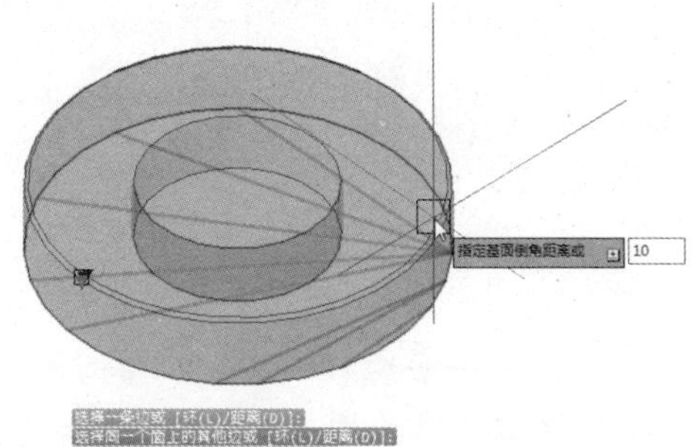

05 指定其他曲面倒角距离 输入8，指定其他曲面倒角距离，并按【Enter】键确认，如下图所示。

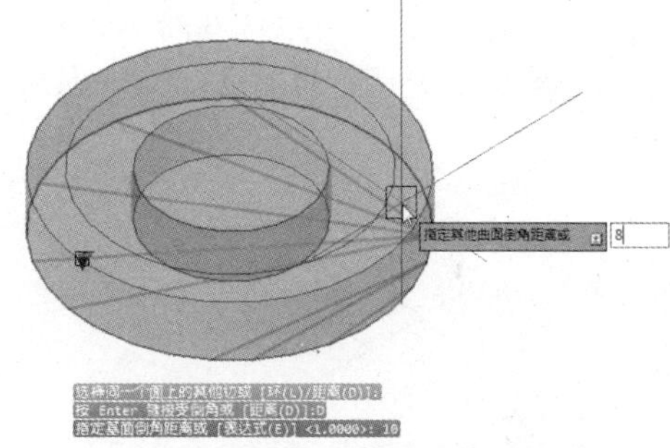

06 查看倒角效果 按【Enter】键确认操作，即可完成倒直角操作，查看图形效果，如下图所示。

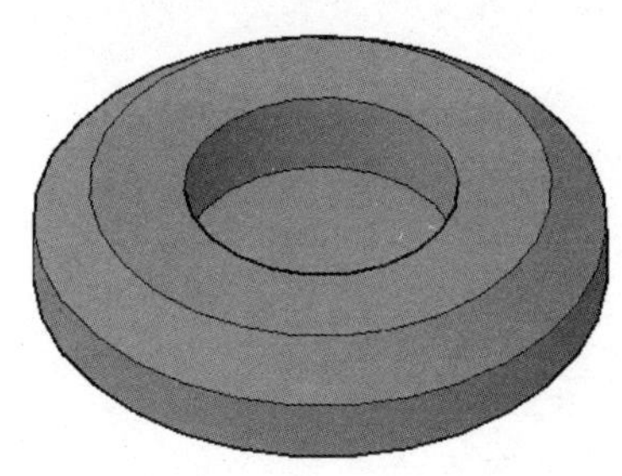

12.3 编辑三维网格

创建网格对象并对其进行平滑化、锐化、拆分或优化处理，可以将现有实体或曲面模型转换为网格对象，或将网格的传统样式转换为新网格对象类型。

12.3.1 创建网格图元

通过“网格建模”选项卡下的“图元”面板可以创建网格长方体、圆锥体、圆柱体、棱锥体、球体、楔体和圆环体。

下面将介绍三维网格图元的创建方法，具体操作方法如下：

01 单击“网格长方体”按钮 新建文件，将视图改为东北等轴测方向。单击“网格”选项卡下“图元”面板中的“网格长方体”按钮，如右图所示。

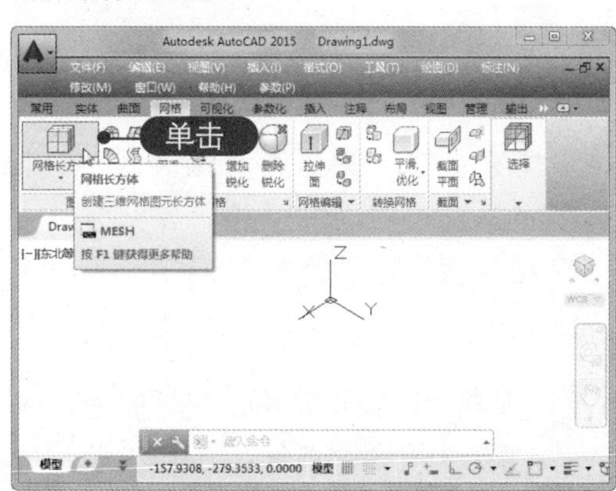

02 指定两个对角点 在绘图区中依次单击指定两个对角点，如下图所示。

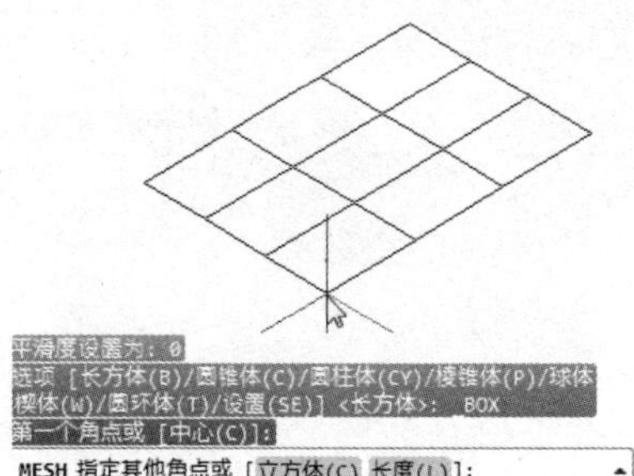

03 指定高度 通过移动光标或输入数值指定网格长方体的高度，如下图所示。

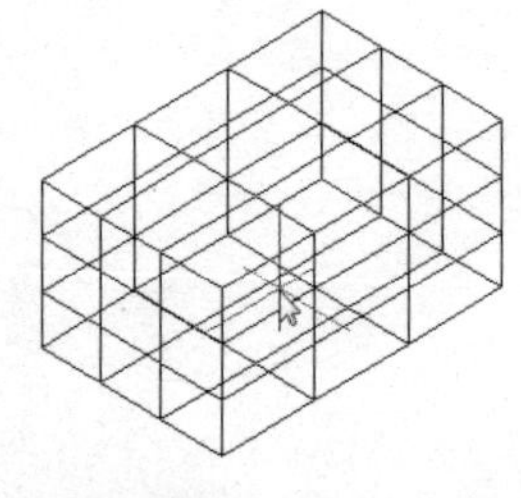

04 选择"网格圆环体"命令 单击"图元"面板中的"网格长方体"下拉按钮，选择"网格圆环体"命令，如下图所示。

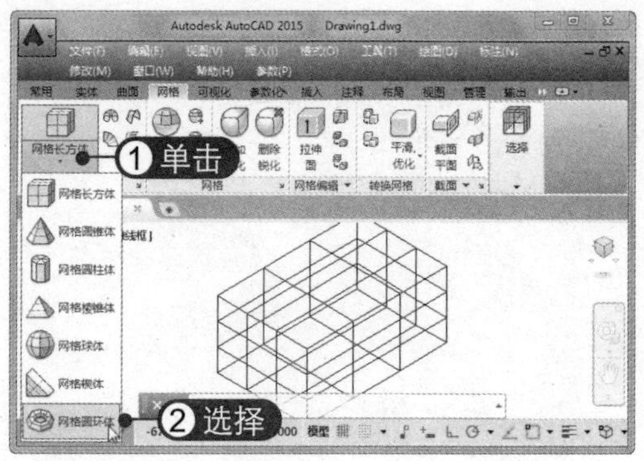

05 指定中心点和半径 在绘图区任意单击一点为圆环的中心点，通过移动光标或输入数值指定圆环的半径和圆管的半径，如下图所示。

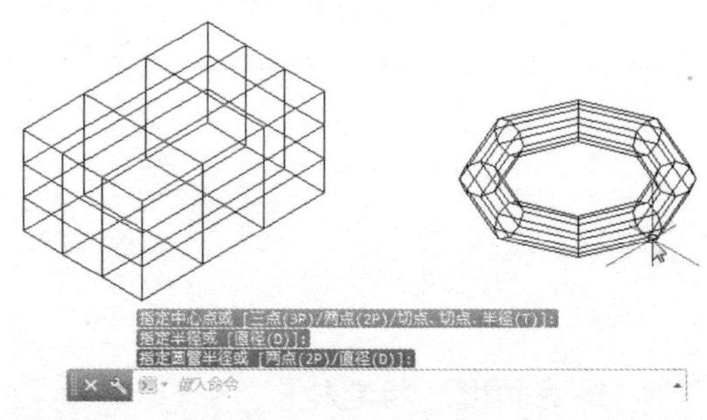

06 更改视觉样式 将视觉样式更改为"概念"，查看此时的图形效果，如下图所示。

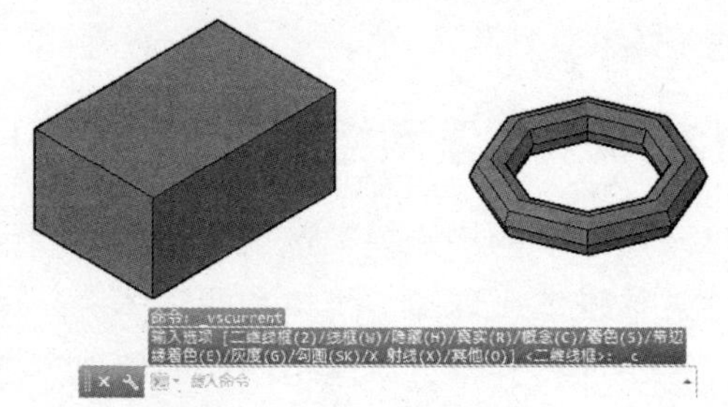

12.3.2 绘制曲面网格

填充直线、圆弧等对象之间的空隙可以创建多种网格曲面，如两条直线或曲线之间的直纹曲面的网格，常规展平曲面的平移网格，绕指定轴旋转轮廓来创建与旋转曲面近似的网格等。下面将通过实例介绍曲面网格的绘制方法，具体操作方法如下：

01 单击"建模，网格，旋转曲面"按钮 打开素材文件，单击"网格"选项卡下"图元"面板中的"建模，网格，旋转曲面"按钮，如下图所示。

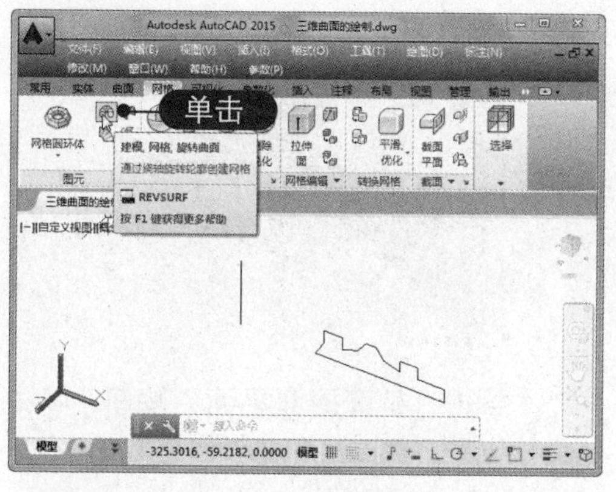

02 **选择对象** 在绘图区中选择指定多段线作为旋转对象，选择其左侧的垂线作为旋转轴对象，如下图所示。

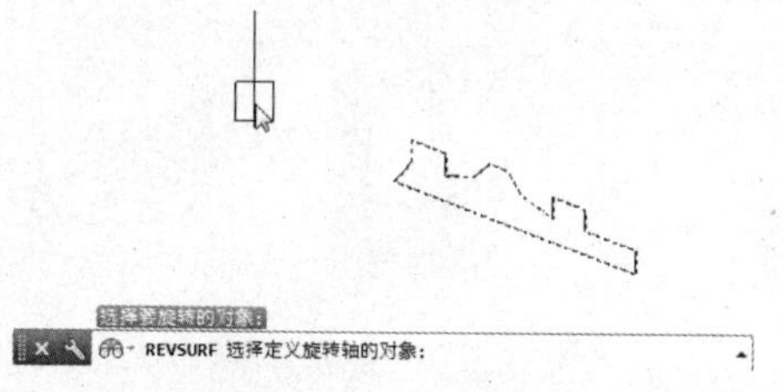

03 **指定角度** 指定起点角度为0，指定包含角为360度，并按【Enter】键确认，如下图所示。

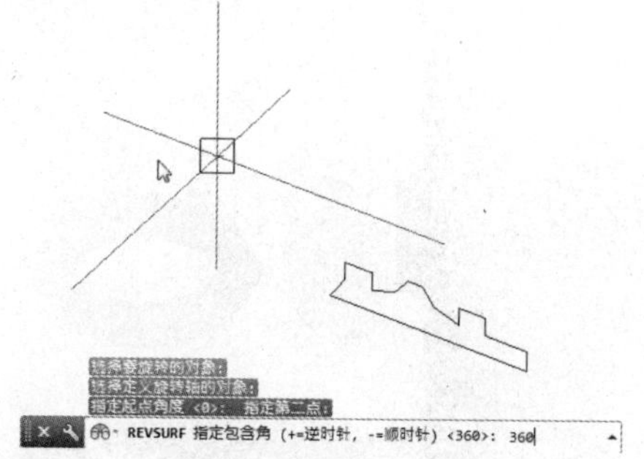

04 **查看图形效果** 此时即可查看旋转曲面后的图形效果，如下图所示。

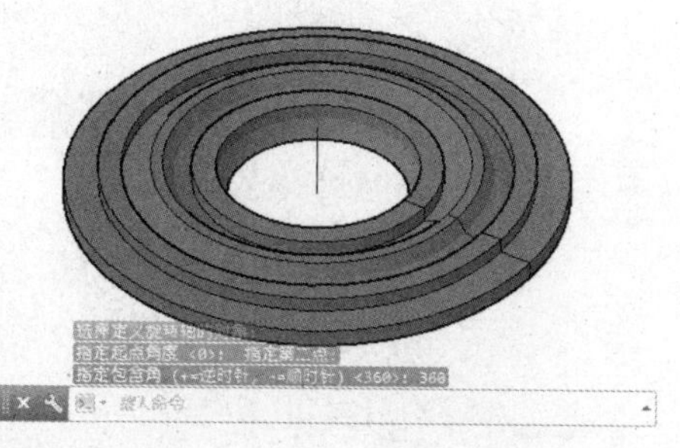

05 **更改线框密度** 在命令行窗口输入SURFTAB1，并按【Enter】键确认。设置SURFTAB1的新值为8，并按【Enter】键确认，如下图所示。

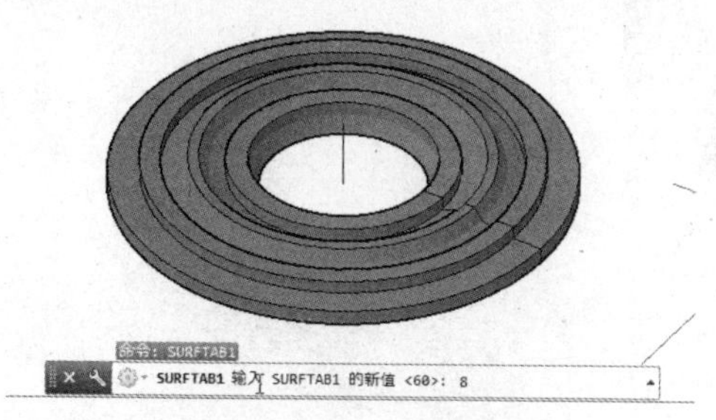

06 **重新创建网格** 删除刚才创建的网格，重新创建一个网格，即可发现其形状已经发生变化，如下图所示。

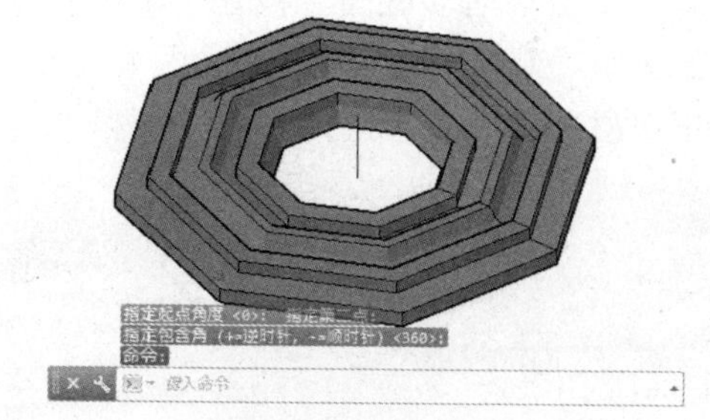

12.3.3 截面平面

通过截面平面工具可以创建截面对象穿过实体、曲面、网格或面域等对象，然后打开活动截面，在三维模型中显示其内部细节。下面将介绍截面平面工具的使用方法，具体操作方法如下：

01 **单击“截面平面”按钮** 打开素材文件，选择“网格”选项卡，单击“截面”面板中的“截面平面”按钮，如下图所示。

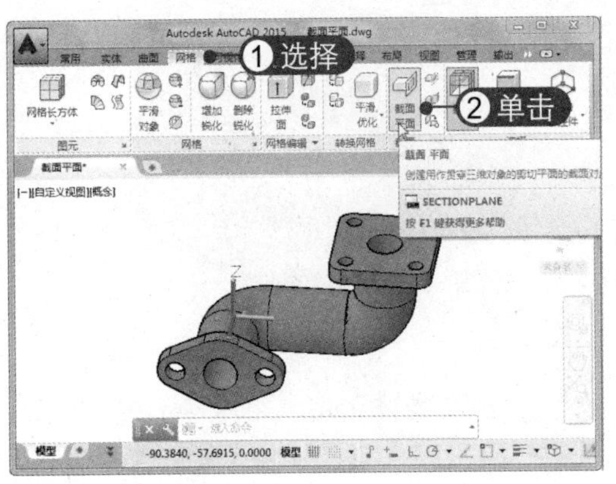

02 绘制截面 通过在绘图区中指定两点在指定位置绘制出一个截面平面，如下图所示。

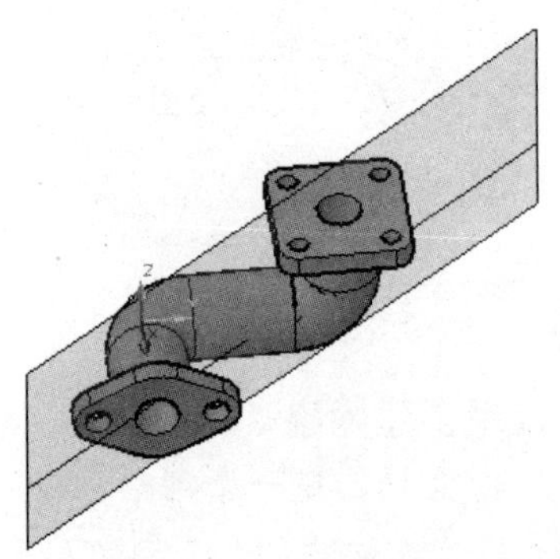

03 单击“活动截面”按钮 单击“截面”面板中的“活动截面”按钮，如下图所示。

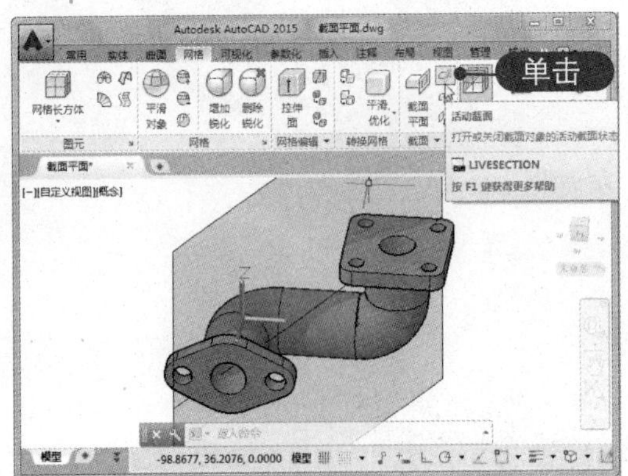

04 查看活动截面 选择绘制的截面平面，即可打开三维对象上的活动截面进行查看，如下图所示。

05 单击“折弯截面平面”按钮 单击“截面”面板中的“折弯截面平面”按钮，如下图所示。

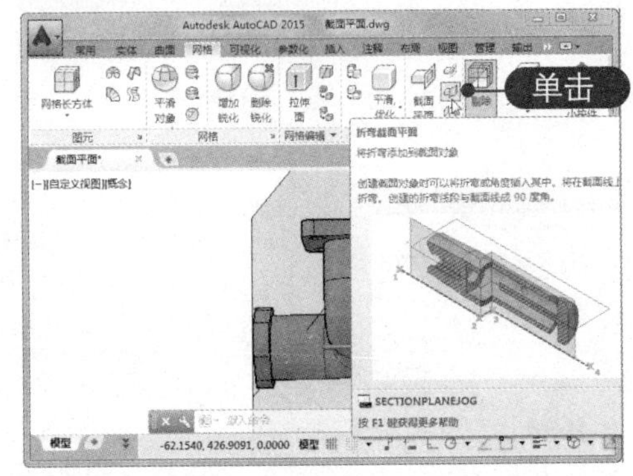

06 建立折弯截面 选择截面平面并指定要添加折弯的点，即可建立折弯截面，如下图所示。

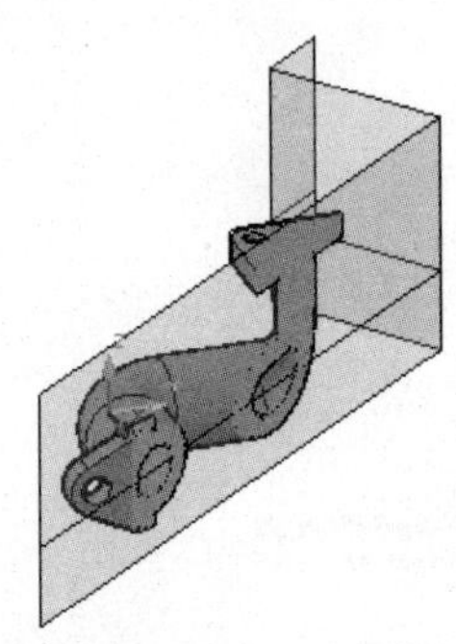

07 设置相关参数 单击“截面”面板中的“生成截面”按钮，弹出“生成截面/立面”对话框，选择截面和创建截面类型，单击“创建”按钮，如下图所示。

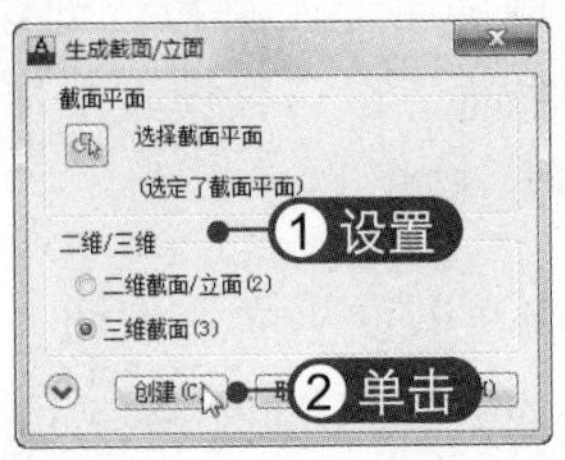

08 **生成立面** 指定插入点和比例因子，即可创建截面的对应立面，如右图所示。

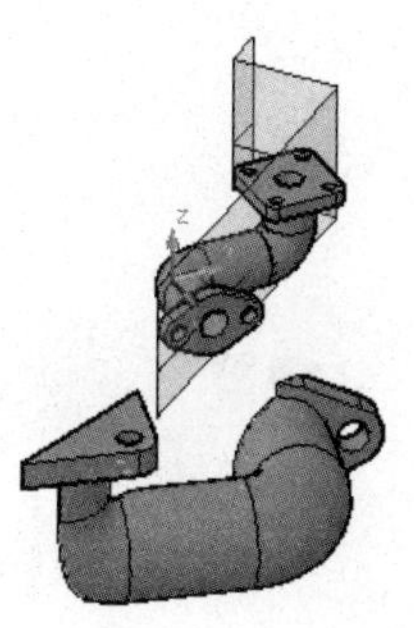

12.3.4 平面摄影

通过平面摄影工具可以创建投影到XY平面上的三维模型的展平二维图像，生成的对象可作为块插入，也可另存为独立的图形。下面将通过实例介绍平面摄影工具的使用方法，具体操作方法如下：

01 **单击“平面摄影”按钮** 选择“网格”选项卡，单击“截面”面板中的“平面摄影”按钮，如下图所示。

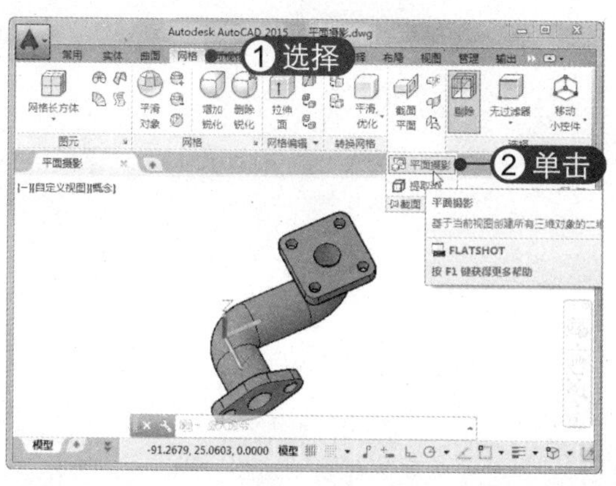

02 **设置相关参数** 弹出“平面摄影”对话框，设置各项参数，然后单击“创建”按钮，如下图所示。

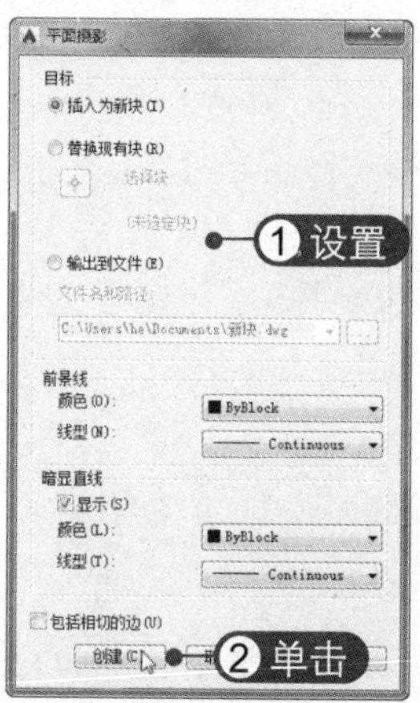

03 **指定插入点** 在绘图区中指定插入点，如下图所示。

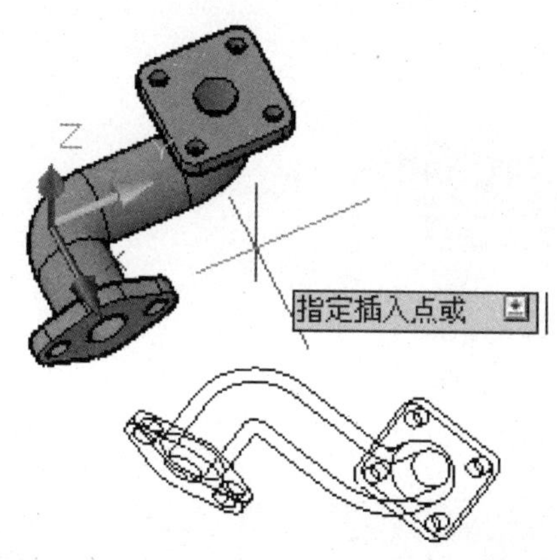

04 **创建平面摄影** 指定缩放比例因子和旋转角度，即可创建三维对象的平面摄影，如下图所示。

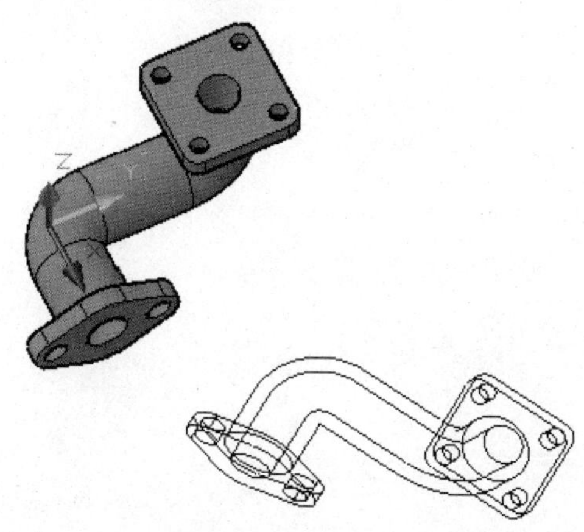

Chapter 13

材质、灯光与渲染

添加材质可以使实体模型更真实地展现在用户面前，添加光源可以为场景提供真实的外观，使用“渲染”工具通过光源和已应用的材质渲染出逼真的三维效果。本章将对材质、光源、渲染的相关知识进行详细介绍。

本章要点

- 添加材质
- 添加光源
- 添加渲染

知识等级

AutoCAD 中级读者

建议学时

建议学习时间为 150 分钟

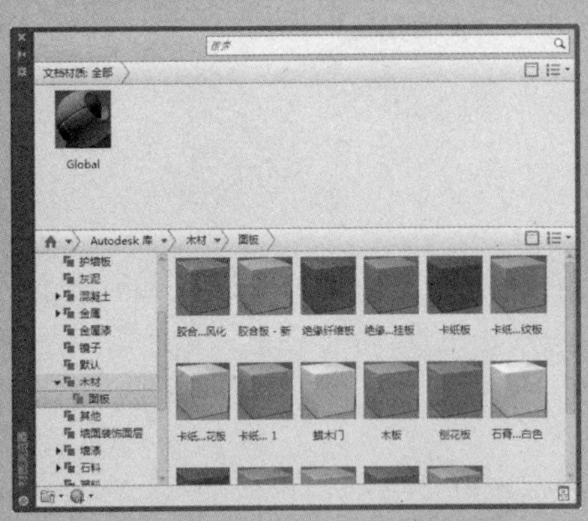

13.1 添加材质

材质是色彩、纹理、光滑度和透明度等可视属性的结合，为对象添加材质可以实现逼真的渲染效果。AutoCAD 2015 提供了含有预定义材质的大型材质库，可以通过材质浏览器浏览这些材质并将其添加到对象中。

13.1.1 认识材质浏览器

材质浏览器类似于保存的材质的库，可以通过材质浏览器对材质库进行浏览与管理，具体操作方法如下：

01 单击“材质浏览器”按钮 选择“可视化”选项卡，单击“材质”面板中的“材质浏览器”按钮，如下图所示。

02 浏览材质 打开“材质浏览器”面板，单击左侧树状图中的材质类别，可以在右侧样例列表中按类别浏览材质，如下图所示。

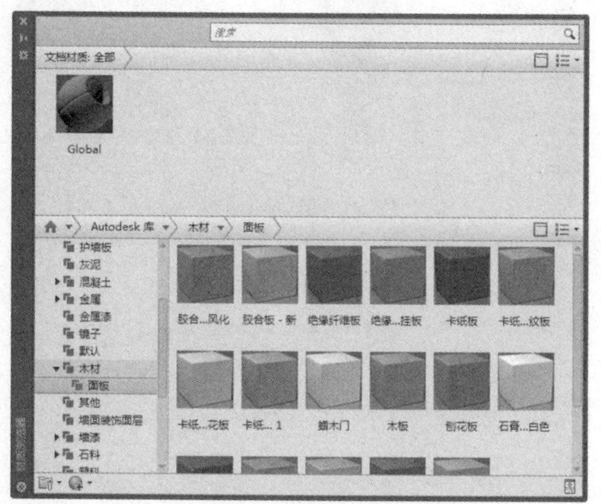

03 添加材质到文档材质列表 移动光标到样例列表中要使用的材质缩略图上，将显示“将材质添加到文档”和“将材质添加到文档并显示在编辑器中”两个按钮。如果暂时不需要编辑材质，则单击“将材质添加到文档”按钮，即可将所需材质添加到文档材质列表，如下图所示。

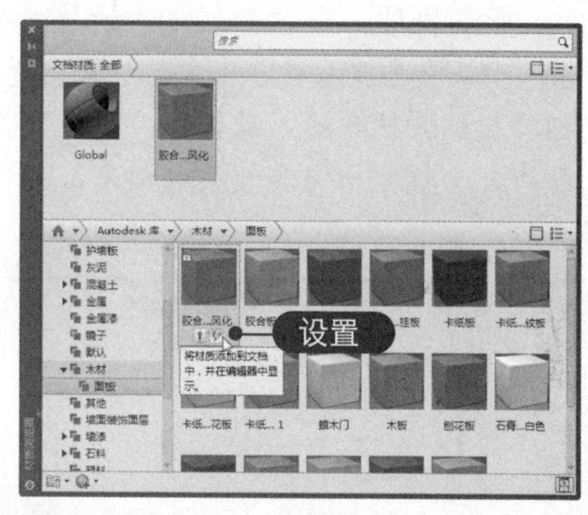

04 右键快捷菜单操作 右击文档材质列表中已添加的材质，通过弹出的快捷菜单可以执行重命名、删除、应用到对象等操作，如下图所示。

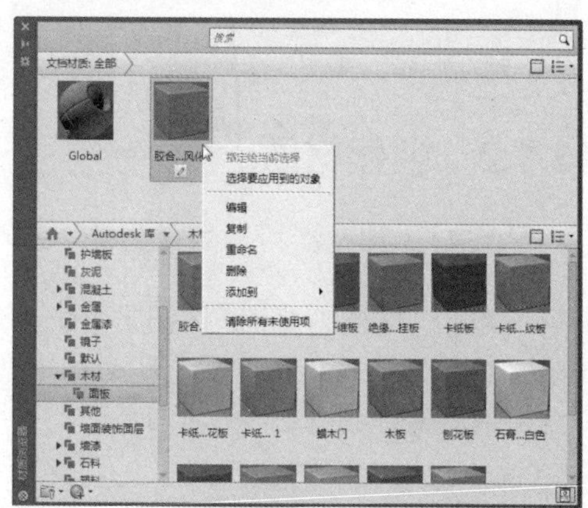

05 设置相关参数 单击面板中间栏右侧下拉按钮，通过弹出的下拉菜单可以自定义材质样例列表中的查看类型、排序方式以及缩略图大小等参数，如下图所示。

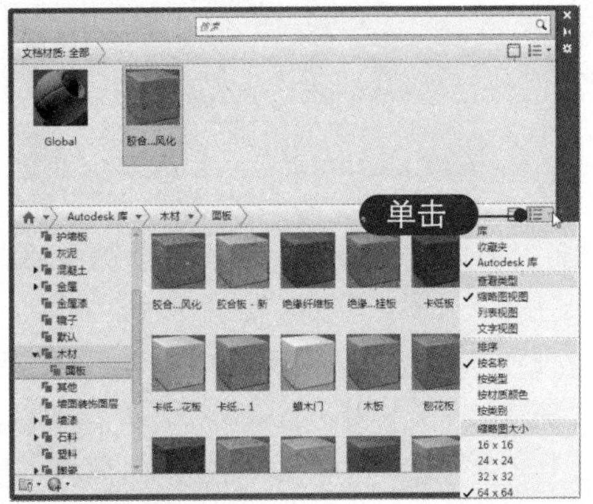

06 搜索材质 通过面板上方的搜索框可以快速搜索材质库中的所需材质，例如，在搜索框中输入关键词“壁纸”，程序将自动搜索出与其相关的材质，如下图所示。

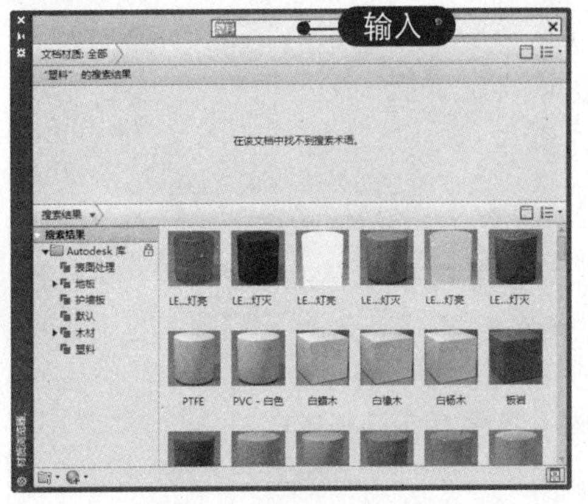

07 新建常规材质 单击面板左下方“在文档中创建新材质”下拉按钮，在弹出的下拉菜单中可以按类别新建材质，如选择“新建常规材质”选项，如下图所示。

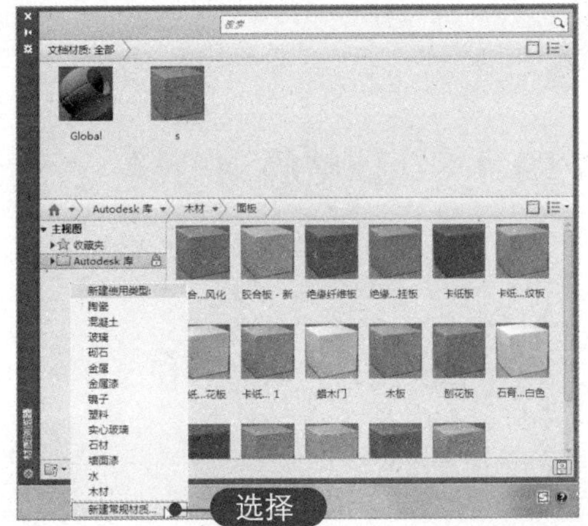

08 新建常规材质 此时将在文档材质列表中新建一个可以调节颜色、光泽度、反射率和透明度等各项特性的常规材质，如下图所示。

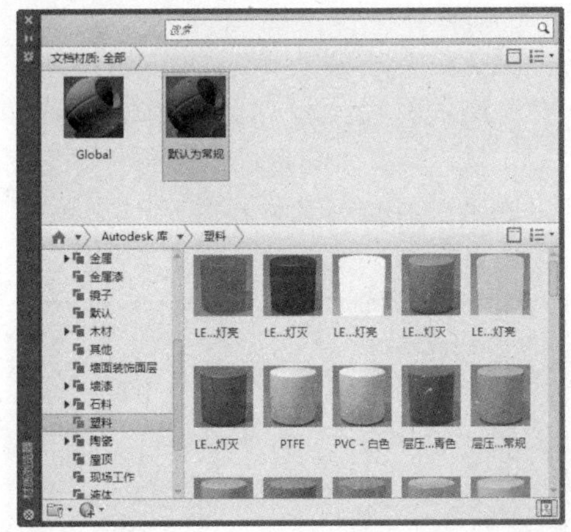

13.1.2 创建材质

通过材质浏览器可以创建材质，并对材质库进行浏览与管理，具体操作方法如下：

01 单击“材质浏览器”按钮 单击“可视化”选项卡下“材质”面板中的“材质浏览器”按钮，如右图所示。

02 将材质添加到文档 弹出“材质浏览器”面板，单击“主视图”折叠按钮，选择“Autodesk 库”，在右侧材质缩略图中单击所需材质的编辑按钮，如下图所示。

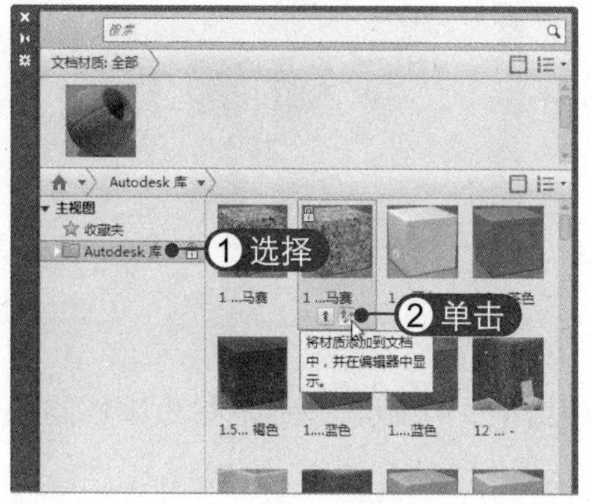

03 输入材质名称 在弹出的面板中输入新名称，即可完成使用自带材质创建材质操作，如下图所示。

04 选择“新建常规材质”命令 单击“在文档中创建新材质”按钮，选择“新建常规材质”命令，如下图所示。

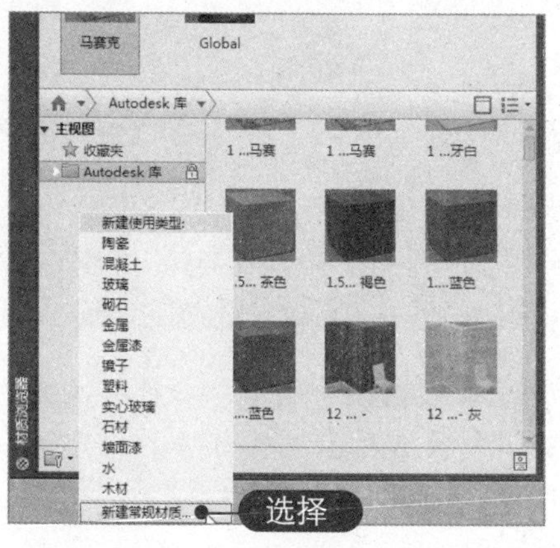

05 编辑材质 在名称文本框中输入“地板”，单击“颜色”下拉按钮，选择“按对象着色”命令，如下图所示。

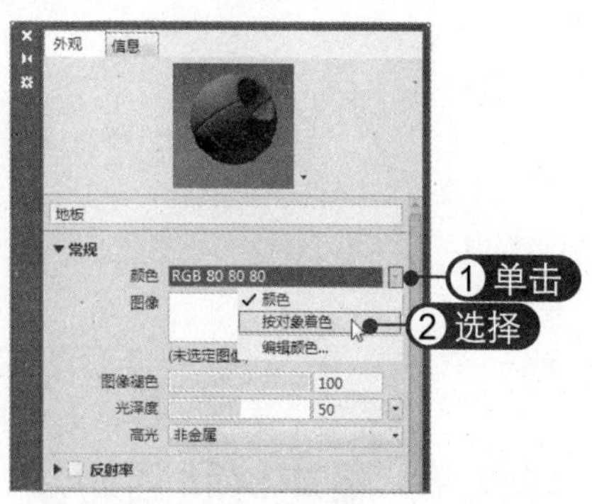

06 添加材质图 单击“颜色”下拉按钮，选择“图像”命令，弹出“材质编辑器打开文件”对话框，选择需要的材质图选项，然后单击“打开”按钮，如下图所示。

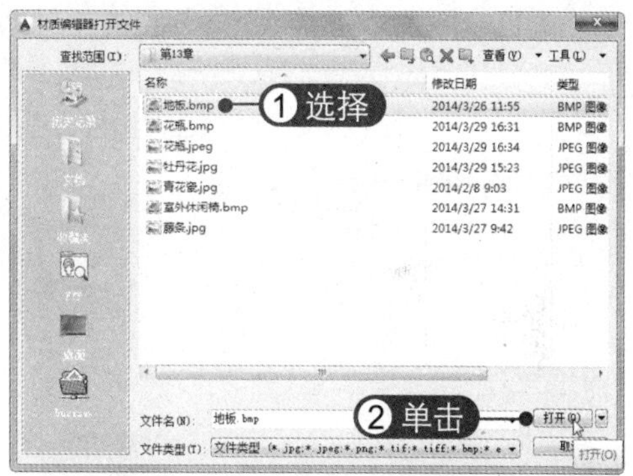

07 设置材质选项 单击添加的图像，弹出“纹理编辑器 - Color”面板，可以对材质的显示比例、位置等进行设置，如下图所示。

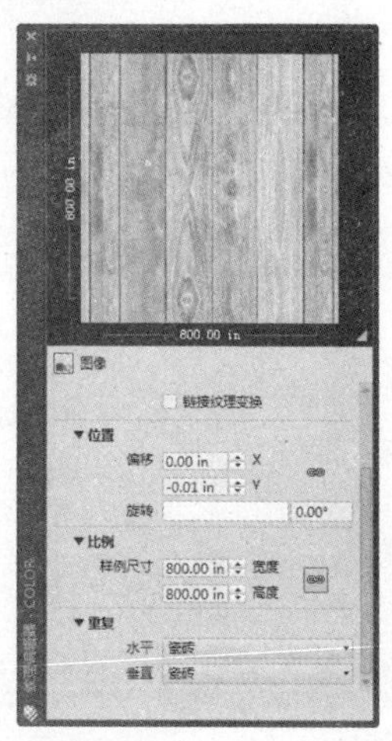

08 **查看自定义材质** 设置完成后关闭面板，此时在“材质编辑器”面板中将会显示自定义的材质，如右图所示。

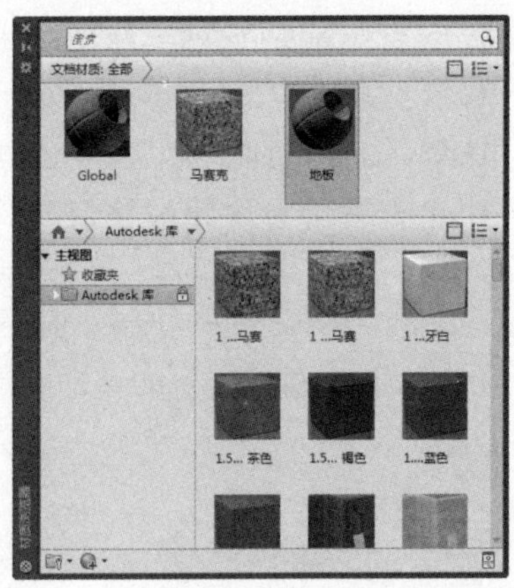

13.1.3 添加材质到对象

下面将通过实例介绍如何用材质浏览器添加材质到对象，并通过材质编辑器调整材质特性，具体操作方法如下：

01 **选择“指定给当前选择”命令** 打开素材文件，选中场景中的茶杯对象，打开材质浏览器，找到陶瓷类别下的“藏青蓝色”材质并右击，选择“指定给当前选择”命令，如下图所示。

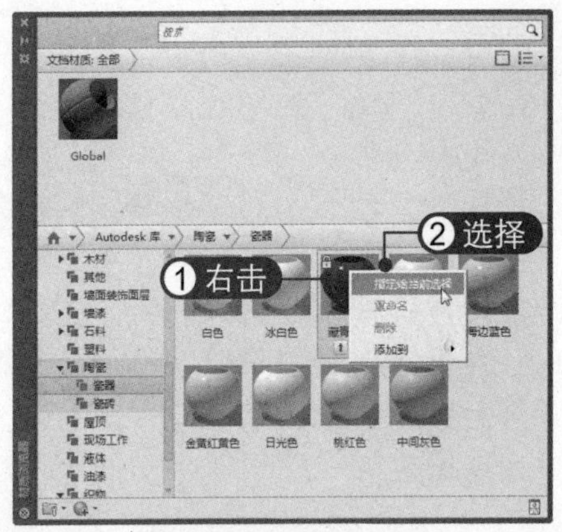

02 **单击“渲染”按钮** 单击“渲染”面板中的“渲染”按钮，如下图所示。

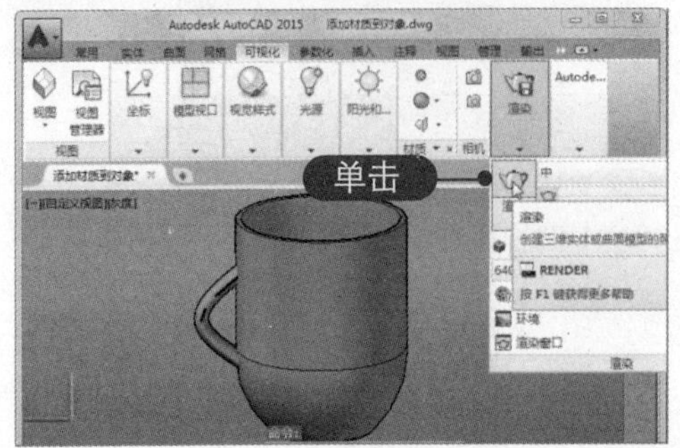

03 **查看渲染效果** 查看添加材质到对象后的渲染效果，如下图所示。

04 **分解对象** 选择茶杯对象主体部分，通过“常用”选项卡下“修改”面板中的“分解”按钮将所选对象分解，如下图所示。

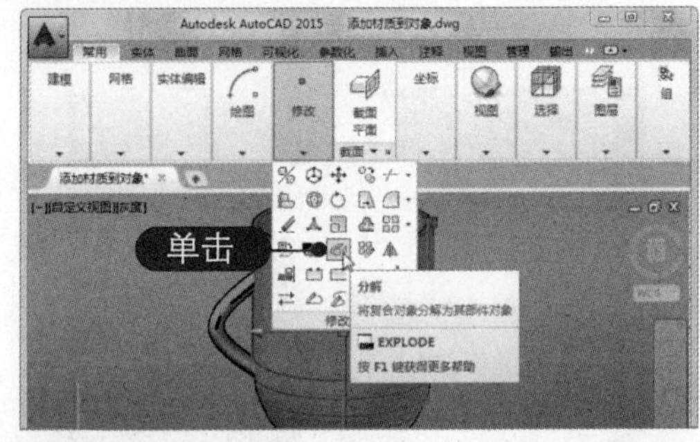

05 **添加材质** 添加“白色”陶瓷材质到茶杯对象主体部分的内部，如下图所示。

06 **查看渲染效果** 再次执行“渲染”命令，查看修改茶杯对象内部材质后的渲染效果，如下图所示。

07 **单击“颜色”选项** 双击文档材质列表中的“藏青蓝色”材质，打开其对应的材质编辑器，单击“颜色”选项，如下图所示。

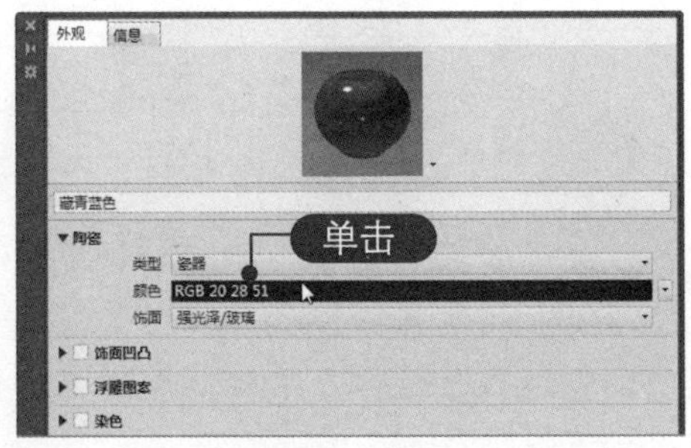

08 **修改材质颜色** 弹出“选择颜色”对话框，可以修改材质的颜色，修改完毕后单击“确定”按钮，如下图所示。

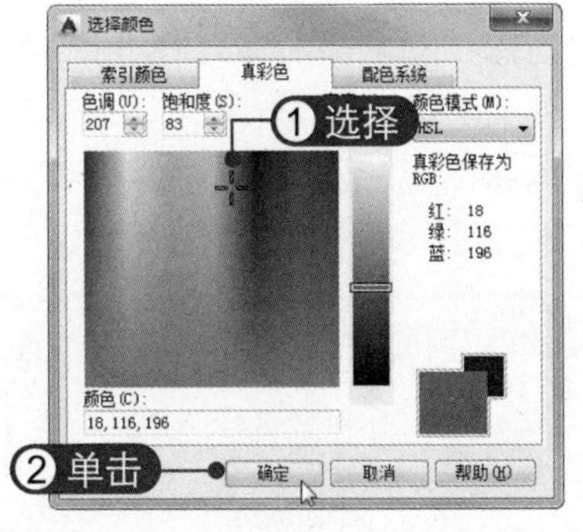

09 **添加点光源** 执行“光源”面板中的“点”命令，在场景中的合适位置添加两个点光源，调整其强度因子为合适值，如下图所示。

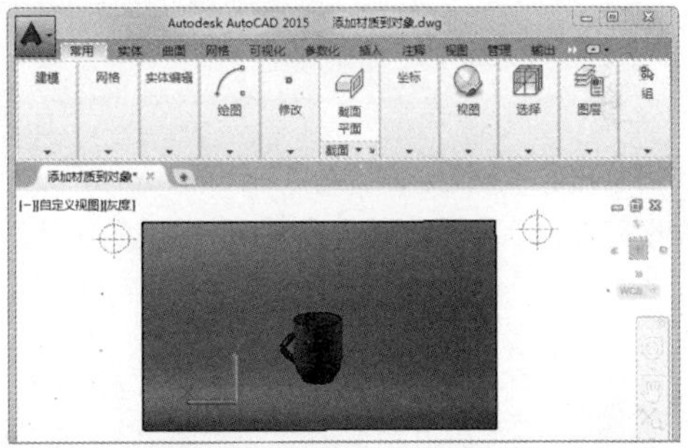

10 **查看渲染效果** 再次执行“渲染”命令，查看添加点光源后的渲染效果，如下图所示。

13.1.4 添加贴图到对象

贴图即添加到材质中的图像，应用贴图可以增强材质的外观和真实感。贴图可以模拟纹理、反射和折射等效果。下面将通过实例介绍如何添加贴图到对象，具体操作方法如下：

01 选择“陶瓷”命令 打开素材文件，打开“材质浏览器”面板，单击“Autodesk 库”下拉按钮，选择“陶瓷”命令，如下图所示。

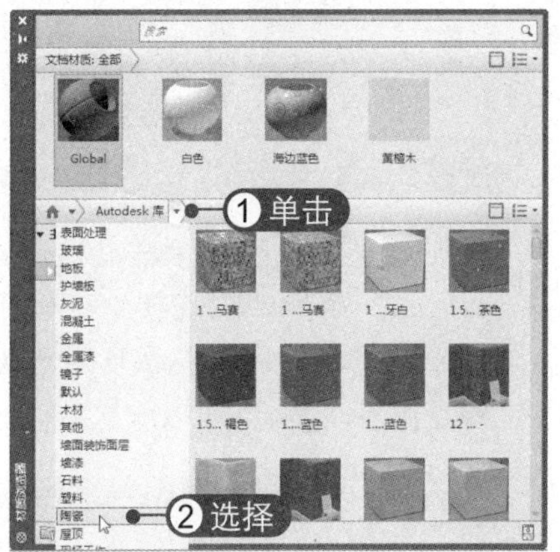

02 选择材质 在右侧材质缩略图中单击所需材质的编辑按钮，如下图所示。

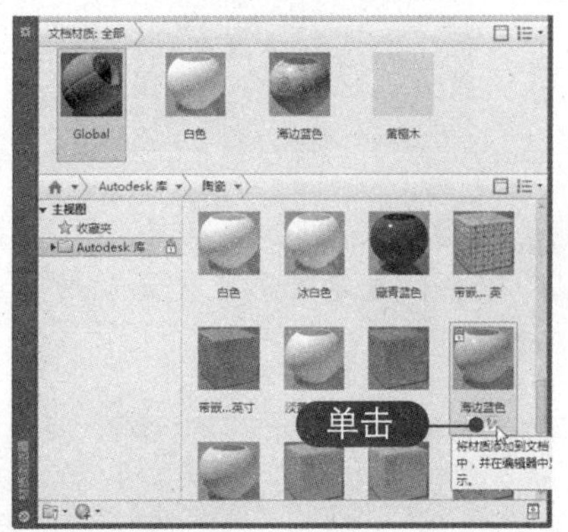

03 编辑材质 打开“材质编辑器”面板，单击“颜色”下拉按钮，选择“图像”命令，如下图所示。

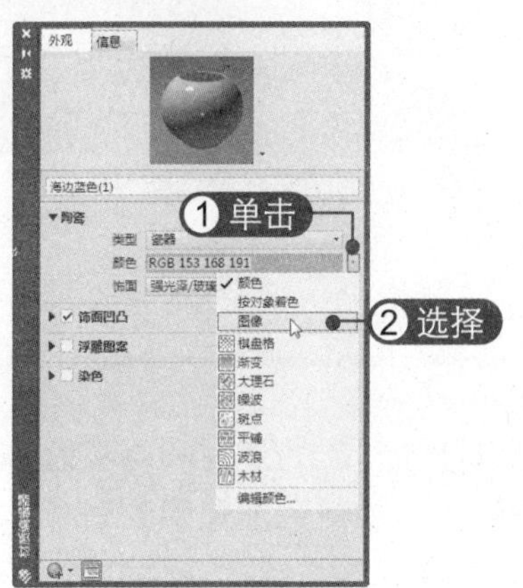

04 添加材质图 弹出“材质编辑器打开文件”对话框，选择需要的材质图，然后单击“打开”按钮，如下图所示。

05 设置参数 在面板中单击添加的图像，弹出“纹理编辑器-Color”面板，在“样例尺寸”文本框中输入400，如下图所示。

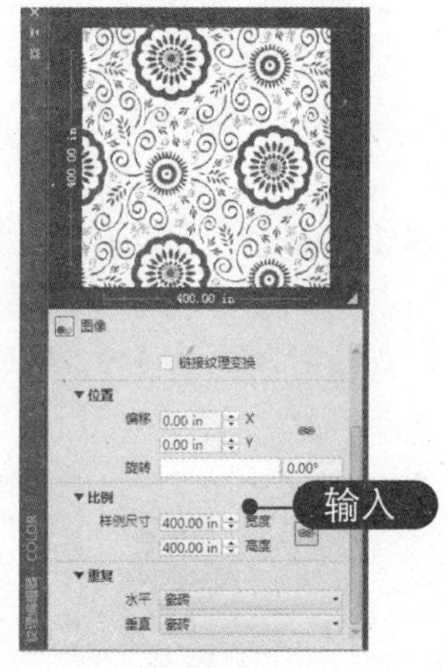

06 赋予材质 选择设置好的材质缩略图，按住鼠标左键，将材质图拖至模型的合适位置后松开鼠标，即可赋予材质，如下图所示。

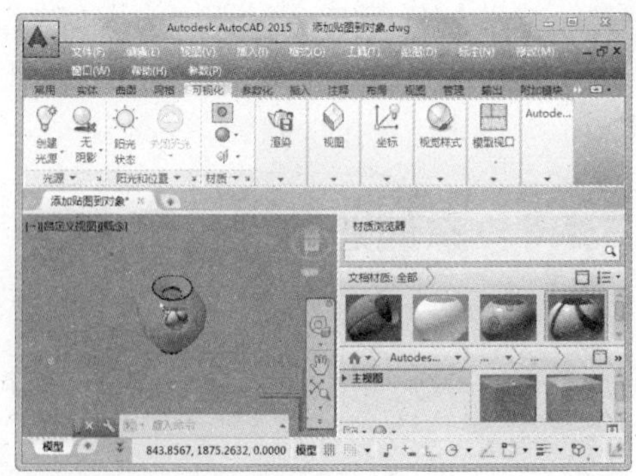

07 **赋予其他材质** 单击“木材”下拉按钮，选择需要的材质缩略图，按住鼠标左键，将材质图拖至模型的合适位置后松开鼠标，即可赋予材质，如下图所示。

08 **查看渲染效果** 执行“渲染”命令，查看添加材质到对象后的渲染效果，如下图所示。

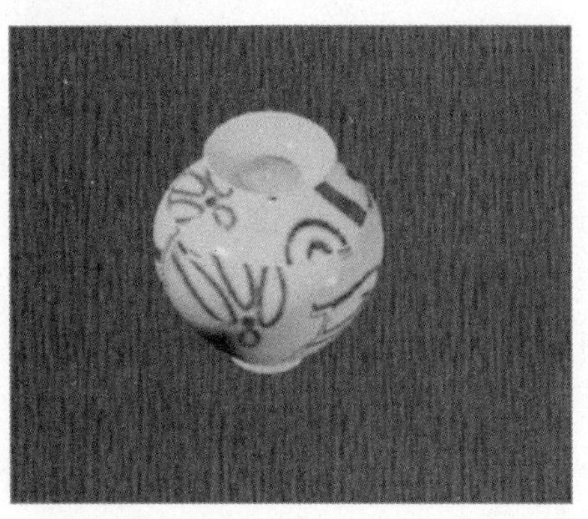

13.2 添加光源

使用“添加光源”功能可以为场景提供真实的外观，增强场景的真实性。如果用户没有在场景中创建光源，将使用默认光源对场景进行着色。可以手动创建点光源、聚光灯和平行光等光源，以达到指定的光源效果，还可以通过阳光与天光创建自然照明的光源。

13.2.1 光源的类型

不同的光源类型会对图形产生不同的影响，AutoCAD 提供了三种光源单位：标准（常规）光源单位、国际（国际标准）光源单位和美制光源单位。在早期版本中，标准（常规）光源单位为默认的光源流程。AutoCAD 2008 之后的版本默认光源流程是基于国际（国际标准）光源单位的光度控制流程。美制单位与国际单位的不同之处在于美制的照度值使用尺烛光而非勒克斯。

在“可视化”选项卡下单击“光源”面板中的“国际光源单位”下拉按钮，在弹出的下拉列表中即可选择不同的光源类型，如下图所示。

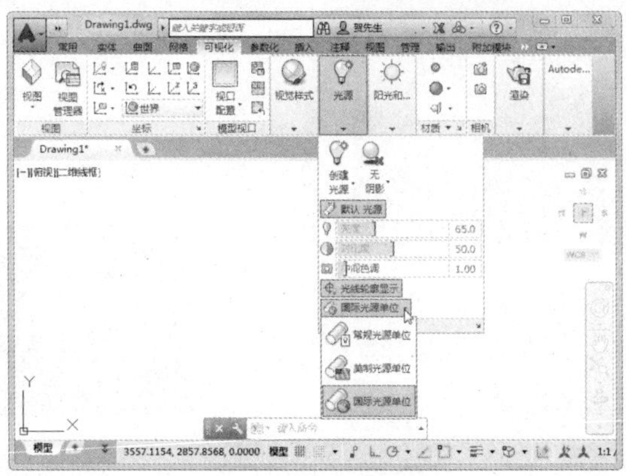

如果没有在场景中创建光源，将使用默认光源对场景进行着色。默认光源来自视点后面的两个平行光源。在默认光源下，三维模型中所有的面均被照亮，在开启默认光源时无法创建自定义光源和日光。在创建自定义光源和日光时，需要关闭默认光源。

13.2.2 添加点光源

点光源是一种从其所在位置向四周发射光线且不以一个对象为目标的光源，通过使用点光源可以达到基本的照明效果，还可以使用 TARGETPOINT 命令创建目标点光源。目标点光源和点光源的区别在于可用的目标特性，目标点光源可以指向一个对象，可以通过修改点光源的目标特性将点光源转换为目标点光源。

添加点光源的具体操作方法如下：

01 **单击"渲染"按钮** 打开素材文件，选择"可视化"选项卡，单击"渲染"面板中的"渲染"按钮，如下图所示。

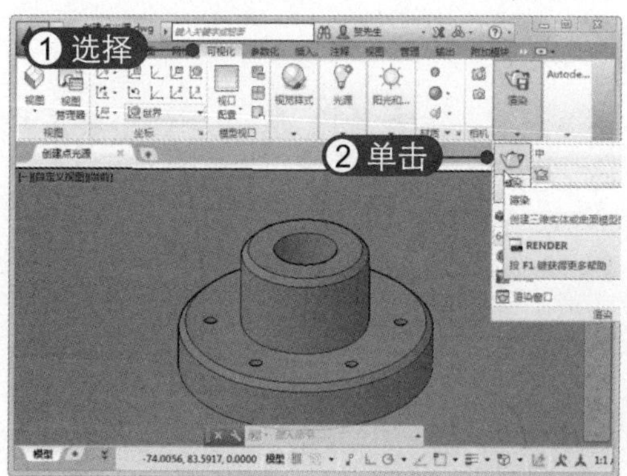

02 **查看渲染效果** 此时 AutoCAD 将采用默认光源渲染图形，三维模型中的所有面均会被照亮，如下图所示。

03 **关闭默认光源** 打开"光源"面板，单击"默认光源"按钮，取消其亮显状态，从而关闭默认光源，如下图所示。

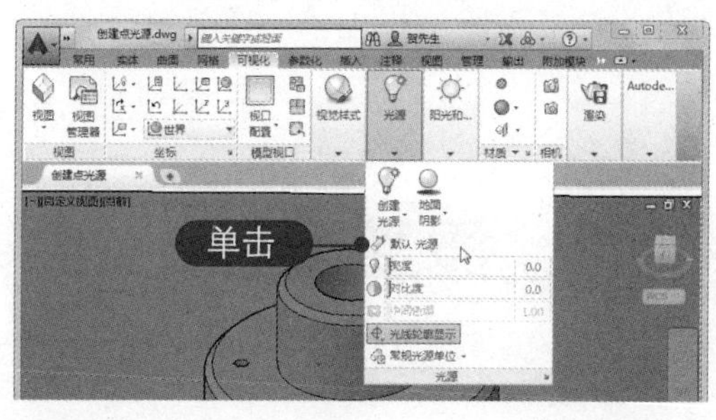

04 **选择"点"命令** 设置光源单位为"国际光源单位"，单击"创建光源"下拉按钮，选择"点"命令，如下图所示。

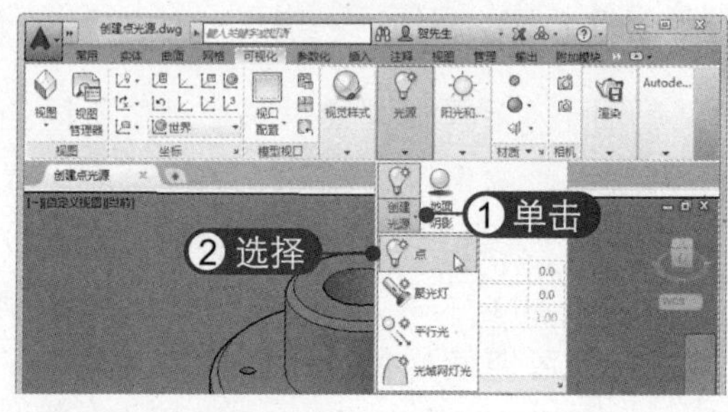

05 **指定源位置** 在图形合适的位置指定源位置，从而创建一个点光源，如下图所示。

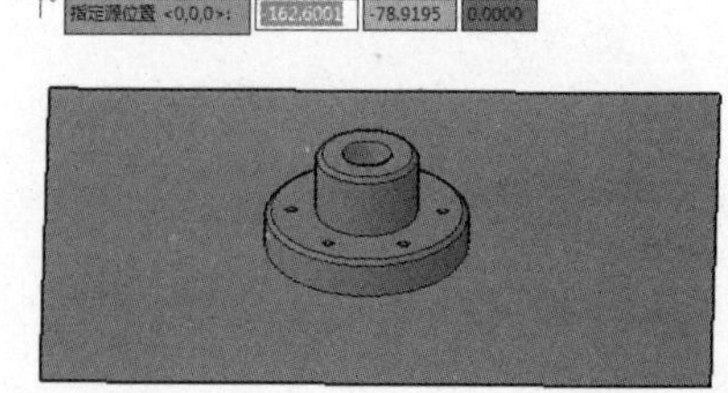

06 选择"强度"命令 在弹出的快捷菜单中选择"强度"命令，如下图所示。

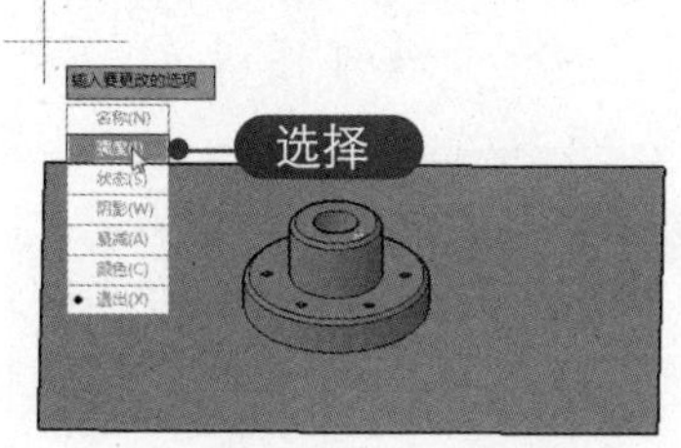

07 指定强度因子 输入 15 并按【Enter】键确认，修改强度因子的值，如下图所示。

08 查看渲染效果 再次执行"渲染"命令，会发现渲染后的图形比之前要真实一些，但其阴影过于生硬，如下图所示。

09 创建点光源 再次执行"点"命令，在图形的合适位置创建另一个点光源，如下图所示。

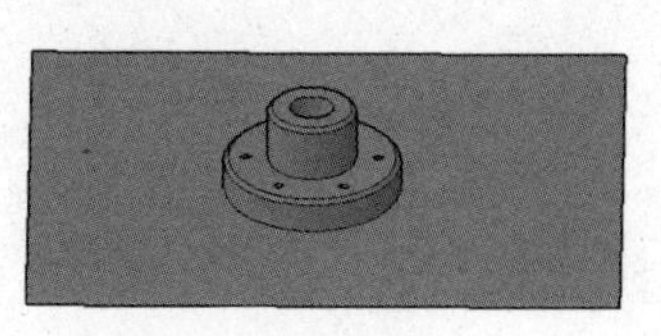

10 执行"渲染"命令 再次执行"渲染"命令，查看添加辅助光源后的渲染效果，如下图所示。

11 选择点光源轮廓 单击"光源"面板右下角的扩展按钮，打开"模型中的光源"面板，在列表框中显示已添加光源名称。右击光源名称，选择"轮廓显示"|"开"命令，在场景中将始终显示点光源的轮廓，如下图所示。

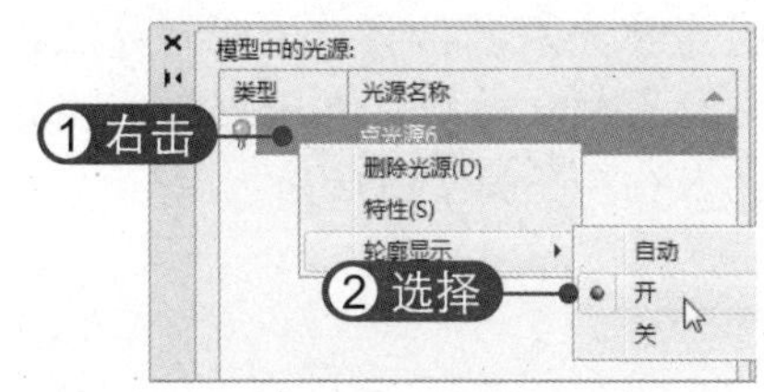

12 自定义设置 如果选择"特性"命令，将打开"特性"面板，可以对光源的强度因子、阴影细节等进行自定义设置，如下图所示。

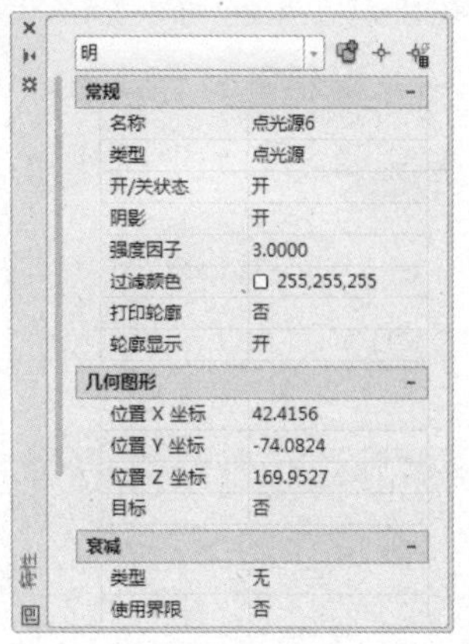

13.2.3 添加聚光灯

聚光灯是一种发射定向锥形光聚焦光束的光源。通过聚光灯可以突出显示环境中

的单个对象。下面将介绍如何添加聚光灯光源，具体操作方法如下：

01 选择“聚光灯”命令 打开素材文件，单击“光源”面板中的“创建光源”下拉按钮，选择“聚光灯”命令，如下图所示。

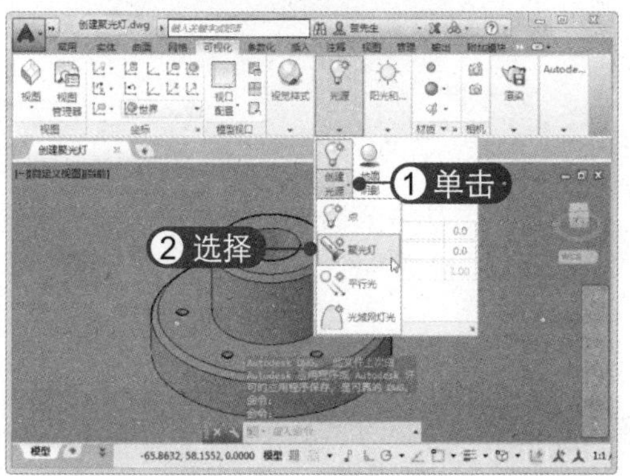

02 指定聚光灯源位置 启用对象捕捉与对象捕捉追踪，在绘图区中指定聚光灯的源位置，如下图所示。

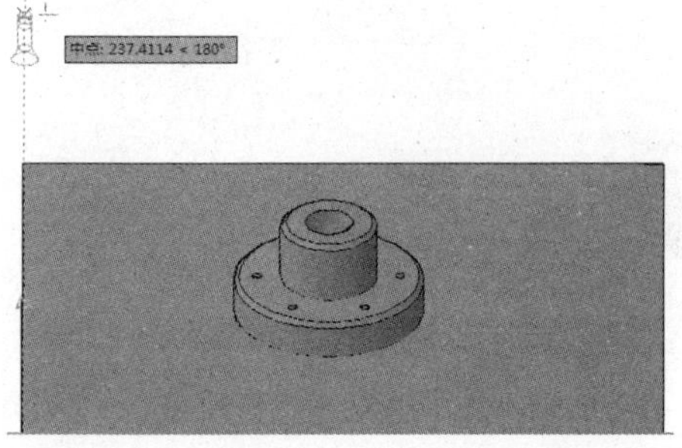

03 指定目标位置 在绘图区的合适位置单击指定聚光灯的目标位置，如下图所示。

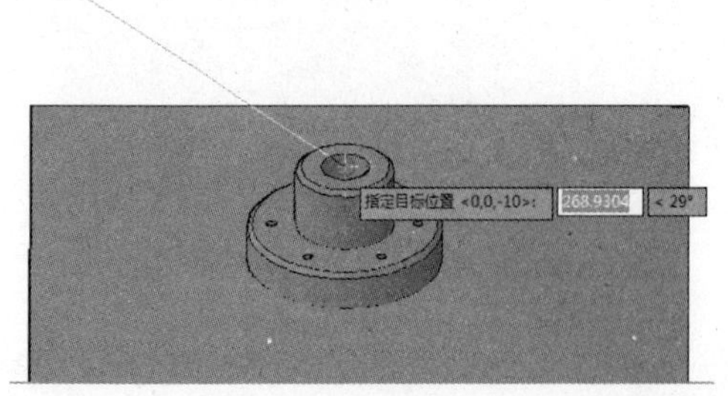

04 选择“特性”命令 单击“光源”面板右下角的扩展按钮，弹出“模型中的光源”面板，右击聚光灯名称，选择“特性”命令，如下图所示。

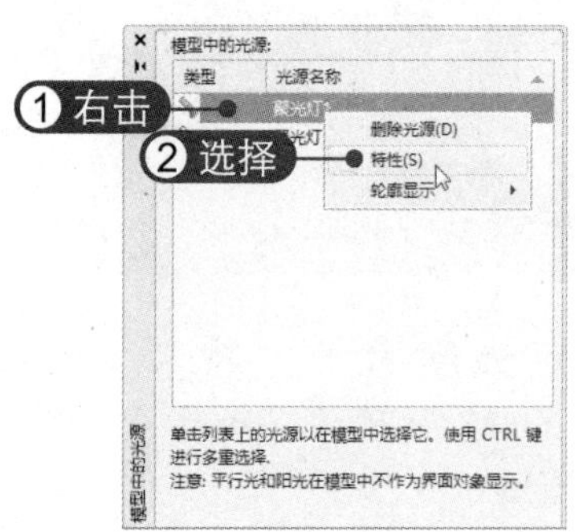

05 设置聚光灯特性 弹出特性面板，设置聚光灯角度、衰减角度和强度因子等参数，如下图所示。

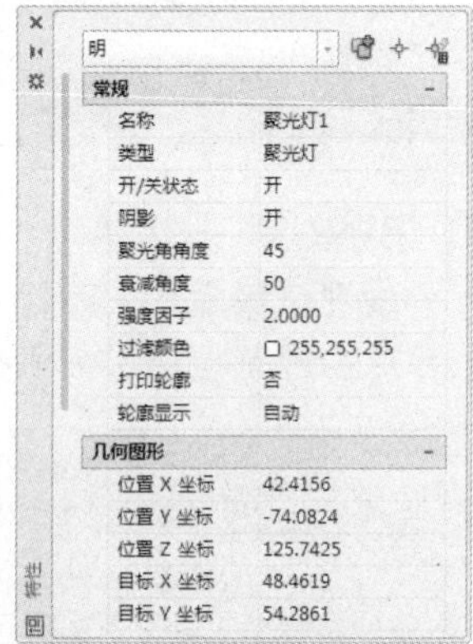

06 执行“渲染”命令 执行“渲染”命令，查看添加单个聚光灯后的渲染效果，如下图所示。

07 创建另一个聚光灯 用同样的方法在场景中的合适位置创建另一个聚光灯，如下图所示。

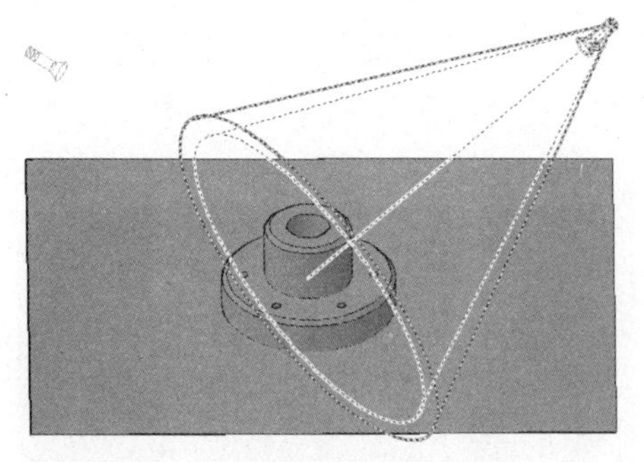

08 **执行“渲染”命令** 再次执行“渲染”命令，查看添加另一个聚光灯后的渲染效果，如下图所示。

13.2.4 添加平行光

平行光仅向一个方向发射统一的平行光线。光束的强度不随距离而改变，保持恒定。下面将通过实例介绍如何添加平行光，具体操作方法如下：

01 **更改光源单位** 打开素材文件，关闭默认光源，更改光源单位为“常规光源单位”，如下图所示。

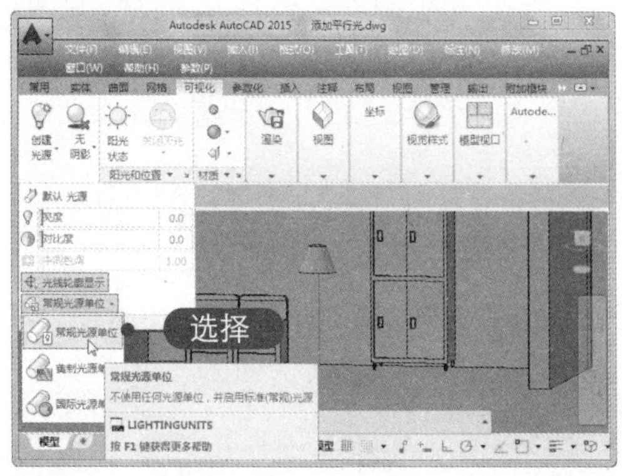

02 **选择“平行光”命令** 单击“光源”面板中的“创建光源”下拉按钮，选择“平行光”命令，如下图所示。

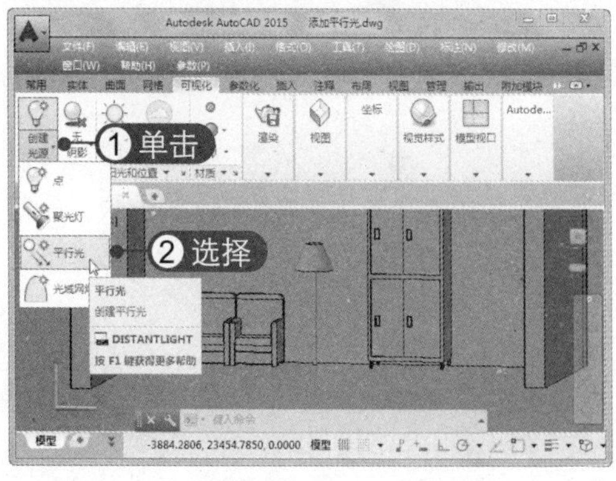

03 **指定光源来向和去向** 在合适的位置单击指定平行光源的来向和去向，如下图所示。

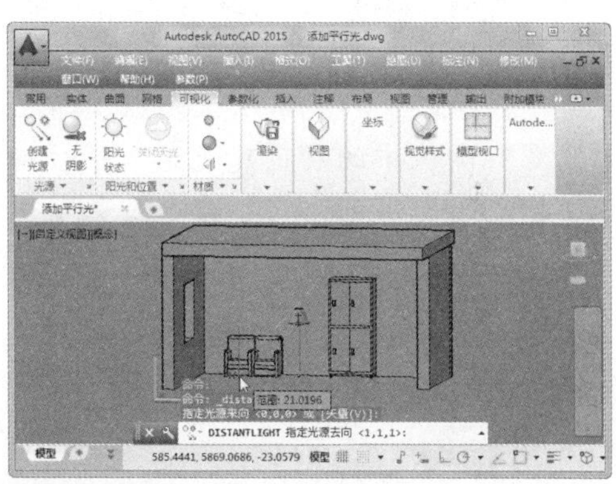

04 **选择“特性”命令** 单击“光源”面板右下角的扩展按钮，在弹出的面板中右击平行光名称，选择“特性”命令，如下图所示。

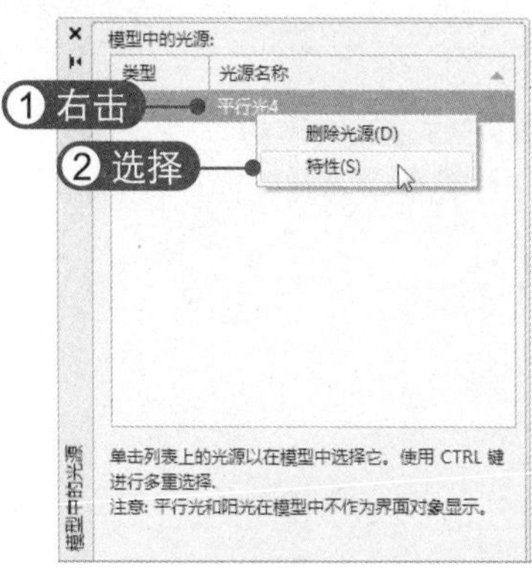

05 **设置平行光特性** 在“特性”面板中对平行光的强度因子、柔和度等进行设置，如下图所示。

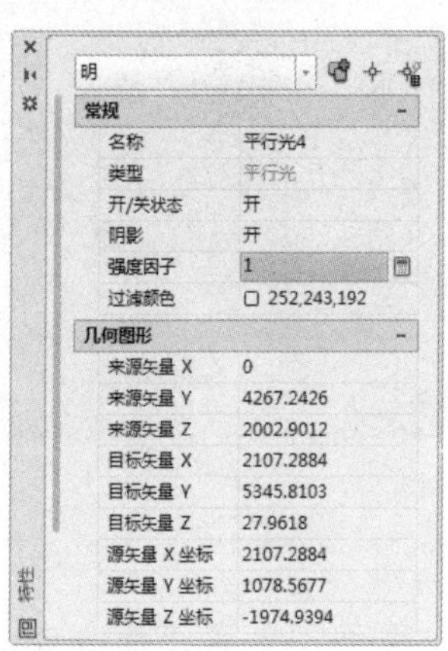

06 **执行“渲染”命令** 执行“渲染”命令，查看渲染效果，如下图所示。

13.2.5 添加光域网灯光

与聚光灯、点光源等光源相比，光域网灯光对于模拟现实光的分布具有更为精确的调整参数。下面将通过实例介绍如何添加光域网灯光，具体操作方法如下：

01 **选择“光域网灯光”命令** 打开素材文件，关闭默认光源。单击“光源”面板中的“创建光源”下拉按钮，选择“光域网灯光”命令，如下图所示。

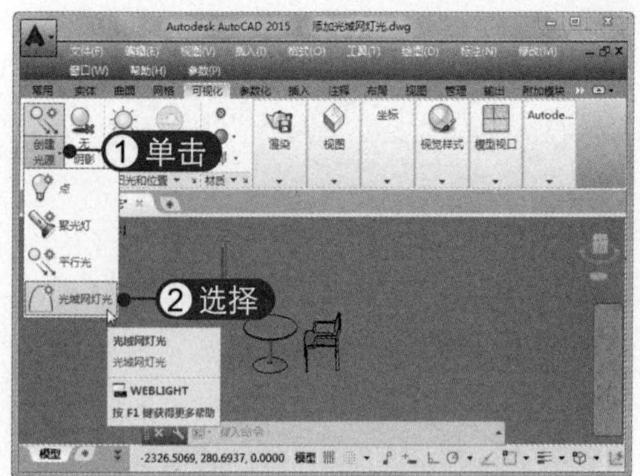

02 **指定位置** 在场景中分别为光域网灯光指定源位置与目标位置，如下图所示。

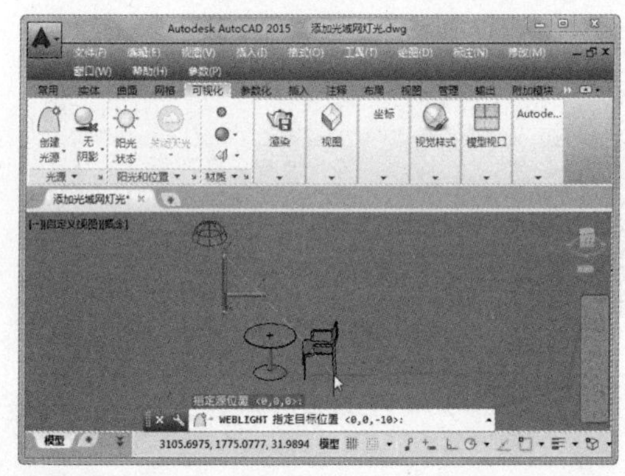

03 **设置灯光特性** 在特性面板中对光域网灯光的强度因子、灯光颜色等进行设置，如下图所示。

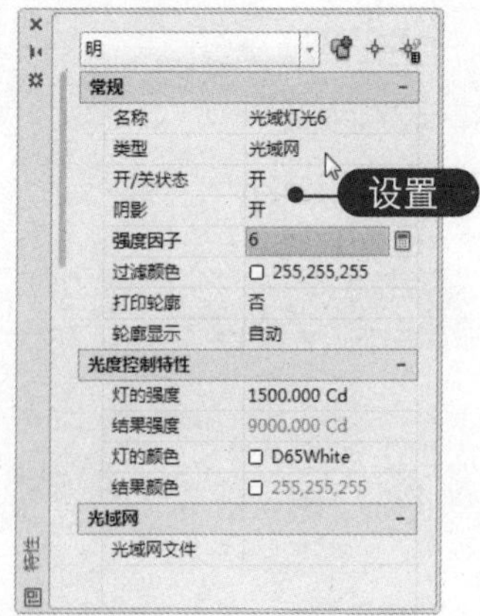

04 执行"渲染"命令 调整视图角度，执行"渲染"命令，查看添加光域网灯光后的渲染效果，如右图所示。

13.2.6 添加阳光与天光

阳光与天光是创造自然照明的光源。阳光即模拟太阳光源效果的光源，可以通过设置模型的地理位置，以及指定日期与时间定义阳光角度。下面将通过实例介绍如何添加阳光与天光，具体操作方法如下：

01 切换到透视图 打开素材文件，右击场景右侧的ViewCube图标，选择"透视"命令，切换到透视图，如下图所示。

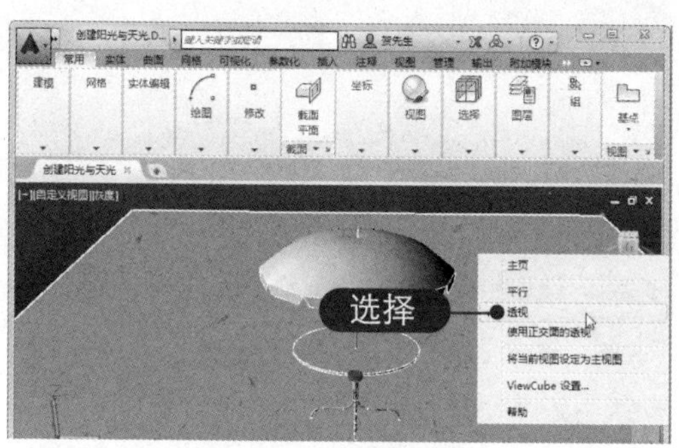

02 打开天光与背景照明 选择"可视化"选项卡，单击"阳光和位置"面板中的"关闭天光"下拉按钮，选择"天光背景和照明"命令，打开天光与背景照明，如下图所示。

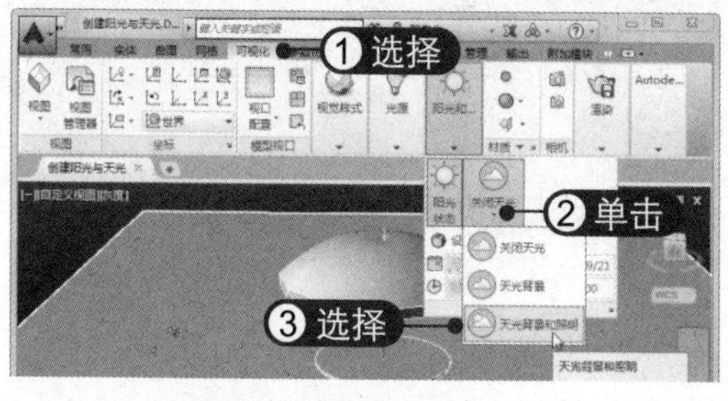

03 启用阳光模拟照明 单击"阳光和位置"面板中的"阳光状态"按钮，启用阳光模拟照明，如下图所示。

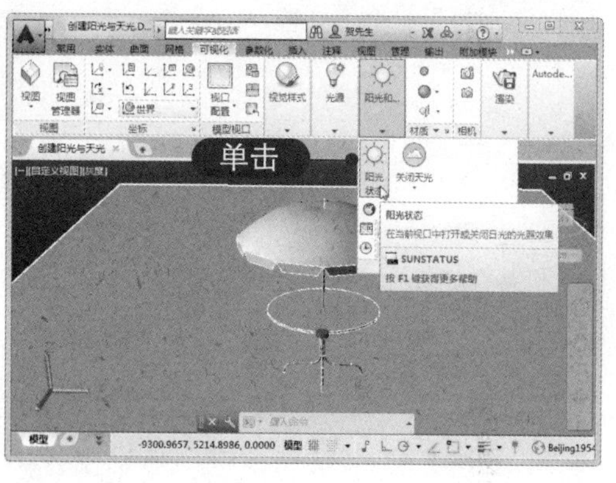

04 选择"从地图"命令 单击"阳光和位置"面板中的"设置位置"下拉按钮，选择"从地图"命令，如下图所示。

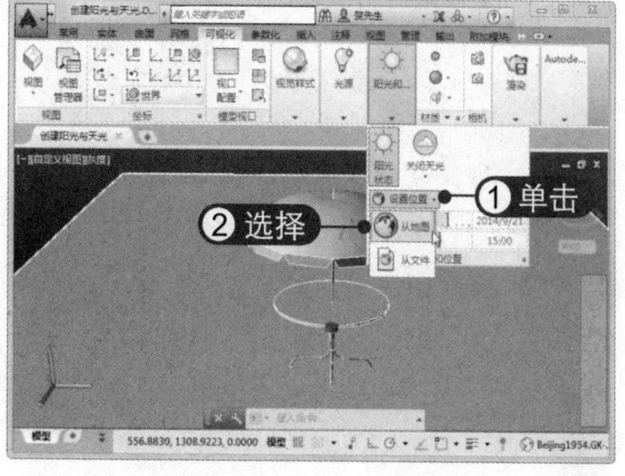

05 选择城市地区 选择地区、城市并添加标记，然后单击"下一步"按钮，如下图所示。

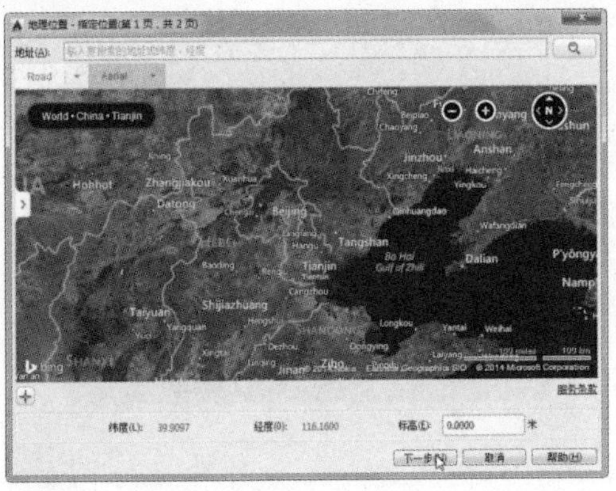

06 选择具体坐标 选择具体坐标，然后单击“下一步”按钮，如下图所示。

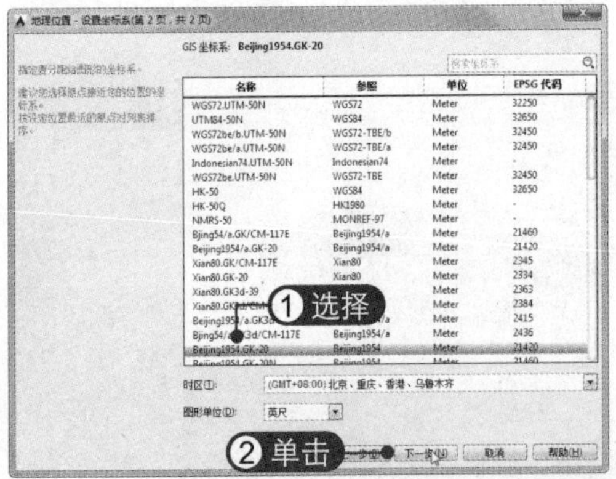

07 选择具体位置 在绘图区中单击选择具体位置，如下图所示。

08 指定北向角度 单击指定北向角度，如下图所示。

09 位置设置成功 此时位置设置成功，如下图所示。

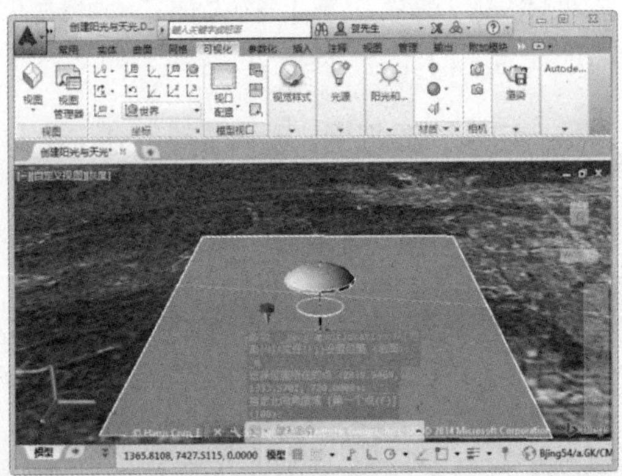

10 执行“渲染”命令 执行“渲染”命令，查看添加阳光与天光后的渲染效果，如下图所示。

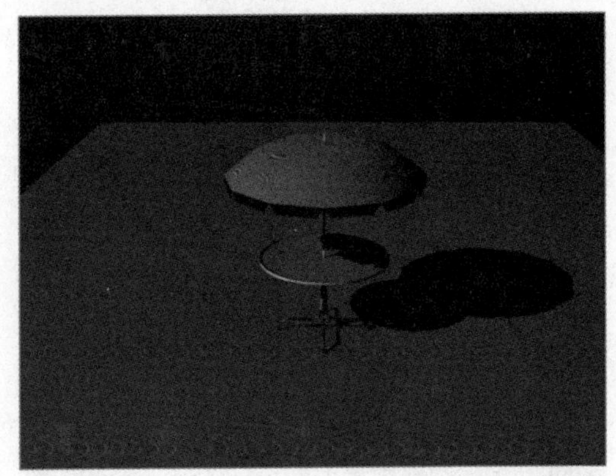

13.3 添加渲染

渲染即通过已设置的光源、已应用的材质和相关环境设置等因素为场景中的三维几何图形进行着色。渲染器包括光线跟踪反射、折射及全局照明等，可以生成真实的模拟光照效果。

13.3.1 设置渲染

通过设置渲染环境可以生成真实准确的模拟光照效果。AutoCAD 渲染器提供了一系列标准渲染预设，其中的“草稿”、“低”、“中”预设渲染速度较快，适用于质量要求不高的渲染，而“高”、“演示”等预设则适用于质量较高的渲染。通过“渲染”面板中的“渲染预设”下拉列表可以选择所需的渲染预设，如下图所示。

单击“调整渲染曝光”按钮，在弹出的对话框可以设置用于全局定义当前场景中图形的亮度、对比度、中色调和室外日光的开启状态。通过“渲染”面板中的“调整曝光”按钮，可以打开“调整渲染曝光”对话框，如下图所示。

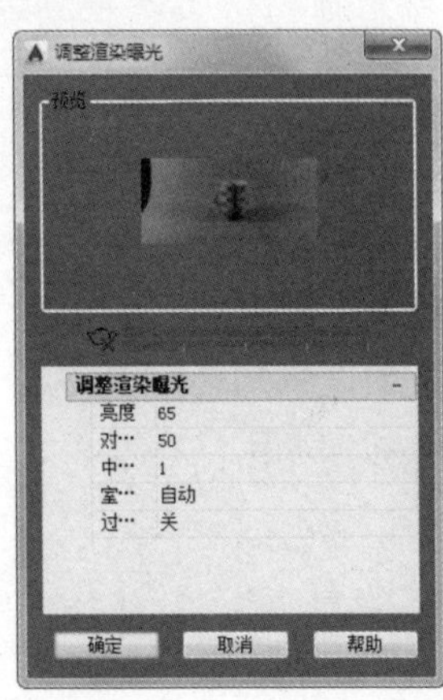

“渲染环境”对话框用于定义对象与当前观察方向之间的距离效果，如雾化效果、雾化背景、雾化百分比等。通过“渲染”面板中的“环境”按钮可以打开“渲染环境”对话框，如下图所示。

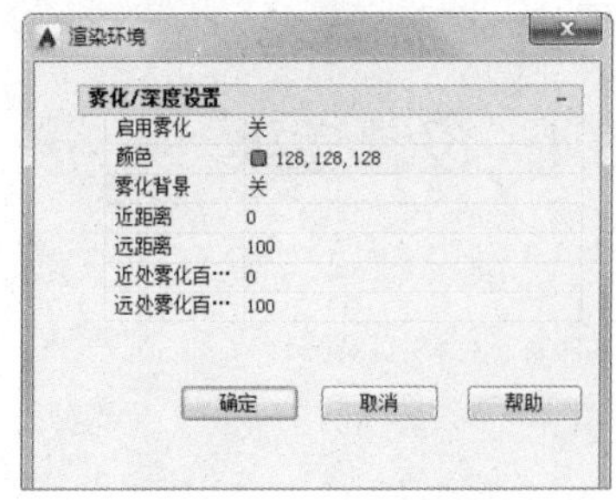

如果单击“渲染”面板中的“浏览文件”按钮无任何反应，说明渲染输出文件功能被禁用。单击“渲染输出文件”按钮（如下图所示），开启该功能，即可解决此问题。

13.3.2 渲染输出对象

当将光源和材质调整到最佳状态后，即可渲染输出对象。此时可以调整渲染预设的级别及渲染尺寸等参数，从而得到较高的渲染质量，具体操作方法如下：

01 设置渲染级别 打开素材文件，在“可视化”选项卡下“渲染”面板中调整渲染预设级别与渲染质量，例如，设置渲染预设级别为“草稿”，渲染质量为-1，如右图所示。

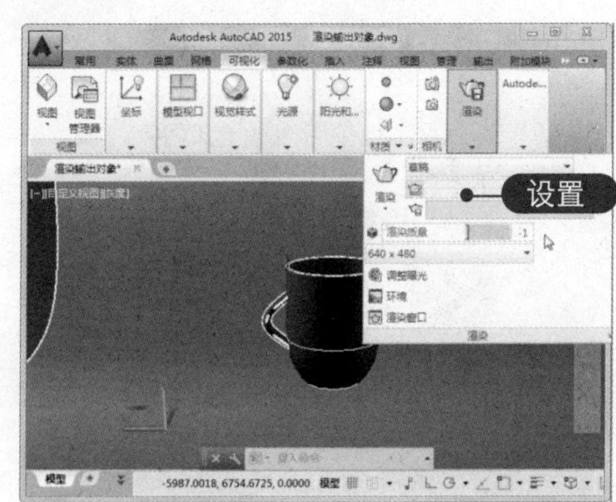

02 执行“渲染”命令 执行“渲染”命令，可以快速得到草稿级别的渲染效果，如下图所示。该设置适合以较短时间查看图形的简单渲染效果。

03 选择渲染预设级别 当光源与材质等调整完毕后，可以渲染输出对象时，则单击“渲染”面板右下角的扩展按钮，打开“高级渲染设置”面板，通过“选择渲染预设”下拉列表选择“演示”渲染预设级别，如下图所示。

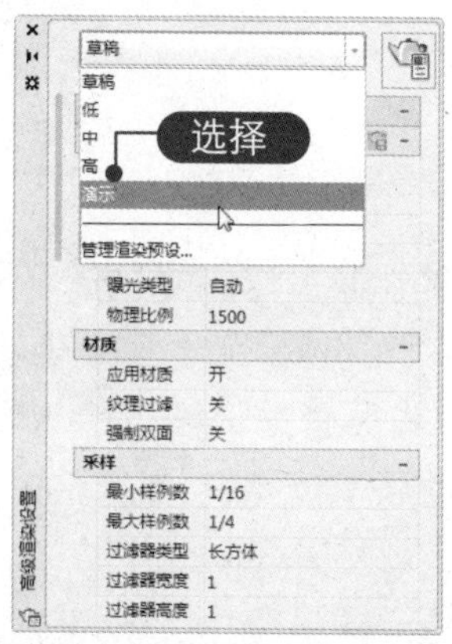

04 单击“确定是否写入文件”按钮 单击“常规”卷展栏下“渲染描述”右侧的“确定是否写入文件”按钮，如下图所示。

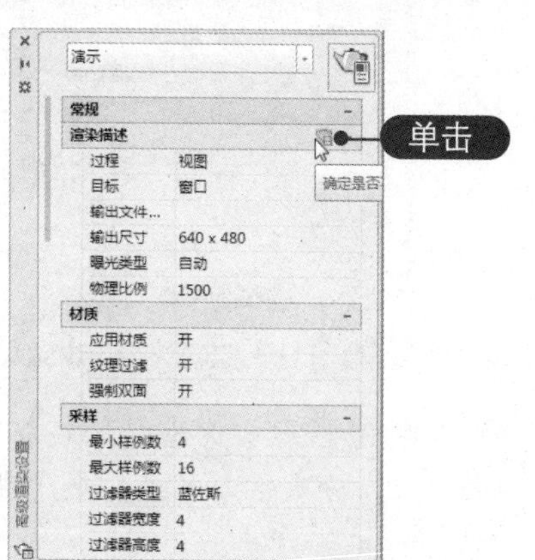

05 单击“浏览”按钮 此时“输入文件名称”项将从灰色不可选状态变为可选状态，选择该选项，当右侧出现按钮时单击该按钮，如下图所示。

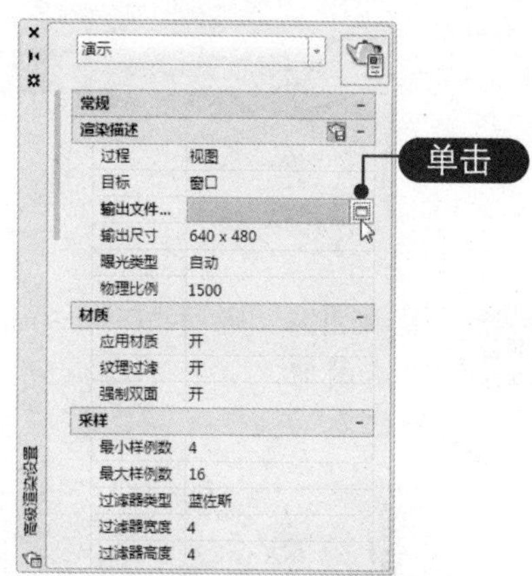

06 设置保存参数 弹出“渲染输出文件”对话框，设置文件名、文件类型及输出路径等，然后单击“保存”按钮，如下图所示。

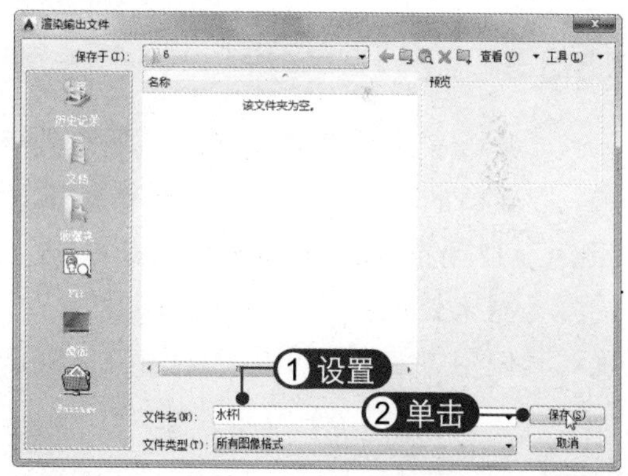

07 设置颜色位数 弹出“BMP 图像选项”对话框，设置颜色位数，然后单击“确定”按钮，如下图所示。

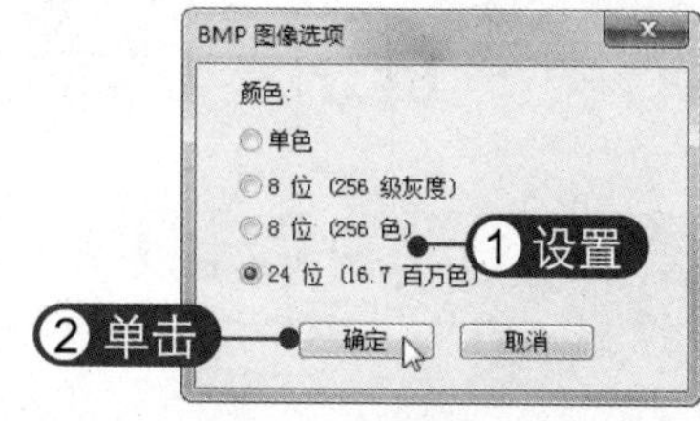

08 设置输出尺寸 设置输出尺寸等其他参数，单击“高级渲染设置”面板右上角的“渲染”按钮，如下图所示。

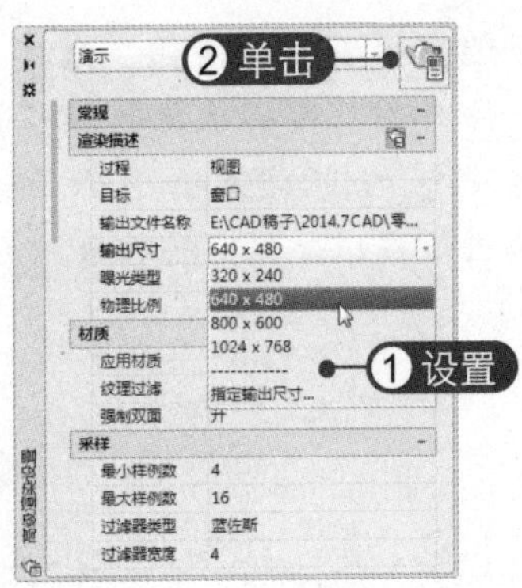

09 渲染图像 等待片刻，AutoCAD将渲染图像，并将其存储到指定的位置，如下图所示。

10 手动保存渲染图像 也可单击“文件”|“保存”命令，手动将其保存到所需的位置，如下图所示。

13.3.3 在云中渲染

本地渲染对用户的电脑硬件配置具有较高要求。对于非工作站级别的一般办公电脑，以较高的质量渲染复杂图形将花费较长的时间（几个小时甚至十几个小时）。通过AutoCAD新推出的Autodesk 360联机渲染功能可以将此类繁重工作交给Autodesk云端服务器来处理，从而节省出大量的工作时间，更快地获取渲染结果。下面将通过实例对其使用方法进行介绍，具体操作方法如下：

01 单击“在云中渲染”按钮 打开素材文件，在“可视化”选项卡下“Autodesk 360”面板中单击“在云中渲染”按钮，如下图所示。

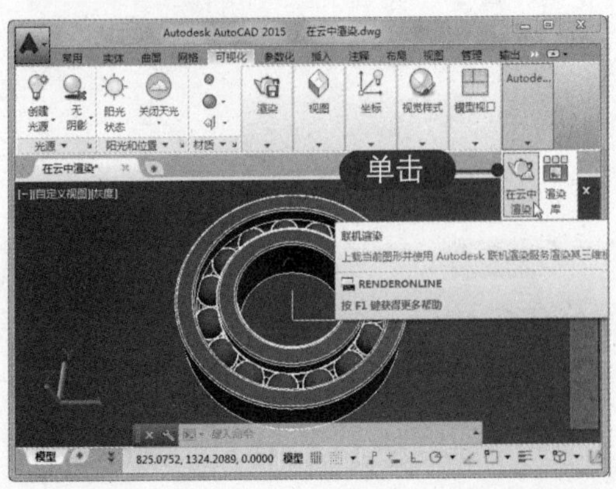

02 单击“需要Autodesk ID”链接 弹出“Autodesk - 登录”对话框，单击“需要Autodesk ID”超链接，如下图所示。

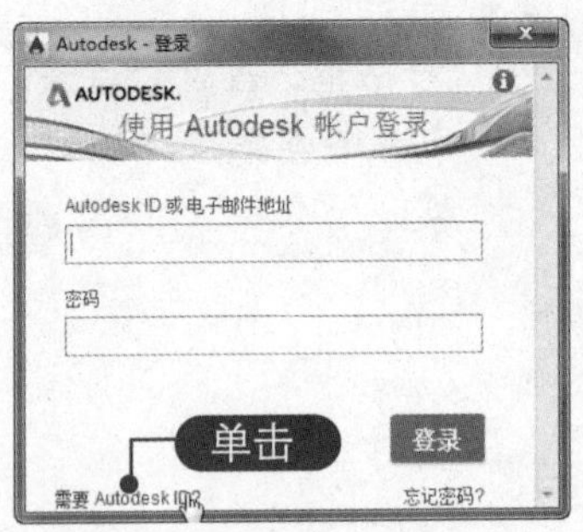

03 创建账户 弹出“创建账户”对话框，分别输入姓名、电子邮箱地址、

密码等，然后单击“创建账户”按钮，如下图所示。

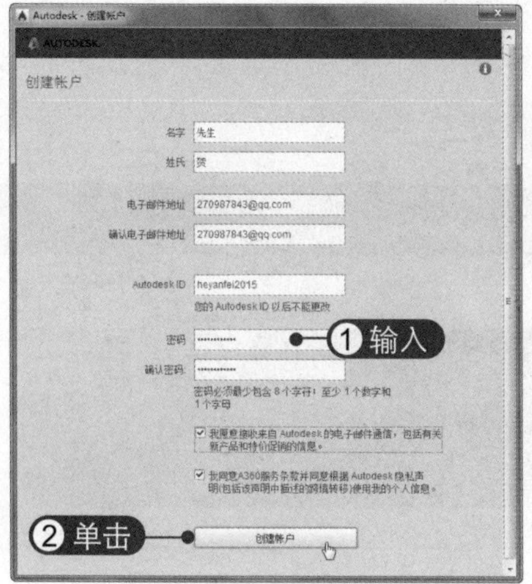

04 登录账户 成功创建账户后，将自动登录到账户。如果未能自动登录，则再次单击“在 Cloud 中渲染”按钮，打开“Autodesk - 登录”对话框。通过输入账户 ID 或电子邮箱地址和密码进行登录，如下图所示。

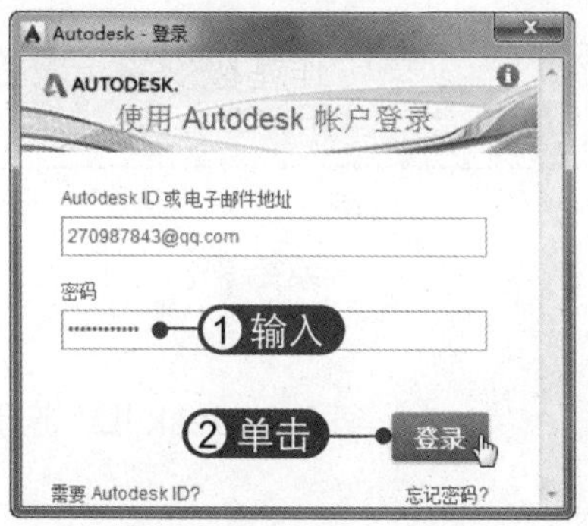

05 设置模型视图 弹出“Autodesk 360”对话框，设置要渲染的模型视图范围，以及是否在完成时接收电子邮件通知，然后单击“开始进行渲染”按钮，如下图所示。

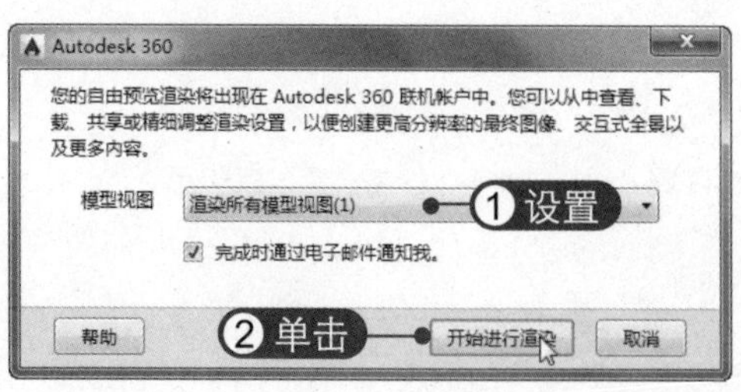

06 等待联机渲染 弹出对话框，提示正在创建联机渲染作业等信息，等待联机渲染的完成，如下图所示。

07 选择命令 联机渲染完毕后，单击窗口标题栏右侧以账户 ID 命名的下拉按钮，选择“Autodesk…”命令，如下图所示。

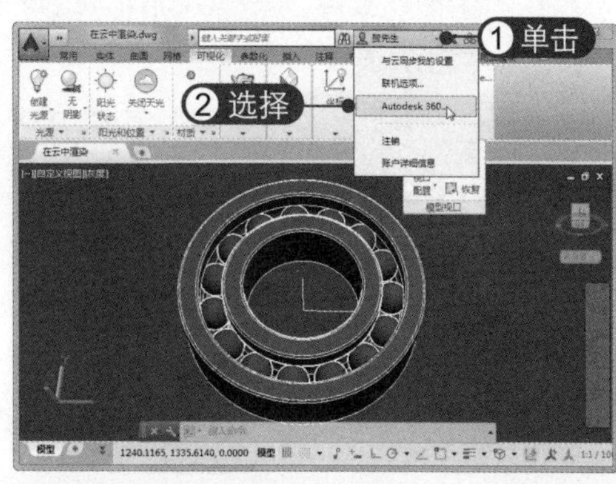

08 查看渲染结果 弹出浏览器窗口，在打开的页面中再次登录 Autodesk 360 账户，单击已完成渲染的缩略图，即可查看渲染结果，如下图所示。

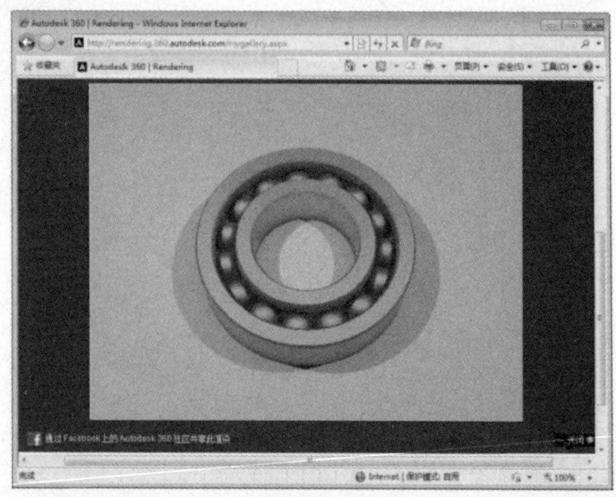

09 **使用新设置重新渲染** 如果对默认设置下的渲染效果不满意，可单击缩略图右下方的下拉按钮，选择“使用新设置重新渲染”命令，如下图所示。

10 **渲染设置** 在打开的页面中设置渲染质量、文件格式、图像尺寸等必要参数。设置完毕后，单击“开始渲染”按钮，如下图所示。

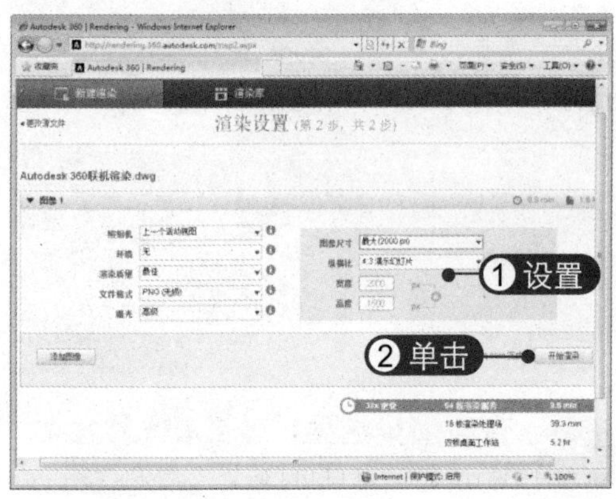

11 **下载图像** 等待以自定义设置重新渲染后，可单击页面右上方的“操作”下拉按钮，选择“全部下载”命令，即可下载联机渲染的图像，如下图所示。

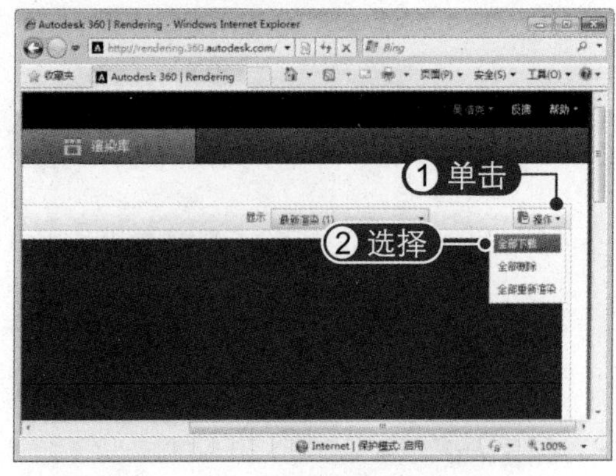

12 **保存文件** 弹出“文件下载”对话框，单击“保存”按钮，将其保存到磁盘所需位置即可，如下图所示。

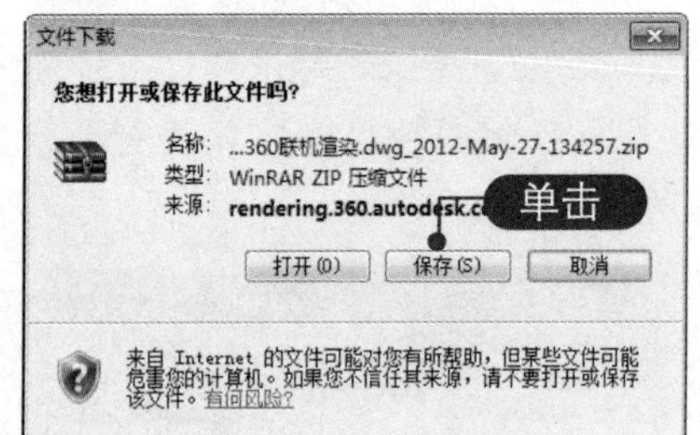

Chapter 14

输出与打印图形

在图形绘制完成后，往往需要将其输出并应用到实际工作中。图形输出一般会使用打印机或者绘制仪等设备。本章将详细介绍如何对绘制的图形文件进行输出与打印操作，以及如何应用页面设置管理器等知识。

本章要点 

- 输出图形文件
- 打印图形文件

知识等级 

AutoCAD 初级读者

建议学时 

建议学习时间为 50 分钟

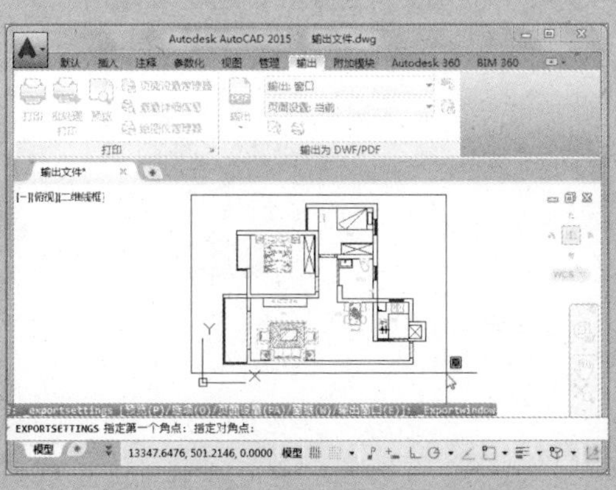

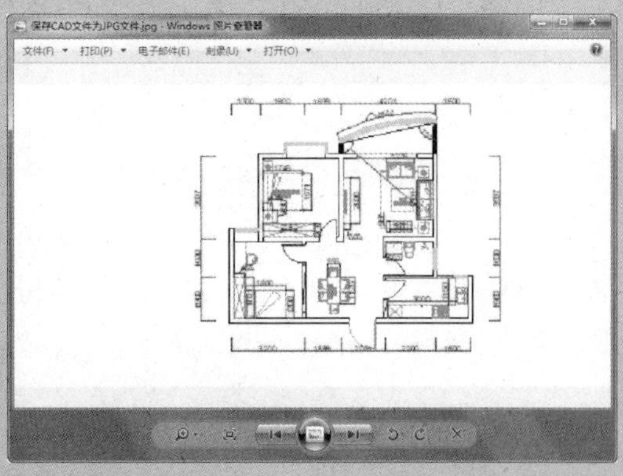

14.1 输出图形文件

在绘制图形的过程中可以随时通过多种方式输出图形文件，从而与其他人共享或协作完成该文件。例如，可以通过“电子传递”工具将图形文件及字体打包；通过DWF和PDF等工具将文件输出为特定格式；通过“网上发布”向导创建Web页格式文件；通过联机工具上载与联机打开文件等。

14.1.1 输出PDF文件

将图形文件输出为DWF、DWFx及PDF等格式，可以方便其他未安装AutoCAD的用户通过简单程序即可进行查看，具体操作方法如下：

01 **选择“窗口”命令** 打开素材文件，选择“输出”选项卡，单击“要输出内容”下拉按钮，选择“窗口”命令，如下图所示。

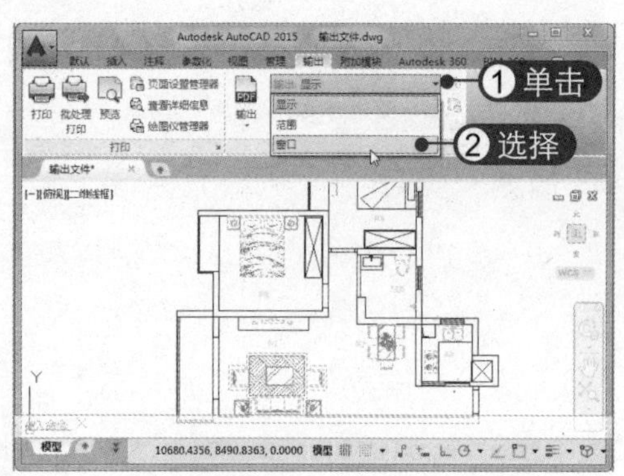

02 **指定窗口区域** 弹出“输出为DWE/PDF - 指定窗口区域”对话框，单击“继续”按钮，如下图所示。

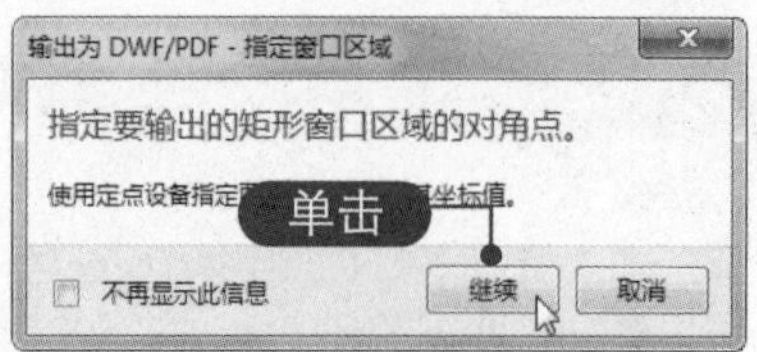

03 **绘制矩形窗口区域** 分别指定两个角点，绘制出要输出的矩形窗口区域，如下图所示。

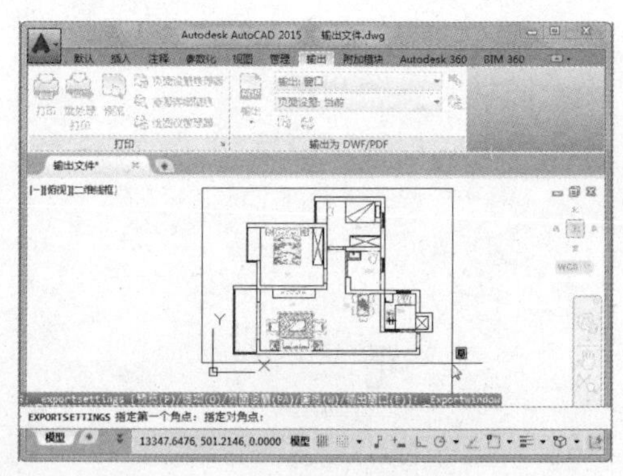

04 **选择“显示预览”选项** 弹出“输出为DWF/PDF- 预览窗口区域”对话框，选择“显示预览”选项，如下图所示。

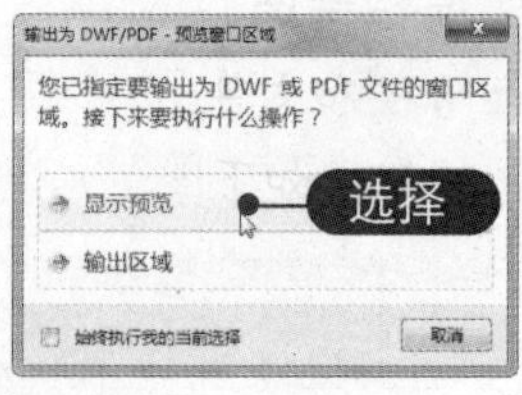

05 **预览图形** 弹出预览窗口，预览完毕会自动关闭窗口，如下图所示。

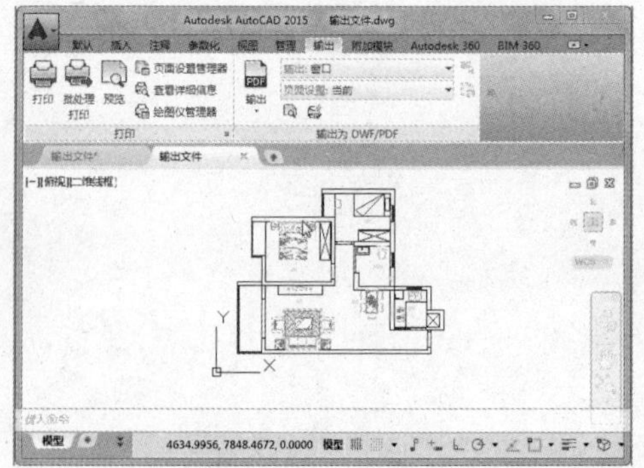

06 选择“替代”命令 在“页面设置”下拉列表中选择“替代”命令，可以手动设置替代参数，如下图所示。

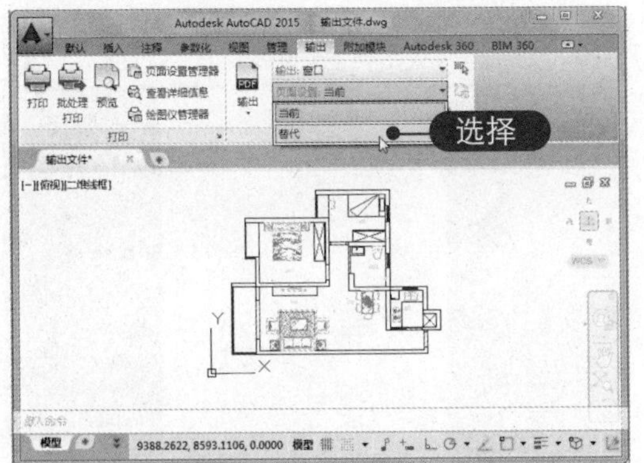

07 选择PDF命令 单击“输出”下拉按钮，选择PDF命令，如下图所示。

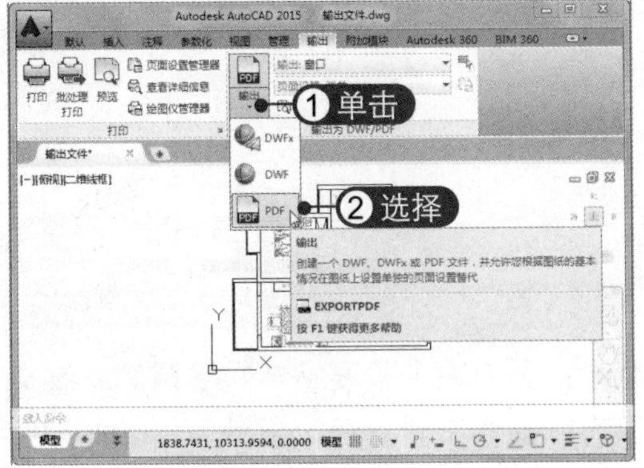

08 设置保存选项 弹出对话框，设置保存路径和文件名等选项，然后单击“选项”按钮，如下图所示。

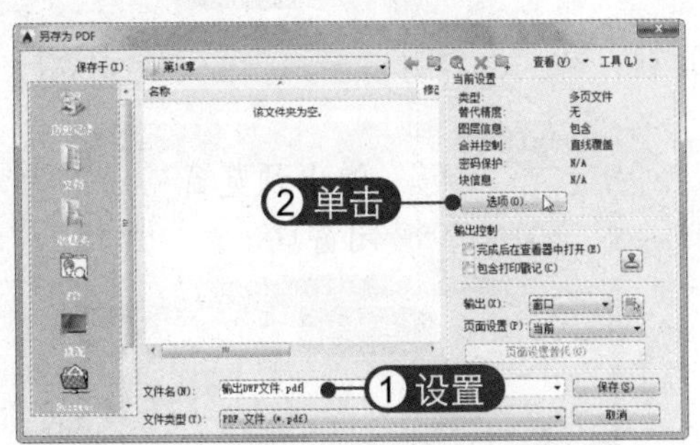

09 设置输出参数 在弹出的对话框中设置位置、密码保护等参数，然后单击“确认”按钮，如下图所示。

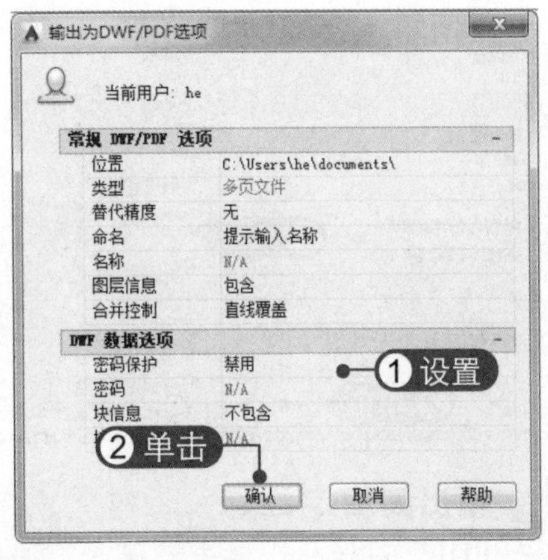

10 包含打印戳记 若要添加打印戳记，则选中“包含打印戳记”复选框，然后单击“打印戳记设置”按钮，如下图所示。

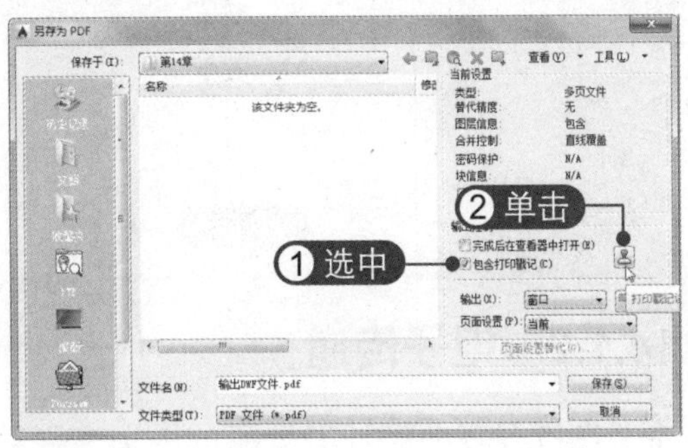

11 设置打印戳记 弹出“打印戳记”对话框，设置打印戳记参数，然后单击“高级”按钮，如下图所示。

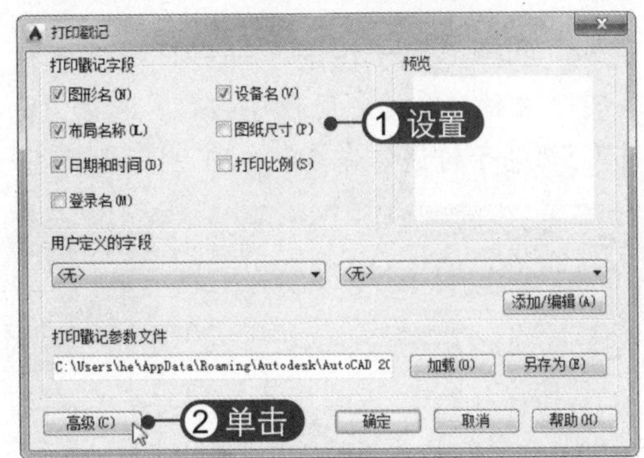

12 设置高级选项 设置戳记位置等参数，依次单击“确定”按钮，如下图所示。

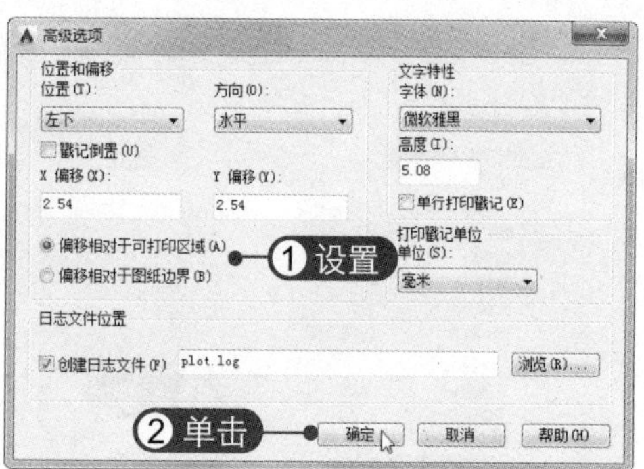

13 输出到指定位置 返回“另存为PDF”对话框，单击“保存”按钮，将文件输出到指定位置，如下图所示。

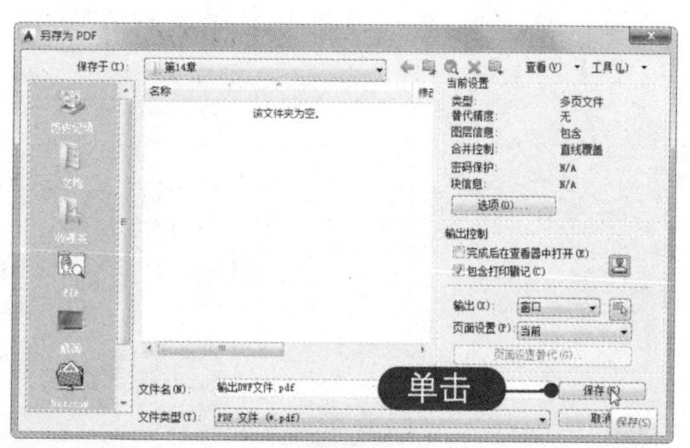

14 查看文件效果 在指定文件夹内通过 Adobe Reader 电子书阅读软件打开该文件，查看文件效果，如下图所示。

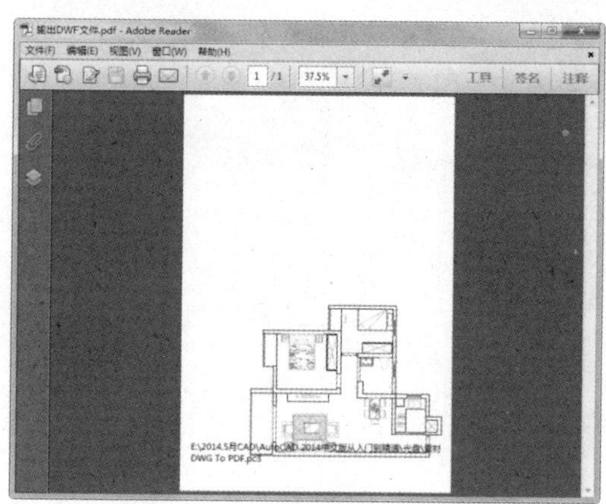

14.1.2 电子传递

在打开其他设计者分享的图形文件时，有时会因为缺少关联字体或参照等从属文件导致无法正常显示该文件。通过电子传递工具将图形文件打包，再分享给其他设计者，可以避免此类问题的发生。

下面将通过实例介绍如何使用电子传递工具，具体操作方法如下：

01 选择“电子传递”命令 打开素材文件，单击应用程序按钮，选择“发布”|“电子传递”命令，如下图所示。

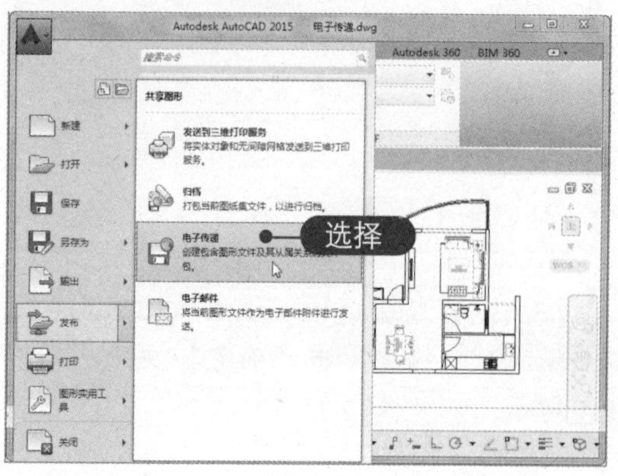

02 确认保存当前图形 弹出“电子传递 - 保存修改”对话框，单击“是”按钮，确认保存当前图形，如下图所示。

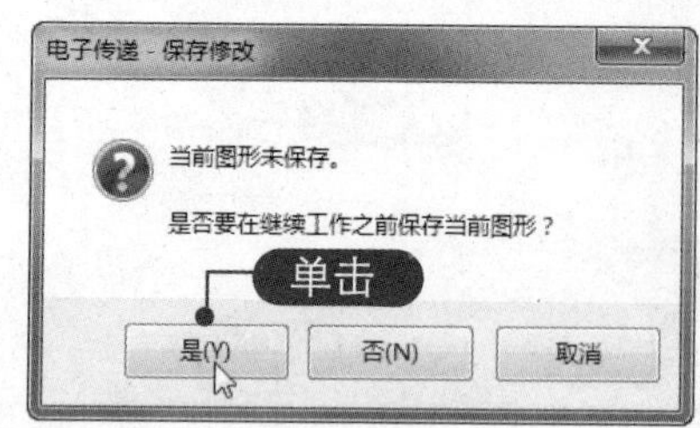

03 单击“传递设置”按钮 若要添加文件，可单击“添加文件”按钮，然后单击“传递设置”按钮，如下图所示。

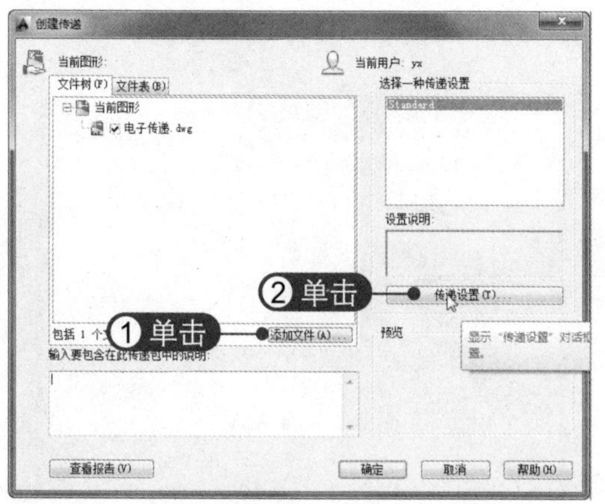

04 新建传递设置 弹出“传递设置”对话框，单击“新建”按钮，弹出“新传递设置”对话框，单击“继续”按钮，如下图所示。

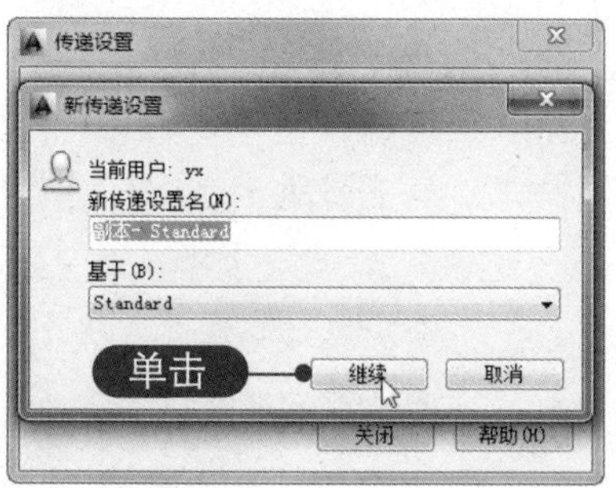

05 修改传递设置 弹出“修改传递设置”对话框，设置各项参数，然后依次单击“确定”和“关闭”按钮，如下图所示。

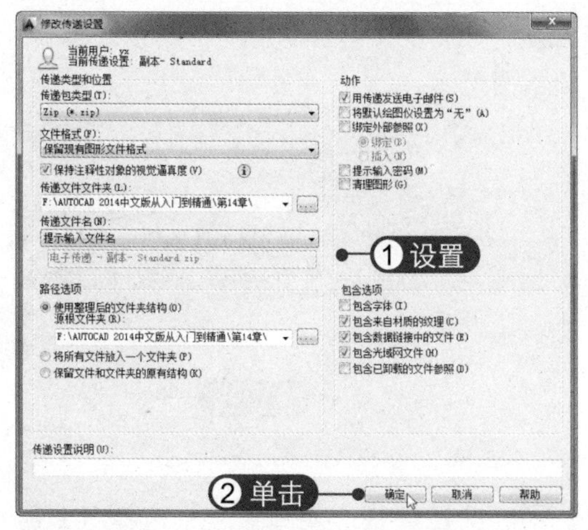

06 确认创建传递 返回“创建传递”对话框，单击“确定”按钮，如下图所示。

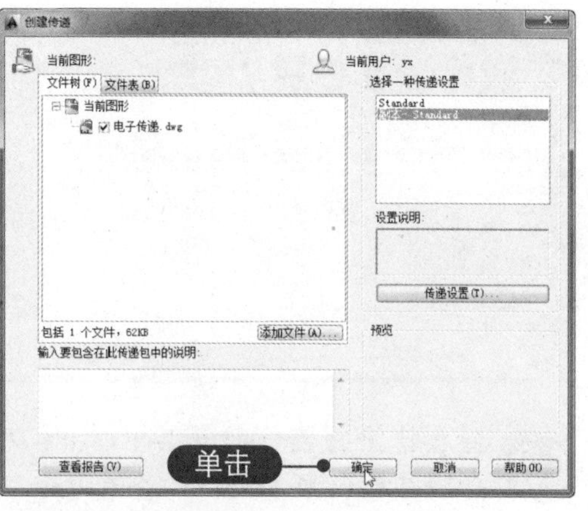

07 指定保存路径 弹出“指定Zip文件”对话框，选择指定保存路径，然后单击“保存”按钮，如下图所示。

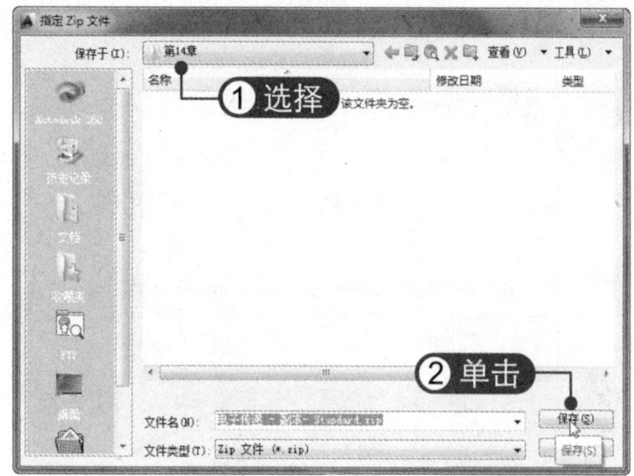

08 创建电子传递包 此时即可在指定位置创建一个指定格式的电子传递包，如下图所示。

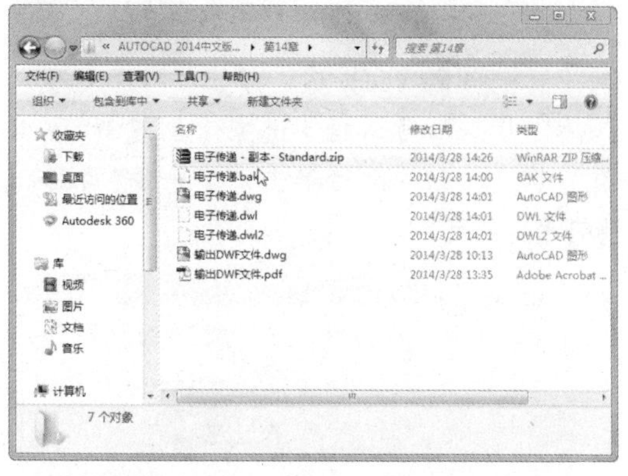

09 查看添加文件 双击电子传递包，通过WinRAR程序打开压缩包，查看已添加的文件，如下图所示。

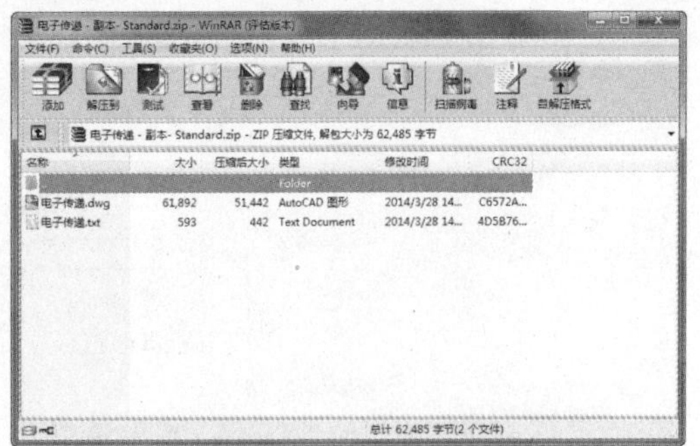

10 **查看详细报告** 打开其中以.txt 为后缀名的记事本文件，查看电子传递包的详细报告，如下图所示。

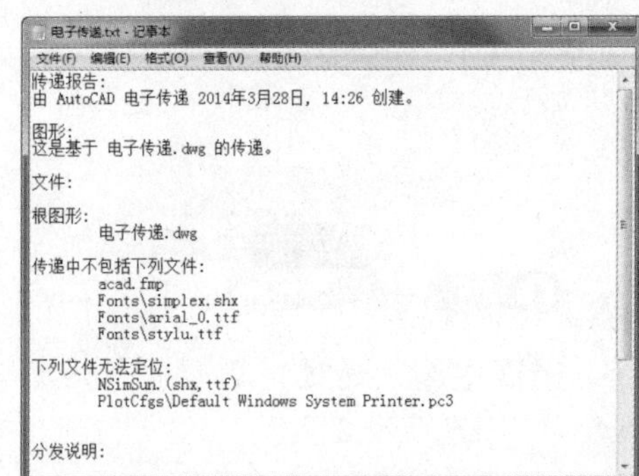

14.1.3 网上发布

使用“网上发布”向导能使不熟悉 HTML 编码的用户也可以轻松创建 Web 页格式的文件，以便在互联网上进行共享，具体操作方法如下：

01 **执行命令** 打开素材文件，在命令行窗口输入 PUBLISHTOWEB 命令，并按【Enter】键确认，如下图所示。

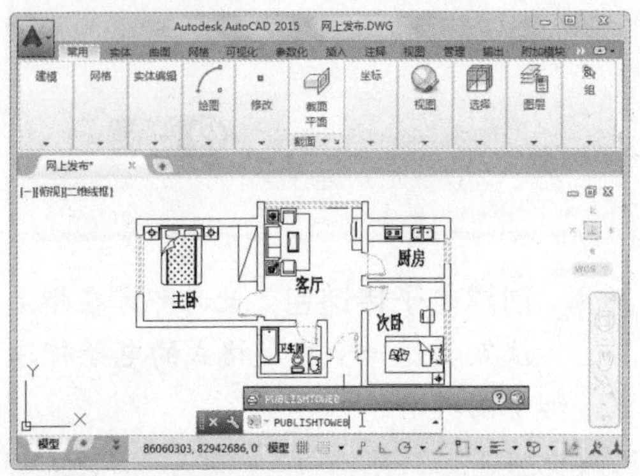

02 **创建新 Web 页** 弹出“网上发布 - 开始”对话框，选中“创建新 Web 页”单选按钮，然后单击“下一步”按钮，如下图所示。

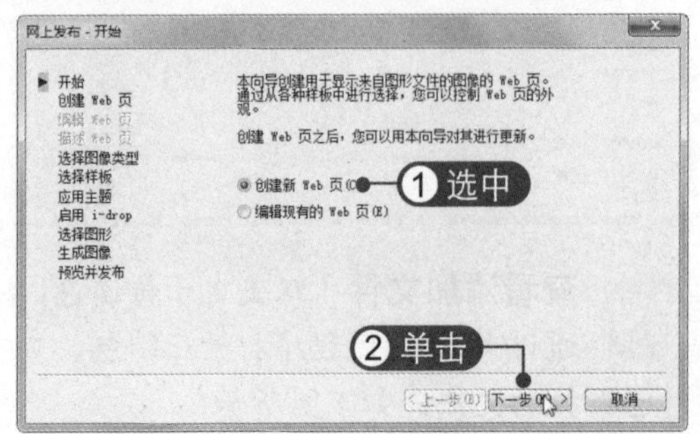

03 **输入信息** 在文本框中输入文件名称以及说明信息等，然后单击“下一步”按钮，如下图所示。

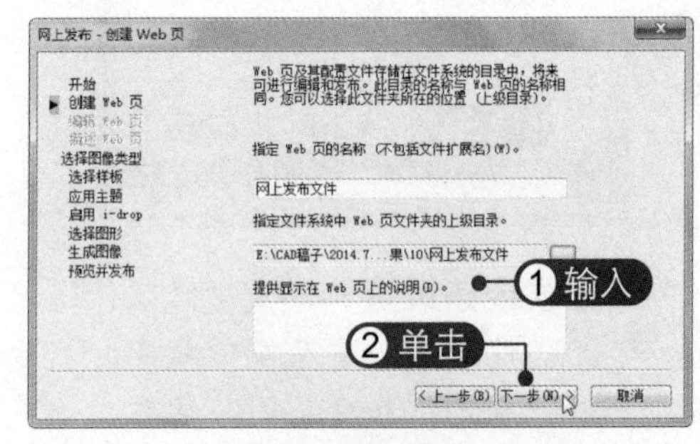

04 **设置图像参数** 设置图像类型和图像大小，然后单击“下一步”按钮，如下图所示。

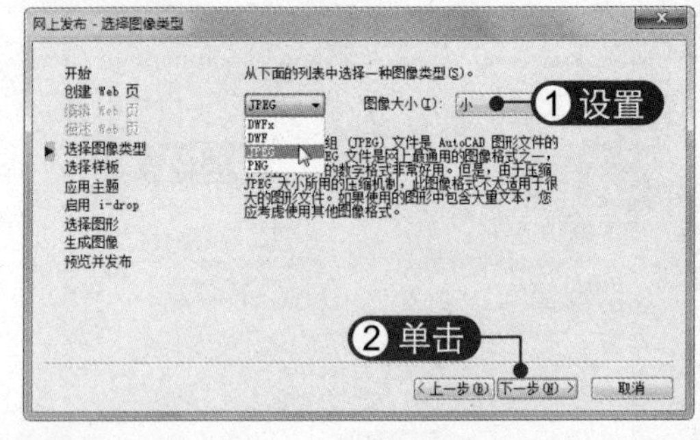

05 **选择样板** 在列表框中选择所需的样板，然后单击“下一步”按钮，如下图所示。

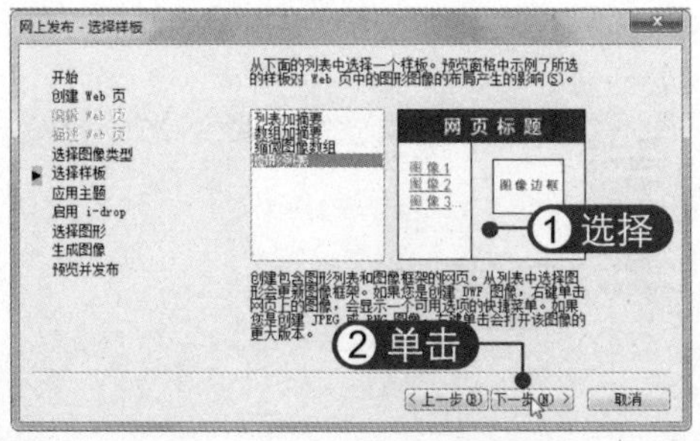

06 选择主题 通过下拉列表选择所需的 Web 页预设主题，然后单击“下一步”按钮，如下图所示。

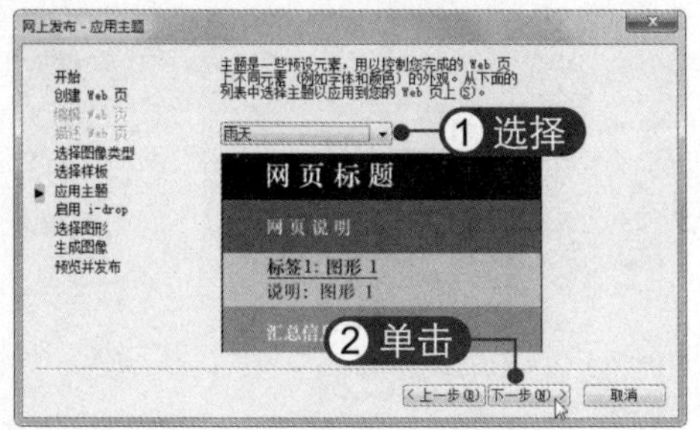

07 选择是否启用 i-drop 功能 选择是否启用“i-drop”功能，单击“下一步”按钮，如下图所示。启用该功能，可以方便其他用户拖放图形文件到 AutoCAD 的任务中。

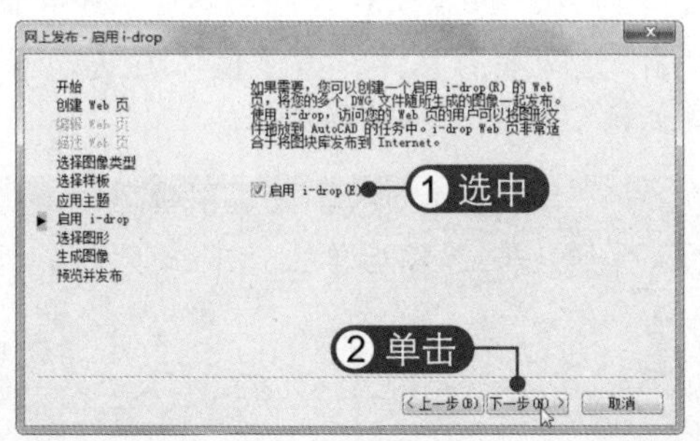

08 添加图形 单击“添加”按钮，添加图形到“图像列表”中，然后单击“下一步”按钮，如下图所示。

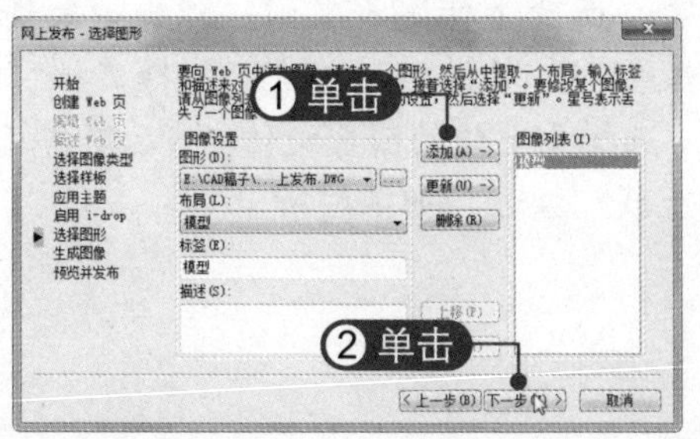

09 选择重新生成图像 选择是否重新生成已修改图形的图像，然后单击“下一步”按钮，如下图所示。

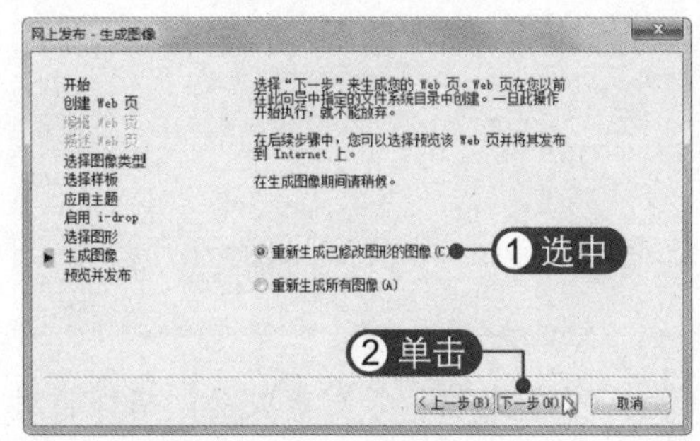

10 单击“预览”按钮 弹出“网上发布 - 预览并发布”对话框，单击“预览”按钮，如下图所示。

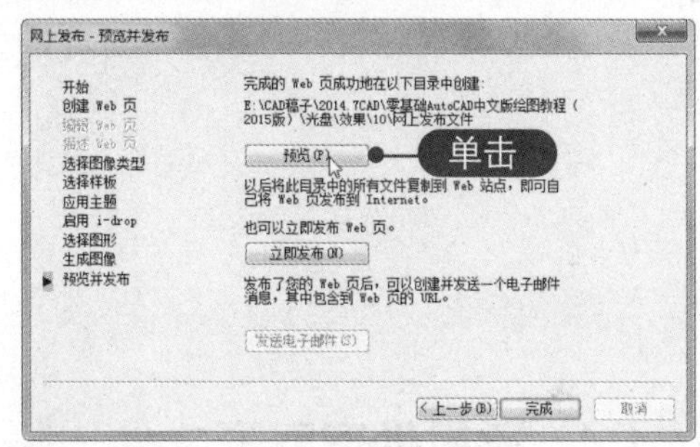

11 预览 Web 页图像 此时将弹出预览窗口，可以预览 Web 页图像效果，如下图所示。

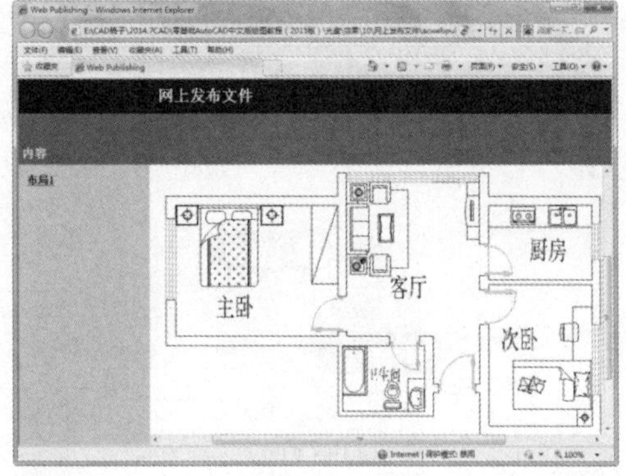

12 设置保存路径 关闭预览窗口，返回发布对话框，单击“立即发布”按钮。弹出“发布 Web”对话框，设置保存路径，单击“保存”按钮，如下图所示。

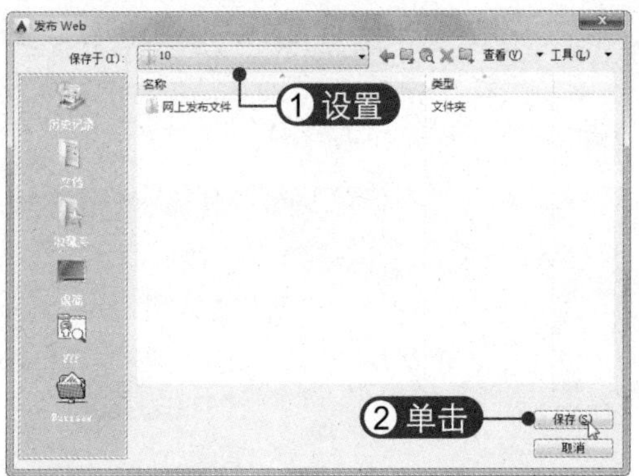

13 发布成功 若发布成功，将弹出对话框，显示相关提示信息。在“立即发布”按钮下方将出现“发送电子邮件”按钮，单击该按钮，可关联到系统已安装的邮件客户端，以便将Web页上传到互联网后发送链接给其他设计者，如下图所示。

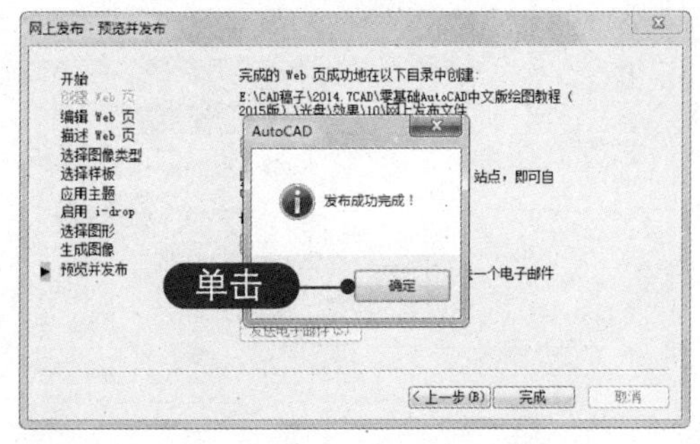

14 查看Web页格式文件 在设置的保存路径下即可找到新发布的Web页格式文件，如下图所示。

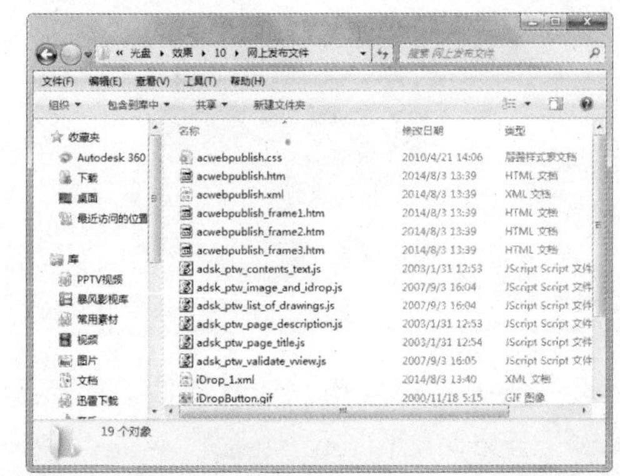

14.1.4 联机处理图形文件

注册Autodesk 360账户后，可将图形文件上传到Autodesk 360云服务器中，还可通过AutoCAD WS在互联网上与其他设计者实时协作处理图形文件，具体操作方法如下：

01 单击“打开Autodesk 360”按钮 选择“Autodesk 360”选项卡，单击“联机文件”面板中的“打开Autodesk 360”按钮，如下图所示。

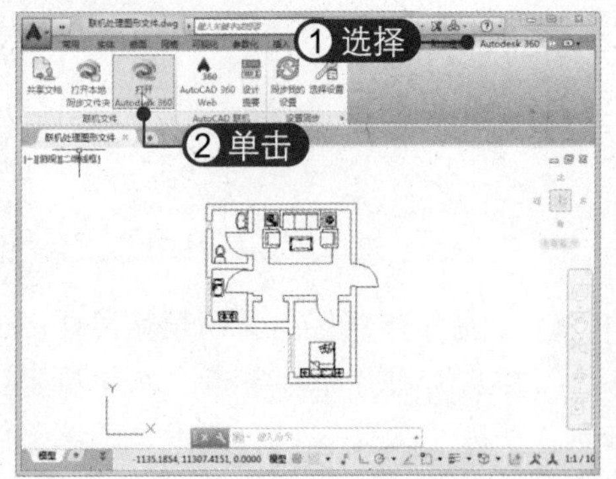

02 单击“上载文档”按钮 登录账户后，在打开的IE窗口页面中单击“上载文档”按钮，如下图所示。

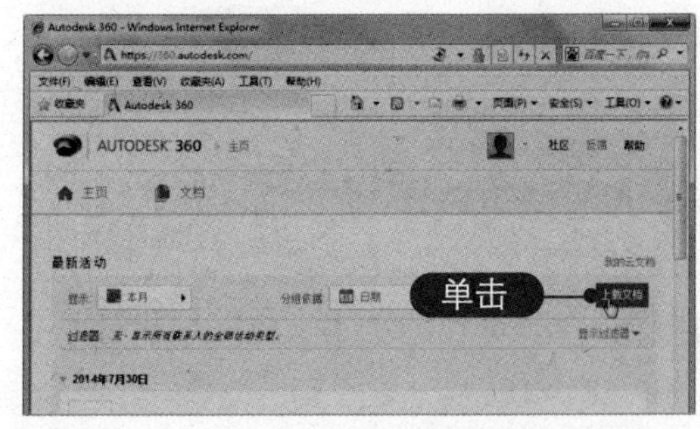

03 选择上传图形文件 弹出“上载文档”对话框，单击“选择文档”按钮，选择要上传的图形文件，然后单击“立即上载”按钮，如下图所示。

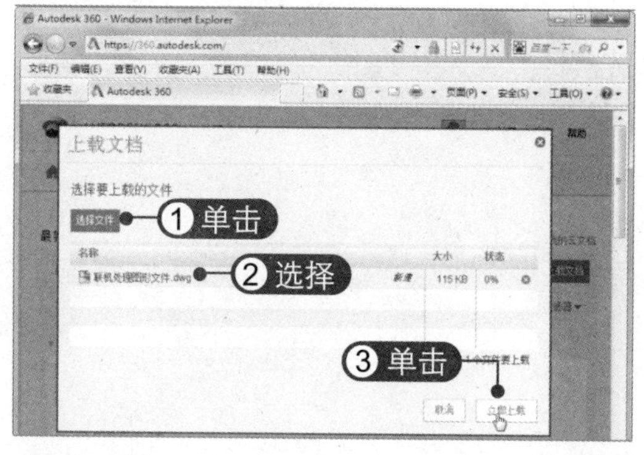

04 查看上载文件

单击“我的云文档”链接，即可在打开的页面中查看已上载文件的缩略图，如下图所示。

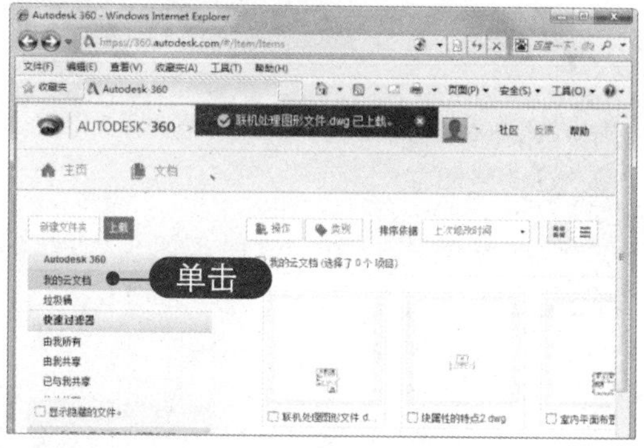

05 共享文件

通过缩略图下方的按钮可执行与文件相关的各种操作，例如，单击缩略图下方的“操作”按钮，选择“共享”|“私有共享”命令，如下图所示。

06 设置访问权限

在“联系人”文本框中输入对方的电子邮箱地址，然后单击“添加”按钮，将其添加到下方列表。通过单击“访问”一栏的下拉按钮设置其访问权限，如下图所示。

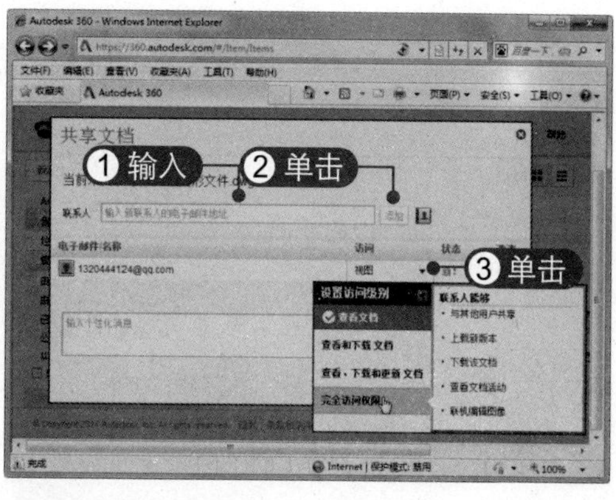

07 保存并邀请联系人

单击“保存并邀请”按钮，如下图所示。

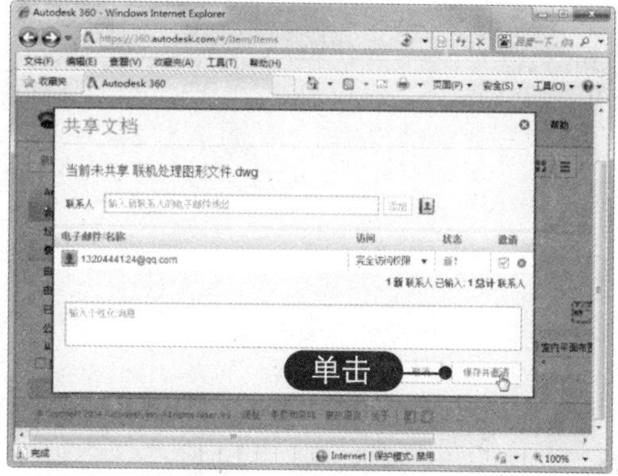

08 查看联机处理图形文件

该电子邮箱收到用户的邀请邮件后，如果需要在线查看或下载该图形文件，则单击“查看联机处理图形文件”链接，如下图所示。

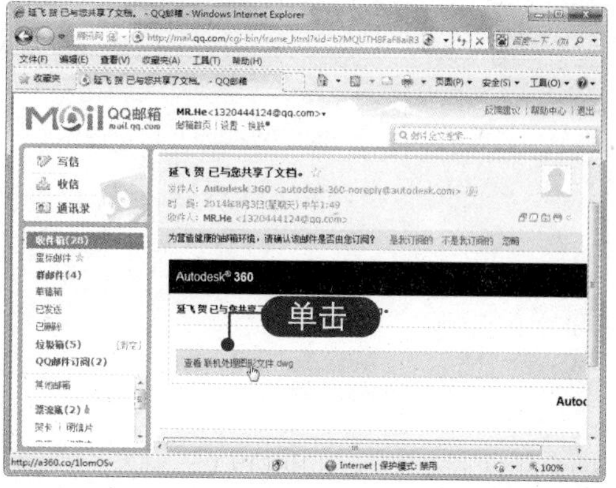

09 单击“联机编辑”按钮

在打开的页面中可下载该图形文件。如果拥有联机编辑权限，可单击“联机编辑”按钮，如下图所示。

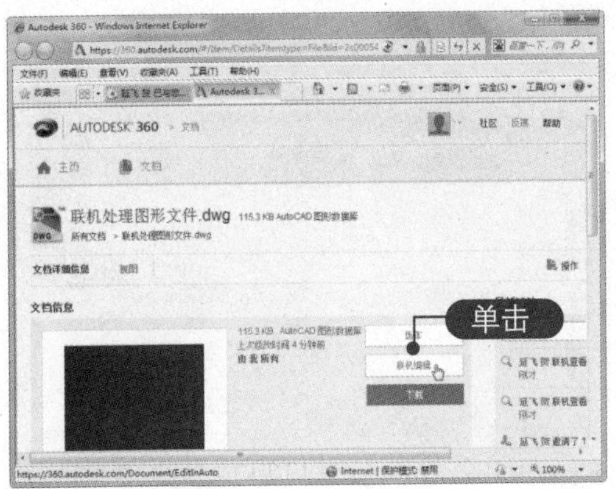

10 在线查看和编辑图形

在打开的页面中将启动在线AutoCAD编辑程序 AutoCAD WS，无需在本地电脑中安装AutoCAD程序，即可在线查看和编辑图形文件，如下图所示。

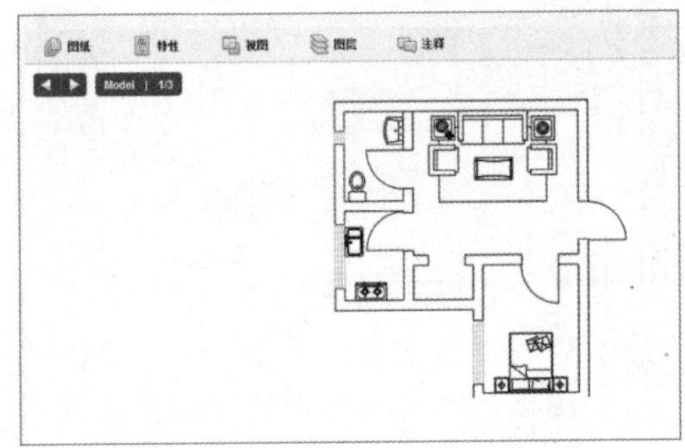

14.1.5 保存 CAD 文件为 JPG 文件

对于绘制好的CAD图形文件，可以根据用户的需求将其保存为其他格式的文件，方法如下：

01 执行 JPGOUT 命令 打开素材文件，在命令行窗口输入 JPGOUT 命令，并按【Enter】键确认，如下图所示。

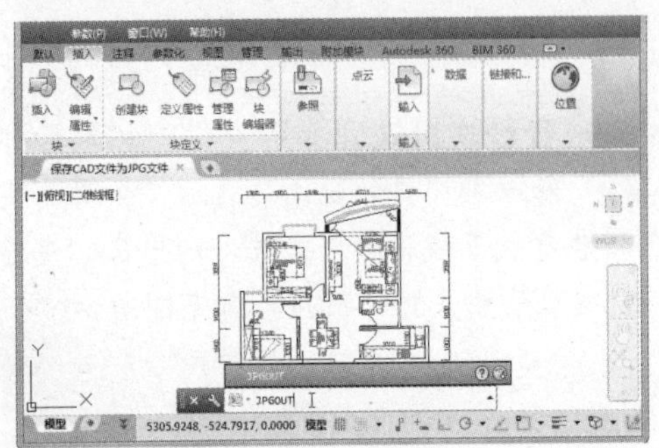

02 创建光栅文件 弹出“创建光栅文件”对话框，输入文件名，设置保存路径，然后单击“保存”按钮，如下图所示。

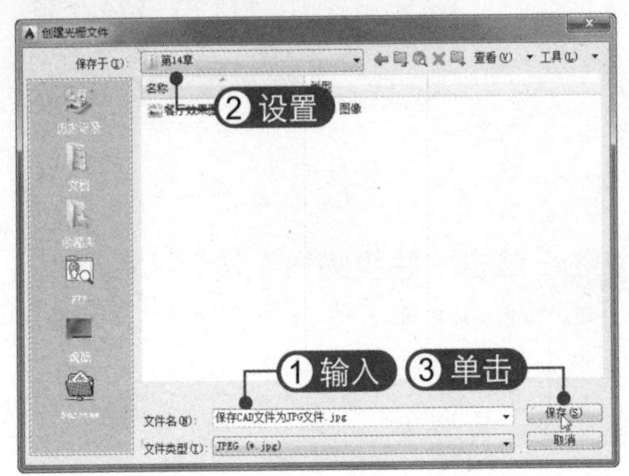

03 选择图形对象 返回绘图区，选择要保存的图形对象，并按【Enter】键确认，如下图所示。

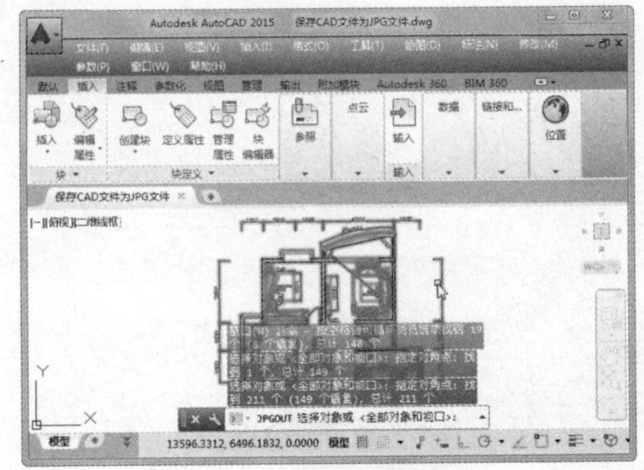

04 查看图形文件 此时即可在保存的路径下查看图形文件，如下图所示。

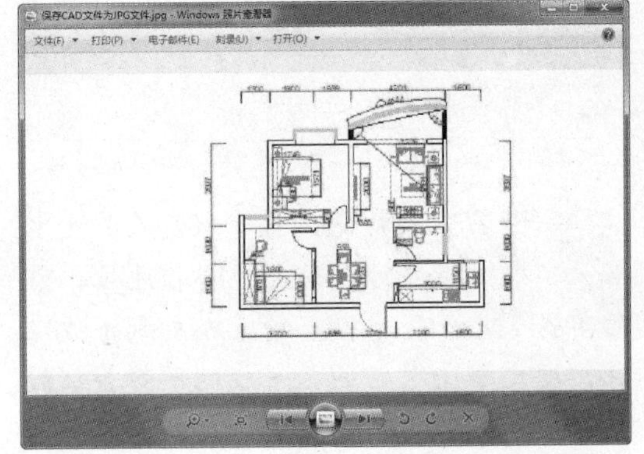

14.2 打印图形文件

在 AutoCAD 2015 中可以通过打印工具将图像打印到图纸上。在打印图形文件前，可以创建多种不同的布局，以满足不同的打印需要；或对打印范围、图纸尺寸等进行自定义设置。

14.2.1 应用布局

在 AutoCAD 2015 中可以创建多种布局，每个布局都代表一张单独的打印输出图纸。绘图区中的各个视图可以使用不同的打印比例，并能够控制绘图区中图层的可见性，从而方便用户打印出不同效果的图纸。

下面将通过实例介绍如何应用布局，具体操作方法如下：

01 切换布局 打开素材文件，单击命令行窗口下方"模型"选项卡右侧的"布局1"选项卡，即可切换到该布局，如下图所示。

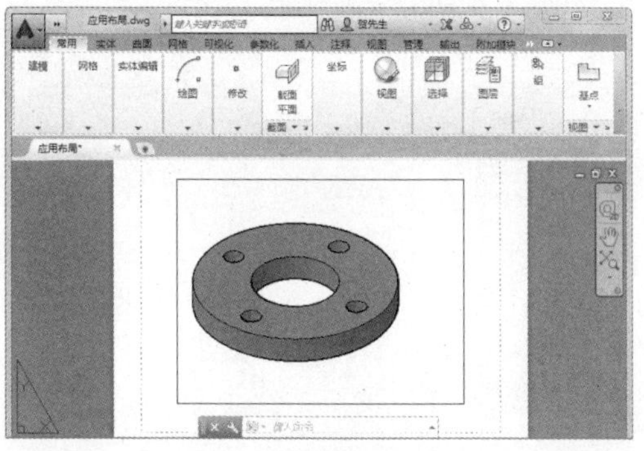

02 对布局视图进行操作 双击布局中的图形区域，进入模型空间，可对布局视图进行平移、缩放等操作。调整完毕后双击布局边框外部区域，返回图纸空间即可，如下图所示。

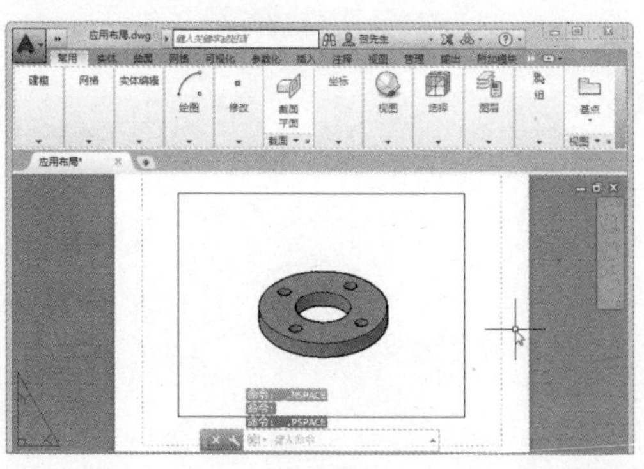

03 选择"新建布局"命令 选择"布局"选项卡，单击"布局"面板中的"新建"下拉按钮，选择"新建布局"命令，如下图所示。

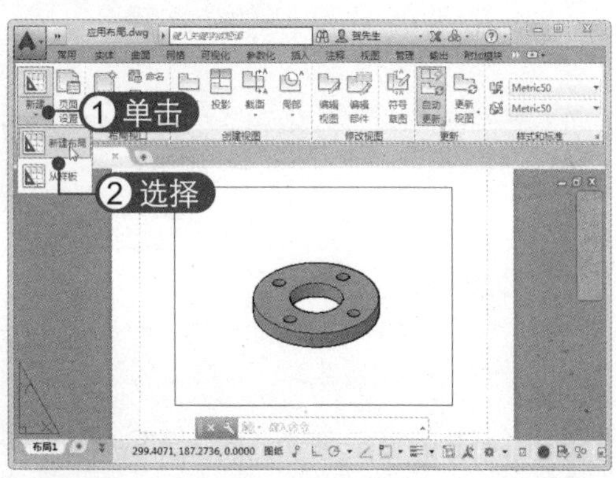

04 新建布局 输入新布局的名称，即可新建一个布局，如下图所示。

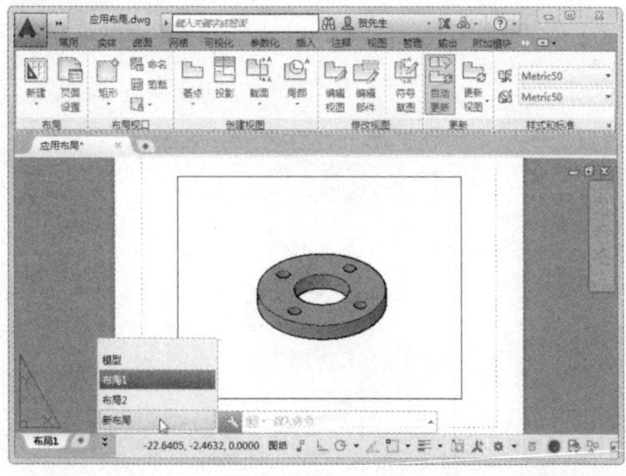

05 单击“修改”按钮 单击“布局”面板中的“页面设置”按钮，弹出“页面设置管理器”对话框，单击“修改”按钮，如下图所示。

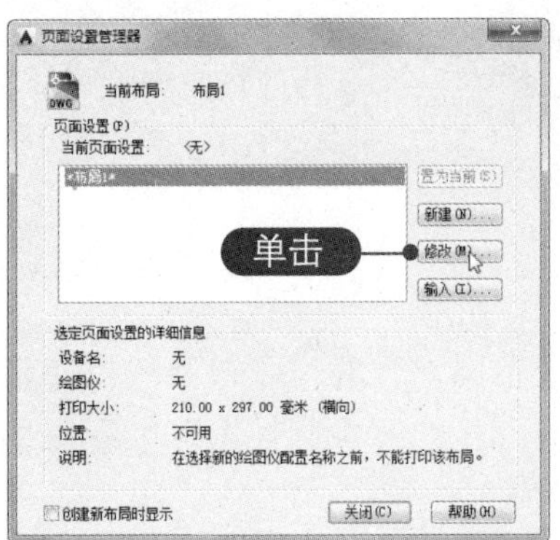

06 自定义页面设置 弹出“页面设置”对话框，即可自定义当前布局的页面设置各项参数，如下图所示。

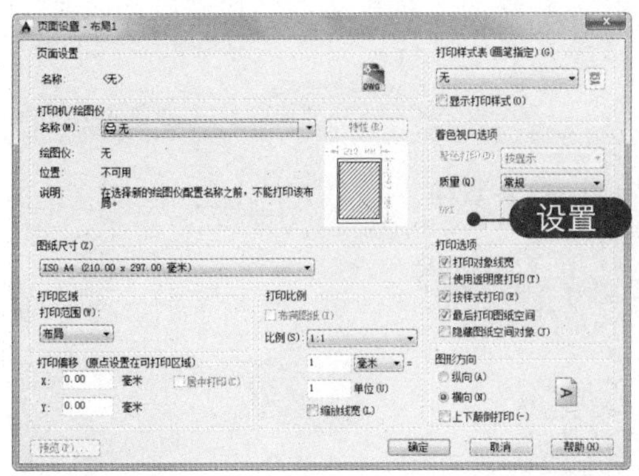

07 创建视口 单击“布局视口”面板中的“多边形”下拉按钮，可以创建指定大小的矩形视口和不规则视口，如下图所示。

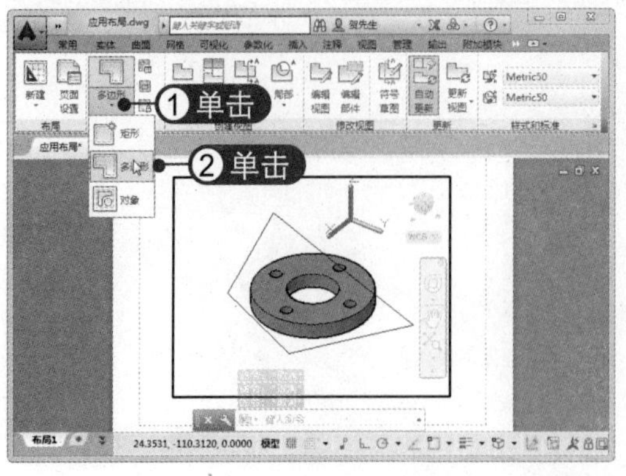

08 选择“从模型空间”命令 删除布局中的视口，然后单击“创建视图”面板中的“基点”下拉按钮，选择“从模型空间”命令，如下图所示。

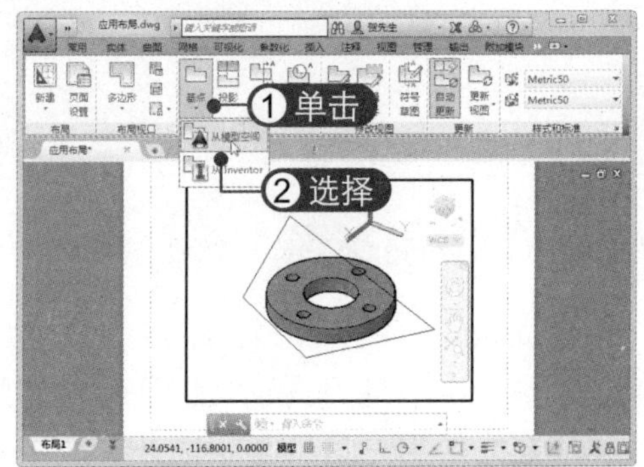

09 创建视图 选择“工程视图创建”选项卡，通过“方向”面板设置视图方向，单击指定视图位置，然后单击“创建”面板中的“确定”按钮，如下图所示。

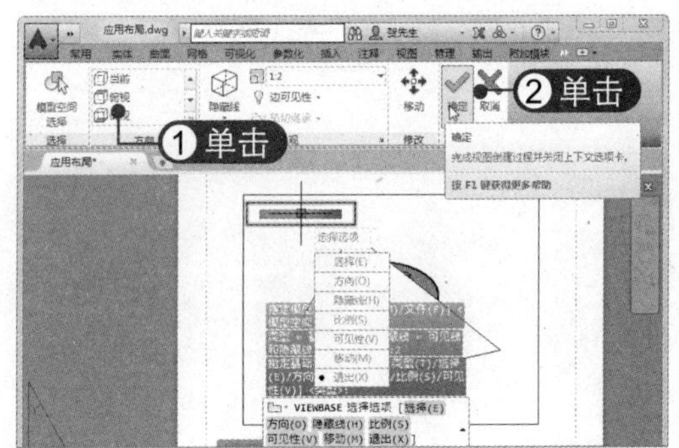

10 自定义视图设置 依次在图形区域合适位置单击鼠标左键，即可创建多个方向的工程视图。选择其中的视图，可以进行自定义显示比例、获取截面以及创建局部视图等操作，如下图所示。

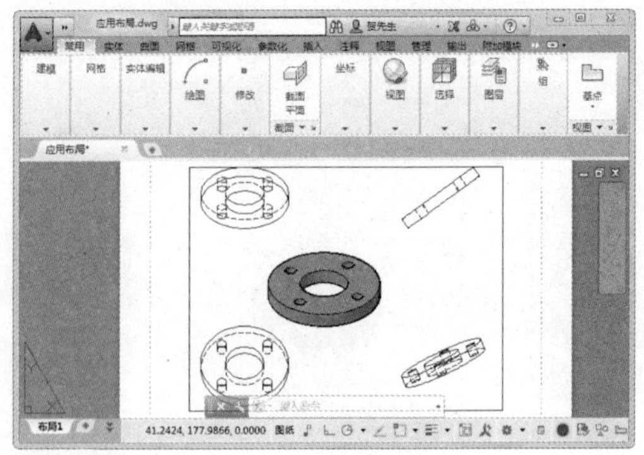

14.2.2 打印与预览

在打印图形文件前可以对其各项参数进行设置，还可以预览打印效果，具体操作方法如下：

01 单击"打印"按钮 打开素材文件，单击"输出"面板中的"打印"按钮，如下图所示。

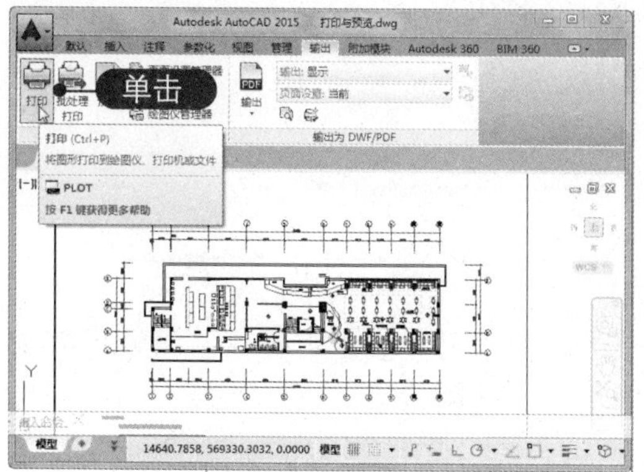

02 选择打印机 弹出"打印 - 模型"对话框，在"名称"下拉列表中选择打印机，如下图所示。

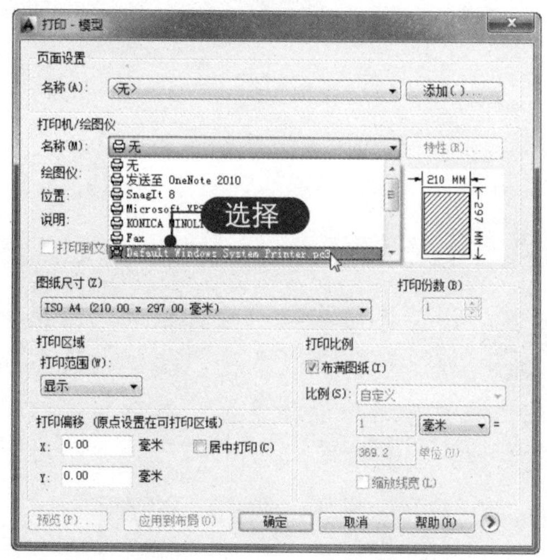

03 设置打印参数 设置图纸尺寸、打印范围和打印份数、打印比例等参数，如下图所示。

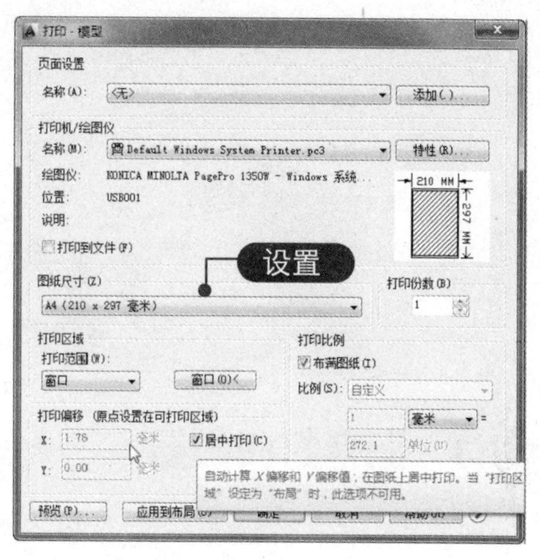

04 设置其他选项 单击"帮助"按钮右侧的⊙按钮，对打印样式表、着色打印、图形方向等进行设置，单击"预览"按钮，如下图所示。

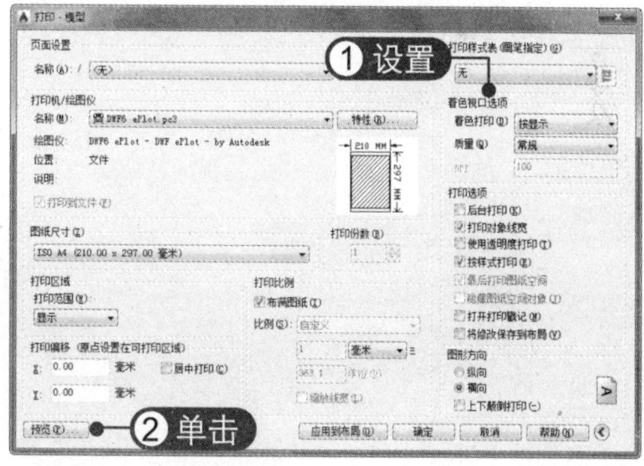

05 打印图纸 检查无误后，单击窗口左上方的"打印"按钮，即可进行打印操作，如下图所示。

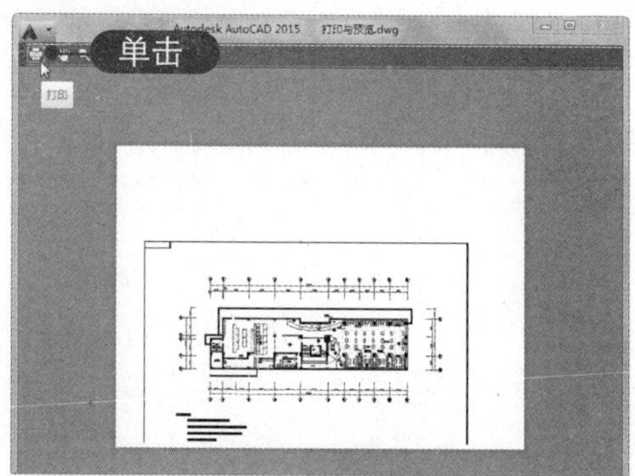

06 **查看打印详情** 单击“打印”面板中的“查看详细信息”按钮，在弹出的对话框中可以查看详细信息，如右图所示。

知识加油站

通过“打印范围”下拉列表可以指定需要打印的图形部分，如选择打印当前空间内的所有几何图形，或通过“窗口”指定的打印区域。

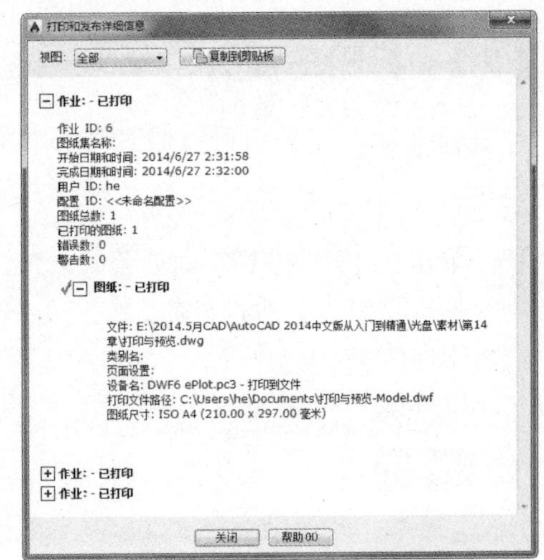

14.2.3 保存打印设置

在打印或发布图形时，需要指定图形输出的各种设置与参数，将这些设置另存为页面设置可以方便使用，以节省时间。下面以使用“绘图仪管理器”为例介绍如何保存打印设置，具体操作方法如下：

01 **单击“绘图仪管理器”按钮** 打开文件，在“输出”选项卡下的“打印”面板中单击“绘图仪管理器”按钮，如下图所示。

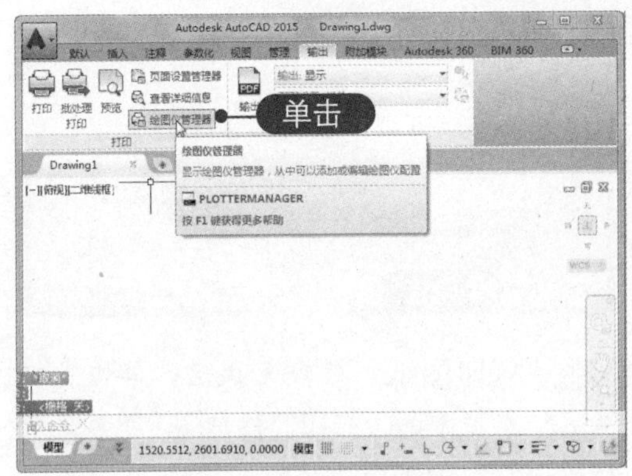

02 **双击配置文件** 在打开的窗口中显示已安装的绘图仪配置文件和“添加绘图仪向导”快捷方式图标。双击其中的配置文件，如下图所示。

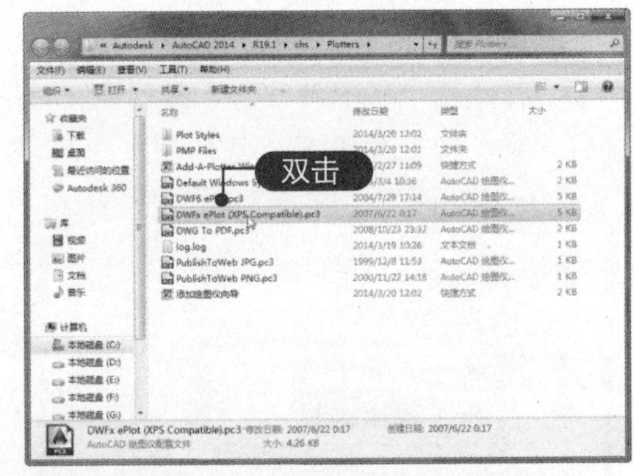

03 **设置各项参数** 在弹出的对话框中可以对其常规参数、端口、设备和文档设置等进行详细设置，然后单击“确定”按钮，如下图所示。

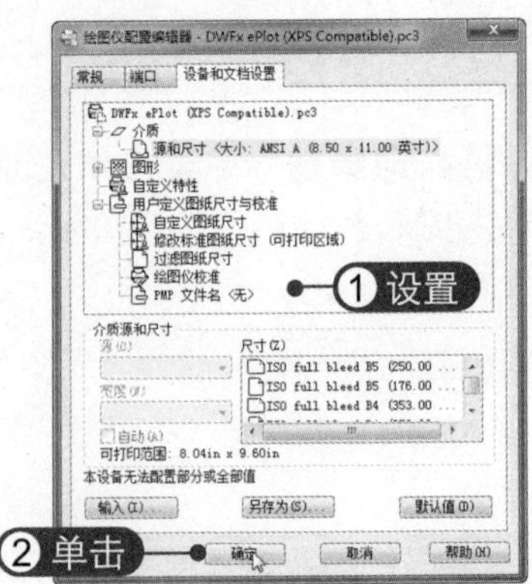

04 启动添加绘图仪向导 双击“添加绘图仪向导”图标，弹出“添加绘图仪-简介”对话框，单击“下一步”按钮，如下图所示。

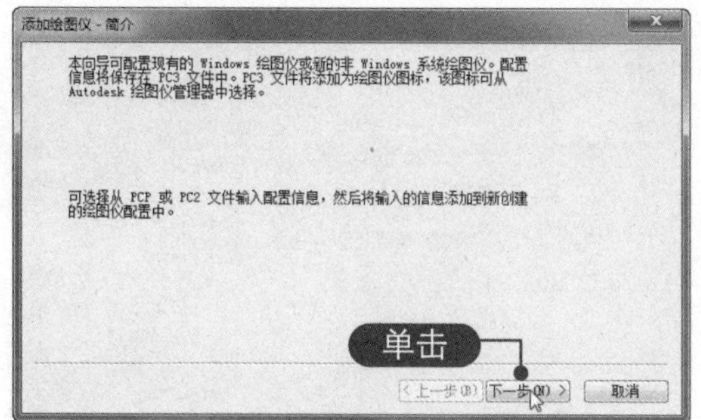

05 选择绘图仪类型 选择要配置的绘图仪类型，然后单击“下一步”按钮，如下图所示。

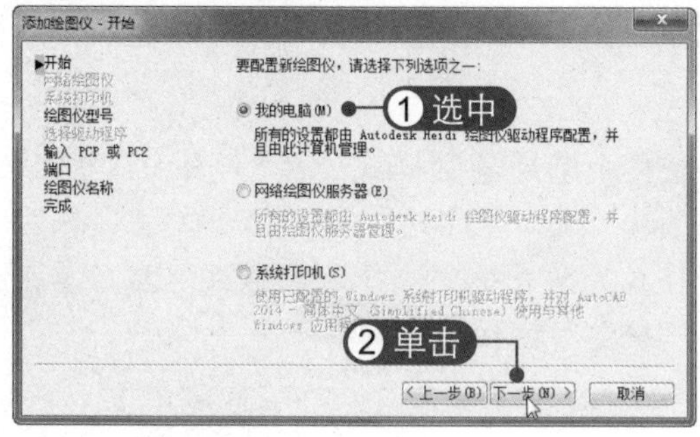

06 选择生产商和型号 分别选择绘图仪的生产商和型号，然后单击“下一步”按钮，如下图所示。

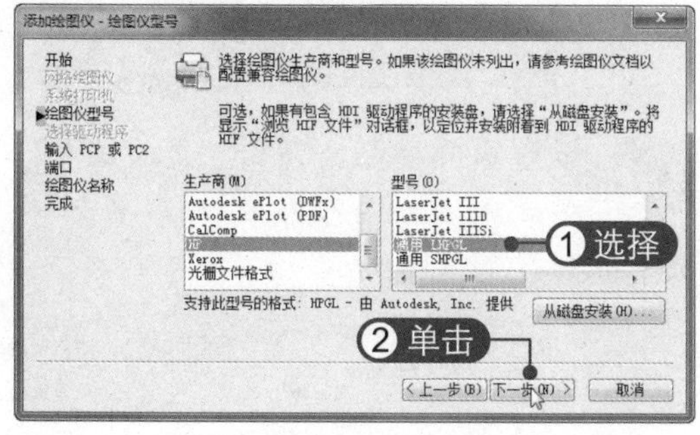

07 输入文件 若需从原来的配置文件中输入特定信息，可单击“输入文件”按钮，进行信息输入。输入完毕后单击“下一步”按钮，如下图所示。

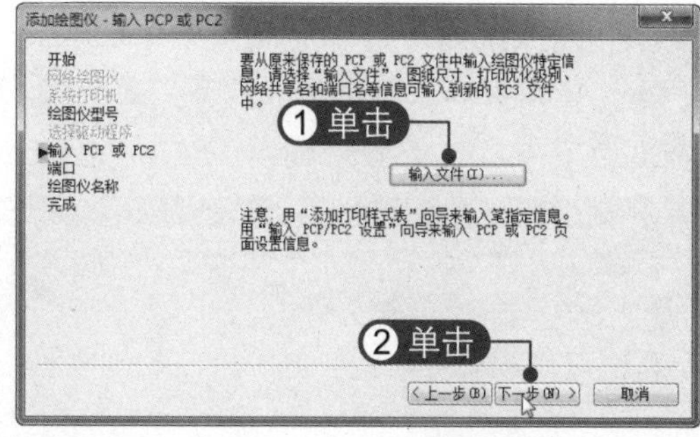

08 选择打印方式 选择打印方式，然后单击“下一步”按钮，如下图所示。

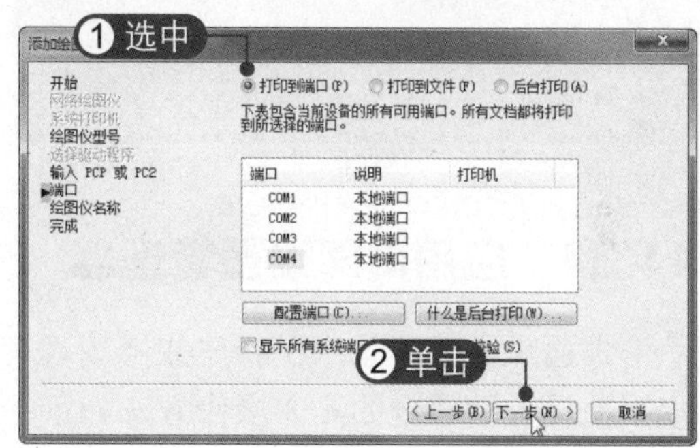

09 输入绘图仪名称 输入绘图仪名称，然后单击“下一步”按钮，如下图所示。

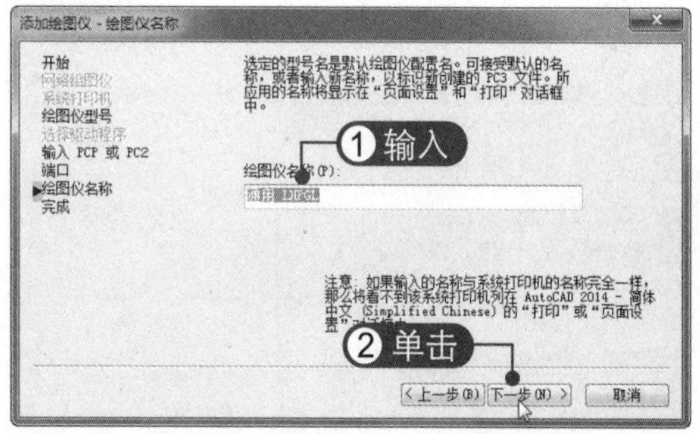

10 校准绘图仪 单击“校准绘图仪”按钮，进行校准新配置绘图仪操作，然后单击“完成”按钮，如下图所示。

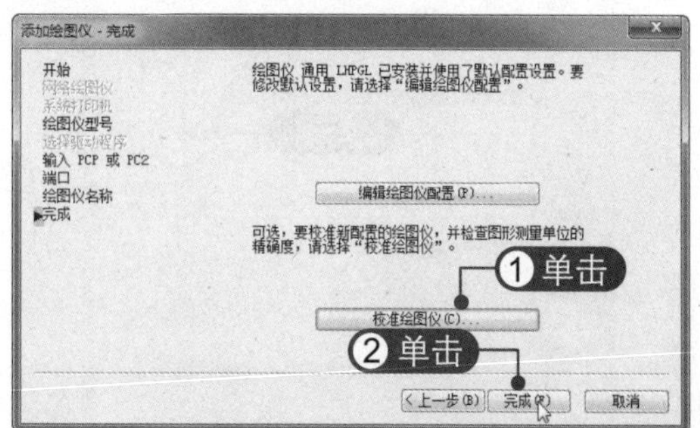

11 **完成配置** 此时新创建的配置文件将出现在“绘图仪管理器”窗口中，如下图所示。

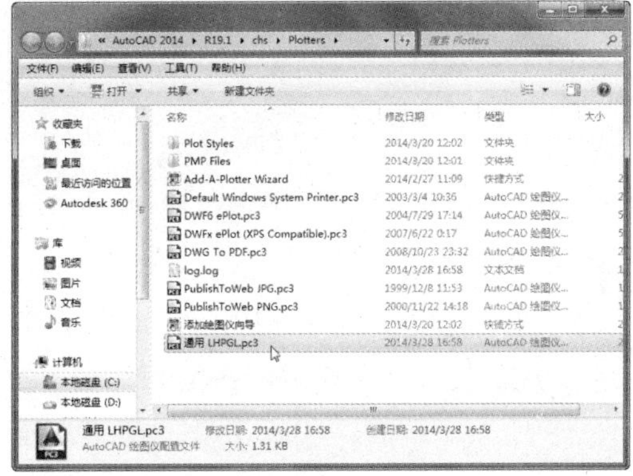

12 **应用配置文件** 在打印图形文件时，可通过“打印”对话框的打印机/绘图仪“名称”下拉列表随时应用该配置文件，如下图所示。

14.2.4 应用页面设置管理器

页面设置管理器用于新建或修改现有页面设置，以便在打印文件时随时调用。应用页面设置管理器的具体操作方法如下：

01 **单击“页面设置管理器”按钮** 选择“输出”选项卡，在“打印”面板中单击“页面设置管理器”按钮，如下图所示。

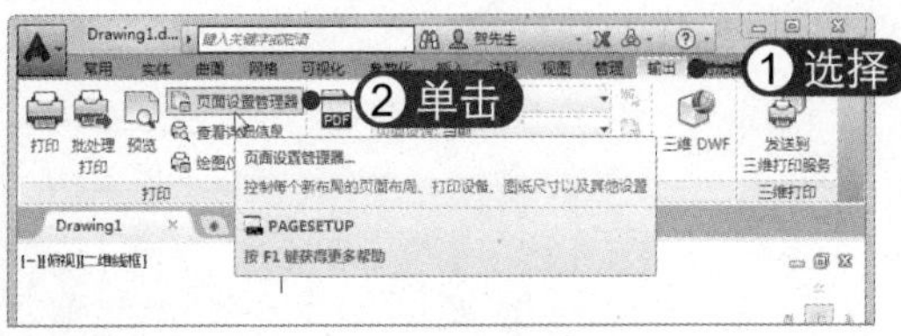

02 **单击“新建”按钮** 弹出“页面设置管理器”对话框，即可新建或管理页面设置，如单击“新建”按钮，如下图所示。

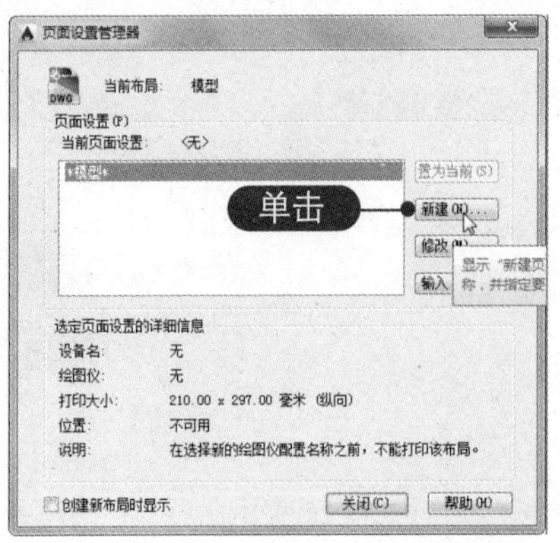

03 **选择基础样式** 在“新页面设置名”文本框中输入设置名称，在“基础样式”列表框中选择基础样式，然后单击“确定”按钮，如下图所示。

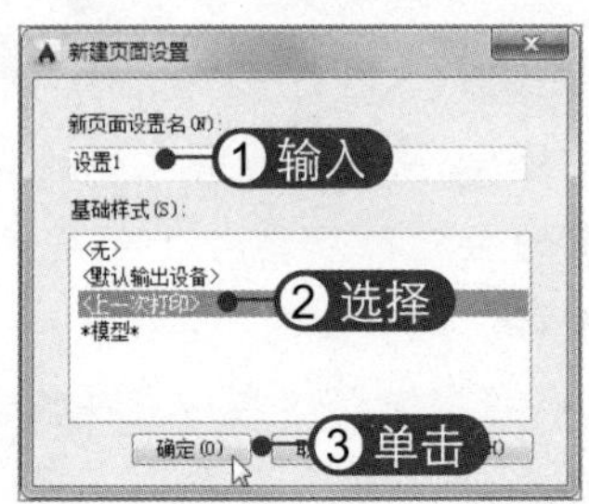

04 **设置页面参数** 弹出“页面设置”对话框，设置各项参数，然后单击“确定”按钮，如下图所示。

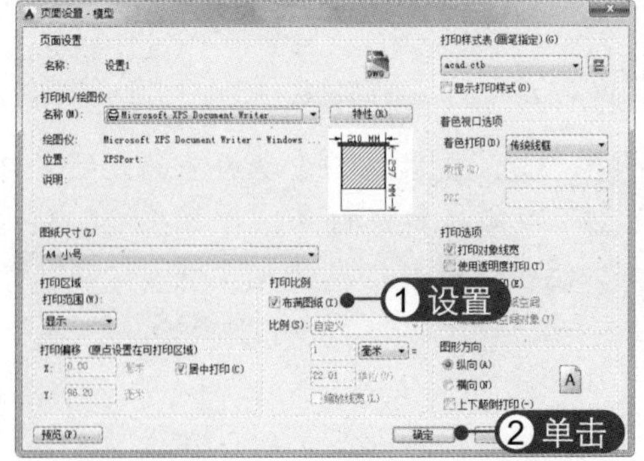

05 **置为当前** 返回“页面设置管理器”对话框，在列表框中将显示新建设置。选择该设置名称，单击“置为当前”按钮，将其置为当前设置，如下图所示。

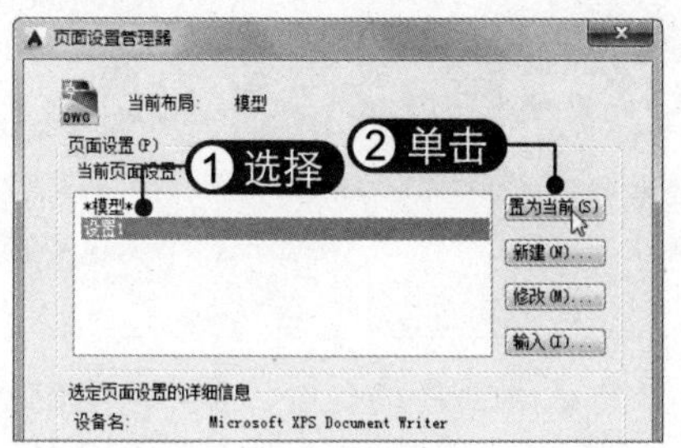

06 **查看设置效果** 打开“打印”对话框，将默认应用该设置，如下图所示。

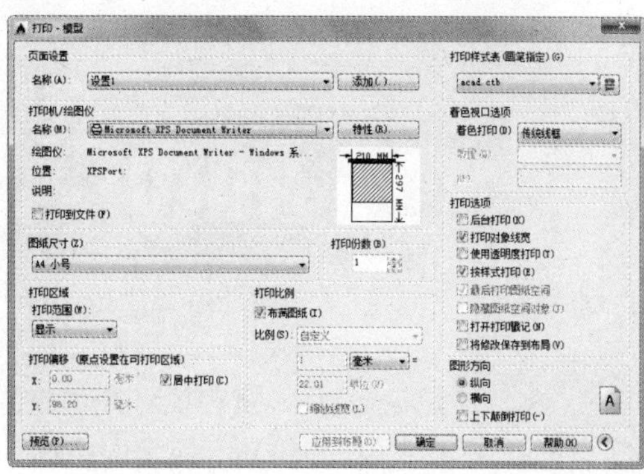

Chapter 15 AutoCAD 室内设计绘图

室内设计是指在给定户型图的基础上合理分配家具、家电的摆放位置，使室内空间应用符合户主要求。本章将综合运用本书所学的知识，引领读者实际绘制建筑常用图例、建筑平面图，以及建筑立面图等。

本章要点 

- 绘制平面沙发、餐桌、浴缸
- 绘制立面电视、文化背景墙
- 绘制户型平面图
- 绘制客厅立面图
- 绘制楼梯立面图

知识等级 

AutoCAD 高级读者

建议学时 

建议学习时间为 180 分钟

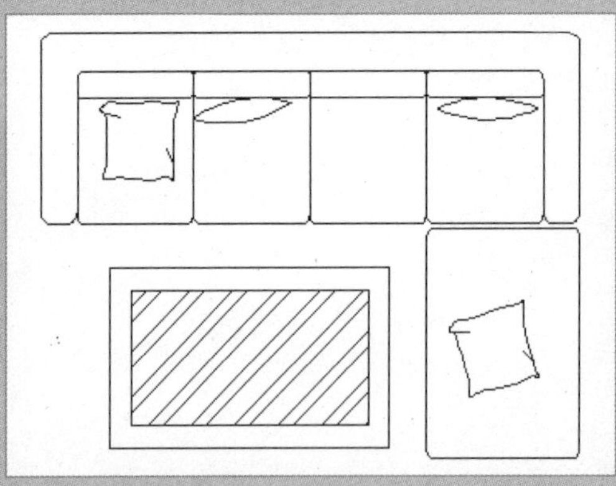

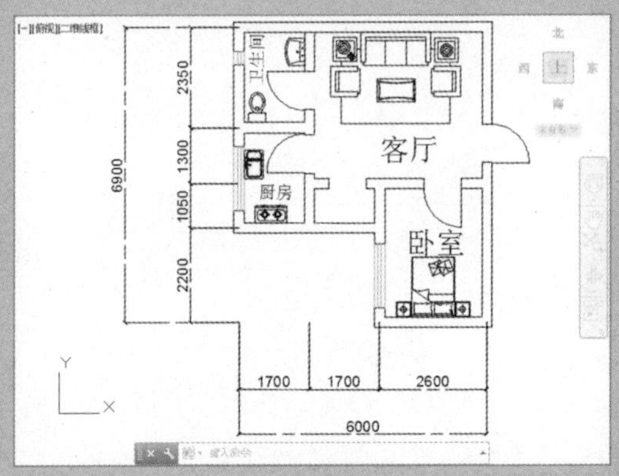

15.1 绘制平面沙发

下面绘制平面沙发图形，其中用到了"矩形"、"偏移"、"分解"、"定数等分"、"圆角"及"图案填充"等命令操作，最终效果如下图所示。

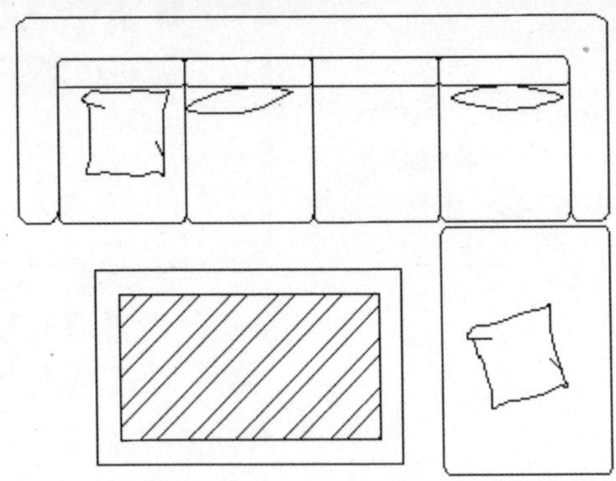

绘制平面沙发图形的具体操作方法如下：

01 绘制矩形 在"草图与注释"工作空间下执行"矩形"命令，绘制一个长为2500、宽为850的矩形作为沙发图形的外部轮廓，如下图所示。

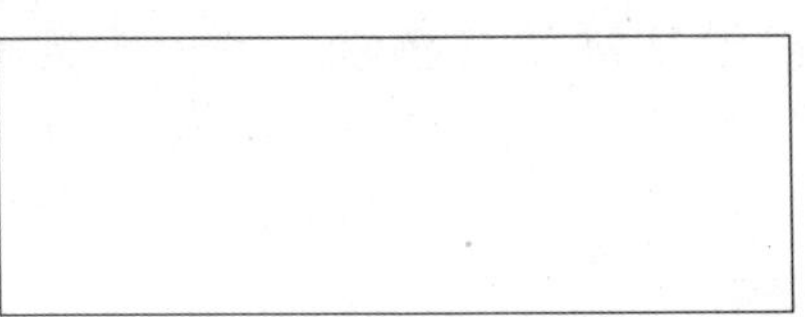

02 偏移边 执行"多段线"命令，通过捕捉矩形的角点绘制一条多段线。执行"偏移"命令，以170为距离将其向下进行偏移复制，如下图所示。

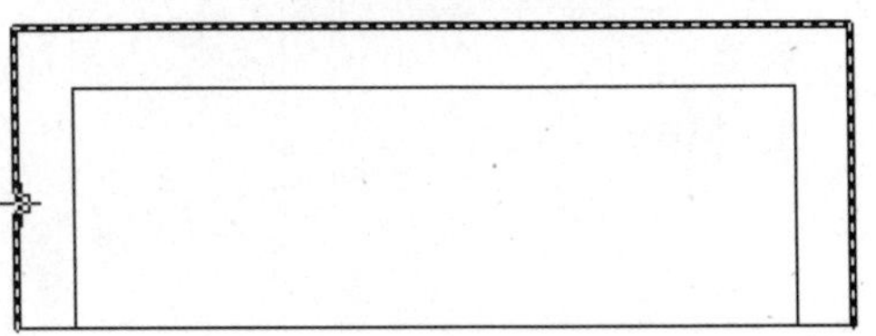

03 分解边 执行"分解"命令，将新复制的多段线分解为单个直线，如下图所示。

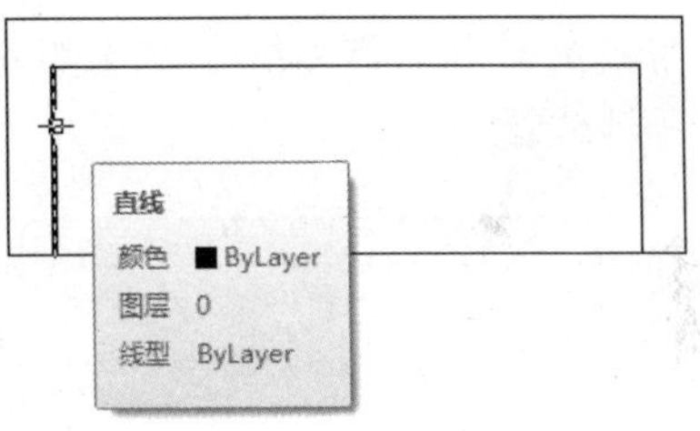

04 定数等分边 执行"定数等分"命令，在已分解对象的水平直线上绘制三个定数等分点，更改点样式，从而显示新绘制的等分点，如下图所示。

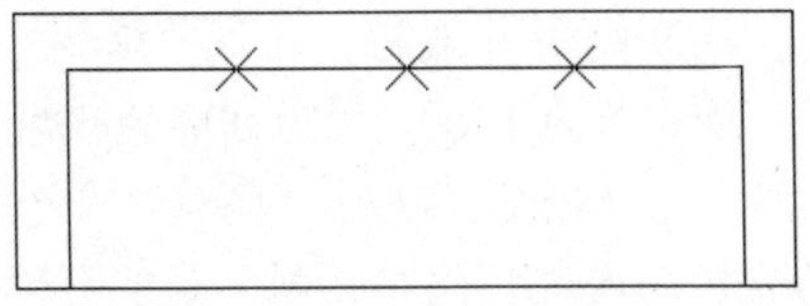

05 绘制垂线 通过节点与垂足对象捕捉分别绘制三条通过节点的竖直直线，如下图所示。

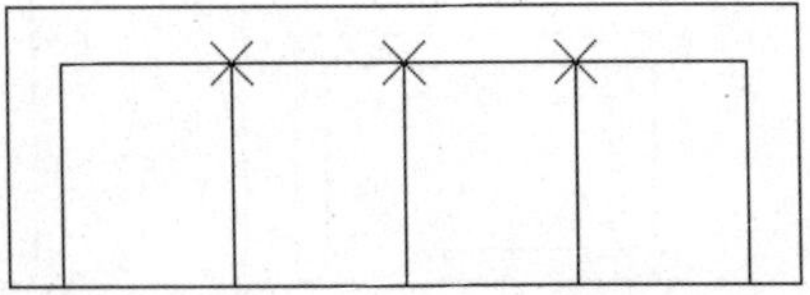

06 添加圆角 删除节点与首次绘制的多段线，执行"圆角"命令，设置圆角半径为80，为图形添加圆角，如下图所示。

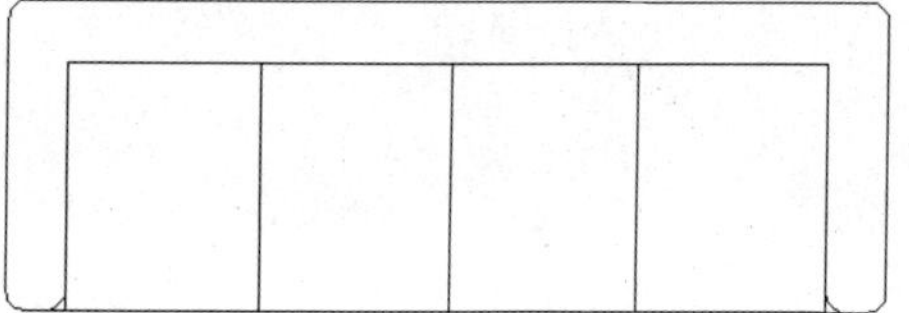

07 修剪线条 再次执行"圆角"命令，设置圆角半径为40，为图形其他位置添加圆角，并修剪掉多余的线条，如下图所示。

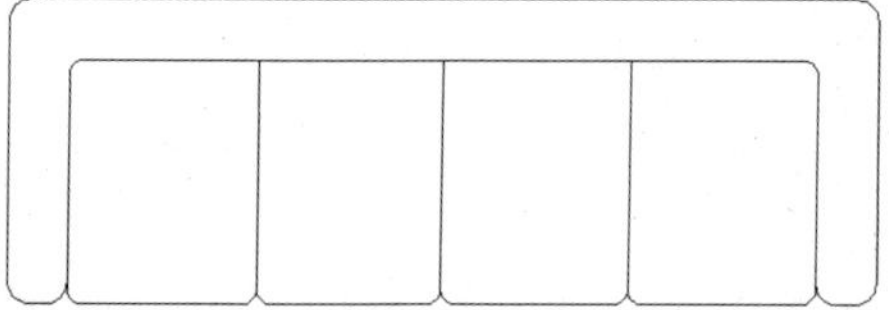

08 绘制矩形 通过"矩形"命令绘制长为710、宽为1020的矩形，对其各个角添加圆角，作为组合沙发部分，如下图所示。

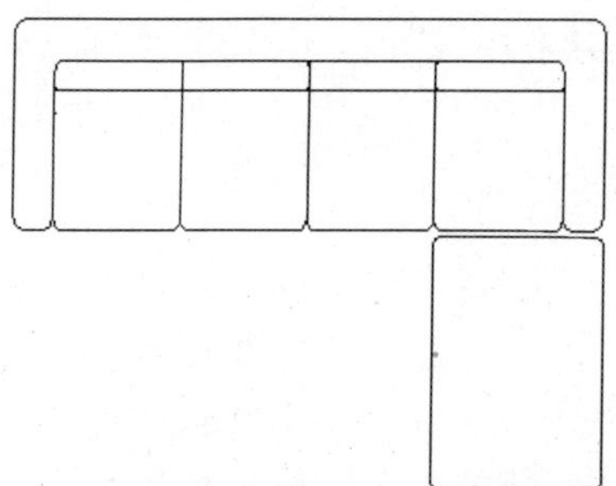

09 绘制矩形并偏移 通过"矩形"命令绘制长为1300、宽为800的矩形作为茶几图形的外轮廓。执行"偏移"命令，以80为距离向内进行偏移复制，如下图所示。

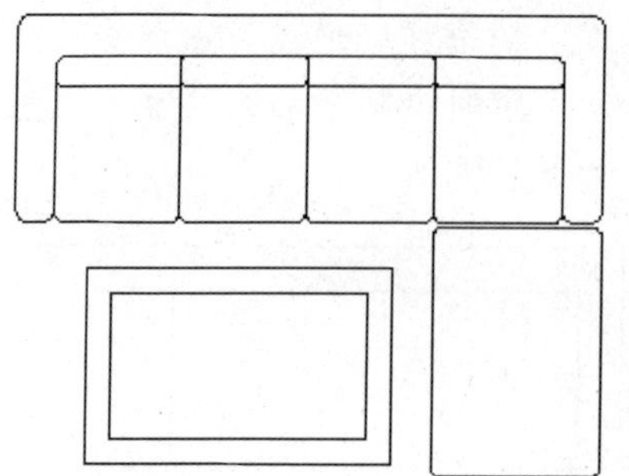

10 选择图案 执行"图案填充"命令，选择"图案填充创建"选项卡，打开"图案"列表框，选择要填充的图案，如下图所示。

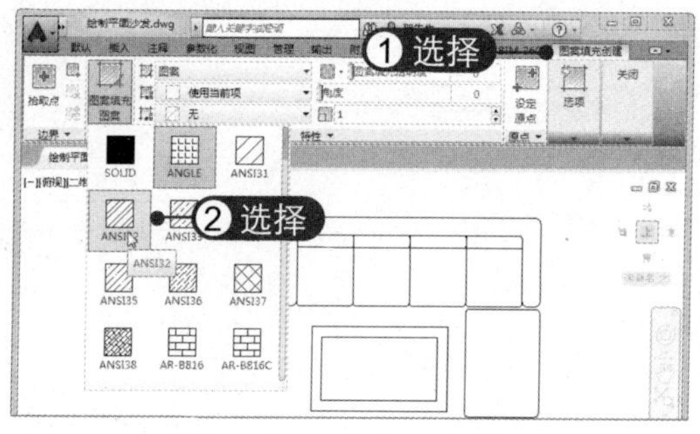

11 设置填充特性 在"特性"面板中设置填充角度和比例等参数，如下图所示。

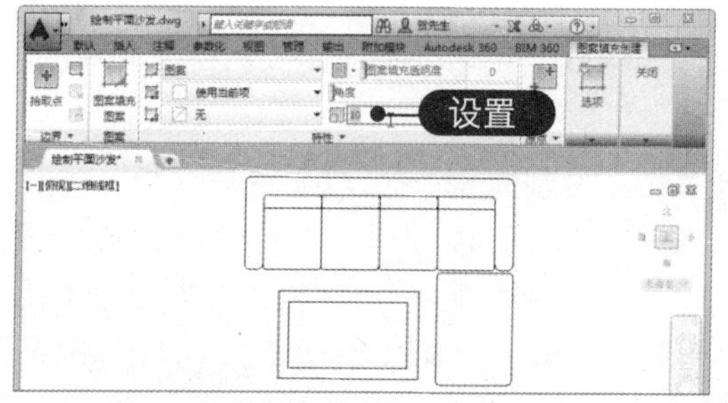

12 绘制靠垫与抱枕 此时图案填充到茶几图形的内部，绘制沙发靠垫、抱枕等图形，即可完成绘制，最终效果如下图所示。

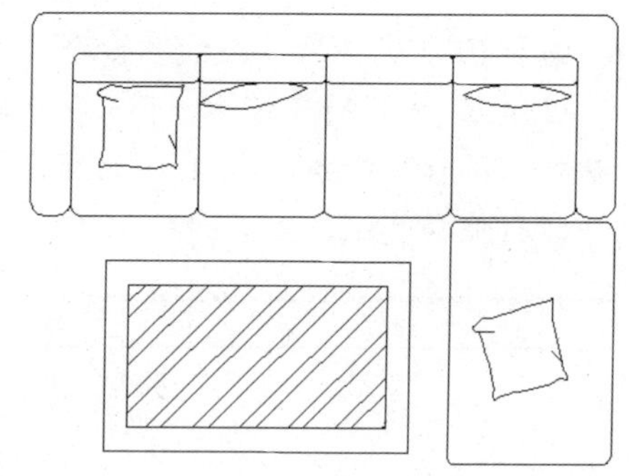

15.2 绘制平面餐桌

下面绘制平面餐桌图形，其中用到了“合并”、“转换为圆弧”、“缩放”、“镜像”以及“旋转”等命令操作，最终效果如下图所示。

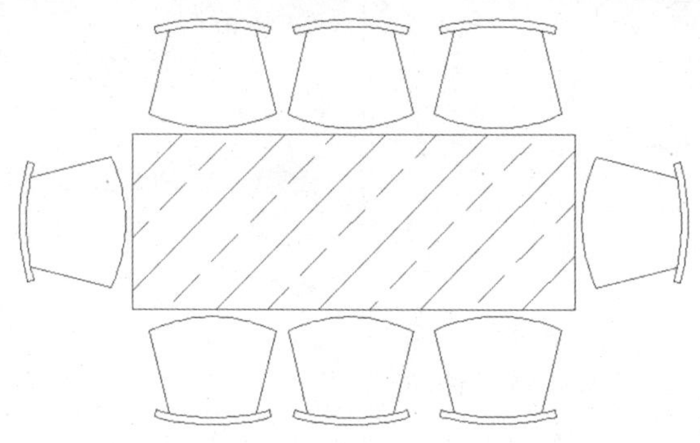

绘制平面餐桌图形的具体操作方法如下：

01 绘制矩形 执行“矩形”命令，绘制一个长为1950、宽为750的矩形作为餐桌图形的外部轮廓，如下图所示。

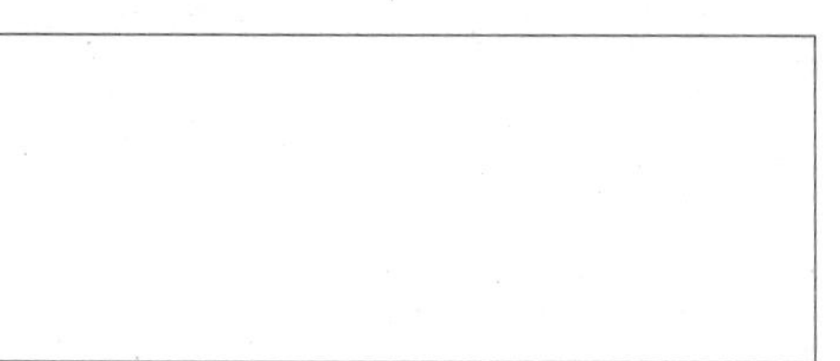

02 绘制直线 执行“直线”命令，分别绘制长为550、380的两条垂线，通过“移动”命令和中点对象捕捉追踪使其中点位于同一直线上，且间隔为350，如下图所示。

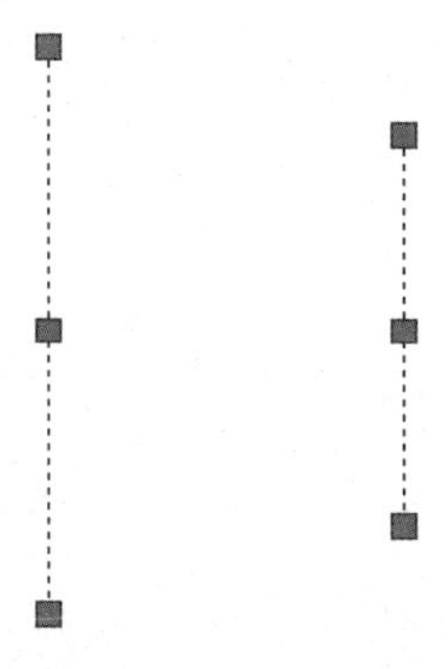

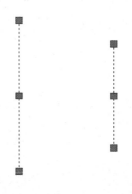

03 合并图形 再次执行“直线”命令，分别连接图形的上端点和下端点，通过“默认”选项卡下“修改”面板中的“合并”命令将图形合并为完整的多段线，如下图所示。

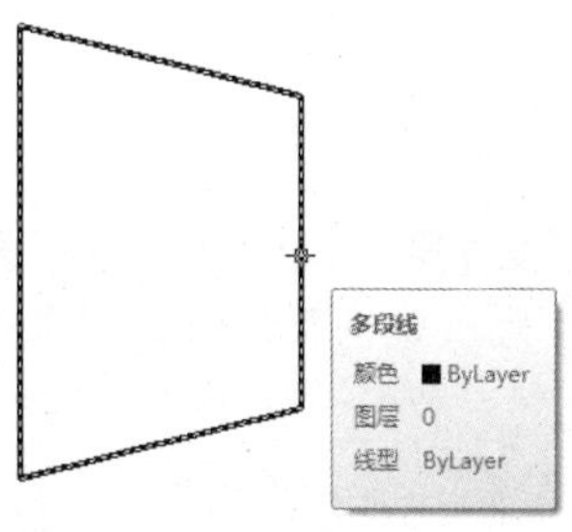

04 选择“转换为圆弧”命令 选中图形，移动光标到图形左侧位于中点位置的夹点，在弹出的快捷菜单中选择“转换为圆弧”命令，如下图所示。

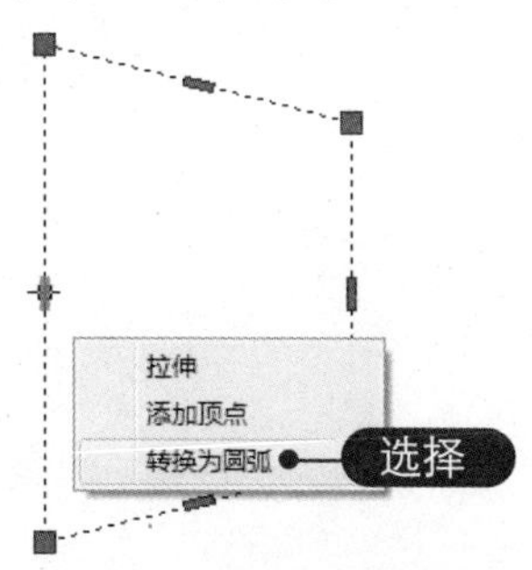

05 转换直线为圆弧 移动夹点位置，将直线转换为圆弧。用同样的方法转换图形的另一侧边为圆弧，如下图所示。

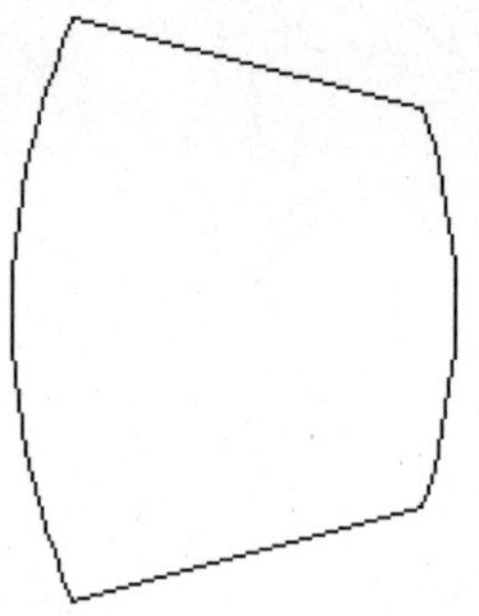

06 缩放对象 执行“分解”命令，再次将图形对象分解。选择图形的右侧边，执行“缩放”命令，设置缩放比例为 1.3，从而缩放对象，如下图所示。

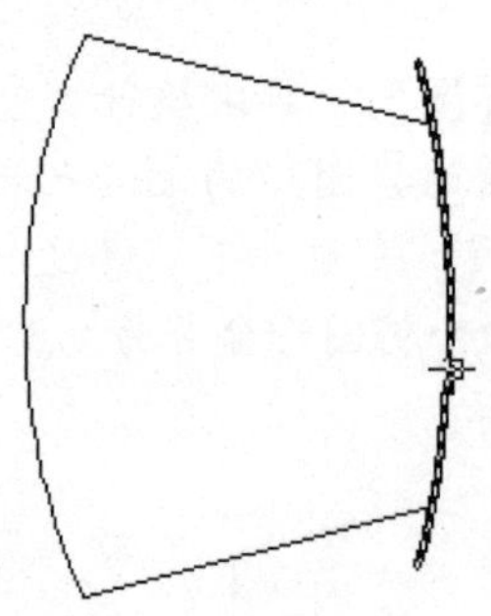

07 偏移对象 执行“偏移”命令，以 30 为距离将新缩放的对象向右侧进行偏移复制。执行“直线”命令，完成餐椅图形的绘制，如下图所示。

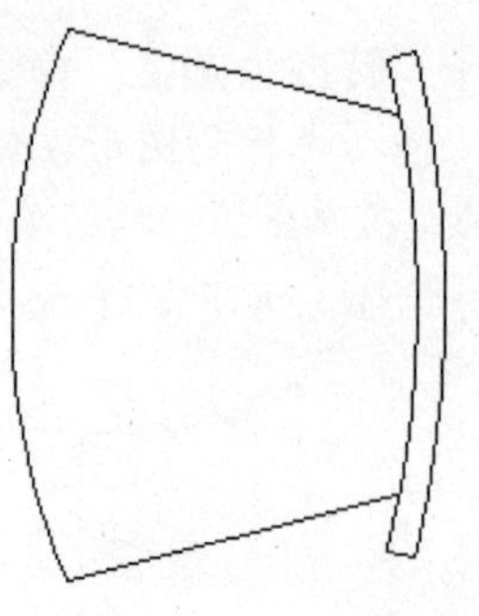

08 镜像复制对象 执行“镜像”命令，以餐桌图形上下两边中点所在垂线为镜像线镜像复制座椅图形，如下图所示。

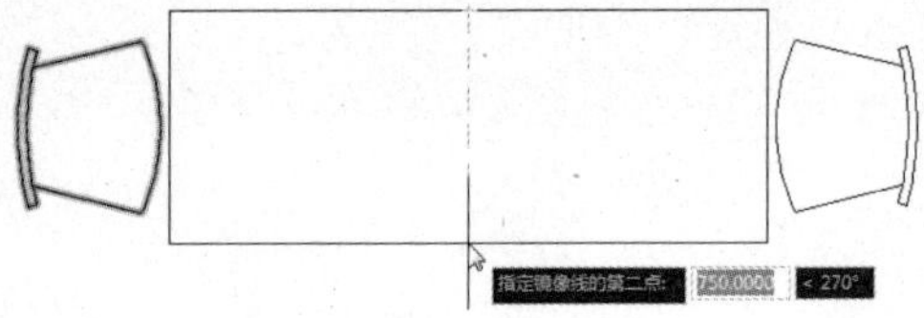

09 复制和旋转对象 通过“复制”和“旋转”等命令将座椅图形对象复制到其他位置，如下图所示。

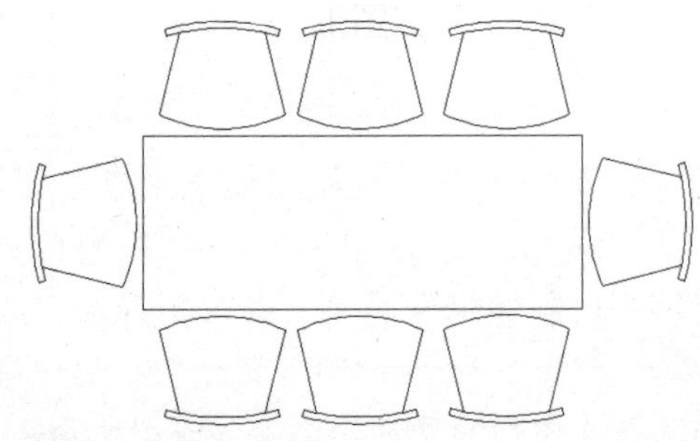

10 图案填充 执行“图案填充”命令，将餐桌进行图案填充，即可完成图形绘制，最终效果如下图所示。

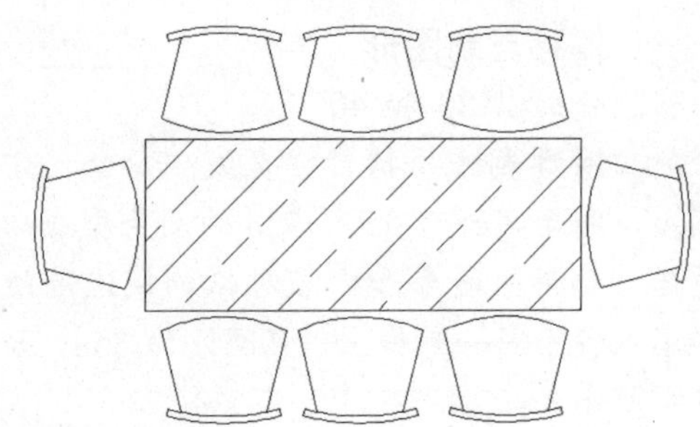

15.3 绘制平面浴缸

下面绘制平面浴缸图形，其中用到了"偏移"、"拉伸"、"修剪"和"圆角"等命令操作，最终效果如下图所示。

绘制平面浴缸图形的具体操作方法如下：

01 **绘制矩形** 执行"矩形"命令，设置圆角半径为 60，绘制一个长为 1700、宽为 800 的矩形作为浴缸图形的外部轮廓，如下图所示。

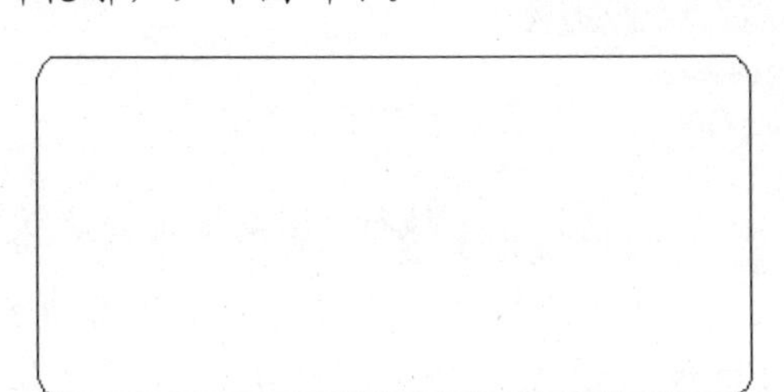

02 **偏移复制图形** 执行"偏移"命令，分别以 80 和 40 为距离将图形向内进行偏移复制。执行"圆角"命令，设置圆角半径为 60，在新复制的图形左侧添加圆角，如下图所示。

03 **收缩对象** 执行"拉伸"命令，将新复制的图形向左侧进行距离为 130 的收缩操作，如下图所示。

04 **转换为圆弧** 分别选择图形右侧的边，将其转换为圆弧，如下图所示。

05 **绘制矩形和圆** 通过"矩形"和"圆心，半径"命令分别在图形左侧绘制一个长为 120、宽为 30 的矩形和半径为 30 的圆，如下图所示。

06 **绘制出水口** 执行“修剪”命令，选择矩形和圆图形对象，修剪掉多余的线条，绘制另一个半径为20的圆，作为浴缸的出水口，即可完成图形绘制，最终效果如右图所示。

15.4 绘制立面电视

下面绘制立面电视图形，其中用到了“矩形”、“偏移”、“拉伸”、“单行文字”和“新建图层”等命令操作，最终效果如下图所示。

绘制立面电视图形的具体操作方法如下：

01 **绘制矩形** 执行“矩形”命令，绘制一个长为300、宽为180的矩形作为电视图形的外部轮廓，如下图所示。

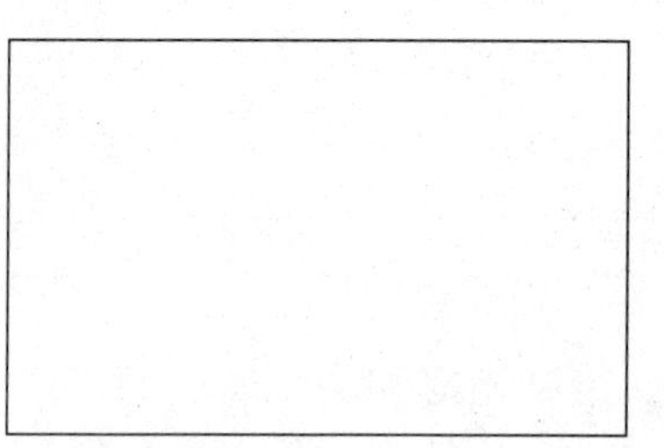

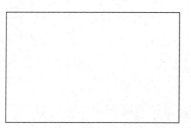

02 **偏移复制矩形** 执行“偏移”命令，以10为距离向内偏移复制矩形，如下图所示。

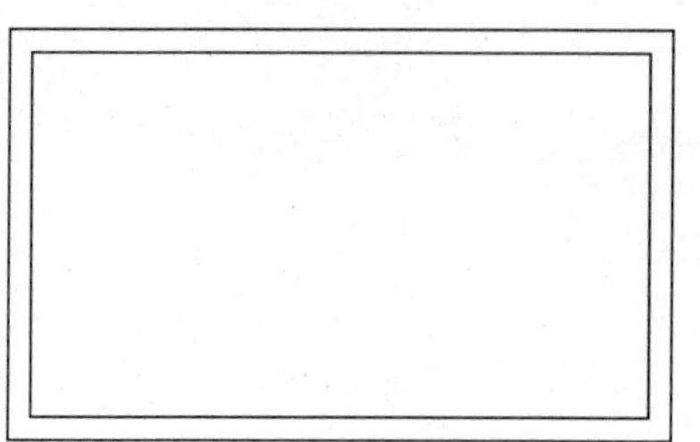

03 **偏移复制对象** 执行“拉伸”命令，将外侧矩形向下进行距离为5的拉伸，通过“分解”命令分解外侧矩形。执行“偏移”命令，以8为距离将外侧矩形下方的水平边向下偏移复制，如下图所示。

04 **调整夹点位置** 分别选择两侧垂线，调整其下方夹点位置，从而连接垂线与新复制的水平边，如下图所示。

05 绘制并移动矩形 再次执行“矩形”命令，分别绘制长为 41、宽为 5，以及长为 180、宽为 5 的两个矩形，通过中点对象捕捉追踪将两个矩形移到图形底部中心位置并保持距离为 4 的间隔，如下图所示。

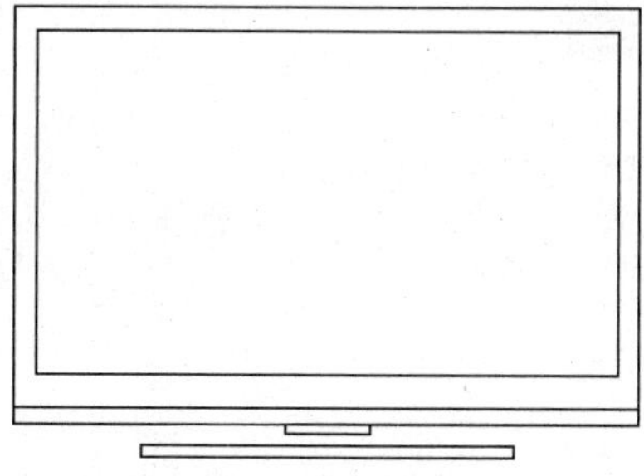

06 分解矩形并删除底边 将最下方矩形的顶边转换为圆弧并适当进行移动，分解其上方的矩形并删除其底边，如下图所示。

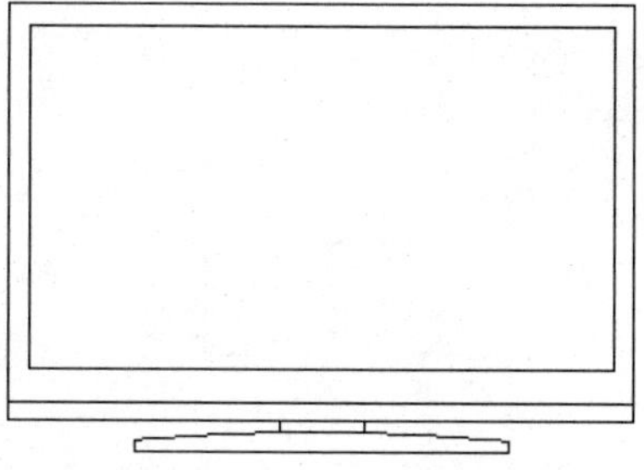

07 选择颜色 执行“图案填充”命令，选择“图案填充创建”选项卡，设置“图案填充类型”为“实体”，选择合适的颜色，如下图所示。

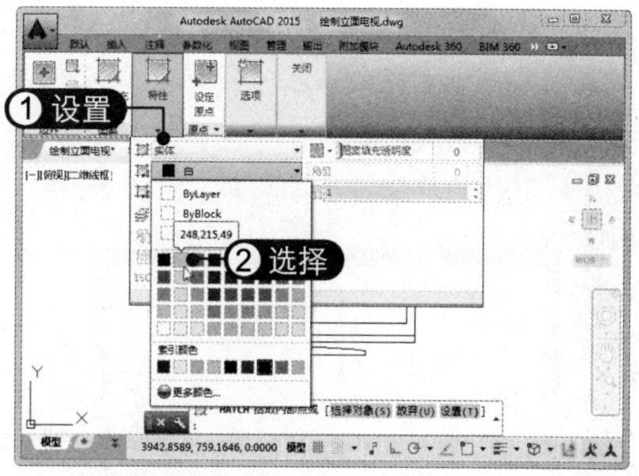

08 图案填充 在图形中的合适位置进行实体图案填充，并用同样的方法填充其他颜色的图案，如下图所示。

09 修改图层颜色 打开图层特性管理器，新建“文字”图层，修改其颜色为白色，将该图层置为当前图层，如下图所示。

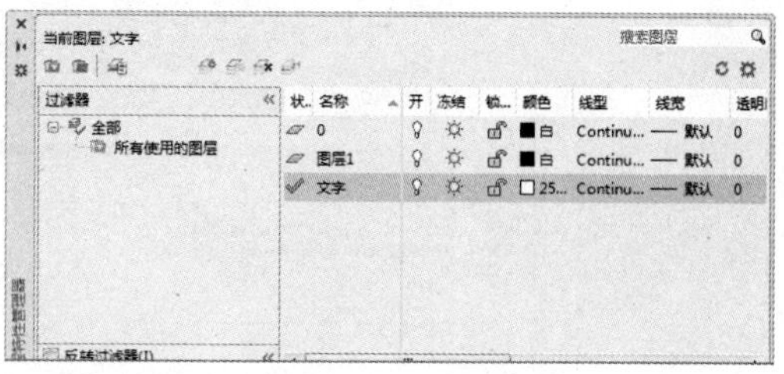

10 设置文字样式 打开“文字样式”对话框，设置文字样式，如下图所示。

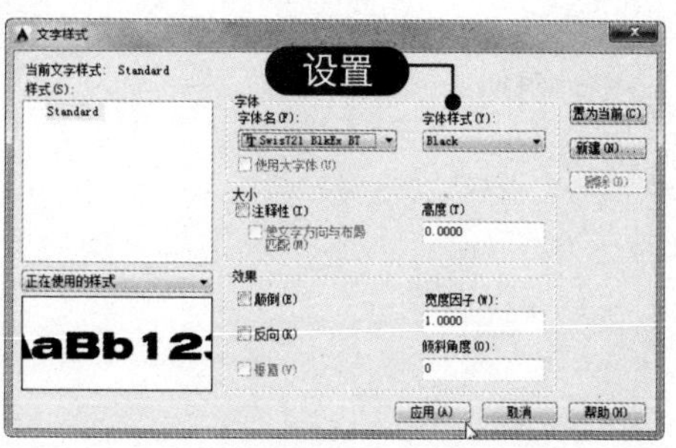

11 **添加文字** 执行“注释”选项卡下的“单行文字”命令，在图形中的合适位置添加单行文字标识，并在其下方绘制一个小矩形作为屏幕指示灯，如下图所示。

12 **填充屏幕** 再次执行“图案填充”命令，为屏幕执行渐变色填充即可完成全图绘制，最终效果如下图所示。

15.5 绘制文化背景墙立面图

下面绘制文化背景墙立面图，其中用到了文字、表格、多重引线等命令操作，最终效果如下图所示。

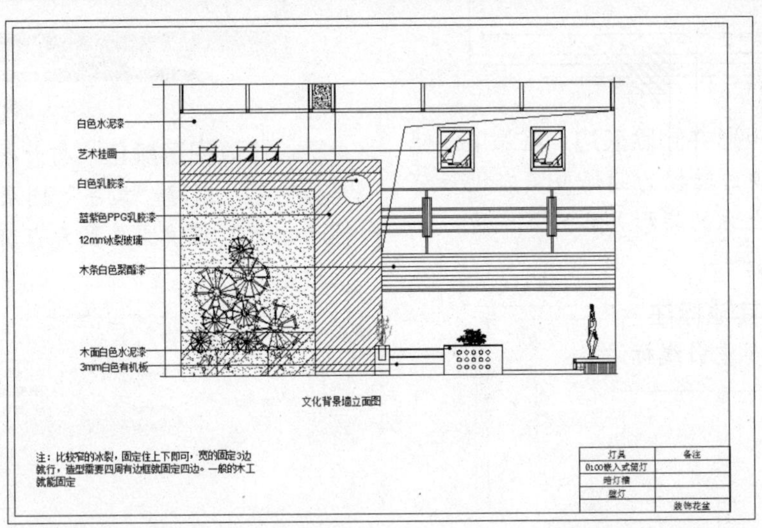

灯具	备注
Ø100嵌入式筒灯	
暗灯槽	
壁灯	
	装饰花盆

绘制文化背景墙立面图的具体操作方法如下：

01 **单击“引线”按钮** 打开素材文件，单击“注释”面板中的“引线”按钮，如右图所示。

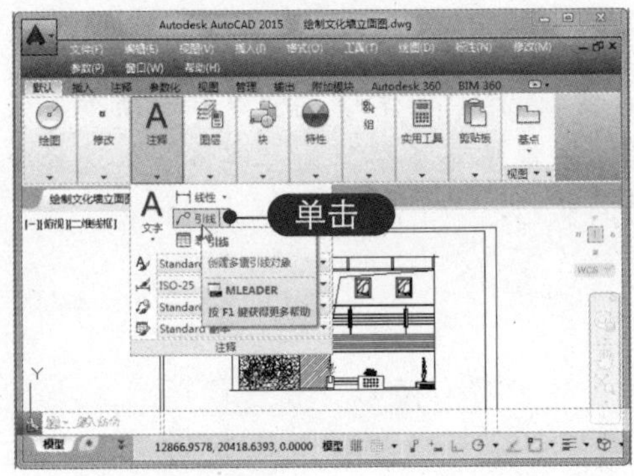

02 绘制多重引线 在绘图区图形的指定位置依次单击鼠标左键，绘制多重引线，如下图所示。

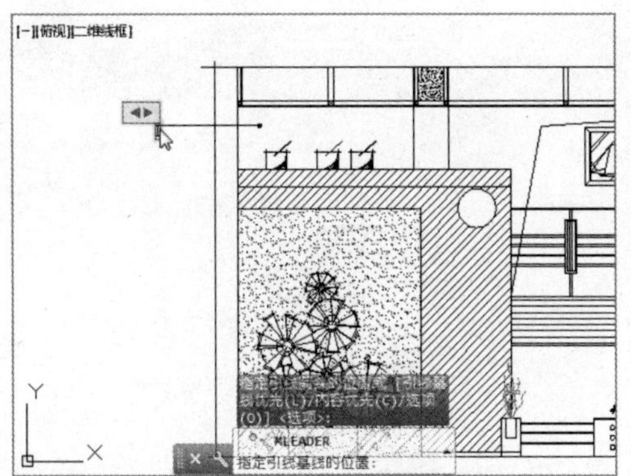

03 输入文字注释 绘制多重引线后出现文本框，输入所需的文字注释，如下图所示。

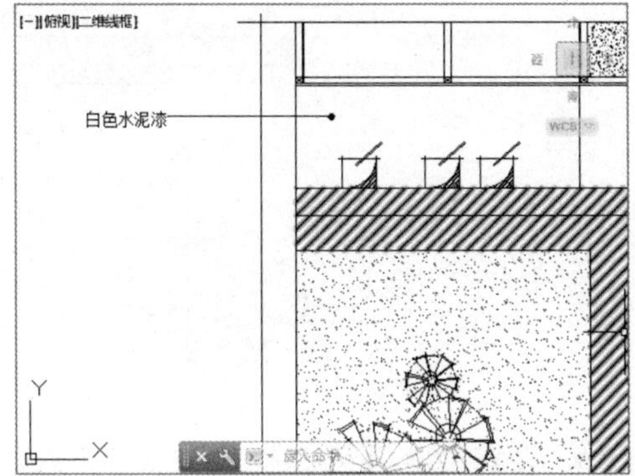

04 添加其他标注 用同样的方法添加其他多重引线标注，如下图所示。

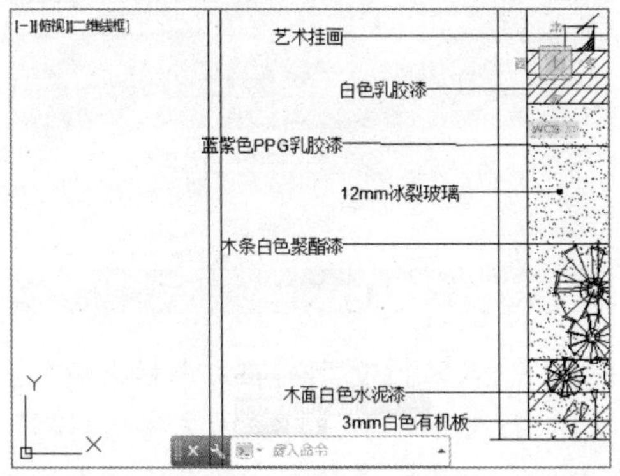

05 选择“对齐”命令 单击“引线”下拉按钮，选择“对齐”命令，如下图所示。

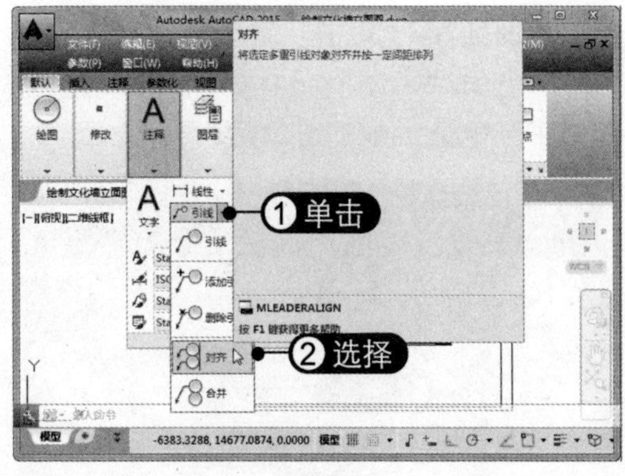

06 选择多重引线标注 选择要对齐的多重引线标注，并按【Enter】键确认，如下图所示。

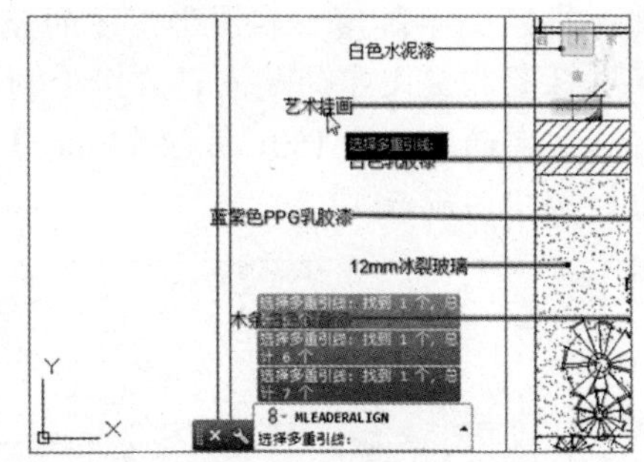

07 选择对齐多重引线 选择要对齐到的多重引线标注，如下图所示。

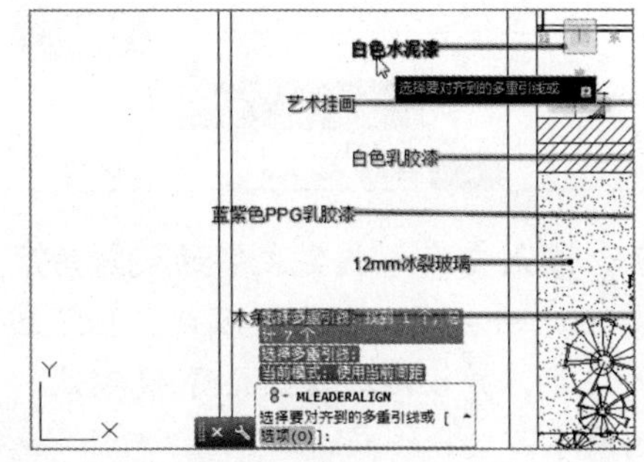

08 指定对齐方向 在绘图区中移动光标位置，指定对齐方向，如下图所示。

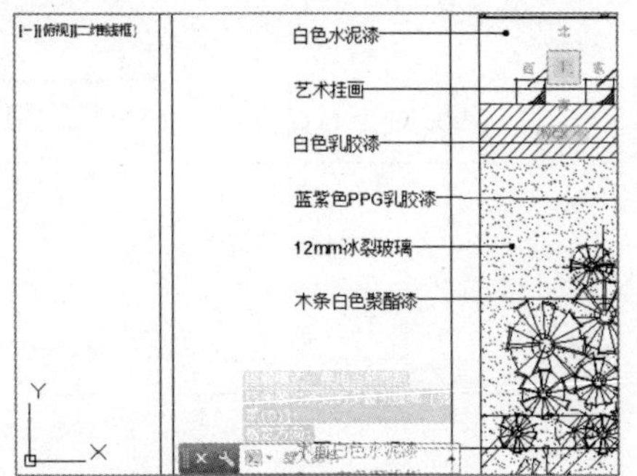

09 创建单行文字 单击“注释”面板中的“文字”下拉按钮，选择“单行文字”命令，如下图所示。

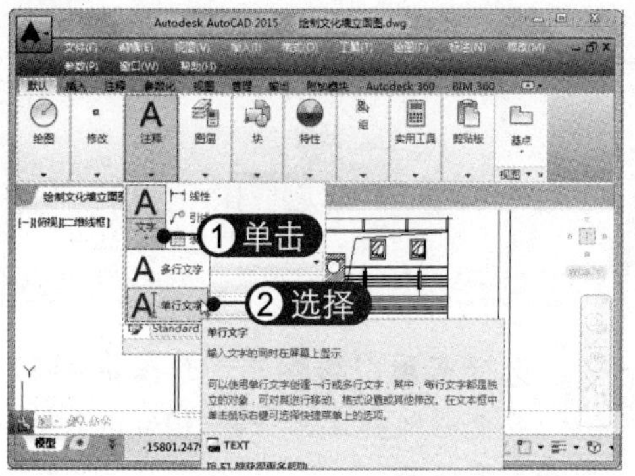

10 指定文字高度 在图形下方的合适位置指定文字的起点，在命令行窗口输入文字的高度为150，并按【Enter】键确认，如下图所示。

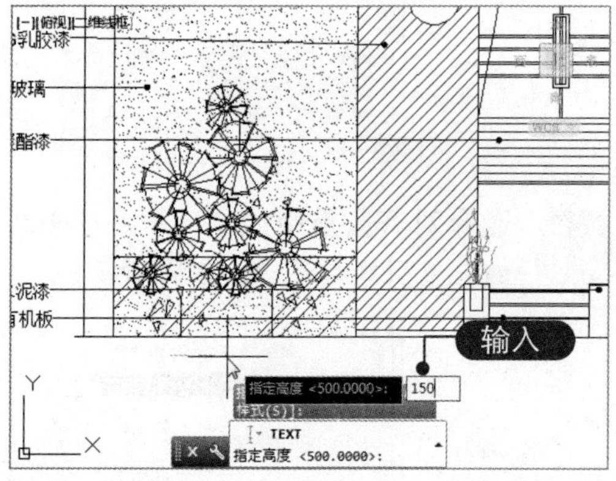

11 输入文字 指定文字的旋转角度为0，并按【Enter】键确认。在绘图区输入文字，并按两次【Enter】键确认，如下图所示。

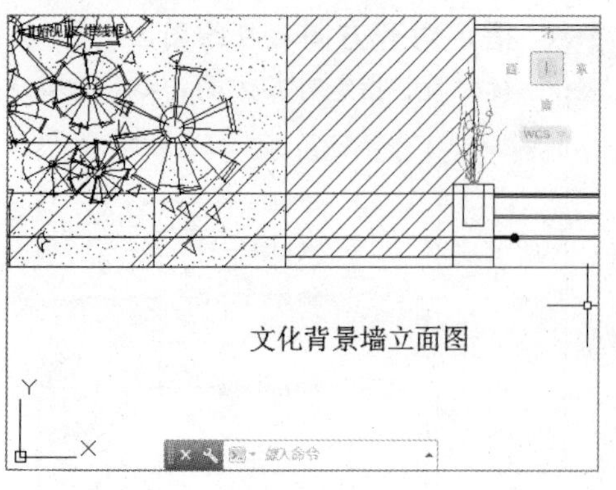

12 创建多行文字 单击“注释”面板中的“文字”下拉按钮，选择“多行文字”命令，如下图所示。

13 绘制文本框 在图形的合适位置分别指定第一角点和对角点，绘制文本框，如下图所示。

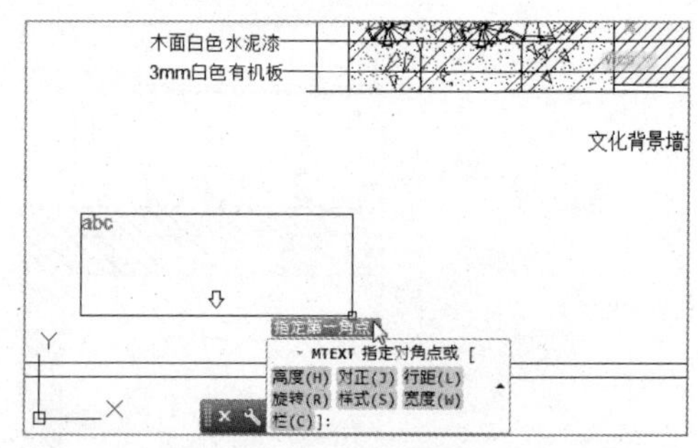

14 设置文字高度和样式 在“样式”面板和“格式”面板中设置文字高度和文字样式，如下图所示。

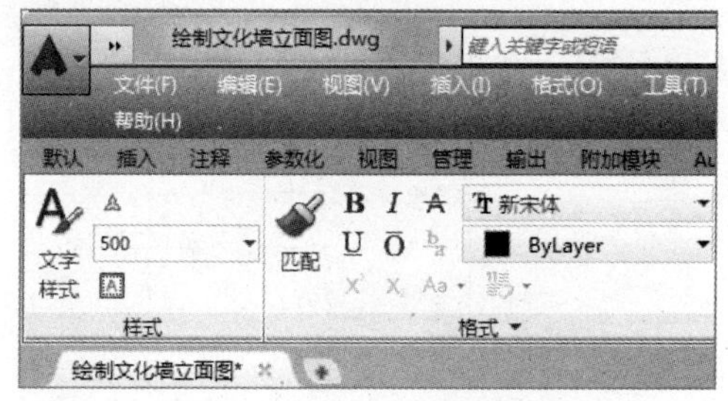

15 输入多行文字 在文本框中输入多行文字，单击“关闭文字编辑器”按钮，即可查看多行文字的最终效果，如下图所示。

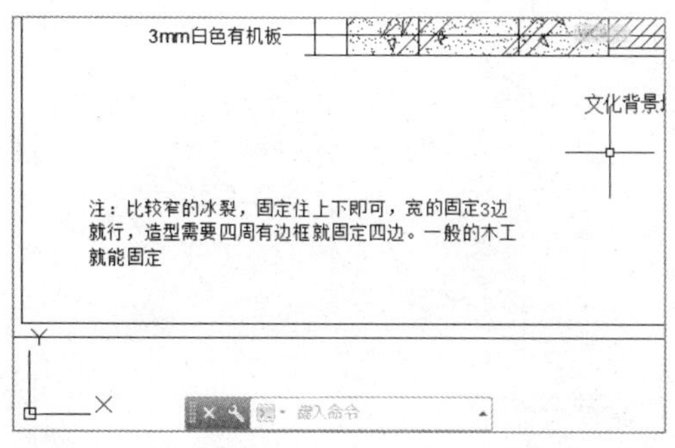

16 创建表格 单击"注释"面板中的"表格"按钮，如下图所示。

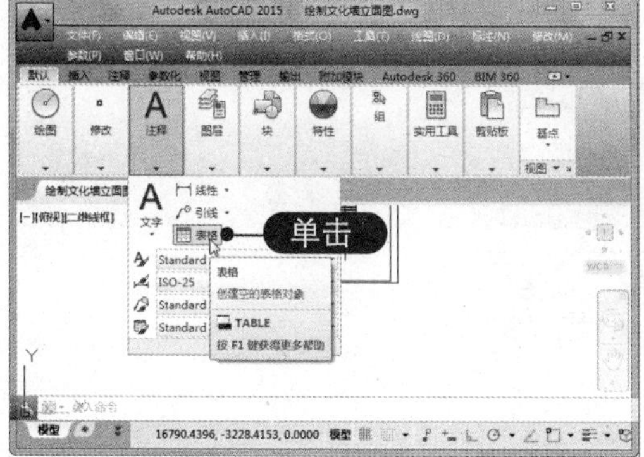

17 设置表格选项 弹出"插入表格"对话框，在"插入方式"选项区中选择插入表格的方式，分别设置列、行和单元样式，然后单击"确定"按钮，如下图所示。

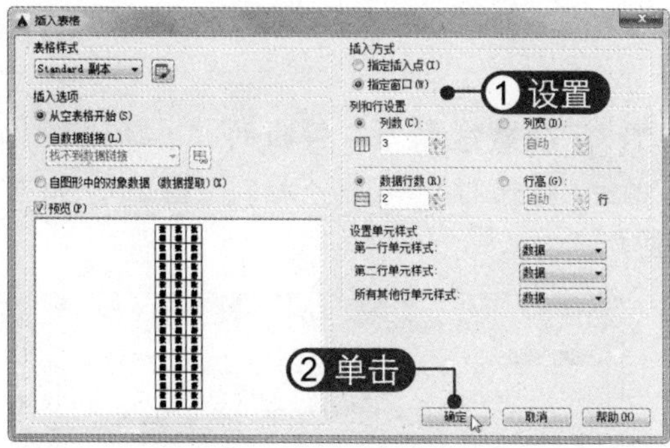

18 创建表格 在绘图区指定位置分别指定表格的两个角点，即可创建表格，如下图所示。

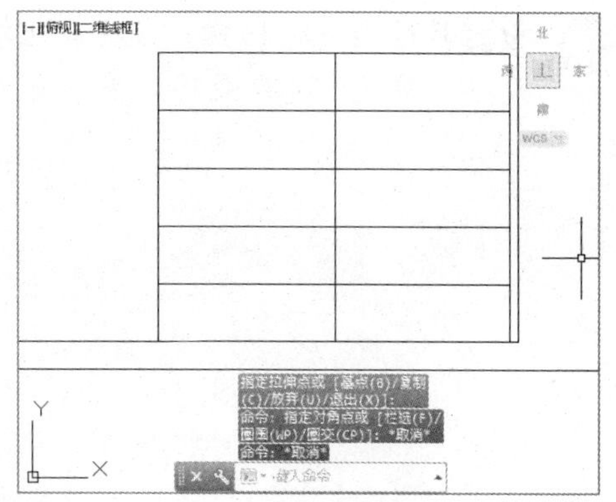

19 输入文本 切换到文本输入状态，在文本框中输入所需的文本，如下图所示。

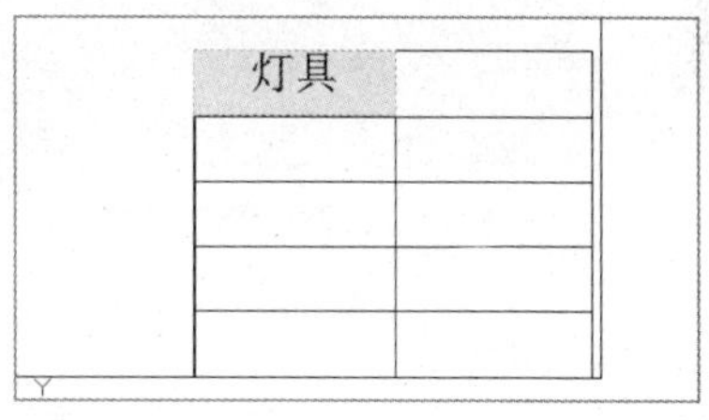

20 输入其他文字 在表格中输入其他文字，查看表格效果，如下图所示。

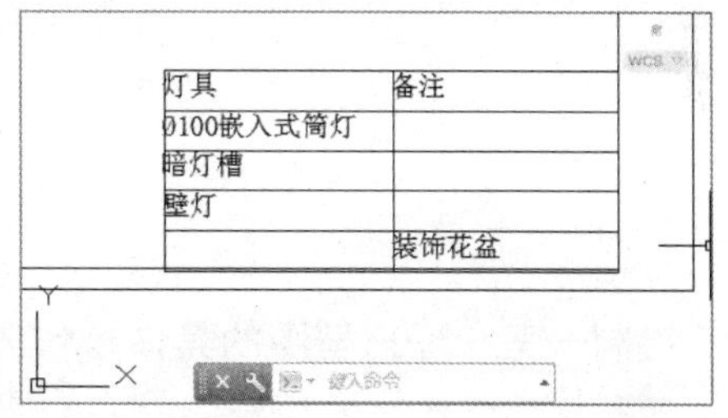

21 编辑表格文字 选择单元格，在"表格单元"选项卡下单击"单元样式"面板中的"左上"下拉按钮，选择"正中"命令，如下图所示。

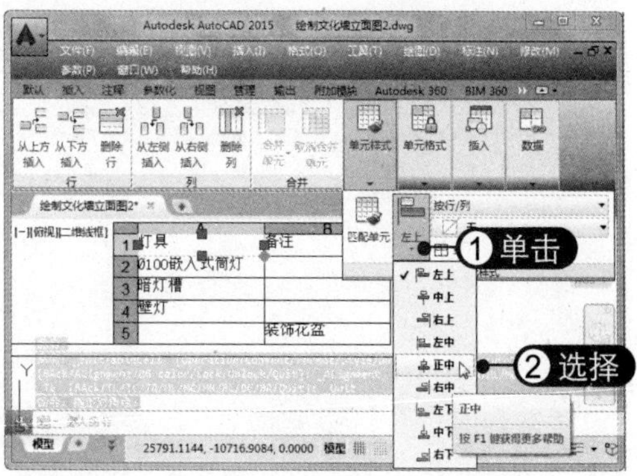

22 **设置其他单元格样式** 设置其他单元格的样式，查看最终效果，如右图所示。

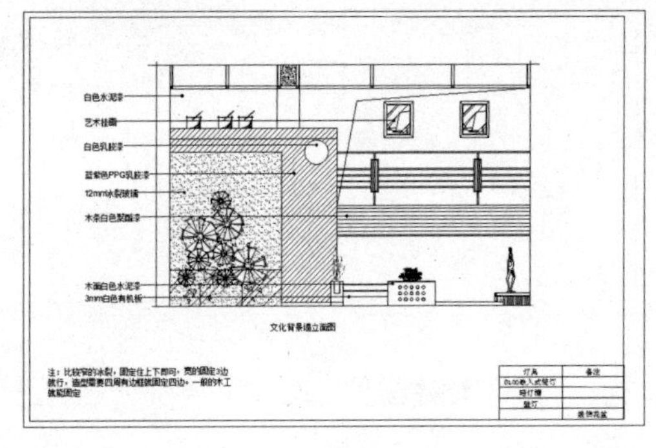

15.6 绘制户型平面图

下面绘制一室一厅户型图，其中用到了“新建图层”、“偏移”、“多线”、“单行文字”和“线性”等命令操作，最终效果如下图所示。

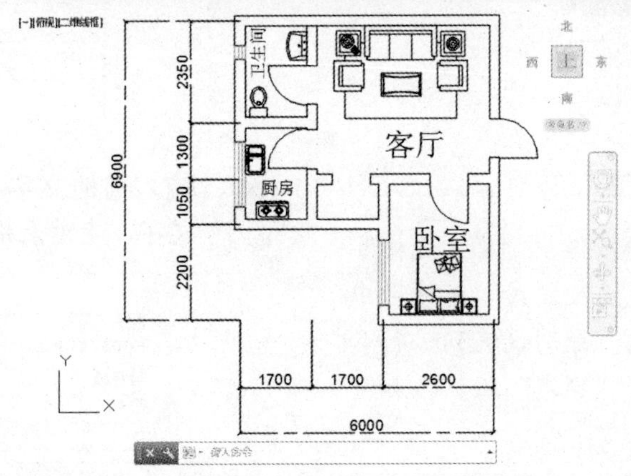

绘制一室一厅户型图的具体操作方法如下：

01 **新建图层** 新建“户型平面图”文件，打开“图层特性管理器”面板，新建“墙体轴线”图层，并置为当前图层，单击“线型”图标，如下图所示。

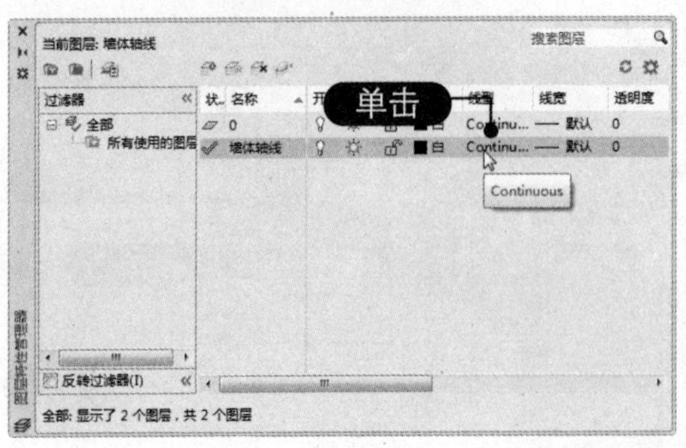

02 **加载线型** 在弹出的“选择线型”对话框中单击“加载”按钮，如下图所示。

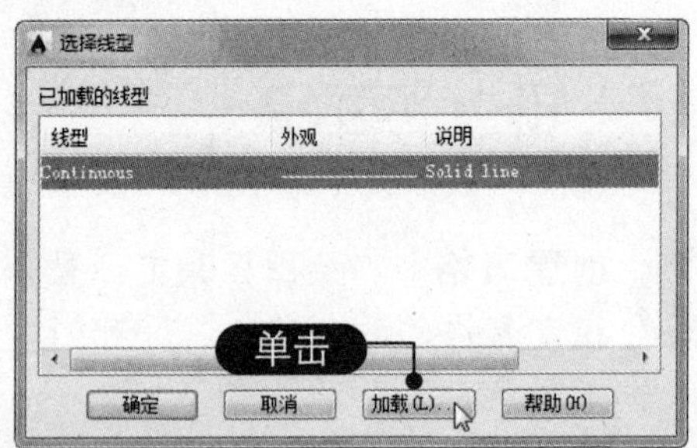

03 **选择线型** 在弹出的对话框中选择点画线线型，然后单击“确定”按钮，如下图所示。

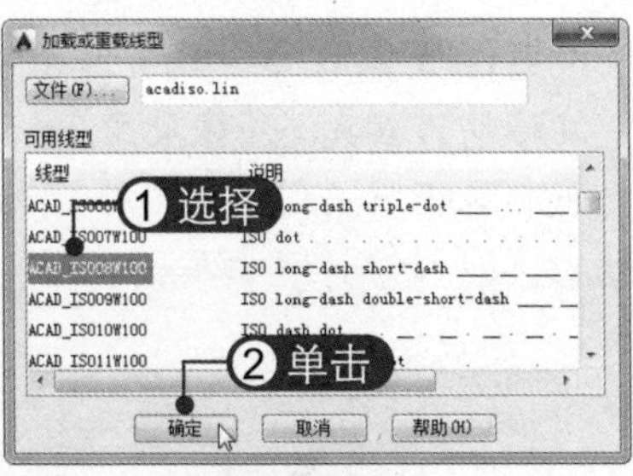

04 **选择加载线型** 选择刚才加载的线型，然后单击“确定”按钮，如下图所示。

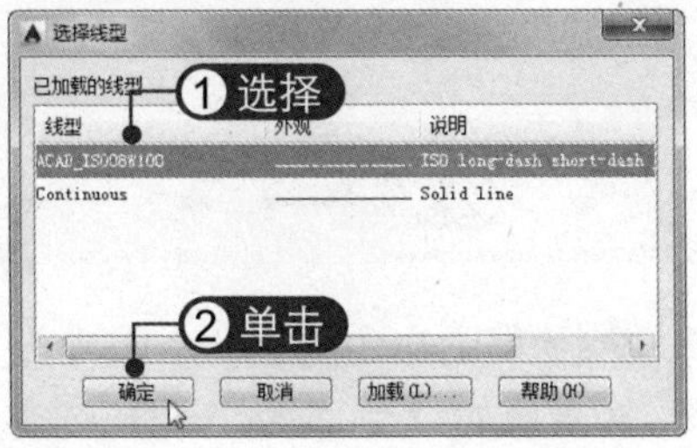

05 **设置颜色** 返回“图层特性管理器”面板，单击该图层选项中的“颜色”图标，在弹出的对话框中选择“洋红”，单击“确定”按钮，如下图所示。

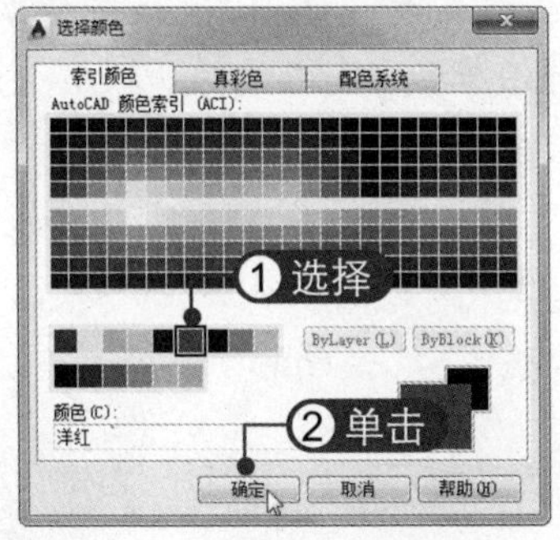

06 **绘制相交直线** 执行“直线”命令，绘制长为 8000 的水平直线与长为 8600 的竖直直线，两条直线垂直相交于一点，如下图所示。

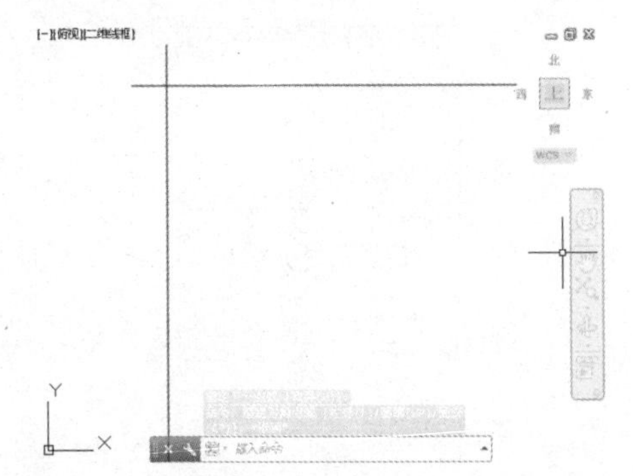

07 **设置全局比例因子** 若绘制的直线线型未正确显示，可执行 LINETYPE 命令，弹出“线型管理器”对话框。将“全局比例因子”设置为 50，然后单击“确定”按钮，如下图所示。

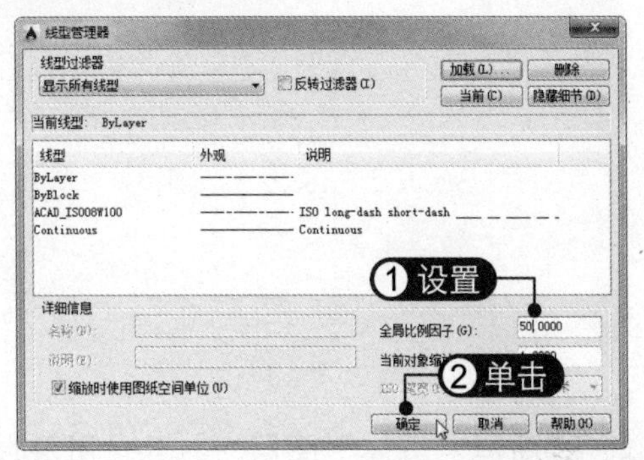

08 **查看图形效果** 此时所绘制直线的线型即可正确显示，如下图所示。

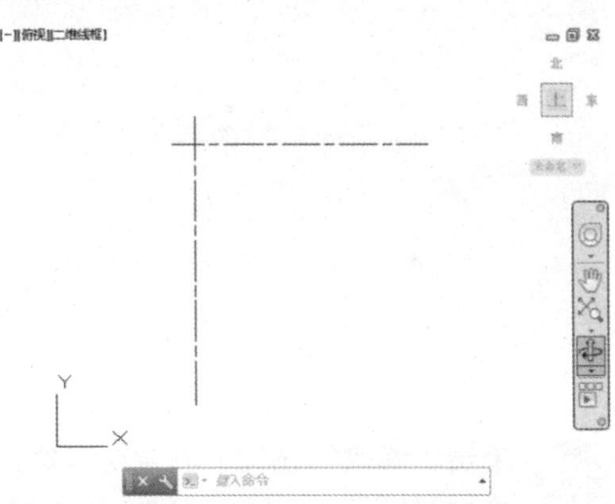

09 **偏移水平直线** 执行“偏移”命令，将水平直线以 2350、1300、1050、2200 为距离依次向下进行偏移复制，如下图所示。

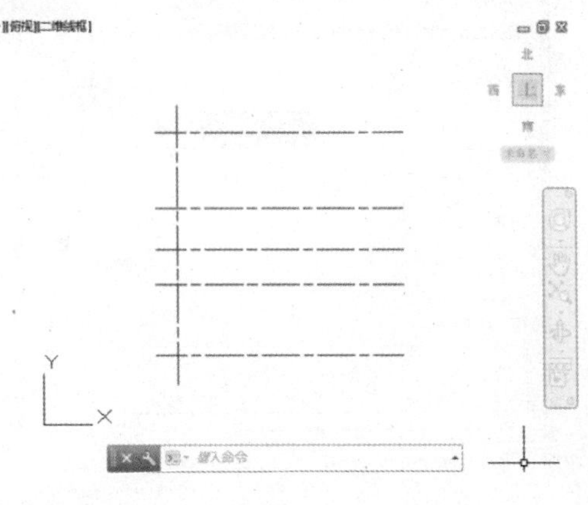

10 偏移复制直线 执行“偏移”命令，将竖直直线以1700、1700、2600为距离依次向右进行偏移复制，如下图所示。

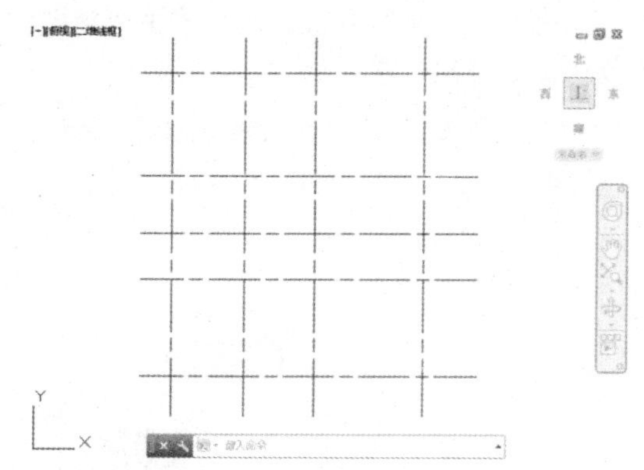

11 新建“墙体”图层 打开“图层特性管理器”面板，新建“墙体”图层，并将其设置为当前图层，如下图所示。

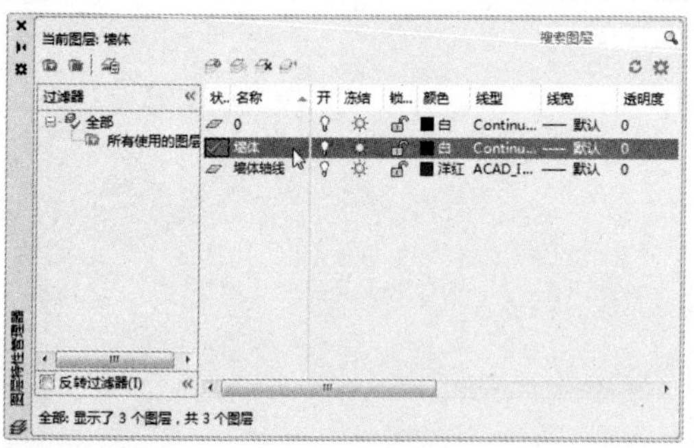

12 单击“修改”按钮 在命令行窗口执行MLSTYLE命令，在弹出的“多线样式”对话框中单击“修改”按钮，如下图所示。

13 设置图元偏移量 设置两个图元的偏移量为6和-6，依次单击“确定”按钮，如下图所示。

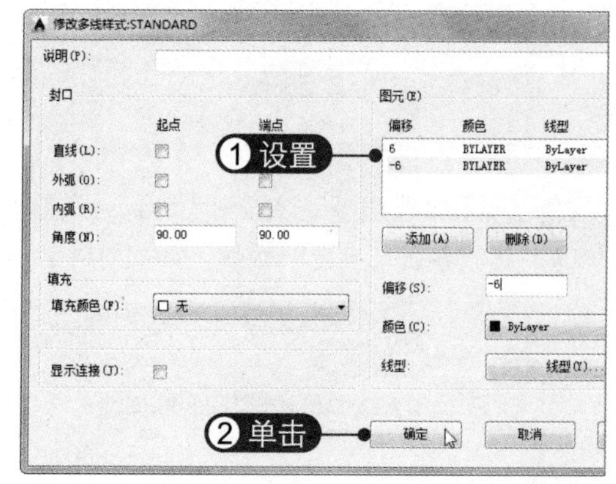

14 执行ML命令 执行ML命令，设置多线对正方式为“无”，多线比例为20，命令提示如下：

命令: MLMLINE
当前设置：对正=上，比例=10.00，样式=墙体
指定起点或 [对正(J)/比例(S)/样式(ST)]: J
输入对正类型 [上(T)/无(Z)/下(B)] <无>: Z
当前设置：对正=无，比例=10.00，样式=墙体
指定起点或 [对正(J)/比例(S)/样式(ST)]: S
输入多线比例 <10.00>: 20
当前设置：对正=无，比例=20.00，样式=墙体

15 绘制墙体框架 通过交点对象捕捉沿墙体定位轴线绘制出墙体的框架部分，如下图所示。

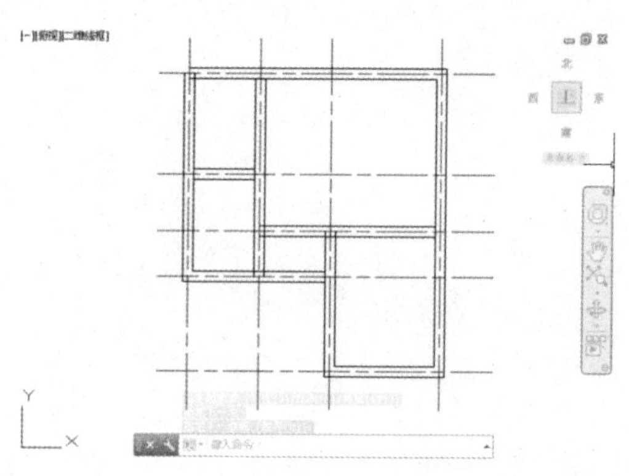

16 单击“T形合并”按钮 在命令行窗口执行MLEDIT命令，在弹出的对话框中单击“T形合并”按钮，如下图所示。

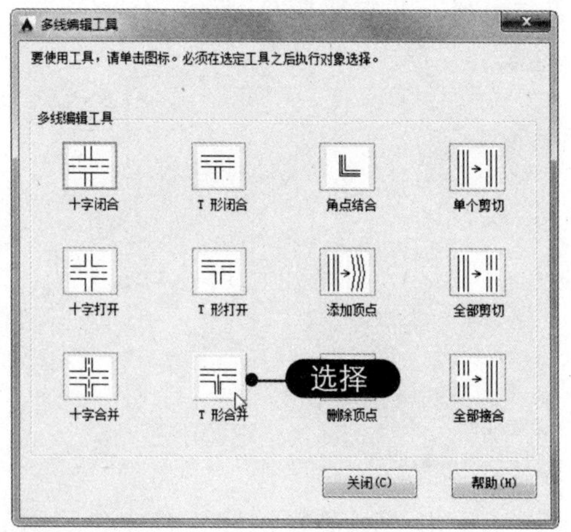

17 合并多线 分别选择T形交叉的两个多线，对其进行合并操作，如下图所示。

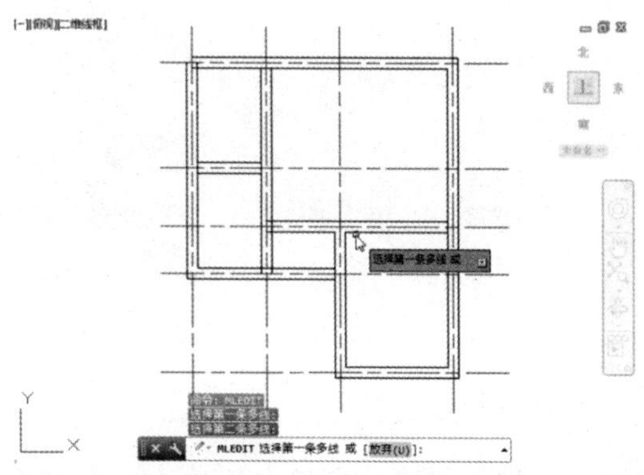

18 合并其他多线 通过“T形合并”和“角点结合”工具合并其他多线，如下图所示。

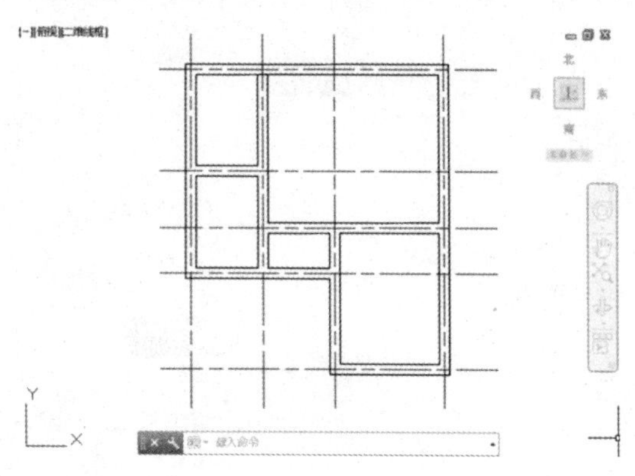

19 绘制门窗定位线 执行“直线”和“偏移”命令，绘制门窗的定位线，如下图所示。门宽可绘制为900，窗户宽度可根据实际情况进行绘制。

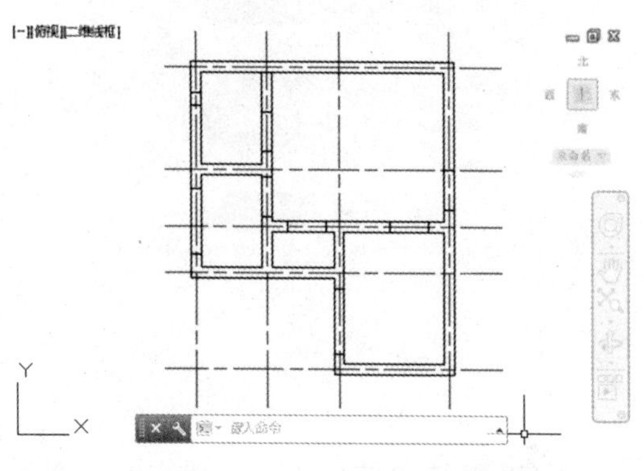

20 修剪门窗定位线 在“图层特性管理器”面板中关闭“墙体轴线”图层，执行“修剪”命令，根据门窗定位线对墙体进行修剪，如下图所示。

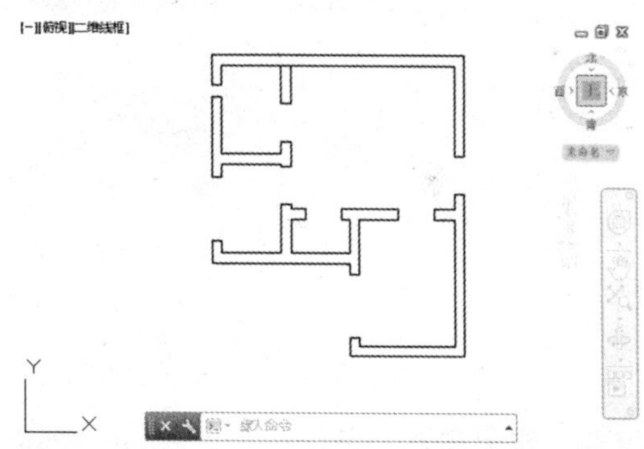

21 创建“窗户”图层 创建“窗户”新图层，将颜色设置为绿色，并置为当前图层，如下图所示。

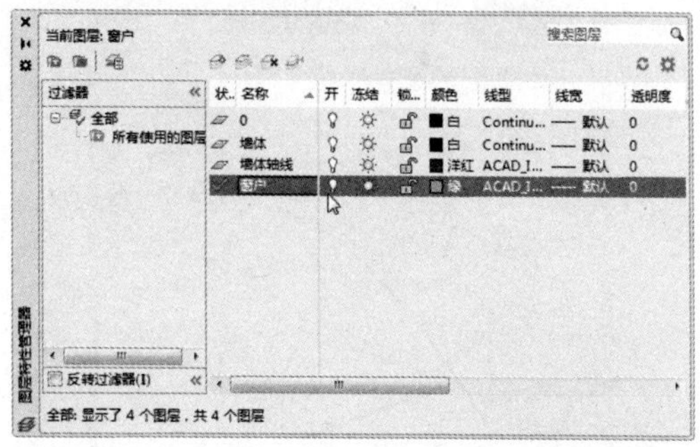

22 新建多线样式 打开“多线样式”对话框，单击“新建”按钮，新建

"窗户"多线样式，单击"继续"按钮，如下图所示。

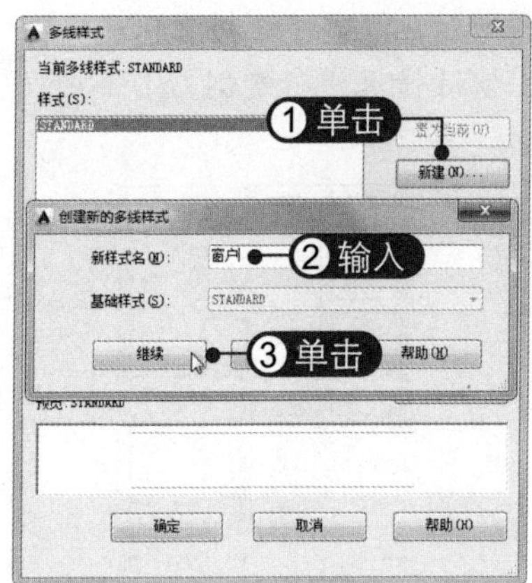

23 设置偏移值 通过"图元"列表和"添加"按钮将其偏移值依次设置为12、4、-4、-12，然后单击"确定"按钮，如下图所示。

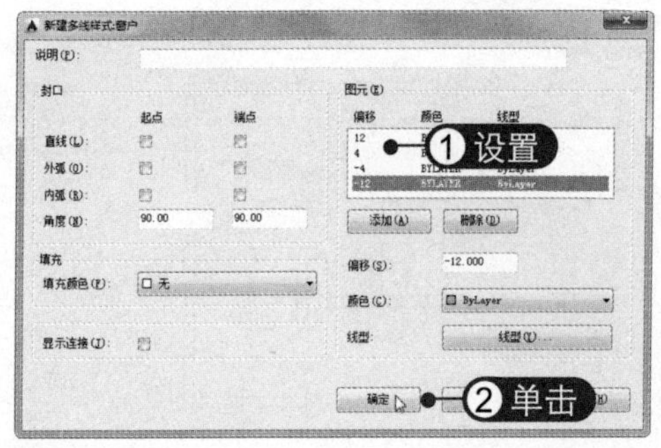

24 置为当前 选择新建样式，单击"置为当前"按钮，然后单击"确定"按钮，如下图所示。

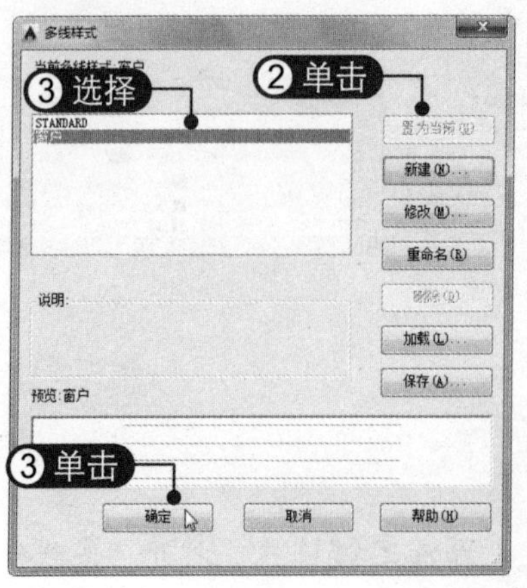

25 绘制窗户图形 在命令行窗口执行ML命令，设置多线比例为10。通过中点对象捕捉在窗户定位线中间位置绘制窗户图形，如下图所示。

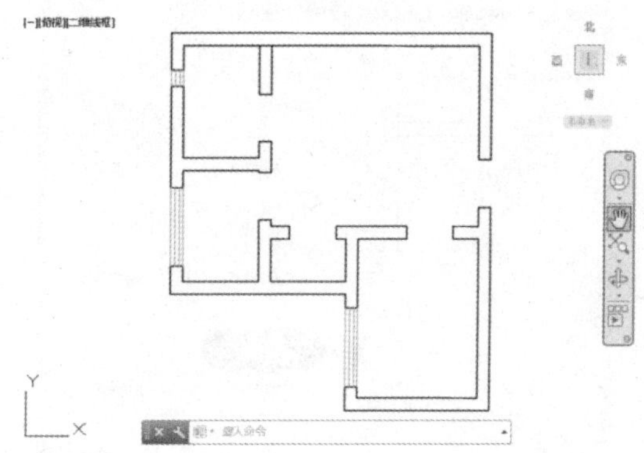

26 单击"浏览"按钮 新建"图块"图层，并置为当前图层。单击"插入"选项卡下"块"面板中的"插入"按钮，在弹出的对话框中单击"浏览"按钮，如下图所示。

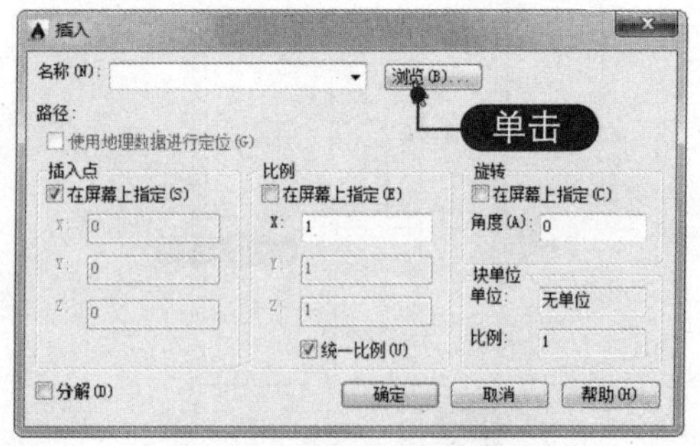

27 选择图块 在弹出的对话框中选择"门图块.dwg"图形文件，然后单击"打开"按钮，如下图所示。

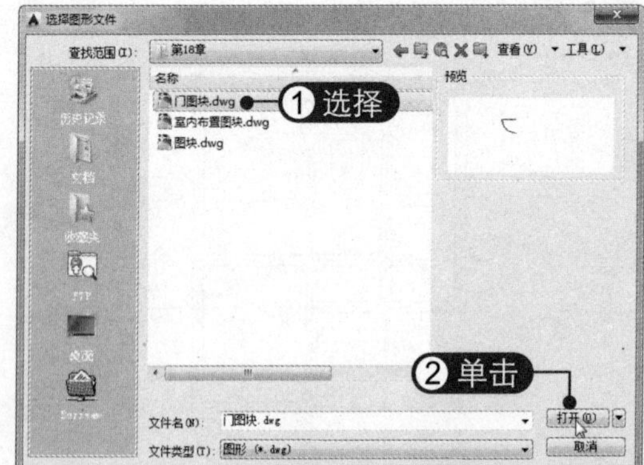

28 **插入图块** 设置插入点和比例等，单击“确定”按钮插入图块，如下图所示。

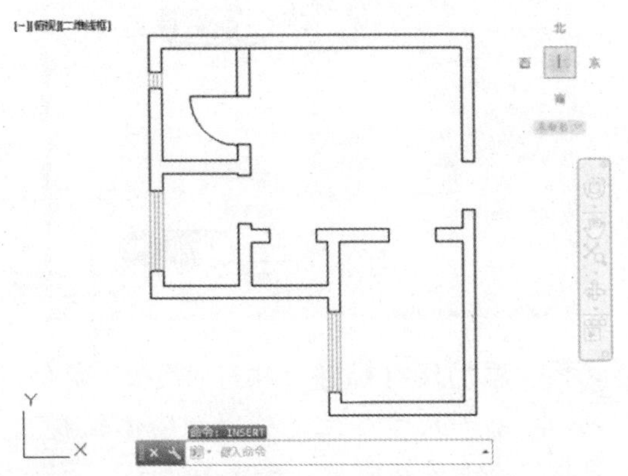

29 **添加多个图块** 添加图块后，通过“复制”、“镜像”和“旋转”等工具将其复制到指定位置，如下图所示。

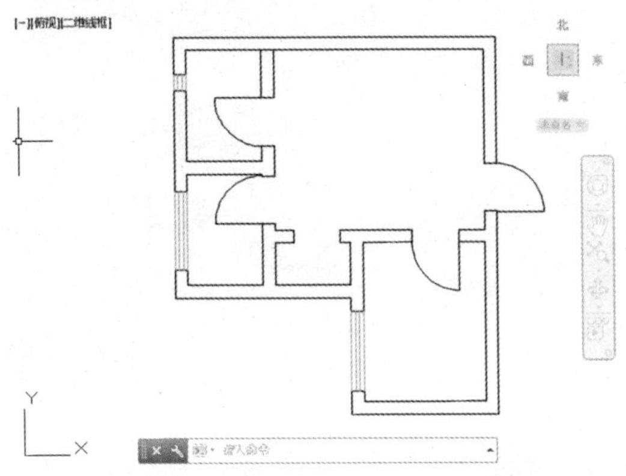

30 **插入其他图块** 执行“插入”命令，将沙发、洁具、燃气具和洗衣机等图块分别放置到图形中的合适位置，如下图所示。

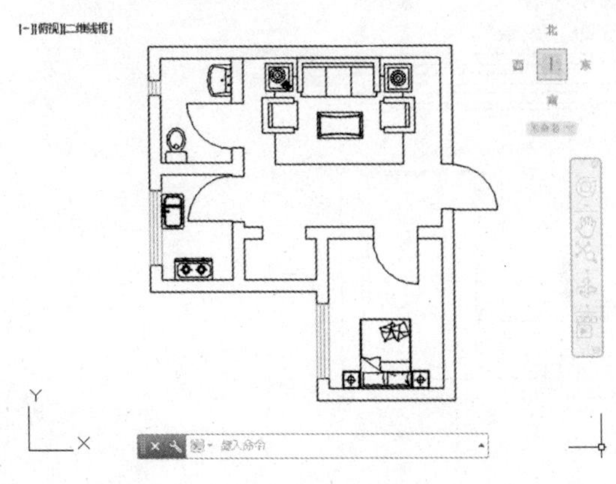

31 **添加标注文字** 创建“标注”新图层，并置为当前图层，如下图所示。执行“单行文字”命令，在合适的位置添加单行文字，如下图所示。

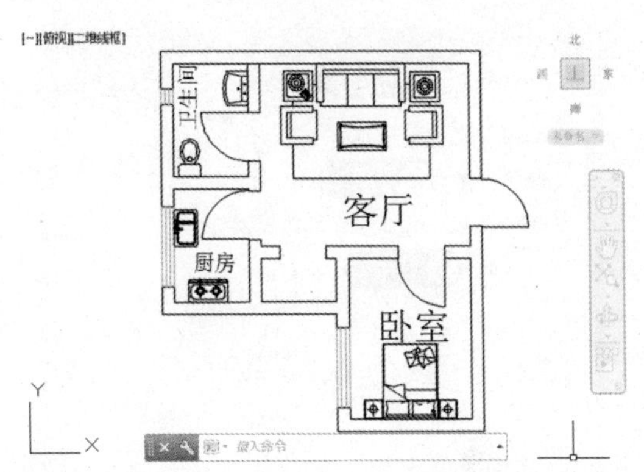

32 **修改标注样式** 打开“墙体轴线”图层，单击“注释”面板中的“标注样式”按钮，在弹出的对话框中单击“修改”按钮，如下图所示。

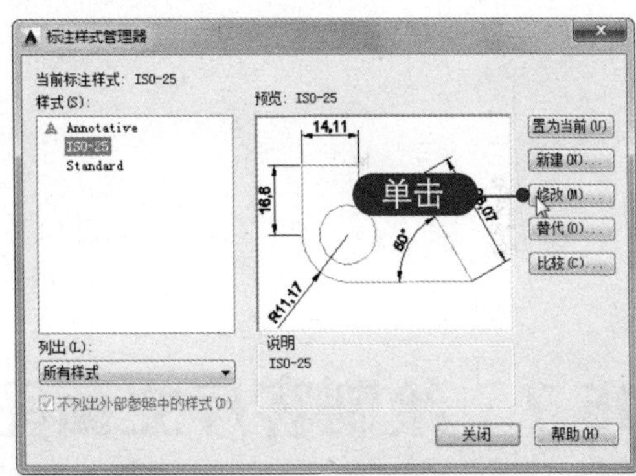

33 **设置线参数** 对尺寸线颜色、起点偏移量等参数分别进行修改，如下图所示。

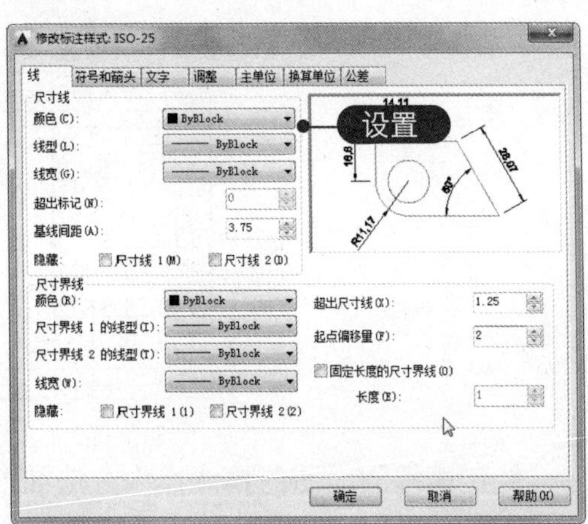

34 设置箭头样式和大小 选择"符号和箭头"选项卡，将箭头样式修改为"建筑标记"，并对箭头大小进行调整，如下图所示。

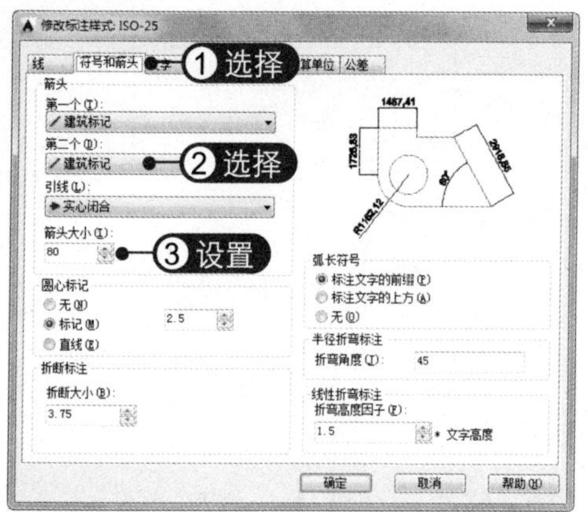

35 修改文字参数 选择"文字"选项卡，修改"文字高度"、"从尺寸线偏移"等参数，单击"确定"按钮，如下图所示。

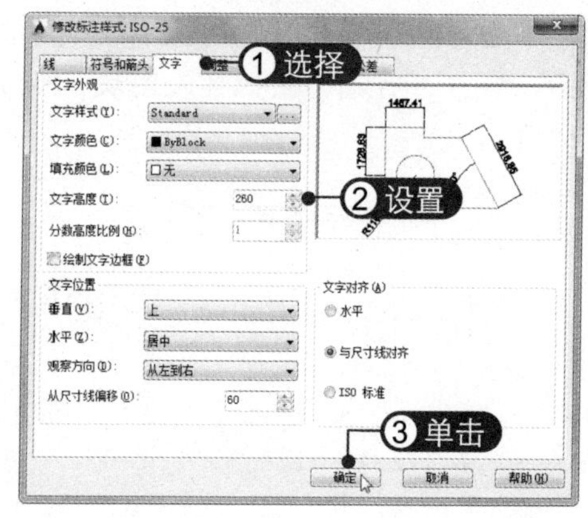

36 添加尺寸标注 执行"线性"命令，添加尺寸标注，关闭"墙体轴线"图层，查看最终效果，如下图所示。

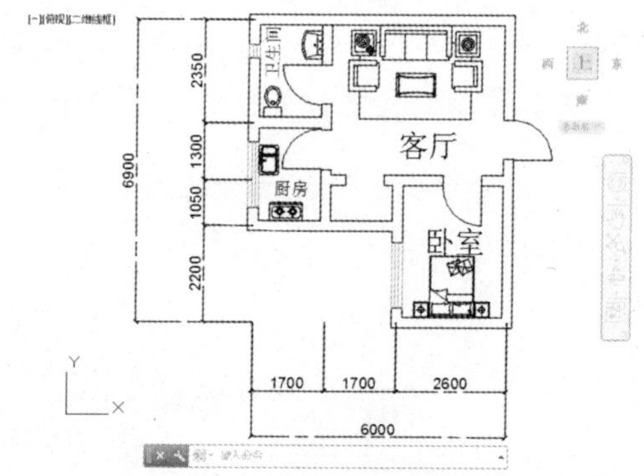

15.7 绘制客厅立面图

下面将绘制客厅立面图，其中涉及了绘制矩形、多重引线标注、图案填充、插入块等操作。

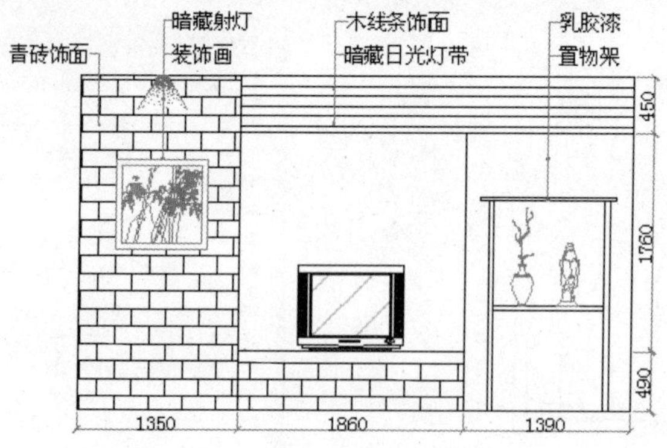

绘制客厅立面图的具体操作方法如下：

01 新建图层 打开“图层特性管理器”面板，创建一个新图层，将其命名为“线框”，并设为当前图层，如下图所示。

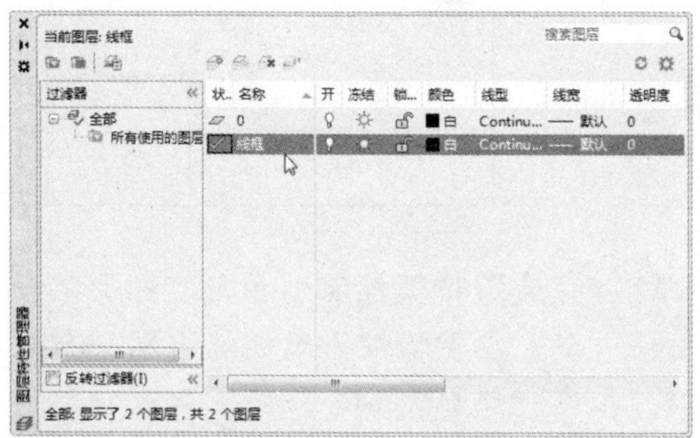

02 绘制矩形 输入REC，并按【Enter】键确认。执行“矩形”命令，以原点为顶点，绘制长为4600、宽为2700的矩形作为立面图的轮廓。

命令: REC
RECTANG
指定第一个角点或 [倒角(C)/标高(E)/圆角(F)/厚度(T)/宽度(W)]: 0,0
指定另一个角点或 [面积(A)/尺寸(D)/旋转(R)]: 4600,2700

03 查看图形效果 查看绘图区中的矩形图形效果，如下图所示。

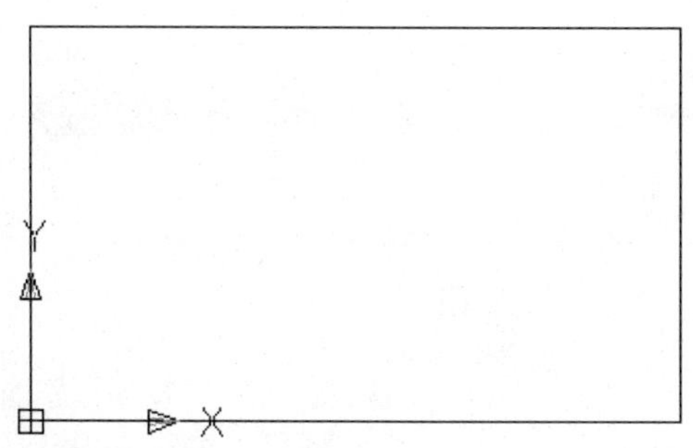

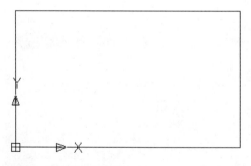

04 绘制饰面轮廓 输入L并按【Enter】键确认。执行“直线”命令，绘制一条长为2700的垂线，再绘制一条长为2250的垂线和长为3250的水平直线。

命令: L
LINE 指定第一点: 1350,0
指定下一点或 [放弃(U)]: 1350,2700
指定下一点或 [放弃(U)]:
命令:
LINE 指定第一点: 3210,0
指定下一点或 [放弃(U)]: 3210,2250
指定下一点或 [放弃(U)]:
LINE 指定第一点: 1350,2250
指定下一点或 [放弃(U)]: 4600,2250
指定下一点或 [放弃(U)]:

05 查看图形轮廓 查看绘图区中的立面图大致轮廓，如下图所示。

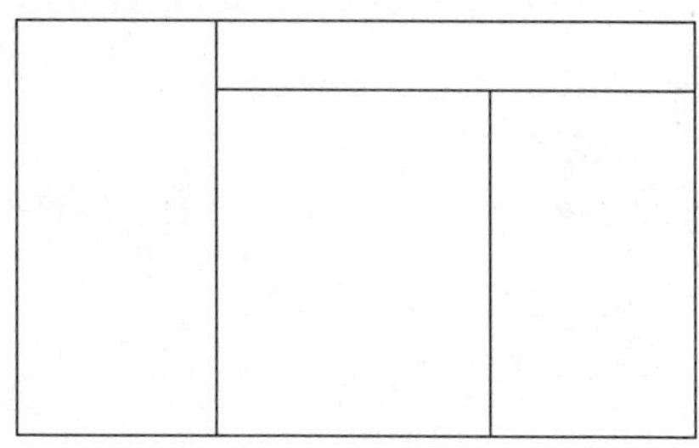

06 绘制并偏移复制直线 在指定位置绘制一条长为1860的水平直线，通过“偏移”工具以100为距离对其进行偏移复制。

命令: L
LINE 指定第一点: 1350,390
指定下一点或 [放弃(U)]: 3210,390
指定下一点或 [放弃(U)]:
命令: offset
当前设置: 删除源=否 图层=源
OFFSETGAP- TYPE=0
指定偏移距离或 [通过(T)/删除(E)/图层(L)] <100.0000>: 100

07 查看图形效果 查看绘制并偏移直线后的立面图轮廓，如下图所示。

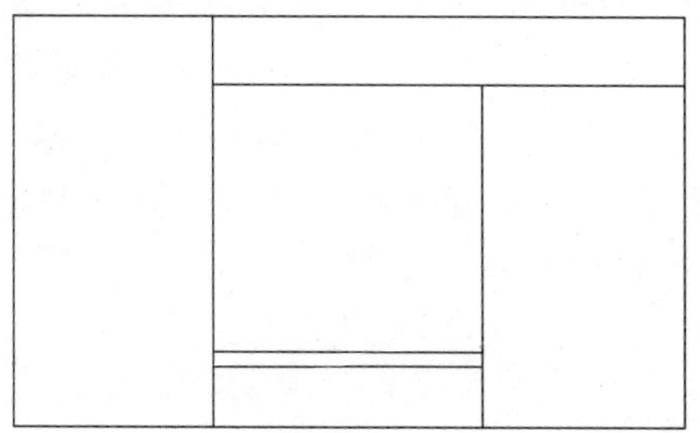

08 新建图层 打开“图层特性管理器”面板，创建一个新图层，将其命名为“置物架”，并设为当前图层，如下图所示。

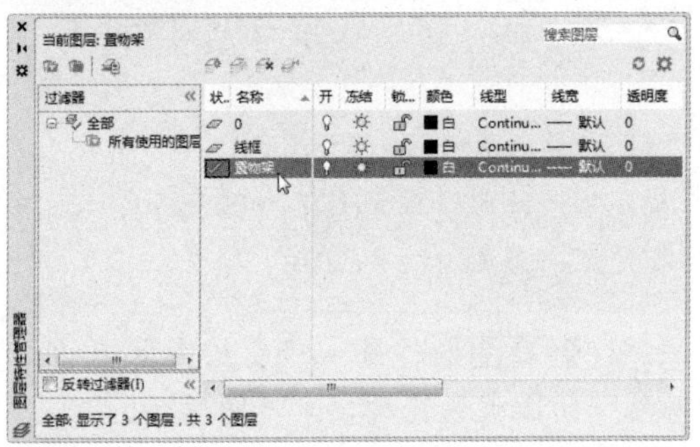

09 绘制直线 在指定位置分别绘制两条长为1700的垂线。

```
命令: L
LINE 指定第一点: 3400,0
指定下一点或 [放弃(U)]: 3400,1700
指定下一点或 [放弃(U)]:
命令:
LINE 指定第一点: 4370,0
指定下一点或 [放弃(U)]: 4370,1700
指定下一点或 [放弃(U)]: *取消*
```

10 查看绘制效果 查看绘制两条垂线后的图形效果，如下图所示。

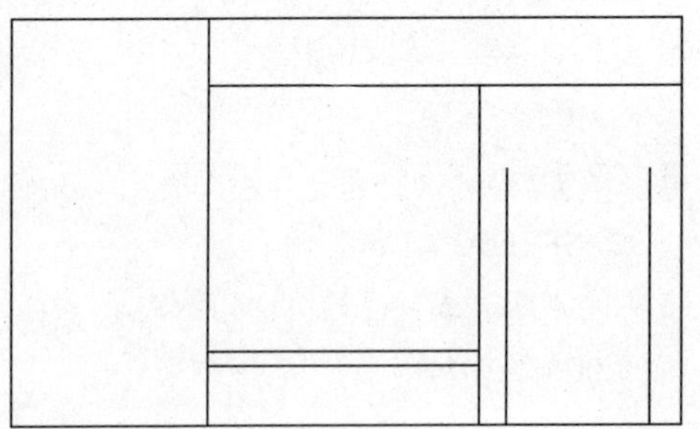

11 绘制并偏移复制直线 捕捉两条垂线的中心点，绘制一条水平直线。执行“偏移”命令，以40为距离分别对两条垂线向右进行偏移复制，以30为距离对水平直线向下进行偏移复制，如下图所示。

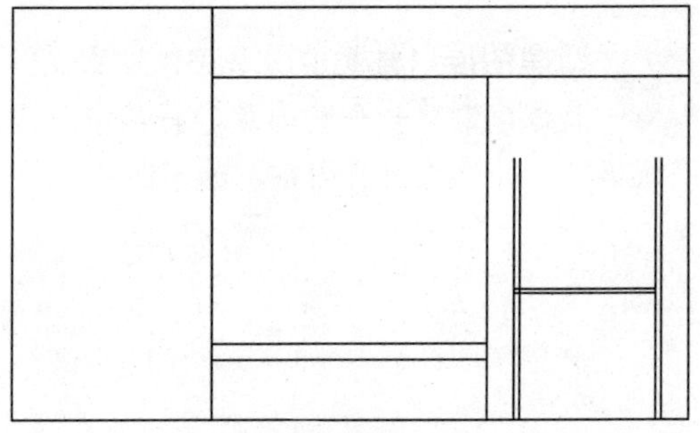

12 完成置物架绘制 执行“矩形”命令，在置物架轮廓顶端绘制一个矩形。执行“修剪”命令，修剪掉置物架图形上多余的线条，如下图所示。

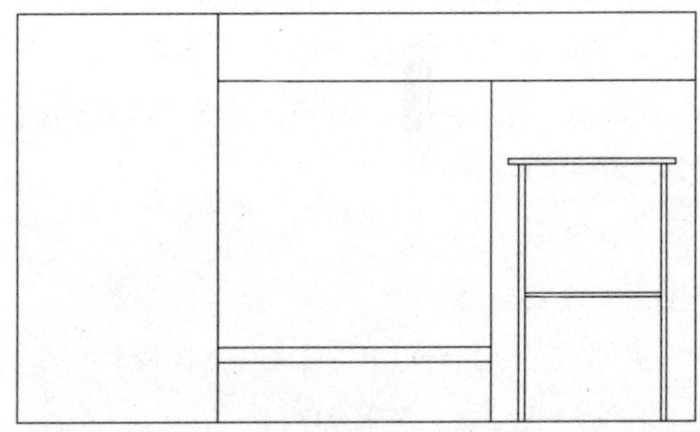

13 单击“浏览”按钮 创建一个新图层，将其命名为“图块”，并设为当前图层。单击“插入”选项卡下的“插入”按钮，弹出“插入”对话框，单击“浏览”按钮，如下图所示。

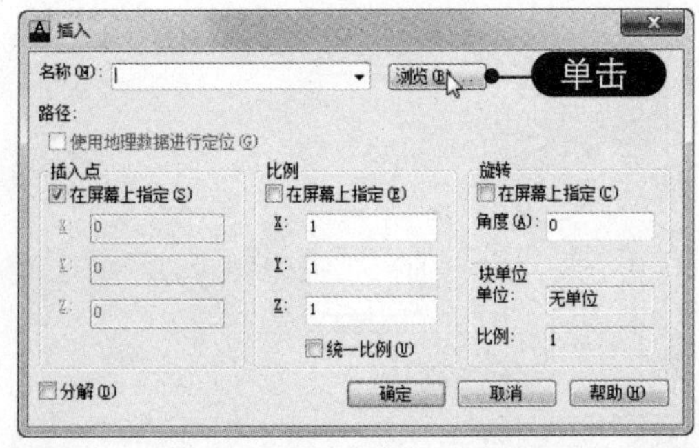

14 选择图形文件 弹出“选择图形文件”对话框，选择“客厅立面图块”文件，然后单击“打开”按钮，如下图所示。

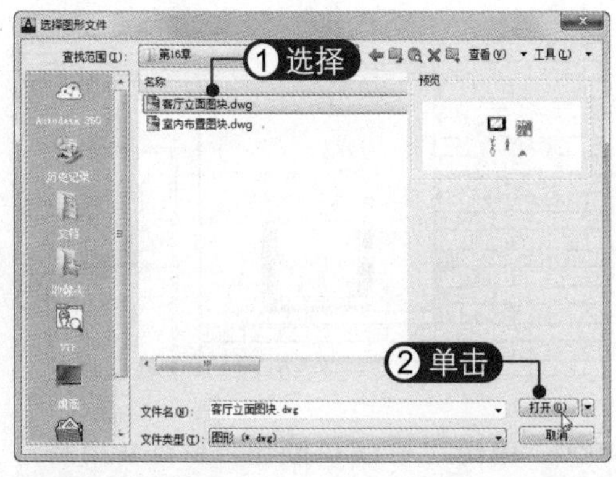

15 分解图块 将其插入到绘图区中，执行“分解”命令，将整个图块分解为单个图块，如下图所示。

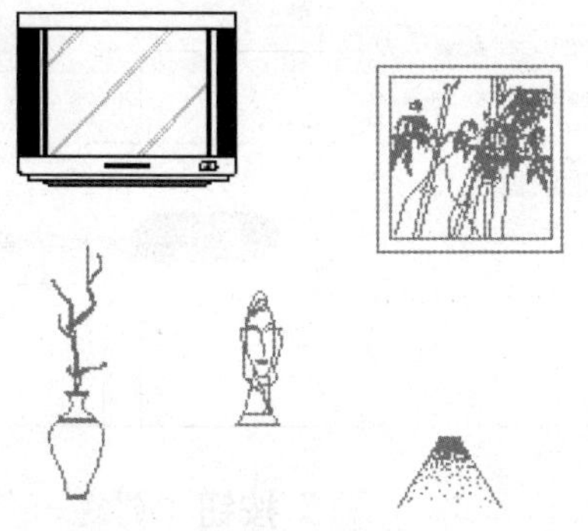

16 移动并缩放图块 将图块移到图形指定位置，可通过“修改”面板中的缩放工具适当缩放图块，如下图所示。

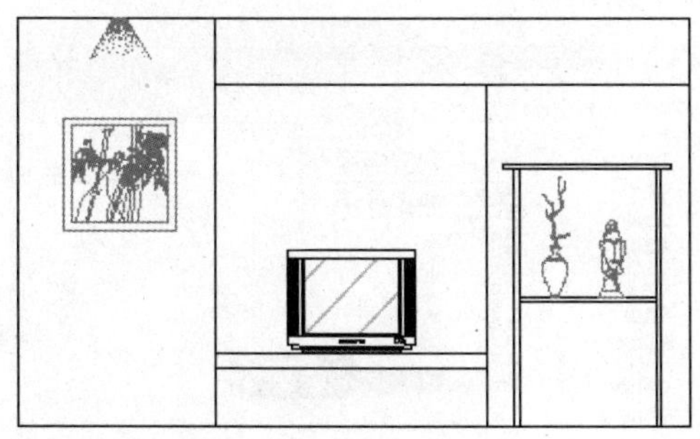

17 设置图案填充和比例 创建新图层，将其命名为“填充”，并设为当前图层。单击“绘图”面板中的“图案填充”按钮，自动切换到“图案填充创建”选项卡，单击“选项”面板的“图案填充设置”按钮，在弹出的对话框中设置填充图案和比例，如下图所示。

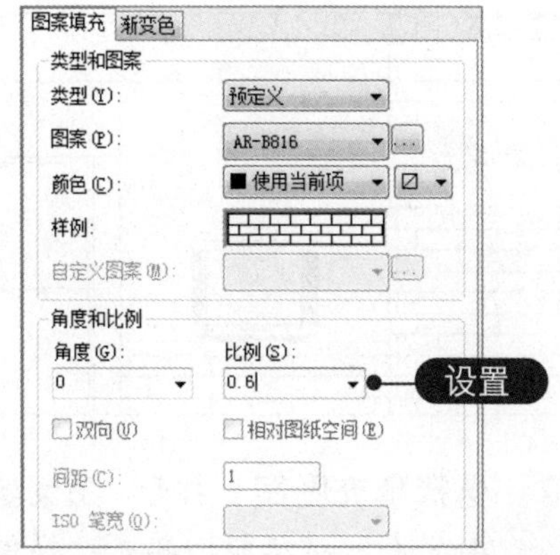

18 填充图案 通过“添加：拾取点”工具拾取图形左侧区域的内部点进行图案填充，如下图所示。

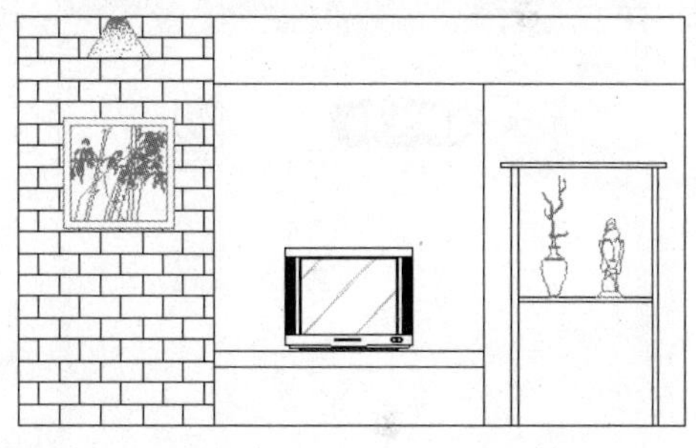

19 绘制图块轮廓 有时由于一些图块线条较多，在通过“添加：拾取点”工具拾取内部点进行图案填充时会等待很长的时间，这时可通过多段线工具绘制图块的轮廓，然后暂时将图块移走，再拾取内部点进行图案填充，如下图所示。

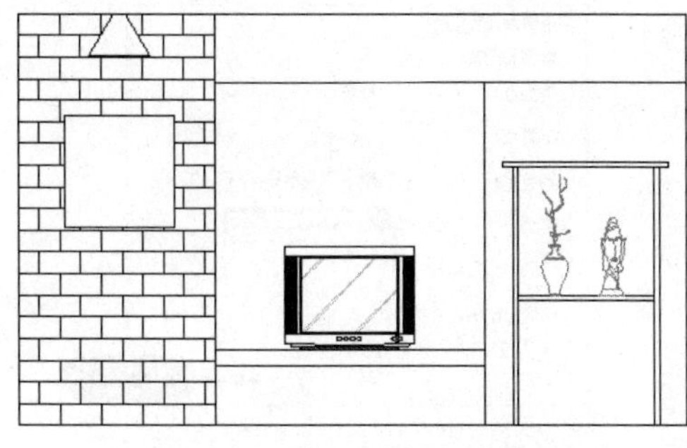

20 填充其他区域 双击图案填充，弹出“图案填充和编辑器”对话框，通过“添加：拾取点”工具拾取其他区域进行图案填充，如下图所示。

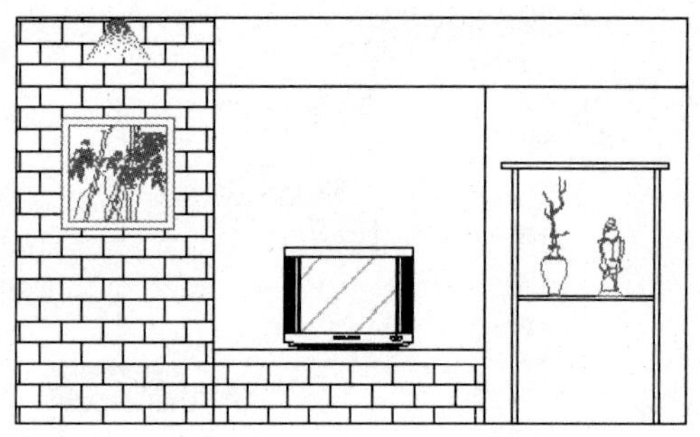

21 选择填充图案 打开“图案填充和渐变色”对话框，单击“样例”右侧的图标，弹出“填充图案选项板”对话框，选择ANSI选项卡下的ANSI31图案，然后单击“确定”按钮，如下图所示。

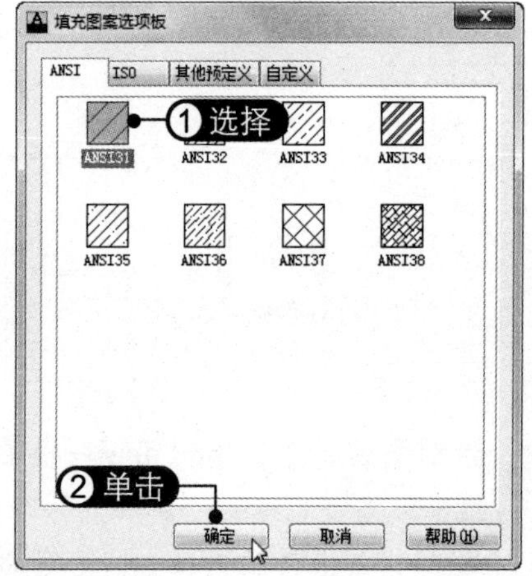

22 设置填充角度和比例 返回“图案填充和渐变色”对话框，设置填充角度和比例，如下图所示。

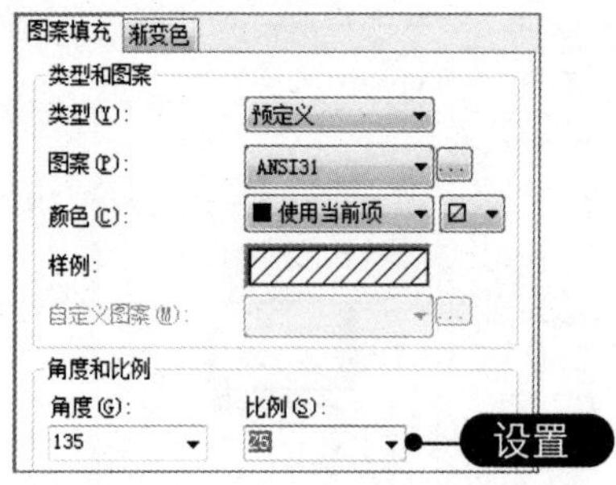

23 填充图案 通过“添加：拾取点”工具拾取内部点进行图案填充，如下图所示。

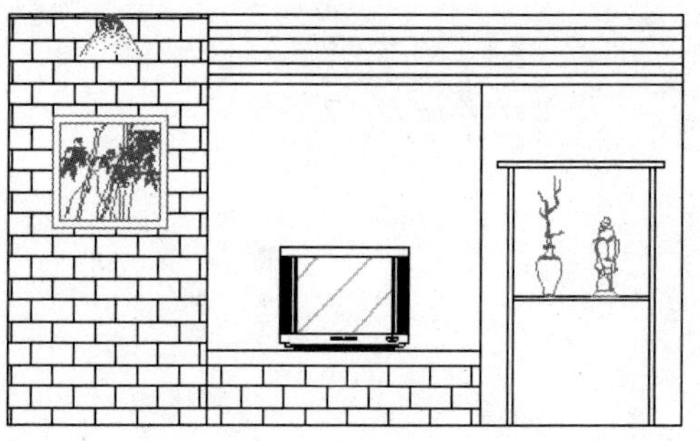

24 单击“修改”按钮 创建新图层，将其命名为“标注”，并设为当前图层。单击“注释”面板中的“多重引线样式”按钮，在弹出的对话框中单击“修改”按钮，如下图所示。

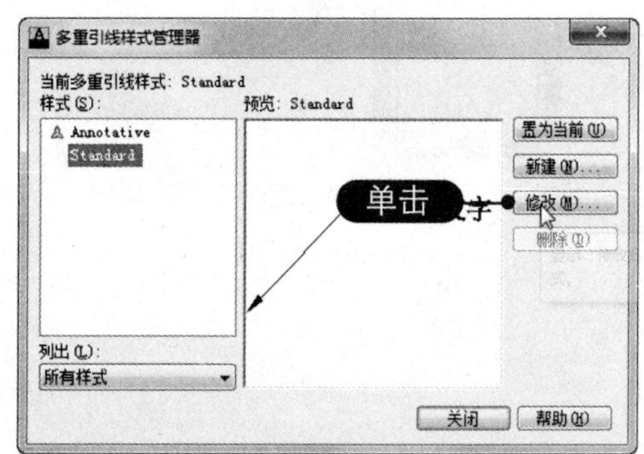

25 选择“选择颜色”命令 弹出“修改多重引线样式”对话框，在“颜色”下拉列表中选择“选择颜色”命令，如下图所示。

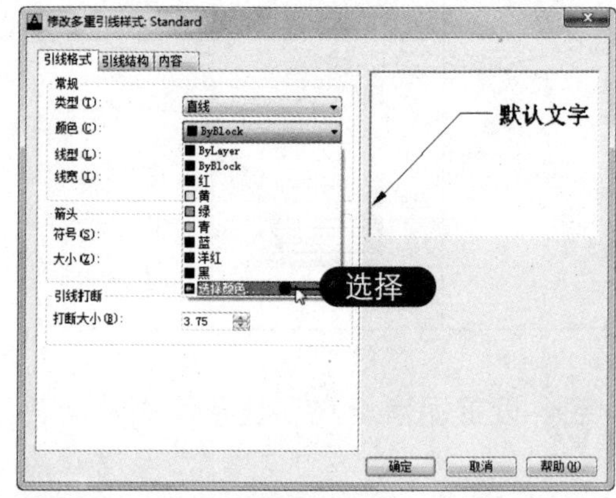

26 选择索引颜色 弹出“选择颜色”对话框，选择索引颜色8，然后单击“确定”按钮，如下图所示。

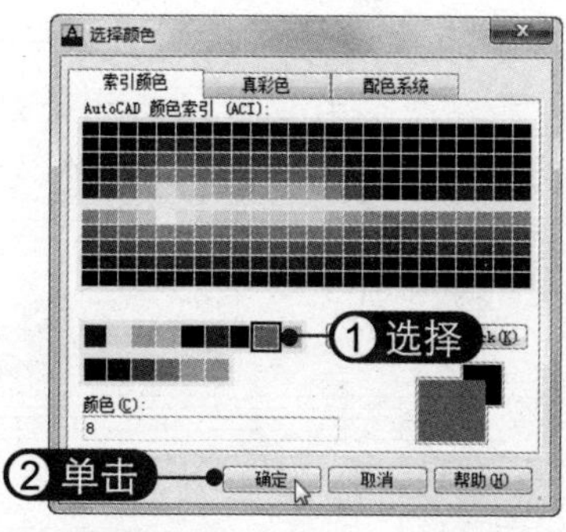

27 **设置引线点数** 选择“引线结构”选项卡，将“最大引线点数”设置为3，如下图所示。

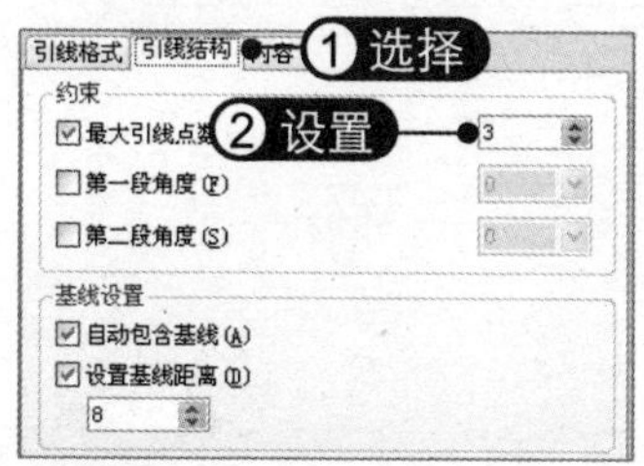

28 **设置文字高度** 选择“内容”选项卡，将文字高度设置为120，然后单击“确定”按钮，如下图所示。

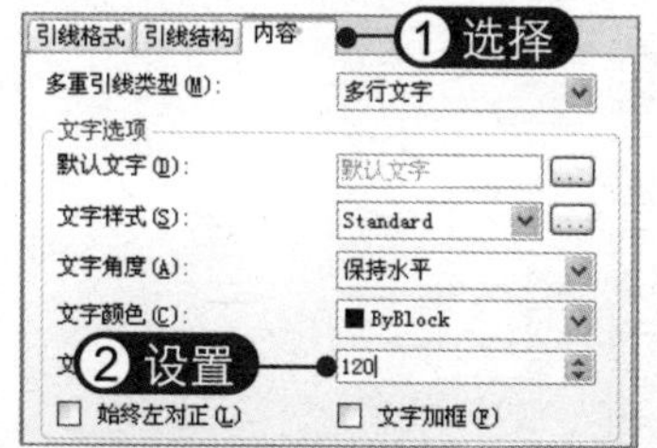

29 **添加多重引线标注** 在图形指定位置进行多重引线标注，如下图所示。

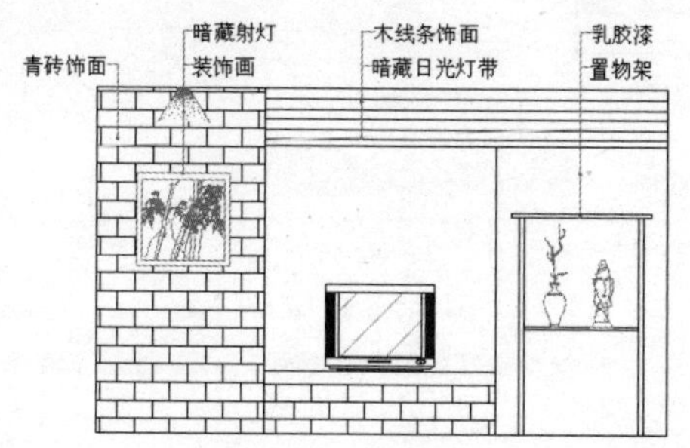

30 **单击“修改”按钮** 单击“注释”面板中的“标注样式”按钮，弹出“标注样式管理器”对话框，单击“修改”按钮，如下图所示。

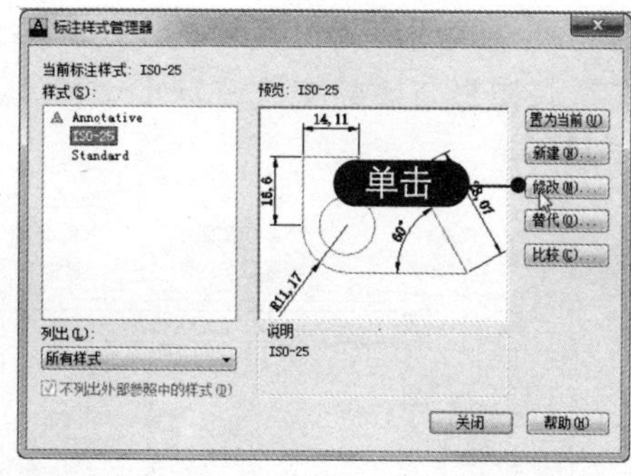

31 **设置线样式** 弹出“修改标注样式”对话框，在“线”选项卡下对尺寸线、延伸线的颜色，以及延伸线起点偏移量进行设置，如下图所示。

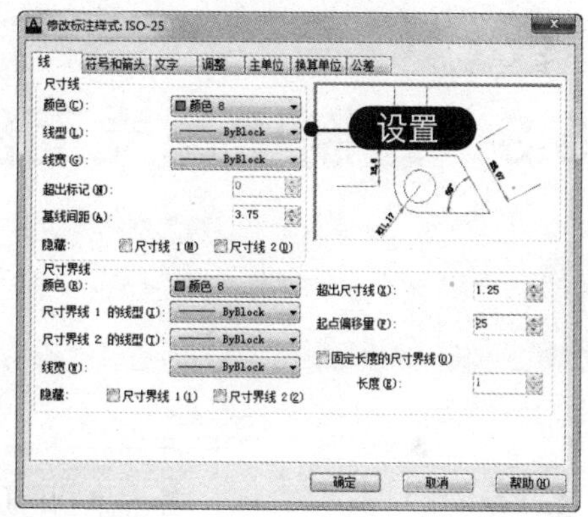

32 **修改箭头样式与大小** 选择“符号和箭头”选项卡，将箭头样式修改为“建筑标记”，并修改箭头大小，如下图所示。

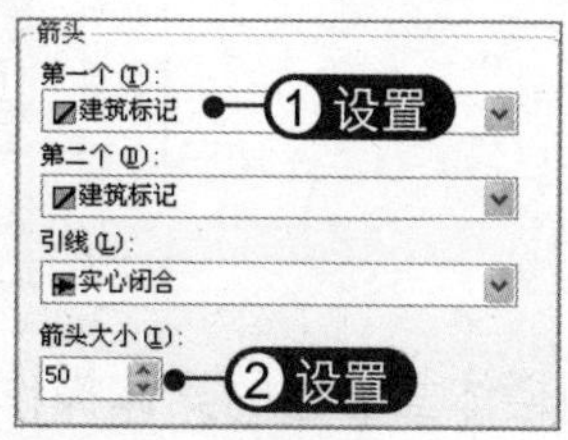

33 **修改文字高度** 选择“文字”选项卡，将文字高度修改为120，然后单击“确定”按钮，如下图所示。

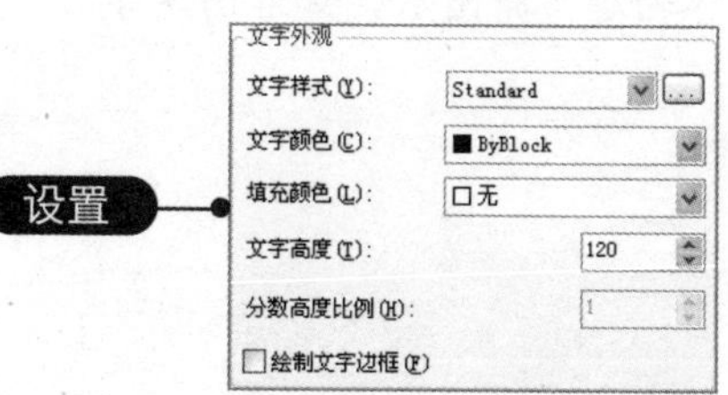

34 标注尺寸 通过线性和连续工具捕捉图形下方的交点进行尺寸标注，如下图所示。

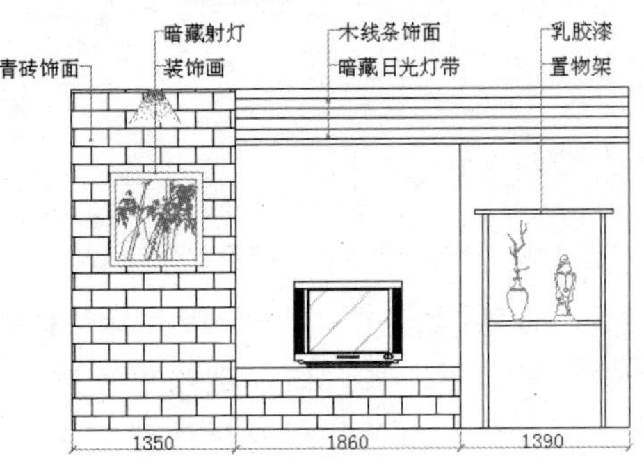

35 继续标注尺寸 通过线性和连续工具在图形右侧进行尺寸标注，即可完成客厅立面图的绘制，最终效果如下图所示。

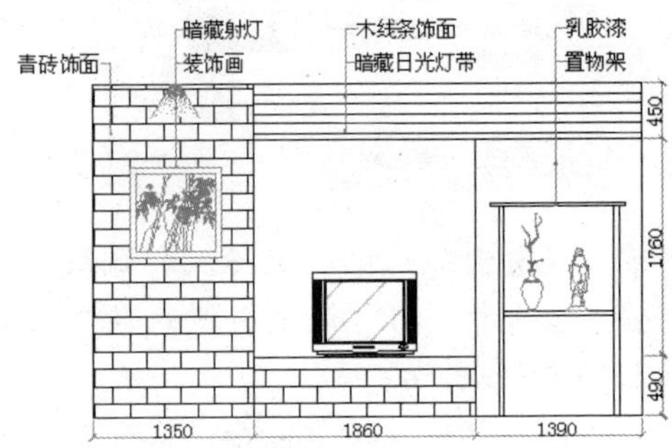

15.8 绘制楼体立面图

下面绘制楼体立面图，其中涉及“矩形”、“偏移”、“修剪”、“矩形阵列”、“图案填充”和“单行文字”等工具的使用，最终效果如下图所示。

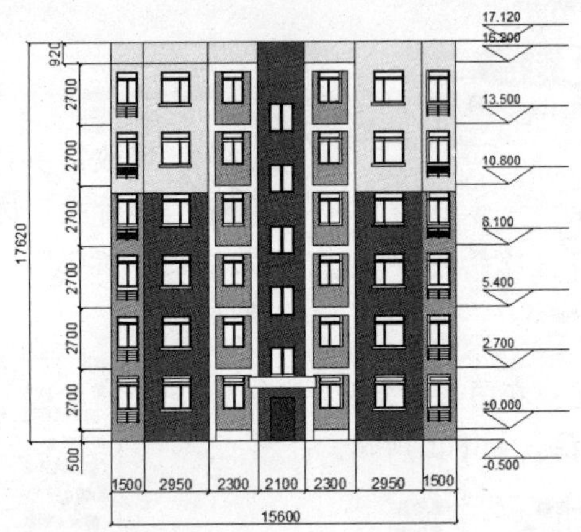

绘制楼体立面图的具体操作方法如下：

01 新建图层 新建“楼体立面图”文件，打开“图层特性管理器”面板，创建“墙体轮廓”新图层，如右图所示。

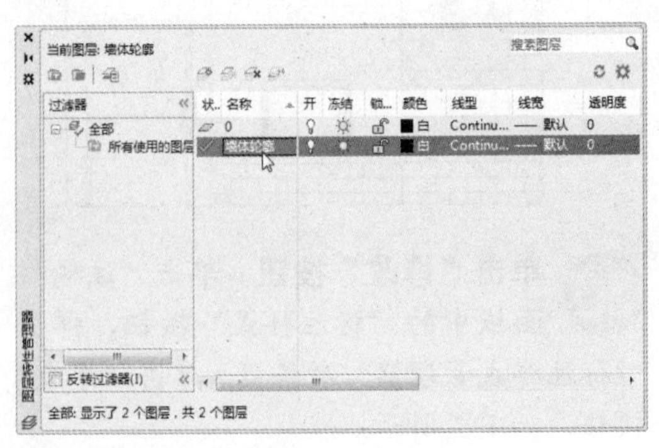

02 绘制矩形 执行"矩形"命令，绘制长为17620、宽为15600的矩形作为建筑物外部轮廓，如下图所示。

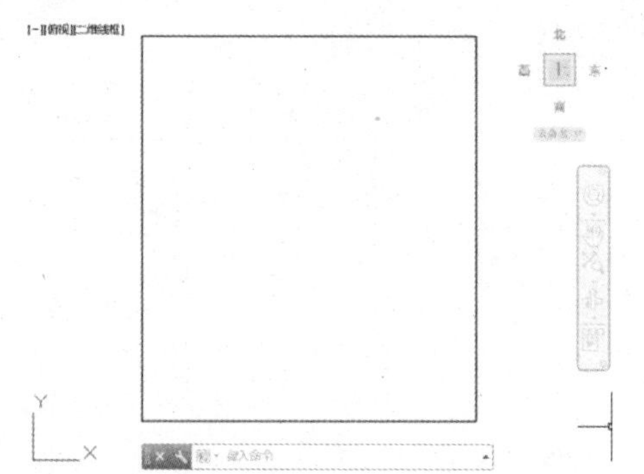

03 偏移对象 执行"分解"命令，将矩形分解为单个直线。执行"偏移"命令，以1500、2950、2300为距离，将矩形左侧边向右进行偏移复制；以500为距离，将矩形底边向上偏移复制出一个副本对象；以2700为距离，将矩形底边向上偏移复制出另外6个副本对象，如下图所示。

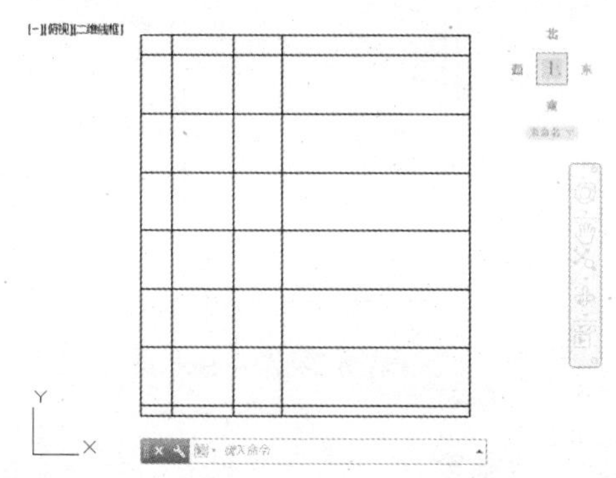

04 偏移复制对象 执行"复制"命令，选择新创建的6个副本对象，以偏移距离为350向下进行复制，如下图所示。

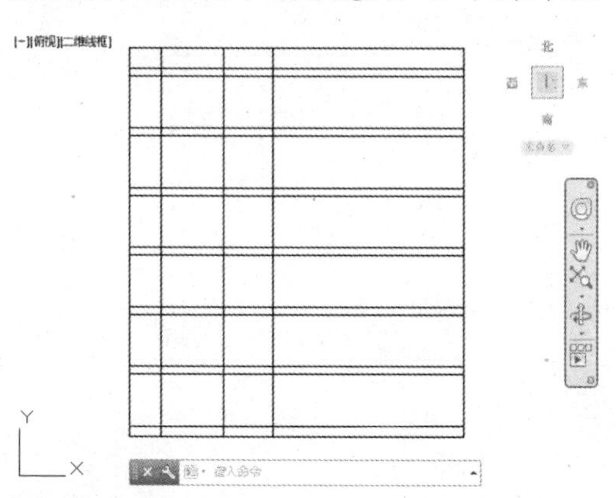

05 绘制窗户 新建"窗户"图层，并置为当前图层。执行"矩形"命令，绘制长为1000、宽为330和长为1100、宽为500的两个矩形作为窗户，如下图所示。

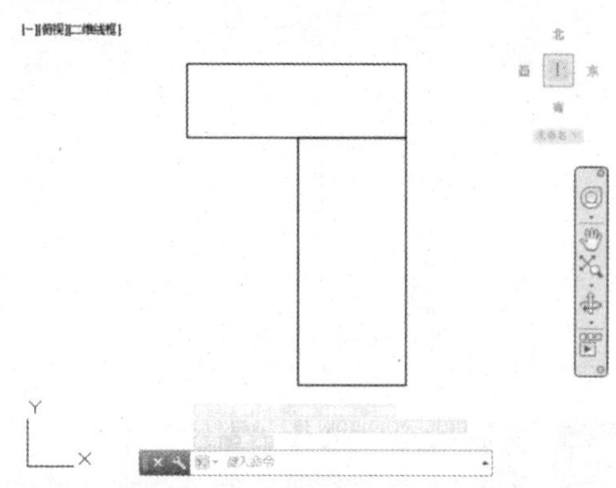

06 偏移复制对象 执行"偏移"命令，以60为距离将新绘制的矩形向内进行偏移复制，如下图所示。

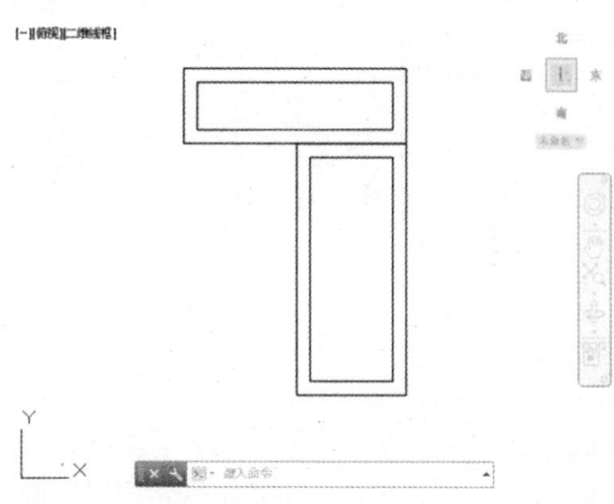

07 复制并分解对象 执行"复制"命令，复制下方两个矩形到左侧。执行"分解"命令，将新复制出的小矩形进行分解，如下图所示。

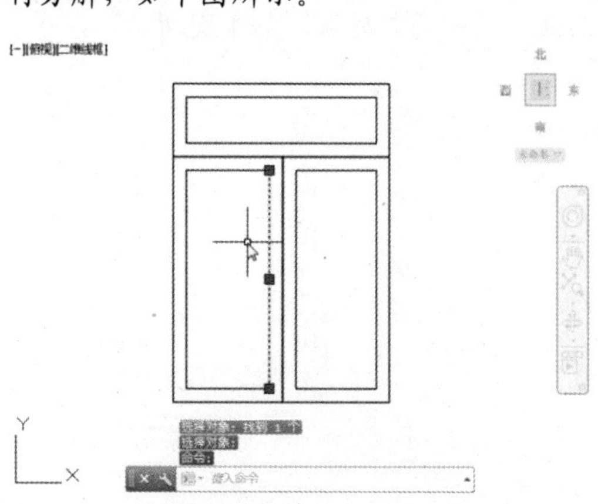

08 移动夹点 改变其右侧夹点位置，即可完成厨房窗户的绘制，如下图所示。

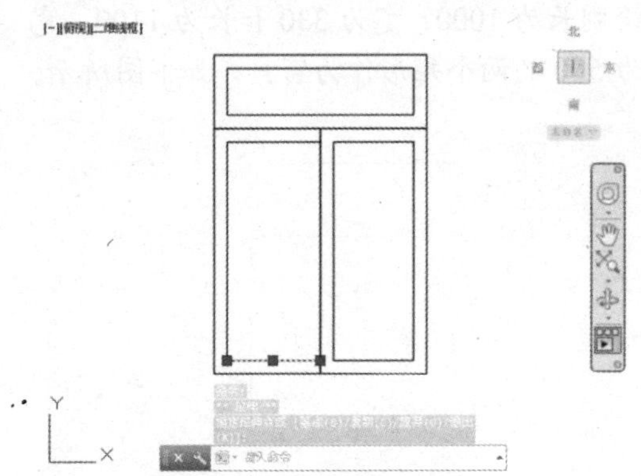

09 复制窗户 执行“直线”命令，在第3、4条垂线间绘制一条水平定位线。执行“复制”命令，沿定位线中点所在垂线将新绘制的厨房窗户图形移到所需的位置，如下图所示。

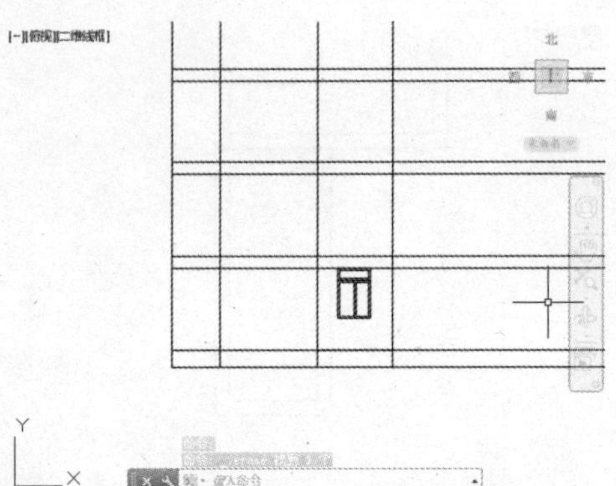

10 阵列复制对象 执行“矩形阵列”命令，选择窗户图形，并按【Enter】键确认。通过移动光标指定项目数为6，输入S并按【Enter】键确认，指定行间距为2700，阵列复制对象，如下图所示。

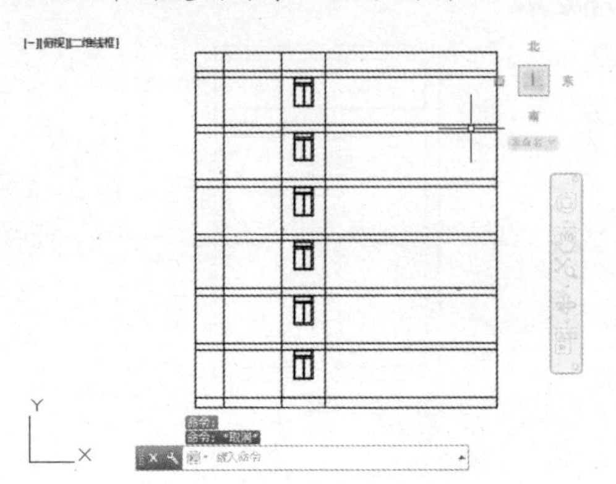

11 窗交选择 执行“拉伸”命令，通过“窗交”选择方式选择之前绘制窗户图形的一部分，并按【Enter】键确认，如下图所示。

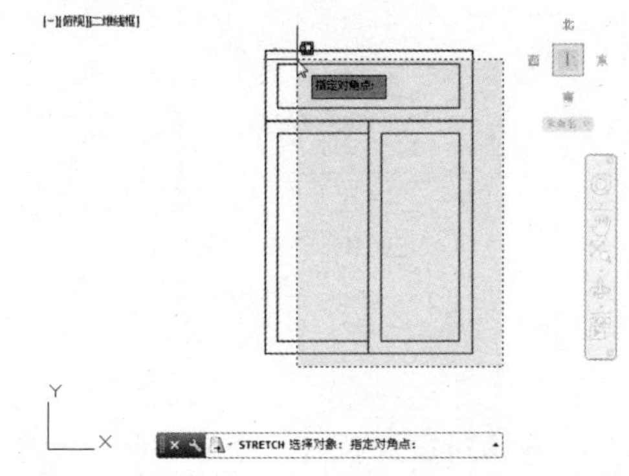

12 位移对象 通过端点对象捕捉指定图形左下方角点为位移基点，输入位移距离300，并按【Enter】键确认，如下图所示。

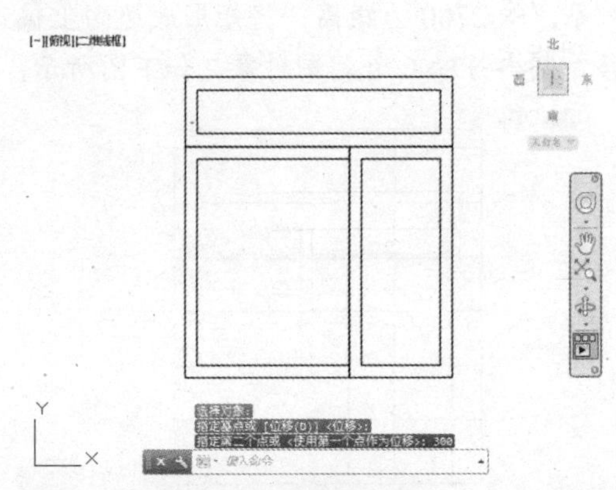

13 绘制窗台 执行“矩形”命令，在图形下方绘制一个长为1480、宽为100的矩形作为窗台部分，即可完成书房窗户的绘制，效果如下图所示。

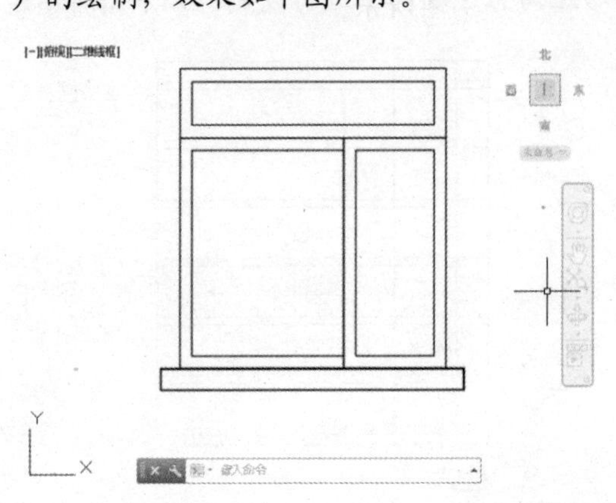

14 阵列复制窗户图形 用同样的方法将新创建的书房窗户图形阵列复制到合适的位置，如下图所示。

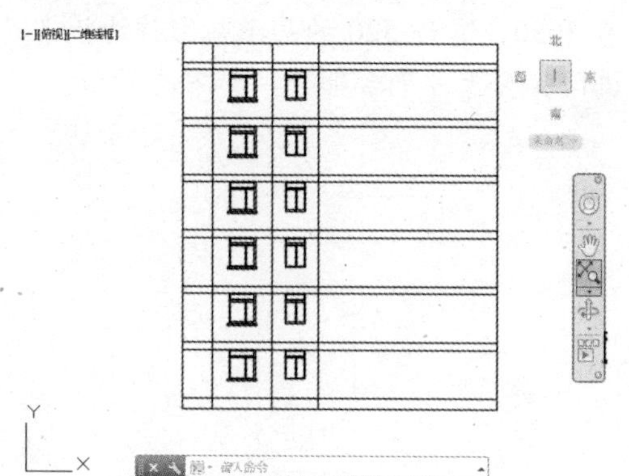

15 绘制并阵列矩形 执行“矩形”命令，绘制一个长为1000、宽为120的矩形，并在其下方绘制长为480、宽为36的矩形，并将其复制到指定位置。绘制长为928，宽为15的矩形，并复制阵列对象到指定位置，如下图所示。

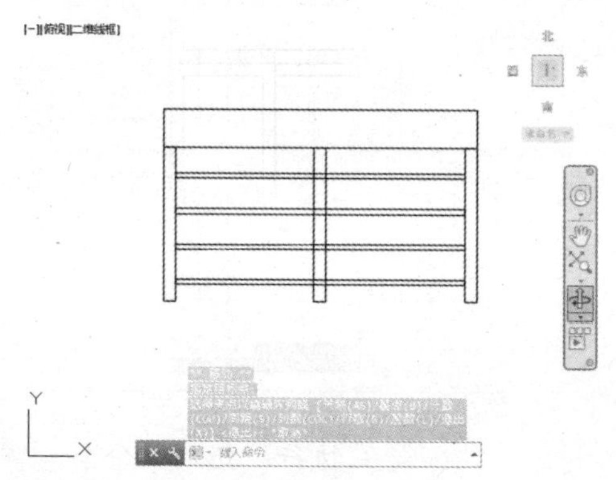

16 修剪对象 分解复制后的对象，通过修剪工具修剪与中间矩形相交的直线，如下图所示。

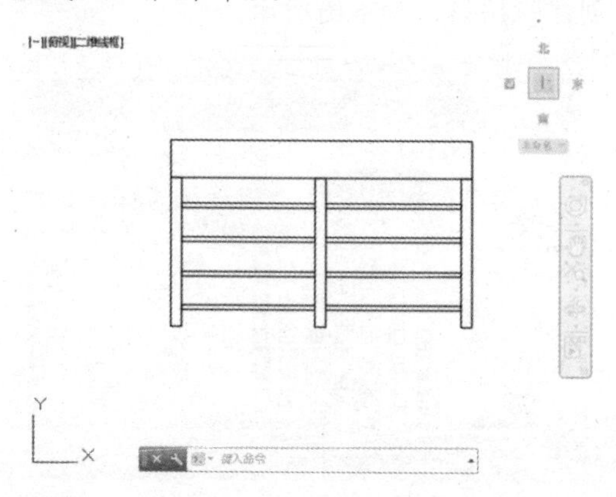

17 移动并阵列复制对象 将修剪后的对象移到最初绘制的窗户图形的下方作为空调位部分，即可完成卧室窗户绘制。再将其阵列复制到合适的位置，如下图所示。

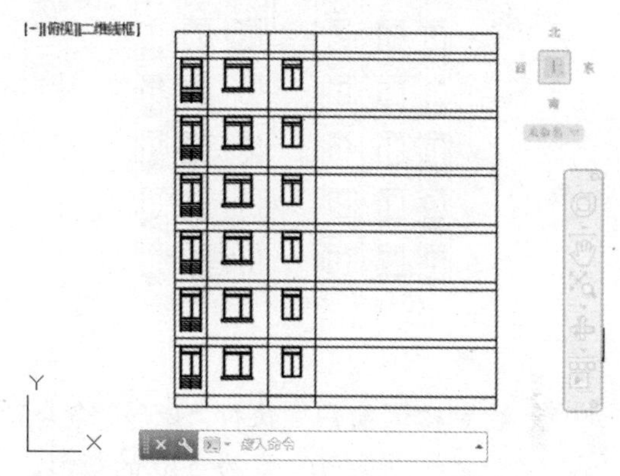

18 偏移复制对象 执行“偏移”命令，以350为距离，将第3、4条垂线分别向内进行偏移复制，如下图所示。

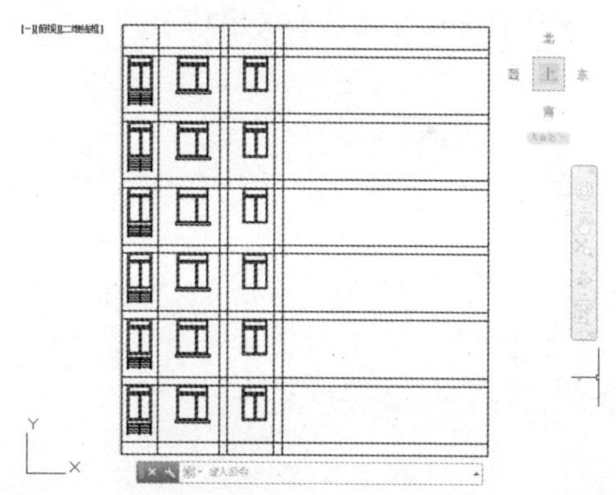

19 修剪对象 执行“修剪”命令，修剪图形并删除多余的直线，如下图所示。

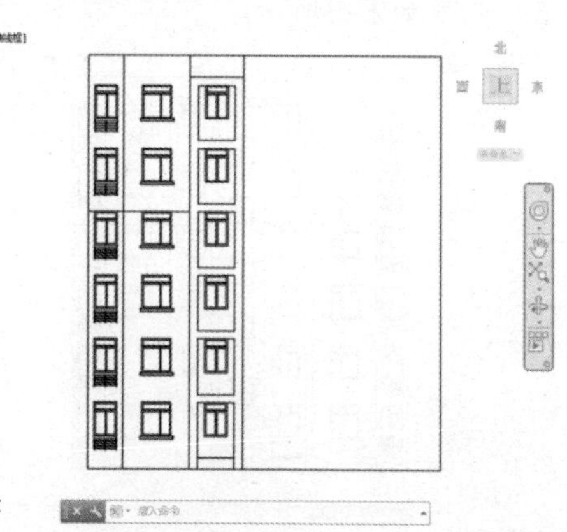

20 **镜像复制图形** 执行"镜像"命令，以墙体外部轮廓的中垂线为镜像线，将全部图形进行镜像复制，如下图所示。

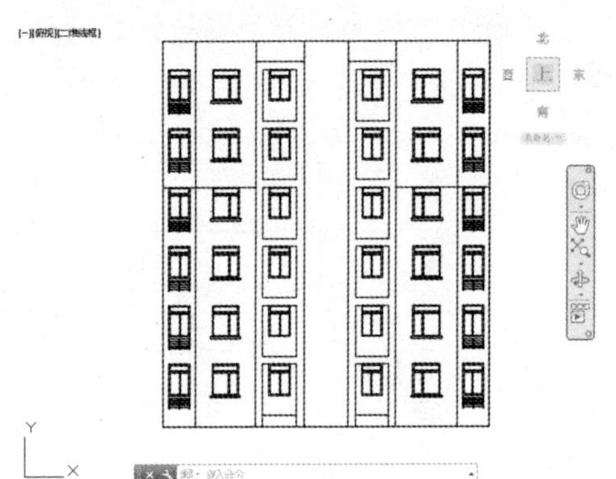

21 **绘制楼道窗户** 执行"矩形"命令，绘制长为1270、宽为540的矩形，然后执行"偏移"命令，以60为距离将其向内偏移复制。执行"复制"命令，在一侧创建两个矩形的副本对象，即可完成楼道窗户的绘制，效果如下图所示。

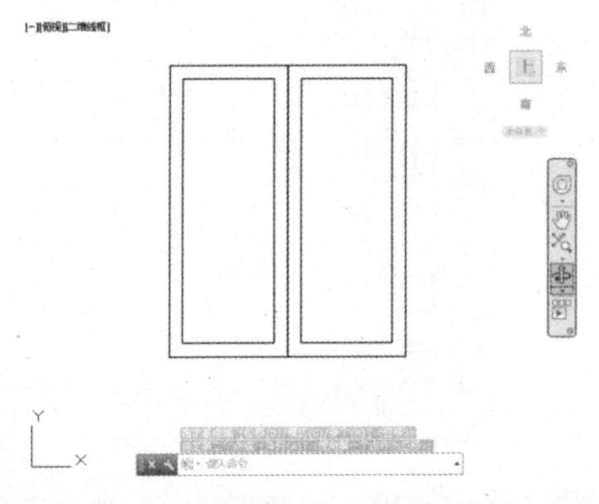

22 **阵列复制楼道窗户** 将新创建的楼道窗户图形阵列复制到合适的位置，效果如下图所示。

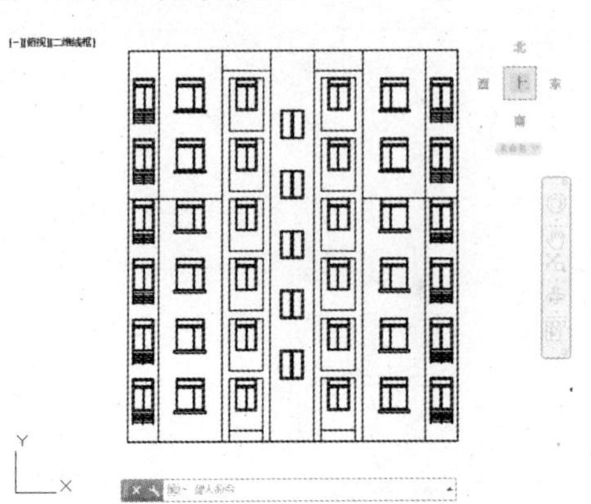

23 **绘制对讲门和平台** 新建"对讲门"图层，并置为当前图层。执行"矩形"命令，绘制长为1900、宽为1100和长为3050、宽为520的两个矩形作为楼宇对讲门和其上方平台部分，如下图所示。

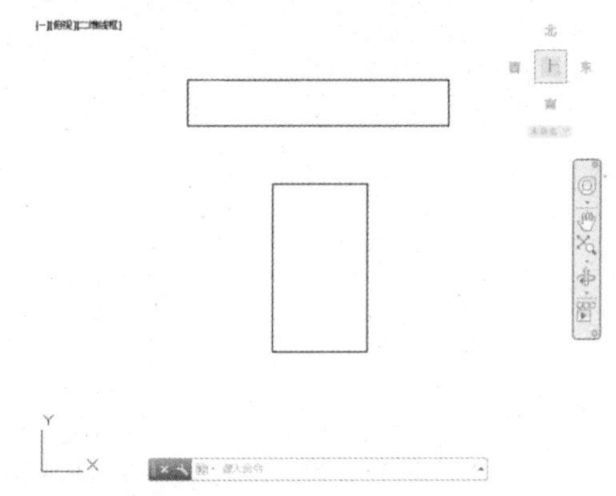

24 **修剪图形** 移到合适的位置，执行"修剪"命令，减去与其相交的多余线条，如下图所示。

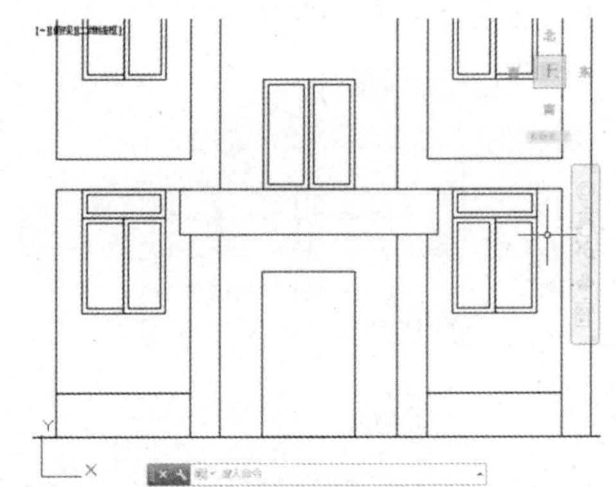

25 **单击"图案填充创建"按钮** 创建"填充"图层，并置为当前图层。执行"图案填充"命令，单击"图案填充创建"按钮，如下图所示。

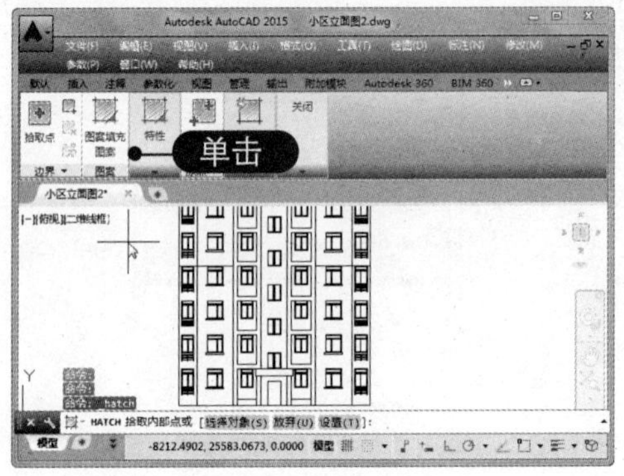

26 **设置填充参数** 修改“图案填充类型”为“实体”，选择合适的图案填充颜色，如下图所示。

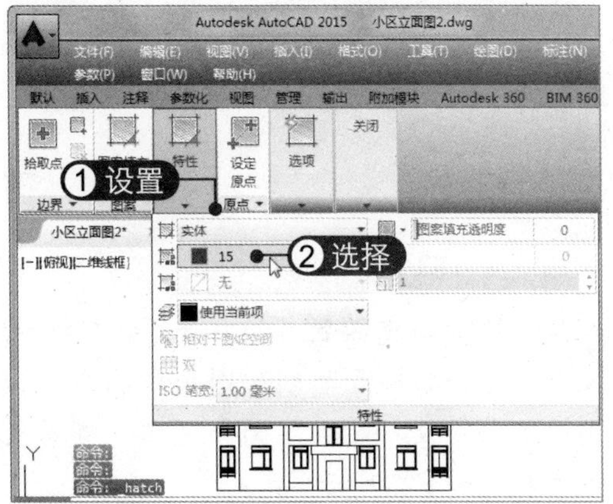

27 **填充图形** 将所选颜色填充到合适的位置，然后用同样的方法用其他颜色填充墙体图形和对讲门图形对象，如下图所示。

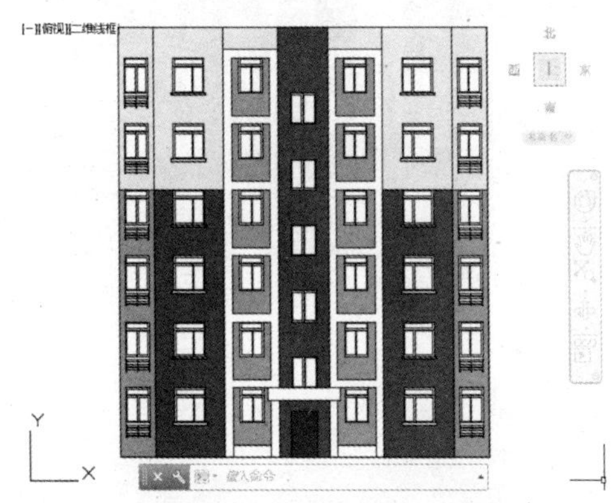

28 **修改标注样式** 单击“注释”面板中的“标注样式”按钮，在弹出的对话框中单击“修改”按钮，如下图所示。

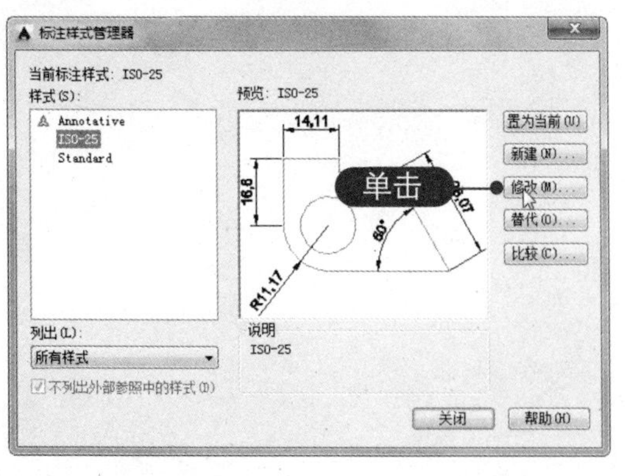

29 **设置线参数** 在“线”选项卡下对尺寸线、尺寸界线的颜色及尺寸界线起点偏移量等进行设置，如下图所示。

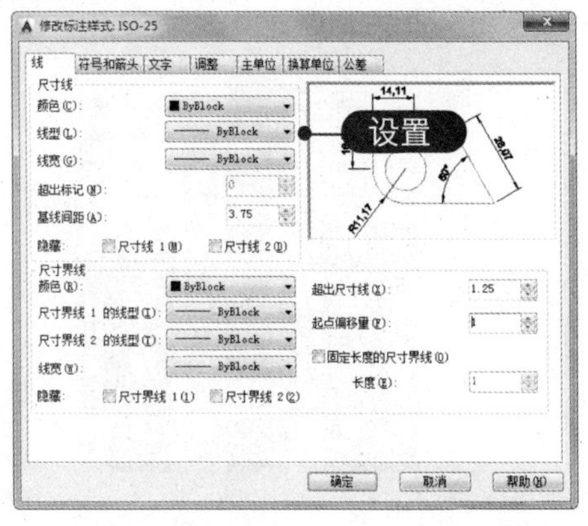

30 **设置箭头参数** 选择“符号和箭头”选项卡，将箭头样式修改为“建筑标记”，修改箭头大小，如下图所示。

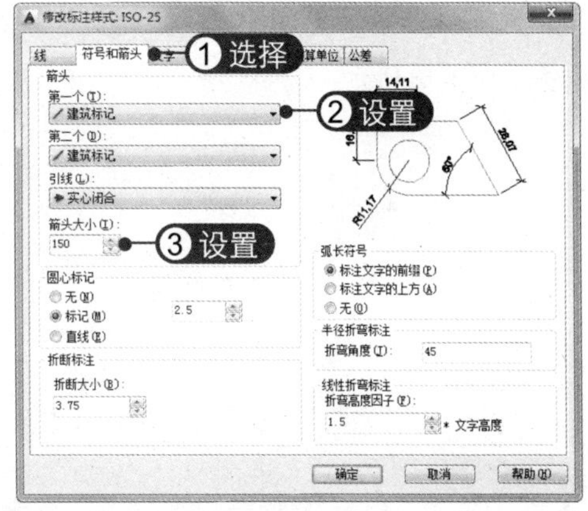

31 **设置文字参数** 选择“文字”选项卡，将“文字高度”修改为470，设置“从尺寸线偏移”值为100，然后单击“确定”按钮，如下图所示。

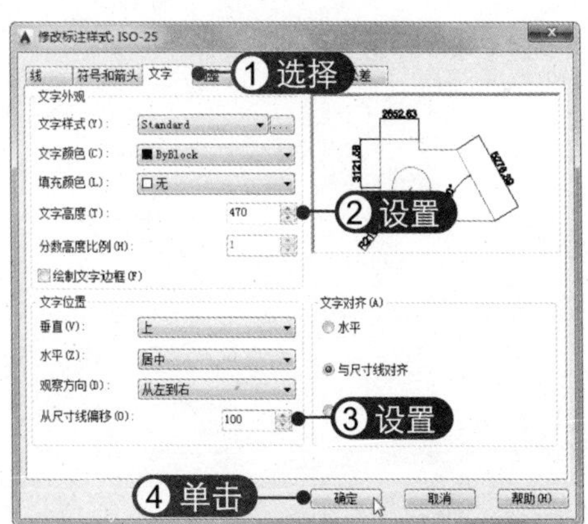

32 **添加尺寸标注** 新建“标注”图层，并置为当前图层。执行“线性”和“连续”命令，在合适的位置添加尺寸标注，如下图所示。

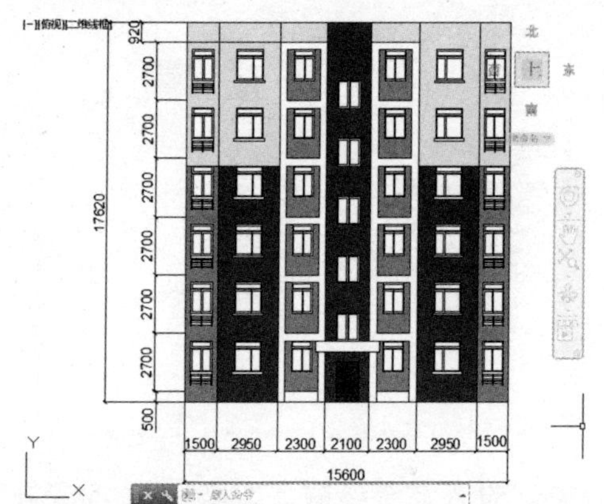

33 **添加标高标注** 执行“直线”命令，绘制 45° 的等腰三角形和其水平延伸线。执行“单行文字”命令，添加标高数字，如下图所示。

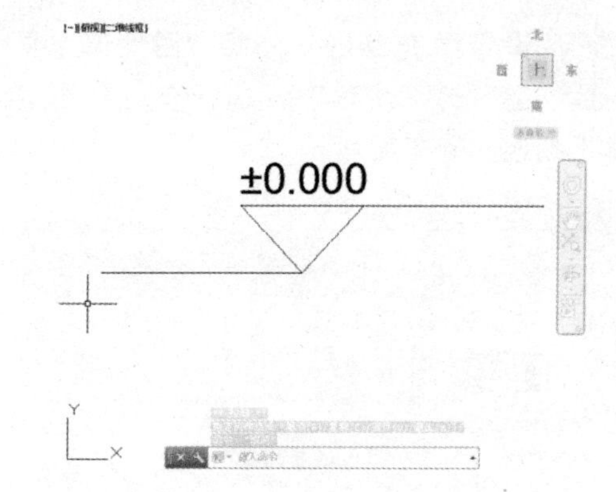

34 **复制标高符号** 执行“复制”命令，将标高符号复制到图形中的合适位置，依次修改标高数字为合适值，查看最终效果，如下图所示。

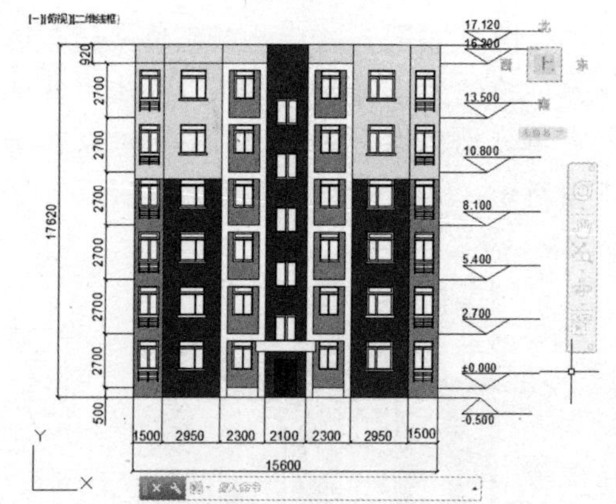

Chapter 16 AutoCAD 机械设计绘图

本章通过几个典型的机械制图实例介绍如何使用 AutoCAD 2015 绘制六角头螺栓、圆柱齿轮等二维标准件和常用件，以及如何绘制推力球轴承、法兰盘等三维标准件和常用件，使读者进一步巩固 AutoCAD 2015 的绘图方法与技巧。

本章要点 

- 绘制二维标准件和常用件
- 绘制三维标准件和常用件

知识等级 

AutoCAD 高级读者

建议学时 

建议学习时间为 200 分钟

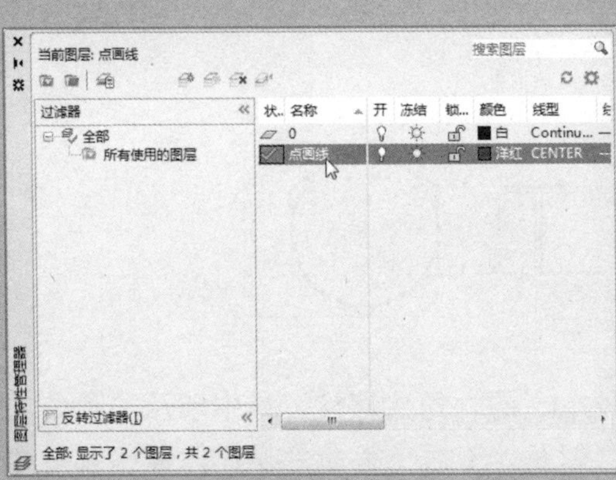

16.1　绘制二维标准件和常用件

在各式机器与设备中经常要用到螺栓、螺母、垫圈、齿轮、键、销、弹簧以及轴承等零件，这些零件统称为标准件或常用件。这些零件的结构与参数均已标准化，其画法、代号等在国家标准中已有明确规定。

16.1.1　绘制六角头螺栓

螺栓是由头部和螺杆两部分组成的紧固件，需与螺母配合使用，从而连接厚度不大的两个零件。螺栓按头部形状的不同可以分为六角头螺栓、圆头螺栓、方形头螺栓、沉头螺栓等类型，其中六角头螺栓最为常用，如下图所示。

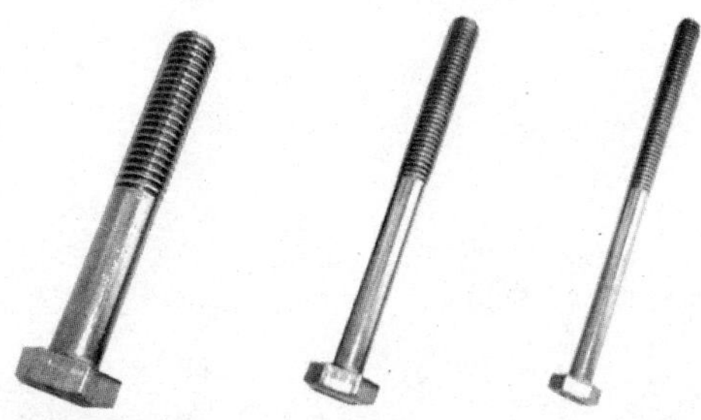

绘制螺纹紧固件的方法可以分为比例画法和查表画法两种。螺纹紧固件的结构型式和尺寸可以根据其标记在有关标准中查阅。为了简化作图，可以采用比例画法进行绘制，即除公称长度 L 和公称直径 d 根据要求确定外，其余各部分尺寸都按与公称直径 d 的比例进行确定，如下图所示。

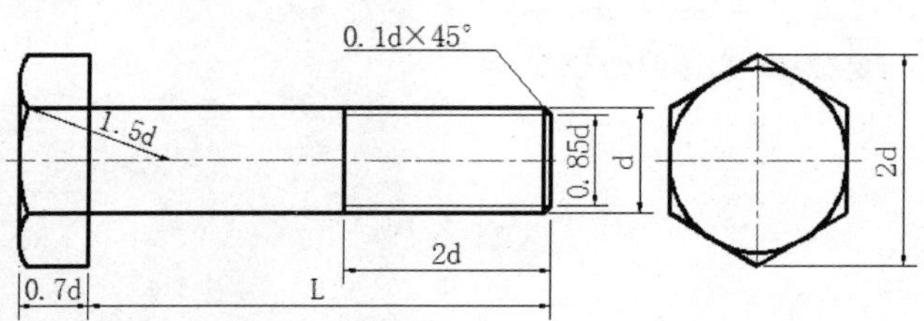

下面将绘制公称直径为 10、公称长度为 45 的六角头螺栓，其中涉及“圆心，半径”、“构造线”、“偏移”、“修剪”、“倒角”以及“引线”等命令操作，最终效果如下图所示。

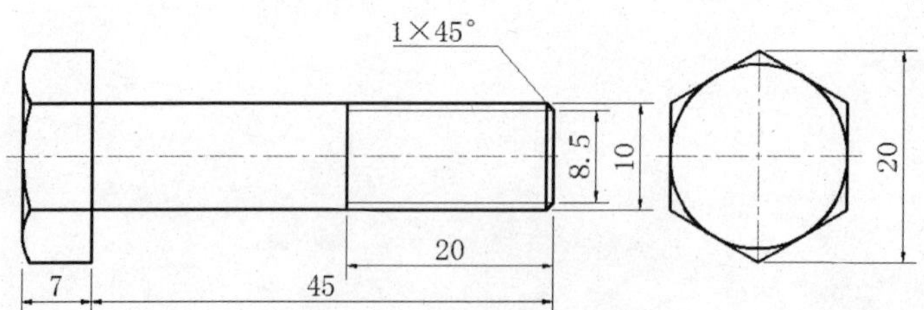

绘制六角头螺栓图形的具体操作方法如下：

01 新建“点画线”图层 新建“点画线”图层，更改其线型与颜色，并置为当前图层，如下图所示。

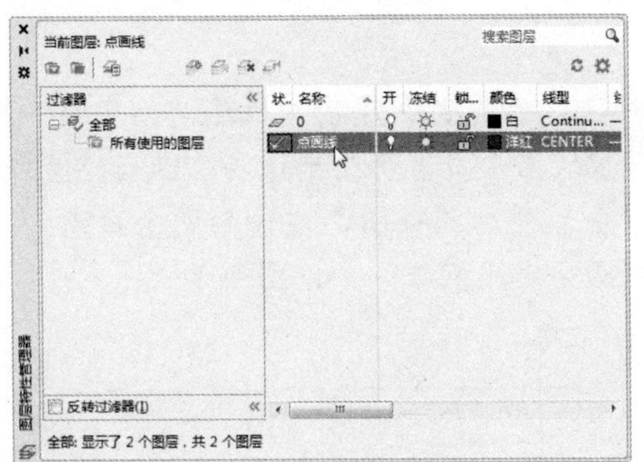

02 绘制直线 执行“直线”命令，绘制长宽均为20且垂直相交的直线作为图形绘制的辅助线，如下图所示。

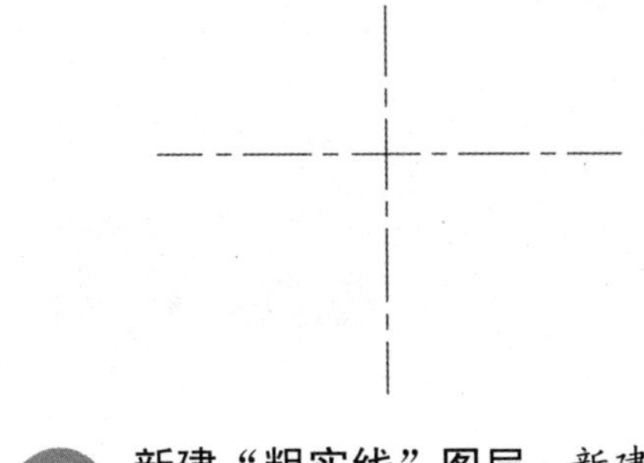

03 新建“粗实线”图层 新建“粗实线”图层，更改其线宽，并置为当前图层，如下图所示。

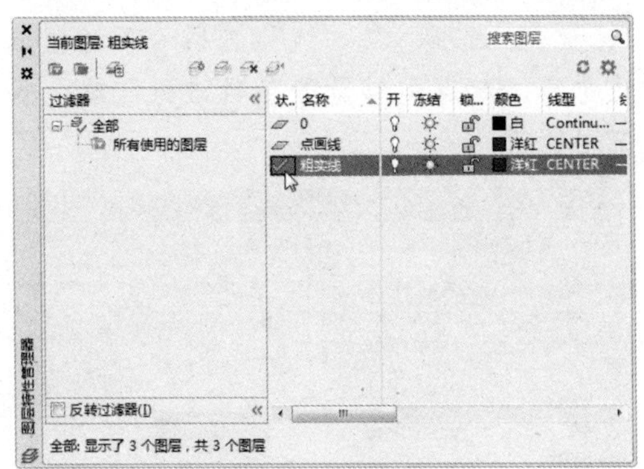

04 绘制正六边形 执行“正六边形”命令，设置侧面数为6，选择“内接于圆”选项，通过端点对象捕捉绘制一个正六边形，如下图所示。

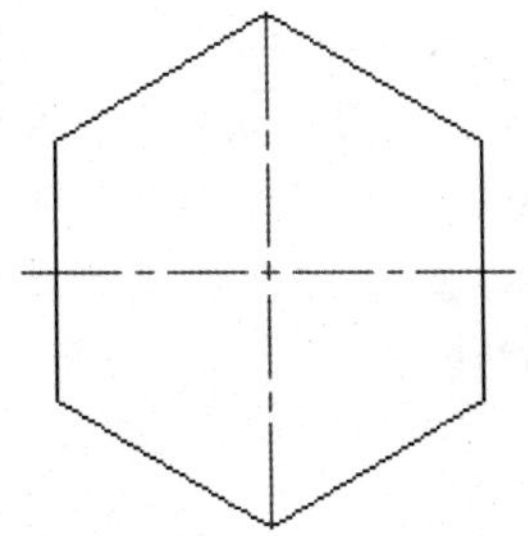

05 绘制内接圆 执行“圆心，半径”命令，指定辅助线的交点为圆心，到正六边形任意一边的中点为半径，绘制一个内接圆，如下图所示。

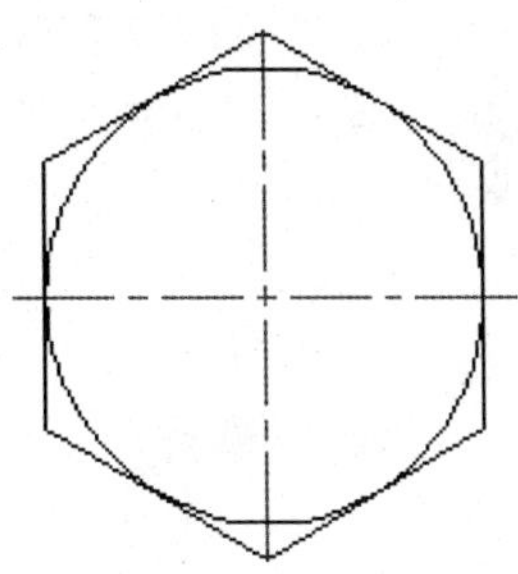

06 绘制构造线 执行“构造线”命令，输入H并按【Enter】键确认，切换到水平构造线绘制方式，通过捕捉正六边形的角点绘制四条水平构造线，如下图所示。

07 绘制直线并偏移 执行“直线”命令，在水平构造线之间绘制一条垂线。执行“偏移”命令，分别以20、25、7为距离将其向左进行偏移复制，如下图所示。

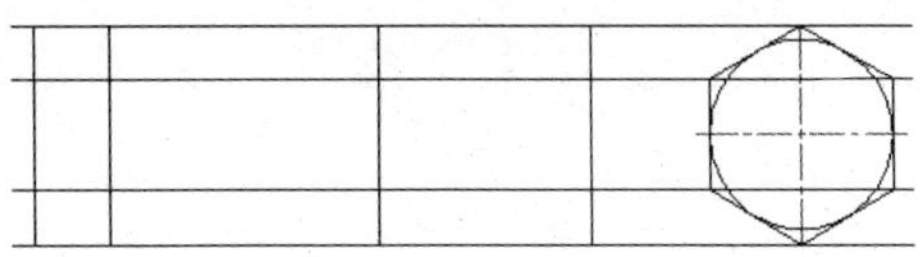

08 修剪图形 执行“修剪”命令，修剪图形并删除多余的直线，如下图所示。

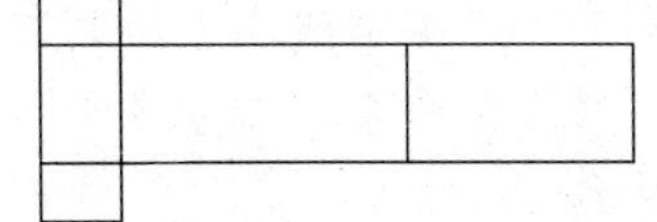

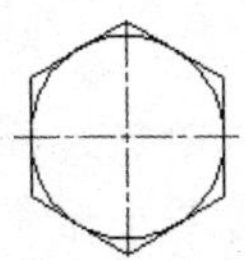

09 添加倒角并绘制垂线 执行“倒角”命令，分别设置两个倒角距离为1，为螺栓图形添加倒角。执行“直线”命令，通过端点对象捕捉在倒角处绘制一条垂线，如下图所示。

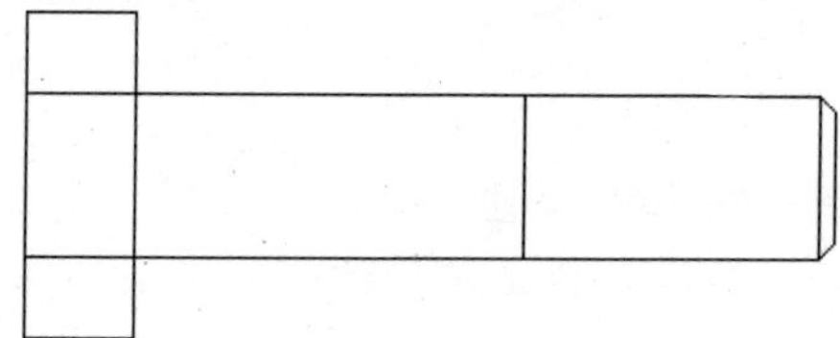

10 执行圆心 执行“圆心，半径”命令，在距离螺栓图形左侧边中点15的位置指定圆的圆心，如下图所示。

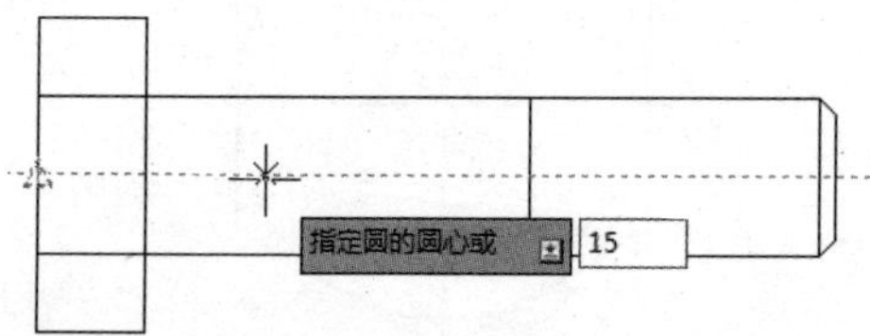

11 绘制圆 绘制一个半径为15，通过螺栓图形左侧边中点的圆，如下图所示。

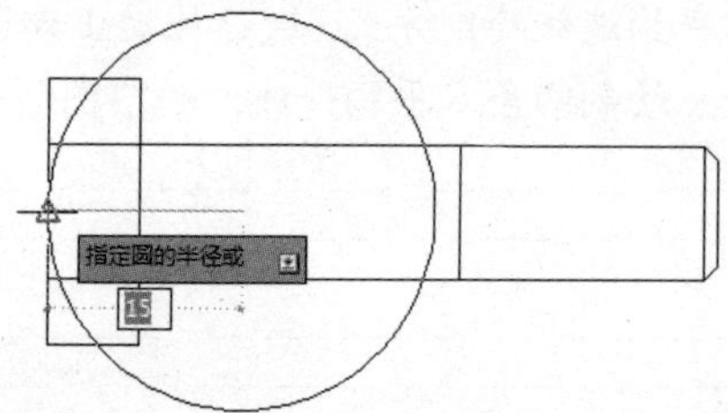

12 绘制垂线 执行“直线”命令，捕捉圆对象与水平边的交点，绘制一条垂线。如下图所示。

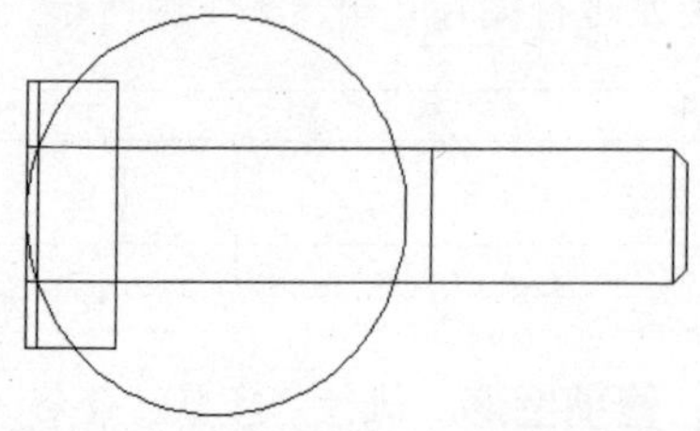

13 绘制圆弧并修剪 通过“三点”命令分别在上下两条垂线段上绘制圆弧图形。执行“修剪”命令，删除多余的线条，如下图所示。

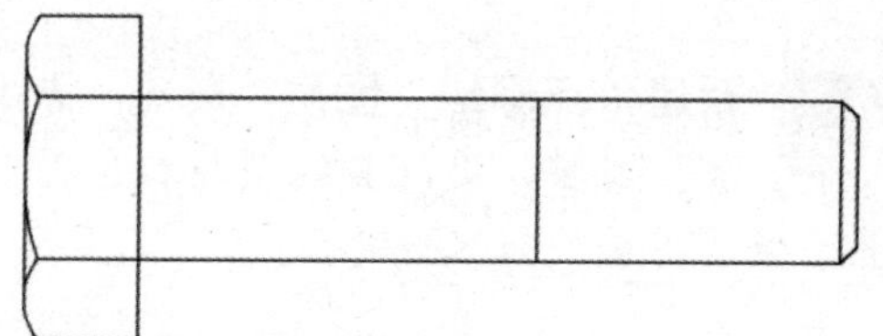

14 绘制水平直线 新建“细实线”图层，并置为当前图层。执行“直线”命令，分别捕捉图形右侧的两个角点，绘制两条水平直线，如下图所示。

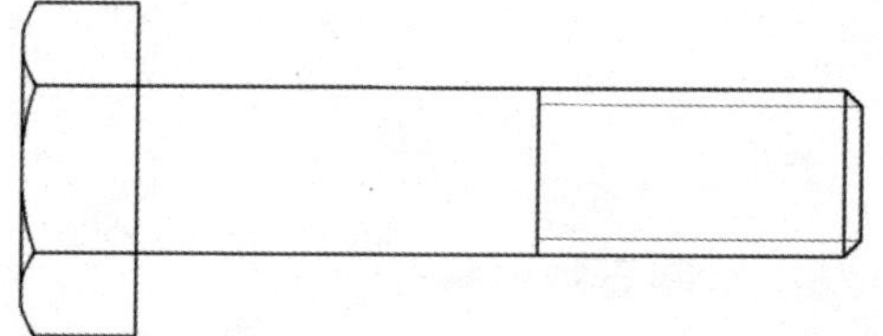

15 修改样式 新建“标注”图层，并置为当前图层。打开“标注样式管理器”对话框，单击“修改”按钮，如下图所示。

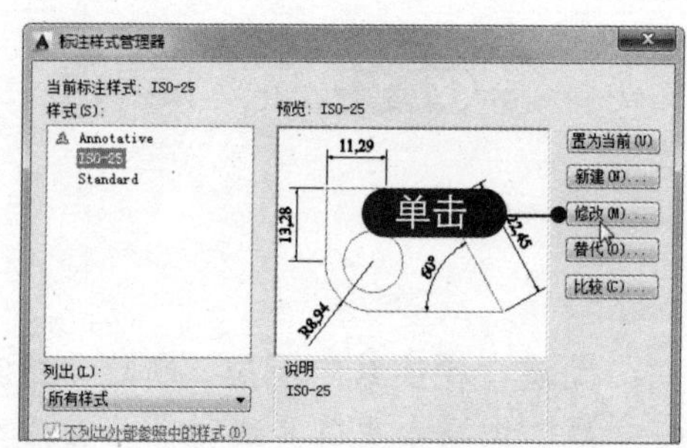

16 设置线参数 弹出“修改标注样式”对话框，在“线”选项卡下对超出尺寸线、起点偏移量等参数进行修改，如下图所示。

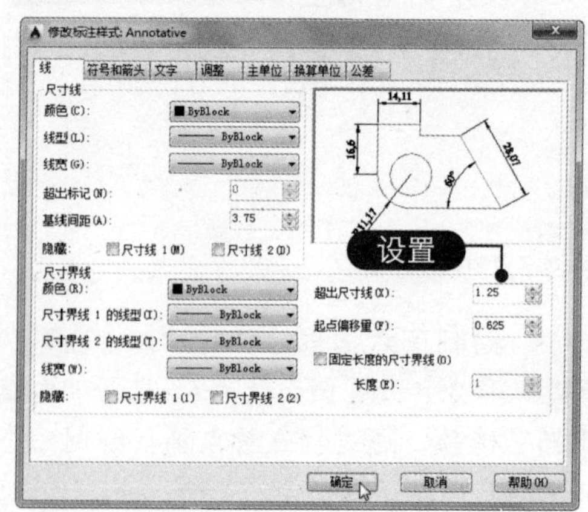

17 **设置符号和箭头参数** 选择“符号和箭头”选项卡，对箭头样式与大小等参数进行设置，如下图所示。

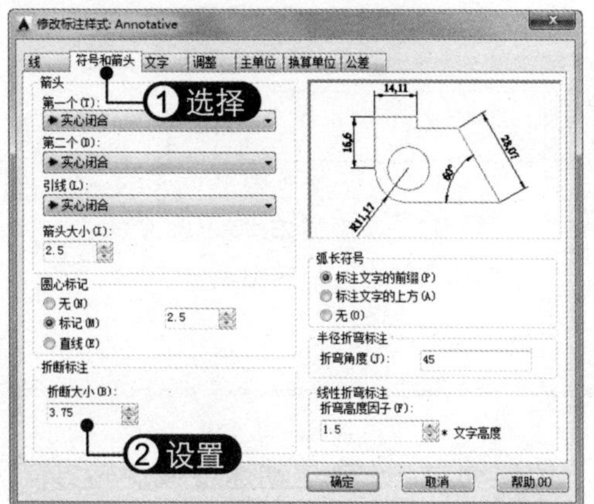

18 **设置文字参数** 选择“文字”选项卡，修改“文字高度”、“从尺寸线偏移”等参数，单击“确定”按钮，如下图所示。

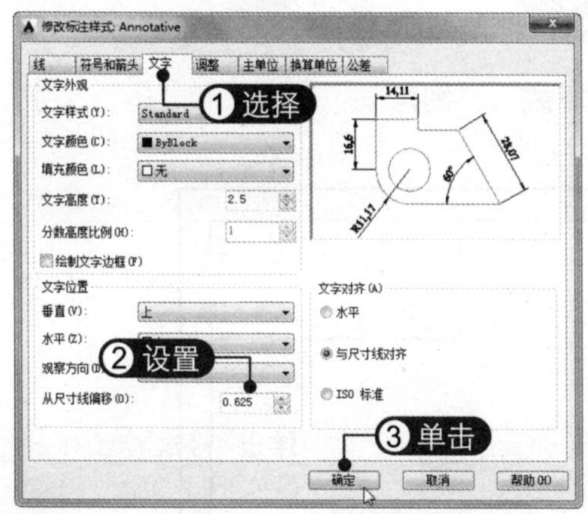

19 **添加尺寸标注** 通过中点对象捕捉在左侧图形上绘制一条水平辅助线。执行“线性”命令，在图形中的合适位置添加尺寸标注，如下图所示。

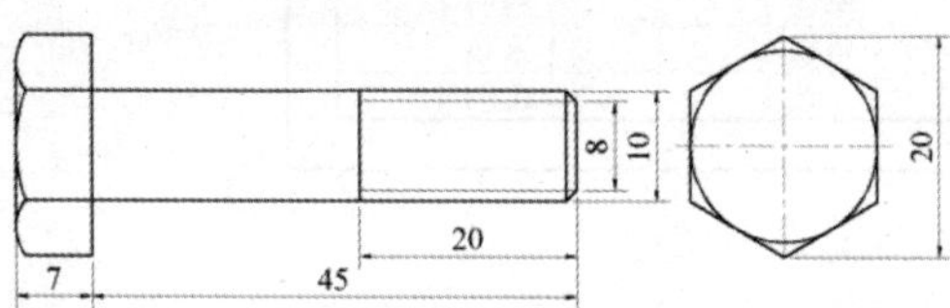

20 **修改多重标注样式** 打开“多重引线样式管理器”对话框，单击其中的“修改”按钮，如下图所示。

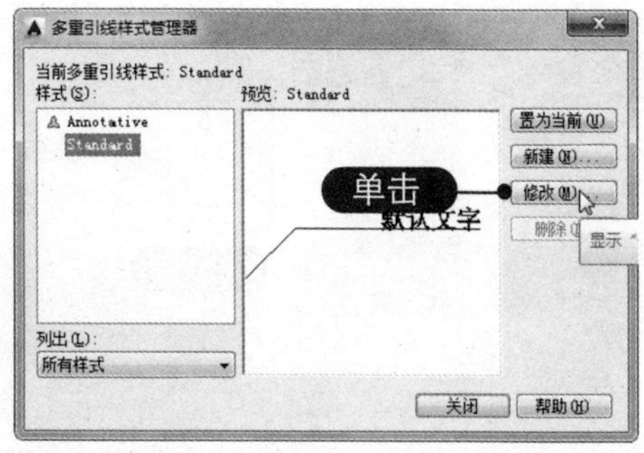

21 **设置引线类型** 弹出“修改多重引线样式”对话框，在“引线格式”选项卡下设置引线类型，并取消箭头的显示，如下图所示。

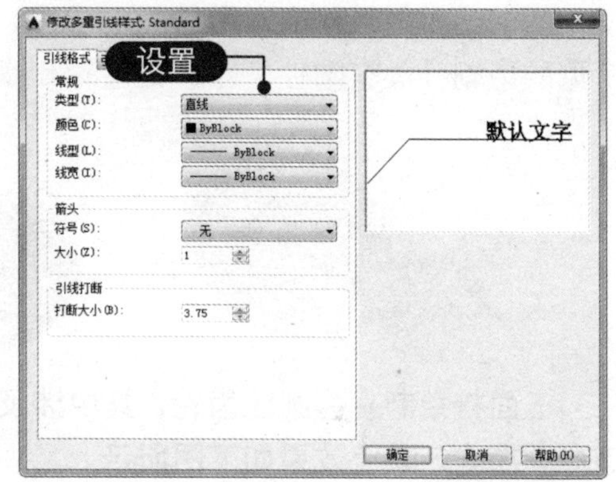

22 **设置引线结构** 选择“引线结构”选项卡，设置最大引线点数、基线距离等参数，如下图所示。

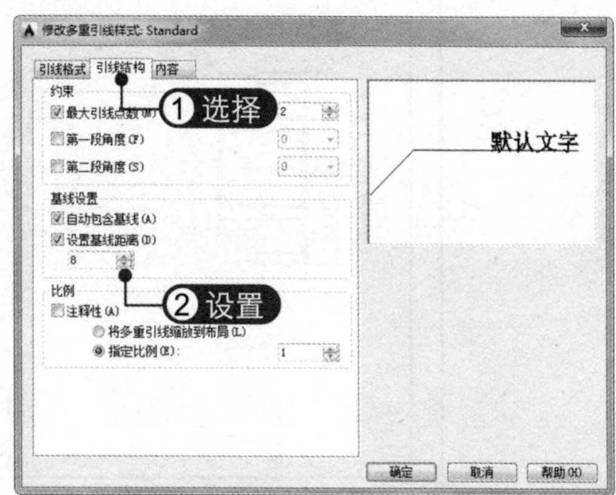

23 **设置内容样式** 选择“内容”选项卡，设置文字高度、引线链接方式等参数，然后单击“确定”按钮，如下图所示。

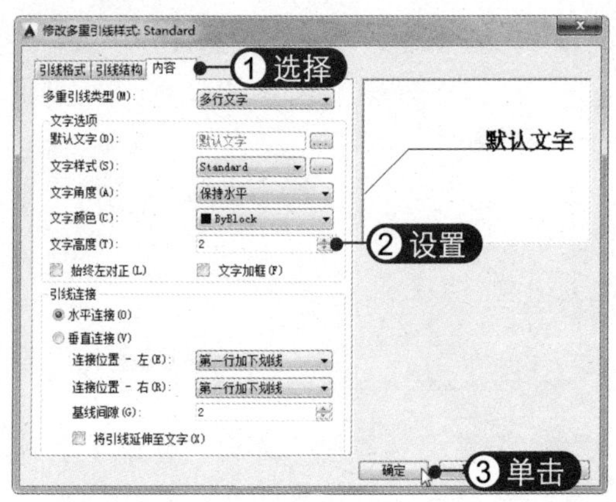

24 添加引线 执行"引线"命令，在图形中的合适位置添加多重引线标注，并修改文字为 1×45°，如下图所示。

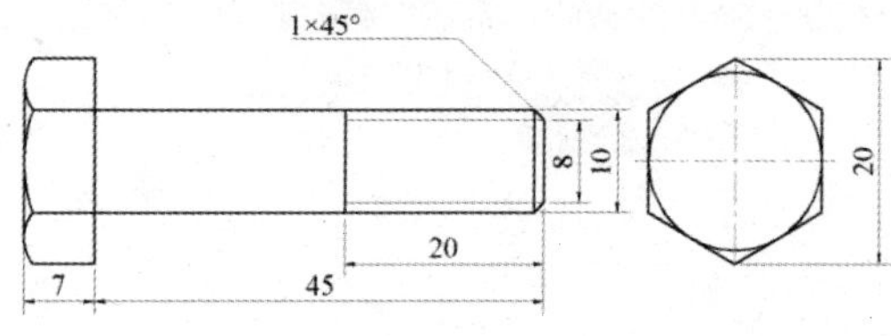

16.1.2 绘制圆柱齿轮

齿轮是机械设备中常用的传动零件，可用于传递动力、改变运动速度或旋转方向。常见的齿轮种类有圆柱齿轮、锥齿轮和蜗杆等，如下图所示。

下面将绘制直齿圆柱齿轮，其中涉及"多段线"、"倒角"、"表格"和"多行文字"等命令操作，最终效果如下图所示。

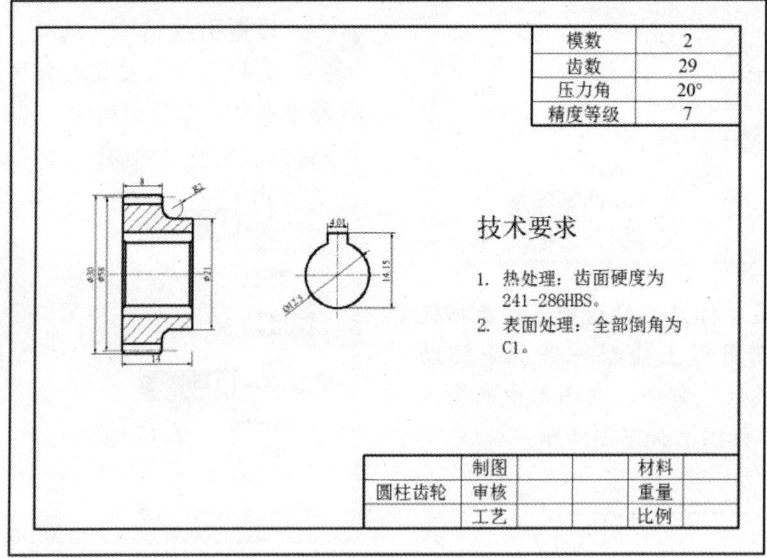

模数
2
齿数
29
压力角
20°
精度等级
7
技术要求
1. 热处理：齿面硬度为
241-286HBS。
2. 表面处理：全部倒角为
C1。
圆柱齿轮
制图
审核
工艺
材料
重量
比例

绘制圆柱齿轮图形的具体操作方法如下：

01 新建"粗实线"图层 新建"粗实线"图层，更改其线宽，并置为当前图层，如下图所示。

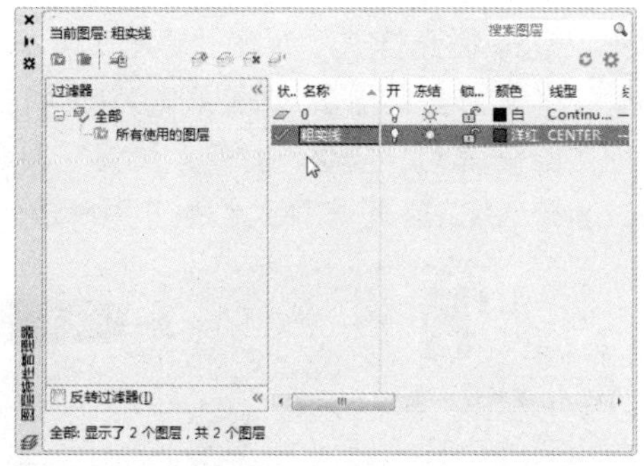

02 绘制多线段 执行“多段线”命令，启用正交模式，绘制一段多段线作为圆柱齿轮主视图线框的上半部分，如下图所示。

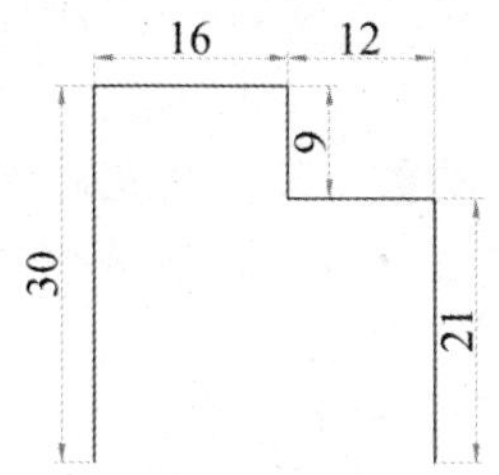

03 偏移复制并延伸直线 执行“分解”命令，将新绘制的多段线分解为单个直线。执行“偏移”命令，分别以3.5、10.7、3.96为距离将第一条水平直线向下偏移复制。通过调整直线右侧端点位置延伸直线，如下图所示。

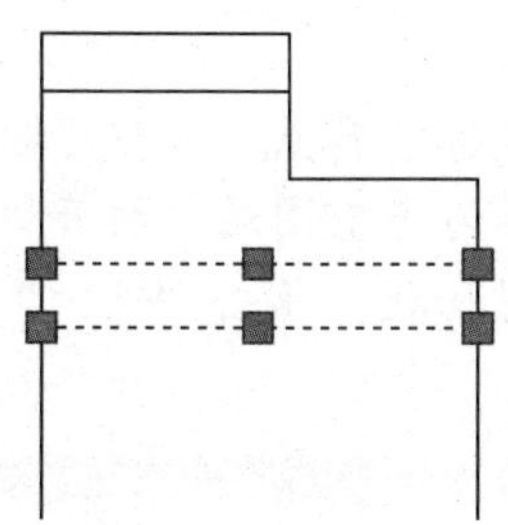

04 添加倒角 执行“倒角”命令，分别指定两个倒角距离为1，为图形四个角添加倒角，如下图所示。

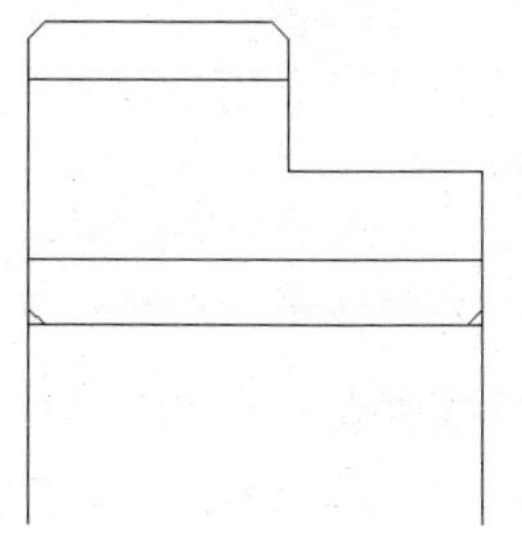

05 绘制垂线 选择最下方的水平直线，调整其两侧端点位置。通过“直线”命令分别绘制两条垂线，垂线下方的端点与其他两条垂线的端点通过同一条水平直线，如下图所示。

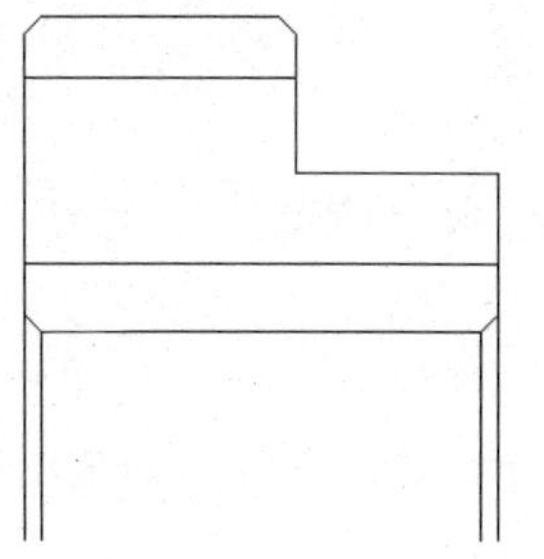

06 添加圆角 执行“圆角”命令，设置圆角半径为4，在图形指定位置添加一个圆角，如下图所示。

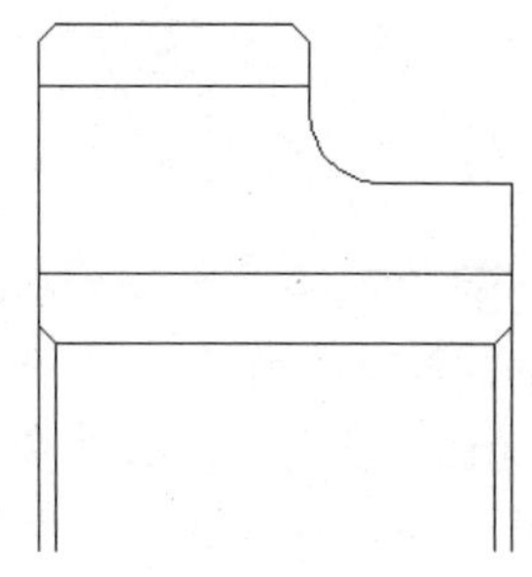

07 镜像复制对象 执行“镜像”命令，以图形下方端点所在水平直线为镜像线镜像复制图形对象，如下图所示。

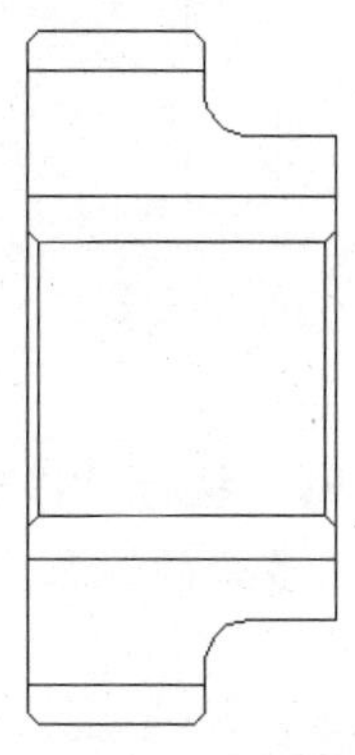

08 绘制水平直线和垂线 新建“点画线”图层，并置为当前图层。在图形中心位置和倒角位置分别绘制辅助线，在图形另一侧分别绘制长为33的水平直线和垂线，如下图所示。

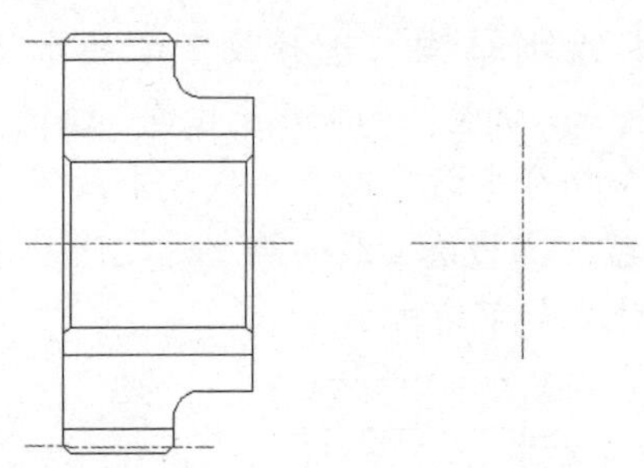

09 绘制水平构造线 返回“粗实线”图层，执行“构造线”命令，切换到水平构造线绘制方式，通过端点对象捕捉绘制两条水平构造线，如下图所示。

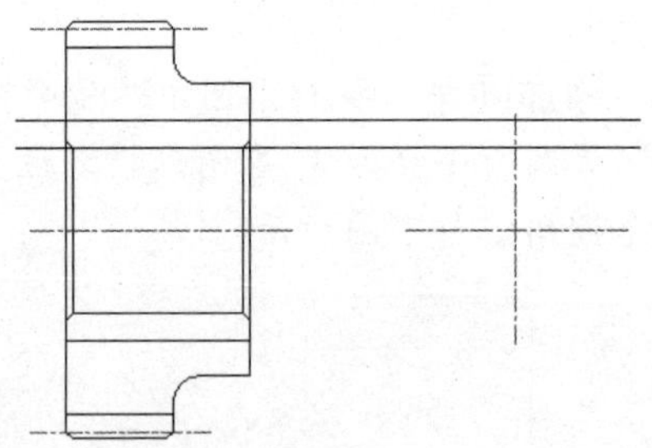

10 绘制圆和垂线 执行“圆心，半径”命令，以辅助线交点为圆心绘制半径为 12.5 的圆。执行“直线”命令，分别捕捉圆与第二条构造线的两个交点，绘制两条垂线，如下图所示。

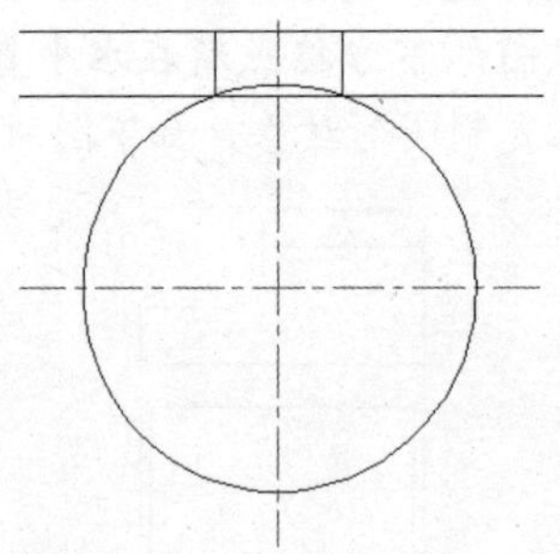

11 修剪图形 执行“修剪”命令，删除图形上多余的线条，如下图所示。

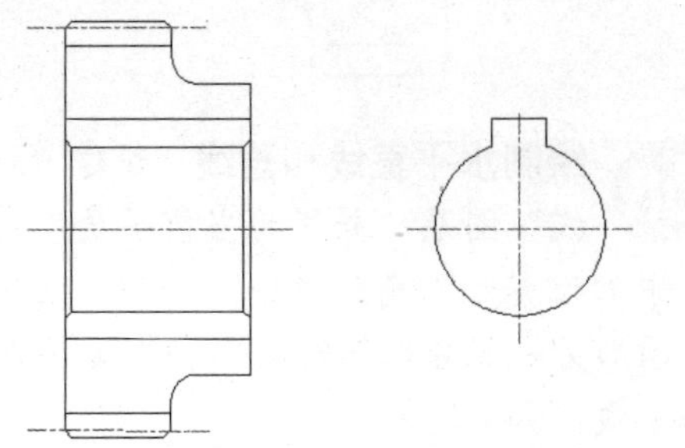

12 选择填充样式 新建“填充”图层，并置为当前图层。设置线宽为默认值，执行“图案填充”命令，打开“图案”列表框，选择 ANSI31 填充样式，如下图所示。

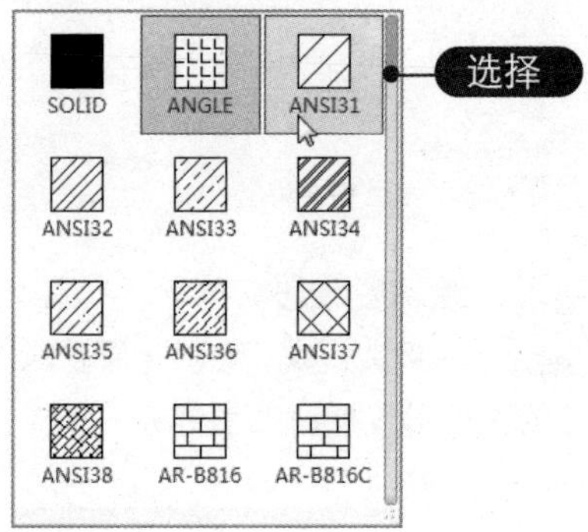

13 填充图案 设置填充比例为 1，填充齿轮主视图内部区域作为剖面线部分，如下图所示。

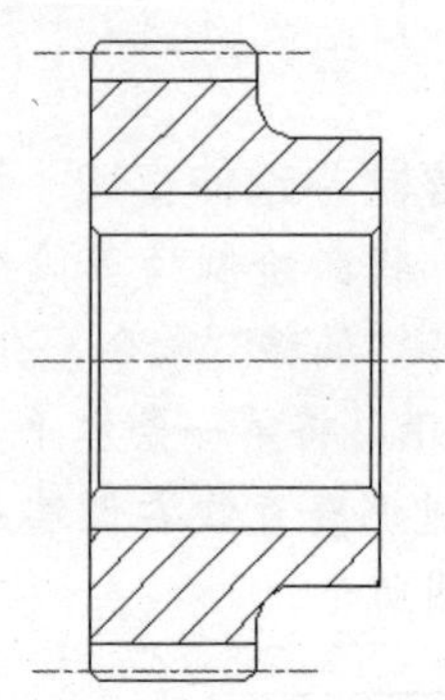

14 修改标注样式 新建“标注”图层，并置为当前图层。打开“标注样式管理器”对话框，单击“修改”按钮，如下图所示。

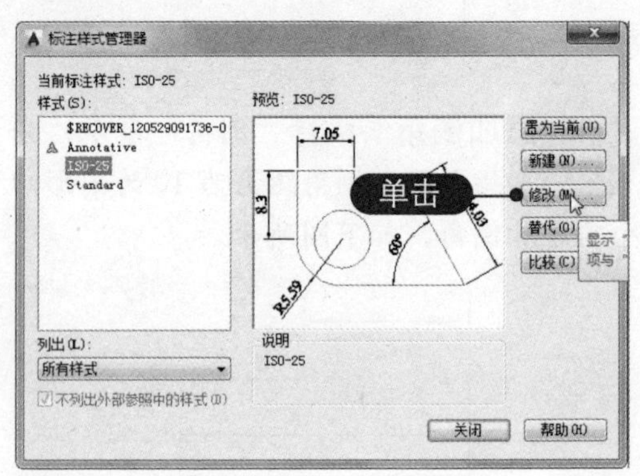

15 设置线参数 弹出“修改标注样式”对话框，在“线”选项卡下对超出

尺寸线、起点偏移量等参数进行设置，如下图所示。

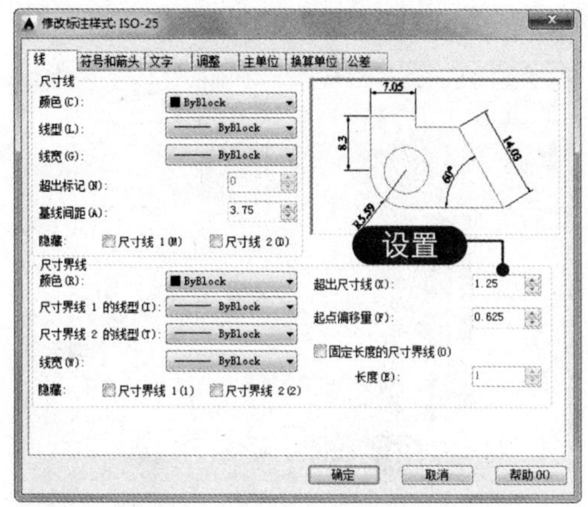

16 设置符号和箭头参数 选择“符号和箭头”选项卡，对箭头样式与大小等参数进行设置，如下图所示。

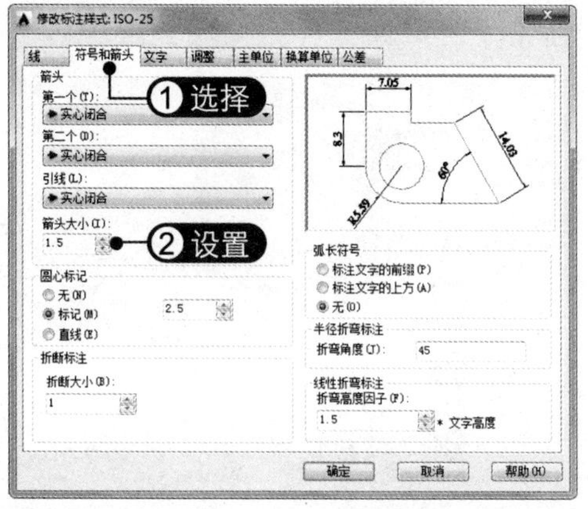

17 设置文字参数 选择“文字”选项卡，修改“文字高度”参数，然后单击“确定”按钮，如下图所示。

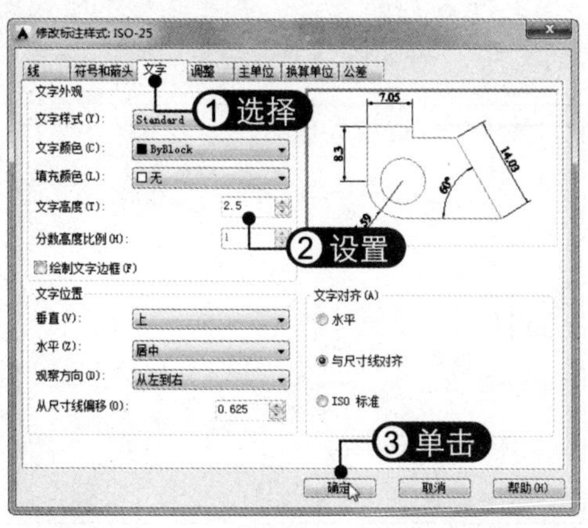

18 添加标注 通过“线性”、“半径”和“直径”命令在合适的位置标注齿轮图形，如下图所示。

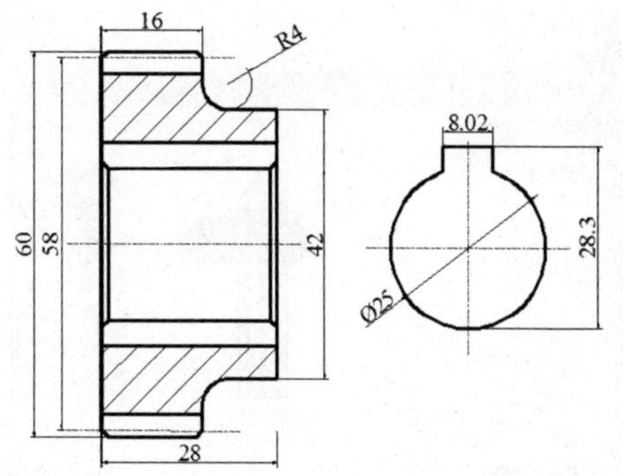

19 添加直径符号 由于齿轮主视图采用剖视画法，因此其相关尺寸应添加直径符号。双击尺寸标注文字，选择“文字编辑器”选项卡，打开“插入”面板中的“符号”下拉列表，选择“直径”选项，即可添加直径符号Φ，如下图所示。

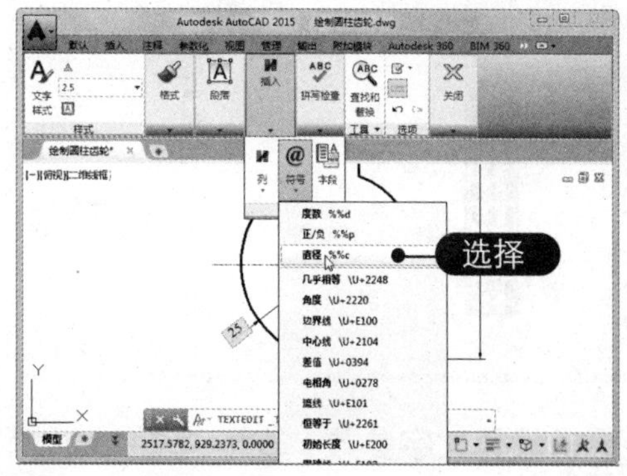

20 绘制图框 新建“图框”图层，并置为当前图层。通过“矩形”命令绘制长为297、宽为210的矩形，通过“偏移”命令以10为距离将矩形向内偏移复制，作为A4图纸的图框，如下图所示。

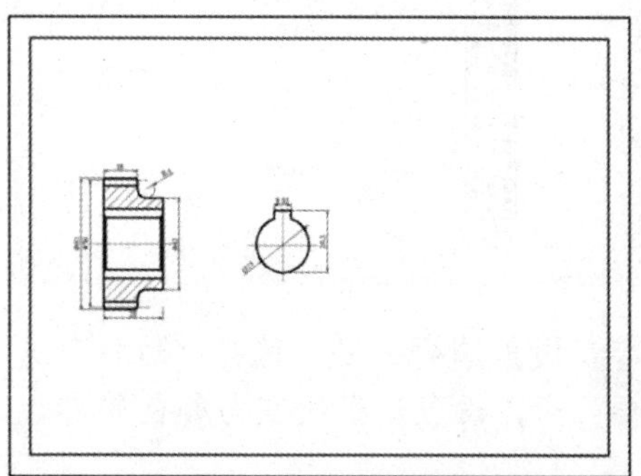

21 **修改表格样式** 新建“表格”图层，并置为当前图层。打开“表格样式”对话框，单击其中的“修改”按钮，如下图所示。

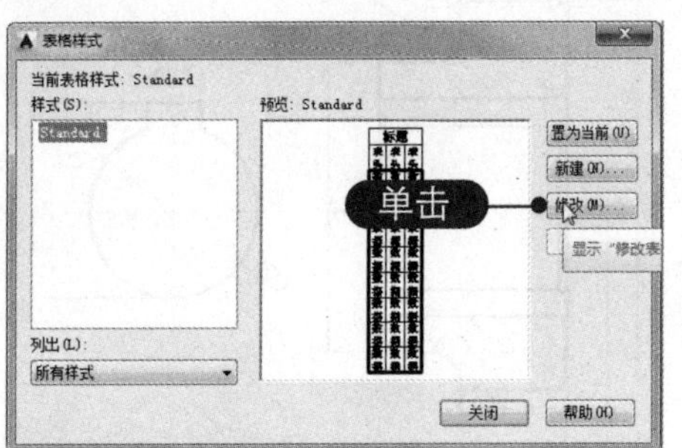

22 **设置常规参数** 弹出“修改表格样式”对话框，设置“单元样式”为“数据”，在“常规”选项卡下设置文字对齐方式和页边距等参数，如下图所示。

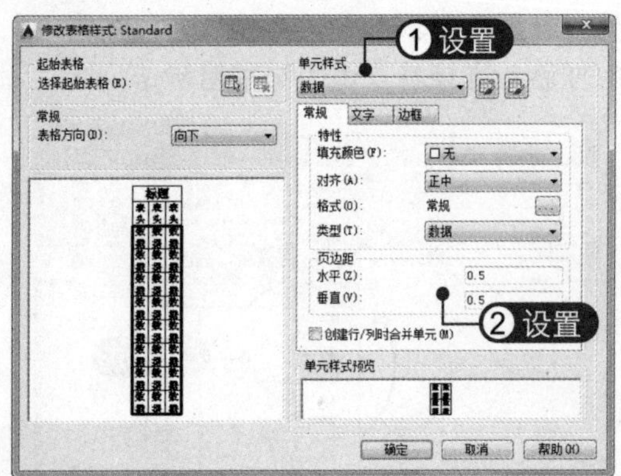

23 **设置文字参数** 选择“文字”选项卡，修改文字高度与样式等参数，如下图所示。

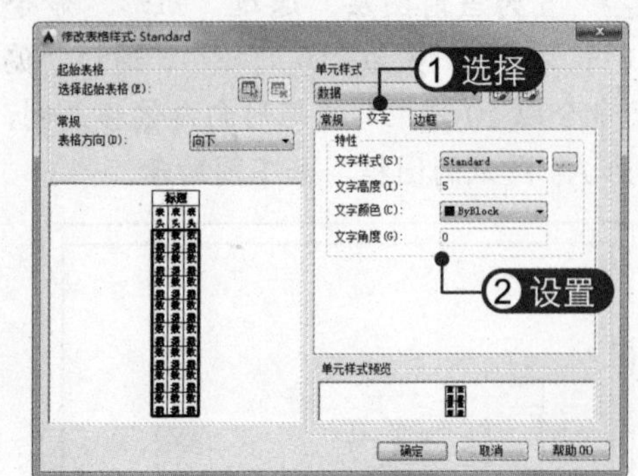

24 **设置边框参数** 选择“边框”选项卡，设置边框线宽与颜色等参数，单击“外边框”按钮，将边框特性应用到外边框，然后单击“确定”按钮，如下图所示。

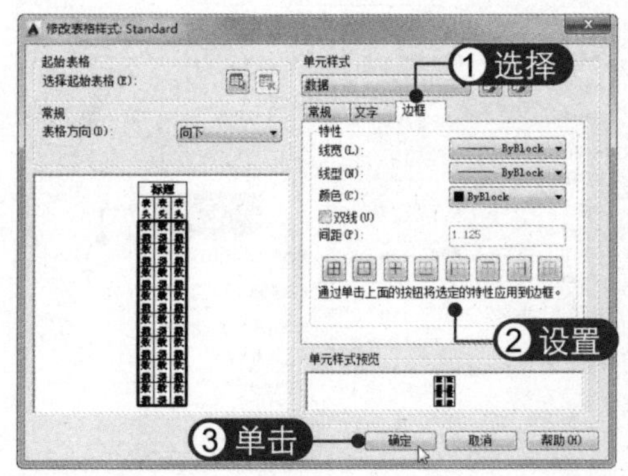

25 **设置插入方式** 执行“表格”命令，打开“插入表格”对话框，设置插入方式为“指定窗口”，设置单元样式统一为“数据”，单击“确定”按钮，如下图所示。

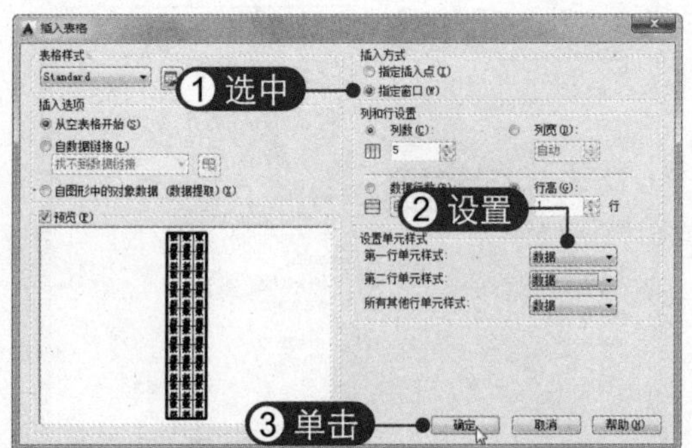

26 **创建表格并输入文字** 在图框内部右上角位置创建一个4行2列的表格。用同样的方法在图框内部右下角创建一个3行6列的表格，并在表格中输入所需的文字，如下图所示。

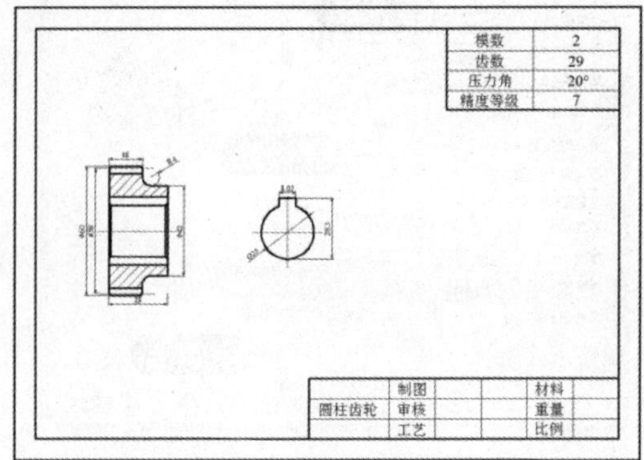

27 添加多行文字 执行“多行文字”命令，在图框内的合适位置添加多行文字，如下图所示。

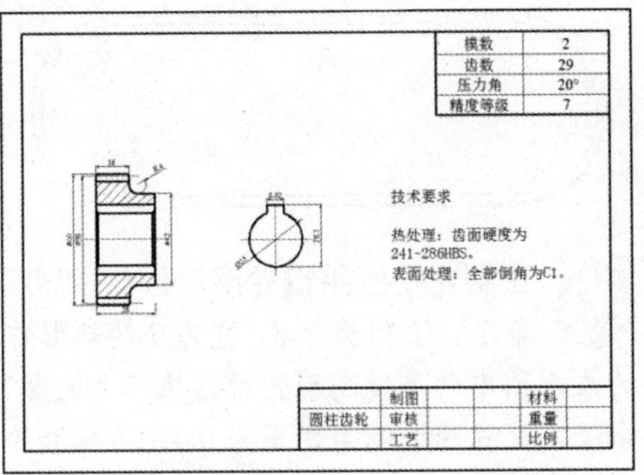

28 设置文字样式 双击多行文字，进入编辑状态，调整标题文字的大小，为段落文字添加数字标记，如下图所示。

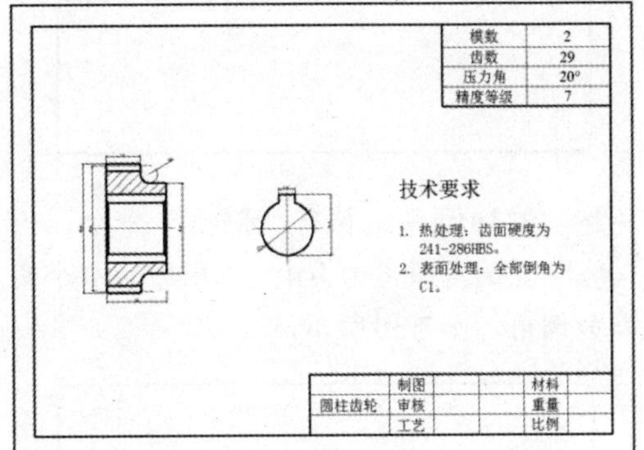

16.1.3 绘制圆头平键与开口销

键和销都是常用的标准件。键用于联结轴与轴上的零件，使其不发生位移。销主要起定位作用，而且同样可以用于联接与定位。

键的种类很多，有普通平键、半圆键、楔键和花键等；销的常用类型有圆柱销、圆锥销和开口销等，如下图所示。

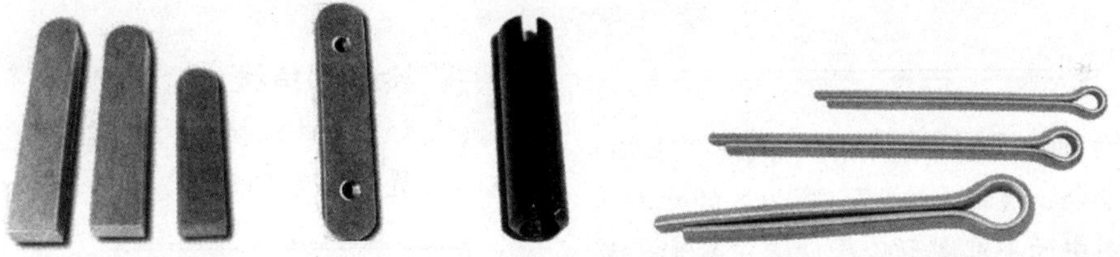

下面将绘制圆头平键与开口销，其中涉及“矩形”、“倒角”、“缩放”、“偏移”、“构造线”、“相切，相切，半径”等命令操作，最终效果如下图所示。

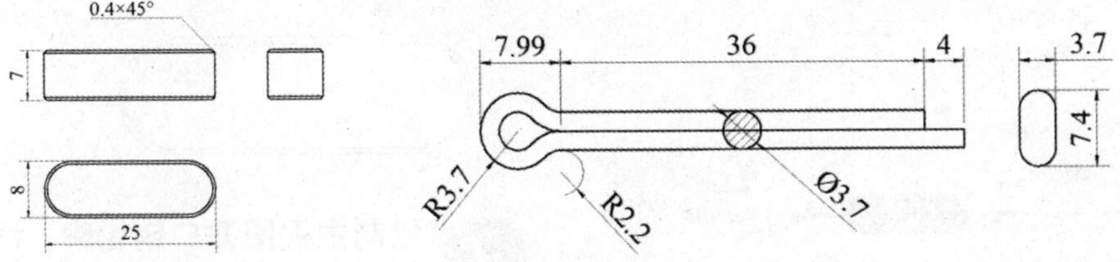

绘制圆头平键与开口销图形的具体操作方法如下：

01 新建“粗实线”图层 新建“粗实线”图层，更改其线宽，并置为当前图层，如右图所示。

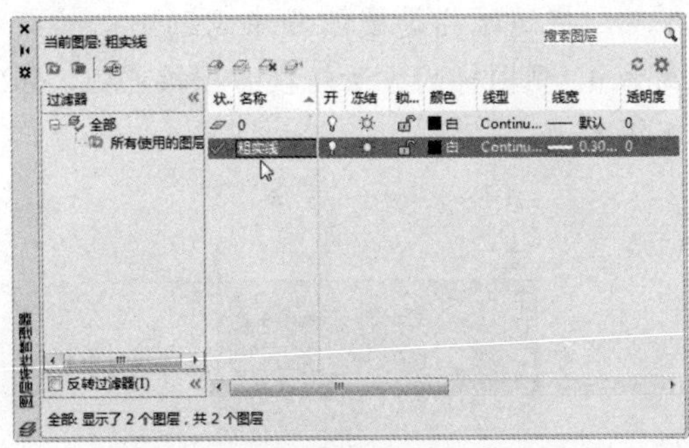

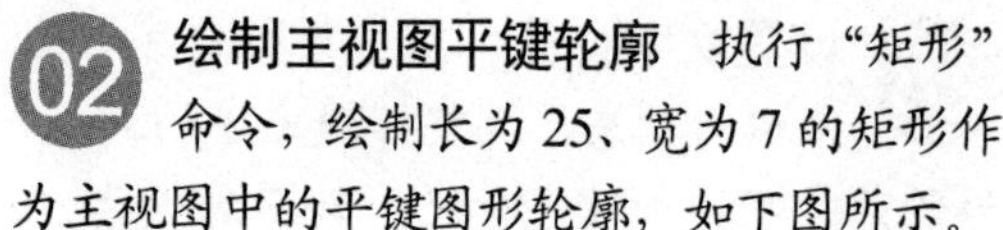

02 绘制主视图平键轮廓 执行“矩形”命令，绘制长为25、宽为7的矩形作为主视图中的平键图形轮廓，如下图所示。

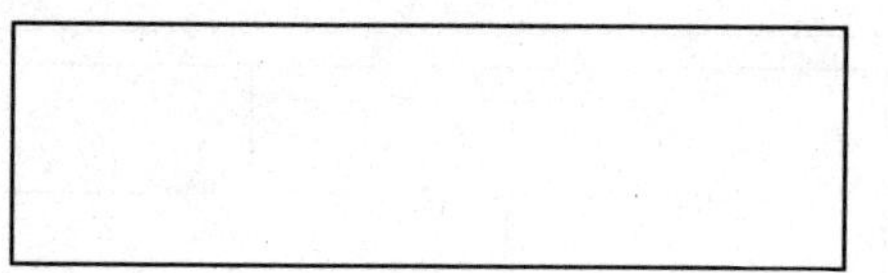

03 添加倒角 执行“倒角”命令，设置倒角距离为0.4，为矩形的四个角添加倒角，如下图所示。

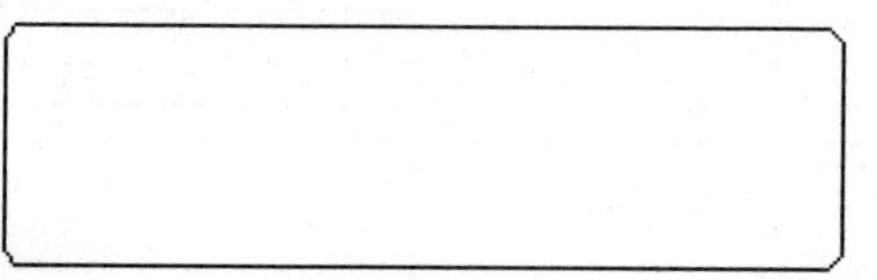

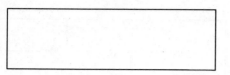

04 绘制倒角线 执行“直线”命令，通过端点对象捕捉绘制两条倒角线，如下图所示。

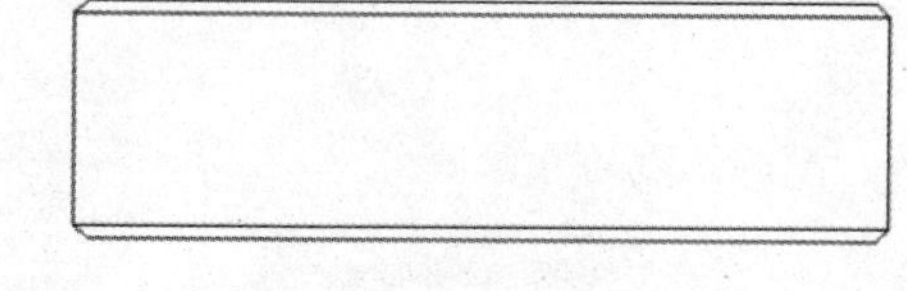

05 绘制俯视图平键轮廓 执行“矩形”命令，绘制长为17、宽为8的矩形作为俯视图中的平键图形轮廓。选中矩形，移动光标到其右侧夹点上，在弹出的快捷菜单中选择“转换为圆弧”命令，如下图所示。

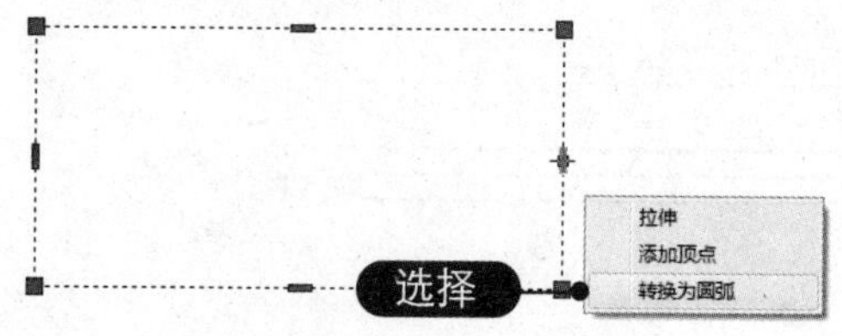

06 指定圆弧段中点 通过中点对象捕捉追踪指定圆弧段中点到圆心的距离为4，用同样的方法转换另一段圆弧，如下图所示。

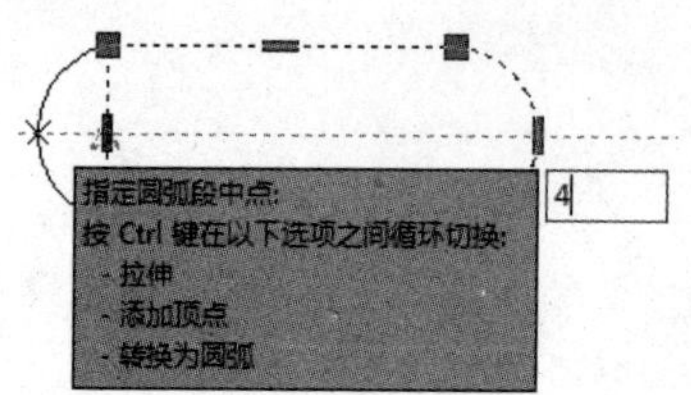

07 偏移复制图形 执行“偏移”命令，设置偏移距离为0.4，向内偏移复制平键图形轮廓，如下图所示。

08 绘制左视图平键轮廓 执行“矩形”命令，绘制长为8、宽为7的矩形作为左视图中的平键图形轮廓。执行“倒角”命令，设置两个倒角距离为0.4，为矩形的四个角添加倒角，如下图所示。

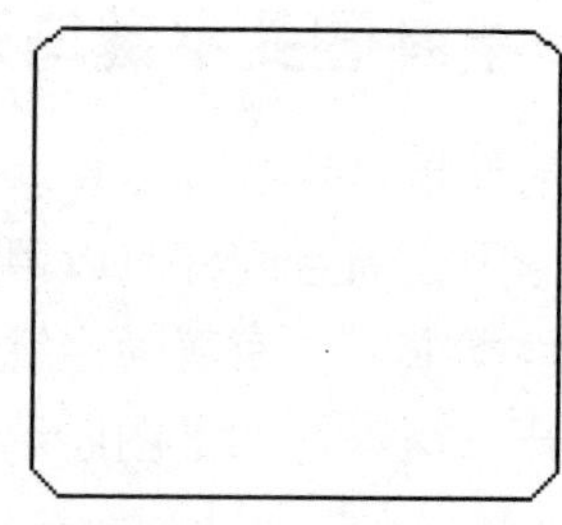

09 绘制倒角线 通过“直线”命令在矩形上绘制倒角线，将图形移到合适的位置，如下图所示。

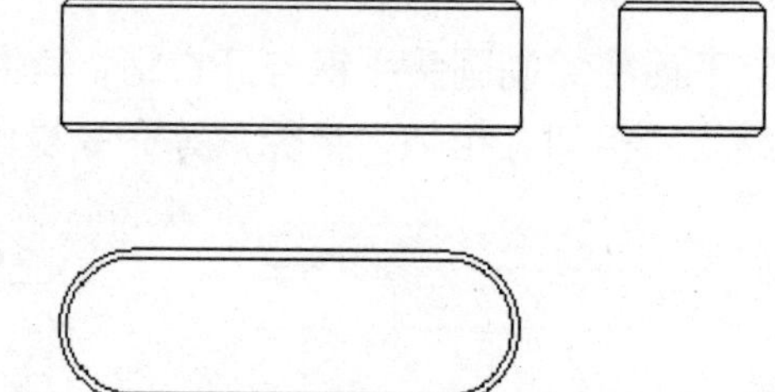

10 绘制主视图开口销轮廓 执行“构造线”命令，输入H并按【Enter】键确认。切换到水平构造线绘制模式，绘制一条水平构造线。执行“偏移”命令，以1.85为距离将其向上偏移复制出两个副本对象作为主视图中的开口销图形轮廓，如下图所示。

11 绘制圆 执行“圆心，半径”命令，绘制圆心通过中间构造线，且半径为3.7的圆。执行“相切，相切，半径”命令，绘制与第一条水平构造线和圆图形同时相切，且半径为2.2的小圆。用同样的方法绘制另一个小圆，如下图所示。

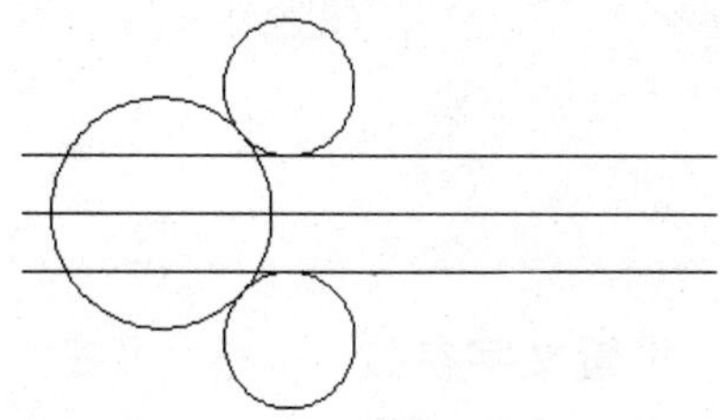

12 修剪图形 执行“修剪”命令，删除图形中多余的线条，如下图所示。

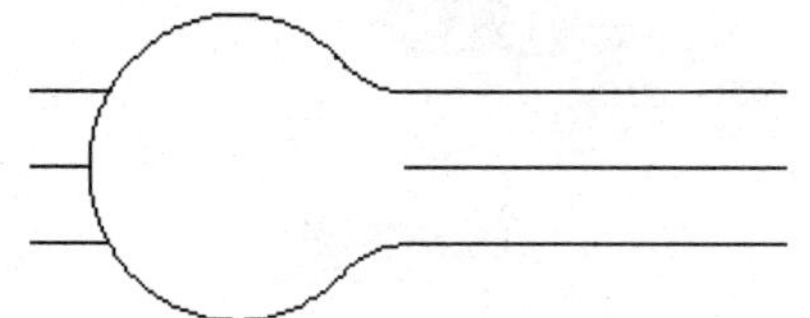

13 偏移复制图形 执行“偏移”命令，以1.85为距离将三段圆弧图形对象分别向内进行偏移复制，如下图所示。

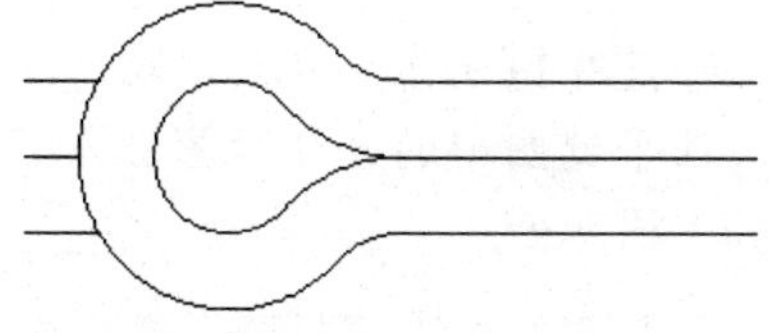

14 偏移复制垂线 执行“直线”命令，通过象限点对象捕捉绘制一条垂线。执行“偏移”命令，分别以36和4为距离将垂线向右进行偏移复制，如下图所示。

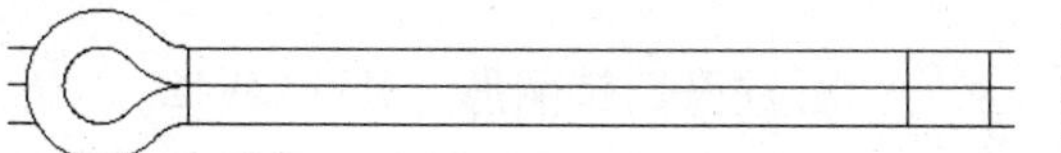

15 修剪图形 执行“修剪”命令，删除图形中多余的线条，如下图所示。

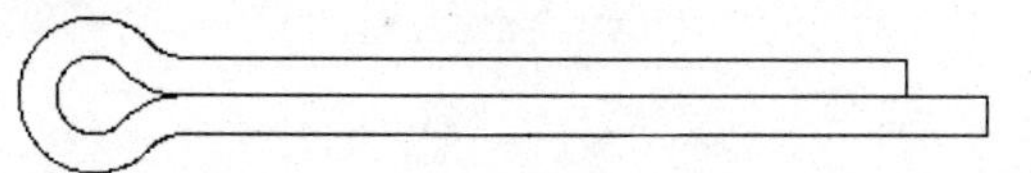

16 绘制小圆 执行“圆心，半径”命令，通过中点对象捕捉在图形中心绘制一个半径为1.85的小圆，如下图所示。

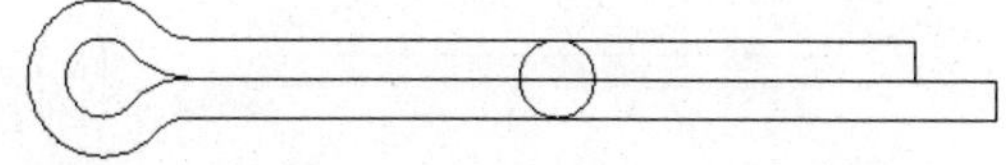

17 选择图案填充样式 新建“填充”图层，并置为当前图层，修改线宽为默认值。执行“图案填充”命令，打开“图案”列表框，选择ANSI31填充样式，如下图所示。

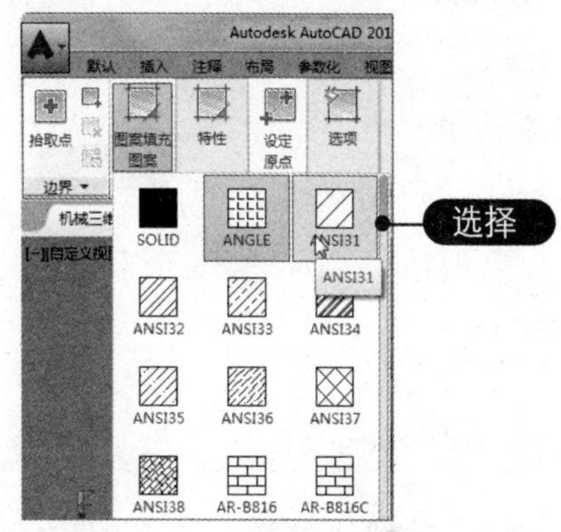

18 填充小圆 设置填充比例为0.2，填充小圆图形内部作为剖面线部分，如下图所示。

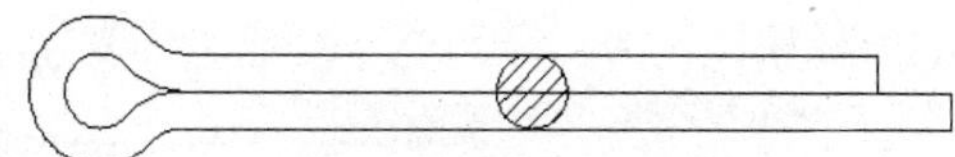

19 绘制左视图开口销轮廓 返回“粗实线”图层，通过“圆心，半径”命令绘制一个半径为1.85的圆，通过“复制”命令复制圆到下方相邻的位置。执行“直线”命令，通过象限点对象捕捉在圆图形两侧绘制两条垂线，如下图所示。

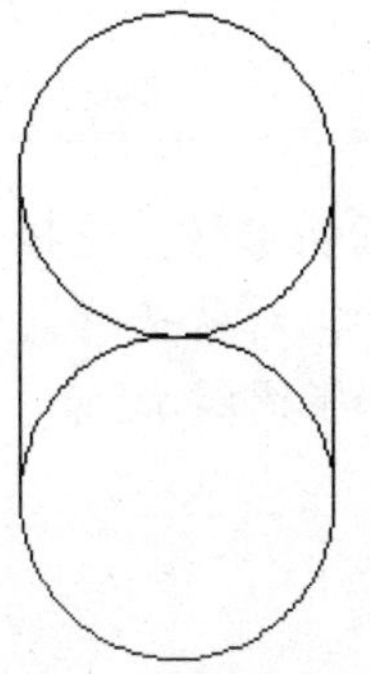

20 修剪图形 执行“修剪”命令，删除图形中多余的线条，移动图形到合适的位置，如下图所示。

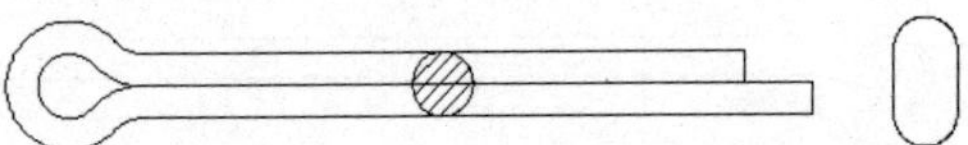

21 单击“修改”按钮 新建“标注”图层，并置为当前图层。打开“标注样式管理器”对话框，单击“修改”按钮，如下图所示。

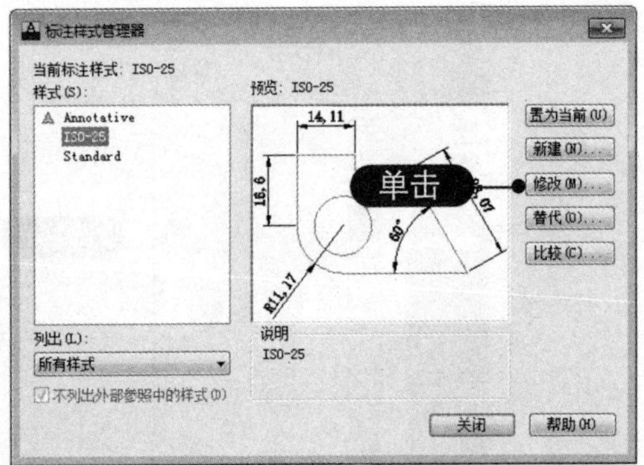

22 设置线参数 弹出“修改标注样式”对话框，在“线”选项卡下对超出尺寸线、起点偏移量等参数进行设置，如下图所示。

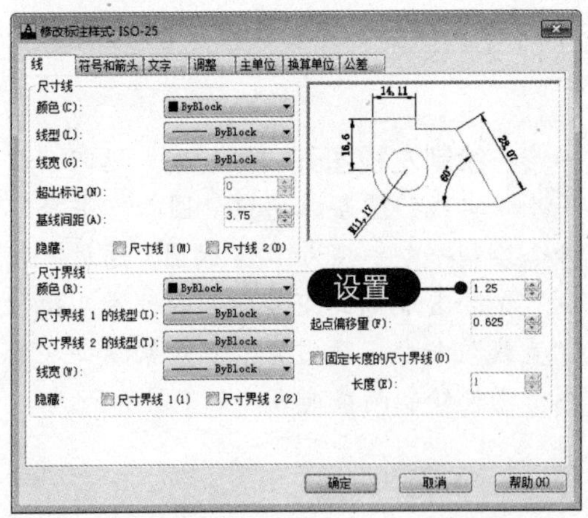

23 设置箭头参数 选择“符号和箭头”选项卡，对箭头样式与大小等参数进行设置，如下图所示。

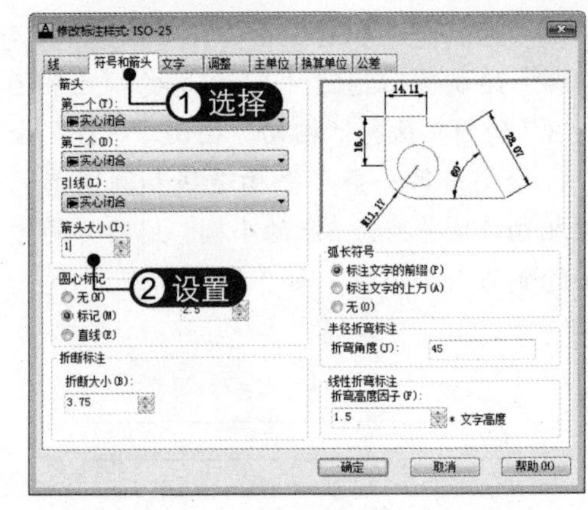

24 设置文字参数 选择“文字”选项卡，修改文字高度，然后单击“确定”按钮，如下图所示。

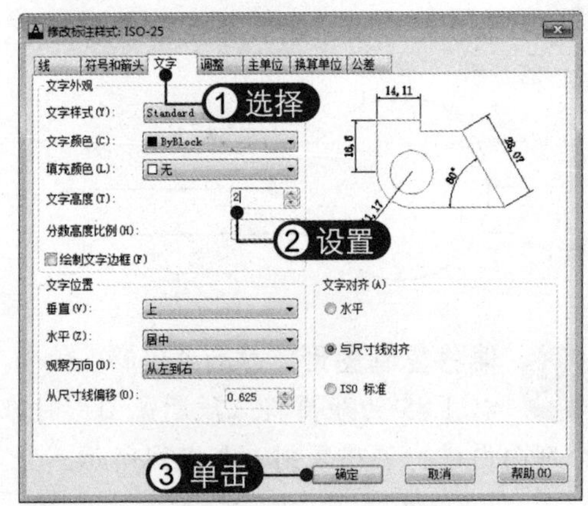

25 标注平键图形 执行“线性”命令，在平键图形的合适位置添加尺寸标注，如下图所示。

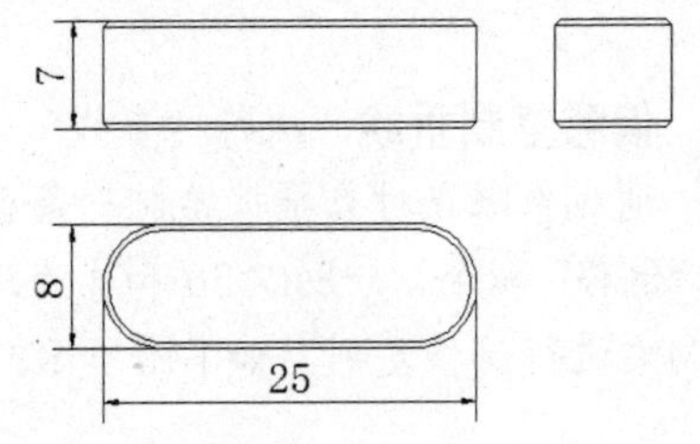

26 标注开口销图形 通过“线性”、“半径”和“直径”命令在开口销图形的合适位置添加尺寸标注，如下图所示。

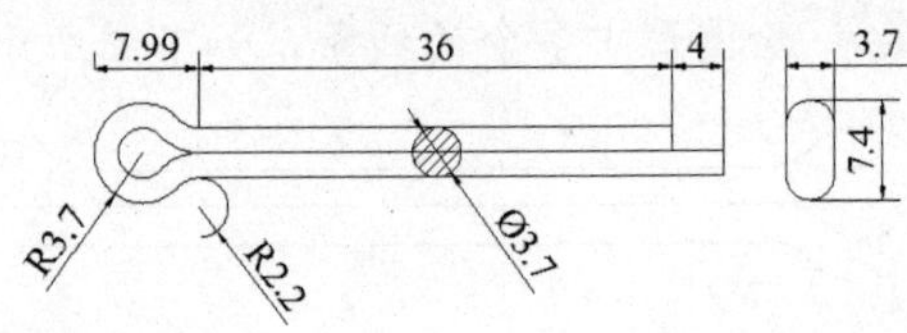

27 **单击“修改”按钮** 打开“多重引线样式管理器”对话框，单击其中的“修改”按钮，如下图所示。

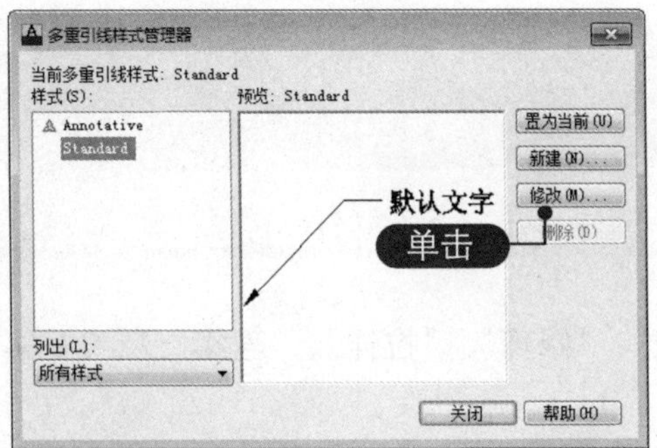

28 **设置引线格式** 弹出“修改多重引线样式”对话框，在“引线格式”选项卡下设置引线类型、箭头符号和大小等参数，如下图所示。

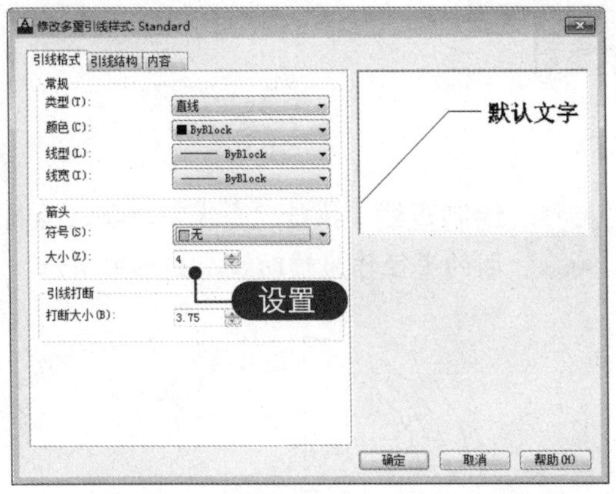

29 **设置引线结构** 选择“引线结构”选项卡，设置最大引线点数、基线距离等参数，如下图所示。

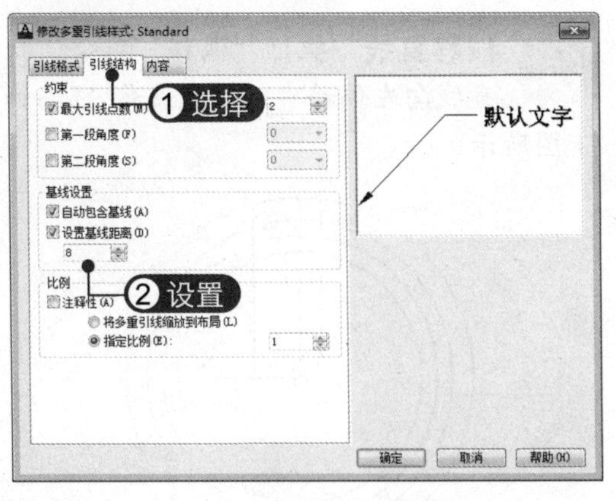

30 **设置内容参数** 选择“内容”选项卡，设置文字高度、引线链接方式等参数，然后单击“确定”按钮，如下图所示。

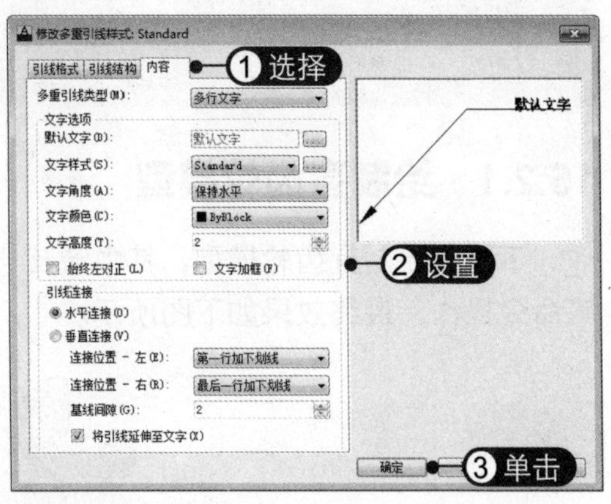

31 **标注多重引线** 执行“引线”命令，在平键图形中的合适位置添加多重引线标注，修改文字为0.4×45°，如下图所示。

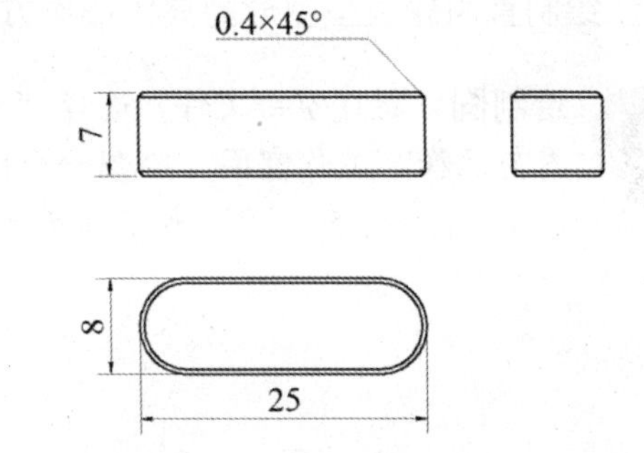

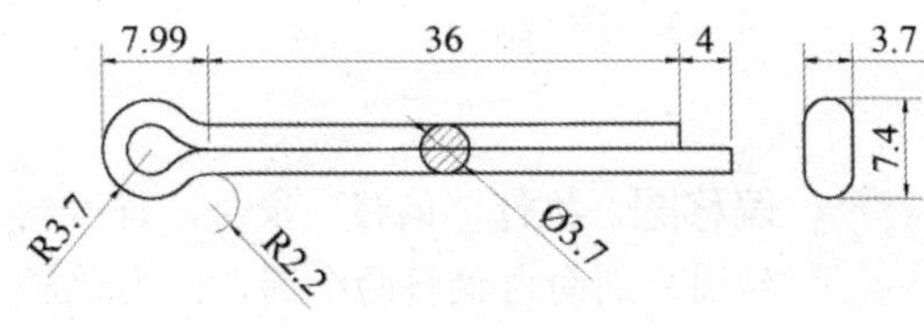

16.2 绘制三维标准件和常用件

下面将对常用机械零件的三维模型绘制与渲染方法进行详细介绍，其中包括绘制直齿轮模型、推力球轴承、深沟球轴承和法兰盘等。

16.2.1 绘制直齿轮模型

下面将绘制直齿轮模型，其中涉及“镜像”、“修剪”、“拉伸”、“差集”及“并集”等命令操作，最终效果如下图所示。

绘制直齿轮模型图形的具体操作方法如下：

01 **绘制圆** 新建空白文件，选择“草图与注释”工作空间，绘制一个圆心为（0,0），半径为 50 的圆，如下图所示。

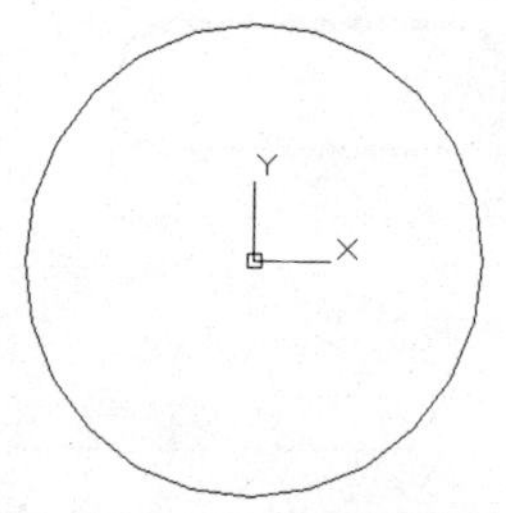

02 **偏移圆** 执行“偏移”命令，将绘制的圆分别向内偏移两个圆，向内偏移距离为 5，向外偏移距离为 7，如下图所示。

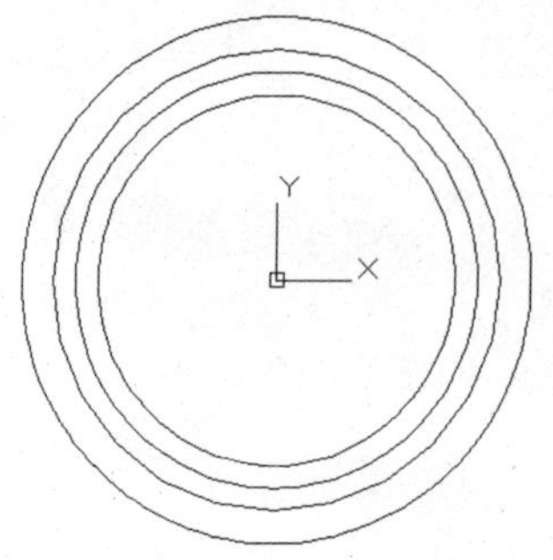

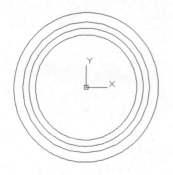

03 **绘制直线** 执行“直线”命令，绘制圆的半径作为辅助线，如下图所示。

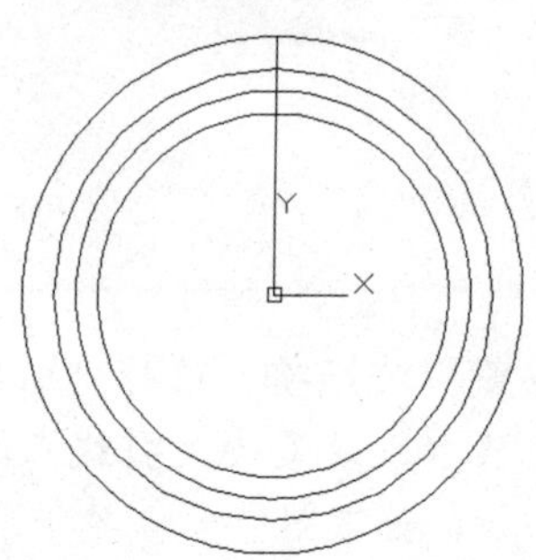

04 **偏移直线** 执行“偏移”命令，将直线向左偏移 7，向右偏移 15，如下图所示。

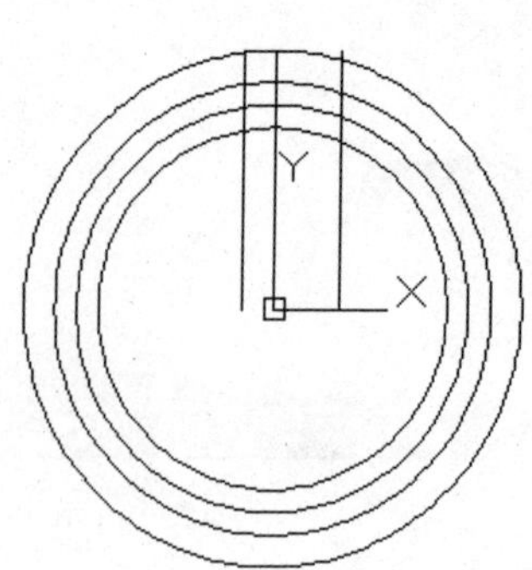

05 **绘制圆** 执行“圆”命令，从内向外将第二个圆和向右偏移的直线的交点为圆心，向左偏移直线的交点为半径，绘制圆，如下图所示。

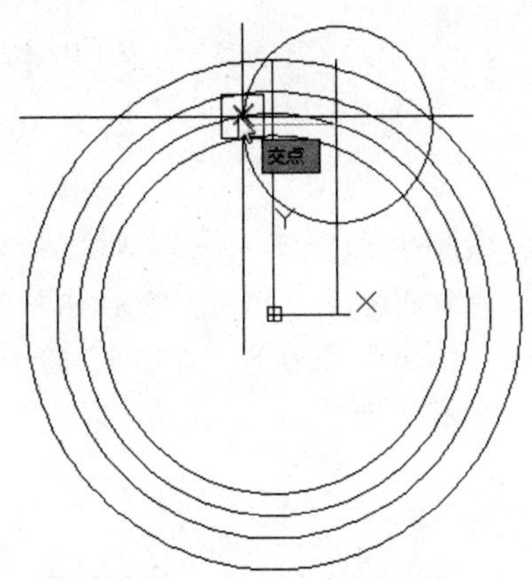

06 **镜像圆** 执行“镜像”命令，以圆心为镜像中心对圆进行镜像操作，如下图所示。

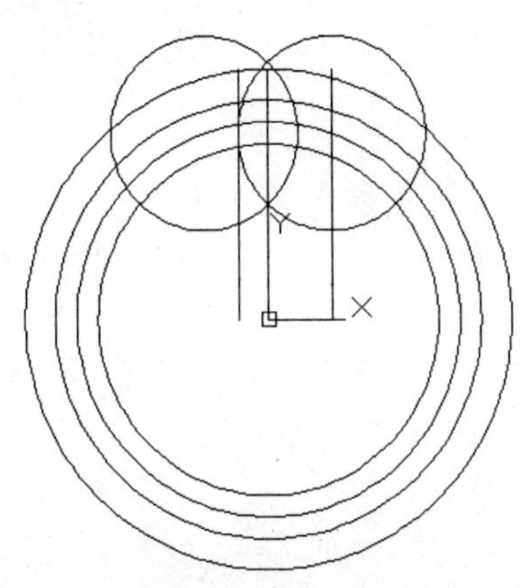

07 **修剪图形** 执行“修剪”命令，对镜像后的图形进行修剪，即可完成一个齿轮图形的绘制，效果如下图所示。

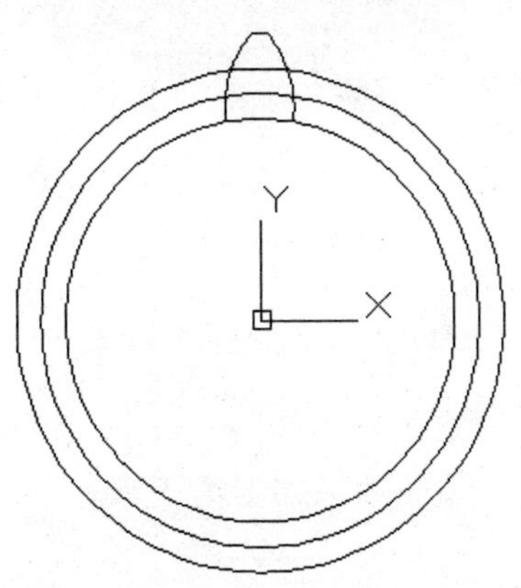

08 **阵列图形** 执行“环形阵列”命令，以圆心为中心点，对刚修剪的图形进行阵列，阵列数为12，如下图所示。

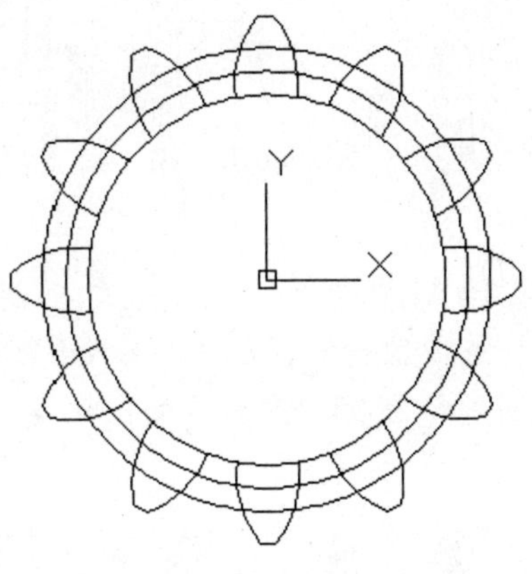

09 **修剪图形** 删除多余的线，分解图形，执行“修剪”命令，对图形进行修剪，即可完成齿轮图形绘制，如下图所示。

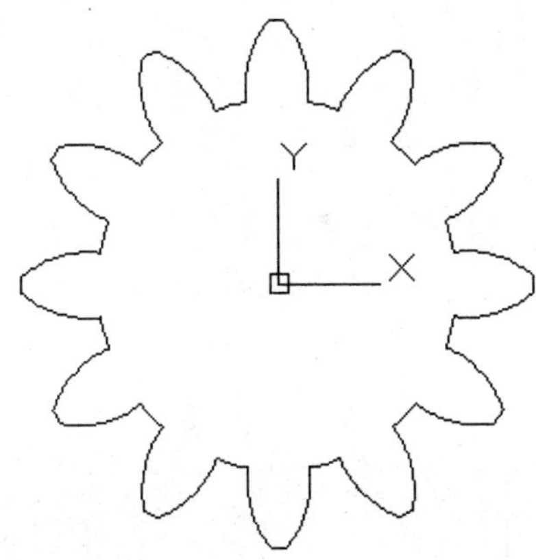

10 **转换面域并更改视图** 执行“面域”命令，将修剪后的图形转换成面域，切换到“三维建模”工作空间，将视图更改为“西南等轴侧”，如下图所示。

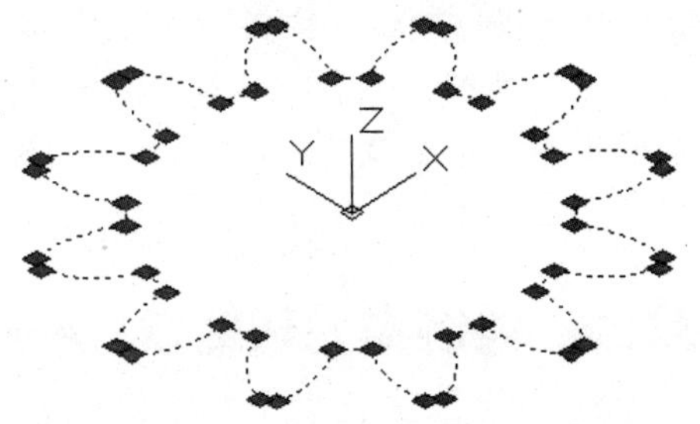

11 **拉伸图形** 执行“拉伸”命令，将图形向Z轴正向拉伸12，如下图所示。

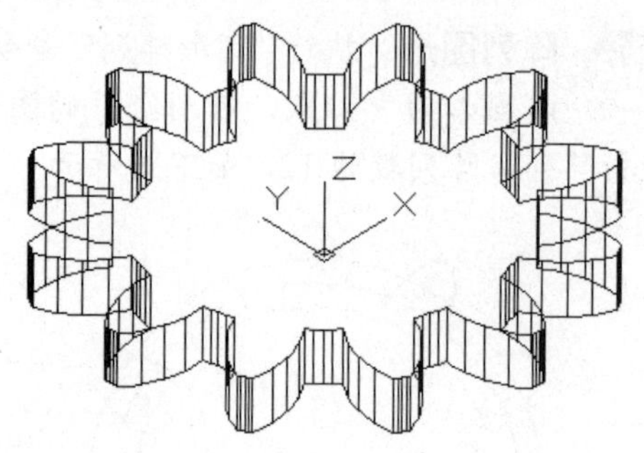

12 **绘制圆柱体** 捕捉齿轮顶面圆心点，执行“圆柱体”命令，绘制一个底面半径为 30、高为-4 的圆柱体，如下图所示。

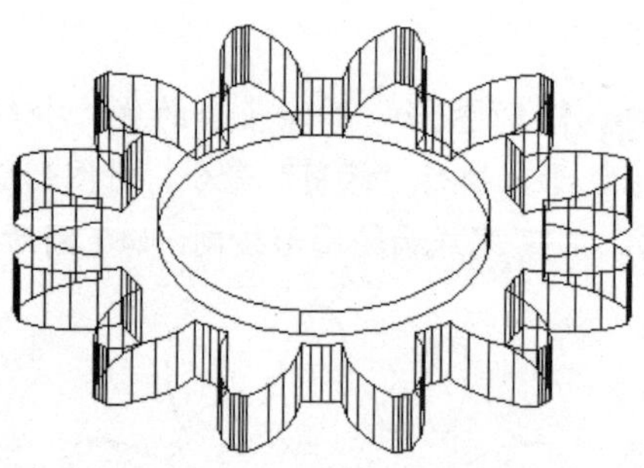

13 **执行“差集”命令** 执行“差集”命令，将绘制的圆柱从齿轮模型中减去，如下图所示。

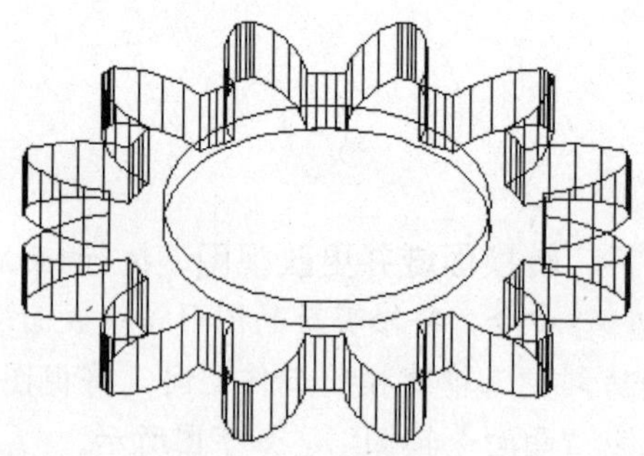

14 **绘制圆柱体** 捕捉齿轮底面圆心点，执行“圆柱体”命令，绘制一个底面半径为 18、高为 15 的圆柱体，如下图所示。

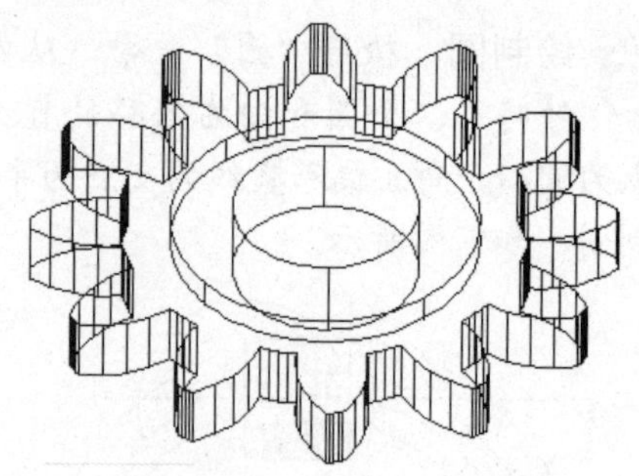

15 **绘制小圆柱体** 捕捉刚绘制的圆柱顶面圆心点，执行“圆柱体”命令，绘制一个底面半径为 8、高为 15 的小圆柱体，如下图所示。

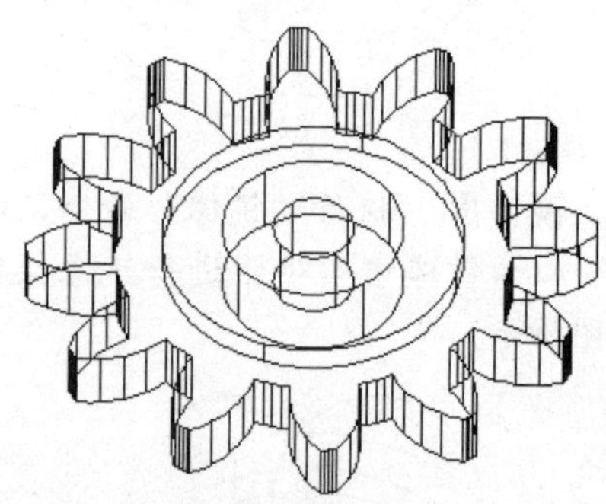

16 **执行并集与差集操作** 执行“并集”和“差集”命令，将齿轮轴和绘制的圆柱体进行合并；将绘制的小圆柱体从齿轮模型中减去，更改视觉样式，效果如下图所示。

16.2.2 绘制推力球轴承

下面将绘制推力球轴承三维模型，其中涉及“球体”、“旋转”、“圆角”、“环形阵列”等命令操作，以及材质、灯光和渲染相关操作，最终效果如下图所示。

绘制推力球轴承图形的具体操作方法如下：

01 新建“辅助线”图层 打开图层特性管理器，新建“辅助线”图层，并置为当前图层，更改其颜色与线型，如下图所示。

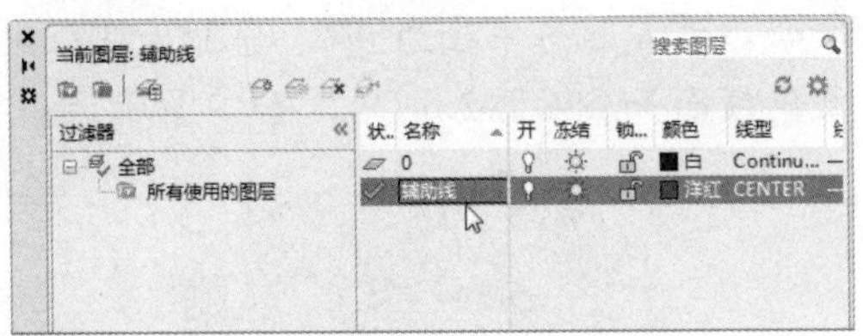

02 绘制直线 执行“直线”命令，分别绘制长为 12 的水平直线和长为 9 的垂线，如下图所示。

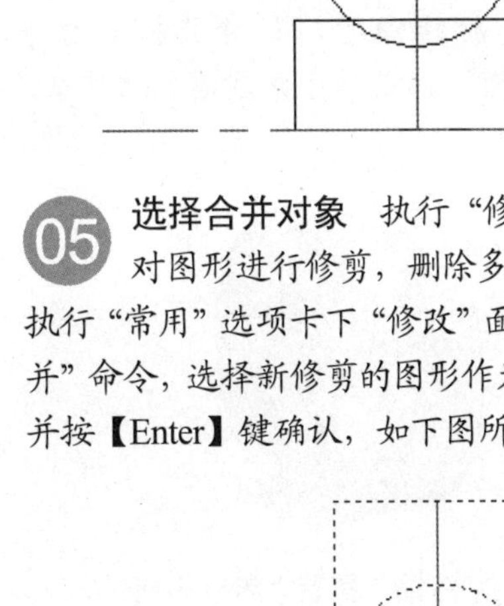

03 绘制矩形 新建“二维线框”图层，并置为当前图层。执行“矩形”命令，分别绘制长为 6.5、宽为 2.64，以及长为 7、宽为 2.64 的两个矩形，通过端点对象捕捉将两个矩形移到辅助线指定位置，如下图所示。

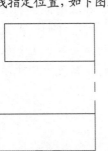

04 绘制圆 执行“偏移”命令，以 3.9 为距离将垂线向左进行偏移复制。执行“圆心，半径”命令，以新复制的垂线中点为圆心，绘制半径为 2.48 的圆，如下图所示。

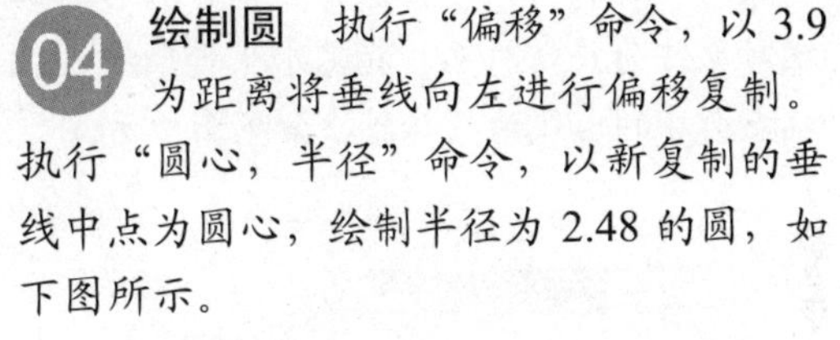

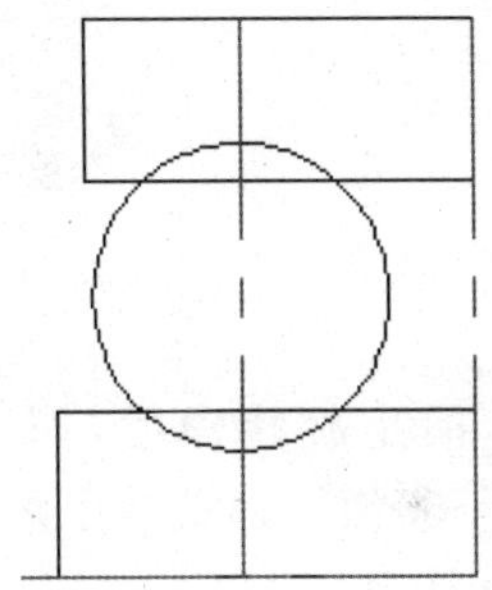

05 选择合并对象 执行“修剪”命令，对图形进行修剪，删除多余的线条。执行“常用”选项卡下“修改”面板中的“合并”命令，选择新修剪的图形作为合并对象，并按【Enter】键确认，如下图所示。

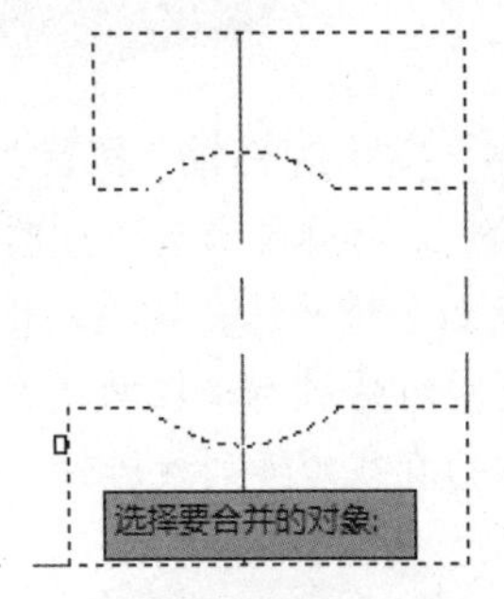

06 绘制球体 切换到“三维建模”工作空间，新建“三维模型”图层，并置为当前图层。执行“球体”命令，以二维圆弧的圆心为中心点，绘制半径为 2.48 的球体，如下图所示。

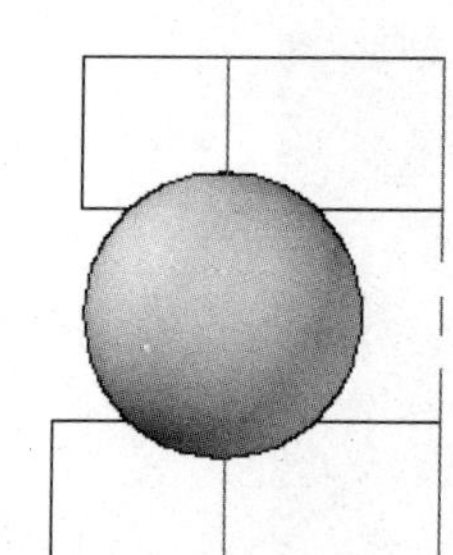

07 指定旋转轴 执行“建模”面板中的“旋转”命令，选择之前合并后的二维对象作为旋转对象，指定水平辅助线左侧端点所在的垂线为旋转轴，如下图所示。

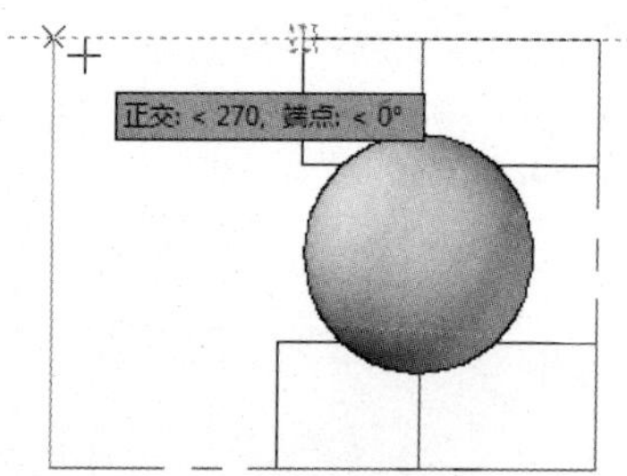

08 指定旋转角度 设置旋转角度为360度，以旋转方式创建三维对象，如下图所示。

09 指定旋转轴 执行“环形阵列”命令，选择球体作为阵列对象，输入A并按【Enter】键确认。切换到指定旋转轴状态，指定同时通过水平辅助线左侧端点和同心圆圆心的直线为阵列旋转轴，如下图所示。

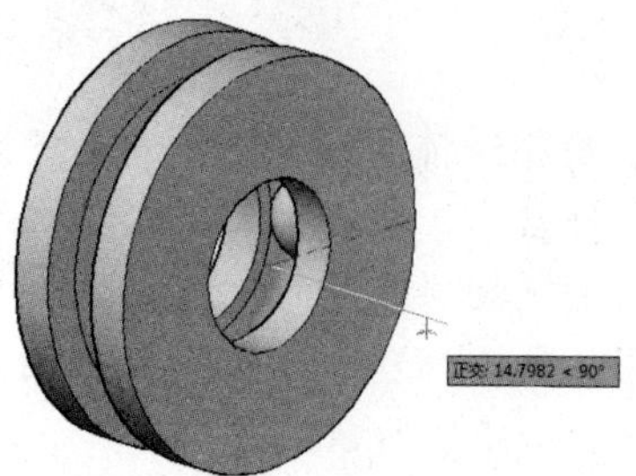

10 阵列复制球体 设置阵列总项目数为10，填充角度为360度，从而阵列复制球体对象，如下图所示。

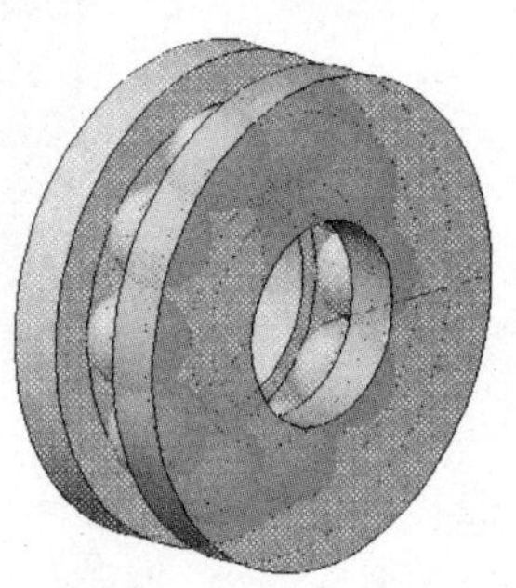

11 添加圆角 关闭“辅助线”图层和“二维线框”图层，执行“圆角”命令，设置圆角半径为0.3，分别为三维对象的顶面和底面添加圆角，如下图所示。

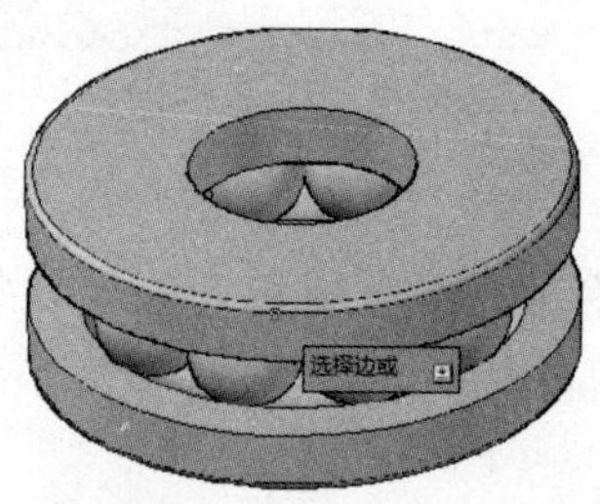

12 绘制平面曲面 执行“曲面”选项卡下“创建”面板中的“平面曲面”命令，绘制一个平面曲面，如下图所示。

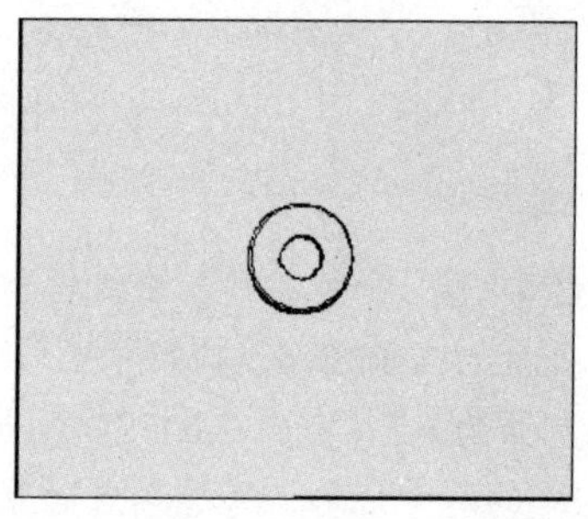

13 添加材质 打开材质浏览器，通过材质样例列表找到所需的材质，将其拖到曲面对象上，从而添加材质。双击文档材质列表中刚才添加的材质，如下图所示。

14 选择"编辑图像"命令

打开该材质对应的材质编辑器，单击"图像"下拉按钮，选择"编辑图像"命令，如下图所示。

15 设置样例尺寸

打开纹理编辑器，设置"比例"卷展栏下的"样例尺寸"为合适值，如下图所示。

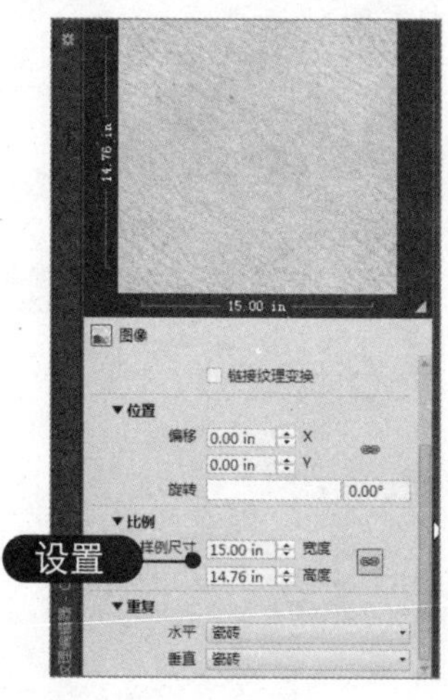

16 执行"渲染"命令

选择"可视化"选项卡，设置光源单位为"常规光源单位"。执行"渲染"命令，查看添加材质到曲面后的渲染效果，如下图所示。

17 添加材质

选择球体对象，打开材质浏览器，右击样例列表中要添加的材质，选择"指定给当前选择"命令，如下图所示。

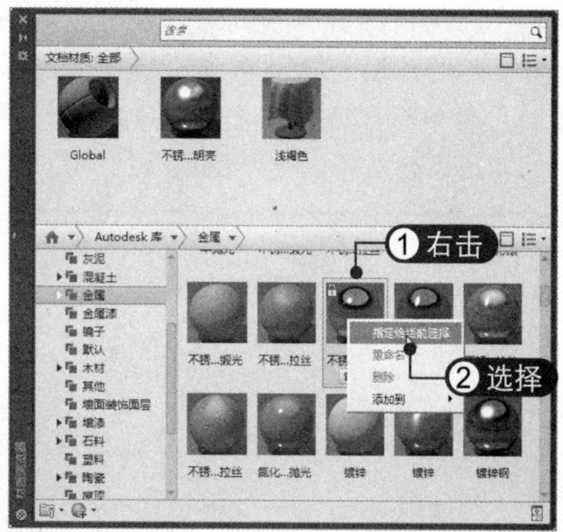

18 修改光泽度和反射率

打开"不锈钢"材质对应的材质编辑器，修改其光泽度和反射率为合适值，如下图所示。

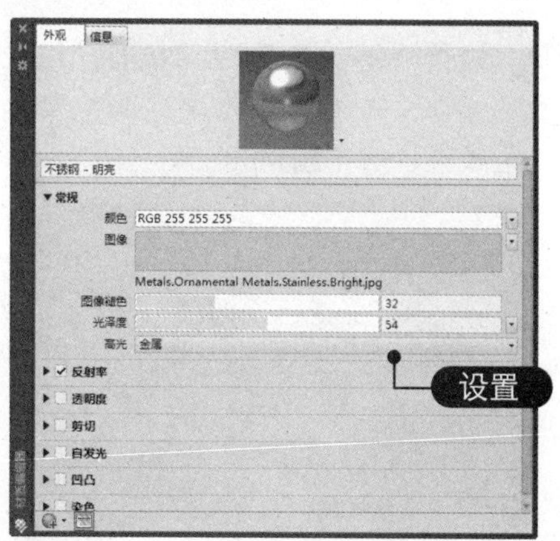

19 创建副本对象 返回材质浏览器，右击文档材质列表中的“不锈钢”材质，选择“复制”命令，从而创建其副本对象，如下图所示。

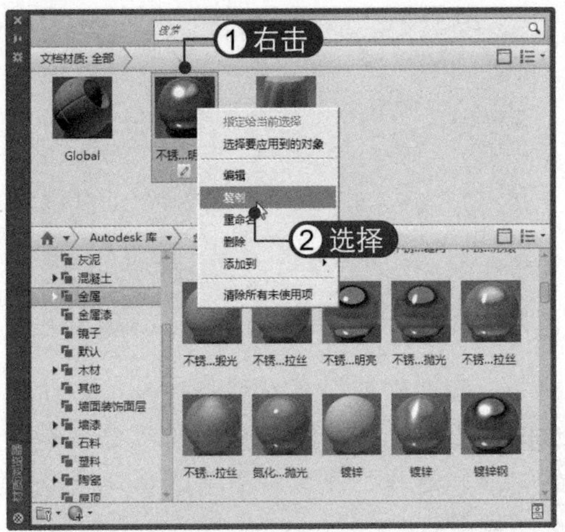

20 添加材质到其他对象 打开材质副本对应的材质编辑器，修改其光泽度和反射率为合适值，将该材质赋予场景中的其他实体对象，如下图所示。

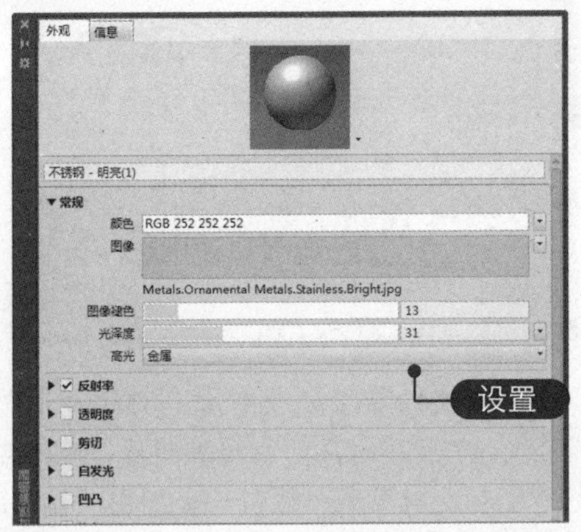

21 执行“渲染”命令 执行“渲染”命令，查看添加材质到三维实体后的渲染效果，如下图所示。

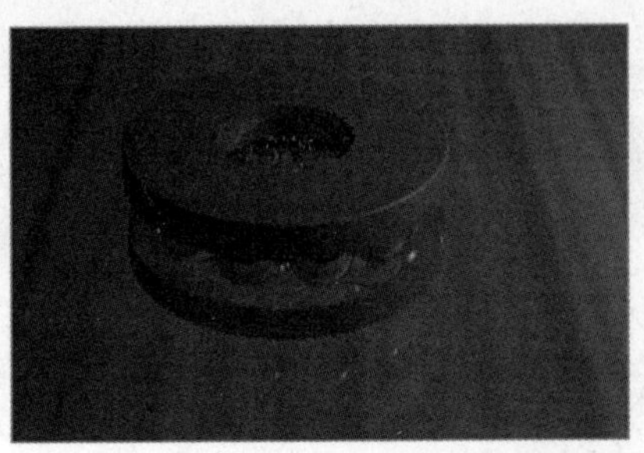

22 创建点光源 通过“光源”面板切换到“国际光源单位”选项，执行“点”命令，在场景中的合适位置创建两个点光源，如下图所示。

23 选择“特性”命令 单击“光源”面板右下角的扩展按钮，打开“模型中的光源”面板。右击其中的光源名称，选择“特性”命令，如下图所示。

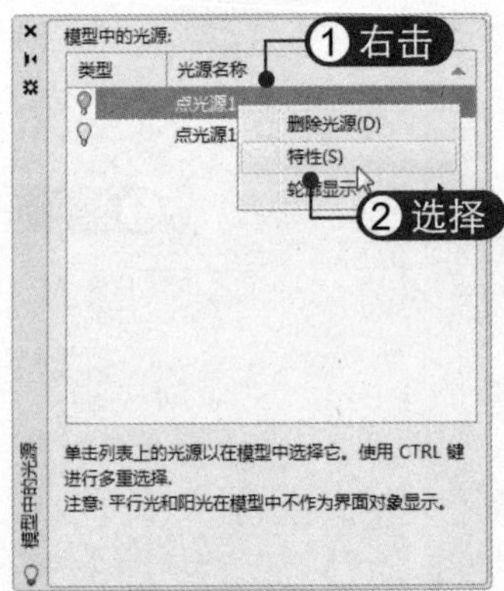

24 修改光源特性 弹出光源“特性”面板，修改其强度因子、过滤颜色等参数。用同样的方法修改另一个点光源的特性，如下图所示。

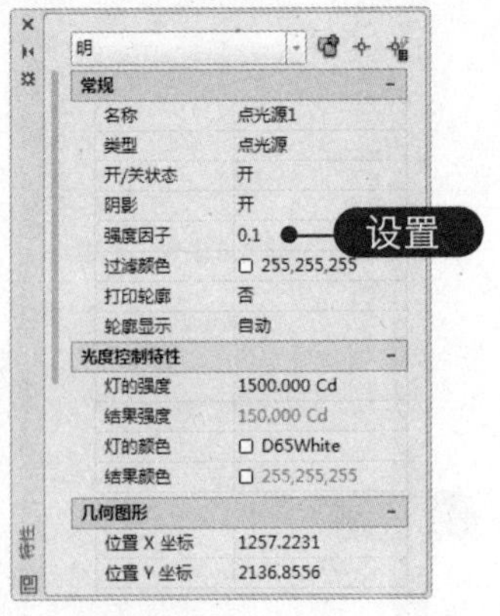

25 执行"渲染"命令 通过ViewCube工具切换到透视图，执行"渲染"命令，查看添加光源到场景后的渲染效果，如下图所示。

26 调整渲染曝光 单击"渲染"面板中的"调整曝光"按钮，弹出"调整渲染曝光"对话框，调整亮度和对比度等参数，单击"确定"按钮，如下图所示。

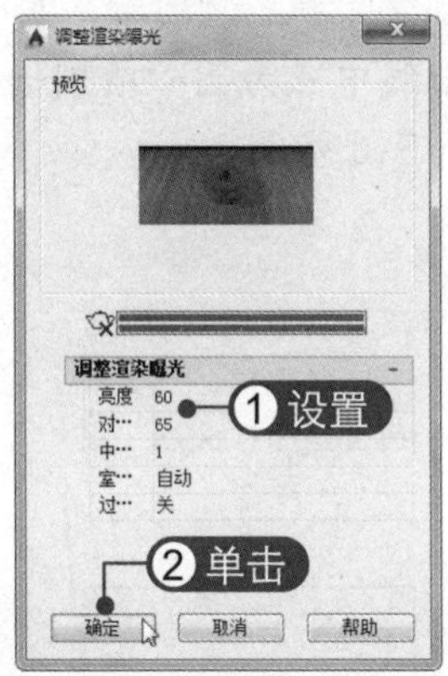

27 高级渲染设置 打开"高级渲染设置"面板，设置渲染预设级别、输出尺寸等参数，单击"渲染描述"右侧"确定是否写入文件"按钮，当"输出文件名称"右侧出现▣按钮时单击该按钮，如下图所示。

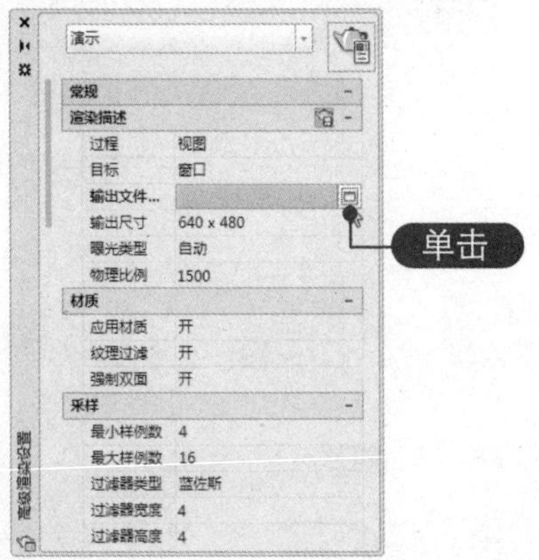

28 设置保存选项 弹出"渲染输出文件"对话框，设置输出路径和文件名，然后单击"保存"按钮，如下图所示。

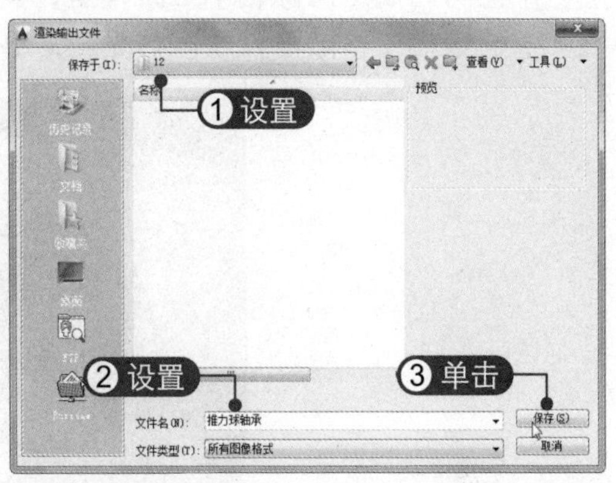

29 设置颜色位数 弹出"BMP图像选项"对话框，设置颜色位数，然后单击"确定"按钮，如下图所示。

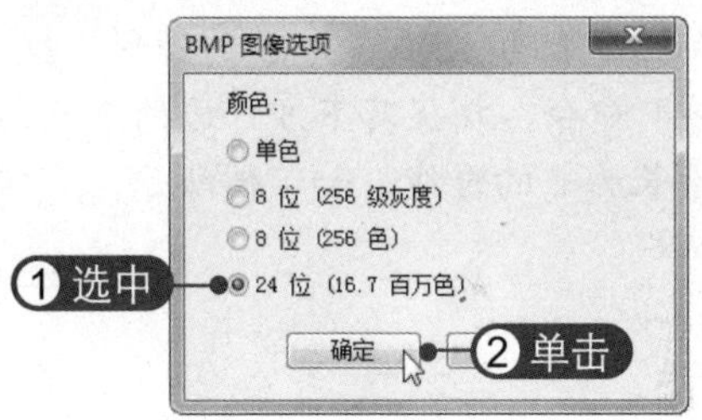

30 执行"渲染"命令 执行"渲染"命令，查看最终渲染效果，如下图所示。

16.2.3 绘制深沟球轴承

下面将绘制深沟球轴承三维模型，其中涉及“球体”、“旋转”、“圆角”、“环形阵列”等命令操作，以及材质、灯光和渲染相关操作，最终效果如下图所示。

绘制深沟球轴承图形的具体操作方法如下：

01 绘制图形 执行“矩形”命令，绘制一个长为15、宽为5的矩形。执行“直线”命令，捕捉其下方一边的中点，绘制一条长为6的垂线，如下图所示。

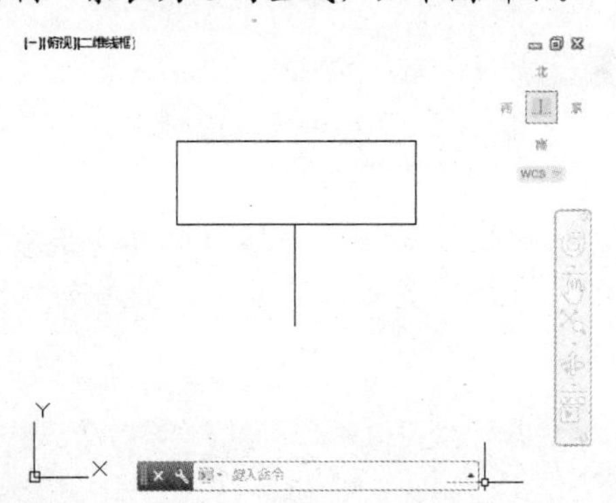

02 复制图形 执行“复制”命令，复制一个矩形到指定位置，即矩形副本上方一边的中点为垂线下方的端点，如下图所示。

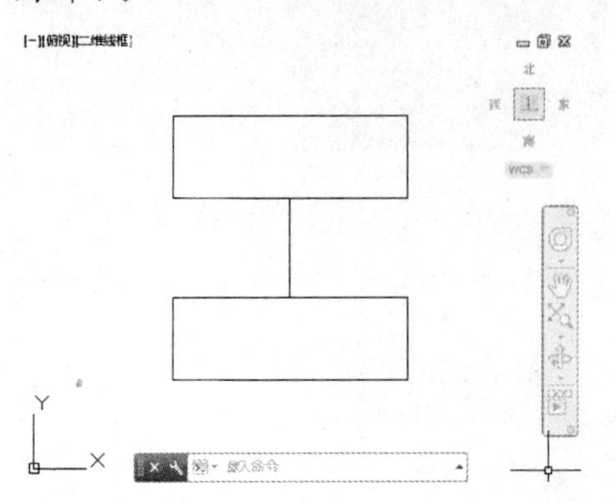

03 绘制圆 执行“圆心，半径”命令，以垂线中点为圆心绘制一个半径为4的圆，如下图所示。

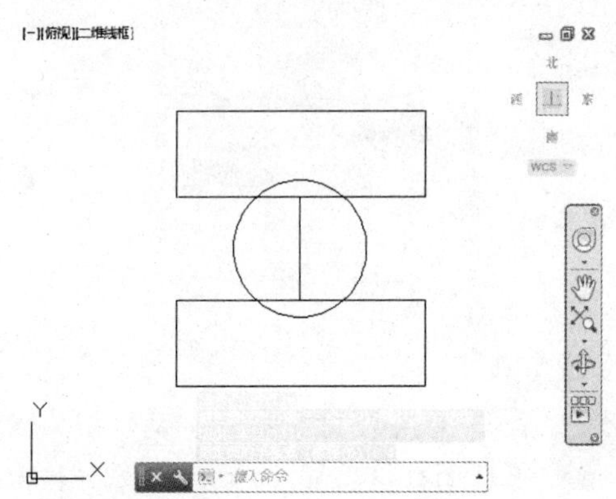

04 修剪图形 执行“修剪”命令，修剪掉多余的线条，如下图所示。

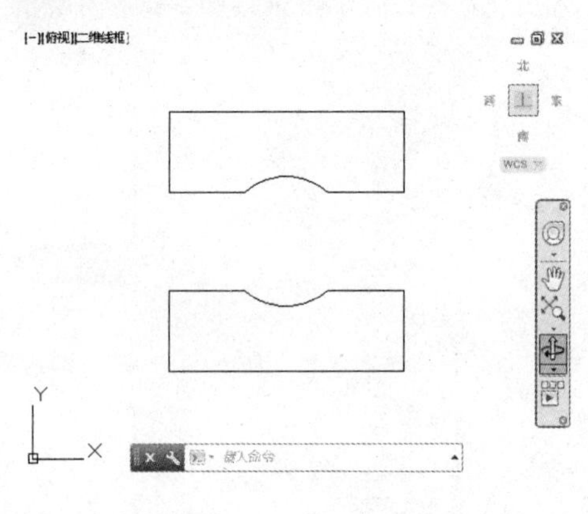

05 转换面域 单击“绘图”面板中的“面域”按钮，将图形转换为面域，更改视觉样式为“概念”，查看转换效果，如下图所示。

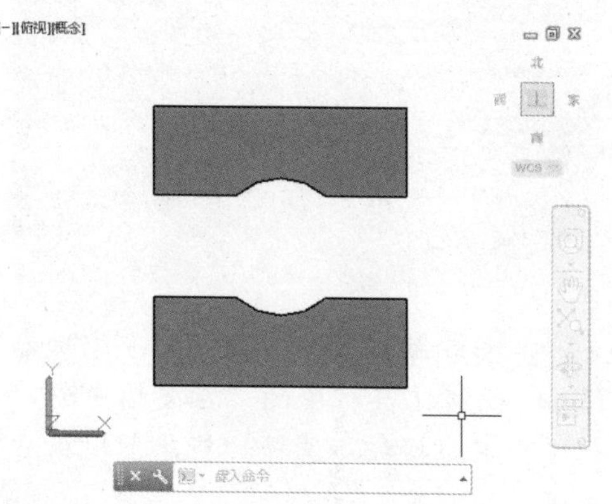

06 绘制直线 执行“直线”命令，捕捉图形左下角的顶点，绘制一条长为15的垂线。再绘制一条通过其下方端点的水平直线，如下图所示。

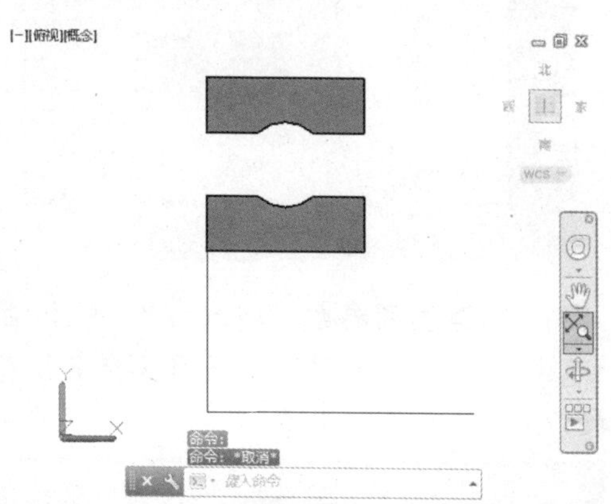

07 绘制球体 执行“球体”命令，通过对象捕捉模式捕捉图形上圆弧的圆心，绘制一个半径为4的球体，如下图所示。

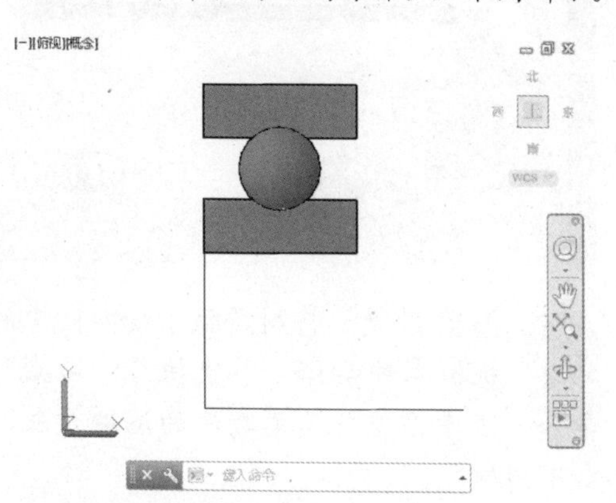

08 旋转对象 执行“旋转”命令，旋转两个面域图形作为旋转对象，并按【Enter】键确认。选择旋转轴，输入O并按【Enter】键确认。选择下方的水平直线作为旋转轴，确认旋转角度为360度，执行旋转操作，如下图所示。

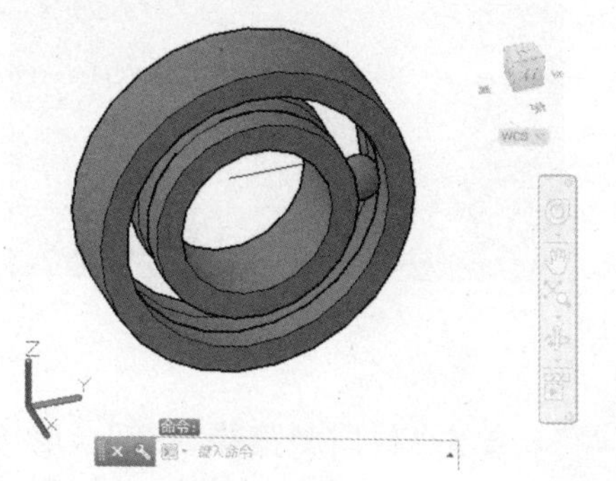

09 三维阵列复制对象 执行“三维阵列”命令，选择球体作为阵列对象，选择环形阵列方式，设置阵列项目总数为15，指定角度为360度，并确认旋转阵列对象。依次捕捉垂线上的两个点，指定其为阵列旋转轴，三维阵列复制对象，如下图所示。

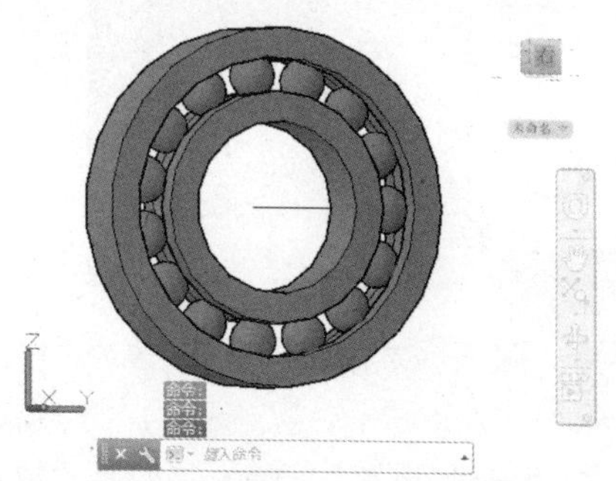

10 绘制平面曲面 将视图方向更改为“右视”，执行“平面曲面”命令，在指定位置绘制一个平面曲面，如下图所示。

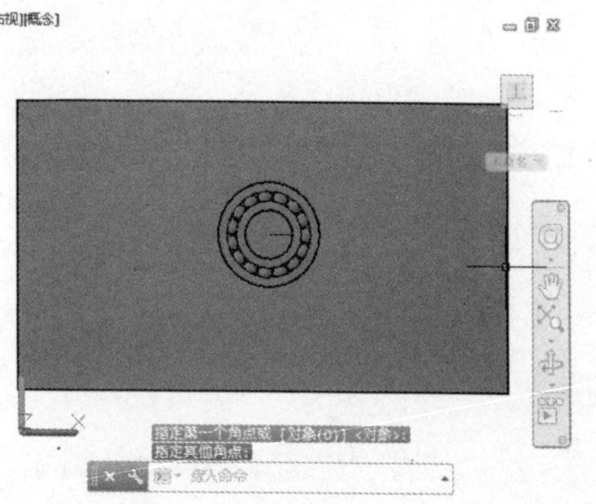

11 拉伸曲面 执行“拉伸面”命令，将平面曲面拉伸出厚度，从而转换成三维实体，如下图所示。

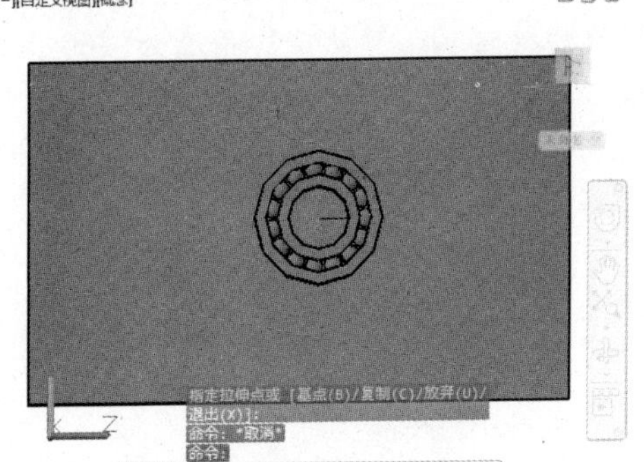

12 单击“材质浏览器”按钮 选择“可视化”选项卡，单击“选项板”面板中的“材质浏览器”按钮，如下图所示。

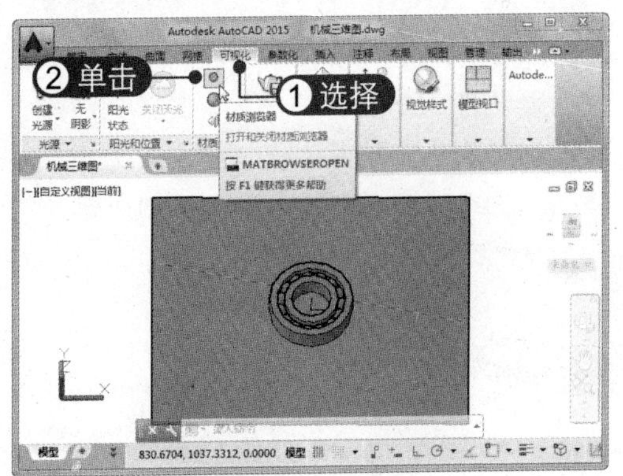

13 赋予材质 单击左窗格中的“Autodesk 库”选项，将其展开，选择“地板-地毯”选项，选择“撒克逊-字形”材质，拖至指定的素材上，如下图所示。

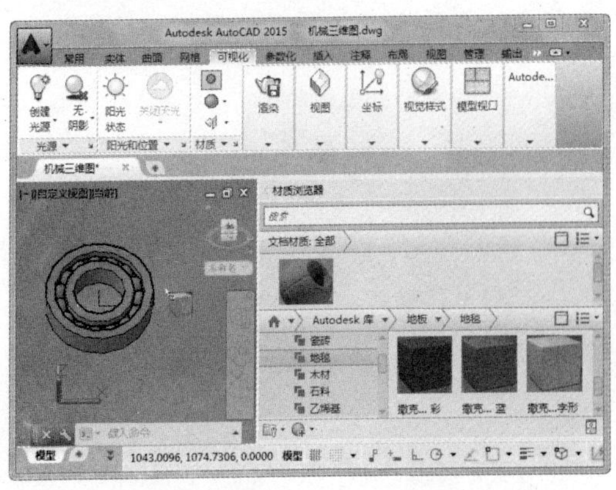

14 渲染对象 单击“渲染”按钮，查看赋予材质后的渲染效果，如下图所示。

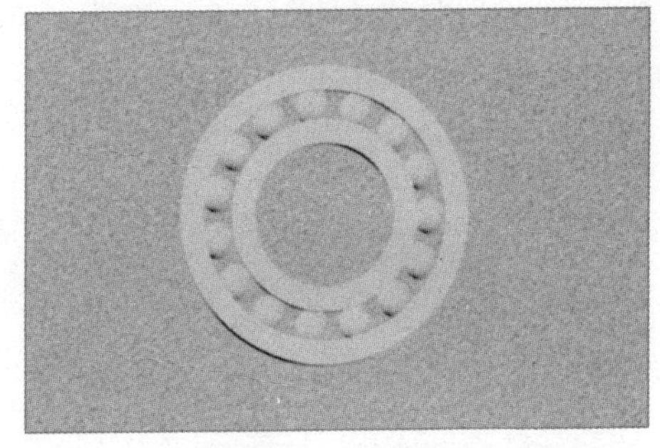

15 创建新材质 单击“材质浏览器”面板工具栏中的“在文档中创建新材质”下拉按钮，选择“新建常规材质”选项，如下图所示。

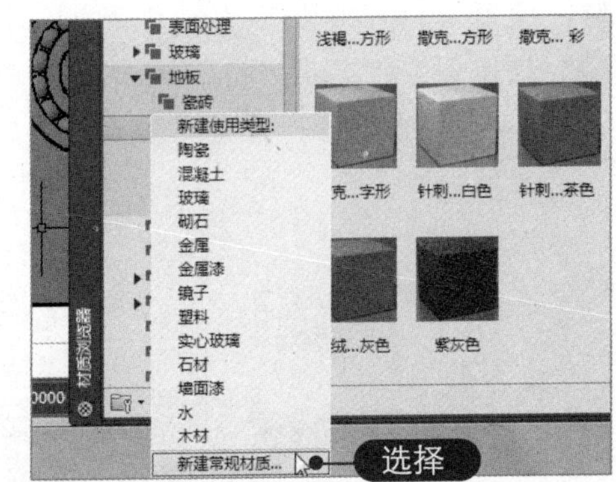

16 设置材质参数 输入名称，选择“高光”为“金属”，适当调整其他参数的大小，如下图所示。

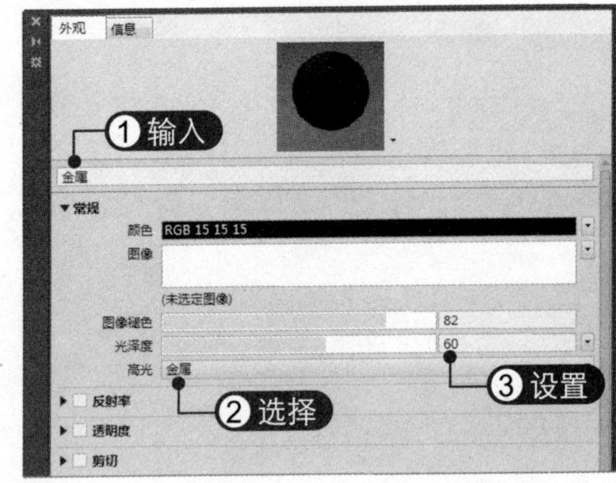

17 渲染对象 将材质赋于绘图区中的机械零件实体，再次执行“渲染”命令，查看调整材质参数后的渲染效果，如下图所示。

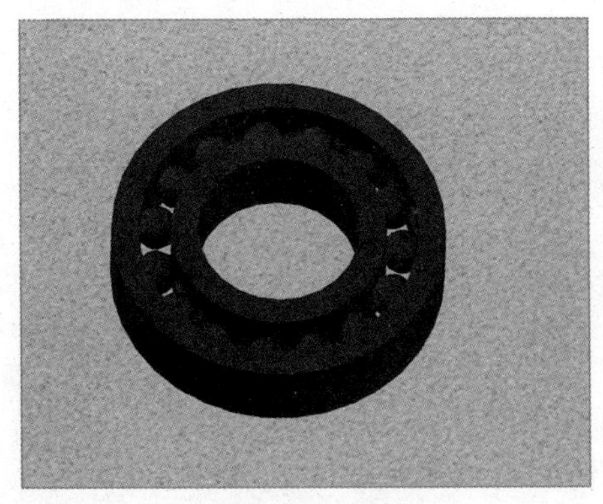

18 选择“聚光灯”命令 在“光源”面板中将默认光源关闭，单击“创建光源”下拉按钮，选择“聚光灯”命令，如下图所示。

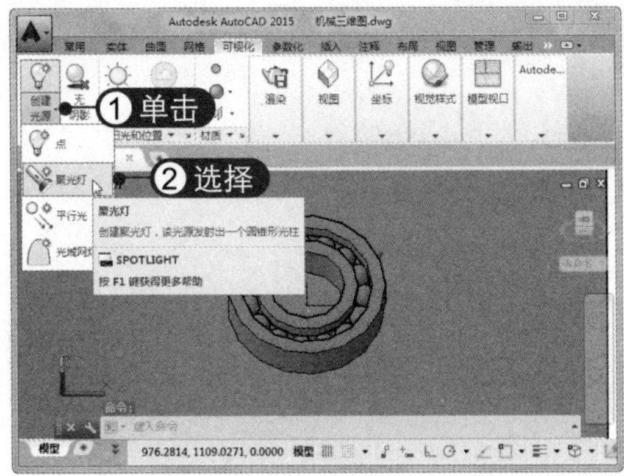

19 设置聚光灯 将聚光灯放置到指定位置，调整光源目标的位置，如下图所示。

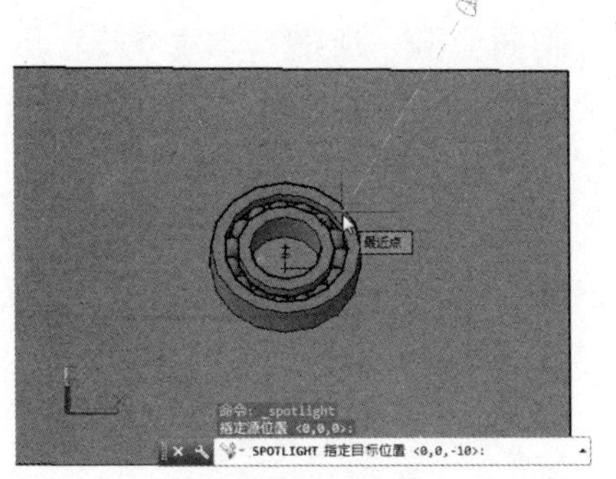

20 选择“全阴影”命令 单击“光源”面板中的“无阴影”下拉按钮，选择“全阴影”命令，如下图所示。

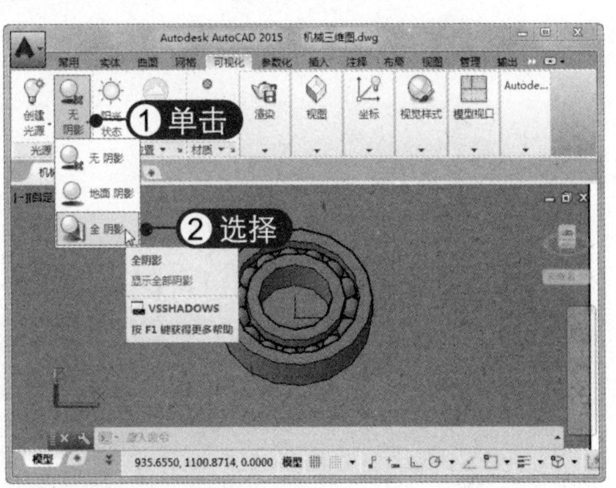

21 渲染对象 执行“渲染”命令，查看设置聚光灯和阴影后的最终效果，如下图所示。

知识加油站

在命令行提示下输入SPOTLIGHT命令，可以快速执行“聚光灯”命令。聚光灯具有目标特性，可以控制光源的方向和光束圆锥体的尺寸。

16.2.4 绘制法兰盘

法兰盘简称法兰，是一种两个平面在周边使用螺栓连接封闭的盘状零件，在机械上应用广泛，一般成对使用。按照连接种类的不同，法兰盘可分为承插法兰、对焊法

兰、平焊钢制管法兰等多种类型，如下图所示。

下面将绘制平焊钢制管法兰盘三维模型，其中涉及“环形阵列”、“差集”、“打断于点”、“聚光灯”等命令操作，以及材质、灯光和渲染相关操作，最终效果如下图所示。

绘制法兰盘图形的具体操作方法如下：

01 新建“辅助线”图层 打开图层特性管理器，新建“辅助线”图层，并置为当图层，更改其颜色与线型，如下图所示。

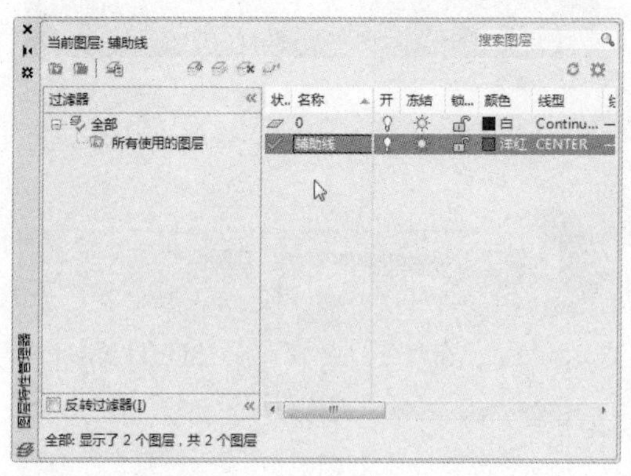

02 绘制图形 执行“直线”命令，分别绘制长为 90 的水平直线和垂线，使其相交于一点。执行“圆心，半径”命令，以辅助线交点为圆心，绘制半径为 25 的圆，如下图所示。

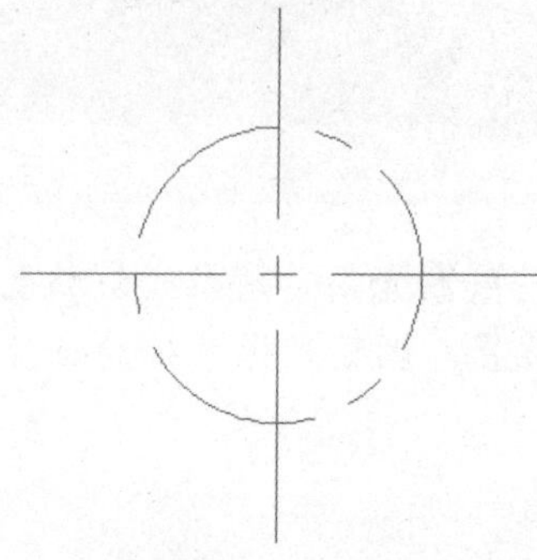

03 绘制同心圆 新建“二维线框”图层，并置为当前图层。执行“圆心，半径”命令，以辅助线交点为圆心，绘制半径为 9 和 37.5 的同心圆，如下图所示。

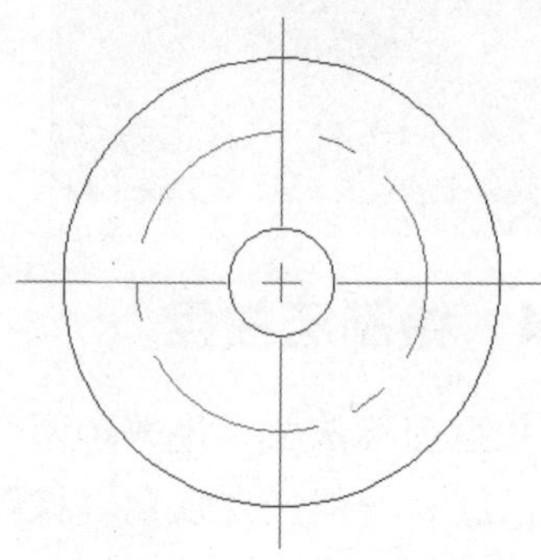

04 绘制小圆 再次执行“圆心，半径”命令，以竖直辅助线和辅助圆的交点为圆心，绘制半径为5.5的小圆。执行“环形阵列”命令，选择新绘制的圆为阵列对象，如下图所示。

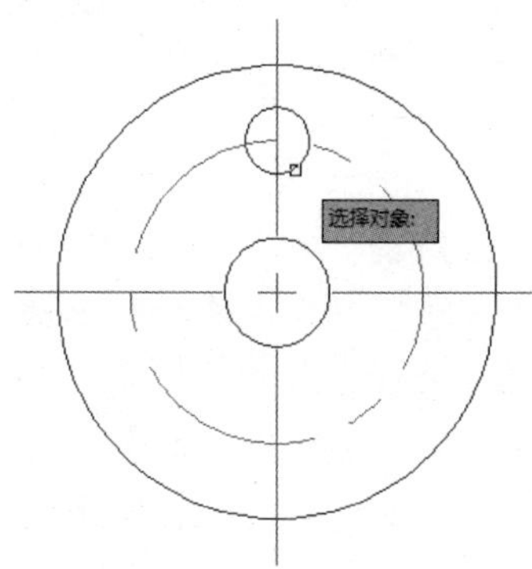

05 阵列复制对象 设置同心圆的圆心为阵列中心点，设置项目总数为4，阵列角度为默认的360度，阵列复制对象。设置阵列对象的关联状态为“否”，效果如下图所示。

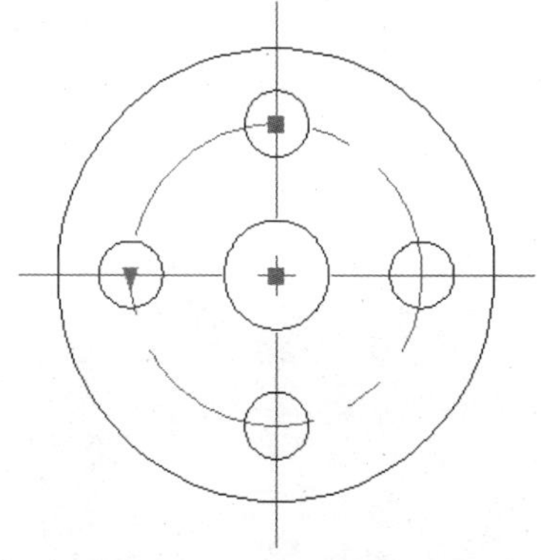

06 拉伸图形 关闭“辅助线”图层，执行“拉伸”命令，将二维线框拉伸为高度为12的三维实体，如下图所示。

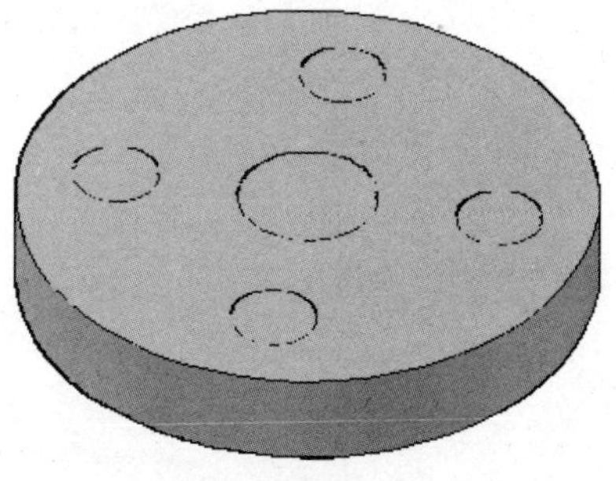

07 执行差集操作 执行“差集”命令，选择大圆柱体作为要执行差集操作的实体，并按【Enter】键确认选择。选择其他5个圆柱体作为要减去的对象，如下图所示。

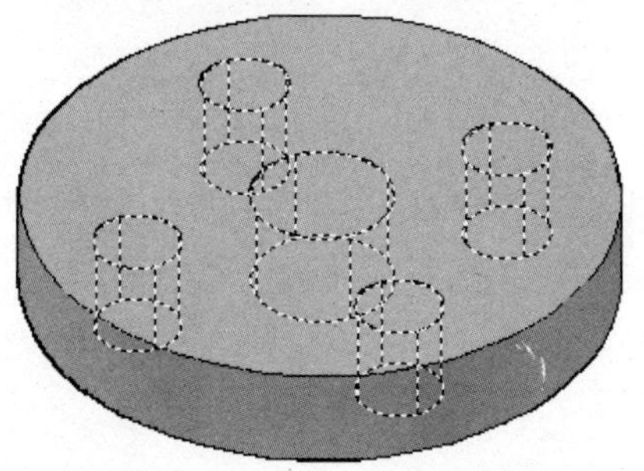

08 减去小圆柱体 按【Enter】键确认，执行差集运算，减去所选小圆柱体，如下图所示。

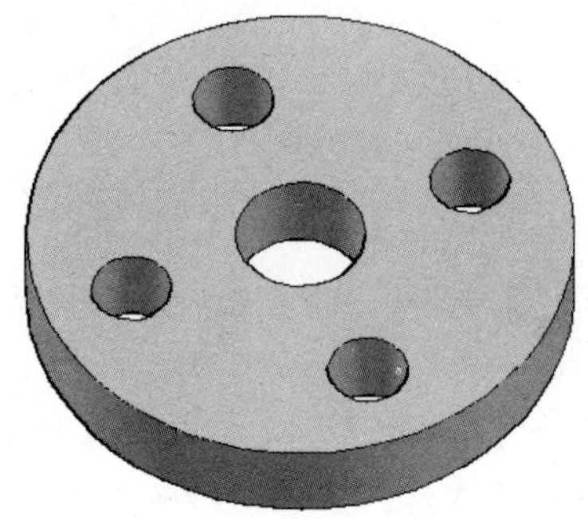

09 绘制直线 执行“直线”命令，绘制一条长为2.8的水平直线。通过点坐标(-8<95)绘制一条长为8、角度为95的直线，如下图所示。

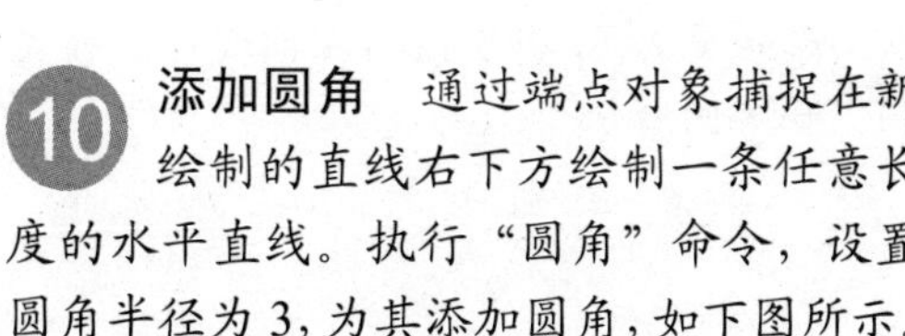

10 添加圆角 通过端点对象捕捉在新绘制的直线右下方绘制一条任意长度的水平直线。执行“圆角”命令，设置圆角半径为3，为其添加圆角，如下图所示。

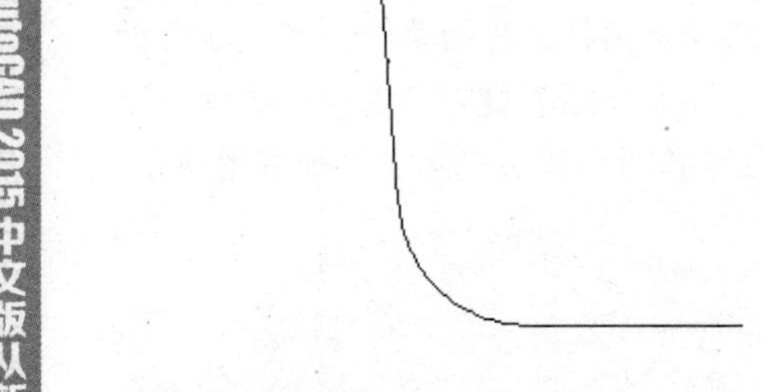

11 **指定打断点** 执行“常用”选项卡下“修改”面板中的“打断于点”命令，选择对象，通过端点对象捕捉指定打断点，如下图所示。

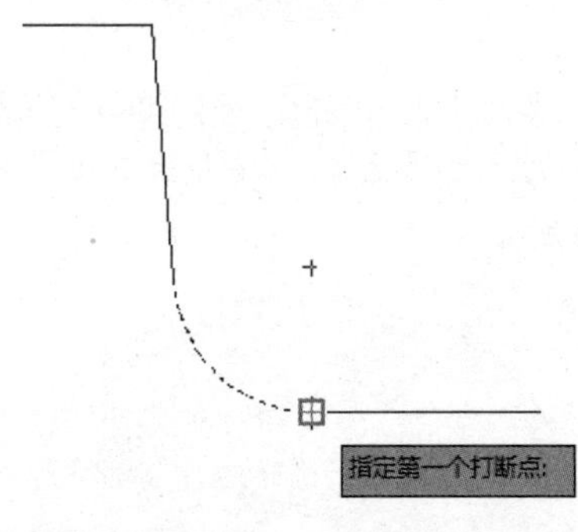

12 **绘制矩形** 将打断点右侧的水平直线删除，执行“矩形”命令，绘制一个宽为2.8的矩形，其底边通过圆弧端点所在的水平直线，如下图所示。

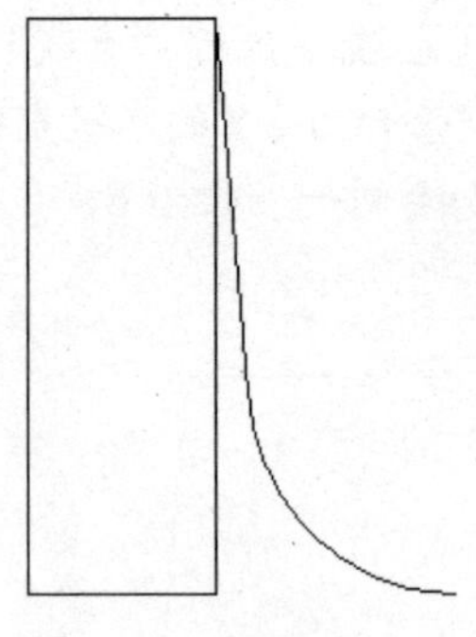

13 **绘制垂线并偏移复制** 切换到“辅助线”图层，执行“直线”命令，通过端点对象捕捉进行捕捉图形左侧端点，绘制一条垂线。执行“偏移”命令，以偏移距离为9，将垂线向左侧进行偏移复制，如下图所示。

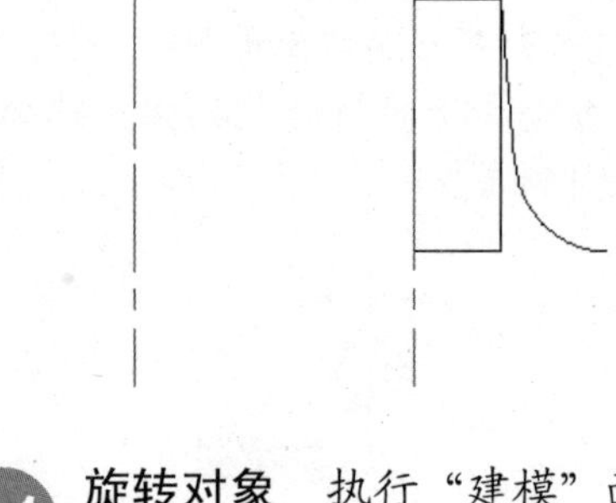

14 **旋转对象** 执行“建模”面板中的“旋转”命令，选择辅助线之外的二维图形作为旋转对象，指定左侧辅助线为旋转轴，旋转角度为360度，旋转创建三维曲面和实体对象，如下图所示。

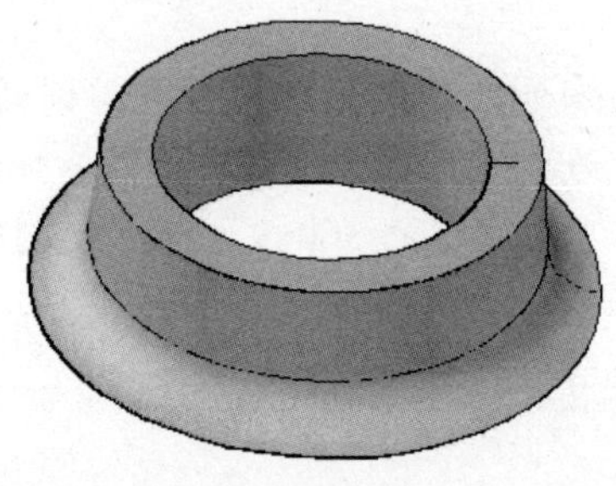

15 **移动对象** 执行“移动”命令，将新创建的对象移到之前创建的三维实体上方表面的中心位置，如下图所示。

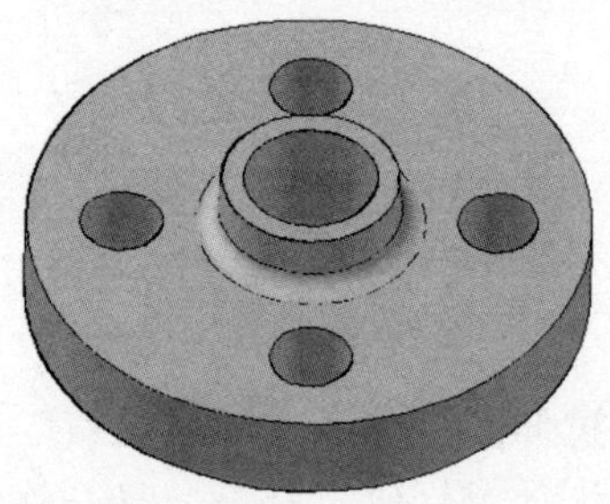

16 **绘制多线段** 切换到左视图，执行“多段线”命令，绘制一条水平直线加圆弧的多段线，水平直线位于三维实体底部，如下图所示。

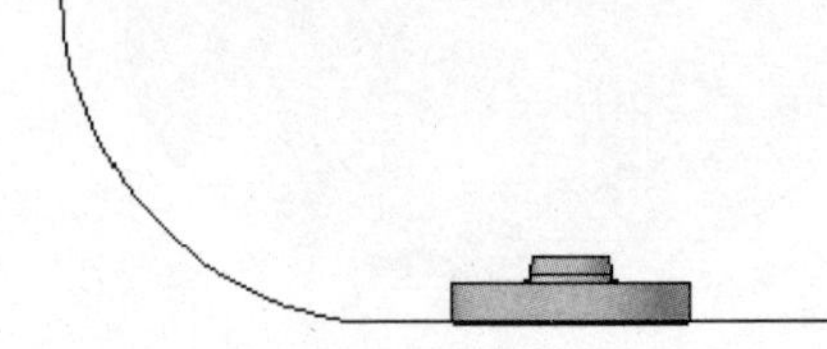

17 拉伸对象 执行"拉伸"命令，将多段线拉伸为三维曲面，并移到图形中的合适位置，如下图所示。

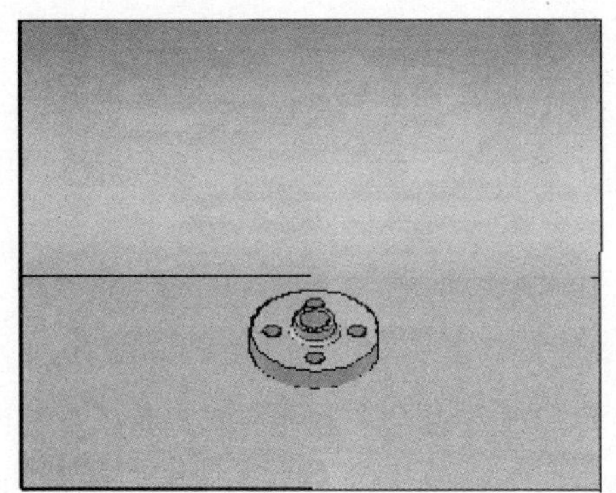

18 赋予材质 选择法兰盘图形对象，打开材质浏览器，右击样例列表中要添加的材质，选择"指定给当前选择"命令，如下图所示。

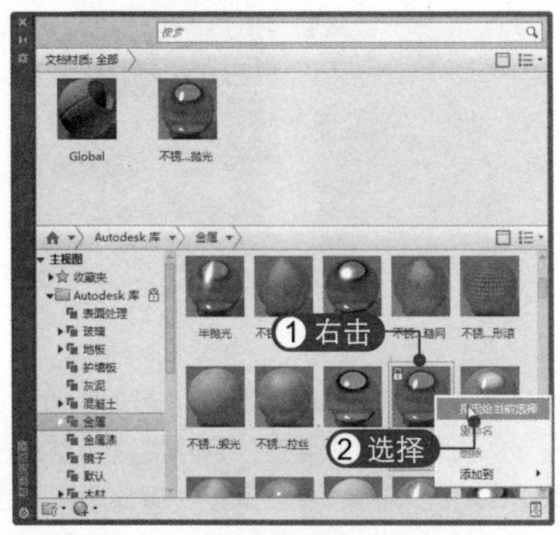

19 执行"渲染"命令 执行"渲染"命令，查看添加金属材质到法兰盘图形对象后的渲染效果，如下图所示。

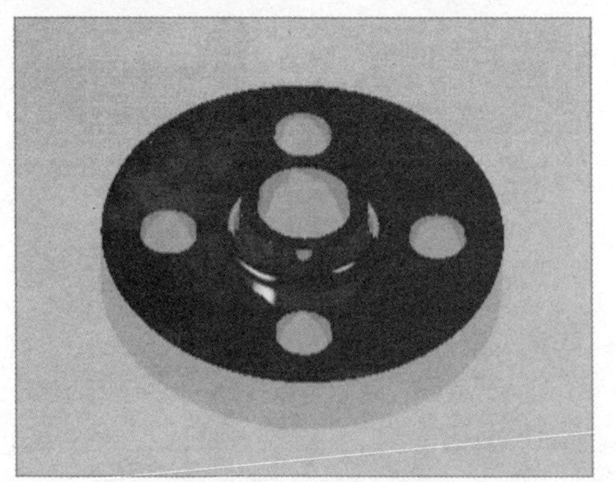

20 赋予材质 返回材质浏览器，找到要添加的材质，将其拖到法兰盘图形下方的曲面对象上，如下图所示。

21 选择"编辑图像"命令 打开织物材质对应的材质编辑器，单击"图像"右侧的下拉按钮，在弹出的下拉列表中选择"编辑图像"命令，如下图所示。

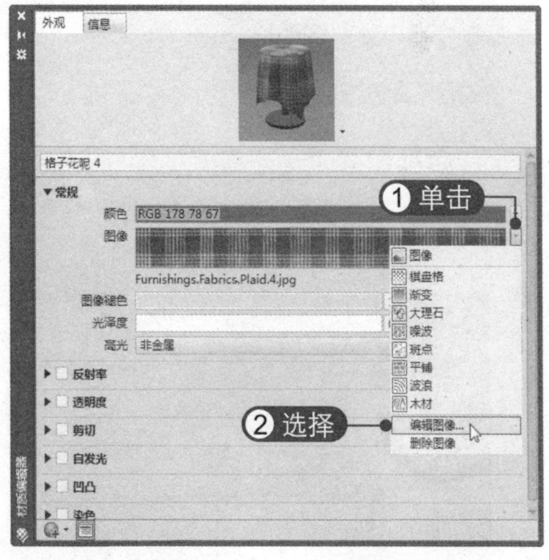

22 设置参数 打开纹理编辑器，设置图像比例和平铺方式等参数，如下图所示。

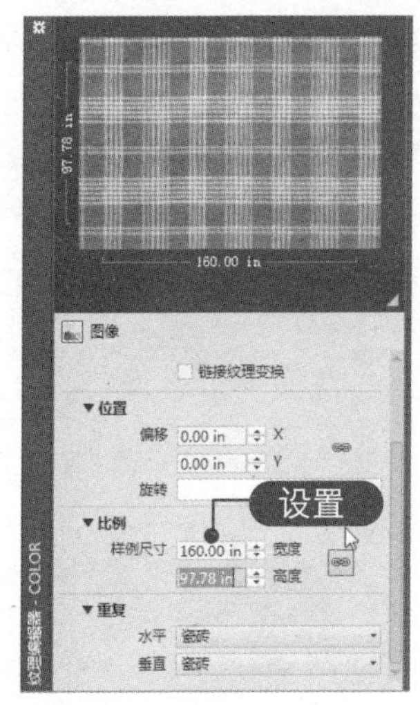

23 **渲染对象** 执行“渲染”命令，查看添加织物材质到曲面对象后的渲染效果，如下图所示。

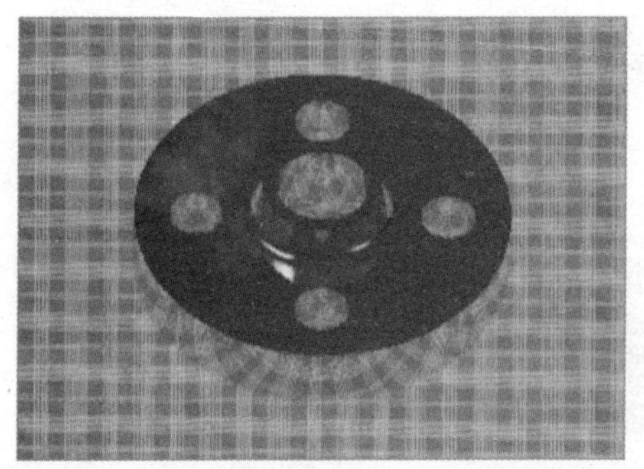

24 **添加聚光灯** 执行“聚光灯”命令，在场景中的合适位置创建两盏聚光灯，如下图所示。

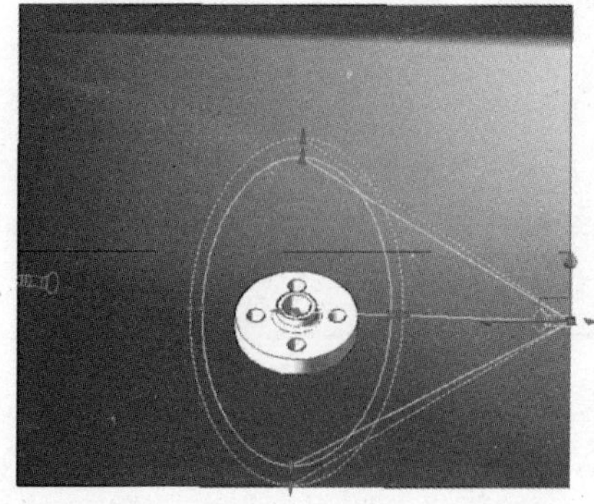

25 **选择“特性”命令** 单击“光源”面板右侧的扩展按钮，打开“模型中的光源”面板。右击其中的光源名称，选择“特性”命令，如下图所示。

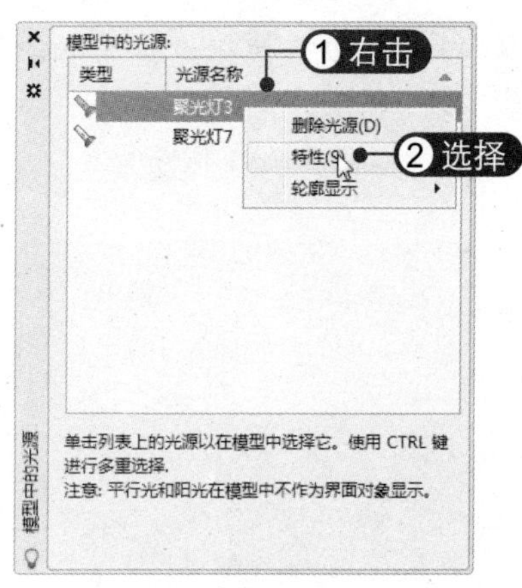

26 **设置参数** 打开光源“特性”面板，设置强度因子、衰减角度等参数，如下图所示。

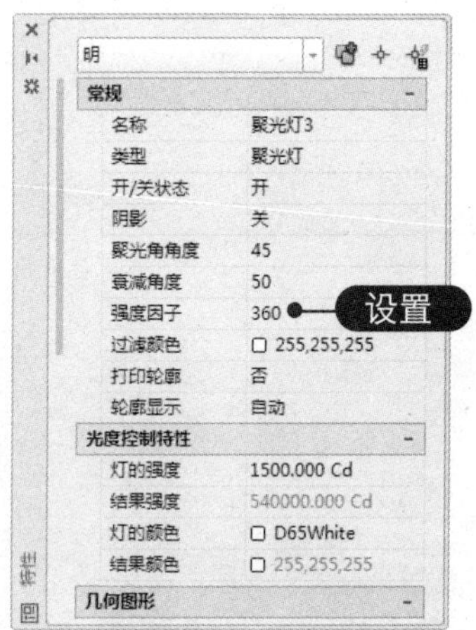

27 **设置渲染参数** 打开“渲染”面板，通过“渲染质量”调节滑块调整渲染质量。打开“高级渲染设置”面板，设置渲染预设等级、输出尺寸等参数，如下图所示。

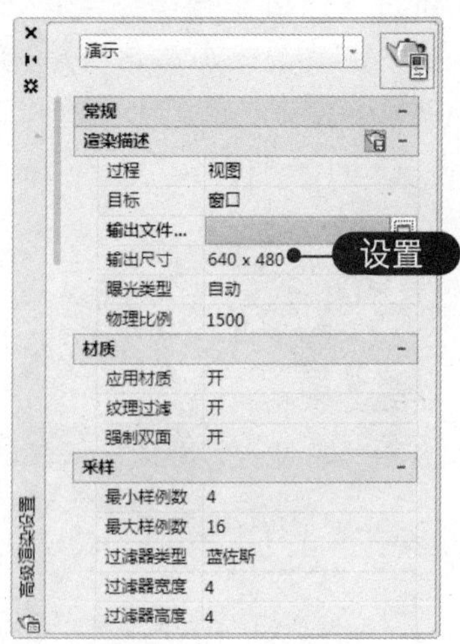

28 查看渲染效果 右击 ViewCube 图标，选择“透视”命令，切换到透视图，执行“渲染”命令，查看最终渲染效果，如右图所示。

16.2.5 绘制带方形座轴承

带座轴承是将滚动轴承与轴承座结合在一起的一种轴承单元。下面将绘制带方形座轴承三维模型，其中涉及“环形阵列”、“修剪”、“三点”、“拉伸面”、“复制面”、“放样”等命令操作，以及材质、灯光和渲染相关操作，最终效果如下图所示。

绘制带方形座轴承图形的具体操作方法如下：

01 新建图层 打开图层特性管理器，新建“辅助线”图层，并置为当前图层，更改其颜色与线型，如下图所示。

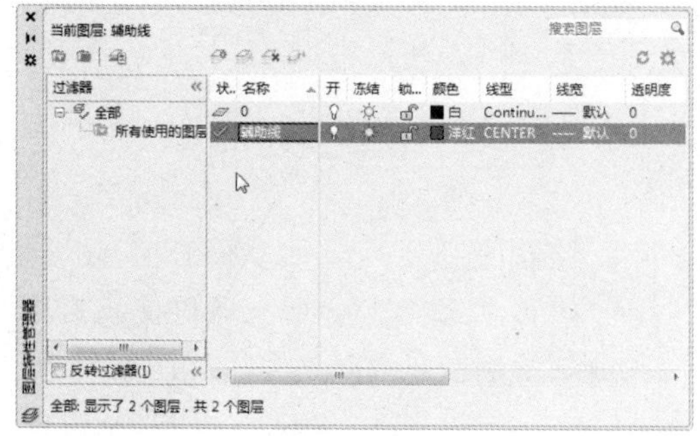

02 绘制辅助线 执行“直线”命令，分别绘制长为 110 的水平直线和垂线，使其中点位于同一点，如下图所示。

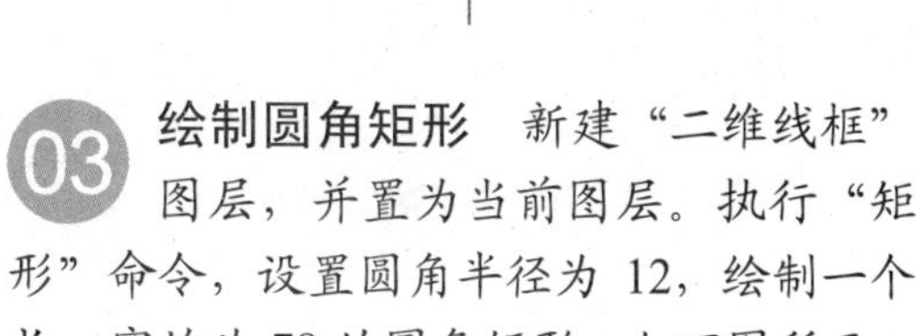

03 绘制圆角矩形 新建“二维线框”图层，并置为当前图层。执行“矩形”命令，设置圆角半径为 12，绘制一个长、宽均为 78 的圆角矩形，如下图所示。

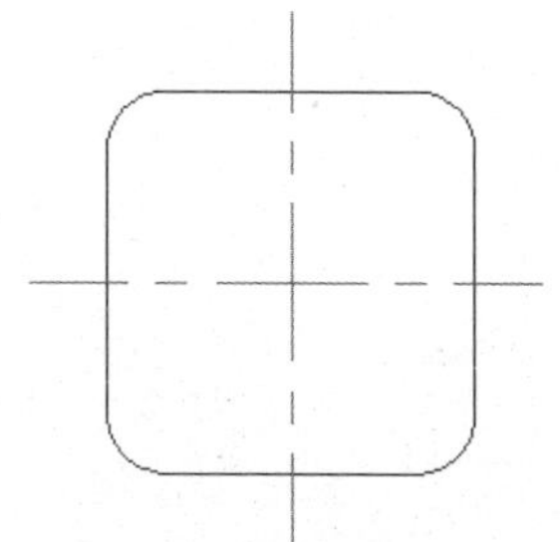

04 绘制同心圆 执行“圆心，半径”命令，以辅助线交点为圆心，分别绘制半径为25和30的同心圆，如下图所示。

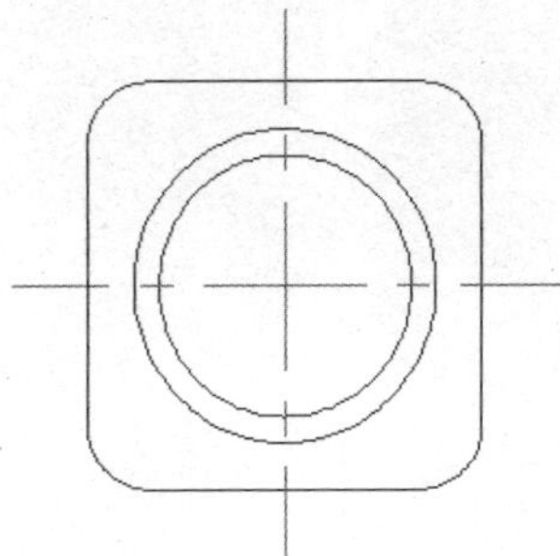

05 绘制其他同心圆 再次执行“圆心，半径”命令，以矩形右上角圆弧的圆心为圆心，分别绘制半径为5.25和12的同心圆，如下图所示。

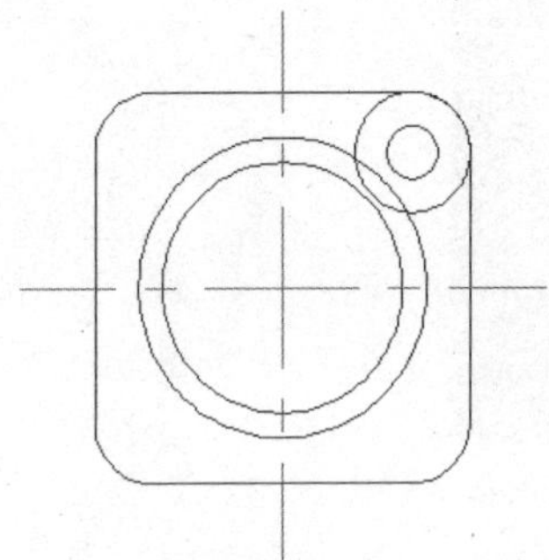

06 阵列复制对象 执行“环形阵列”命令，选择新绘制的两个同心圆作为阵列对象，以辅助线交点为圆心，设置项目总数为4，填充角度为360度，阵列复制对象，如下图所示。

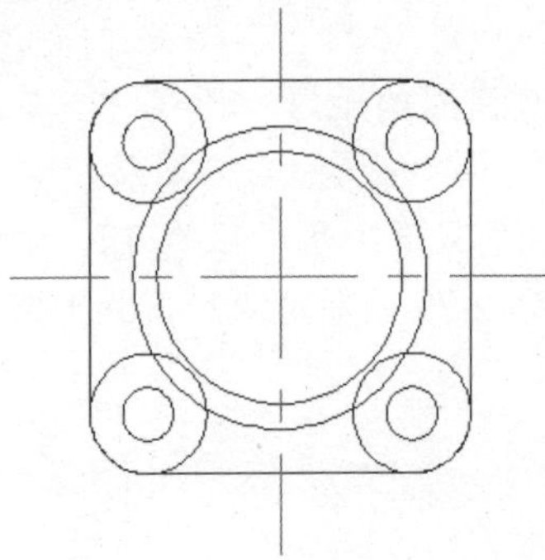

07 绘制公切线 执行“直线”命令，通过切点对象捕捉分别绘制位于对角的两圆的公切线，如下图所示。

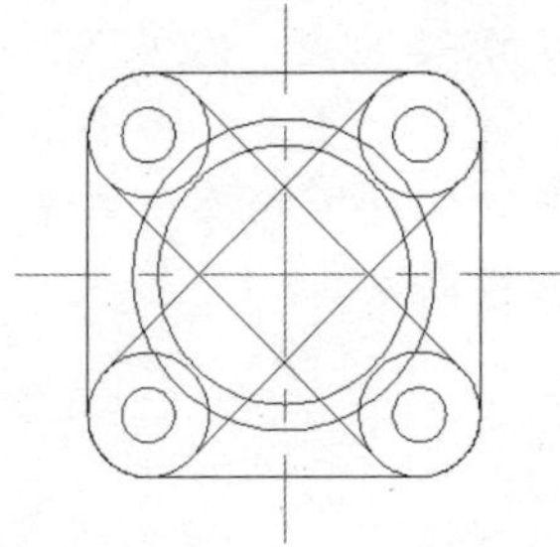

08 修剪对象 执行“修剪”命令，修剪图形并删除多余的线条，如下图所示。

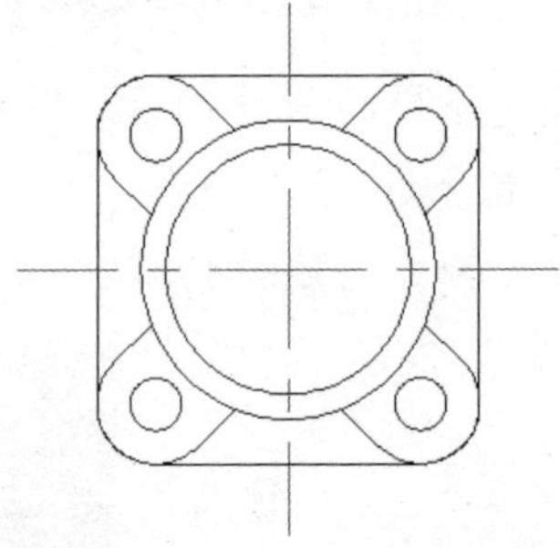

09 旋转对象 返回“辅助线”图层，通过“复制”命令在原位置创建辅助线的副本对象。执行“修改”面板中的“旋转”命令，以辅助线交点为旋转基点，对其进行45度旋转，如下图所示。

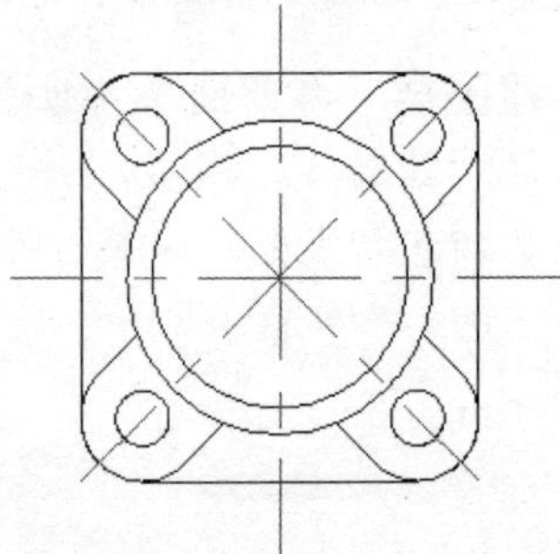

10 绘制圆弧 返回“二维线框”图层，执行“三点”命令，通过交点对象捕捉分别绘制四段圆弧对象，如下图所示。

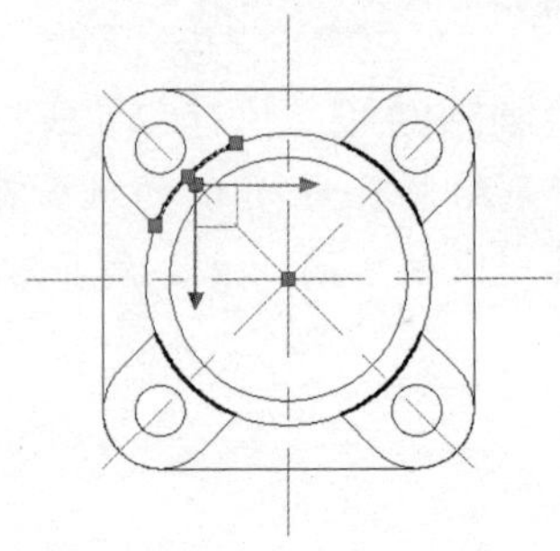

11 合并对象 执行“合并”命令，将两段圆弧以及与之连接的两条直线合并为一个整体。用同样的方法合并其他三组对象，如下图所示。

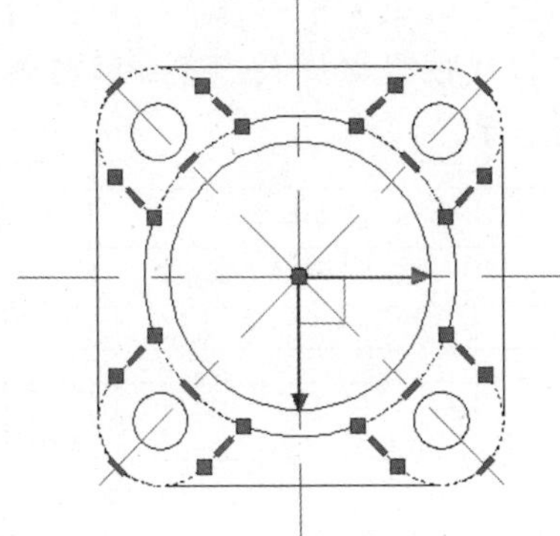

12 拉伸圆对象 关闭辅助线图层，执行“拉伸”命令，将中心的两个同心圆拉伸成高为32的圆柱体，如下图所示。

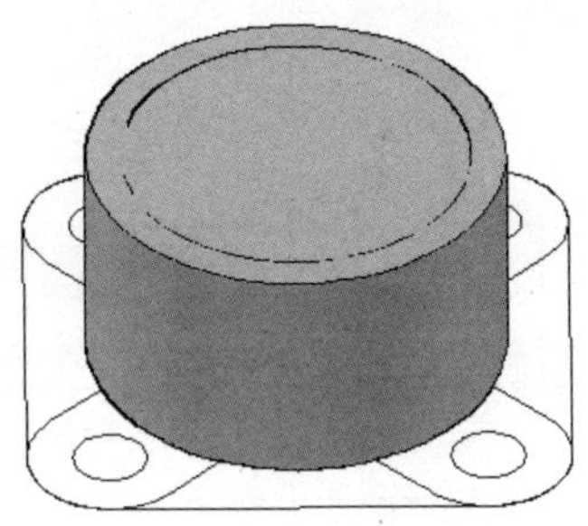

13 拉伸其他圆与合并后的对象 通过“拉伸”命令将位于四个角的其他圆与合并后的对象拉伸成高为18的三维实体，如下图所示。

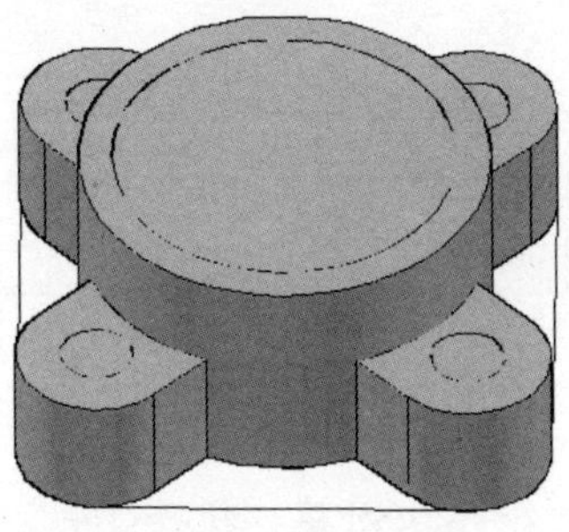

14 拉伸矩形对象 通过“拉伸”命令将矩形对象拉伸成高为13的三维实体，如下图所示。

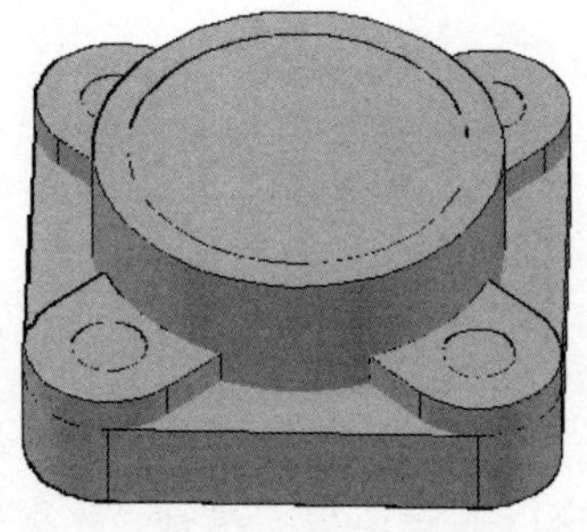

15 选择要拉伸的面 选择位于中心的圆柱体，通过“复制”命令在原位置创建一个副本对象。执行“拉伸面”命令，选择圆柱体顶面作为要拉伸的面，并按【Enter】键确认，如下图所示。

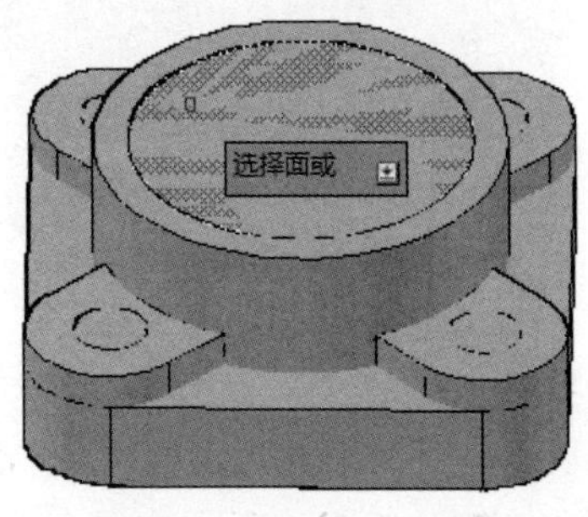

16 拉伸圆柱体顶面 设置拉伸距离为-23，倾斜角度为0，向下拉伸实体面，更改视觉样式的透明度，查看拉伸效果，如下图所示。

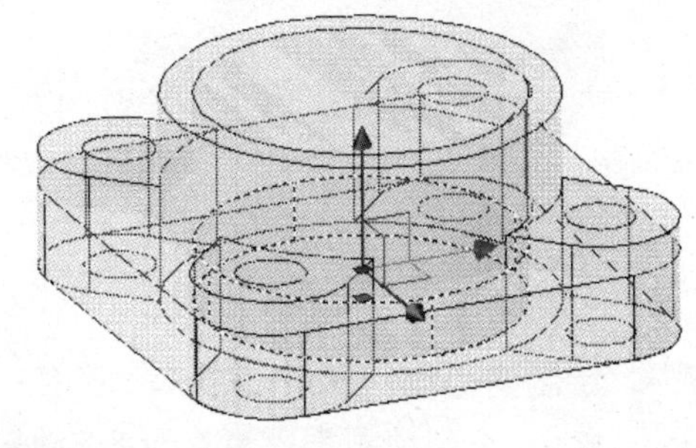

17 拉伸副本对象底面 再次执行“拉伸面”命令，选择圆柱体副本对象的底面作为要拉伸的面（可将要选择的对象单独置于新图层并锁定其他图层，以便进行实体面的选择），并按【Enter】键确认。设置拉伸距离为-25，倾斜角度为0，向上拉伸实体面，如下图所示。

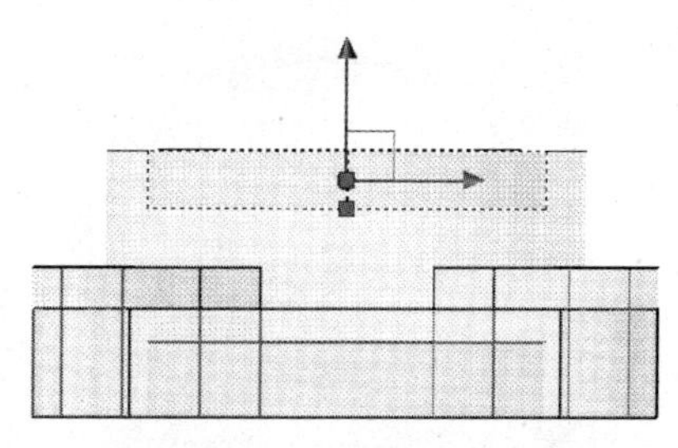

18 **执行并集运算** 执行“并集”命令，将执行拉伸面操作后的 2 个圆柱体及周围 4 个小圆柱体之外的其余对象合并为一个整体，如下图所示。

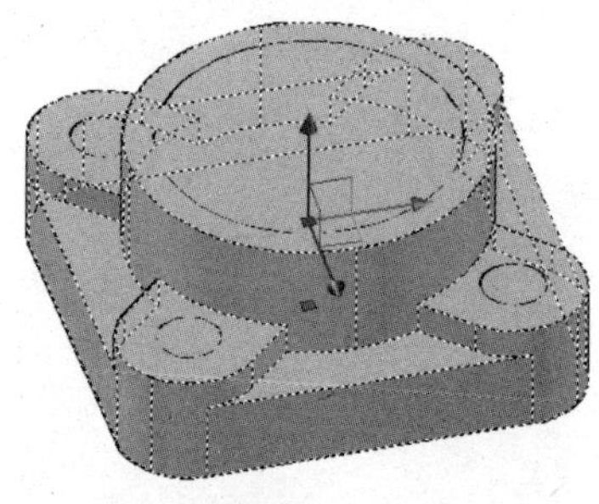

19 **执行差集运算** 执行“差集”命令，从合并后的整体中减去周围 4 个小圆柱体，以及位于中心顶部和底部的 2 个圆柱体，如下图所示。

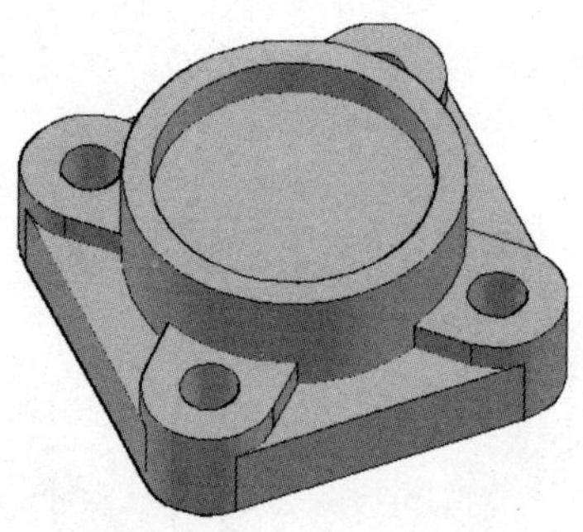

20 **绘制同心圆** 执行“圆心，半径”命令，分别绘制半径为 6 和 8.5 的同心圆，如下图所示。

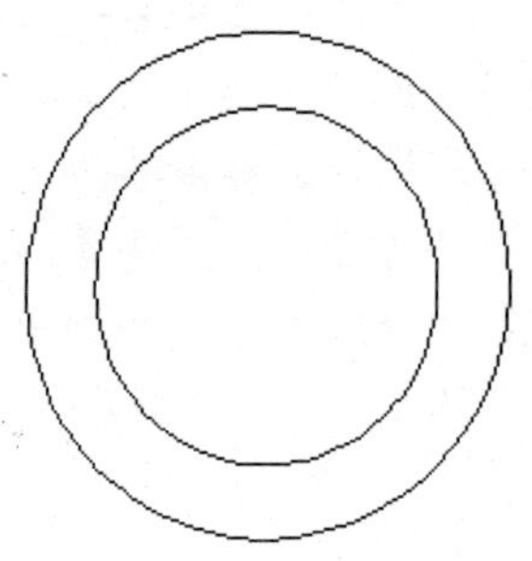

21 **移动实体** 执行“拉伸”命令，将两个同心圆拉伸成高为 28 的圆柱体。通过执行“三维移动”命令和圆心对象捕捉将新创建的两个圆柱体移到带方形座轴承图形的底部中心位置。切换到左视图及二维线框视觉样式，查看移动效果，如下图所示。

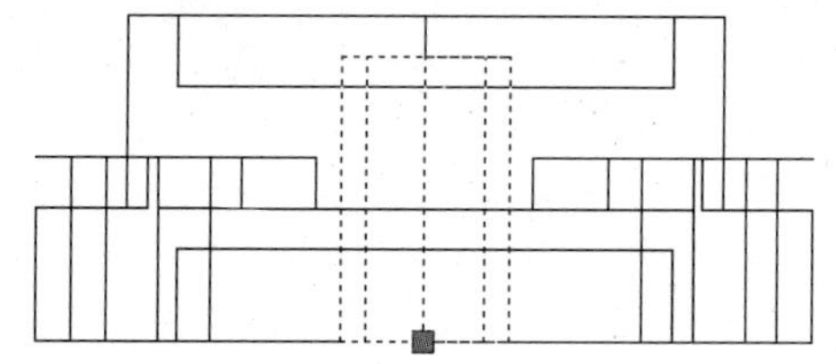

22 **指定坐标轴** 再次执行“三维移动”命令，选择两个圆柱体，并按【Enter】键确认。移动光标到 Z 轴上，单击指定要限制移动的坐标轴，如下图所示。

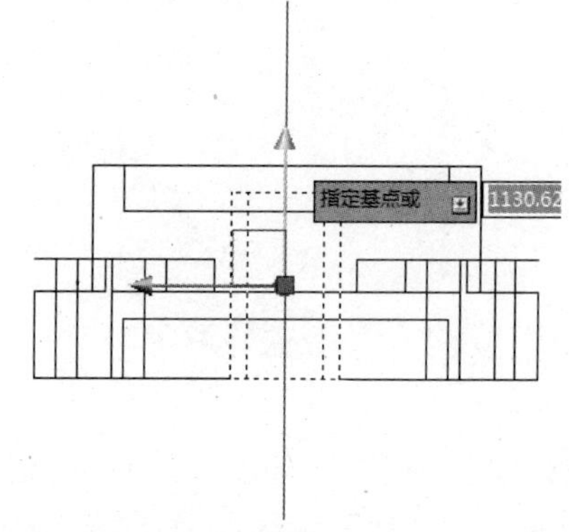

23 **再次移动实体** 设置位移距离为 5.5，向上移动所选的两个圆柱体，如下图所示。

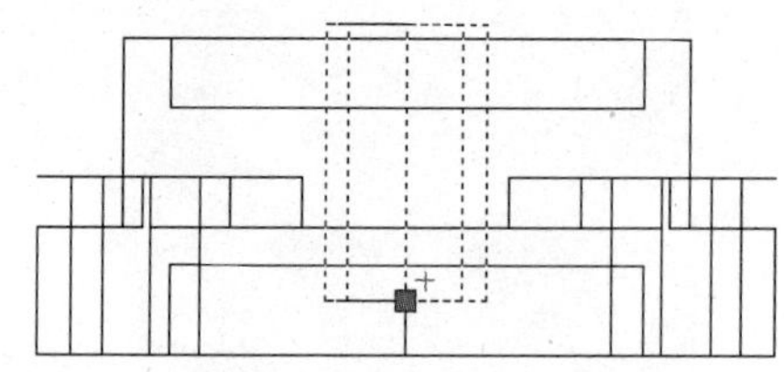

24 **执行布尔运算** 执行“并集”命令，将半径为 8.5 的圆柱体与带方形座轴承图形合并为一个整体。执行“差集”命令，从合并对象中减去中心半径为 6 的小圆柱体，如下图所示。

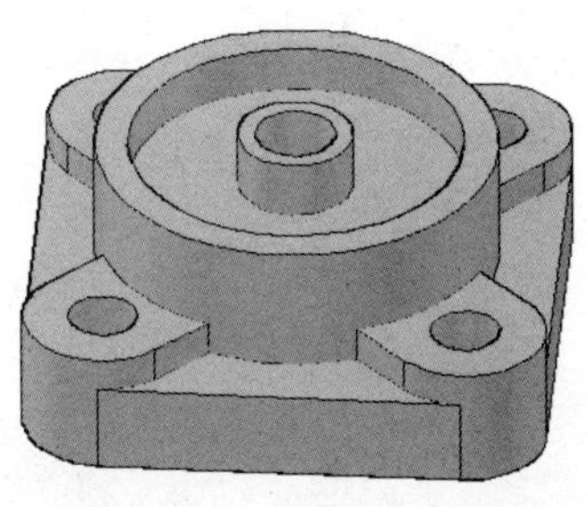

25 选择实体面 执行“复制面”命令，单击选择要复制的实体面，并按【Enter】键确认，如下图所示。

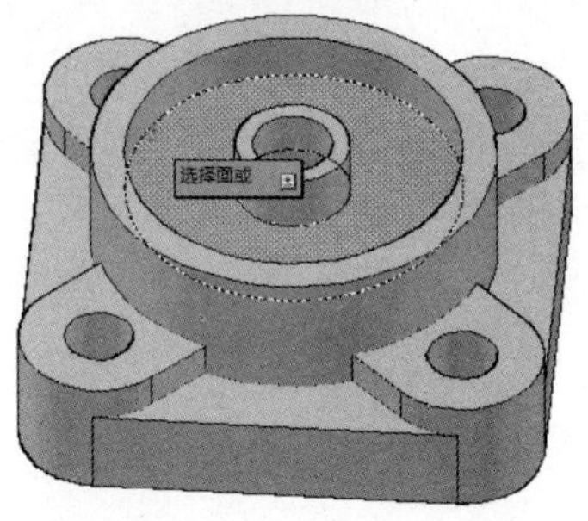

26 缩放实体面 在原位置复制一个实体面，执行“缩放”命令，设置比例因子为 0.9，从而缩放新复制的实体面，如下图所示。

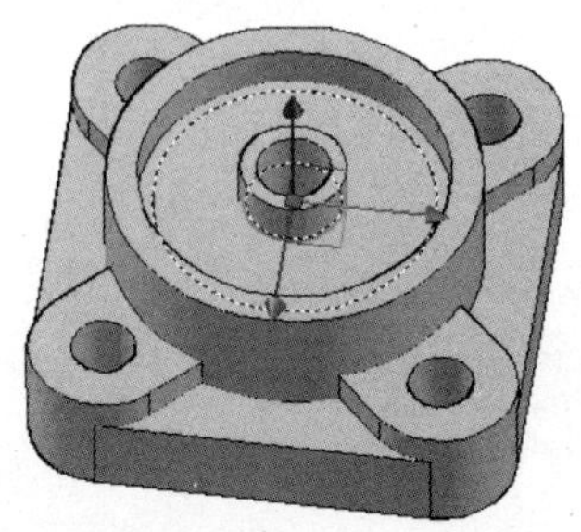

27 绘制圆柱体 执行“圆柱体”命令，创建一个半径为 3、高度为 5 的圆柱体。执行“三维移动”命令，将其移到带方形座轴承图形中的合适位置，如下图所示。

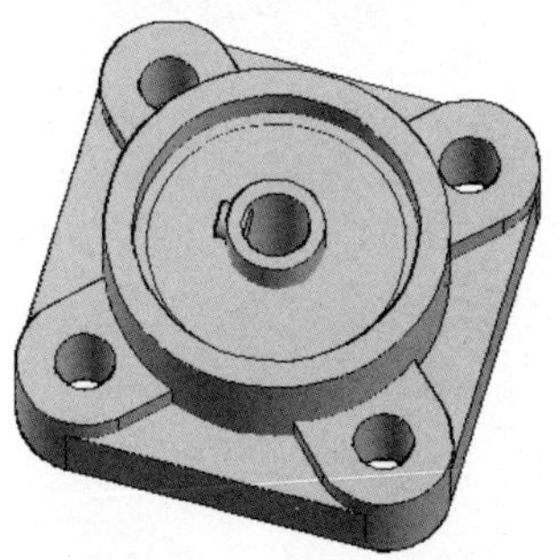

28 复制并旋转对象 执行“复制”命令，在原位置创建一个圆柱体的副本对象。执行“旋转”命令，绕顶部同心圆的圆心将圆柱体副本对象旋转 120 度，如下图所示。

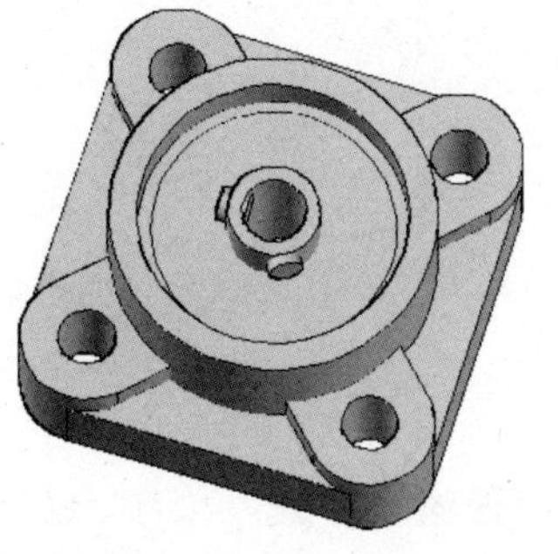

29 执行差集运算并添加倒角 通过“复制”命令在原位置创建两个圆柱体的副本对象。执行“差集”命令，从带方形座轴承图形中减去两个圆柱体的副本对象。执行“倒角”命令，设置两个倒角距离为 0.5，为圆柱体添加倒角，如下图所示。

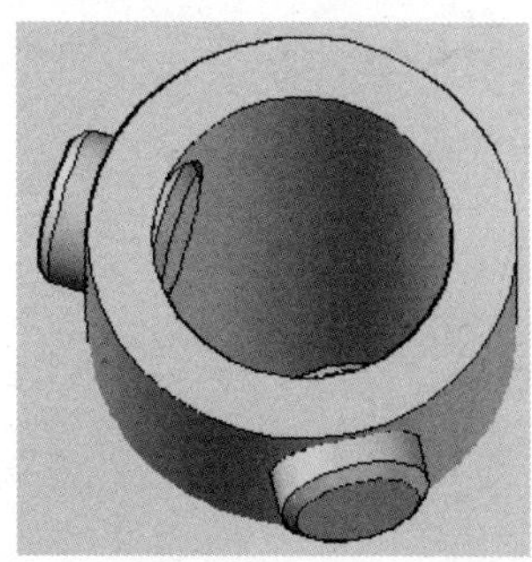

30 绘制圆和正六边形 执行“圆心，半径”命令，分别绘制半径为 0.8 和 1.6 的同心圆。执行“正六边形”命令，设置侧面数为 6，绘制外切于大圆的正六边形，如下图所示。

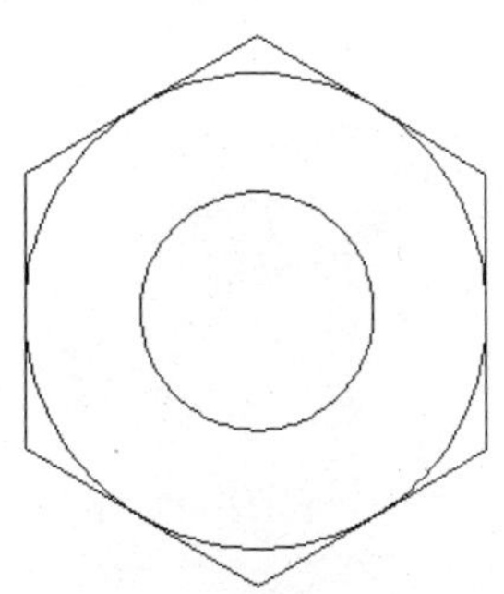

31 复制图形 通过“复制”命令将多边形和圆向上进行复制，其间隔分别为1.5、0.1和0.8，如下图所示。

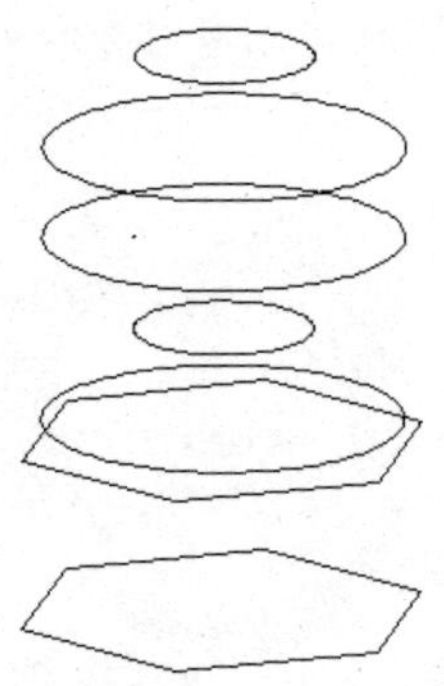

32 设置放样参数 执行“放样”命令，依次选择新绘制的横截面，创建放样对象。在弹出的快捷菜单中选择“设置”命令，弹出“放样设置”对话框，选中“直纹”单选按钮，然后单击“确定”按钮，如下图所示。

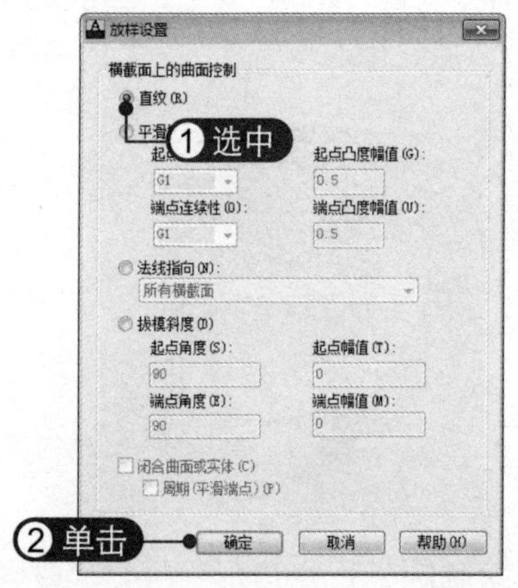

33 放样三维实体对象 此时即可通过所选横截面创建放样三维实体对象，如下图所示。

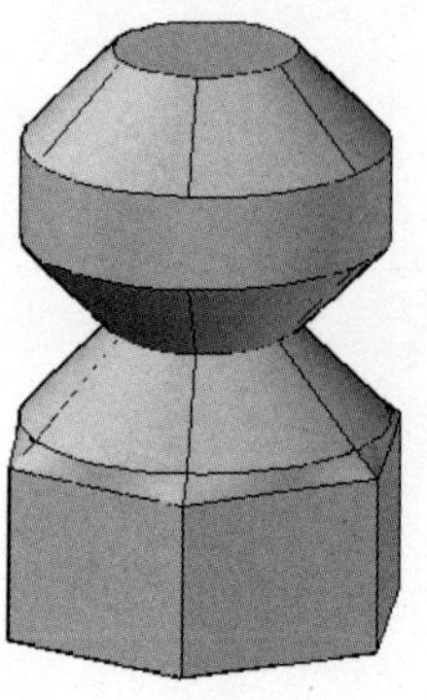

34 移动对象 执行“三维移动”命令，将其移到带方形座轴承图形中的合适位置，如下图所示。

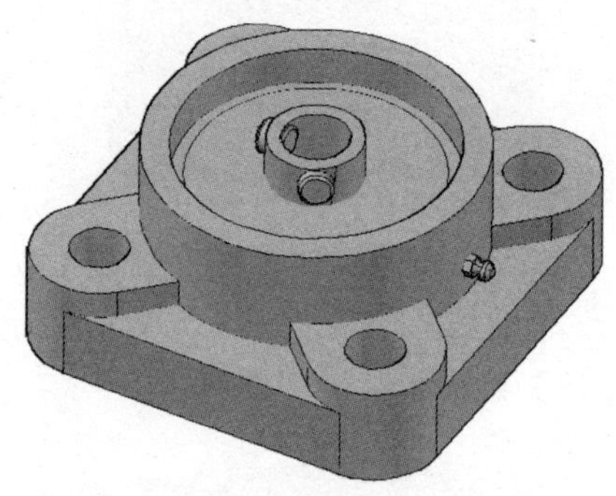

35 添加圆角 执行“圆角”命令，设置圆角半径为1，为带方形座轴承图形添加圆角，如下图所示。

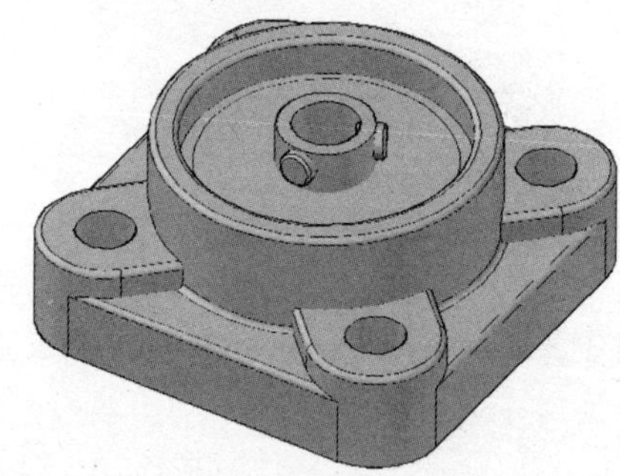

36 添加倒角 执行“倒角”命令，设置两个倒角距离为0.5，为带方形座轴承图形添加倒角，如下图所示。

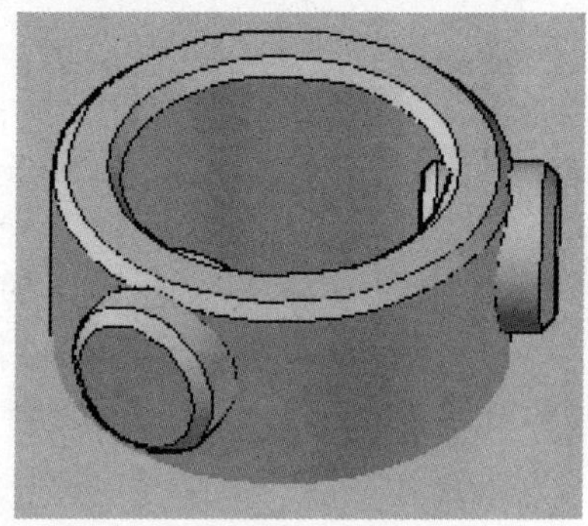

37 绘制平面曲面 执行“曲面”选项卡下“创建”面板中的“平面”命令，在图形下方创建一个合适大小的平面曲面，如下图所示。

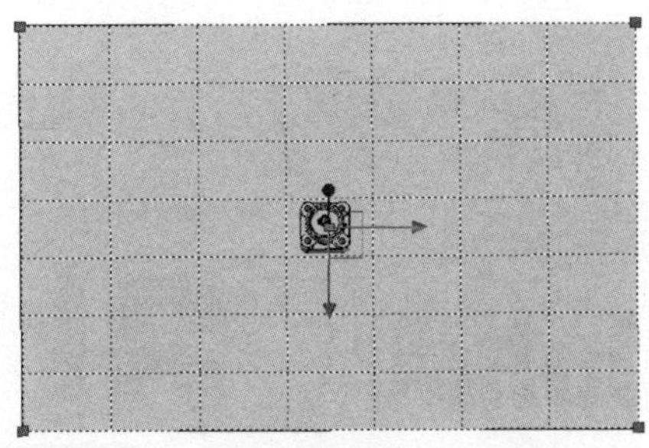

38 **添加材质到曲面对象** 打开材质浏览器，将所需的织物材质添加到平面曲面对象，如下图所示。

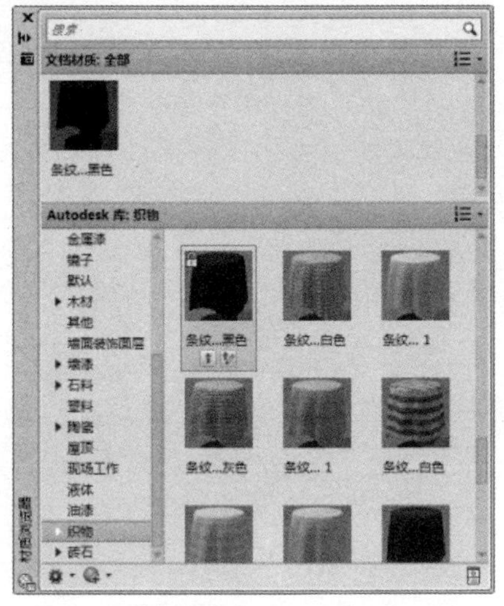

39 **选择"编辑图像"命令** 打开材质对应的材质编辑器，单击"图像"下拉按钮，在弹出的下拉列表中选择"编辑图像"命令，如下图所示。

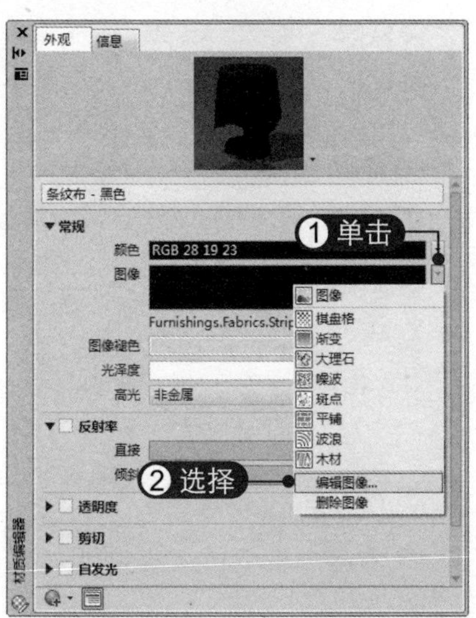

40 **设置图像比例和平铺方式** 打开"纹理编辑器"面板，设置图像比例和平铺方式，如下图所示。

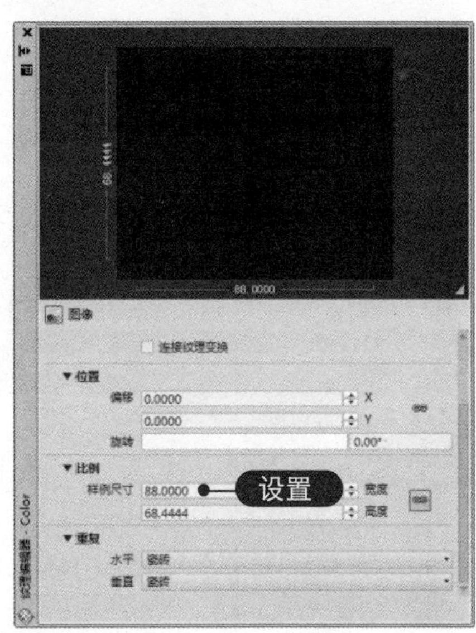

41 **渲染图形** 执行"渲染"命令，查看添加材质到平面曲面后的渲染效果，如下图所示。

42 **添加材质** 执行"分解"命令，分解带方形座轴承对象。返回材质浏览器，添加"铁灰色"材质到带方形座轴承对象的主体部分，如下图所示。

43 选择"编辑颜色"命令 打开其对应的材质编辑器，单击"颜色"右侧的下拉按钮，在弹出的下拉列表中选择"编辑颜色"命令，如下图所示。

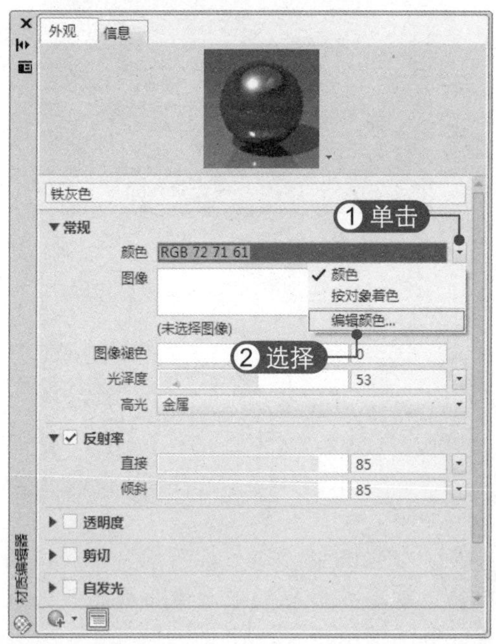

44 选择颜色 弹出"选择颜色"对话框，选择合适的颜色，然后单击"确定"按钮，如下图所示。

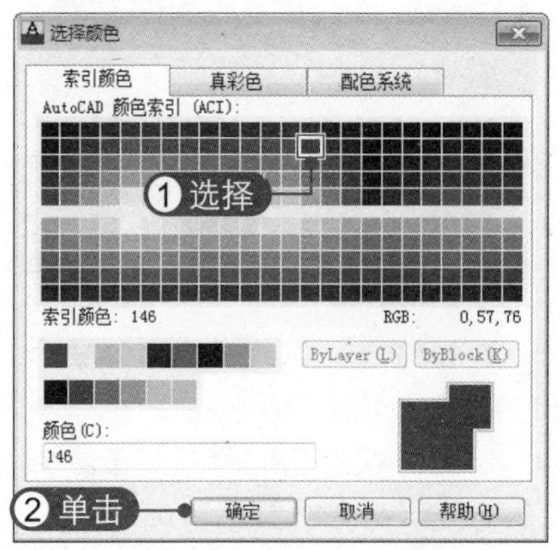

45 设置常规参数 返回材质编辑器，在"常规"卷展栏下设置光泽度等参数，展开"反射率"卷展栏，设置直接反射、倾斜反射等参数，如下图所示。

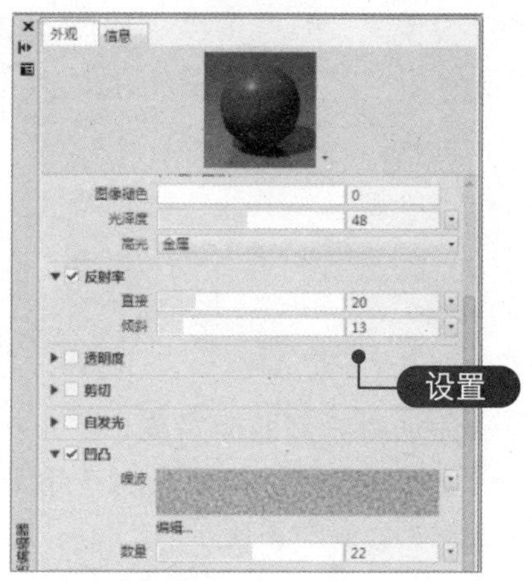

46 选择"噪波"命令 选中"凹凸"复选框，并展开其卷展栏，单击"图像"下拉按钮，在弹出的下拉列表中选择"噪波"命令，如下图所示。

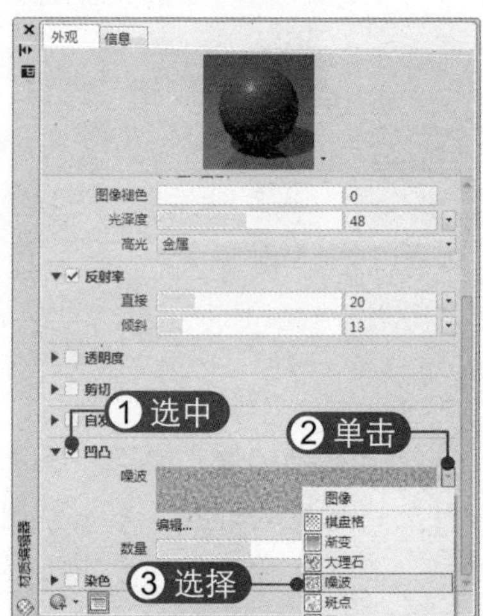

47 设置噪波参数 打开"纹理编辑器"面板，设置噪波类型、大小等参数，如下图所示。

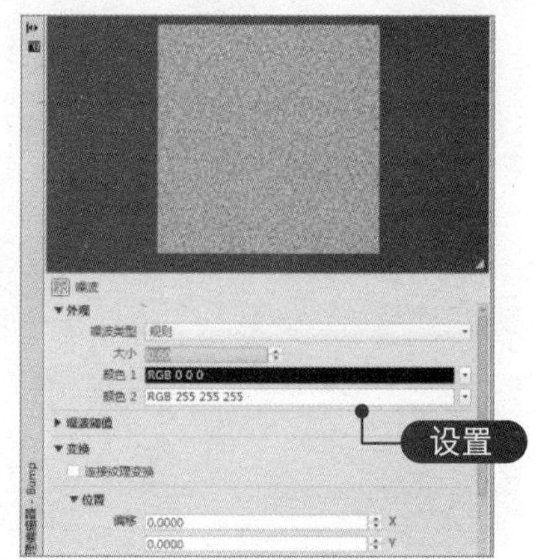

48 **渲染图形** 返回材质编辑器，设置噪波数量为25，执行“渲染”命令，查看添加材质到带方形座轴承对象的主体部分，并调整材质参数后的渲染效果，如下图所示。

49 **添加材质到其他图形** 用同样的方法分别添加所需材质到其他图形对象。执行“渲染”命令，查看添加材质到其他图形后的渲染效果，如下图所示。

50 **创建点光源** 执行“点”命令，在场景中的合适位置创建两个点光源，如下图所示。

51 **设置光源特性** 打开光源对应的“特性”面板，设置其强度因子和阴影类型等特性。用同样的方法设置另一个点光源，如下图所示。

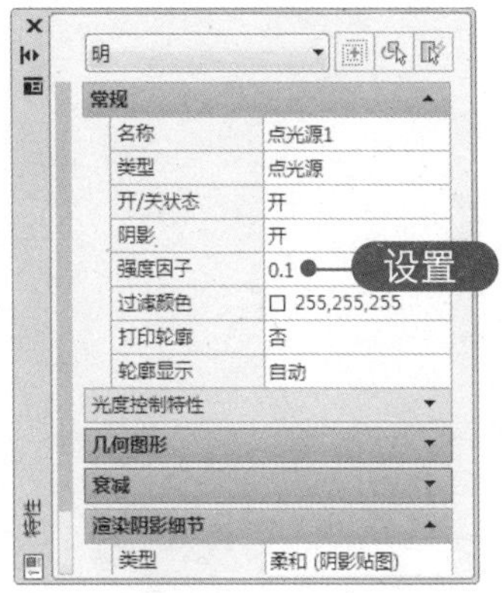

52 **高级渲染设置** 打开“渲染”面板，通过“渲染质量”调节滑块调整渲染质量。打开“高级渲染设置”面板，设置渲染预设等级、输出尺寸等参数，如下图所示。

53 **渲染图形** 右击ViewCube图标，在弹出的快捷菜单中选择“透视”命令，切换到透视图。执行“渲染”命令，查看修改各项参数后的最终渲染效果，如下图所示。